Bilddatenkompression

Tilo Strutz

Bilddatenkompression

Grundlagen, fortgeschrittene Verfahren, Video, Kompressionssysteme, Standards

6., überarbeitete und umstrukturierte Auflage

Mit 197 Abbildungen, 55 Tabellen, 67 Beispielen und
23 Pseudocode-Schnipseln

Springer Vieweg

Tilo Strutz (ID)
Fakultät Elektrotechnik und Informatik
Hochschule für angewandte
Wissenschaften Coburg
Coburg, Deutschland

ISBN 978-3-658-49922-8   ISBN 978-3-658-49923-5   (eBook)
https://doi.org/10.1007/978-3-658-49923-5

Die Deutsche Nationalbibliothek verzeichnet diese Publikation in der Deutschen Nationalbibliografie; detaillierte bibliografische Daten sind im Internet über https://portal.dnb.de abrufbar.

Planung/Lektorat: Alexander Grün
Springer Vieweg ist ein Imprint der eingetragenen Gesellschaft Springer Fachmedien Wiesbaden GmbH und ist ein Teil von Springer Nature.
Die Anschrift der Gesellschaft ist: Abraham-Lincoln-Str. 46, 65189 Wiesbaden, Germany

Vorwort zur sechsten Auflage

Die vorangegangenen Auflagen von „Bilddatenkompression" reflektierten regelmäßig auch die Neuentwicklungen im Bereich Videokompression durch zusätzliche Abschnitte im Kapitel „Standards zur Bildsequenzkompression". Inzwischen gibt es wieder neue Standards sowohl in der Einzelbild- als auch in der Bildsequenzkompression und viele vorangegangene Konzepte sind erweitert und ergänzt worden. Ich habe deshalb die neue Auflage für eine wesentliche Umstrukturierung genutzt. Standards zur Videokompression werden nicht mehr separat besprochen. Stattdessen finden sich nun die wesentlichen Methoden in den thematisch passenden Kapiteln wieder, wobei viele Textpassagen deutlich gestrafft oder komplett entfernt wurden, wenn sie keine Relevanz mehr für aktuelle Kompressionssysteme haben. Das Kapitel „Standards zur Einzelbildkompression" wurde dagegen signifikant erweitert. Hinzugekommen ist ein Überblick über die wichtigsten JPEG- und andere Aktivitäten nach JPEG-2000 (JPEG-XR, -XT, -XS, -XL, -AI, HEIC) und ein Vergleich dieser Verfahren für verlustbehaftete und verlustlose Kompression in Anwendung auf verschiedene Farb- und Graustufenbilder.

Den Ausführungen in Kapitel 1 wurde ein Abschnitt vorangestellt, welcher den Unterschied zwischen Daten und Information dediziert erklärt.

Das Kapitel „Entropiecodierung" wurde mit ausführlichen Beschreibungen von weiteren Codierungsmethoden ergänzt, welche eine ähnliche Kompressionseffizienz wie die konventionelle arithmetische Codierung aufweisen, aber unter bestimmten Voraussetzungen schneller sind: Range-Codierung und Codierung basierend auf asymmetrischen Zahlensystemen. Die Ausführungen zu Move-to-Front und Incremental-Frequency-Count wurden ins Kapitel der Präcodierungsverfahren verschoben.

Der Abschnitt zu den Qualitätsmaßen (Abschnitt 2.5.2.1) erläutert neben dem Spitzen-Signal-Rausch-Verhältnis ein strukturelles Ähnlichkeitsmaß (SSIM). Im Abschnitt zur Prädiktion finden sich jetzt auch die blockbasierten Verfahren, welche in Videokompressionsstandards zum Einsatz kommen.

Kapitel 7 enthält neben den alten Ausführungen zu Wahrnehmung und Farbe nun einen Abschnitt zu verschiedenen Eigenschaften von Bildern, welche bei der Auswahl oder Entwicklung eines Kompresionsverfahrens berücksichtigt werden sollten.

An vielen Stellen im Buch wurden Aussagen aktualisiert oder präzisiert, die Verständlichkeit erhöht oder kleinere Korrekturen vorgenommen. Beispielrechnungen wurden vom Fließtext in separate Boxen verschoben und zusätzliche Übungsaufgaben wurden formuliert. Auf abgedruckte Quelltexte im Anhang wird in dieser Auflage verzichtet.

Das vorliegende Buch ist im Einzelnen wie folgt gegliedert:

Kapitel 1 führt den Leser in die Problematik der Übertragung von Daten und in die Notwendigkeit der Kompression ein. Anschließend werden im zweiten Kapitel die Grundlagen der Datenkompression behandelt. Es wird begründet, warum Kompression möglich ist und wie man die Leistungsfähigkeit eines Kompressionsalgorithmus bewerten kann.

Die Kapitel 3 und 4 befassen sich mit den Codierungsverfahren. Anhand von einfachen Beispielen wird zunächst die Codierung einzelner Symbole und die Anpassung an die statistischen Eigenschaften des zu verarbeitenden Signals beschrieben. Anschließend werden

Präcodierungsverfahren erläutert, welche die Beziehungen zwischen den Symbolen eines Signals zur Steigerung der Kompression ausnutzen.

Kapitel 5 beschäftigt sich mit der Datenreduktion, also dem Weglassen von (irrelevanter) Information. Es werden die Abtastratenumsetzung und Verfahren zur Quantisierung diskutiert.

Die Ausführungen im Kapitel 6 beinhalten nach einer Einführung in das Thema „Korrelation" drei wesentliche Methoden zur Dekorrelation von Signalwerten. Den Beginn machen Techniken zur Prädiktion von Signalwerten. Danach werden die Grundlagen diskreter Transformationen erläutert und verschiedene Transformationsarten vorgestellt (DCT, DST, WHT, Ganzzahl-DCT, DWT). Eine besondere Stellung nehmen dabei die diskrete Wavelet-Transformation und die fraktale Transformation ein. Im dritten Teil dieses Kapitels werden die Grundlagen von Filterbänken behandelt. Sie sind für das Verständnis der praktischen Umsetzung von Wavelet-Transformationen hilfreich. Ein schneller Algorithmus für bestimmte Filterbank-Arten (das Lifting-Schema) wird vorgestellt. Das folgende Kapitel 7 greift dieses Schema wieder auf, da es auch zur Dekorrelation der Farbkomponenten zur Anwendung kommt. Außer dem beschreibt Kapitel 7 die Eigenschaften des menschlichen Auges, das Helligkeits- und Farbsehen und befasst sich mit wesentliche Eigenschaften von Bildern. Das Verständnis der visuellen Wahrnehmung ist eine Voraussetzung für die sinnvolle Entwicklung von Algorithmen zur Bilddatenkompression. Es werden alle modernen Farbräume und die entsprechenden Transformationen erläutert.

Das Kapitel 8 befasst sich mit Verfahren zur Kompression von einzelnen Bildern. Anhand der Standards JPEG-1, JPEG-LS und JPEG-2000 wird detailliert gezeigt, wie Verfahren und Methoden der Datenkompression zu leistungsfähigen Systemen kombiniert werden können. Ziel ist dabei nicht die vollständige Darlegung der Standards, sondern die Darstellung der Konzepte unter Bezugnahme auf die in den vorangegangenen Kapiteln beschriebenen Grundlagen. Des Weiteren wird ein Überblick über jüngere Standardisierungsaktivitäten gegeben und die Leistungsfähigkeit der verschiedenen Standards und proprietären Verfahren verglichen.

Kapitel 9 stellt grundlegende Methoden zur Bildsequenzkompression vor. Dabei geht es im Wesentlichen um das Verringern der zeitlichen Korrelation durch Methoden der Bewegungskompensation und die Kompensation der dabei auftretenden Kompressionsartefakte. Den Ausführungen wurde ein Überblick über Standardisierungen im Bereich Bildsequenzkompression vorangestellt.

Im Anhang des Buches finden sich die verwendeten Testbilder, die mathematischen Ableitungen sowohl der diskreten Kosinus- als auch der Sinus-Transformation (DCT, DST), ein vollständiges Beispiel für das Decodieren eines JPEG-1-Bitstroms, ein Beispiel zur Codierung in JPEG-2000 und Lösungen zu ausgewählten Testfragen.

Coburg, im September 2025 Tilo Strutz

Vorwort zur vierten Auflage (Auszug)

Das Entwickeln und Anwenden eines Systems zur Kompression von Daten sind wie das Kochen einer Mahlzeit. Folgende Dinge sind mindestens zu beachten:

- Für wen wird gekocht (Applikation)?
- Welche Zutaten werden benötigt (Methoden, Techniken)?
- Was kosten die Zutaten (Komplexität der Algorithmen, Hardwarekosten)?
- Wie groß ist der Vorbereitungsaufwand (Entwicklungskosten)?
- Wie lange muss gekocht werden (Dauer der Kompression eines Signals)?
- Welchen optischen Eindruck wird das angerichtete Essen machen (Signalqualität)?
- Wie gut wird das Essen schmecken (Kompressionsverhältnis)?

Es ist leicht einzusehen, dass der Aufwand für die Zubereitung möglichst klein sein sollte, der Genuss beim Essen aber möglichst groß. Für manche Anlässe kommt es auch *nur* auf den maximalen Genuss an, für andere ist es in erster Linie wichtig, dass das Essen schnell auf den Tisch kommt.

Das Buch „Bilddatenkompression" enthält alle Zutaten, die für das Entwickeln eines Kompressionssystems hilfreich sind, sortiert sie nach Einsatzgebiet und beschreibt ihre Wirkungsweise. Außerdem findet der Leser einige Rezepte, wie die Ingredienzen erfolgreich miteinander kombiniert werden können.

Leipzig, im Mai 2009   Tilo Strutz

Vorwort zur ersten Auflage (Auszug)

Die digitale *Kommunikationstechnik* hat in den letzten Jahrzehnten eine enorme Entwicklung erfahren und ist dabei, nach und nach jene Verfahren zu verdrängen, die zeit- und wertekontinuierliche Signale verarbeiten. Digitales Telefonieren ist mittlerweile der Standard, digitales Fernsehen wird bereits praktiziert. Auch das Radio erreicht den Hörer unter anderem durch das Internet in digitaler Form. Für den zunehmenden Einsatz von Digitaltechnik gibt es gute Gründe. Erstens ist dadurch meist eine bessere Qualität der Signale realisierbar, vor allem weil die digitale Übertragung einen besseren Schutz gegen Übertragungsfehler ermöglicht. Zweitens ist die Verarbeitung digitaler Signale oft auch einfacher als die von analogen Signalen. Diese Vorteile müssen allerdings durch einen Nachteil erkauft werden: digitale Signalquellen produzieren sehr große Datenmengen.

Trotz der rasanten Entwicklung von Speichermedien (Festplatten im mehrstelligen Gigabyte-Bereich) und Übertragungsmedien mit Bandbreiten von vielen Megabit pro Sekunde stößt man in der Praxis ständig an Leistungsgrenzen, da die Datenflut in gleichem Maße steigt. Oft ist die modernste Technik nicht jedem Nutzer zugänglich. Aber auch die Bedürfnisse der Technikbenutzer sind dem technisch Machbaren stets einen Schritt voraus.

Dies ist der Grund, warum *Informationstechnologien* zur effizienten *Datenkompression* für die Speicherung und Übertragung von Signalen immer wichtiger werden. Insbesondere die Bild- und Video-Codierung hat eine wachsende Bedeutung, da hier zwei- und sogar mehrdimensionale Signale verarbeitet werden müssen. Typische Anwendungen der Datenkompression sind: Archivierung von Daten jeglicher Art, digitales Fernsehen, Videoaufzeichnung, Bildtelefon, Videokonferenz, digitale Fotografie, Videoüberwachung, Telemedizin u.v.a.m.

Dieses Buch wendet sich an Ingenieure der Nachrichten-, Informations- und Medientechnik, Informatiker und Physiker sowie an Studierende in einem entsprechenden Hauptstudium. Aber auch der interessierte Leser mit einer adäquaten technischen Vorbildung findet hier einen geeigneten Lesestoff. Das Buch vermittelt allgemeine informationstheoretischen Grundlagen für die Datenkompression, erläutert Algorithmen verschiedener Codierungsmethoden und beschreibt spezielle Verfahren und Methoden für die *Bild-* und *Videokompression*. Insbesondere wird auf die modernen Verfahren der waveletbasierten Kompression und die damit verbundenen Problemstellungen eingegangen. Besonderer Wert wurde auf die Anreicherung der theoretischen Basis mit Beispielen gelegt, die eine Diskussion der Effekte und Ergebnisse ermöglichen. Des Weiteren sind die Quelltexte einiger Algorithmen, wie zum Beispiel der arithmetischen Codierung, im Anhang abgedruckt. Das Lehrbuch ist somit als vorlesungsbegleitendes Material, für das Selbststudium und als Nachschlagewerk geeignet.

Rostock, im Oktober 2000 Tilo Strutz

Interessenkonflikt Der/die Autor*in hat keine für den Inhalt dieses Manuskripts relevanten Interessenkonflikte.

Inhaltsverzeichnis

Kapitel 1

Einführung

Die Kompression von Daten ist eine Form der digitalen Signalverarbeitung. Im Gegensatz zu analogen Signalen sind digitale Signale sowohl wertdiskret als auch zeitdiskret. Sofern eine Signalquelle keine digitalen, sondern analoge Signale produziert (z. B. Mikrofon), die komprimiert werden sollen, ist eine Digitalisierung erforderlich. Dazu wird das analoge Signal zu diskreten Zeitpunkten abgetastet und anschließend jedem Abtastwert ein diskreter Signalwert zugeordnet. In **Abbildung 1.1** ist der Zusammenhang von analogen und digitalen Signalen veranschaulicht. Bei einem analogen (Zeit-)Signal gibt es zu jedem beliebigen Zeitpunkt t einen beliebig genauen Signalwert $x(t)$. Zeitdiskrete Signal enthalten nur zu bestimmen Zeitpunkten einen Wert. Wenn die Abstände der Zeitpunkte immer gleich groß sind, nennt man diese Signale „äquidistant abgetastet" und die unabhängige Variable ist ein ganzes Vielfaches dieses Abstandes: $n \cdot t_0$ mit $n \in \mathbb{Z}$. Wertdiskrete Signale sind dagegen kontinuierlich in der Zeit, weisen aber nur eine abzählbare Anzahl von verschiedenen Signalwerten auf. Der Signalwert $x'(t)$ kann als quantisierte Version von $x(t)$ interpretiert werden.

Es gibt aber auch Quellen, die direkt digitale Signale erzeugen. Ein einfaches Beispiel hierfür ist ein Texteditor-Programm. Jedem eingegebenen Zeichen wird ein Codewort, also ein digitaler Wert (z. B. ASCII-Code) zugeordnet. Digitale Signale können nach verschiedenen Gesichtspunkten klassifiziert werden (**Abb. 1.2**). Von diesen Merkmalen hängen die Möglichkeiten der weiteren Verarbeitung ab.

Bevor ein Signal gespeichert oder übertragen wird, durchläuft es eine Verarbeitungsstrecke. **Abbildung 1.3** zeigt ein vereinfachtes Übertragungsmodell. Die von einer Nachrichtenquelle[1] erzeugten Daten werden durch Verfahren der Datenkompression komprimiert. Redundante und gegebenenfalls auch irrelevante Anteile werden beseitigt. Als Synonym für „Datenkompression" findet man manchmal auch noch den Begriff „Quellencodierung", welcher andeutet, dass die Verfahren an die Eigenschaften der Signal-

---

[1] Die Begriffe Signalquelle, Nachrichtenquelle und Informationsquelle werden als Synonyme verwendet.

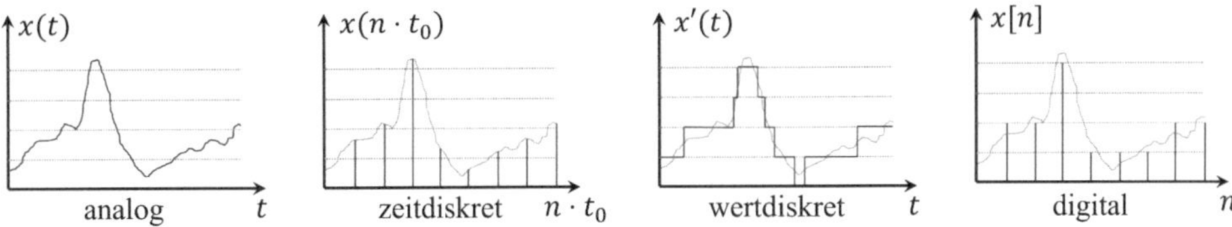

Abbildung 1.1: Signale: analog, diskret, digital

© Der/die Autor(en), exklusiv lizenziert an
Springer Fachmedien Wiesbaden GmbH, ein Teil von Springer Nature 2025
T. Strutz, *Bilddatenkompression*, https://doi.org/10.1007/978-3-658-49923-5_1

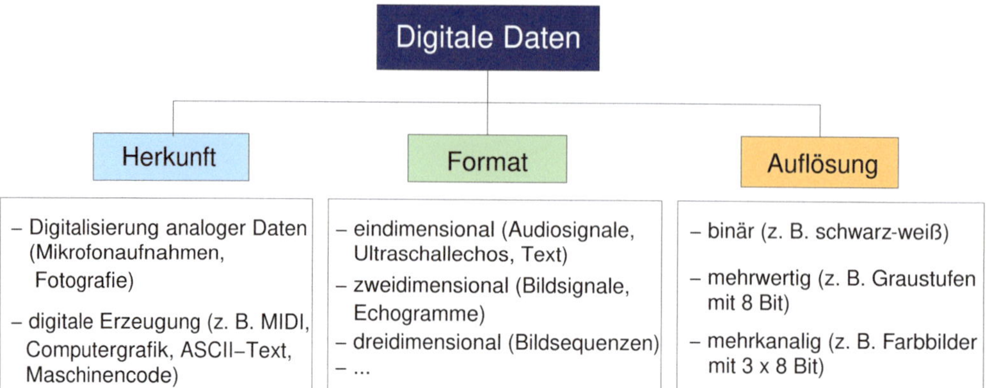

Abbildung 1.2: Einteilung von digitalen Daten nach verschiedenen Gesichtspunkten

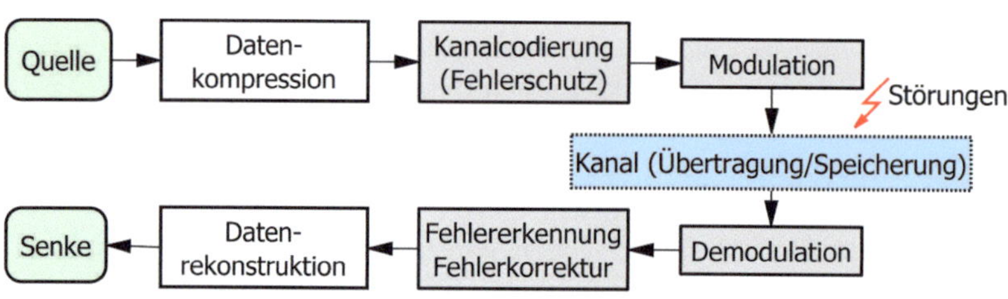

Abbildung 1.3: Allgemeines Modell einer Übertragungsstrecke

quelle angepasst sind. Moderne Kompressionssysteme (wie zum Beispiel zur Bild- oder Audiokompression) müssen jedoch auch die Eigenschaften des Signalempfängers berücksichtigen, wenn Veränderungen am digitalen Signal erlaubt sind. Deshalb sollte der umfassendere Begriff „Datenkompression" benutzt werden.

Die nachfolgende Kanalcodierung fügt gezielt wieder etwas Redundanz (zusätzliche Bits) hinzu, um einen Fehlerschutz zu ermöglichen. Durch die Kanalcodierung wird der Informationsfluss an die Eigenschaften des Kanals, wie zum Beispiel Bandbreite und Fehlerrate, angepasst. Auf der Empfängerseite können dadurch Fehler erkannt und idealer Weise auch korrigiert werden. Durch die anschließende Modulation wird die Information einem physikalischen Träger aufgeprägt, der entweder das Speichern (z. B. durch Magnetisieren oder elektrische Ladung) oder das Senden (z. B. mittels Funk- oder Lichtwellen) ermöglicht.

Dieses Buch befasst sich ausschließlich mit der Datenkompression und Datenrekonstruktion. Es werden die allgemein gültigen Grundlagen und darauf aufbauend spezielle Verfahren für die Bilddatenkompression behandelt. Zur Unterscheidung der Verarbeitung auf Sender- und Empfängerseite spricht man auch von Encodieren und Decodieren. Die Kombination von Encoder und Decoder wird häufig als ‚Codec' bezeichnet.

Das Übermitteln von Information ist an einen Datenstrom gekoppelt, den man als informationstheoretische Verpackung betrachten kann. Von der Art der Verpackung hängt die zum Übertragen oder Speichern erforderliche Datenmenge ab. Man stelle sich vor, je-

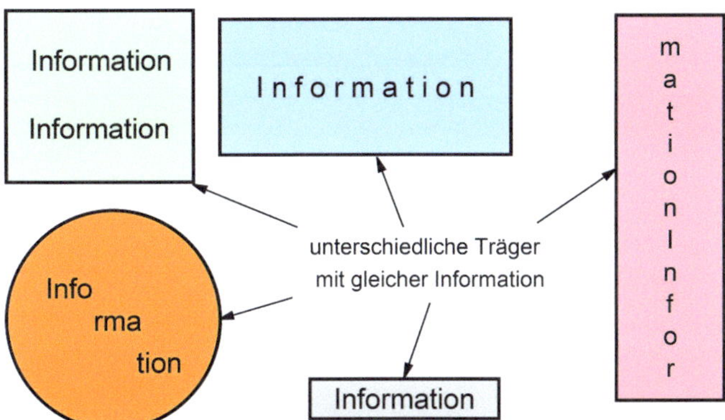

Abbildung 1.4: Träger gleicher Information

mand hat einen kurzen Brief geschrieben und möchte diesen verschicken. Im Allgemeinen wird niemand auf die Idee kommen, einen solchen Brief statt in einen kleinen Umschlag in einen großen Karton zu packen, da erstens der Transport zum Postamt unhandlich und zweitens die Beförderung durch die Post wahrscheinlich teurer ist. Ähnlich verhält es sich mit der Information. Sie steckt im Ausgangszustand in einer großen Verpackung und ist an einen Träger gebunden, der eine große Datenmenge verursacht. Man spricht auch von Rohdaten. Ein konkretes Beispiel wäre das Digitalisieren von Audiosignalen mit einer Auflösung von 16 Bits pro Abtastwert. Diese 16 Bits sind die Verpackung (oder Träger) für einen Signalwert. In **Abbildung 1.4** sind verschiedene Verpackungen dargestellt. Sie enthalten alle die gleiche Information, auch wenn sie einmal doppelt vorkommt (Abb. 1.4 oben links) oder segmentiert wurde (links unten). Wenn nun Größe der Verpackung und Datenmenge direkt proportional zueinander sind, würde man von den fünf dargestellten Varianten die Verpackung unten in der Mitte auswählen. Ziel der Datenkompression ist es, die Information von einem Träger loszulösen, der eine große Datenmenge verursacht, und an einen neuen Träger mit möglichst geringer Datenmenge zu binden. Für das Beispiel des Audiosignals würde das bedeuten, man sucht nach einem Informationsträger, der im statistischen Mittel weniger als 16 Bits pro Abtastwert benötigt.

Grundsätzlich unterteilt man die elementaren Verfahren und Hilfsmittel zum Verringern von Datenmengen in drei Gruppen (**Abb. 1.5**). Die erste Gruppe kann mit dem Begriff **Codierung** umschrieben werden. Dazu gehören alle Verfahren, welche ohne Informationsverlust die Daten verarbeiten, um eine Kompression zu erzielen bzw. zu unterstützen. Die zweite Gruppe **Datenreduktion** umfasst alle Verfahren, die etwas von der Signalinformation wegnehmen, die Information also verändern. Dementsprechend unterscheidet man verlustbehaftete (engl.: *lossy compression*) und verlustlose (engl.: *lossless compression*) Kompressionsstrategien. Verlustlose Strategien arbeiten ausschließlich mit Codierung, während verlustbehaftete Verfahren Methoden der Codierung und der Datenreduktion miteinander kombinieren. Ergänzt wird dies durch eine dritte Klasse von Verarbeitungsmethoden, welche durch **Dekorrelation** der Signaldaten sowohl verlustbehaftete als auch reversible Kompressionsverfahren unterstützen können. Hinzu kom-

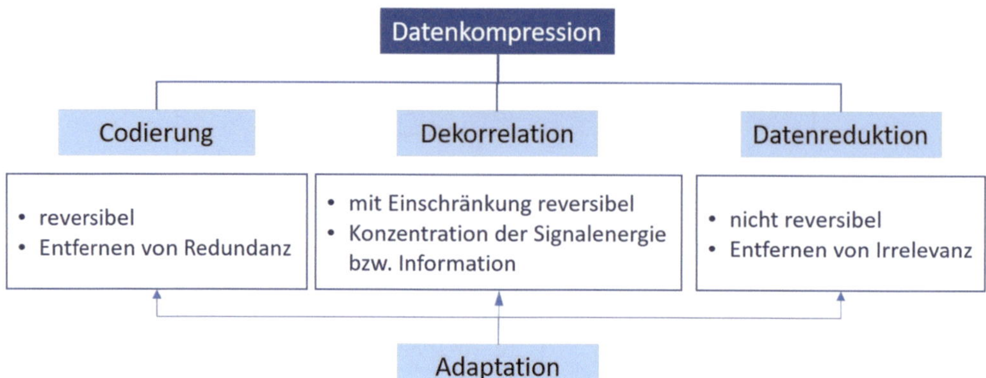

Abbildung 1.5: Einteilung von Methoden und Hilfsmitteln zur Verringerung der Datenmenge

men Mittel und Methoden zur Adaptation der Verarbeitung an die Signaleigenschaften.

Verlustbehaftete Kompressionsverfahren erzielen häufig eine deutlich stärkere Kompression als verlustlose. Sie können allerdings nur dann eingesetzt werden, wenn der Empfänger die Änderung des Signals toleriert. Dies ist zum Beispiel bei der Wahrnehmung von Bild und Ton durch den Menschen der Fall. Wertet eine Maschine die empfangenen Daten (z. B. ein ausführbares Computerprogramm) aus, so können sie durch Datenreduktion unbrauchbar werden. Es gibt aber auch Fälle, in denen die Maschine toleranter ist als der Mensch. Nimmt man einen Quelltext in der Programmiersprache C, so kann dieser durchaus verändert werden, wenn man sich auf das Weglassen von Leerzeichen, Tabulatoren, Zeilenumbrüchen und Kommentaren beschränkt. Das Ergebnis des Compilierens wird dadurch in keiner Weise beeinflusst, während die Lesbarkeit durch den Menschen stark herabgesetzt wäre.

Notation

Das Buch verwendet im Prinzip drei Arten von Variablen. Skalare werden immer in *kursiver* Schrift notiert, wie zum Beispiel x, c_i, $I(s_i)$, p_1 etc. Kleine, fett gedruckte Buchstaben werden für Vektoren verwendet, wie $\mathbf{x} = (x_1, x_2, \ldots x_N)^{\mathrm{T}}$. Der Exponent T bedeutet ‚transponiert', d. h. $\mathbf{x}$ ist ein Spaltenvektor. Bitte beachten, dass T nicht *kursiv* dargestellt ist, weil es keine Variable ist. Das Gleiche gilt für Indizes, die keine laufende Nummer wie zum Beispiel i in x_i andeuten, sondern nur die Relation der Variable zu etwas anderem kennzeichnen wie bei σ_{y}^2. Hier ist y keine Zählvariable, sondern signalisiert, dass σ^2 die Varianz von y ist. Matrizen sind der dritte Typ von Variablen. Sie werden mit großen fett gedruckten Buchstaben notiert wie $\mathbf{H}$ oder $\mathbf{W}$ zum Beispiel.

Die Elemente von Matrizen sind Skalare, deshalb werden die Elemente von Matrix $\mathbf{A}$ mit a_{ij} bezeichnet, wobei $i = 1, \ldots, N$ und $j = 1, \ldots, M$ die Indizes für Zeilen und Spalten sind.

Kapitel 2

Grundlagen der Datenkompression

Dieses Kapitel führt den Leser in die verwendete Terminologie ein und behandelt die wichtigsten informationstheoretischen Grundlagen. Es werden die Ansatzpunkte zur Datenkompression herausgearbeitet und Kriterien für die Bewertung von Kompressionsstrategien zusammengestellt. Damit bildet dieses Kapitel die Grundlage für das Verständnis der nachfolgenden Kapitel.

2.1 Daten und Information

Für das Verständnis der Informationstheorie ist es wichtig, zwischen Daten und Information zu unterscheiden. Dazu hilft uns die Redewendung „lange Rede, kurzer Sinn". Die (lange) Rede entspricht den Daten also der Anzahl von Bytes, welche wir speichern oder übertragen. Die Information ist die Essenz, also der (kurze) Sinn. Der Informationsgehalt ist dabei unabhängig vom Empfänger, wie im Folgenden noch herausgearbeitet wird. Die Information kann aber trotzdem für den Empfänger entweder relevant (interessant, verständlich, auswertbar, neu) oder irrelevant sein. Letzteres könnte uninteressante Nachrichten betreffen oder Betsandteile, welcher der Empfänger mit seinen Sinnen oder Sensoren gar nicht wahrnehmen kann.

Im informationstheoretischen Sinne ist das Maß der Information gleich dem Maß der Unbestimmtheit. Das lässt sich mit Entscheidungsfragen verdeutlichen. Angenommen, eine Person denkt sich eine Zahl im Intervall $[1; 8]$ und eine zweite Person soll diese Zahl erraten. Wie viele Ja/Nein-Fragen sind erforderlich? Wenn man davon ausgehen kann, dass alle Zahlen im Intervall dieselbe Wahrscheinlichkeit haben, also gleichverteilt sind, dann wäre das Halbieren des aktuellen Intervalls die beste Option und die erste Frage wäre: Ist die gedachte Zahl größer als vier? Die Antwort darauf ist eine binäre Entscheidung und falls sie ‚ja' ist, wäre die beste nächste Frage: Ist die Zahl größer als sechs? Dadurch wird das Intervall $[5; 8]$ halbiert. Nun bleiben entweder die Sieben und die Acht oder die Fünf und die Sechs übrig und mit einer dritten Frage wird über die gedachte Zahl entschieden. Es ist leicht einzusehen, dass mit jeder Verdopplung des Zahlenintervalls eine Frage hinzukommen muss. Sei m die Anzahl der Entscheidungsfragen, dann sind $2^m = K$ verschiedene Elemente unterscheidbar. Umgestellt ergibt sich $m = \log_2(K)$. Dieser Wert wird „Entscheidungsgehalt" bezeichnet (siehe auch Abschnitt 2.3).

© Der/die Autor(en), exklusiv lizenziert an
Springer Fachmedien Wiesbaden GmbH, ein Teil von Springer Nature 2025
T. Strutz, *Bilddatenkompression*, https://doi.org/10.1007/978-3-658-49923-5_2

Beispiel 2.1: Möglicher Entscheidungsbaum bei neun Elementen

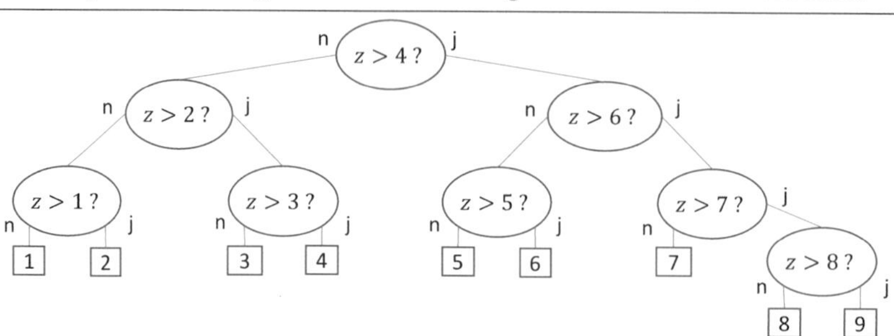

Zum Ermitteln einer Zahl z aus $K = 9$ möglichen Zahlen sind drei binäre Entscheidungsfragen unter Umständen nicht ausreichend, weil $2^3 = 8 < K = 9$ ist.

Bei größerer Anzahl K von Elementen ist auch das Maß der Unbestimmtheit größer. Die damit verbundene Information steht in Relation zu der Anzahl der Entscheidungsfragen, welche diese Unbestimmtheit auflösen müssen.

Prinzipiell sind auch Fragen möglich, die nicht nur zwei Antworten zulassen, sondern drei oder mehr. Als Antwortmöglichkeit könnte man zum Beispiel „innerhalb des erfragten Intervalls", „kleiner" und „größer" zulassen. Bei einem Zahlenintervall von $[1; 9]$ würde man fragen: Liegt die gedachte Zahl im Bereich von vier bis sechs? Ist die Antwort ‚kleiner', dann wäre die zweite Frage: Ist die Zahl gleich zwei? Und hier würde die nächste Antwort zur gedachten Zahl führen und die Unbestimmtheit beseitigen.

In der Praxis ist es üblich, mit binären Entscheidungen zu operieren. Wie vielen Fragen wären aber erforderlich, wenn die Anzahl der Zahlen im Intervall keine Potenz von zwei ist? Für das Intervall $[1; 9]$ zum Beispiel reichen unter Umständen drei Fragen nicht aus, siehe **Beispiel 2.1**. Für solche Fälle ist es sinnvoll anzugeben, wie viele binäre Entscheidungen im statistischen Mittel erforderlich sind.

Des Weiteren ist noch zu klären, wie sich die Anzahl der erforderlichen Entscheidungen ändert, wenn die (gedachten) Zahlen unterschiedliche Wahrscheinlichkeiten aufweisen.

2.2   Wahrscheinlichkeit und Informationsgehalt

Ein Zeichen, Symbol oder Ereignis sei mit s_i bezeichnet. Dann umfasst das Alphabet $\mathbf{X} = \{s_i\}$ mit $i = 1, 2, \ldots, K$ die Menge aller vorkommenden (unterschiedlichen) Symbole. Signale und endliche Folge von Symbolen aus $\mathbf{X}$ werden mit $\{x[n]\}$ beschrieben, wobei die eckigen Klammern symbolisieren, dass das Signal diskret in Bezug auf die unabhängige Variable n ist. Die Variable $x[n]$ entspricht dem Signalwert (oder Symbol) an der Position $n \in \mathbb{Z}$. Häufig werden die geschweiften Klammern bei $\{x[n]\}$ weggelassen und $x[n]$ auch als Bezeichner für ein Signal verwendet.

Beispiel 2.2: Wetterinformation, links: gleichverteiltes Wetter, rechts: Ergebnis einer Langzeit-Observation

s_i	$p(s_i)$	$I(s_i)$ [bit]	Code	s_i	$p(s_i)$	$I(s_i)$ [bit]	Code
Sonne	0.25	2	00	Sonne	0.5	1	?
Wolken	0.25	2	01	Wolken	0.25	2	?
Regen	0.25	2	10	Regen	0.125	3	?
Schnee	0.25	2	11	Schnee	0.125	3	?
	$\sum = 1.0$				$\sum = 1.0$		

Jedes Ereignis s_i besitzt eine Auftretenswahrscheinlichkeit $p_i = p(s_i)$ und es gilt

$$\sum_{i=1}^{K} p_i = 1 \ . \tag{2.1}$$

In praktischen Situationen ist diese Wahrscheinlichkeit meist nicht im Voraus bekannt, sondern wird aus den vorhandenen Daten in Form der relativen Häufigkeit $p_i = h(s_i)/N$ geschätzt. Dabei ist $h(s_i)$ die absolute Häufigkeit von Symbol s_i und N die Gesamtanzahl der Symbole in der Sequenz.

In Abhängigkeit der Auftretenswahrscheinlichkeit p_i ermittelt man den Informationsgehalt des Symbols $I(s_i)$ mit

$$\boxed{I(s_i) = \log_2 \frac{1}{p_i} \quad [1 \text{ bit}]} \ . \tag{2.2}$$

Die Einheit des Informationsgehalts wird in 1 bit (analog zu 1 Volt) angegeben.

Neben dieser informationstheoretischen Einheit ist auch der Gebrauch des Begriffs „das Bit" (Synthesewort aus *binary digit*, Mehrzahl: die Bits) gebräuchlich, wenn ein Schalter mit zwei Zuständen gemeint ist. Zum Beispiel besteht ein Byte aus 8 Bits. Bits sind zählbar und im Gegensatz zur Einheit 1 bit nur ganzzahlig verwendbar.[1]

Gleichung (2.2) drückt aus, dass der Informationsgehalt eines Ereignisses umso kleiner ist, je häufiger das Ereignis auftritt. Oder anders gesagt: je überraschender das Auftreten eines Symbols, desto größer die damit verbundene Information.

Am Beispiel der Wettervorhersage soll das Verwenden des Informationsgehalts demonstriert werden. Man stelle sich vor, ein Meteorologe möchte das aktuelle Wetter seiner Station täglich an seine Zentrale übermitteln. Wir befinden uns in einem sehr frühen Stadium der Wetterforschung und unterscheiden lediglich vier Zustände: Sonne, Wolken, Regen und Schnee (**Beispiel 2.2** links).

Zunächst sei angenommen, dass jeder der vier Wetterzustände gleich häufig eintritt; die Auftretenswahrscheinlichkeiten betragen $p_i = p = 0.25$. Die Summe aller Wahrscheinlichkeiten ist immer gleich Eins. Daraus lässt sich nun ein Informationsgehalt von

---

[1]Wenn eine mittlere Anzahl von Bits angegeben wird, wie zum Beispiel bei der Einheit ‚Bits pro Symbol‘, sind auch gebrochene Zahlen üblich.

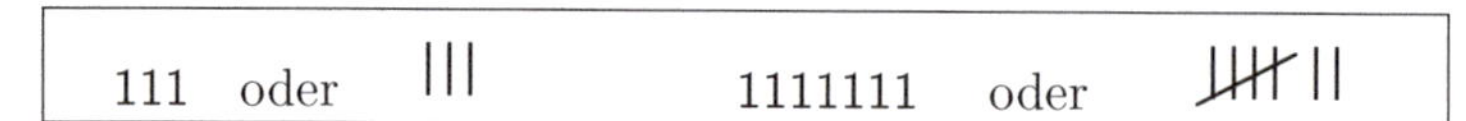

Abbildung 2.1: Varianten der unären Codierung der Zahlen 3 und 7

2 bit pro Wetterzustand errechnen und, hier zeigt sich die enge Verwandtschaft von bit und Bit, jedes Ereignis kann durch ein zweistelliges binäres Codewort repräsentiert und unterschieden werden.

Beobachtungen über einen längeren Zeitraum ergeben allerdings eine andere Verteilung des Wetters (**Beispiel 2.2** rechts). Rund 50 Prozent aller Tage scheint die Sonne, ein Viertel des Jahres ist es wolkig, den Rest teilen sich Regen und Schnee. Daraus ergibt sich für das Übermitteln jedes einzelnen Wetter-Ereignisses ein anderer Informationsgehalt. Hier stellt sich die Frage, welche Codewörter den Symbolen Sonne bis Schnee zugewiesen werden müssen, um eine optimale[2] Codierung zu erreichen. Die Antwort darauf wird im Kapitel 3 gegeben. An dieser Stelle lässt sich aber bereits vermuten, dass die neuen Codewörter unterschiedliche Längen aufweisen, während die alten Codewörter eine feste Länge von zwei Bits haben.

Als Codewörter werden hier und in den folgenden Ausführungen Aneinanderreihungen von Nullen und Einsen (Bits) bezeichnet, die eine Einheit bilden. Jedes *Codewort* kann durch einen *Codewert* und eine *Codewortlänge* definiert werden. Die Länge gibt die Anzahl der zusammenhängenden Bits an. Der Codewert ist derjenige Dezimalwert, welcher sich bei Interpretation des Codewortes als binäre Zahl ergibt. Das Codewort „00011" zum Beispiel hat eine Codewortlänge von 5 Bits und einen Codewert von 3. Die Gesamtheit aller Codewörter eines Alphabets wird als *Code* bezeichnet.

In diesem Buch wird ausschließlich das Abbilden von Informationen auf binäre Codes betrachtet. Theoretisch könnte man an Stelle von 2 jede andere ganze Zahl größer Eins als Basis B verwenden. Die Frage ist, wie viel bit erforderlich sind, um die Information einer n-stelligen Zahl eines B-wertigen Zahlensystems zu beschreiben. Mit n Ziffern lassen sich in jedem Zahlensystem B^n Zahlen unterscheiden. Löst man die Gleichung $B^n = 2^k$ nach der Anzahl der binären Stellen k auf, erhält man

$$k = n \cdot \frac{\log(B)}{\log(2)} = n \cdot \log_2(B) \ .$$

Daraus ergibt sich zum Beispiel, dass eine Ziffer des Dezimalsystems ($B = 10$) einer Information von $\log_2(10) \approx 3.32$ bit entspricht. Für das Darstellen aller zweistelligen Dezimalzahlen sind demzufolge mindestens $k = \lceil 2 \cdot \log_2(10) \rceil = 7$ Bits erforderlich. Prinzipiell sind Zahlensysteme mit beliebiger Basis B denkbar, **Beispiel 2.3**.

Codes mit $B = 1$ nennt man *unär*. Statt Einsen zu notieren könnte man auch einfach Striche machen. **Abbildung 2.1** zeigt ein Beispiel zur unären Darstellung zweier Zahlen[3].

---

[2] optimal im Sinne einer Nachricht mit möglichst wenigen Bits

[3] Man spricht dann auch von Bierdeckel-Arithmetik. 😛

Beispiel 2.3: Umrechnung von Dezimalzahlen in andere Zahlensysteme

Gegeben sei die Dezimalzahl $x = 33$. Geben Sie diese Zahl in Systemen mit den Basen 16, 10, 8, 3, 2 und 1 an!

Lösung:

B	Bezeichnung	$a_n \cdot b^n + \cdots + a_1 \cdot b^1 + a_0 \cdot b^0$	Kurzform
16	hexadezimal	$0 \cdot 16^2 + 2 \cdot 16^1 + 1 \cdot 16^0$	0x21, 021h oder $(21)_{16}$
10	dezimal	$0 \cdot 10^2 + 3 \cdot 10^1 + 3 \cdot 10^0$	33d oder $(33)_{10}$
8	oktal	$0 \cdot 8^2 + 4 \cdot 8^1 + 1 \cdot 8^0$	41o oder $(41)_8$
3	ternär	$1 \cdot 3^3 + 0 \cdot 3^2 + 2 \cdot 3^1 + 0 \cdot 3^0$	1020t oder $(1020)_3$
2	binär	$1 \cdot 2^5 + 0 \cdot 2^4 + \cdots + 0 \cdot 2^1 + 1 \cdot 2^0$	100001b oder $(100001)_2$
1	unär	$1 \cdot 1^{32} + 1 \cdot 1^{31} + \cdots + 1 \cdot 1^1 + 1 \cdot 1^0$	1…1 (33 Einsen)

2.3 Signalentropie

In den meisten praktischen Fällen wird sich der Austausch von Nachrichten nicht auf einzelne Symbole beschränken. Für das Berechnen des mittleren Informationsgehalts einer Folge von statistisch unabhängigen Symbolen verwendet man die Entropie H. Die Entropie ergibt sich aus der Summe der gewichteten Einzelinformationen

$$\boxed{H = \sum_{i=1}^{K} p_i \cdot I(s_i) = \sum_{i=1}^{K} p_i \cdot \log_2\left(\frac{1}{p_i}\right) = -\sum_{i=1}^{K} p_i \cdot \log_2(p_i)} \quad [\text{bit/Symbol}]. \qquad (2.3)$$

Die Entropie hat ihren höchsten Wert, wenn alle Symbole gleich verteilt sind ($p_i = 1/K$)

$$H_{\max} = \sum_{i=1}^{K} \frac{1}{K} \log_2(K) = \frac{1}{K} \log_2(K) \cdot \sum_{i=1}^{K} 1 = \log_2(K). \qquad (2.4)$$

Dieser Wert entspricht dem so genannten Entscheidungsgehalt H_0 einer Quelle, welcher aussagt, wie groß die Entropie bei Gleichverteilung wäre. Der Wertebereich der Entropie ist somit durch die Anzahl K verschiedener Symbole definiert:

$$0 \le H \le \log_2(K) \quad \text{bit/Symbol}. \qquad (2.5)$$

Es sei noch anzumerken, dass der Wert von $H_0 = \log_2(K)$ im allgemeinen Fall nicht durch einen binären Entscheidungsbaum wie in Beispiel 2.1 auf Seite 6 erreicht werden kann. Die durchschnittliche Anzahl von Entscheidungen für $K = 9$ ist $(7{\cdot}3 + 2{\cdot}4)/9 = 3.\overline{2}$, während der Entscheidungsgehalt nur $H_0 = \log_2(9) \approx 3.169925$ bit/Symbol beträgt.

Die Entropie einer Signalquelle kann zum Beispiel herangezogen werden, um zu berechnen, wie viel Information pro Zeit über einen Kanal übertragen werden kann, **Beispiel 2.4**.

Je ungleichmäßiger die Symbole verteilt sind, desto geringer ist der Informationsgehalt des Signals. Der Extremfall $H = 0$ ist erreicht, wenn nur ein einziges Symbol des Alphabets im Signal vorkommt

$$H = 0.0 \quad \text{wenn} \quad p_i = \begin{cases} 1.0 & i = j \\ 0.0 & i \ne j \end{cases}. \qquad (2.6)$$

Beispiel 2.4: Berechnen des Informationsgehaltes

Über einen Funkkanal werden 10^6 Symbole pro Sekunde übertragen. Der Übertragungsmodus lässt $K = 64$ verschiedene Symbole zu. Welcher Informationsgehalt kann maximal in einer Minute gesendet werden?

Lösung:

Der maximale Informationsgehalt wird erreicht, wenn alle K Symbole gleich häufig auftreten. Der Informationsgehalt pro Symbol ist dann $I_{Sym} = \log_2(1/p_i) = \log_2(K)$ bit und der durchschnittliche Informationsgehalt $H(X) = H_0 = \log_2(K)$ bit/Symbol. Der gesamte Informationsgehalt beträgt somit:

$$I_{total} = 10^6 \frac{\text{Symbole}}{s} \times 60 \frac{s}{\text{min}} \times \log_2(64) \frac{\text{bit}}{\text{Symbol}} = 360 \cdot 10^6 \frac{\text{bit}}{\text{min}} \ .$$

Betrachtet man die durch eine Signalquelle produzierten Symbole s_i, spricht man auch von einer Signal- oder Quellenentropie (engl.: *source entropy*)

$$H(X) = H, \qquad \text{wenn } s_i \in \text{Quellalphabet} X \ .$$

Häufig sind die Symbole des Quellalphabets in einem gewissen Maße voneinander abhängig. Sie werden deshalb im Laufe des Codierungsprozesses auf Symbole eines anderen Alphabets abgebildet, das eine kleinere Entropie besitzt. Kapitel 4 widmet sich diesem Thema.

Der Entropiebegriff hat seinen Ursprung in der klassischen Physik (2. Hauptsatz der Thermodynamik). Ist ein thermodynamisches System (oder eine Nachrichtenquelle) klar organisiert und nur durch ein geringes Maß an Zufälligkeit charakterisiert, dann ist die Entropie niedrig. Der Zustand größter Entropie bezeichnet den Zustand größter Unordnung. Im informationstheoretischen Sinne bedeutet größte Unordnung die Gleichverteilung, **Beispiel 2.5**.

Wenn ein Alphabet nur zwei verschiedene Symbole enthält, spricht man von einer binären Quelle. Für die Wahrscheinlichkeiten gilt $p_2 = 1 - p_1$ und für jedes Mischungsverhältnis lässt sich damit die Entropie nach Gleichung (2.3) berechnen:

$$H = -[p_1 \cdot \log_2 p_1] - [(1 - p_1) \cdot \log_2(1 - p_1)] \ . \tag{2.7}$$

In **Abbildung 2.2** ist die Entropie eines binären Signals in Abhängigkeit von der Verteilung der Symbole aufgetragen. Anzumerken ist hierbei allerdings, dass die Entropieberechnung für das physikalische Experiment weitaus komplizierter ist, da das Verhältnis der Flüssigkeiten theoretisch in jedem Punkt des Behälters anders sein kann, solange das Vermischen nicht vollständig abgeschlossen ist.

Kommen wir nun noch einmal zum Übermitteln von Wetterdaten zurück. Wie groß ist der mittlere Informationsgehalt der Nachrichten an die Zentrale bei ungleichmäßiger Verteilung des Wetters entsprechend Tabelle 2.2 rechts? Die Entropie beträgt nach

---

Beispiel 2.5: Entropie und Diffusion von Flüssigkeiten

In einem Behälter befinden sich zwei unterschiedliche Flüssigkeiten, die durch eine Scheidewand voneinander getrennt sind:

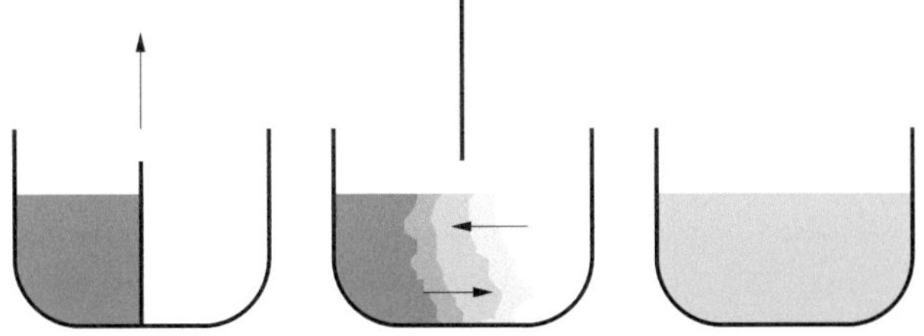

Informationstheoretisch haben wir es mit zwei Symbolen zu tun. Betrachten wir nun den Zustand in der linken Hälfte des Behälters. Die Auftretenswahrscheinlichkeit der Teilchen der dunklen Flüssigkeit s_1 ist $p_1 = 1.0$, während Teilchen der hellen Flüssigkeit s_2 nicht auftreten ($p_2 = 0.0$). Nach Gleichung (2.6) ist die Entropie des Systems $H = 0.0$ bit pro Symbol. Für die rechte Hälfte des Behälters notieren wir $p_1 = 0.0$ und $p_2 = 1.0$. Hier ist die Entropie ebenfalls $H = 0.0$ bit/Symbol. Entfernt man nun die Trennwand, so streben die Teilchen beider Flüssigkeiten zu einem Zustand größerer Entropie, sie vermischen sich. Wenn die Diffusion der Teilchen abgeschlossen ist, sind in der linken Hälfte (und natürlich auch in der rechten) die hellen und dunklen Teilchen zu gleichen Anteilen vertreten. Es gilt $p_1 = p_2 = 0.5$, der Zustand größter Entropie ist erreicht ($H_{\mathrm{max}} = 1$ bit pro Symbol).

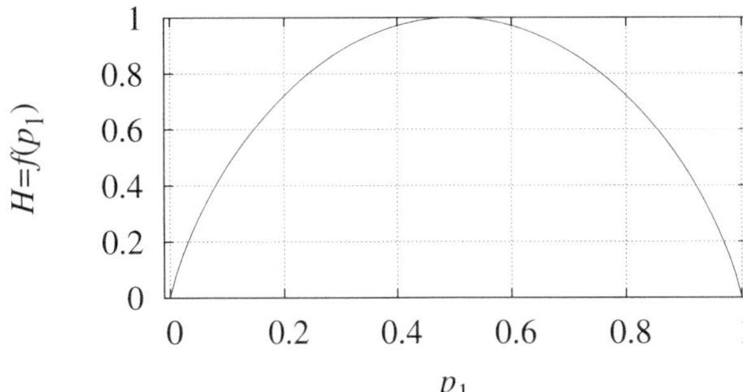

Abbildung 2.2: Entropie einer binären Quelle als Funktion der Symbolwahrscheinlichkeit p_1

Gleichung (2.3):

$$H(X) = 0.5 \cdot 1 \text{ bit} + 0.25 \cdot 2 \text{ bit} + 0.125 \cdot 3 \text{ bit} + 0.125 \cdot 3 \text{ bit} = 1.75 \text{ bit/Symbol} . \quad (2.8)$$

Für die Datenkompression bedeutet dies, es muss einen Weg geben, die vier Wetterlagen im Durchschnitt mit weniger als 2 Bits pro Nachricht zu unterscheiden.

Wenn ein Signal Träger von Information sein soll, darf es nicht vollständig vorhersagbar sein. Ein System, das eine Folge von Ereignissen mit einer gewissen Wahrscheinlichkeit (also auch mit einer gewissen Unsicherheit) erzeugt, wird als „stochastischer Prozess" bezeichnet. Informationstheoretisch gesehen ist der mittlere Informationsgehalt einer Ereignisfolge dann am größten, wenn keine statistisch gültige Aussage getroffen werden kann, welches Ereignis als nächstes folgt, also die Ereignisse völlig zufällig eintreten, und die Auftretenswahrscheinlichkeiten aller Ereignisse dieses Alphabets gleich groß sind. Solche Signale bezeichnet man als gleichverteiltes weißes Rauschen. Dies scheint nun im Widerspruch zum gesunden Menschenverstand zu stehen, da sich die Frage stellt, welche Informationen dem Rauschen zu entnehmen sind. Man muss dabei jedoch beachten, dass der Begriff „Information" in der Kommunikationstechnik an die Wahrscheinlichkeit gekoppelt ist, während im alltäglichen Gebrauch die Größe einer Information von der Interpretation der Nachricht, also vom Werturteil des Empfängers abhängt. Shannon und Weaver [Sha76] haben das so ausgedrückt: Information in der Kommunikationstheorie bezieht sich nicht so sehr auf das, was gesagt *wird*, sondern mehr auf das, was gesagt werden *könnte*. Je ungewisser es ist, welches Ereignis eintreten wird, desto größer ist die damit verbundene Information *nach* Bekanntwerden des Ereignisses. Man definiert deshalb: „Information = beseitigte Ungewissheit/Unbestimmtheit". Das Maß der Unbestimmtheit ist somit zugleich ein Maß für die Information.

Das Attribut „zufällig" wird im deutschen Sprachgebrauch für verschiedene Dinge verwendet, die beispielsweise im Englischen eigene Bezeichnungen haben. Als zufällig bezeichnet man (i) das Zusammentreffen von zwei oder mehreren Ereignissen, die scheinbar nichts mit einander zu tun haben (*coincidental*), (ii) das unerwartete Eintreffen eines Ereignisses (*by chance, by accident*) oder (iii) die chaotische (ziellose, wahllose) Abfolge von Ereignissen (*random*). In der Informationstheorie spricht man von zufälligen Ereignissen oder Symbolen, wenn auf einer bestimmten Abstraktionsebene (innerhalb eines gegebenen Kontexts) keine oder nur begrenzte Abhängigkeiten zwischen den Ereignissen erkennbar sind und deshalb keine exakte Voraussage über das Eintreffen eines bestimmten Symbols, sondern nur eine Aussage über dessen Wahrscheinlichkeit möglich ist. Verlässt man jedoch diese Abstraktionsebene und betrachtet die Ereignisse aus einem größeren Blickwinkel, werden unter Umständen Zusammenhänge sichtbar, die für eine erfolgreiche Kompression ausgenutzt werden können. Unter Voraussetzung einer uneingeschränkten Kausalität führt jede Ursache (oder die Kombination von allen möglichen Ursachen) zu einer eindeutigen Wirkung und bei genügend großem Blickwinkel sind alle Prozesse und Ereignisse rein deterministischer Natur. In den meisten Situationen unseres Lebens sind jedoch nicht alle möglichen Ursachen bzw. deren eindeutige Wirkung bekannt. Selbst wenn alle Zusammenhänge genau determiniert wären, ist es uns doch nicht möglich, die Anfangsbedingungen vollständig und mit beliebig hoher Genauigkeit zu bestimmen. Für die Informationstheorie ist deshalb der Zufall in Verbindung mit der Wahrscheinlichkeit von Ereignissen eine hilfreiche Rechengröße.

2.4 Redundanz und Irrelevanz

2.4.1 Redundanz

Redundanz (Weitschweifigkeit) ist derjenige Anteil am Datenaufkommen, der nicht für die Repräsentation der Information benötigt wird. Man kann verschiedene Arten von Redundanzen unterscheiden; im Folgenden sind drei näher benannt.

Beispiel 2.6: Berechnen von Quellen- und Codierungsredundanz

Ein Signal bestehe aus fünf verschiedenen Symbolen mit $p_0 = p_1 = p_2 = 0.2$, $p_3 = 0.1$ und $p_4 = 0.3$. Wie groß sind die Redundanz der Quelle und die Codierungsredundanz?

Lösung:

Die Entropie des Signals beträgt nach Gl. (2.3) rund $H(X) \approx 2.2464$ bit pro Symbol. Der Entscheidungsgehalt ist $H_0 = \log_2(5) \approx 2.3219$ bit/Symbol. Die Redundanz der Quelle berechnet sich entsprechend zu

$$\Delta R_0 \approx 2.3219 - 2.2464 \approx 0.076 \text{ bit/Symbol} .$$

Zum Speichern mit festen Codewortlängen sind mindestens $R = \lceil \log_2 K \rceil = \lceil \log_2 5 \rceil = 3$ Bits pro Symbol erforderlich. Die Codierungsredundanz beträgt demzufolge

$$\Delta R(X) \approx 3 - 2.2464 \approx 0.754 \text{ bit/Symbol} .$$

2.4.1.1 Redundanz einer Quelle

Die Redundanz einer Quelle ergibt sich aus dem Entscheidungsgehalt H_0 der Quelle und der tatsächlichen Quellenentropie $H(X)$ basierend auf der Ungleichverteilung der Symbole zu

$$\Delta R_0 = H_0 - H(X) \text{ bit/Symbol} .$$

2.4.1.2 Codierungsredundanz

Im vorangegangenen Abschnitt hat es sich gezeigt, dass man bei der Wetter-Information einen unnötigen Aufwand betreiben würde, wenn man 2 Bits pro Symbol einsetzt, da im Mittel 1.75 bit pro Symbol ausreichen. Diesen unnötigen Aufwand zur Repräsentation einer Information bezeichnet man als Codierungsredundanz $\Delta R(X)$. Sie lässt sich durch Maßnahmen der Entropiecodierung (siehe Kapitel 3) verringern.

Sei N_A die Anzahl der Abtastwerte im Signal und N_B die eingesetzte Datenmenge (Anzahl der Bits), dann lässt sich der durchschnittliche Aufwand, d. h. die Bitrate R für eine Speicherung in Bits pro Symbol berechnen

$$R = \frac{N_B}{N_A} \geq H(X) \quad [\text{Bits/Abtastwert}] .$$

Als Codierungsredundanz $\Delta R(X)$ wird die Differenz zwischen der durchschnittlichen Datenmenge pro Symbol und der Entropie des Signals $H(X)$ bezeichnet

$$\Delta R(X) = R - H(X) .$$

Beispiel 2.6 zeigt eine entsprechende Aufgabe.

2.4.1.3 Intersymbolredundanz

In den bisherigen Betrachtungen wurde stets davon ausgegangen, dass die Symbole unabhängig voneinander sind. In der Praxis existieren jedoch meistens statistische Bindungen zwischen den Ereignissen. Will man ein leistungsfähiges Kompressionsverfahren entwickeln, so ist es unbedingt erforderlich, diese Abhängigkeiten (Korrelationen) auszunutzen.

Deshalb wird eine bedingte Entropie $H(X|X) \leq H(X)$ definiert (siehe Abschnitt 4.1), deren Wert von vorangegangenen Symbolen abhängt. Die Differenz zwischen der Signalentropie ohne Berücksichtigung von Abhängigkeiten $H(X)$ und der bedingten Entropie $H(X|X)$ ist die Intersymbolredundanz

$$\Delta R(X|X) = H(X) - H(X|X) \,.$$

Methoden zum Vermindern der Intersymbolredundanz sind im Kapitel 4 zu finden.

2.4.2 Irrelevanz

Die Irrelevanz umfasst alle Informationsbestandteile, die beim Empfänger der Nachricht nicht wahrgenommen werden können bzw. nicht von Interesse sind. Bei der Verarbeitung von Bildsignalen ist auch der Begriff „psycho-visuelle Redundanz" gebräuchlich.

Beispiel: Ein farbiges Bild wird im Rot-Grün-Blau-Format (RGB) übertragen, d. h. jeder Bildpunkt wird durch drei Komponenten zu je 8 Bits repräsentiert. Der Aufwand beträgt 24 Bits pro Bildpunkt. Wenn das Bildsignal beim Empfänger auf einem Farbmonitor dargestellt wird, der lediglich 256 Farben anzeigen kann, bedeutet dies, $\log_2(256) = 8$ Bits pro Bildpunkt hätten für die Übertragung gereicht.

Zu beachten ist hierbei aber, dass die Definition der Irrelevanz immer vom jeweiligen Empfänger abhängig ist. Außerdem bedeutet das sendeseitige Entfernen von irrelevanten Bestandteilen einen Verlust an digitaler Information, die beim Empfänger nicht mehr zurückgewonnen werden kann. Falls also nachträglich eine Möglichkeit geschaffen wird, 256^3 verschiedene Farben darzustellen, nützt das wenig, wenn die Bilddaten eine Auflösung von nur 8 Bits pro Bildpunkt haben.

Wenn das Beseitigen der irrelevanten Anteile geschickt durchgeführt wird, kann sowohl für Audio- als auch Videodaten eine deutlich stärkere Kompression im Vergleich zu verlustlosen Verfahren erreicht werden, ohne die wahrgenommene Signalqualität signifikant zu vermindern.

2.5 Kriterien zur Kompressionsbewertung

Der letzte Abschnitt dieses Kapitels befasst sich mit dem Beurteilen von Kompressionsverfahren. Ziel der Bewertung ist der Vergleich zwischen verschiedenen Verarbeitungsstrategien.

2.5.1 Kompressionsverhältnis

Das Kompressionsverhältnis ergibt sich aus der Relation der Datenmenge des ursprünglichen Signals zur Datenmenge des codierten Signals

$$C_{\mathrm{R}} = \frac{\text{Datenmenge(Originalsignal)}}{\text{Datenmenge(nach Kompression)}} \; . \tag{2.9}$$

Oft wird die Stärke der Kompression mit Hilfe der Bitrate ausgedrückt. Die Bitrate entspricht der Datenmenge N_{B} (in Bits) des codierten Signals bezogen auf die Anzahl N_{A} der Symbole

$$R = \frac{N_{\mathrm{B}}}{N_{\mathrm{A}}} \qquad \text{[Bits/Symbol]} \; . \tag{2.10}$$

Für Bilddaten wird die Bitrate meist in Bits pro Bildpunkt (engl.: *bits per pixel* [bpp]) angegeben. Bei der Kompression von Bildsequenzen ist auch die Angabe einer Datenrate in Bits pro Sekunde (engl.: *bits per second* [bps]) üblich.

2.5.2 Signalqualität

Das Bewerten der Signalqualität ist für verlustbehaftete Kompressionsverfahren von Interesse. Grundsätzlich wird zwischen objektiver und subjektiver Beurteilung der Qualität unterschieden.

Objektiv bedeutet, dass ein Computerprogramm das Original mit dem veränderten, auf der Empfängerseite rekonstruierten Signal vergleicht und die Unterschiede der Helligkeits- und Farbwerte in einer Zahl zusammenfasst. Subjektive Qualitätsbewertung setzt im Gegensatz dazu mehrere Testpersonen voraus, die ihr persönliches Urteil zur Qualität ausgedrückt in einer Zahl abgeben. Diese Bewertungen werden arithmetisch gemittelt.

2.5.2.1 Objektive Bewertung

Für die objektive Beurteilung werden Verzerrungsmaße und darauf aufbauend Qualitätsmaße definiert. Erstere werten die Differenzen zwischen korrespondierenden Signalwerten aus und liefern als Ergebnis eine Zahl, die mit den Signalunterschieden steigt. Verzerrungsmaße dienen vorwiegend der adaptiven Optimierung von Kompressionsstrategien und seltener dem Vergleich der Verfahren. Die Sequenz $x[n]$ sei das Originalsignal mit N Abtastwerten und $x'[n]$ sei das rekonstruierte Signal. Ein Maß für die Veränderung oder Verzerrung (engl.: *distortion*) wird allgemein als Funktion dieser beiden Symbolfolgen angegeben:

$$D = f(x[n], x'[n]) \; .$$

Qualitätsmaße beziehen Kenngrößen des Originalsignals in geeigneter Weise auf die Verzerrung und liefern eine Zahl, die mit kleiner werdender Verzerrung zunimmt.

Zum besseren Unterscheiden zwischen der Folge $x[n] = (x_1\, x_2 \ldots x_i \ldots x_N)$ und ihren Elementen werden die einzelnen Symbole im Folgenden mit x_i bezeichnet.

Verzerrungsmaße

Mittlerer quadratischer Fehler   (engl.: *mean square error*)

$$\text{MSE} = \frac{1}{N} \cdot \sum_{i=1}^{N} (x_i - x_i')^2 \tag{2.11}$$

Große Differenzen zwischen den Signalwerten werden durch das Quadrieren stärker gewichtet als kleinere Differenzen.

Mittlerer absoluter Fehler   (engl.: *mean absolute difference*)

$$\text{MAD} = \frac{1}{N} \cdot \sum_{i=1}^{N} |x_i - x_i'| \tag{2.12}$$

Dieses Maß verzichtet auf das Quadrieren und wird eingesetzt, wenn es zum Beispiel auf eine schnellere Berechnung ankommt.

Summe der absoluten Fehler   (engl.: *sum of absolute differences/distortions*)

$$\text{SAD} = \sum_{i=1}^{N} |x_i - x_i'| \tag{2.13}$$

Der SAD-Wert unterscheidet sich vom MAD lediglich durch die fehlende Division durch N. Für ausschließlich vergleichende Zwecke ist diese Normierung nicht erforderlich und die Berechnung wird dadurch beschleunigt.

Qualitätsmaße

Signal-Rausch-Verhältnis   (engl.: *signal-to-noise ratio ... SNR*)
Das Signal-Rausch-Verhältnis ist ein Qualitätsmaß und hat im Gegensatz zu den vorangegangenen Verzerrungsmaßen einen steigenden Wert mit steigender Qualität des rekonstruierten Signals. Es wird in Dezibel angegeben

$$\text{SNR} = 10 \cdot \log_{10} \left(\frac{\sigma_\text{x}^2}{\sigma_\text{e}^2} \right) \quad [\text{dB}] . \tag{2.14}$$

Die Varianz σ_x^2 eines Signals $x[n] = (x_1 \, x_2 \ldots x_i \ldots x_N)$ berechnet sich nach

$$\sigma_\text{x}^2 = \frac{1}{N} \cdot \sum_{i=1}^{N} (x_i - \overline{x})^2 \quad \text{mit} \quad \overline{x} = \frac{1}{N} \cdot \sum_{i=1}^{N} x_i . \tag{2.15}$$

σ_e^2 ist entsprechend die Varianz des Rekonstruktionsfehlers $e_i = x_i - x_i'$. Falls der Rekonstruktionsfehler mittelwertfrei ist, sind Fehlervarianz und MSE identisch

$$\sigma_\text{e}^2 = \frac{1}{N} \cdot \sum_{i=1}^{N} (e_i - 0)^2 = \frac{1}{N} \cdot \sum_{i=1}^{N} (x_i - x_i')^2 \quad \text{mit} \quad \overline{e_i} = 0 \tag{2.16}$$

(vgl. Gleichung 2.11).

Anmerkung: Das Berechnen der Varianz erfordert Kenntnis über den Mittelwert des Signals. Eine algorithmische Umsetzung bedarf in dieser Form zwei Durchläufe über alle Signalwerte. Das lässt sich durch folgende Umformung vermeiden:

$$\sigma_{\mathrm{x}}^2 = \frac{1}{N} \cdot \sum_{i=1}^{N} (x_i - \overline{x})^2 = \frac{1}{N} \cdot \sum_{i=1}^{N} \left(x_i^2 - 2 \cdot x_i \cdot \overline{x} + \overline{x}^2 \right)$$

$$= \frac{1}{N} \cdot \left[\sum_{i=1}^{N} x_i^2 - 2 \cdot \overline{x} \cdot \sum_{i=1}^{N} x_i + \sum_{i=1}^{N} \overline{x}^2 \right] = \frac{1}{N} \cdot \left[\sum_{i=1}^{N} x_i^2 - 2 \cdot \overline{x} \cdot \overline{x} \cdot N + N \cdot \overline{x}^2 \right]$$

$$= \frac{1}{N} \cdot \left[\sum_{i=1}^{N} x_i^2 - N \cdot \overline{x}^2 \right] = \frac{1}{N} \cdot \sum_{i=1}^{N} x_i^2 - \overline{x}^2$$

Die Summen $S_1 = \sum_{i=1}^{N} x_i^2$ und $S_2 = \sum_{i=1}^{N} x_i$ können in einem Durchlauf unabhängig voneinander berechnet werden. Die Varianz ist dann $\sigma_x^2 = S_1/N - (S_2/N)^2$.

Spitzen-Signal-Rausch-Verhältnis (engl.: *peak-signal-to-noise ratio*)
Dieses Qualitätsmaß ist eine modifizierte Version des SNR und für die Bewertung von Bildern üblich. Statt der Signalvarianz wird der (theoretische) Spitzenwert $x_{\mathrm{p}} = 2^B - 1$ zum Quadrat eingesetzt, welcher sich durch die Anzahl B von Bits pro Bildpunkt ergibt. Außerdem wird Mittelwertfreiheit für den Rekonstruktionsfehler angenommen:

$$\mathrm{PSNR} = 10 \cdot \log_{10} \left(\frac{x_{\mathrm{pp}}^2}{\mathrm{MSE}} \right) = 10 \cdot \log_{10} \left(\frac{(2^B - 1)^2}{\mathrm{MSE}} \right) \quad [\mathrm{dB}] \, . \qquad (2.17)$$

Eine Beispielrechnung ist in **Beispiel 2.7** angegeben.

Strukturelle Ähnlichkeit (engl.: *structural similarity … SSIM*) [Wan04]
Dieses Qualitätsmaß vergleicht auch zwei Versionen $\{x[n,m]\}$ und $\{x'[n,m]\}$ eines Bildes. Statt die tatsächlichen Änderungen der Signalwerte auszuwerten, bewertet der SSIM-Index aber, wie sich die Struktur im Bild geändert hat und berücksichtigt auch wahrnehmungspsychologische Phänomene. Die strukturelle Ähnlichkeit in einem Bildpunkt an Position n, m setzt sich aus drei Komponenten zusammen:

$$SSIM[n,m] = l[n,m] \cdot c[n,m] \cdot [n,m] \, . \qquad (2.18)$$

Jede Komponente bezieht bei der Berechnung die Signalwerte in der lokalen Umgebung U von $[n,m]$ ein. Dies könnte ein Fenster von zum Beispiel 9×9 Bildpunkten sein oder eine radialsymmetrische Region. Je nach Abstand zur aktuellen Bildpunktposition könnten die beitragenden Bildpunkte unterschiedlich gewichtet sein.

Die erste Komponente bewertet lokale Helligkeitsunterschiede

$$l[n,m] = \frac{2\mu_x \mu_{x'} + \epsilon}{\mu_x^2 + \mu_{x'}^2 + \epsilon} \, , \qquad (2.19)$$

Beispiel 2.7: Berechnen des PSNR

Gegeben sei eine Sequenz von Signalwerten $\{x[n]\} = \{1, 4, 3, 0, 2, 3, 6, 4\}$, welche aus einem Wertebereich $0 \leq x[n] \leq 7$ generiert wurde. Die einzelnen Werte lassen sich mit jeweils $B = 3$ Bits darstellen. Durch den verlustbehafteten Kompressionsprozess wird die Sequenz verändert und der Empfänger rekonstruiert $\{x'[n]\} = \{1, 2, 3, 1, 2, 3, 5, 4\}$. Es sind das Signal-Rausch-Verhältnis und das PSNR zu bestimmen!

Lösung:

Die Varianz des originalen Signals beträgt

$$\sigma_x^2 = \frac{1}{N} \cdot \sum_{i=1}^{N} x_i^2 - \left(\frac{1}{N} \cdot \sum_{i=1}^{N} x_i \right)^2 = \frac{1 + 16 + 9 + 4 + 9 + 36 + 16}{8} - \left(\frac{23}{8} \right)^2$$

$$= \frac{91}{8} - \frac{529}{64} = \frac{199}{64} = 3.109375 \ .$$

Die Sequenz des Rekonstruktionsfehlers lautet:

$$\{e[n]\} = \{x[n]\} - \{x'[n]\} = \{0, 2, 0, -1, 0, 0, 1, 0\}$$

und seine Varianz:

$$\sigma_e^2 = \frac{1}{N} \cdot \sum_{i=1}^{N} e_i^2 - \left(\frac{1}{N} \cdot \sum_{i=1}^{N} e_i \right)^2 = \frac{4 + 1 + 1}{8} - \left(\frac{2}{8} \right)^2 = \frac{6}{8} - \frac{1}{16} = \frac{11}{16} = 0.6875 \ .$$

Damit ergibt sich ein Signal-Rausch-Verhältnis von

$$\text{SNR} = 10 \cdot \log_{10} \left(\frac{3.109375}{0.6875} \right) \approx 6.554 \quad [\text{dB}] \ .$$

Das PSNR beträgt mit $B = 3$:

$$\text{PSNR} = 10 \cdot \log_{10} \left(\frac{(2^B - 1)^2}{\text{MSE}} \right) = 10 \cdot \log_{10} \left(\frac{49}{(4 + 1 + 1)/8} \right) \approx 18.15 \quad [\text{dB}] \ .$$

---

mit den lokalen Mittelwerten

$$\mu_x = \sum_{i \in U} x_i \cdot w_i \quad \text{und} \quad \mu_{x'} = \sum_{i \in U} x'_i \cdot w_i \ , \tag{2.20}$$

wobei die Summe der Gewichte gleich eins sein muss

$$\sum_{i \in U} w_i = 1 \ . \tag{2.21}$$

Die Konstante $\epsilon > 0$ in (2.19) verhindert lediglich Instabilitäten, wenn beide Mittelwerte μ_x und $\mu_{x'}$ nahe null sind.

Abbildung 2.3: Beispiel für das SSIM-Qualitätsmaß: (a) Bild verrauscht mit Streuung $\sigma = 10$, (b) SSIM-Bewertung

Die zweite Komponente prüft Unterschiede im Kontrast

$$c[n,m] = \frac{2\sigma_x\sigma_{x'} + \epsilon}{\sigma_x^2 + \sigma_{x'}^2 + \epsilon} \, , \quad \text{mit} \quad \sigma_x = \sqrt{\sum_{i\in U}(x_i - \mu_x)^2 \cdot w_i} \, . \tag{2.22}$$

Die dritte Komponente wertet die strukturelle Ähnlichkeit im Sinne der Korrelation[4] zwischen beiden Signalen aus

$$s[n,m] = \frac{\sigma_{x,x'}^2 + \epsilon}{\sigma_x\sigma_{x'} + \epsilon} \, , \quad \text{mit} \quad \sigma_{x,x'}^2 = \sum_{i\in U}(x_i - \mu_x)(x_i' - \mu_{x'}) \cdot w_i \, . \tag{2.23}$$

Es gilt jeweils $0 \leq l[n,m], c[n,m], s[n,m] \leq 1$. Insgesamt wird für jeden Bildpunkt ein SSIM-Index berechnet:

$$SSIM[n,m] = \frac{2\mu_x\mu_{x'} + \epsilon}{\mu_x^2 + \mu_{x'}^2 + \epsilon} \cdot \frac{2\sigma_{x,x'}^2 + \epsilon}{\sigma_x^2 + \sigma_{x'}^2 + \epsilon} \quad \text{mit} \quad 0 \leq SSIM[n,m] \leq 1 \, . \tag{2.24}$$

Man beachte, dass sich der Zähler von $c[n,m]$ und der Nenner von $s[n,m]$ kürzen. Zur Bewertung des gesamten Bildes $\{x'[n,m]\}$ werden alle einzelnen Werte einfach arithmetisch gemittelt

$$SSIM = \frac{1}{N \cdot M} \cdot \sum_{n=0}^{N-1}\sum_{m=0}^{M-1} SSIM[n,m] \, . \tag{2.25}$$

Für identische Bilder ist der SSIM-Wert gleich eins und er fällt mit sinkender Ähnlichkeit. Ein Beispiel ist in **Abbildung 2.3** zu sehen. Auf das Originalbild (siehe Seite 411)

---

[4]siehe Abschnitt 6.1

Tabelle 2.1: MOS-Skala

5	hervorragend (*excellent*)	kein Unterschied zum Original erkennbar
4	gut (*good*)	leichte, nicht störende Verzerrungen
3	zufrieden stellend (*fair*)	leicht störende Verzerrungen
2	gering (*poor*)	störende Verzerrungen
1	schlecht (*bad*)	unangenehme, stark störende Verzerrungen

wurde mittelwertfreies normalverteiltes Rauschen mit einer Streuung von $\sigma = 10$ addiert. Die SSIM-Karte zeigt mit hellen Werten diejenigen Regionen, in denen die strukturelle Ähnlichkeit hoch ist und die Änderungen vermutlich nicht störend sind, und mit dunklen Werten, wo die Grauwertänderungen die Bildstruktur signifikant geändert haben. Es ist zu sehen, dass in den Bereichen von Helligkeitskanten die SSIM-Werte relativ hoch sind, weil dort das Rauschen weniger sichtbar ist (siehe auch Abschnitt 7.1.2.3). Der durchschnittliche SSIM-Wert beträgt für dieses Bild 0.770; das PSNR ist 37.17 dB.

Eine verbesserte Variante der SSIM-Berechnung arbeiten auf verschiedenen Skalen (örtlichen Auflösungen) des zu untersuchenden Bildes (*Multi-Scale SSIM* [Wan03]) und erreicht ähnlich oder bessere Ergebnisse als SSIM im Vergleich zu Bewertung durch Menschen.

2.5.2.2 Subjektive Bewertung

Eine subjektive Bewertung der Qualität von rekonstruierten Signalen ist mittels Testpersonen möglich, die in mehreren Testserien ihr Urteil äußern. Die Ergebnisse der Benotung werden gemittelt und anhand des resultierenden Wertes kann eine Einschätzung erfolgen. Für das Benoten von Bildern wird in der Regel eine MOS-Skala (engl.: *mean opinion score*) verwendet [Jay84] (siehe **Tab. 2.1**). Qualitätstests für Videos lassen keinen direkten Vergleich zwischen Original und Rekonstruktion zu. Eine mögliche Testanordnung besteht darin, dass Testpersonen mit Hilfe eines Schiebereglers während des laufenden Videos ihrem subjektiven Empfinden Ausdruck verleihen.

In den meisten Fällen gibt es eine starke Korrelation zwischen dem subjektiven Urteil und einer Bildbewertung durch das PSNR. Verschiedene Kompressionsalgorithmen rufen allerdings auch sehr unterschiedliche Bildverzerrungen hervor (Unschärfe, blockartige Strukturen, Überschwinger an Helligkeitskanten, Verschmierungen der Farbe etc.), und das PSNR ist bei starken Änderungen der digitalen Bildinformation nicht mehr in der Lage, das subjektive Empfinden eines Beobachters in ausreichendem Maße nachzubilden. Da das menschliche Wahrnehmungssystem sehr komplex ist, hat sich bis heute noch kein objektives Verfahren durchgesetzt, das die subjektiven Tests ersetzen könnte. Das erste Messverfahren für das Bestimmen der Qualität von Videos basierend auf dem menschlichen Sehsystems (HVS… *Human Visual System*) wurde von Lukas und Budrikis 1982 vorgeschlagen [Luk82]. Bisherige Qualitätsmetriken basieren entweder auf einem Wahrnehmungsmodell oder auf einer Extraktion von bestimmten Merkmalen (z. B. typische Verzerrungsstrukturen hervorgerufen durch das verwendete Kompressionsverfahren) [Wu01]. Eine Zusammenfassung von Modellen und Verfahren ist u. a. in [Win99] und [Sha14] zu finden. Es gab auch Bestrebungen, eine Methode zur Nachbildung der menschlichen Qualitätsempfindung zu standardisieren (VQEG… *Video Quality Experts*

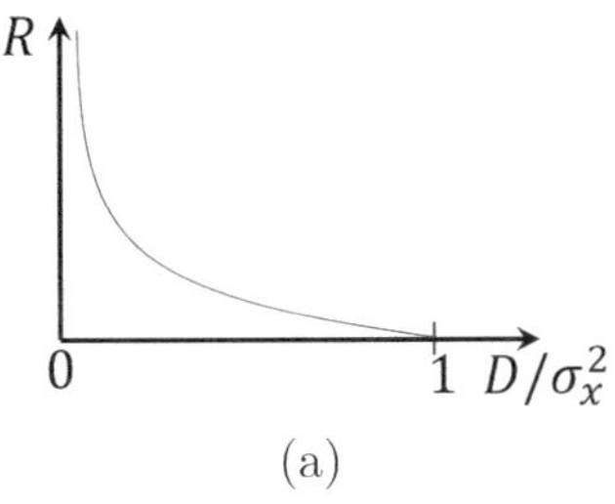
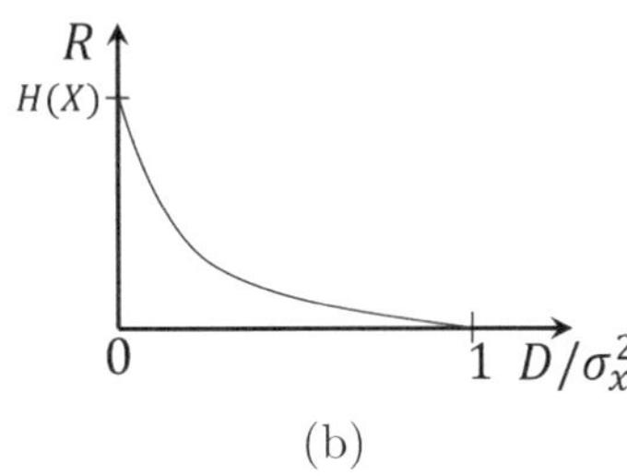

Abbildung 2.4: Rate-Distortion-Funktion: (a) kontinuierliche Signalwerte; (b) diskrete Signalwerte

Group, [VQE03]). Generell ist dabei eine Verschiebung des Ansatzes von „visueller Qualität" zur „*Quality of Experience*" (QoE) zu verzeichnen.

Prinzipiell sind die Bewertungsmethoden in zwei Gruppen zu unterteilen, je nachdem ob die Originaldaten zum Vergleich herangezogen werden oder nicht. Wenn ja, dann können alle durch die verlustbehaftete Kompression hervorgerufenen Verzerrungen genau quantifiziert werden. Für bestimmte Anwendungen ist es jedoch gar nicht erforderlich, die Bildinformation eins zu eins zu übermitteln. Der Betrachter auf der Empfängerseite kennt die originalen Bilder nicht. Entscheidend ist lediglich, dass er die ihm präsentierten Bilder als realistisch empfindet. Dies ist allerdings sehr stark vom Vorwissen und angelernten Strukturen und Texturen abhängig, auf die ein besonderes Augenmerk gelegt wird (z. B. Gesichter).

2.5.3 Rate-Distortion-Funktion

Die Verbindung von Kompressionsverhältnis und Signalqualität wird durch die so genannte Rate-Distortion-Theorie beschrieben [Jay84]. Sie besagt, dass eine untere Grenze der erforderlichen Bitrate R [bit/Symbol] bei einer vorgegebenen Verzerrung D des Signals $x[n]$ existiert. In **Abbildung 2.4** ist die Verzerrung auf die Signalvarianz σ_x^2 normiert dargestellt.

Kontinuierliche Signalwerte können nicht verzerrungsfrei mit einer endlichen Bitrate dargestellt werden, da die Auflösung der Signalwerte unendlich ist. Im Unterschied dazu ist es möglich, für wertdiskrete Signale eine endliche Bitrate bei einer Verzerrung von $D = 0$ anzugeben. Sie entspricht der Signalentropie ($R(0) = H(X)$), wenn die Symbole unabhängig voneinander sind. Theoretisch kann jeder Punkt über der Kurve durch ein entsprechendes Kompressionsverfahren erreicht werden. Je dichter das Kompressionsergebnis an der Kurve liegt, desto besser ist der Algorithmus. Die Rate-Distortion-Theorie legt somit eine Grenze für die maximale Kompression fest. Praktisch ist das Ermitteln dieser Grenze mit Ausnahme von Spezialfällen nicht durchführbar, weil die Berechnung im Allgemeinen sehr kompliziert ist und die statistischen Abhängigkeiten zwischen den zu codierenden Symbolen nicht vollständig bekannt sind. In praktischen Kompressionssystemen mit alternativen Codierungsvarianten und variablen Parametern ist es jedoch möglich, mit Hilfe der Lagrange-Multiplikator-Methode die Kompression zu optimieren. Ziel ist das Minimieren der Bildverzerrungen $D(s)$ bei einer vorgegebenen, konstanten

Bitrate $R(s)$

$$D(s) + \lambda \cdot R(s) \longrightarrow \text{Min}$$

Sowohl die Verzerrung als auch die Bitrate sind von einem Parameterset s abhängig. Problematisch ist die Wahl des Lagrange-Multiplikators λ. Sein Wert hängt selbst von den Kompressionsparametern ab. Für die Videokompression, zum Beispiel, wurden praktikable Werte auf Basis umfangreicher Tests ermittelt ([Sul98, Wie01, Wie03]).

2.5.4   Merkmale eines Kompressionssystems

Bei der Entwicklung von praktikablen Kompressionsverfahren spielen neben dem Kompressionsverhältnis weitere Parameter eine wichtige Rolle. Jede Verarbeitung von Signalen benötigt eine gewisse Zeit. Bei einigen Anwendungen, wie z. B. der bidirektionalen Echtzeitübertragung von Bild und Ton (Bildtelefonie, Videokonferenz) oder interaktiv beeinflussbaren Systemen (Fernsteuerung), kommt es auf sehr kurze Verzögerungszeiten (engl.: *delay*) an. Größere Verzögerungen sind zum Beispiel akzeptabel bei Archivierungssoftware und unidirektionaler Übertragung (z. B. digitales Fernsehen). Auch bei der Videoaufzeichnung in digitalen Videokameras sind lange Verarbeitungszeiten (Latenz) kein Problem, vorausgesetzt, die Durchsatzrate der Bilddaten entspricht mindestens der Aufnahmerate.

Für die hardware-nahe Umsetzung ist eine geringe Komplexität des Kompressionsverfahrens (Anzahl der Rechenoperationen) entscheidend, um Kosten bei der Chip-Herstellung oder Speicherplatz in DSP-Lösungen zu sparen.

Wichtig für den Einsatz eines Kompressionsprogramms ist seine Fähigkeit zur Anpassung (Adaptation). Es sollte sich auf Änderungen der Signalstatistik einstellen können und nahezu unabhängig vom Signalinhalt hohe Kompressionsergebnisse erzielen.

Als letzter Punkt in dieser Aufzählung sei die Robustheit gegenüber Übertragungsfehlern genannt. Der hundertprozentige Schutz vor Fehlern kann durch die Kanalcodierung nicht in jedem Fall gewährleistet werden, sodass der Datenrekonstruktionsschritt auf der Empfängerseite (vgl. Abb. 1.3) auch bei auftretenden Übertragungsfehlern in der Lage sein sollte, alle korrekt empfangenen Daten zur Rekonstruktion des Signals zu nutzen.

Es lässt sich an dieser Stelle bereits vermuten, dass es kein Kompressionsverfahren gibt, welches allen Anforderungen gleichzeitig gerecht werden kann. Um hohe Kompressionsleistungen zu erreichen, benötigt man im Allgemeinen eine hohe Komplexität des Codecs; eine gute Adaptation an das zu verarbeitende Signal erfordert zusätzliche Operationen und damit Zeit. Die Entwicklung von neuen Kompressionsstrategien setzt deshalb stets Kenntnisse über die praktischen Anforderungen voraus.

2.6   Testfragen

2.1 Was versteht man unter der Information I eines Symbols? Geben Sie die Formel an und erläutern Sie kurz!

2.2 Gegeben sei die Dezimalzahl $x = 44$. Geben Sie diese Zahl in Systemen mit den Basen 16, 10, 8, 3, 2 und 1 an!

2.3 Nennen Sie 3 Merkmale eines **guten** Kompressionssystems!

2.4 Wie leitet sich die Quellenentropie aus der Information der einzelnen Symbole ab?

2.5 Was ist der Unterschied zwischen Redundanz und Irrelevanz?

2.6 Was ist der Unterschied zwischen Codierungs- und Intersymbolredundanz?

2.7 Was ist eine binäre Quelle?

2.8 Ordnen Sie die Elemente der Listen korrekt zu!
Liste A = {Codierungsredundanz, Intersymbolredundanz, Quellenredundanz}
Liste B = {
- Differenz zwischen dem Entscheidungsgehalt und bedingter Entropie,
- Differenz zwischen bedingter Entropie und Quellenentropie,
- Differenz zwischen dem Entscheidungsgehalt und der Entropie der Quelle,
- Differenz zwischen Quellenentropie und bedingter Entropie,
- Differenz zwischen der Bitrate und der Quellenentropie
}

2.9 Information ist ...
- ☐ wenn etwas interessant für den Empfänger ist
- ☐ unabhängig von der Auftretenswahrscheinlichkeit eines Ereignisses
- ☐ abhängig von der Interpretation durch den Empfänger
- ☐ beseitigte Ungewissheit

2.10 Von irrelevanter Information spricht man, wenn ...
- ☐ der Empfänger diese Information schon kennt (zur Verfügung hat).
- ☐ der Sender die Nachricht nicht übertragen kann (mit seinen technischen Möglichkeiten).
- ☐ die Nachricht für den Empfänger unwichtig ist.
- ☐ der Sender diese Information schon einmal gesendet hat.
- ☐ der Empfänger der Nachricht nicht wahrnehmen oder auswerten kann.
- ☐ der Sender die Nachricht als unwichtig kategorisiert.

2.11 Es sind zwei Signalquellen gegeben. Quelle X produziert 3 verschiedene Symbole mit den Auftretenswahrscheinlichkeiten $p_1 = p_2 = 0.2$ und Quelle Y produziert 4 verschiedene Symbole mit den Auftretenswahrscheinlichkeiten $p_1 = p_2 = 0.25$, $p_3 = 0.3$. Welche Quelle erzeugt den höheren Informationsgehalt pro Symbol? Begründen Sie kurz!

2.12 Eine Quelle X produziert Zahlen von 1 bis 100 mit folgenden Gruppen-Wahrscheinlichkeiten: 1 bis 20: $p(s_1) = 1/6$, 21 bis 50: $p(s_2) = 1/3$ und 51 bis 100: $p(s_3) = 1/2$. Innerhalb der Gruppen sind die Zahlen gleich wahrscheinlich.

a) Berechnen Sie die Entropie dieser Quelle!

b) Wie groß ist der Entscheidungsgehalt dieser Quelle?

2.13 Bestimmen Sie den Informationsgehalt einer mit Text bedruckten Seite! Für die Berechnung sind anzunehmen: 84 verschiedene, unabhängige und gleich wahrscheinliche Zeichen, 60 Zeilen á 65 Zeichen.

2.14 Wofür steht die Abkürzung PSNR?

2.15 Führen Sie folgendes Gedankenexperiment durch: Erzeugen Sie aus einem gegebenen Bild mit 8 Bits pro Bildpunkt zwei neue „rekonstruierte" Bilder. Für die eine Rekonstruktion addieren Sie den Wert +10 zu jedem Pixel in der oberen Hälfte des Bildes und -10 in der unteren, das andere Bild wird erzeugt durch das zufällige Addieren von entweder +10 oder -10 (in gleichen Anteilen).

a) Wie groß sind die PSNR-Werte der rekonstruierten Bilder?

b) Spiegeln die PSNR-Werte die subjektive Qualität wider? Warum?

2.16 Was versteht man unter objektiver Bildqualität? Wie wird sie bewertet (Formel)?

2.17 Eine Signalquelle produziert Symbole aus dem Alphabet $A = \{a, b, c, d, e\}$. Die Signalentropie beträgt $H(X) = 1.45$ bit/Symbol. Wie groß wäre die Signalentropie bei Gleichverteilung der Symbole?

Kapitel 3

Entropiecodierung

Dieses Kapitel befasst sich mit verschiedenen Methoden zur Kompression von Daten unter Ausnutzung der statistischen Verteilung von Symbolen. Die Symbole werden hierbei als unabhängig voneinander betrachtet. Zunächst wird auf einige Aspekte der Codierungstheorie eingegangen und anschließend werden die Verfahren anhand von Beispielen erläutert. Ausführungen zur adaptiven Codierung und zu Problemen bei sehr großen Symbolalphabeten bilden den Abschluss.

*Das Schema in (**Abb. 3.1**) verdeutlicht den Unterschied zwischen Entropiecodierung und Techniken zur Präcodierung, welche im nachfolgenden Kapitel behandelt werden.*

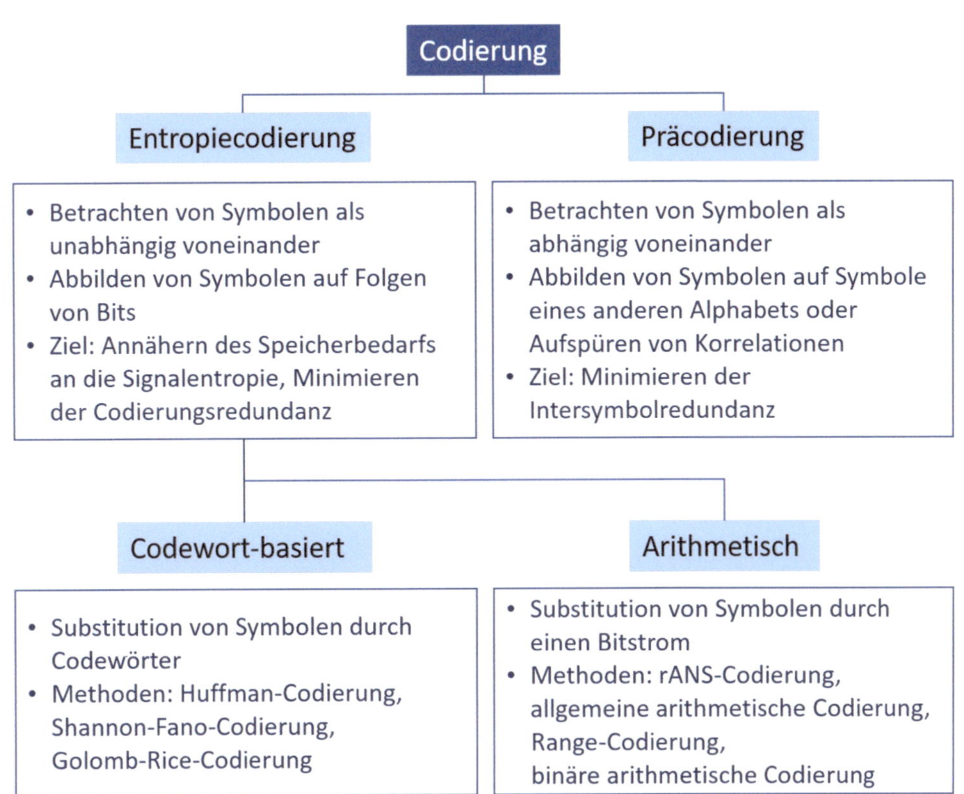

Abbildung 3.1: Unterteilung der Verfahren zur Codierung

3.1 Codierungstheorie

Die Entropiecodierung, auch statistische Codierung genannt, umfasst Methoden der Datenkompression, welche in der Lage sind, die Codierungsredundanz $\Delta R(X)$ (siehe Seite 13) durch Ausnutzen der Symbolverteilung zu reduzieren. Ziel ist das Zuordnen von Codewörtern (Bitfolgen) derart, dass die mittlere Bitrate minimiert und an die Signalentropie $H(X)$ angenähert wird. Es wird versucht, jedem Symbol nur so viele Bits zuzuordnen, wie es aufgrund des Informationsgehalts des Symbols erforderlich ist. Symbolen mit hoher Auftretenswahrscheinlichkeit werden kurze Codewörter zugewiesen, während seltene Symbole längere Codewörter erhalten.

Die Theorie der Codierung, wie wir sie heute verwenden, geht auf Claude E. Shannon zurück [Sha48, Sha76]. Die Variable l_i sei die Länge jenes Codewortes c_i, das dem Symbol s_i mit der Auftretenswahrscheinlichkeit $p(s_i) = p_i$ zugeordnet wird. Die mittlere Codewortlänge einer Symbolfolge ist somit

$$\overline{l_i} = \sum_{i=1}^{K} p_i \cdot l_i \quad [\text{Bits/Symbol}] \,, \tag{3.1}$$

wenn die Signalquelle K verschiedene Zeichen produziert. Die niedrigste Bitrate wird erreicht, wenn ein Code (eine geeignete Auswahl von Codewörtern) den kleinsten Wert für $\overline{l_i}$ liefert. Die entscheidende Frage ist nun, ob es eine untere Grenze für die mittlere Codewortlänge gibt und wenn ja, wie groß sie ist. Shannon hat 1948 bewiesen, dass $\overline{l_i}$ stets größer oder mindestens gleich der Quellenentropie $H(X)$ ist. Das ist auch logisch, denn wenn es einen bestimmten Betrag an Information in bit gibt, dann müssen auch mindestens so viele Bits übertragen werden. Ansonsten geht von der Information etwas verloren. Darüber hinaus lässt sich zeigen, dass immer ein Code existiert, der eine Übertragung mit weniger als $H(X) + 1$ bit pro Abtastwert ermöglicht:

Beweis
Nach (2.2) beträgt der Informationsgehalt eines Symbols $I(s_i) = -\log_2(p_i)$. Jedem Symbol kann man ein Codewort der Länge $l_i \geq -\log_2(p_i)$ oder aufgerundet $l_i \leq \lceil -\log_2(p_i) \rceil$ zuordnen. Somit gilt

$$-\log_2(p_i) \leq l_i < -\log_2(p_i) + 1 \quad | \cdot p_i$$

$$-p_i \cdot \log_2(p_i) \leq p_i \cdot l_i < -p_i \cdot \log_2(p_i) + p_i \quad | \sum$$

$$-\sum_{i=1}^{K} p_i \cdot \log_2(p_i) \leq \sum_{i=1}^{K} p_i \cdot l_i < -\sum_{i=1}^{K} p_i \cdot \log_2(p_i) + \sum_{i=1}^{K} p_i \,.$$

Mit (2.3), (3.1) und (2.1) führt das zu

$$H(X) \leq \overline{l_i} < H(X) + 1 \,. \tag{3.2}$$

Beispiel 3.1: Berechnen der Codierungsredundanz für ein Beispielalphabet mit 4 Symbolen

---

Folgende Tabelle zeigt ein Beispiel für ein Symbolalphabet mit $K = 4$ Zeichen:

i	1	2	3	4
s_i	a	b	c	d
p_i	0.4	0.2	0.1	0.3
$I_i[\text{bit}]$	1.3219	2.3219	3.3219	1.7370
c_i	00	01	10	11
l_i	2	2	2	2

Auf Basis der Wahrscheinlichkeiten p_i ergibt sich für jedes Symbol s_i nach Gleichung (2.2) ein bestimmter Informationsgehalt I_i. Die Entropie beträgt somit laut Gleichung (2.3):

$$H(X) \approx 0.4 \cdot 1.3219 + 0.2 \cdot 2.3219 + 0.1 \cdot 3.3219 + 0.3 \cdot 1.7370$$
$$\approx 1.846 \text{ bit/Symbol} .$$

Den Symbolen wurden Codewörter c_i mit einer festen Länge von $l_i = l = \lceil \log_2(4) \rceil = 2$ Bits zugeordnet. Die durchschnittliche Codewortlänge beträgt entsprechend Gl. (3.1)

$$\overline{l_i} = \sum_{i=1}^{K} p_i \cdot l_i = 0.4 \cdot 2 + 0.2 \cdot 2 + 0.1 \cdot 2 + 0.3 \cdot 2$$
$$= 2 \text{ Bits/Symbol} .$$

Es ist zu erkennen, dass dieser Code die durch die Entropie vorgegebene untere Grenze nicht unterschreitet ($\overline{l_i} > H(X)$). Der Code ist aber auch schon so gut, dass er innerhalb der in Gleichung (3.2) angegebenen Grenzen liegt.

Vergleicht man nun den Informationsgehalt I_i eines jeden Zeichens s_i mit der Anzahl der zugewiesenen Codebits, so ist leicht zu erkennen, dass sie in keiner Weise miteinander korrespondieren, da die Codewörter eine feste (fixierte) Codewortlänge l_i haben (FLC ... *Fixed Length Code*). Daraus resultiert die relativ hohe Codierungsredundanz von

$$\Delta R(X) \approx \overline{l_i} - H(X) = 2 \text{ Bits/Symbol} - 1.846 \text{ bit/Symbol}$$
$$\approx 0.154 \text{ bit/Symbol} .$$

Eine Beispielrechnung ist in **Beispiel 3.1** zu sehen.

Eine übliche Darstellungsform für Codes sind so genannte Codebäume. **Abbildung 3.2** zeigt den Codebaum für das Beispiel aus Beispiel 3.1. Die Symbole bilden die Blätter des Baumes und die Beschriftung der Zweige von der Wurzel bis zum Blatt entspricht dem jeweiligen Codewort c_i.

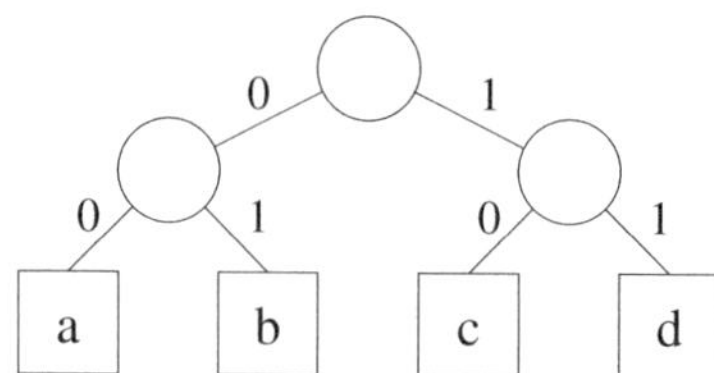

Abbildung 3.2: Codewortbaum mit Codewörtern gleicher Länge

Tabelle 3.1: Auszug aus dem Morse-Alphabet

Symbol	a	b	c	d	e	f	g	h	$\cdots$
Codewort	$\cdot\,-$	$-\cdot\cdot\cdot$	$-\cdot-\cdot$	$-\cdot\cdot$	$\cdot$	$\cdot\cdot-\cdot$	$--\cdot$	$\cdot\cdot\cdot\cdot$	$\cdots$

In den folgenden Abschnitten werden verschiedene Verfahren vorgestellt und diskutiert, bei denen mit Hilfe von variablen Codewortlängen (VLC … *Variable Length Code*) versucht wird, eine bessere Übereinstimmung von Informationsgehalt und Codewortlänge und damit eine Verminderung der Codierungsredundanz zu erreichen.

3.2 Morse-Code

Einer der ältesten Codes mit variablen Längen der Codewörter ist der Morse-Code[1]. Basis für diesen Code sind kurze und lange Signalzeichen[2], die bei der schriftlichen Aufzeichnung als Punkte („dit") und Striche („dah") notiert werden. Die Idee des Morse-Codes besteht in der Zuweisung von kurzen Kombinationen aus Punkten und Strichen für häufige alphanumerische Zeichen und längeren Kombinationen für seltenere Zeichen auf Grundlage der Häufigkeitsverteilung von Buchstaben, Zahlen und Sonderzeichen in der englischen Sprache. **Tabelle 3.1** zeigt einen Auszug aus dem Morse-Code-Alphabet.

Im praktischen Einsatz erweist sich der Morse-Code allerdings als nicht ganz unproblematisch. Man stelle sich vor, der Empfänger erhält die Nachricht „$\cdot\,\cdot-\cdot\cdot$" und soll sie decodieren. Es zeigt sich, dass diese Folge unterschiedlich interpretiert werden kann, nämlich als „eeb", „eede", „eaeee" oder „fee". Wenn man das gesamte Morse-Alphabet betrachten würde, ergäben sich sogar noch mehr Deutungsmöglichkeiten.

Das Problem liegt in der fehlenden Trennung der zugeordneten Codewörter. Aufgrund der variablen Codewortlängen sind die Grenzen der Codewörter nicht ohne weiteres erkennbar. Ein drittes Signalzeichen (Pause) ist zum Trennen der einzelnen Codewörter erforderlich. Der Morse-Code ist deshalb kein binärer, sondern ein pseudo-ternärer Code.

Es muss also nach Codes gesucht werden, bei denen sich die Codewörter im Decodierprozess trotz variabler Längen eindeutig abgrenzen lassen. Dies ist möglich, wenn kein Codewort der Anfangsbitfolge eines anderen Codewortes gleicht, d. h. kein Codewort Präfix eines anderen ist. Solche Codes werden als ‚präfixfrei' bezeichnet.

---

[1]nach Samuel Morse, 1791 - 1872, amerikanischer Maler und Erfinder
[2]Nicht zu verwechseln mit den Symbolen eines Alphabets!

3.3 Shannon-Fano-Codierung

Die erste Methode zur Erzeugung eines Präfixcodes wurde durch Fano [Fan49] vorgeschlagen. Der Code wird wie folgt konstruiert:

1. Sortiere alle Symbole des zu betrachtenden Alphabets nach absteigender Wahrscheinlichkeit.

2. Teile die Symbole in zwei Gruppen, die eine möglichst gleiche Summenwahrscheinlichkeit haben.

3. Weise der linken Gruppe eine '1' und der rechten eine '0' zu.

4. Setze für jede Teilgruppe, die mehr als ein Symbol enthält, bei 2. fort.

5. Reihe die Einsen und Nullen in der Reihenfolge ihrer Zuweisung zu Codewörtern
   aneinander.

Beispiel 3.2 erläutert auf Seite 30 die Konstruktion eines Shannon-Fano-Codes für ein
4-Symbole-Alphabet. Anhand eines zweiten Beispiels (**Beispiel 3.3**, 31) wird gezeigt,
dass die Konstruktion von Shannon-Fano-Codes nicht immer eindeutig ist und auch zu
nicht-optimalen Ergebnissen führen kann.

3.4 Huffman-Codierung

1952 stellte David Huffman eine neue Methode zur Konstruktion von präfixfreien Codes
vor, welche die Nachteile des Shannon-Fano-Verfahrens überwindet und in jedem Fall
eine optimale Codewortzuweisung garantiert [Huf52]. Die nach ihm benannten Huffman-
Codes werden mit Hilfe des Codebaummodells wie folgt erzeugt:

1. Betrachte alle Symbole als Blätter eines Codebaums und trage ihre Wahrscheinlichkeiten ein.

2. Fasse die beiden geringsten Wahrscheinlichkeiten zu einem Knoten zusammen und
   weise ihre Summe dem neuen Knoten zu.

3. Beschrifte die neuen Zweige mit 0 bzw. 1.

4. Wenn die Wurzel des Baumes mit der Wahrscheinlichkeit $p = 1.0$ erreicht ist,
   beende die Konstruktion.

5. Setze bei 2. fort.

Beispiel 3.4 zeigt auf Seite 31 die Konstruktion des Codebaums für das schon bekann-
te Beispielalphabet $X = \{a, b, c, d\}$. Die beiden kleinsten Wahrscheinlichkeiten (p_b und
p_c) werden zu einem Knoten zusammengefasst. Die resultierende Summe und die Wahrscheinlichkeit des Symbols „d" sind nun die kleinsten Werte und bilden den nächsten

---

Beispiel 3.2: Konstruktion eines Shannon-Fano-Codes für das Alphabet $\{a, b, c, d\}$

i	1	4	2	3
s_i	a	d	b	c
p_i	0.4	0.3	0.2	0.1
	1		0	
	-	1		0
	-	-	1	0
c_i	1	01	001	000
l_i	1	2	3	3

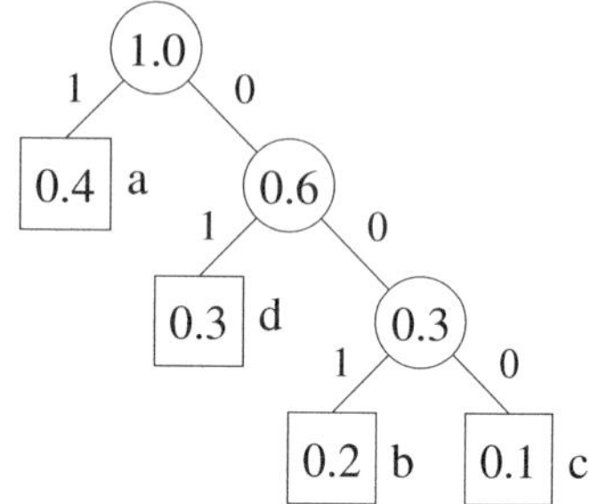

Als Erstes werden die Symbole „a" bis „d" sortiert. Im zweiten Schritt wird eine Grenze zwischen den Symbolen „a" und „d" gefunden, welche die Symbole in zwei Gruppen mit den Summenwahrscheinlichkeiten 0.4 und 0.6 teilt. Die linke Gruppe enthält nur noch ein Symbol, für sie ist die Prozedur damit bereits abgeschlossen und dem Symbol „a" ist das Codewort „1" zuzuordnen. Die rechte Gruppe muss weiter unterteilt werden.

Das Ergebnis der Konstruktion ist ein Code mit variablen Codewortlängen, die mit dem Informationsgehalt der Symbole korrespondieren. Der durchschnittliche Speicheraufwand beträgt im Gegensatz zur Verwendung fester Codewortlängen nur noch

$$\overline{l_i} = 0.4 \cdot 1 + 0.2 \cdot 3 + 0.1 \cdot 3 + 0.3 \cdot 2 = 1.9 \text{ Bits/Symbol}$$

und die Codierungsredundanz hat sich auf

$$\Delta R(X) \approx \overline{l_i} - H(X) = 1.9 \text{ Bits/Symbol} - 1.846 \text{ bit/Symbol}$$
$$\approx 0.054 \text{ bit/Symbol}$$

reduziert im Vergleich zum Beispiel auf Seite 27f. Neben der Tabelle ist der entsprechende Codebaum dargestellt. In die Verzweigungspunkte sind die Wahrscheinlichkeitssummen der untergeordneten Symbole eingetragen.

Knoten. Im letzten Schritt wird die Wurzel des Baumes erreicht. Der entstandene Codebaum ist in **Abbildung 3.3** links dargestellt. Die mittlere Codewortlänge beträgt nach Gl. (3.1)

$$\overline{l_i} = 0.4 \cdot 1 \text{ Bit} + 0.2 \cdot 3 \text{ Bits} + 0.1 \cdot 3 \text{ Bits} + 0.3 \cdot 2 \text{ Bits} = 1.9 \text{ Bits/Symbol}.$$

Derselbe Wert wurde auch mit der Shannon-Fano-Codierung in Beispiel 3.2 erreicht. Allerdings sah dort der erzeugte Code etwas anders aus. Hieran ist zu erkennen, dass die Code-Effizienz nicht von den Nullen und Einsen des zugewiesenen Codewortes, sondern nur von den Codewortlängen abhängt, denn diese stimmen überein. Die Beschriftung

---

Beispiel 3.3: Konstruktion eines Shannon-Fano-Codes für ein 7-Symbole-Alphabet

---

Folgende Tabelle zeigt die Auftretenswahrscheinlichkeiten p_i für ein Alphabet mit sieben Symbolen:

i	1	2	3	4	5	6	7
p_i	0.4	0.1	0.1	0.1	0.1	0.1	0.1
	1		0				
	1	0	1			0	
	-	-	1		0	1	0
	-	-	1	0	-	-	-
c_i	11	10	0111	0110	010	001	000

Die Entropie dieses Alphabets beträgt

$$H(X) = -0.4 \cdot \log_2(0.4) - 6 \cdot 0.1 \cdot \log_2(0.1) \approx 2.522 \text{ bit/Symbol}.$$

Die Codewortzuweisung führt zu einer mittleren Codewortlänge von

$$\overline{l_i} = 0.4 \cdot 2 + 0.1 \cdot 2 + 2 \cdot 0.1 \cdot 4 + 3 \cdot 0.1 \cdot 3 = 2.7 \text{ Bits/Symbol}.$$

Während der erste Zerlegungsschritt die Symbole eindeutig in zwei Gruppen unterteilt, ist es im zweiten Schritt nicht vorgeschrieben, ob die Grenze zwischen dem vierten und fünften oder dem fünften und sechsten Symbol zu ziehen ist. Weiterhin ist zu erkennen, dass die Codewortlängen nicht immer dem Informationsgehalt entsprechen. Die Symbole zwei und drei haben zwar die gleiche Auftretenswahrscheinlichkeit von 0.1, die zugewiesenen Codewörter unterscheiden sich jedoch unverhältnismäßig stark. Die resultierende mittlere Codewortlänge liegt schon in sinnvollen Grenzen $H(X) \le \overline{l_i} < H(X)+1$, aber der Code ist noch nicht optimal. Mit anderen Worten: Die Codierungsredundanz $\Delta R(X)$ könnte noch stärker gesenkt werden.

Beispiel 3.4 Konstruktion eines Huffman-Code-Baums für das Alphabet $\{a, b, c, d\}$

s_i	p_i
a	0.4
b	0.2
c	0.1
d	0.3

i	1	2	3	4
s_i	a	b	c	d
p_i	0.4	0.2	0.1	0.3
c_i	1	011	010	00
l_i	1	3	3	2

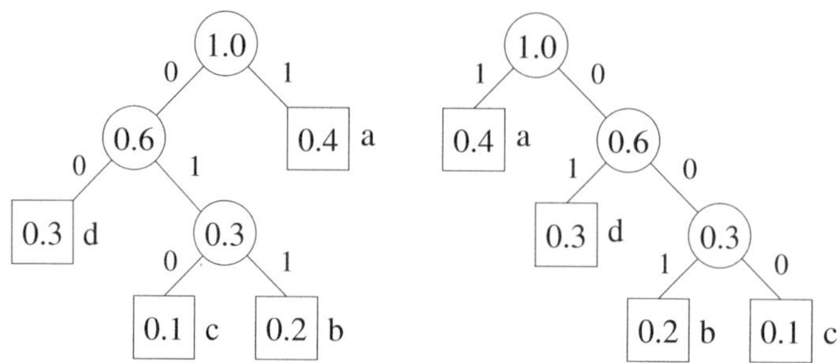

Abbildung 3.3: Huffman-Code-Bäume mit identischen Codewortlängen und
verschiedenen Codewörtern

der Zweige sowie die Knoten und die Blätter einer Codebaum-Ebene können beliebig
vertauscht werden (Abb. 3.3 rechts).

Betrachten wir nun das zweite Beispiel in **Beispiel 3.5**(a). Auch die Huffman-Codierung
ist hier nicht eindeutig, da gleich sechs Symbole mit der kleinsten Wahrscheinlichkeit vorhanden sind und es keine Vorschrift gibt, welche zuerst zusammengefasst werden müssen.
Eine noch gravierendere Mehrdeutigkeit ergibt sich, wenn man beim Zusammenfassen
zwischen Knoten bzw. Blättern unterschiedlicher Hierarchie-Ebenen auswählen muss.
Wie dem **Beispiel 3.5**(b) zu entnehmen ist, führt dies sogar zu unterschiedlichen Codewortlängen. Das stellt aber die optimale Codewortzuweisung der Huffman-Codes nicht
in Frage, da die mittleren Codewortlängen für beide Varianten identisch sind

$$\overline{l_{i,1}} = 0.4 \cdot 1 \text{ Bit} + 2 \cdot 0.1 \cdot 3 \text{ Bits} + 4 \cdot 0.1 \cdot 4 \text{ Bits} = 2.6 \text{ Bits/Symbol}$$

$$\overline{l_{i,2}} = 0.4 \cdot 2 \text{ Bit} + 6 \cdot 0.1 \cdot 3 \text{ Bits} \qquad\qquad = 2.6 \text{ Bits/Symbol} .$$

Außerdem zeigt sich nun die Überlegenheit gegenüber der Konstruktionsmethode nach
Shannon-Fano, die lediglich einen Wert von $\overline{l_i} = 2.7$ erreicht.

Prinzipiell sind die Code-Varianten aus den Beispielen 3.5(a) und 3.5(b) gleichwertig.
Manche Autoren [Loc97] geben dem Code nach Variante 2 den Vorzug, da die Varianz
der Codewortlängen

$$\sigma_{l_i}^2 = \frac{1}{K} \sum_{i=1}^{K} (l_i - \overline{l_i})^2$$

geringer ist ($\sigma_{l_{i,2}}^2 \approx 0.19$ statt $\sigma_{l_{i,1}}^2 \approx 1.53$ für Variante 1).

Die Huffman-Codierung garantiert einen optimalen Code bei direkter Codewortzuweisung. Die Codierungsredundanz wird aber nur dann vollständig entfernt, wenn die Wahrscheinlichkeiten die Bedingung

$$p_i = \frac{1}{2_i^n} \quad \text{mit} \quad n = 1, 2, 3, \dots$$

erfüllen. Genau dann wären die Werte für den Informationsgehalt eines Symbols $I(s_i)$
und die zugewiesene Codewortlänge l_i identisch.

Beispiel 3.5: Konstruktion eines Huffman-Code-Baums für ein 7-Symbole-Alphabet:
(a) Variante 1, (b) Variante 2

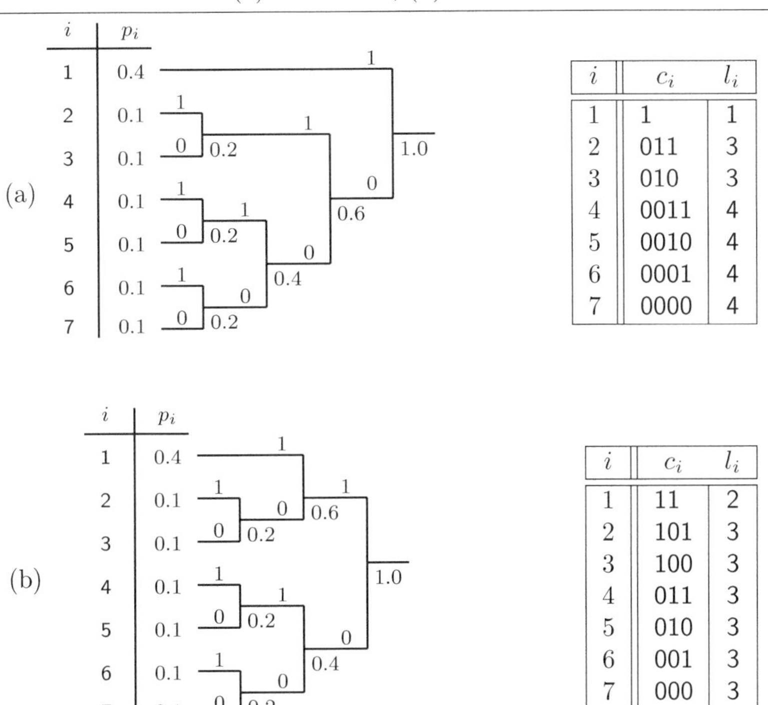

Ein weiterer Nachteil von Präfixcodes ist die Grenze $\overline{l}_i \geq 1$. Auch wenn die Signalentropie $H(X)$ weniger als 1 bit pro Symbol beträgt, enthalten alle Codewörter mindestens ein Bit.

3.5 Golomb- und Rice-Codes

3.5.1 Golomb-Codes

Neben Präfixcodes, die eine optimale Entropiecodierung anstreben, sind für manche Anwendungen vordefinierte Codes von Vorteil. Sie bieten zwar nur für bestimmte Verteilungsmodelle eine gute Kompression, lassen sich aber wesentlich leichter handhaben, weil zum Beispiel die signaladaptive Konstruktion nicht notwendig ist. Eine Code-Variante wurde 1966 von Solomon Golomb für die Codierung von Lauflängen (siehe auch Abschnitt 4.2) vorgeschlagen [Gol66]. Da Golomb einen sehr anschaulichen Einstieg in die Problematik wählte, möchte ich ihn in einer frei übersetzten Form zitieren.

Geheimagent 00111 ist zurück im Casino beim Glücksspiel, während das Schicksal der Menschheit auf der Kippe steht. Jedes Spiel besteht aus einer Sequenz von günstigen Ereignissen (Wahrscheinlichkeit p_1), die durch das erste Auftauchen eines ungünstigen Ereignisses (Wahrscheinlichkeit $p_0 = 1 - p_1$) abgeschlossen wird. Es handelt sich um Roulette und das ungünstige Ereignis ist die Zahl 0, welche eine Wahrscheinlichkeit von $p_0 = 1/37$ hat. Niemand wird ernsthaft daran zweifeln, dass 00111 es wieder schafft, aber der Geheimdienst ist sehr beunruhigt über die Nachrichtenübermittlung.

Dem Barmann, ein freiberuflicher Agent, steht ein binärer Kanal zur Verfügung, aber er verlangt gepfefferte Gebühren für jedes zu übertragende Bit. Den Geheimdienst beschäftigt nun das Problem, wie man die gefallenen Roulette-Zahlen codieren soll, ohne dem Finanzminister seiner Majestät den letzten Nerv zu rauben. Es ist leicht zu sehen, dass es für den Fall $p_0 = p_1 = 0.5$ das Beste wäre, 0 und 1 für die Beschreibung der beiden Möglichkeiten zu verwenden. Allerdings würde diese direkte Codierung für den Fall $p_0 \ll p_1$ erschreckend ineffizient sein.

Letzten Endes schlägt ein junger Chiffrierassistent, der etwas über Informationstheorie gelesen hat, eine Lauflängencodierung zwischen zwei ungünstigen Ereignissen vor. Im Allgemeinen ist die Wahrscheinlichkeit einer Lauflänge r gleich $(p_1)^r \cdot p_0$ für $r = 0, 1, 2, \ldots$, was einer geometrischen Verteilung entspricht.

Wenn die Liste der möglichen Lauflängen endlich wäre, könnte man auf Basis ihrer Wahrscheinlichkeitsverteilung einen Huffman-Code konstruieren und für die Übertragung einsetzen. Da die Anzahl aufeinander folgender Zahlen ungleich Null theoretisch jedoch nicht begrenzt ist, muss ein anderer Weg gesucht werden.

Gegeben sei eine ganze positive Zahl m mit der Eigenschaft

$$(p_1)^m = 0.5 \,. \tag{3.3}$$

Eine Lauflänge von $r + m$ wäre dann nur halb so wahrscheinlich wie eine Lauflänge r wegen

$$(p_1)^{r+m} \cdot p_0 = (p_1)^r \cdot (p_1)^m \cdot p_0 = 0.5 \cdot (p_1)^r \cdot p_0 \,. \tag{3.4}$$

Es ist deshalb für die Lauflänge $r + m$ ein um ein Bit längeres Codewort zu erwarten als für r. Dies führte Golomb zu dem Schluss, dass es für jede Codewortlänge $l \geq l_0$ genau m Codewörter gibt und für $l = l_0 - 1$ eventuell ein paar weniger. l_0 sei die kleinste natürliche Zahl größer als Null, für die $2^{l_0} \geq 2m$ gilt. Dann enthält der Golomb-Code genau m Codewörter für jede Codewortlänge $l \geq l_0$ sowie $2^{l_0 - 1} - m$ Codewörter der Länge $l_0 - 1$ (**Tab. 3.2**).

Beispiel: Es sei $m = 3$. Die Bedingung $2^{l_0} \geq 2m$ wird mit $l_0 = 3$ erfüllt ($2^3 \geq 2 \cdot 3$). Dass heißt, es gibt jeweils drei Codewörter der gleichen Codewortlänge $l \geq l_0$. Codewörter der Länge $l = l_0 - 1 = 2$ sind $2^{l_0 - 1} - m = 2^2 - 3 = 1$ mal vertreten.

Sortiert man die Codewörter gleicher Länge nach ihren Codewerten, erhält man die kanonischen Codes in Tabelle 3.2.

Welchen Code soll Agent 00111 nun benutzen? Mit $p_0 = 1/37$ folgt aus Gleichung (3.3) $m = -\log 2 / \log p_1 \approx 25$. Das Runden von m auf eine ganze Zahl stellt für große m keinen

Tabelle 3.2: Golomb-Codes für verschiedene Parameter m $(p_r = p_1^r \cdot p_0)$

	$m = 1$		$m = 2$		$m = 3$		$m = 4$	
r	p_r	Codewort	p_r	Codewort	p_r	Codewort	p_r	Codewort
0	1/2	0	0.293	00	0.206	00	0.159	000
1	1/4	10	0.207	01	0.164	010	0.134	001
2	1/8	110	0.146	100	0.130	011	0.113	010
3	1/16	1110	0.104	101	0.103	100	0.095	011
4	1/32	11110	0.073	1100	0.082	1010	0.080	1000
5	1/64	111110	0.052	1101	0.065	1011	0.067	1001
6	1/128	1111110	0.037	11100	0.052	1100	0.056	1010
7	1/256	11111110	0.026	11101	0.041	11010	0.047	1011
8	1/512	111111110	0.018	111100	0.032	11011	0.040	11000
9	1/1024	1111111110	0.013	111101	0.026	11100	0.033	11001
10	1/2048	11111111110	0.009	1111100	0.020	111010	0.028	11010
⋮	⋮		⋮		⋮		⋮	

Nachteil dar. Sehr oft ist die zugrundeliegende Wahrscheinlichkeitsverteilung gar nicht ganz genau bekannt, sondern wird anhand von Informationen aus der Vergangenheit geschätzt.

Zuletzt soll noch geklärt werden, welche Wahrscheinlichkeitsverteilung der Symbole den Golomb-Codes für verschiedene Werte von m zugrunde liegt. Auf Basis von Gleichung (3.3) lässt sich folgendes ableiten:

$$(p_1)^m = 0.5$$
$$\log\left((p_1)^m\right) = \log(0.5)$$
$$m \cdot \log(p_1) = -\log(2)| : \log(2)$$
$$m \cdot \mathrm{ld}(p_1) = -1$$
$$p_1 = 2^{-1/m}\,.$$

Die Wahrscheinlichkeit p_r eines einzelnes Symbols (einer Lauflänge r) beträgt somit:

$$p_r = p_1^r \cdot p_0 = \left(2^{-1/m}\right)^r \cdot (1 - 2^{-1/m}) \tag{3.5}$$
$$= 2^{-r/m} - 2^{-(r+1)/m}\,. \tag{3.6}$$

Diese Werte sind in Tabelle 3.2 mit aufgelistet.

3.5.2 Rice-Codes

Alle Codes mit der Eigenschaft $m = 2^k, k \in \mathbb{N}$ bilden eine Untermenge der Golomb-Codes und werden Rice-Codes genannt (nach [Ric79]). Die Auswahl an Codetabellen wird hierbei deutlich eingeschränkt, für die Codierung ergibt sich aber eine wesentliche Vereinfachung, weil die Menge der Codewörter der Länge $l_0 - 1$ leer ist, das heißt für jede Codewortlänge gibt es gleich viele Codewörter.

Tabelle 3.3: Rice-Codes für verschiedene Codierungsparameter k. Die Codewörter bei optimaler Wahl von k sind fett gedruckt.

x	binär	$k = 0$	$k = 1$	$k = 2$	$k = 3$	$k = 4$
0	00000	**1**	0 1	00 1	000 1	0000 1
1	00001	**01**	1 1	01 1	001 1	0001 1
2	00010	001	**0 01**	10 1	010 1	0010 1
3	00011	0001	**1 01**	11 1	011 1	0011 1
4	00100	00001	0 001	**00 01**	100 1	0100 1
5	00101	000001	1 001	**01 01**	101 1	0101 1
6	00110	0000001	0 0001	**10 01**	110 1	0110 1
7	00111	00000001	1 0001	**11 01**	111 1	0111 1
8	01000	000000001	0 00001	00 001	**000 01**	1000 1
9	01001	0000000001	1 00001	01 001	**001 01**	1001 1
10	01010	00000000001	0 000001	10 001	**010 01**	1010 1
11	01011	000000000001	0 0000001	11 001	**011 01**	1011 1
$\vdots$	$\vdots$	$\vdots$	$\vdots$	$\vdots$	$\vdots$	$\vdots$
15	01111	0000000000000001	1 00000001	11 0001	**111 01**	1111 1
16	10000	0000000000000001	0 000000001	00 00001	000 001	0000 01
$\vdots$	$\vdots$	$\vdots$	$\vdots$	$\vdots$	$\vdots$	$\vdots$

Alle Codewörter setzen sich aus zwei Komponenten zusammen. Der Teil $y_1 = x \bmod m$ entspricht den letzten k Bits des zu übertragenden Zahlenwerts x und wird als solches gesendet. Der verbleibende Rest $y_2 = x >> k$ (oder: $y_2 = \lfloor x/m \rfloor$) wird unär als zweiter Teil des Codewortes verwendet (siehe auch Abb. 2.1 auf Seite 8). Damit die einzelnen Codewörter von einander abgrenzbar sind, müssen die unären Bestandteile durch ein komplementäres Bit terminiert sein, wie zum Beispiel:

$$2 \rightsquigarrow \mathbf{110} \quad \text{oder} \quad 5 \rightsquigarrow \mathbf{111110} \,.$$

Alternativ ist eine Darstellung mit Nullen möglich, deren Folge mit einer Eins abgeschlossen ist. Diese Variante ist zum Beispiel in **Tabelle 3.3** für $k = 0$ sehr gut zu sehen. In dieser Tabelle sind die mit x korrespondierenden Codewörter beginnend mit dem Codewort-Teil y_1 aufgelistet. Die Rice-Codes für $k = 0, 1, 2, \ldots$ entsprechen hinsichtlich der Codewortlängen den Golomb-Codes mit $m = 1, 2, 4, \ldots$. Die Unterschiede in den Codewerten (Verteilung von Nullen und Einsen) werden lediglich durch die Software-Implementierung verursacht. Sie entscheidet, (i) welche Bits bei der Rice-Codierung zuerst gesendet werden (y_1 oder y_2) und (ii) ob die unäre Codierung mit Einsen oder Nullen erfolgt. Letzteren Einfluss sieht man deutlich beim Vergleichen von Spalte $m = 1$ aus Tabelle 3.2 mit Spalte $k = 0$ aus Tabelle 3.3. Prinzipiell ist die Zuordnung von Nullen und Einsen bei der Codierung von y_2 egal. In Applikationen mit Marken, deren erstes Byte aus 8 Einsen (`0xff`) besteht, sollten aber vorzugsweise Codewörter benutzt werden, die keine langen Folgen von 1-Bits aufweisen. Dadurch vermeidet man das unnötige Einfügen von Stopfbits, welche verhindern, dass der Decoder den Abschnitt als Marke interpretiert. Die Codierung von y_2 erfolgt deshalb zum Beispiel im Standard

---

Beispiel 3.6: Konstruktion eines Rice-Codewortes

Gegeben sind $k=2$ und $x=9$. Wie lautet das entsprechende Codewort für x?
Lösung: In Binärdarstellung ist $x=9=$ „1001". Die untersten $k=2$ Bits von x
lauten also „01" und werden ausgegeben. Die Bitshift-Operation $x >> k$ ergibt
2 (Codewert der oberen Bits), weshalb zwei 0-Bits gefolgt von einer Eins an den
Bitstrom gehängt werden. Das gesamte Codewort ist also „01001".

Beispiel 3.7: Länge von Rice-Codewortes abhängig vom geschätzten Codierungsparameter

---

Ein Signalwert $x=5$ soll Rice-codiert werden. Bestimmen Sie den Codierungsparameter auf Basis eines Schätzwertes $\hat{x}=5$ und ermitteln Sie die Länge des
entsprechenden Codewortes für x. Wie lang wären die Codewörter für Schätzwerte
$\hat{x}=\{4,6,7,2,3\}$?
Lösung: Bei $\hat{x}=5=$ „101" sind drei Bits für das Binärwort erforderlich und es
wird $k=3-1=2$ gesetzt. Das zu übertragende Codewort wäre gemäß Tabelle 3.3
„0101". Ist der Schätzwert $\hat{x}$ gleich vier, sechs oder sieben, so bleibt der Codierungsparameter unverändert $k=\lfloor\log_2\hat{x}\rfloor=2$ und auch die Länge des Rice-Codewortes
bleibt bei $l=4$ Bits. Sogar wenn der Schätzwert zwei oder drei wäre ($\leadsto k=1$)
oder $8,9,\ldots,15$ ($\leadsto k=3$), hätte das Codewort für $x=5$ immer noch die optimale
Länge von $l=4$ Bits.

JPEG-LS (Abschnitt 8.3) mit einer Folge von Nullen, die durch ein 1-Bit abgeschlossen
wird, **Beispiel 3.6**.

Die optimale Wahl des Parameters k (Auswahl einer Codetabelle) ist durch eine Codierungsadaptation zu realisieren. Es muss eine Voraussage über den nächsten zu codierenden Signalwert x gemacht werden. Der Codierungsparameter sollte so gewählt werden,
dass $k+1$ Bits für die binäre Repräsentation von x ausreichen (siehe auch Abschnitt
3.11.3). In Tabelle 3.3 sind die Codewörter fett gedruckt, bei denen die Mindestanzahl
von Bits für die binäre Repräsentation von x mit $k+1$ übereinstimmt. Man erkennt
beim waagerechten Vergleich der Codewörter für ein bestimmtes x, dass nicht nur die
Codewortlänge minimal ist, sondern man sieht auch, dass sich das Codewort nicht oder
nur unwesentlich verlängert, wenn k etwas abweichend (z. B. ±1) geschätzt wurde, **Beispiel 3.7**. Die zugrunde liegenden Wahrscheinlichkeiten der Rice-Codes lassen sich mit
Gleichung 3.5 berechnen, wenn man $m=2^k$ einsetzt.

3.5.3 Exponentielle Golomb-Codes

Exponentielle Golomb-Codes wurden erstmals in [Teu78] vorgeschlagen und finden ihre
Anwendung im Standard zur Videokompression H.264 ([ITU03, Mar03]). Wie der Name
es bereits vermuten lässt, handelt es sich hierbei um eine Variante der Golomb-Codes
(Abschnitt 3.5.1). Ähnlich der Rice-Codes setzen sie sich aus zwei Teilen, einem Präfix und einem Suffix, zusammen und sind ebenfalls von einem Codierungsparameter k

Tabelle 3.4: Exponentielle Golomb-Codes für verschiedene Codierungsparameter k

x	binär	$k=0$	$k=1$	$k=2$	$k=3$	$k=4$
0	00000	0	0 0	0 00	0 000	0 0000
1	00001	10 0	0 1	0 01	0 001	0 0001
2	00010	10 1	10 00	0 10	0 010	0 0010
3	00011	110 00	10 01	0 11	0 011	0 0011
4	00100	110 01	10 10	10 000	0 100	0 0100
5	00101	110 10	10 11	10 001	0 101	0 0101
6	00110	110 11	110 000	10 010	0 110	0 0110
7	00111	1110 000	110 001	10 011	0 111	0 0111
8	01000	1110 001	110 010	10 100	10 0000	0 1000
9	01001	1110 010	110 011	10 101	10 0001	0 1001
10	01010	1110 011	110 100	10 110	10 0010	0 1010
11	01011	1110 100	110 101	10 111	10 0011	0 1011
12	01100	1110 101	110 110	110 0000	10 0100	0 1100
13	01101	1110 110	110 111	110 0001	10 0101	0 1101
14	01110	1110 111	1110 0000	110 0010	10 0110	0 1110
15	01111	11110 0000	1110 0001	110 0011	10 0111	0 1111
$\vdots$	$\vdots$	$\vdots$	$\vdots$	$\vdots$	$\vdots$	$\vdots$

abhängig. Der Präfix

$$y_2 = \left\lfloor \log_2 \left(\frac{x}{2^k} + 1 \right) \right\rfloor$$

verwertet die oberen Bits von x. Das Codewort beginnt mit einer Sequenz von y_2 Einsen gefolgt von einer Null. Der Suffix der exponentiellen Golomb-Codes umfasst $y_2 + k$ Bits und nummeriert alle Möglichkeiten binär durch (siehe **Tab. 3.4**). Bei genauer Betrachtung sieht man, dass Symbole zu Gruppen mit gleicher Codewortlänge zusammen gefasst sind, wobei die Gruppennummer $0, 1, \ldots$ unär übertragen wird, gefolgt von einem FLC, welcher die Auswahl innerhalb der Gruppe festlegt. Die Anzahl der Symbole pro Gruppe beträgt immer 2^i mit $k \leq i < \infty$.

Eine Implementierungsvariante zur Codewortgenerierung zeigt **Algorithmus 3.1**.

3.6   Decodieren von Präfixcodes

3.6.1   Decodierung von Rice-Codes

Aufgrund der sehr einfachen Struktur von Rice-Codes (Abschnitt 3.5.2), bereitet ihre Decodierung keine Probleme. Lediglich der Codierungsparameter k muss dem Decoder bekannt sein, d. h. er muss k auf exakt derselben Weise bestimmen wie der Encoder. Der Decoder liest k Bits (die unteren Bits des zu bestimmenden Wertes x) aus dem Bitstrom und weist den Zahlenwert einer temporären Variablen x' zu. Anschließend werden solange identische Bits eingelesen, bis das Terminierungs-Bit auftaucht. Die Anzahl n der identischen Bits wird als binäre Zahl um k Bitstellen nach links verschoben und zur temporären Zahl addiert. Der decodierte Wert beträgt somit $x = x' + n \cdot 2^k = x' + (n << k)$.

Algorithmus 3.1: Erzeugen von exponentiellen Golomb-Codewörtern in Abhängigkeit des Codierungsparameter k

---

```
 1: while (x >= (1 << k)) do              ▷ Solange x ≥ 2^k
 2:     put( 1)                            ▷ Füge Einsen an
 3:     x ← x − (1 << k)                   ▷ Streiche Bitposition von x
 4:     k ← k + 1
 5: end while
 6: put( 0)              ▷ Terminieren der unären Codierung mit Null
 7: while (k) do
 8:     k ← k − 1
 9:     put( (x >> k) & 0x01)    ▷ Gebe verbliebene Bits von x aus
10: end while
```

Das allgemeine Decodieren von Präfixcodes erfordert dagegen Kenntnisse über die Struktur des Codebaums. Wenn der Code dem Empfänger nicht a priori bekannt ist, muss der Encoder vor Beginn der Symbolübertragung alle nötigen Informationen an den Decoder senden.

3.6.2   Code-Konstruktion aus Codewortlängen

Im Abschnitt 3.4 wurde bereits gezeigt, dass die Code-Effizienz lediglich von den Codewortlängen abhängt. Deshalb reicht es aus, für jedes Symbol die zugehörige Länge zu übermitteln. Sowohl Encoder als auch Decoder können aus den Codewortlängen identische Codewörter konstruieren.

Verwendet man z. B. 8 Bits zum Übermitteln einer Codewortlänge, beträgt der Gesamtaufwand bei K Symbolen $8 \cdot K$ Bits. Mit acht Bits können Codewortlängen von 0 (signalisiert, dass das Symbol nicht vorkommt) bis 255 unterschieden werden. Solche langen Codewörter sind allerdings sehr unwahrscheinlich. Man kann den Übertragungsaufwand also verringern, wenn man nicht 8, sondern weniger Bits pro Symbol einsetzt. Zuerst wird deshalb z. B. eine 3-Bit-Information gesendet, die Auskunft darüber gibt, wie viele Bits zur Unterscheidung aller Codewortlängen erforderlich sind. Genau mit dieser Anzahl von Bits werden anschließend die Codewortlängen aller Symbole der Reihe nach übermittelt. Angenommen, das längste Codewort umfasst 13 Bits, dann beträgt der Übertragungsaufwand bei $K = 256$ Symbolen:

$$3 \text{ Bits} + K \cdot \lceil \log_2(13) \rceil \text{ Bits} = 3 + 256 \cdot 4 = 1027 \text{ Bits}.$$

Zur Konstruktion der Codewörter aus den Codewortlängen ist zum Beispiel folgende Vorschrift geeignet:

1. Sortiere die Symbole nach aufsteigenden Codewortlängen.

2. Setze beim ersten Symbol alle Stellen des Codewortes auf „0".

3. Inkrementiere den Codewert, und weise ihn dem nächsten Symbol zu.

4. Fülle Nullen auf, bis die erforderliche Codewortlänge erreicht ist.

Beispiel 3.8: Konstruktion von Codewörtern aus Codewortlängen

s_i	u	v	w	x	y
l_i	2	2	2	3	3
c_i	00	01	10	110	111
Codewert	0	1	2	6	7

Die Symbole „u" bis „y" sind entsprechend ihrer Codewortlängen sortiert. Dem Symbol „u" wird ein Codewort mit ausschließlich Nullen zugewiesen. Der Codewert beträgt demzufolge auch 0. Ein Inkrementieren liefert einen Wert gleich 1, der dem nächsten Symbol (v) zugeordnet wird. Ein Auffüllen mit Einsen ist nicht nötig, da die Codewortlänge schon erreicht ist. Der Codewert wird wiederum inkrementiert und als Codewort dem Symbol w zugeordnet. Im nächsten Schritt erhält das Symbol x ein Codewort „11", das mit einer Null aufgefüllt werden muss, um die volle Codewortlänge zu erreichen. Das letzte Codewort besteht immer nur aus Einsen.
Anm.: *In praktischen Anwendungen, wie zum Beispiel dem JPEG-1-Standard, werden Codewörter mit ausschließlich Einsen vermieden. Bei der Konstruktion des Codes wird deshalb ein zusätzliches, ungenutztes Symbol mit der geringsten Wahrscheinlichkeit hinzugefügt.*

---

5. Wenn noch nicht alle Codewörter konstruiert wurden, fahre bei 3. fort.

Beispiel 3.8 zeigt ein Beispiel für das Konstruieren von Codewörtern aus Codewortlängen. Das Besondere an einem derart generierten Code ist, dass alle Symbole mit gleicher Codewortlänge nach ihren Codewerten sortiert sind. Diese Form nennt man kanonische Codes.

3.6.3 Decodierung von Huffman-Codes

Für das Decodieren von Huffman-Codes gibt es folgende verschiedene Algorithmen. Sie werden am Beispiel des Codes aus **Beispiel 3.9**(a) erläutert.

3.6.3.1 Binärbaum-Suche

Dies ist die einfachste Form, ein Symbol zu decodieren. Man liest Bit für Bit ein und verfolgt die Zweige des Codebaums solange, bis ein Blatt erreicht ist. Damit hat man gleichzeitig die Grenze zwischen zwei benachbarten Codewörtern gefunden und kann mit dem Decodieren des nächsten Zeichens fortsetzen.

3.6.3.2 Look-Up-Tabellen

Mit Look-Up-Tabellen bieten eine sehr schnelle Möglichkeit, ohne Vergleiche das Symbol zu ermitteln. Erforderlich ist dazu eine Tabelle, deren Länge $L = 2^{l_{max}}$ (Anzahl der Einträge) von der maximalen Codewortlänge l_{max} abhängig ist. Der Decoder liest aus dem Bitstrom eine l_{max}-stellige binäre Zahl b und verwendet deren Wert als Index zum Einsprung in die Codetabelle (**Beispiel 3.9**b). Die Bitstellen der gelesenen Zahl b, die

Beispiel 3.9: Schnelles Decodieren von Codes variabler Länge: (a) Beispiel-Code, (b) Look-Up-Tabelle. Siehe Text für Erläuterungen.

(a)

i	s_i	c_i	l_i
1	a	1	1
2	b	001	3
3	c	000	3
4	d	01	2

(b)

b		Index	i	c_i	l_i	s_i
000	$\rightarrow$	0	3	000	3	c
001	$\rightarrow$	1	2	001	3	b
01*0*	$\rightarrow$	2	4	01	2	d
01*1*	$\rightarrow$	3	4	01	2	d
1*00*	$\rightarrow$	4	1	1	1	a
1*01*	$\rightarrow$	5	1	1	1	a
1*10*	$\rightarrow$	6	1	1	1	a
1*11*	$\rightarrow$	7	1	1	1	a

Beispiel 3.10: Gleichzeitiges Decodieren mehrerer Codewörter

b		Index	i	c_i	l_i	s_i
000	$\rightarrow$	0	3	000	3	c
001	$\rightarrow$	1	2	001	3	b
01*0*	$\rightarrow$	2	4	01	2	d
011	$\rightarrow$	3	4,1	01,1	2,1	d,a
1*00*	$\rightarrow$	4	1	1	1	a
101	$\rightarrow$	5	1,4	1,01	1,2	a,d
11*0*	$\rightarrow$	6	1,1	1,1	1,1	a,a
111	$\rightarrow$	7	1,1,1	1,1,1	1,1,1	a,a,a

nicht zum aktuellen Codewort gehören, sind kursiv eingetragen. Liest der Decoder zum Beispiel die Bitfolge „010", so ist der Codewert gleich 2. Mit diesem Wert als Index schaut der Decoder in die Look-Up-Tabelle und findet das Symbol „d" mit einer Codewortlänge von $l_i = 2$ und zwei Bits werden aus dem Bitstrom entfernt. Zum gleichen Ergebnis wäre der Decoder beim Lesen der Bitfolge „011" gekommen, da das letzte Bit irrelevant ist. Noch schneller geht es, wenn nicht nur die Bits des nächsten Codewortes ausgewertet werden, sondern so viele eingelesene Bits wie möglich. **Beispiel 3.10** zeigt die Modifikation. In fünf von acht Fällen können alle l_{max} Bits komplett ausgewertet und in ein oder mehrere Symbole umgewandelt werden.

Das Decodieren mit Look-Up-Tabellen ist sehr schnell, aber nur für kurze Codes geeignet, da mit wachsendem l_{max} der Speicherbedarf enorm steigt. Diesen Nachteil kann man umgehen, wenn man die Decodierung in zwei oder mehreren Schritten durchführt. Zum Beispiel wäre es denkbar, zunächst nur zwei Bits über eine Look-Up-Tabelle auszuwerten, wodurch offensichtlich eine deutliche Platzeinsparung erreicht wird (**Beispiel 3.11**). Für das angegebene Beispiel lassen sich mit zwei Bits bereits die Symbole „a" und „d" identifizieren. Das Decodieren von „00" ergibt keine eindeutige Entscheidung. Es muss ein weiteres Bit ausgewertet werden. In praktischen Fällen ist es meistens unproblematisch, Codewörter mit Längen von bis zu 7 oder 8 Bits in einer Look-Up-Tabelle zu speichern. Falls längere Codewörter zum Code gehören, so ist ihre Auftretenswahrscheinlichkeit vermutlich gering und das zusätzliche Decodieren von Bits beeinflusst die

Beispiel 3.11: Look-Up-Tabelle mit verringertem Speicherbedarf und unvollständiger Decodierung

b		Index	i	c_i	l_i	s_i
00	$\rightarrow$	0	2,3	00x	3	b,c
01	$\rightarrow$	1	4	01	2	d
10	$\rightarrow$	2	1	1	1	a
11	$\rightarrow$	3	1,1	1,1	1,1	a,a

Beispiel 3.12: Kanonische Symbolsuche

b		Index	v_i	c_i^*	c_i	i	l_i	s_i
100, 101, 110, 111	$\rightarrow$	0	4	100	1	1	1	a
010, 011	$\rightarrow$	1	2	010	01	4	2	d
001	$\rightarrow$	2	1	001	001	2	3	b
000	$\rightarrow$	3	0	000	000	3	3	c

durchschnittliche Decodierzeit nur unwesentlich.

3.6.3.3 Kanonische Symbolsuche

Bei dieser Methode zum Decodieren von Präfixcodes müssen die Codewörter in kanonischer Form vorliegen. Das heißt, alle Symbole wurden nach ihrer Codewortlänge und innerhalb einer Codewortlängengruppe nach den Codewerten sortiert. Weiterhin wird eine Tabelle benötigt, die alle Codewerte v_i der nach links verschobenen und mit Nullen aufgefüllten Codewörter c_i^* enthält (**Beispiel 3.12**). Wie bei der Look-Up-Tabellen-Methode wird aus dem Bitstrom eine $l_{\max}$-stellige binäre Zahl b gelesen. Beginnend mit dem Index gleich Null wird diese Zahl mit v_i verglichen. Wenn der Wert von b kleiner als v_i ist, wird der Index erhöht und der nächste Tabelleneintrag geprüft. Anderenfalls wurde das richtige Symbol s_i gefunden und l_i Bits können aus dem Bitstrom entfernt werden.

3.7 Arithmetische Codierung

3.7.1 Grundidee der arithmetische Codierung

Ein Nachteil der Präfixcodes ist die untere Grenze $\overline{l_i} \geq 1$ für die erreichbare mittlere Codewortlänge. Außerdem wird jedes Symbol durch eine ganzzahlige Folge von Bits repräsentiert, auch wenn der Informationsgehalt einen gebrochenen Wert hat. Die arithmetische Codierung ist ein Verfahren, das keine einzelnen Codewörter, sondern ein Codewort für das gesamte Signal zuweist. Dadurch wird eine deutlich bessere Annäherung an die Signalentropie erreicht.

Die Funktionsweise der arithmetischen Codierung soll anhand des Beispielalphabets $X = \{a, b, c, d \mid K = 4\}$ mit den Auftretenswahrscheinlichkeiten $p(s_i) = (0.4, 0.2, 0.1, 0.3)$ erläutert werden. Symbole und Wahrscheinlichkeiten sind in Arrays gespeichert: $s[i] = [a; b; c; d]$ $(i = 0 \ldots K-1)$ und $p[i] = [0.4; 0.2; 0.1; 0.3]$. Zu Beginn des Codierens wird

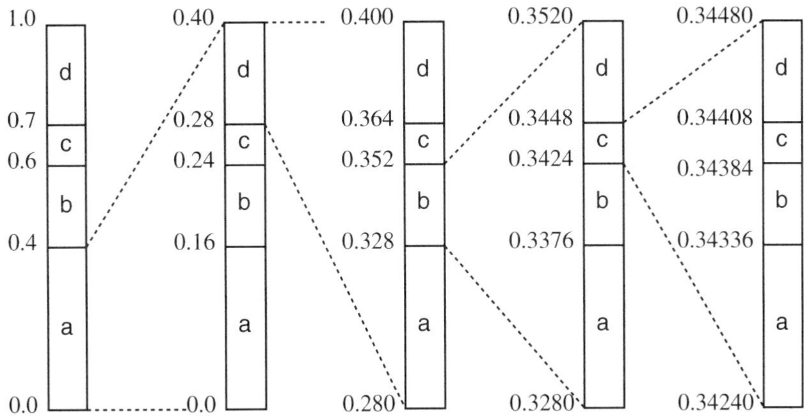

Abbildung 3.4: Symbolabhängige Zerlegung der Intervalle bei der arithmetischen Codierung für ein Symbolalphabet $X = \{a, b, c, d\}$ mit den Symbolwahrscheinlichkeiten $p[i] = [0.4; 0.2; 0.1; 0.3]$ und einer Codierreihenfolge $\{a, d, b, c\}$

ein Intervall mit einer oberen Grenze $high = 1.0$ und einer unteren Grenze $low = 0.0$ definiert. Dieses Intervall wird entsprechend der Symbolwahrscheinlichkeiten in Teilintervalle gegliedert. Das ist in **Abbildung 3.4** veranschaulicht. Die Summenwahrscheinlichkeiten (oder auch: kumulative Wahrscheinlichkeit!kumulative)

$$p_{\mathrm{k}}(s_i) = \sum_{n=0}^{i} p(s_i) \tag{3.7}$$

der Symbole werden ebenfalls in einem Vektor $p_{\mathrm{k}}[i] = [0.0; 0.4; 0.6; 0.7; 1.0]$ gespeichert, wobei $p_{\mathrm{k}}[0] = 0.0$ und $p_{\mathrm{k}}[i+1] = p_{\mathrm{k}}[i] + p[i]$ gelten.

Für das Codieren jedes Symbols gibt es drei Berechnungsvorschriften. Zuerst wird der aktuelle Intervallbereich

$$range \leftarrow high - low \tag{3.8}$$

ermittelt. Dann werden in Abhängigkeit vom Index des zu codierenden Symbols s_i die Teilintervallgrenzen neu bestimmt

$$high \quad \leftarrow \quad low + range \cdot \frac{p_{\mathrm{k}}[i+1]}{p_{\mathrm{k}}[K]} \,, \tag{3.9}$$

$$low \quad \leftarrow \quad low + range \cdot \frac{p_{\mathrm{k}}[i]}{p_{\mathrm{k}}[K]} \,. \tag{3.10}$$

$K = 4$ ist die Anzahl der verschiedenen Symbole. Die Division durch $p_{\mathrm{k}}[K]$ dient als Normierung auf das gesamte Intervall, könnte aber wegen $p_{\mathrm{k}}[K] \equiv 1.0$ in dieser Darstellung entfallen. Wenn aus dem Beispielalphabet vier Symbole in der Reihenfolge „*adbc*" codiert werden, ergibt sich folgende Entwicklung der Intervallgrenzen:

$$\mathsf{a} \rightsquigarrow \quad range \leftarrow 1.0 - 0.0 = 1.0 \qquad\qquad high \leftarrow 0.0 + 1.0 \cdot 0.4 = 0.4 \,,$$

Beispiel 3.13: Bestimmen des arithmetischen Codewortes für das Intervall $[0.3424; 0.3448)$

		Bit	Summe
2^{-1}	0.5	0	0
2^{-2}	0.25	1	0.25
2^{-3}	0.125	0	
2^{-4}	0.0625	1	0.3125
2^{-5}	0.03125	0	
2^{-6}	0.015625	1	0.328125
2^{-7}	0.0078125	1	0.3359375
2^{-8}	0.00390625	1	0.33984375
2^{-9}	0.001953125	1	0.341796875
2^{-10}	0.0009765625	1	0.3427734375

$$
\begin{aligned}
\mathsf{d} \rightsquigarrow \quad & range \leftarrow 0.4 - 0.0 = 0.4 & low &\leftarrow 0.0 + 1.0 \cdot 0.0 = 0.0 \,, \\
& & high &\leftarrow 0.0 + 0.4 \cdot 1.0 = 0.4 \,, \\
& & low &\leftarrow 0.0 + 0.4 \cdot 0.7 = 0.28 \,, \\
\mathsf{b} \rightsquigarrow \quad & range \leftarrow 0.4 - 0.28 = 0.12 & high &\leftarrow 0.28 + 0.12 \cdot 0.6 = 0.352 \,, \\
& & low &\leftarrow 0.28 + 0.12 \cdot 0.4 = 0.328 \,, \\
\mathsf{c} \rightsquigarrow \quad & range \leftarrow 0.352 - 0.328 = 0.024 & high &\leftarrow 0.328 + 0.024 \cdot 0.7 = 0.3448 \,, \\
& & low &\leftarrow 0.328 + 0.024 \cdot 0.6 = 0.3424 \,.
\end{aligned}
$$

Die Veränderungen von *low* und *high* sind auch in Abbildung 3.4 gut zu verfolgen. Das jeweils aktuelle Teilintervall wird skaliert und erneut in Teilintervalle zerlegt. Dadurch nähern sich obere und untere Grenze immer mehr an und das aktuelle Intervall wird immer schmaler. Das Codieren von seltenen Symbolen bewirkt dabei eine stärkere Verengung des Intervalls als das Codieren von Symbolen mit großer Wahrscheinlichkeit. Nach Beenden der Codierung muss ein Codewort gesendet werden, dessen binärer Wert in dem Abschlussintervall liegt ($0.3424 \leq Codewert < 0.3448$). Da es sich um eine gebrochene rationale Zahl handelt, werden die Bits als negative Potenzen von 2 gewertet. In **Beispiel 3.13** ist das Zusammenstellen des Codewortes veranschaulicht. Das Codewort lautet „0101011111". Der Decoder kann anhand des Codewortes die Entwicklung der Intervallgrenzen nachvollziehen und die Symbole bestimmen. Das Codewort ist jedoch nicht nur Element des letzten Intervalls, sondern auch Element weiterer, noch schmalerer Intervalle. Wenn der Decoder die Anzahl der übertragenen Zeichen nicht kennt, würde er endlos weiter Symbole produzieren. In diesem Fall ist das Senden eines Extrasymbols durch den Encoder zum Kennzeichnen des Signalendes nötig.

Das beschriebene Verfahren hat zwei entscheidende Nachteile, die einen Einsatz selbst mit modernster Technik verhindern. Erstens ist es nahezu unmöglich, für einen beliebig langen Datenstrom die Genauigkeit der Intervallgrenzen zu handhaben. In dem angegebenen Beispiel war schon nach vier Symbolen eine Auflösung von vier Nachkommastellen erforderlich. Und zweitens ist es für praktische Anwendungen sehr ungünstig, wenn erst das gesamte Signal codiert werden muss, bevor das erste Bit übertragen werden kann. Deshalb wurden Algorithmen entwickelt, welche die Intervallgrenzen mit ganzen Zahlen hinreichend genau annähern und eine schrittweise Übertragung von Code-Information durchführen können.

3.7.2 Festkomma-Implementierung

1987 wurde der erste praktikable Quellcode für die arithmetische Codierung durch Witten, Neal und Cleary veröffentlicht [Wit87]. Ihre Implementierung vermeidet Gleitkomma-Operationen, indem sie nicht mit Wahrscheinlichkeiten p_i und kumulativen Wahrscheinlichkeiten $p_k(s_i)$, sondern mit absoluten Häufigkeiten $h(s_i)$ und kumulativen Häufigkeiten $h_k(s_i)$ rechnet. Außerdem gibt der Algorithmus während der Codierung Bits aus, sobald die aktuelle Position im Intervall durch eine gebrochene binäre Zahl eindeutig beschrieben werden kann. Dies ist der Fall, wenn die obersten Bits von *low* und *high* identisch sind. Das Codewort wächst also während der Übertragung. Die folgenden Abschnitte erläutern eine etwas modifizierte Version dieser Implementierung .

3.7.2.1 Encodierung

Analog zum oben beschriebenen Algorithmus wird die Initialisierung durchgeführt. Ein Vektor $h_k[i] = [0; 4; 6; 7; 10]$ enthält die kumulativen Häufigkeiten $h_k(s_i)$ der $K = 4$ Symbole $s[i] = [\mathsf{a}; \mathsf{b}; \mathsf{c}; \mathsf{d}]$. Zum besseren Vergleich wurden die aufsummierten Wahrscheinlichkeiten aus $p_k[i]$ einfach mit 10 multipliziert. Der Wert von $h_k[K]$ entspricht der Gesamtanzahl von gezählten Symbolen.

Als Voraussetzung für den Algorithmus gilt $h(s_i) \geq 1$ für alle i, damit die Symbole tatsächlich unterscheidbar sind. Man könnte beliebige Vielfache dieser Häufigkeiten verwenden, ohne dass sich an der Codierung etwas verändert, da die Berechnungen der Intervallgrenzen auf $h_k[K]$ normiert werden. Für das Gesamtintervall wird eine Auflösungsbreite von B Bits festgelegt. Die größte darstellbare Zahl lautet somit $M = 2^B - 1$. Die Verarbeitungsbreite B sollte möglichst groß sein, um eine gute Approximation der theoretisch reellwertigen Intervallgrenzen zu erreichen. Die Hilfsvariablen

$$Q1 \leftarrow M\,/\,4 + 1, \quad Q2 \leftarrow 2 \cdot Q1 \quad \text{und} \quad Q3 \leftarrow 3 \cdot Q1$$

vierteln den Zahlenbereich. Die Grenzen des Codierungsintervalls werden mit *low* = 0 und *high* = M initialisiert. Des Weiteren wird ein Zähler n für die Ausgabe von Bits benötigt (Startwert $n = 0$). Da der Algorithmus ausschließlich Zahlen im Festkomma-Format nutzt, führt die Divisionsoperation stets zu ganzzahligen Resultaten.

Für das Codieren aller Symbole kommen folgende, etwas modifizierte Berechnungen der Intervallgrenzen zum Einsatz

$$range \quad \leftarrow \quad high - low + 1 \,, \tag{3.11}$$

$$high \quad \leftarrow \quad low + \left\lfloor range \cdot \frac{h_k[i+1]}{h_k[K]} \right\rfloor - 1 \,, \tag{3.12}$$

$$low \quad \leftarrow \quad low + \left\lfloor range \cdot \frac{h_k[i]}{h_k[K]} \right\rfloor \,. \tag{3.13}$$

Algorithmus 3.2: Programmschleife zur Ausgabe von eindeutigen Bits

---

```
 1: while (1) do
 2:     if (high < Q2) then
 3:         senden von '0' und n Einsen, n ← 0
 4:     else if (low ≥ Q2) then
 5:         senden von '1' und n Nullen, n ← 0
 6:         low ← low − Q2, high ← high − Q2
 7:     else if (low ≥ Q1) AND (high < Q3) then
 8:         ein Bit sammeln (n ← n + 1),
 9:         low ← low − Q1, high ← high − Q1
10:     else
11:         break                              ▷ verlasse die Schleife
12:     end if
13:     low ← 2 · low
14:     high ← 2 · high + 1                     ▷ Skalieren der Intervallgrenzen
15: end while
```

Um zu gewährleisten, dass die obere Grenze nie kleiner als die untere wird, muss die Ungleichung

$$\left\lfloor \frac{range \cdot h_{\mathrm{k}}[i+1]}{h_{\mathrm{k}}[K]} \right\rfloor > \left\lfloor \frac{range \cdot h_{\mathrm{k}}[i]}{h_{\mathrm{k}}[K]} \right\rfloor \tag{3.14}$$

erfüllt sein. Sei $h_{\mathrm{k}}[i] = \chi$, dann ist $h_{\mathrm{k}}[i+1]$ mindestens gleich $\chi + 1$ und man erhält

$$\left\lfloor \frac{range \cdot (\chi+1)}{h_{\mathrm{k}}[K]} \right\rfloor > \left\lfloor \frac{range \cdot \chi}{h_{\mathrm{k}}[K]} \right\rfloor ,$$

$$\left\lfloor \frac{range \cdot \chi}{h_{\mathrm{k}}[K]} + \frac{range}{h_{\mathrm{k}}[K]} \right\rfloor > \left\lfloor \frac{range \cdot \chi}{h_{\mathrm{k}}[K]} \right\rfloor . \tag{3.15}$$

Man erkennt, dass $h_{\mathrm{k}}[K]$ höchstens gleich $range$ sein darf, weil sonst der zweite Summand auf der linken Seite der Ungleichung gleich null wäre. Wie weiter unten gezeigt wird, ist $range$ aufgrund von Intervallskalierungen nie kleiner als $Q1$. Also muss garantiert werden, dass die Bedingung $h_{\mathrm{k}}[K] \leq Q1$ stets erfüllt ist.

Nach dem Bestimmen der Intervallgrenzen wird überprüft, ob eindeutige Codebits vorhanden sind und ausgegeben werden können. Dazu sind drei Bedingungen in einer Programmschleife zu testen. **Abbildung 3.2** zeigt die Operationen in einem Pseudocode. Befindet sich das aktuelle Intervall vollständig in der unteren Hälfte des Gesamtintervalls ($high < Q2$), so kann eine „0" ausgegeben werden, gefolgt von n Einsen (siehe auch dritte Bedingung). Liegt das Intervall dagegen in der oberen Hälfte ($low \geq Q2$), sind die obersten Bits von low und $high$ beide gleich „1". Diese Eins wird, gefolgt von n Nullen, an den Bitstrom gehängt. Das aktuelle Intervall wird danach um $Q2$ nach unten verschoben, um ein Übertreten der oberen Grenze des Gesamtintervalls durch das nachfolgende Skalieren des aktuellen Intervalls zu verhindern. Die dritte Bedingung ergibt sich, wenn das aktuelle Intervall in der Mitte des Gesamtintervalls liegt ($low \geq Q1$ und

Beispiel 3.14: Bestimmen des arithmetischen Codewortes mit Festkomma-Implementierung für ein Symbolalphabet $X = \{a, b, c, d\}$ mit kumulative Symbolhäufigkeiten $h_k[i] = [0; 4; 6; 7; 10]$ und einer Codierreihenfolge $\{a, d, b, c\}$

Symbol	*range*	*high*	*low*	n	Bedingung	Bit	Modifizierung
a	64	24	0	0	$high < Q2$	0	$* = 2$
		49	0	0			
d	50	49	35	0	$low \geq Q2$	1	$- Q2$
		17	3	0			$* = 2$
		35	6	0			
b	30	23	18	0	$high < Q2$	0	$* = 2$
		47	36	0	$low \geq Q2$	1	$- Q2$
		15	4	0			$* = 2$
		31	8	0	$high < Q2$	0	$* = 2$
		63	16	0			
c	48	48	44	0	$low \geq Q2$	1	$- Q2$
		16	12	0			$* = 2$
		33	24	0	$(low \geq Q1)\ \&\&\ (high < Q3)$		$- Q1,\ n{+}{+}$
		17	8	1			$* = 2$
		35	16	1	$(low \geq Q1)\ \&\&\ (high < Q3)$		$- Q1,\ n{+}{+}$
		19	0	2			$* = 2$
		39	0	2			
					$low < Q1$	0 111	

$high < Q3$). In diesem Fall ist klar, dass ein Bit ausgegeben werden kann, und n wird inkrementiert. Ob es sich um eine Null oder eine Eins handelt, wird erst entschieden, wenn eine der ersten beiden Bedingungen erfüllt ist. Außerdem wird das Intervall um minus $Q1$ verschoben.

Wenn eine der drei Bedingungen erfüllt ist, wird das Intervall durch Verdoppeln von *low* und *high* skaliert. Die Variable *high* muss zusätzlich um Eins erhöht werden, damit eine Identität von oberer und unterer Grenze verhindert wird.

Beispiel 3.14 zeigt den Ablauf für das Codieren der Symbolsequenz „adbc" analog zum Beispiel auf Seite 42. Für die Codierungsauflösung wurde ein Wert von $B = 6$ gewählt. Daraus ergeben sich $M = 63$, $Q1 = 16$, $Q2 = 32$ und $Q3 = 48$. Der Intervallbereich *range* berechnet sich aus Gleichung (3.11) zu 64. Die Auswahl von „a" ($i = 0$) führt zu einer Intervallverengung mit $high = 24$ und $low = 0$ entsprechend den Gleichungen (3.12) und (3.13). Nun erfolgt ein Sprung in die Schleife (Alg. 3.2) und es stellt sich heraus, dass das Intervall vollständig in der unteren Hälfte liegt. Eine Null wird ausgegeben und das Intervall skaliert. Die neuen Intervallgrenzen $high = 49$ und $low = 0$ erfüllen keine der Bedingungen und es kann mit der Codierung des nächsten Zeichens fortgesetzt werden. Für das Zeichen „d" ergibt sich die Bedingung 2 und damit verbunden die Ausgabe eines 1-Bits. Das Intervall muss um minus $Q2$ verschoben werden. Die nachfolgende Skalierung schließt die Codierung dieses Symbols ab. Nach der Verarbeitung aller vier Symbole liegt die Bit-Sequenz „010101" vor. Die Encodierung muss nun mit einer speziellen Routine beendet werden (siehe **Algorithmus 3.3**), damit der Decoder die vollständige Information über den Status der Intervallposition erhält (z. B.

Algorithmus 3.3: Abschlussroutine für die arithmetische Encodierung

---

1: **procedure** BEENDE_ENCODIERUNG
2: $\quad n \leftarrow n + 1$
3: $\quad$ **if** $(low < Q1)$ **then**
4: $\quad\quad$ senden von '0' und n Einsen
5: $\quad$ **else**
6: $\quad\quad$ senden von '1' und n Nullen
7: $\quad$ **end if**
8: **end procedure**

Beispiel 3.15: Arithmetische Codierung: Annäherung der Bitrate an die Entropie

Gegeben sei ein 4-Symbole-Alphabet $s[i] = [\mathsf{a}; \mathsf{b}; \mathsf{c}; \mathsf{d}]$ mit $p[i] = [0.4; 0.2; 0.1; 0.3]$. Die Entropie beträgt dafür $H \approx 1.846$ bit/Symbol.
Je mehr Symbole mit dieser Verteilung codiert werden, desto mehr nähert sich die Bitrate R an die Entropie an ($N \ldots$ Anzahl der codierten Symbole):

N	10	20	40	80	100	150
Bits	20	38	75	148	185	277
R [Bits/Symbol]	2.0	1.9	1.875	1.85	1.85	1.847

die Anzahl n der gesammelten Bits). Diese Bedingung führt im gewählten Beispiel zur Ausgabe von vier weiteren Bits.

Das endgültige Codewort lautet „0101010111". Es unterscheidet sich von dem Resultat des Gleitkomma-Algorithmus (vgl. Beispiel 3.13). Ursache dafür ist die Approximation der Intervallgrenzen mit ganzen Zahlen und die relativ begrenzte Auflösung von $B = 6$. Da der Decoder mit der gleichen Verarbeitungsbreite operiert, stellt dies jedoch kein Problem dar.

Zum Bestimmen der erreichbaren mittleren Codewortlänge (bzw. Bitrate) wird eine Testfolge mit zehn Zeichen codiert, in der alle vier Symbole entsprechend ihrer vorgegebenen Häufigkeit auftreten. Der Ergebnisbitstrom umfasst insgesamt 20 Bits. Die Bitrate beträgt also $20/10 = 2.0$ Bits pro Symbol. Erhöht man die Zahl der zu codierenden Zeichen, dann wird eine Annäherung an die Signalentropie erkennbar. Die Ergebnisse sind exemplarisch in **Beispiel 3.15** aufgelistet. Es ist zu sehen, dass sich die Bitrate ($R \approx 1.847$) an die Entropie des Signals ($H(X) \approx 1.846$) besser annähert, als es mit der Huffman-Codierung möglich war ($\overline{l_i} = R = 1.9$, vgl. Abschnitt 3.4 ab Seite 29).

Weitere Vorteile der arithmetischen Codierung gegenüber Präfixcodes ergeben sich bei einer signaladaptiven Verarbeitung (siehe Abschnitt 3.11). Nachteilig ist dagegen der vergleichsweise hohe Rechenaufwand. Während in der Huffman-Codierung nach einer einmaligen Erzeugung des Codebaums lediglich die richtigen Codewörter ausgewählt werden müssen, erfordert das Bestimmen der Intervallgrenzen aufwendige Berechnungen insbesondere durch die Division in den Gleichungen (3.12) und (3.13). Eine Möglichkeit zur Beschleunigung der arithmetischen Codierung wird in Abschnitt 3.7.3 diskutiert.

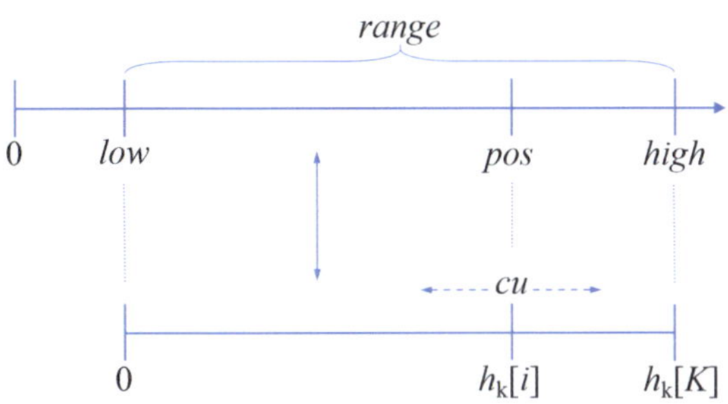

Abbildung 3.5: Abbilden der eingelesenen Bits auf die Position im kumulativen Histogramm

3.7.2.2 Decodierung

Der Decoder muss die Operationen des Encoders nachahmen. Als erstes werden sämtliche Variablen $(K, B, M, Q1, Q2, Q3, high, low, n)$ mit den gleichen Werten initialisiert und die Vektoren $h_\mathrm{k}[i] = [0; 4; 6; 7; 10]$ und $s[i] = [\mathsf{a}; \mathsf{b}; \mathsf{c}; \mathsf{d}]$ vorbereitet. Anhand der Daten aus dem Bitstrom muss der Decoder die Startposition im Intervall bestimmen. Deshalb werden zu Beginn einmalig B Bits gelesen und der Variablen *pos* als binäre Zahl zugewiesen. Lautet die Anfangsbitfolge z. B. „001101", erhält *pos* den Wert 13. Analog zur Encodierung wird nun der Intervallbereich bestimmt

$$range \leftarrow high - low + 1 \,.$$

Die Neuberechnung der oberen und der unteren Grenze ist abhängig von dem codierten Symbol, das mit Hilfe der kumulativen Häufigkeiten $h_\mathrm{k}[i]$ ermittelt wird. In **Abbildung 3.5** ist der Zusammenhang zwischen der Zahl *pos*, die sich aus den eingelesenen Bits ergibt, und der Position im kumulativen Histogramm dargestellt. Die relative Intervallposition ist $(pos - low)/range$. Dieses Verhältnis entspricht prinzipiell der Position im kumulativen Histogramm

$$\frac{cu}{h_\mathrm{k}[K]} = \frac{pos - low}{range} \,.$$

Das Berechnen von *cu* erfordert allerdings das Addieren bzw. Subtrahieren von Einsen zum korrekten Runden

$$cu \leftarrow \left\lfloor \frac{(pos - low + 1) \cdot h_\mathrm{k}[K] - 1}{range} \right\rfloor \,. \tag{3.16}$$

Um das richtige Symbol zu finden, wird der in (3.16) berechnete Wert *cu* solange mit den Elementen des kumulativen Histogramms verglichen, bis ein passender Eintrag mit folgenden Operationen gefunden wird

$$
\begin{aligned}
&i \leftarrow K - 1 && \text{\% beginne Suche beim letzten Symbol } s[K-1]\\
&\text{while } (cu < h_\mathrm{k}[i]) \; \{i \leftarrow i - 1\} && \text{\% suche, solange Bedingung erfüllt ist} \quad.
\end{aligned}
$$

Algorithmus 3.4: Programmschleife zur Aktualisierung der Intervallgrenzen und zum Einlesen von neuen Daten aus dem Bitstrom

---

```
 1: while (1) do
 2:     if (high < Q2) then                                    ▷ tue nichts
 3:     else if (low ≥ Q2) then
 4:         low ← low − Q2, high ← high − Q2, pos ← pos − Q2
 5:     else if (low ≥ Q1) AND (high < Q3) then
 6:         low ← low − Q1, high ← low − Q1, pos ← pos − Q1
 7:     else
 8:         break                                              ▷ verlasse die Schleife
 9:     end if
10:     low ← 2 · low
11:     high ← 2 · high + 1                      ▷ Skalieren der Intervallgrenzen
12:     pos ← 2 · pos+next_bit()       ▷ Skalieren Position und lese neues Bit
13: end while
```

Das Symbol $s[i]$ ist damit bekannt. Die Berechnungsvorschriften

$$high \quad \leftarrow \quad low + \left\lfloor \frac{range \cdot h_{\mathrm{k}}[i+1]}{h_{\mathrm{k}}[K]} \right\rfloor - 1 \quad \text{und}$$

$$low \quad \leftarrow \quad low + \left\lfloor \frac{range \cdot h_{\mathrm{k}}[i]}{h_{\mathrm{k}}[K]} \right\rfloor$$

aktualisieren wie beim Encoder die Intervallgrenzen und eine Programmschleife (**Algorithmus 3.4**) überprüft die drei Bedingungen zur Lage des aktuellen Intervalls. Neben den Intervallgrenzen muss auch der Zeiger *pos* verschoben und skaliert werden. Durch das Einlesen des nächsten Bit verfeinert sich sein Wert immer wieder.

Verwenden wir nun die im Encoder-Beispiel 3.14 gefundene Bitsequenz „0101010111" als Input für den Decoder. Der Zeigers *pos* wird mit den ersten $B=6$ Bits initialisiert, siehe **Beispiel 3.16**. Diese Intervallposition wird mit Gleichung (3.16) auf eine kumulative Häufigkeit *cu* umgerechnet und liefert das Symbol „a". Anschließend erfolgen die Intervallgrenzenoperationen analog zur Verarbeitung im Encoder. Der Vergleich der Daten in den Beispielen 3.14 und 3.16 zeigt, dass Encoder und Decoder identische Operationen ausführen. Hinzu kommt die Berechnung des Zeigers *pos* auf Basis der neu eingelesen Bits. Allerdings zeigt sich hier ein Problem der arithmetischen Decodierung. Die zehn empfangenen Bits reichen nicht aus, das letzte Symbol zu identifizieren. Es ist ein weiteres Bit in diesem Beispiel erforderlich, bis der Decoder das vierte Symbol (c) erkennt. Im oberen Tabellenabschnitt wurde zusätzlich eine Null eingegeben (Bit-Nr. 11), um den Zeiger am unteren Rand (*pos* = 46) des Intervalls zu halten. Im unteren Tabellenteil sind die letzten Operationen angegeben, wenn das zusätzliche Bit gleich Eins ist. Man sieht, dass der Zeiger (*pos* = 47) sich mehr in Richtung des oberen Randes des Intervalls bewegt. Trotzdem wird als nächstes Zeichen wieder das „c" erkannt. Der Wert des letzten Bits ist also bedeutungslos. Das Problem ist nun, dass der Decoder nicht weiß, wie viele Bits er gelesen hat, die nicht zum eigentlichen Codewort gehören. Ein Zurückschreiben der zu viel gelesenen Bits ist nicht möglich.

Beispiel 3.16: Arithmetische Decodierung mit Festkomma-Implementierung korrespondierend zum Encoder-Beispiel 3.14

Nr.	Bit	pos	$range$	cu	s_i	$high$	low	n	Bedingung	Modifizierung
1	0	0								
2	1	1								
3	0	2								
4	1	5								
5	0	10								
6	1	21								
			64	3	a	24	0	0	$high < Q2$	$* = 2$
7	0	42				49	0	0		
			50	8	d	49	35	0	$low \geq Q2$	$-Q2$
						17	3	0		$* = 2$
8	1	21				35	6	0		
			30	5	b	23	18	0	$high < Q2$	$* = 2$
9	1	43				47	36	0	$low \geq Q2$	$-Q2$
						15	4	0		$* = 2$
10	1	23				31	8	0	$high < Q2$	$* = 2$
11	0	46				63	16	0		
			48	6	c	48	44	0	$low \geq Q2$	$-Q2$
						16	12	0		
11	1	47				63	16	0		
			48	6	c	48	44	0	$low \geq Q2$	$-Q2$
						16	12	0		

Diese Implementierung wird im Folgenden als Variante 1 bezeichnet.

3.7.3   Zeitoptimierte Implementierung

Die im vorangegangenen Abschnitt vorgestellte Implementierung bildet den Algorithmus der arithmetischen Codierung Eins zu Eins ab und ist dadurch relativ übersichtlich. An dieser Stelle soll eine zweite, etwas schnellere Variante vorgestellt werden, die auf einer Veröffentlichung von Moffat basiert [Mof95]. Der grundlegende Unterschied zum Algorithmus von Witten, Neal und Cleary besteht im Weglassen der Berechnung der oberen Intervallgrenze $high$. Stattdessen erhält der Bereich $range$ eine größere Bedeutung. Außerdem garantiert der neue Codierungsablauf, dass der Decoder nur so viele Bits ausliest, wie der Encoder in den Bitstrom eingefügt hat. Diese Implementierung wird im Folgenden als ‚Variante 2' bezeichnet.

3.7.3.1   Encodierung

Die Initialisierung ist im Wesentlichen die gleiche wie bei der ersten Variante. Ein Vektor $h_{\mathrm{k}}[i]$ enthält die kumulativen Häufigkeiten $h(s_i)$ der Symbole $s[i]$ ($i = 0, \ldots, K-1$). Als Voraussetzung für den Algorithmus gilt $h(s_i) \geq 1$ für alle i.

Für das Codierungsintervall wird eine Auflösungsbreite von B Bits festgelegt. Ein Viertel und die Hälfte des Zahlenbereiches lassen sich mit $Q1 = 2^{(B-2)}$ und $Q2 = 2^{(B-1)}$

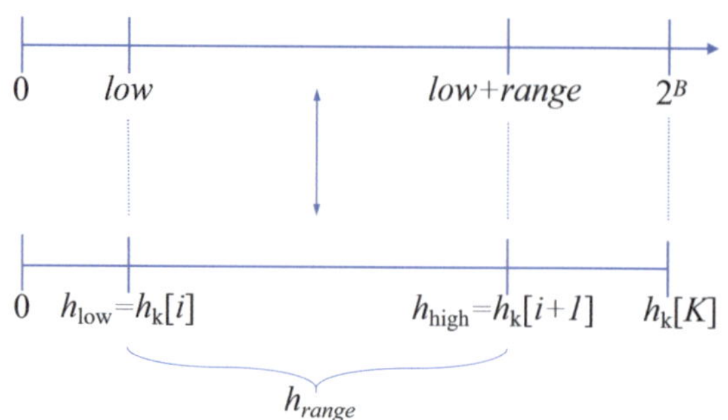

Abbildung 3.6: Korrespondenz von Codierungsintervall und kumulativen
Häufigkeiten

bestimmen. B muss mindestens so groß sein, dass $h_{\text{k}}[K] \leq Q1$ garantiert ist. Die Grenzen
des Codierungsintervalls werden mit $low = 0$ und $range = Q2$ und ein Bitzähler mit
$n = 0$ initialisiert.

Jeder Codierschritt bildet den Codierungsbereich durch Normierung mit der Summe
aller Häufigkeiten $h_{\text{k}}[K]$ auf die Intervalle der kumulativen Häufigkeiten

$$h_{range} \leftarrow range/h_{\text{k}}[K] \,. \tag{3.17}$$

$h_{\text{k}}[K]$ darf den Wert von $range$ nicht übersteigen, damit der Quotient nicht kleiner als
1 ist. Verwendet man eine voll-adaptive Anpassung der Häufigkeitsverteilung (siehe Abschnitt 3.11.2.2), müssen bei Erreichen des Maximalwertes $h_{\text{k}}[K] \geq Q1$ alle Häufigkeiten
halbiert und die kumulativen Werte angepasst werden. Zu beachten ist wiederum, dass
pro Symbol eine Mindesthäufigkeit von $h(s_i) \geq 1$ eingehalten wird.

In Abhängigkeit vom Index i des zu codierenden Symbols erfolgt das Berechnen der
neuen Intervallparameter mit

$$low \leftarrow low + h_{range} \cdot h_{\text{k}}[i] \qquad (\hat{=} low + range \cdot h_{\text{k}}[i]/h_{\text{k}}[K]) \tag{3.18}$$

und

$$range \leftarrow h_{range} \cdot (h_{\text{k}}[i + 1] - h_{\text{k}}[i]) \,. \tag{3.19}$$

Im Unterschied zur Implementierung in Variante 1 (Gl.(3.13)) wird die Division durch
$h_{\text{k}}[K]$ vor der Multiplikation mit $h_{\text{k}}[i]$ durchgeführt (Gl.(3.17) und (3.18)). Dadurch
ist es möglich, größere Häufigkeitswerte zu verarbeiten ($B_{\max} = 30$), jedoch wird die
Genauigkeit der Intervallgrenzen-Approximation schlechter.

Eine Programmschleife überprüft nun, ob Bits ausgegeben werden können, und das Co-
dierungsintervall wird entsprechend skaliert (**Algorithmus 3.5**). Unter gewissen Um-
ständen kann es zu einer Anhäufung von gesammelten Bits in der Variable n kommen.
Ein Überlauf ist zwar äußerst unwahrscheinlich, weil das codierte Signal mindestens 2^{31}
Bits lang sein müsste (entweder alles Einsen oder alles Nullen), aber eine praktische
Implementierung sollte eine entsprechende Abfrage tätigen.

Algorithmus 3.5: Programmschleife zur Ausgabe von eindeutigen Bits (Variante 2)

```
 1: while (range ≤ Q1) do
 2:     if (low ≥ Q2) then
 3:         senden von '1' und n Nullen,
 4:         n ← 0, low ← low − Q2
 5:     else if ((low + range) < Q2) then
 6:         senden von '0' und n Einsen, n ← 0
 7:     else
 8:         n ← n + 1                    ▷ ein Bit sammeln
 9:         low ← low − Q1               ▷ untere Intervallgrenze verschieben
10:     end if
11:     low ← 2 · low
12:     range ← 2 · range               ▷ Skalieren der Codierungsintervalls
13: end while
```

Algorithmus 3.6: Ausgabe von finalen Bits (Variante 2)

```
 1: procedure BEENDE_ENCODIERUNG2
 2:     for (i = 1; i <= B; i + +) do
 3:         bit ← (low >> (B − i)) & 1          ▷ Extrahiere ein Bit
 4:         output(bit)
 5:         while (n) do                        ▷ es gibt gesammelte Bits
 6:             output(!bit)                    ▷ Ausgabe von bit negiert
 7:             n ← n − 1
 8:         end while
 9:     end for
10: end procedure
```

Die abschließende Routine (**Algorithmus 3.6**) schreibt alle B Bits von *low* in den Datenstrom. Dazu werden alle Bits der Variable *low* getestet. Wenn trotz des Abschneidens von Bits sich die Intervallgrenzen nicht ändern, sind diese Bits irrelevant und brauchen nicht ausgegeben zu werden.

3.7.3.2 Decodierung

Die neue Decoder-Implementierung enthält eine weitere Änderung im Vergleich zu Variante 1. Statt der unteren Grenze *low* wird die Differenz *diff* zwischen der Position *pos* im Intervall und *low* verfolgt.

Sämtliche Variablen ($B, Q1, Q2, range$) und die kumulativen Häufigkeiten $h_k[i]$ werden mit den gleichen Werten initialisiert wie beim Encoder. Anhand der Daten aus dem Bitstrom bestimmt der Decoder die Startposition im Intervall. Dazu liest er zu Beginn einmalig B Bits ein und weist sie der Variablen *diff* als binäre Zahl zu. Der Decodiervorgang gliedert sich in zwei Schritte. Als erstes wird der aktuelle Codierungsbereich

Algorithmus 3.7: Programmschleife zum Finden des korrekten Symbols (lineare Rückwärtssuche)

1: $i \leftarrow K - 1$ ▷ *beginne Suche beim letzten Symbol $s[K-1]$*
2: **while** $(cu < h_{\mathrm{k}}[i])$ **do**   ▷ *suche, solange Bedingung erfüllt ist*
3:     $i \leftarrow i - 1$
4: **end while**

Algorithmus 3.8: Programmschleife zum Aktualisieren der Intervallparameter und zum Einlesen von neuen Daten aus dem Bitstrom (Variante 2)

1: **while** $(range \leq Q1)$ **do**
2:     $range \leftarrow 2 \cdot range$ ▷ *Skalieren des Codierungsintervalls*
3:     $diff \leftarrow 2 \cdot low + \mathrm{next\_bit}()$ ▷ *Skaliere Differenz und lese neues Bit*
4: **end while**

$range$ auf die kumulativen Häufigkeiten abgebildet

$$h_{range} \leftarrow range/h_{\mathrm{k}}[K]$$
$$cu \leftarrow diff/h_{range} \,.$$

Die Variable cu zeigt im Bereich der kumulativen Häufigkeiten genau auf die Position, die durch das aktuelle Symbol festgelegt ist. Mit Hilfe der Schleife in **Algorithmus 3.7** wird dieses Symbol $s[i]$ ermittelt und kann ausgegeben werden. Es sei angemerkt, dass statt dieser linearen Suche auch ein Algorithmus mit logarithmischer Suche und entsprechend geringerer Zeitkomplexität verwendet werden kann [Str25].

Die neuen Intervallparameter lassen sich mit

$$diff \leftarrow diff - h_{range} \cdot h_{\mathrm{k}}[i] \qquad \text{und}$$
$$range \leftarrow h_{range} \cdot (h_{\mathrm{k}}[i+1] - h_{\mathrm{k}}[i])$$

berechnen. Das Skalieren des Codierungsintervalls ist nur noch an eine Bedingung geknüpft (**Algorithmus 3.8**). Im Allgemeinen verwendet man eine voll-adaptive Codierung (siehe auch Abschnitt 3.11.2.2). Die Codierungsergebnisse sind deshalb nicht durch die in Gleichung (2.3) definierte Signalentropie unabhängiger Symbole begrenzt. Das Kompressionsverhältnis hängt nicht nur von der globalen Statistik der Symbole, sondern auch von ihrer Reihenfolge ab.

Die zeitoptimierte Implementierung spart beim Encoder mindestens 20% und beim Decoder mehr als 30% der Verarbeitungszeit in den Codierroutinen. Das bitweise Ausgeben und Einlesen der Information ist dabei allerdings nicht berücksichtigt. Auch die Modellanpassung, siehe Algorithmus 3.18 in Abschnitt 3.11.2.2, ist relativ zeitaufwändig und kann bei einer adaptiven Arbeitsweise und großer Zahl verschiedener Symbolen zum limitierenden Faktor werden.

3.7.4 Binäre arithmetische Codierung

Die binäre arithmetische Codierung ist eine spezielle Codierungsform, die lediglich zwei Symbole unterscheidet. Das Wahrscheinlichkeitsintervall besteht nur aus zwei Teilin-

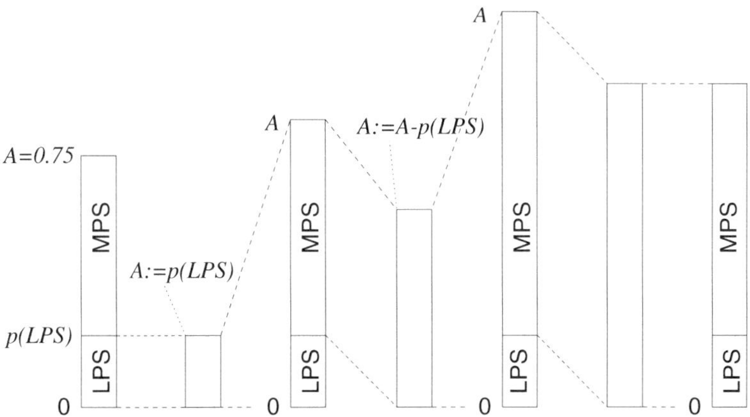

Abbildung 3.7: Binäre arithmetische Codierung ohne Häufigkeitsadaptation

tervallen (**Abb. 3.7**). Dem unteren Teilintervall wird das Symbol mit geringerer Wahrscheinlichkeit zugewiesen (engl.: *less probable symbol* ... LPS) und dem oberen das wahrscheinlichere (engl.: *more probable symbol* ... MPS). Eine feste Zuordnung der Symbole $s_1 = 0$ und $s_2 = 1$ gibt es nicht. Im Laufe der Codierung können sie abhängig von der aktuellen Häufigkeitsverteilung ihre Intervallzugehörigkeit tauschen. Der Vorteil der binären Codierung liegt neben dem ausschließlichen Verwenden von Festkomma-Operationen im Vermeiden von Divisionen. Die Intervallsegmentierung wird durch vordefinierte Werte approximiert. Dadurch verringert sich zwar die Genauigkeit der Intervallaufteilung, die Adaptation ist dadurch jedoch wesentlich schneller als bei einer normalen arithmetischen Codierung.

Der erste, auf eine effiziente Implementierung in Soft- und Hardware gerichtete Algorithmus wurde in [Pen88] als so genannter Q-Coder vorgestellt. , Eine Modifikation davon (QM-Coder) ist z. B. im Kompressionsstandard JPEG-1 [ISO92] als Alternative zur Huffman-Codierung definiert. Allerdings wurde die arithmetische Codierung in JPEG-1 aufgrund von patentrechtlichen Lizenzbestimmungen nur selten verwendet. Der Patentschutz ist inzwischen jedoch abgelaufen und das Interesse, die arithmetische Codierung zu nutzen, ist entsprechend gewachsen.

Die obere Grenze des Codierungsintervalls ist mit $0.75 \leq A < 1.5$ festgelegt. A wird mit hexadezimal 0x8000 ($\hat{=}0.75$) initialisiert und während der Codierung verdoppelt, sobald der Wert unter 0x8000 fällt. Sei $p(\text{LPS})$ die Wahrscheinlichkeit des LPS-Symbols, dann ergeben sich die Breiten der beiden Teilintervalle zu

$$\begin{array}{ll} A - (p(\text{LPS}) \cdot A) & \text{Teilintervall für MPS} \\ p(\text{LPS}) \cdot A & \text{Teilintervall für LPS} \end{array} \cdot \qquad (3.20)$$

Da A ungefähr gleich Eins ist, kann man die Intervallgrenzen mit

$$\begin{array}{ll} A - p(\text{LPS}) & \text{Teilintervall für MPS} \\ p(\text{LPS}) & \text{Teilintervall für LPS} \end{array} \qquad (3.21)$$

approximieren. Ein Coderegister C nimmt die Information der binären Entscheidungen auf. Bei Codierung eines MPS wird der Wert von p(LPS) zum Register addiert und das Intervall mit $A := A - p(\text{LPS})$ verkleinert. Die Codierung eines LPS lässt das Coderegister unverändert, setzt das Codierungsintervall aber auf $A := p(\text{LPS})$. Falls ein Skalieren des Intervalls notwendig ist ($A < 0.75$), werden sowohl das Intervall als auch das Coderegister verdoppelt. Zur Vermeidung eines Überlaufs wird aus dem Coderegister regelmäßig ein Byte in den Bitstrom geschrieben.

Die Adaptation der Symbolverteilung erfordert im Gegensatz zur normalen arithmetischen Codierung kein Zählen der Symbole (siehe auch Abschnitt 3.11.2.2). Abhängig vom aktuellen Wert $p(\text{LPS})$ und dem soeben codierten Symbol wird eine neue Wahrscheinlichkeit $p(\text{LPS})$ festgelegt. Dies ist in Abbildung 3.7 nicht dargestellt.

Die adaptive Intervallaufteilung kann dazu führen, dass das LPS-Intervall größer wird als das MPS-Intervall. Wenn zum Beispiel $p(\text{LPS}) = 0.5$ und $A = 0.75$ sind, dann führen die Gleichungen (3.21) auf Werte von 0.25 für MPS (ein Drittel des Intervalls) und 0.5 für LPS (zwei Drittel). In diesem Fall muss die Symbolzuordnung MPS/LPS vertauscht werden.

Eine ausführliche Beschreibung des MQ-Coders, der unter anderem im neuen Standard JPEG-2000 [ISO04b] zum Einsatz kommt, ist zum Beispiel in [Tau02] zu finden.

Die Videokompressionsstadards H.264, H.265 und H.266 nutzen eine kontextbasierte binäre arithmetische Codierung (*CABAC ... Context-Adaptive Binary Arithmetic Coding*) [Mar03]. CABAC setzt sich aus drei wesentlichen Komponenten zusammen. Der erste Verarbeitungsschritt besteht in einer Binarisierung des gegebenen Symbols. Dies kann einfach die Repräsentation des Wertes in binärer Darstellung sein (*FLC ... Fixed Length Code*) oder die Substitution mit einem bestimmten Codewort (*VLC ... Variable Length Code*), wodurch sich die Anzahl der zu verarbeitenden Bits im statistischen Mittel verringert. Die zweite Komponente betrifft die kontextadaptive Modellierung der Wahrscheinlichkeitsverteilungen (siehe auch Abschnitt 3.11). Die arithmetische Codierung der erzeugten Bits (eine Variation des MQ-Coders) ist der dritte Verarbeitungsteil. Ein spezielles Merkmal von CABAC ist der sogenannte *bypass* Modus, bei dem die Bits direkt (ohne den Codierer zu durchlaufen) ausgegeben werden, wenn eine Gleichverteilung von Nullen und Einsen zu erwarten ist. Dadurch vergrößert sich der Datendurchsatz.

3.8 Range-Codierung

3.8.1 Prinzipielles Rechenschema

Für die Erläuterungen zur Range-Codierung, greifen wir noch einmal das Beispiel auf, das schon bei der arithmetischen Codierung in Abschnitt 3.7 verwendet wurde.

Beispiel: Gegeben sei ein Symbolalphabet $s[i] = [\text{a}; \text{b}; \text{c}; \text{d}]$ ($i = 0 \ldots K-1$) mit den Symbolwahrscheinlichkeiten $p[i] = [0.4; 0.2; 0.1; 0.3]$ und den Summenwahrscheinlichkeiten $p_\text{k}[i] = [0.0; 0.4; 0.6; 0.7; 1.0]$, wobei $p_\text{k}[0] = 0.0$ und $p_\text{k}[i+1] = p_\text{k}[i] + p[i]$ gelten.

Basierend auf den Summenwahrscheinlichkeiten $p_\mathrm{k}[i]$ wurde bei der konventionellen arithmetischen Codierung ein Intervall $[0,1)$ in Teilintervalle gegliedert (Abbildung 3.4) und ein Codewert gesucht, welcher die Sequenz von codierten Symbolen repräsentiert. Diese Zahl zeigt gewissermaßen in ein entsprechendes Teilintervall.

Bei der Range-Codierung wird prinzipiell gleich von einem ganzzahligem Intervall ausgegangen. Während bei der arithmetischen Codierung die Verarbeitung bitweise erfolgt, kann die Range-Codierung theoretisch eine beliebige Zahlenbasis b nutzen.

Zur Erläuterung des Codierungsprinzips wählen wir zunächst das dezimale Zahlensystem mit $b = 10$ und ein halboffenes Intervall $[low, T)$ mit $T = b^m$. Die Größe des Intervalls ist durch die Anzahl m der zu verwendenden Stellen (Ziffern) definiert. Wie wählen beispielhaft $m = 3$, woraus sich $[low, T) = [0, 1000)$ ergibt.

Die unteren Grenzen der Teilintervalle für die einzelnen Symbole s_i berechnen sich mit

$$low_i \leftarrow low + p_\mathrm{k}[i] \cdot (T - low) \tag{3.22}$$

und man erhält für das Beispiel folgende Teilintervalle

$$\mathsf{a} \in [0, 400), \quad \mathsf{b} \in [400, 600), \quad \mathsf{c} \in [600, 700), \quad \mathsf{d} \in [700, 1000) \,.$$

Wenn wir wie in Abbildung 3.4 die Sequenz $\{\mathsf{a}, \mathsf{d}, \mathsf{b}, \mathsf{c}\}$ codieren, verengt sich das gesamte Intervall $[0, 1000)$ durch das Verarbeiten von a zunächst auf $[0, 400)$. Dieses Teilintervall muss nun wiederum entsprechend der Symbolwahrscheinlichkeiten aufgeteilt werden und es ergeben sich mit (3.22) und aktualisiertem $T = 400$:

$$\begin{aligned}
\{\mathsf{a}, \mathsf{a}\} &: low_0 \leftarrow 0 + 0.0 \cdot (400 - 0) = 0, \\
\{\mathsf{a}, \mathsf{b}\} &: low_1 \leftarrow 0 + 0.4 \cdot (400 - 0) = 160, \\
\{\mathsf{a}, \mathsf{c}\} &: low_2 \leftarrow 0 + 0.6 \cdot (400 - 0) = 240, \\
\{\mathsf{a}, \mathsf{d}\} &: low_3 \leftarrow 0 + 0.7 \cdot (400 - 0) = 280 \,.
\end{aligned}$$

Demzufolge haben die Symbolpaare $\{\mathsf{a}, s\}$ folgende Intervallzugehörigkeiten:

$$\{\mathsf{a}, \mathsf{a}\} \in [0, 160), \quad \{\mathsf{a}, \mathsf{b}\} \in [160, 240), \quad \{\mathsf{a}, \mathsf{c}\} \in [240, 280), \quad \{\mathsf{a}, \mathsf{d}\} \in [280, 400) \,.$$

Gemäß der gewählten Verarbeitungsreihenfolge befinden wir uns nun im Intervall $\{\mathsf{a}, \mathsf{d}\} \in [280, 400)$. Die erneute Teilintervall-Berechnung ergibt:

$$\begin{aligned}
\{\mathsf{a}, \mathsf{d}, \mathsf{a}\} &: low_0 \leftarrow 280 + 0.0 \cdot (400 - 280) = 280, \\
\{\mathsf{a}, \mathsf{d}, \mathsf{b}\} &: low_1 \leftarrow 280 + 0.4 \cdot (400 - 280) = 328, \\
\{\mathsf{a}, \mathsf{d}, \mathsf{c}\} &: low_2 \leftarrow 280 + 0.6 \cdot (400 - 280) = 352, \\
\{\mathsf{a}, \mathsf{d}, \mathsf{d}\} &: low_3 \leftarrow 280 + 0.7 \cdot (400 - 280) = 364 \,.
\end{aligned}$$

und die Symbolsequenzen $\{\mathsf{a}, \mathsf{d}, s\}$ haben folgende Intervallzugehörigkeiten:

$$\{\mathsf{a}, \mathsf{d}, \mathsf{a}\} \in [280, 328), \quad \{\mathsf{a}, \mathsf{d}, \mathsf{b}\} \in [328, 352), \quad \{\mathsf{a}, \mathsf{d}, \mathsf{c}\} \in [352, 364), \quad \{\mathsf{a}, \mathsf{d}, \mathsf{d}\} \in [364, 400) \,.$$

Da Symbol b als drittes Symbol im Beispiel codiert werden soll, lautet das neue Intervall $\{a, d, b\} \in [328, 352)$. Für das vierte und letzte Symbol c berechnen wir

$$\{a, d, b, a\} : low_0 \leftarrow 328 + 0.0 \cdot (352 - 328) = 328$$

$$\{a, d, b, b\} : low_1 \leftarrow 328 + 0.4 \cdot (352 - 328) = 337.6 \approx 338$$

$$\{a, d, b, c\} : low_2 \leftarrow 328 + 0.6 \cdot (352 - 328) = 342.4 \approx 342$$

$$\{a, d, b, d\} : low_3 \leftarrow 328 + 0.7 \cdot (352 - 328) = 344.8 \approx 345$$

und erhalten $\{a, d, b, c\} \in [342, 345)$. Jede Zahl in diesem Teilintervall lässt sich eindeutig der codierten Sequenz zuordnen. Dieses Prinzip wurde erstmals 1979 von G.N.N. Martin vorgestellt [Mar79].

Bei der beschriebenen Verarbeitung zeigen sich verschiedene Probleme. Da sich mit jedem codierten Symbol das Teilintervall verjüngt, fallen obere und untere Grenze irgendwann zusammen und ein Unterscheiden der Symbole ist nicht mehr möglich. Aber auch bevor das Zusammenfallen eintritt, entsprechen die Größen der Teilintervalle immer weniger der tatsächlichen Verteilung der Symbol. Die originale Aufteilung oben im Beispiel hatte eine perfektes Verhältnis der Intervallgrößen zu den Symbolwahrscheinlichkeiten:

$$[low_0, low_1, low_2, low_3, T) \rightarrow [0, 400, 600, 700, 1000)$$

$$low_1 - low_0 : low_2 - low_1 : low_3 - low_2 : T - low_3 \Leftrightarrow p(a) : p(b) : p(c) : p(d)$$
$$400 \quad : \quad 200 \quad : \quad 100 \quad : \quad 300 \quad \Leftrightarrow 0.4 : 0.2 : 0.1 : 0.3 \ ^{.}$$

Nach dem Codieren der 4-Symbol-Sequenz sieht es jedoch wie folgt aus:

$$[low_0, low_1, low_2, low_3, T) \rightarrow [328, 338, 342, 345, 352)$$

$$low_1 - low_0 : low_2 - low_1 : low_3 - low_2 : T - low_3$$
$$10 \quad : \quad 4 \quad : \quad 3 \quad : \quad 7 \quad \neq 0.4 : 0.2 : 0.1 : 0.3 \ ^{.}$$

Wie unschwer zu erkennen ist, stimmen die Proportionen nicht mehr gut überein, die Teilintervalle repräsentieren die Wahrscheinlichkeiten der einzelnen Symbole nur sehr ungenau und die Codiereffizienz wäre dadurch stark herabgesetzt.

3.8.2   Rechenschema mit Intervallskalierung

Wir greifen das Prinzip des vorangegangenen Abschnitt auf und führen folgende Änderung ein. Sobald sich die führenden Ziffern der Grenzen des aktuellen, geschlossenen Teilintervalls $[low_i, low_{i+1} - 1]$ nicht mehr unterscheiden, wird diese Ziffer ausgegeben und alle anderen um eine Stelle des gewählten Basissystem verschoben, mit anderen Worten: die verbleibenden Werte werden mit der Basis b multipliziert. Daraus ergibt sich nun folgender Ablauf:

$$\{ \qquad \} \in [0, 1000)$$

$$\{a \qquad \} \in [0, 400)$$

$$\{a, d \quad \} \in [280, 400)$$

$$\{a, d, b \ \ \} \in [328, 352) \rightarrow \text{Ausgeben von 3 und} \times b \rightarrow [280, 520)$$

$$\{a, d, b, c\} \in [364, 378) \ .$$

Die letzten Grenzen ergeben sich aus

$$\{\mathsf{a},\mathsf{d},\mathsf{b},\mathsf{c}\} : low_2 \leftarrow 280 + 0.6 \cdot (520 - 280) = 364$$
$$\{\mathsf{a},\mathsf{d},\mathsf{b},\mathsf{d}\} : low_3 \leftarrow 280 + 0.7 \cdot (520 - 280) = 378 \ .$$

Die bereits ausgegebenen Ziffern werden nun mit den $m = 3$ Ziffern der unteren[3] Grenze ergänzt und die codierte Botschaft lautet „3364". Daraus lässt sich die originale Symbolsequenz rekonstruieren.

Zur Vereinfachung der Berechnung betrachten wir nun nur noch die untere Grenze low und die Intervallbreite $range = low_{i+1} - low_i$. Unter Berücksichtigung von (3.22) ergeben sich folgende Formeln zum Aktualisieren der Werte:

$$low_i \leftarrow low + p_\mathrm{k}[i] \cdot range \qquad \text{und} \tag{3.23}$$
$$range \leftarrow (low + p_\mathrm{k}[i+1] \cdot range) - (low + p_\mathrm{k}[i] \cdot range) = p[i] \cdot range \ . \tag{3.24}$$

Dem aufmerksamen Leser wird nicht entgangen sein, dass sich das aktuelle Intervall stark verengen kann, ohne dass die führende Ziffern der Intervallgrenzen identische werden. Es ist daher sinnvoller, die aktuelle Intervallgröße $range$ zu überwachen (statt der führenden Ziffer) und bei Unterschreiten einer Mindestgröße über die Ausgabe von Ziffern und das Skalieren der Grenzen zu entscheiden.

Weiterhin sind für eine garantiert verlustfreie Verarbeitung Gleitkomma-Operationen tabu und die Wahrscheinlichkeiten sind durch relative Häufigkeiten zu ersetzen.

3.8.3 Encodierungsprozess mit Ganzzahl-Arithmetik

Die praktische Umsetzung der Range-Codierung mit Festkommazahlen weist eine gewissen Ähnlichkeit mit den Algorithmen auf, die schon bei der arithmetischen Codierung in Abschnitt 3.7.3 diskutiert wurden.

Während des Codierens ist es nicht erforderlich, immer alle Teilintervallgrenzen zu berechnen, sondern nur die für das aktuell zu codierende Symbol. Deshalb werden nur die untere Grenze low und der dazu gehörende Bereich $range$ bestimmt. Das Initialisieren erfolgt mit

$$low \leftarrow 0 \qquad \text{und}$$
$$range \leftarrow b^m - 1 \ .$$

Außerdem ist eine Variable $n \leftarrow 0$ nötig, welche eine Folge von Ziffern zählt, welche zwar ggf. schon ausgegeben werden könnten, aber deren Wert (0 oder $b - 1$) noch nicht entscheidbar ist. Die auszugebende Ziffer wird in $buffer \leftarrow 0$ zwischengespeichert.

Die generelle Encodierungsprozedur eines Symbols s_i ist in **Algorithmus 3.9** dargestellt. Die Prozedur RCENCODE() benötigt als Input die Statusvariablen $(low, range)$, das Verteilungsmodell $(h[\cdot], h_\mathrm{k}[\cdot])$ und das aktuelle Symbol s_i.

---

[3]Es könnte auch jeder andere Wert aus dem Intervall verwendet werden.

Algorithmus 3.9: Encoder-Prozedur bei der Range-Codierung

1: **procedure** RCENCODE(Statusvariablen, Verteilungsmodell, Symbol i)
2:     $low \leftarrow low + h_k[i] \cdot (range/h_k[K])$
3:     $range \leftarrow h[i] \cdot (range/h_k[K])$
4:     **while** $(range < b^{m-1})$ **do**   ▷ *solange aktueller Bereich zu klein ist.*
5:                           ▷ range *umfasst weniger als* $m-1$ *Ziffern*
6:         UPDATELOW(Statusvariablen)   ▷ *skaliere* low *und gebe ggf. Ziffern aus*
7:         $range \leftarrow range \cdot b$ ▷ *skaliere* range *durch Verschieben um eine Position*
8:     **end while**
9: **end procedure**

Für das Berechnen der unteren Grenze, vergleiche (3.23), wird die kumulative Wahrscheinlichkeit in einen Quotienten aus kumulativer Häufigkeit und totaler Häufigkeit zerlegt: $p_k[i] = h_k[i]/h_k[K]$. Wie in Zeile 2 der Prozedur RCENCODE() zu sehen ist, erfolgt die Division mit der totalen Häufigkeit zuerst. Die Genauigkeit der Berechnung leidet zwar darunter (speziell wenn $h_k[K]$ sehr groß im Vergleich zu $range$ ist) aber der Quotient $range/h_k[K]$ muss durch diese Reihenfolge nur einmal berechnet werden, was einen deutlichen Geschwindigkeitsvorteil bringt.

Beim Modellieren der Häufigkeitsverteilung muss deshalb darauf geachtet werden, dass die totale Häufigkeit $h_k[K]$ ausreichend klein im Verhältnis zu $range$ bleibt, damit die reale Häufigkeitsverteilung der Symbole durch die Teilintervalle repräsentiert werden kann.

Der Intervallbereich $range$ verkleinert sich proportional mit der relativen Häufigkeit des Symbols (vgl. (3.24)), welche ebenfalls durch einen Quotienten repräsentiert wird: $h[i]/h_k[K]$, Zeile 3. Falls der Bereich weniger als m Ziffern umfasst, wird zuerst eine Prozedur zum Aktualisieren der unteren Grenze low auf gerufen, siehe **Algorithmus 3.10**, und anschließend der Bereich durch Multiplikation mit b skaliert, Zeile 7.

Die bereits oben angesprochene Problematik, dass trotz Intervallverjüngung sich die führenden Ziffern der Intervallgrenzen unterscheiden können, wird in Zeile 2 vom Algorithmus 3.10 abgefangen. Wenn die Ziffer an Position m von low gleich $b-1$ ist, dann kann zu diesem Zeitpunkt noch nicht gesagt werden, ob die identische Ziffer gleich null oder gleich $b-1$ sein wird. Die Anzahl der unentschiedenen Ziffern wird inkrementiert, Zeile 3, **Beispiel 3.17**.

Anderenfalls wird geprüft, ob es einen Zahlenüberlauf gab, d. h. ob der Wert von low mehr als m Ziffern erfordert. Dieses Übertrags-Flag (*carry bit*) wird auf die in *buffer* gespeichert Ziffer addiert und das Ergebnis ausgegeben.[4]

Nun kann auch über die gesammelten Ziffern entschieden werden. Ist das Überlauf-Flag gesetzt, dann sind die gesammelten Ziffern alle gleich null, anderenfalls gleich $b-1$. Diese Ziffern werden nun ebenfalls ausgegeben, Zeilen 7-13. Die m-te Ziffer[5] von low wird für die spätere Ausgabe in *buffer* gespeichert.

---

[4]Beachte, dass sowohl der Buffer als auch das Übertrags-Flag zu Beginn gleich null sind und der Encoder demzufolge in diesem Algorithmus immer mit der Ausgabe einer Null beginnt.
[5]Die Ziffern werden von rechts, beginnend mit Eins gezählt.

Algorithmus 3.10: Programmschleife zum Anpassen der unteren Teilintervallgrenze und zur Ausgabe von eindeutigen Ziffern beim Range-Encoder

```
 1: procedure UPDATELOW(Statusvariablen)
 2:     if (m-te Ziffer von low == b − 1) then
 3:         n ← n + 1                               ▷ Sammle unentscheidbare Ziffer
 4:     else
 5:         carry ← low/b^m              ▷ prüfe (m+1)-te Ziffer von low, carry ∈ {0, 1}
 6:         Sende (buffer + carry)
 7:         if (carry > 0) then                                    ▷ Überlauf vorhanden
 8:             c ← 0                              ▷ ↝ alle gesammelten Ziffern sind null
 9:         else                                                       ▷ kein Überlauf
10:             c ← b − 1                ▷ ↝ die gesammelten Ziffern sind gleich b − 1
11:         end if
12:         while (n > 0) do                                ▷ Sende gesammelte Ziffern
13:             Sende c
14:             n ← n − 1
15:         end while
16:         buffer ← m-te Ziffer von low                          ▷ merke nächste Ziffer
17:     end if
18:     low ← (unterste m−1 Ziffern von low) × b        ▷ Hochskalieren der Grenze
19: end procedure
```

Beispiel 3.17: Prüfen der führenden Ziffer von Variable low in Prozedur UPDATELOW()

Gegeben seien: Zahlenbasis $b = 10$, $m = 3$ Ziffern, $low = 945$, $n = 0$ (noch keine gesammelten unentschiedenen Ziffern)

Die m-te Ziffer von low ist gleich $b − 1 = 9$.
↝ if-Zweig in UPDATELOW() wird betreten
  ↝ $n ← n + 1 = 1$ (einen unentschiedene Ziffer von low sammeln)
  ↝ $low ← 45 \cdot b = 450$ (unterste $m − 1$ Ziffern von low skalieren)

Unabhängig von der Entscheidung über zu sammelnde Ziffern wird in der Prozedur UPDATELOW() abschließend die untere Intervallgrenze neu festgelegt als Wert der unteren $m − 1$ Ziffern von low multipliziert mit Basis b, **Beispiel 3.18**.

Algorithmus 3.11 zeigt den Abschluss des Codierprozesses, wenn alle Symbole verarbeitet wurden. Die noch in low gespeicherten Ziffern werden dazu ausgegeben.

Beispiel 3.19 dokumentiert die internen Zustandsvariablen und die korrespondierende Ausgabe beim Encodierung der bereits bekannten Symbolsequenz. Der blass gedruckte Bereich ist inaktiv, weil $range$ ausreichend groß ist. Da die m-te Ziffer nie gleich $b−1$ ist, werden keine unentscheidbaren Ziffern gesammelt und n bleibt gleich null. Es kommt auch zu keinem Überlauf in diesem Beispiel. Ein Kompressionssystem basierend auf einem Range-Coder wurde zum Beispiel von [SchiRC] vorgestellt.

Beispiel 3.18: Entscheidung über auszugebende Ziffer in Prozedur UPDATELOW()

Gegeben seien: Zahlenbasis $b = 10$, $m = 3$ Ziffern, $low = 823$, $buffer = 6$, $n = 1$
(eine gesammelte unentschiedene Ziffer)

Die m-te Ziffer von low ist nicht gleich $b - 1 = 9$.
↝ else-Zweig in UPDATELOW() wird betreten
　↝ $carry \leftarrow low/b^m = 823/1000 = 0$ (low ist kleiner b^m, d. h. es gibt keinen Überlauf)
　　↝ sende $buffer + carry = 6 + 0$ (Ausgabe von ‚6')
　　↝ $carry == 0$ (kein Überlauf)
　　　↝ $c = b - 1 = 9$ (unentschiedene Ziffern sind alle gleich ‚9')
　　↝ $n > 0$ (es gibt gesammelte unentschiedene Ziffern)
　　　↝ sende $c = 9$
　　　↝ $n \leftarrow n - 1 = 0$ (gesammelte Ziffer wurde ausgegeben)
　↝ $bufer \leftarrow 8$ (m-te Ziffer von low wird für nächste Ausgabe gespeichert)
↝ $low \leftarrow 23 \cdot b = 230$ (unterste $m - 1$ Ziffern von low skalieren)

Algorithmus 3.11: Finale Ausgabe von Ziffern beim Range-Encoder

```
1: procedure RCFINISHENCODE(Statusvariablen)
2:     low ← low + 1
3:     for (i = 1, ..., m + 1) do
4:         UPDATELOW(Statusvariablen)
5:     end for
6: end procedure
```

3.8.4　Decodierungsprozess mit Ganzzahl-Arithmetik

Der Decoder benötigt eine Variable $code$, welche die vom Encoder ausgegebenen Ziffern schrittweise aufnimmt, um die darin enthaltene Information auszuwerten. Die Variable $code$ wird zusammen mit der Bereichsvariablen $range$ initialisiert und die ersten $m + 1$ Ziffern der Encoder-Ausgabe werden eingelesen, siehe **Algorithmus 3.12**. Die erste Ziffer ist dabei immer gleich null, weil der Encoder aus algorithmischen Gründen eine führende Null ausgibt, vgl. Ausführungen zum Algorithmus 3.10 und die darin enthaltene Fußnote.

Der Codewert $code$ zeigt in das Intervall des ersten codierten Symbols, das heißt es gilt folgende Verhältnisgleichung:

$$\frac{h_\mathrm{k}[i] + \varepsilon}{h_\mathrm{k}[K]} \approx \frac{code}{range} \qquad \text{mit} \quad 0 \leq \varepsilon < h[i] \, .$$

Umgestellt berechnet man die Variable $cu = h_\mathrm{k}[i] + \varepsilon$

$$cu \leftarrow code/(range/h_\mathrm{k}[K]) \, . \tag{3.25}$$

Da die Divisionen im Ganzzahlbereich durchzuführen sind und die Reihenfolge entscheidend ist, kann hier nicht mit dem Kehrwert multipliziert werden. Wie schon beim Enco-

Beispiel 3.19: Veränderung der Statusvariablen bei der Range-Encodierung

Gegeben sei die Zahlenbasis $b = 10$ für das Dezimalsystem und für den Intervallbereich sind $m = 3$ Ziffern vorgesehen. Zu codieren sei die Sequenz $\{a, d, b, c\}$ aus dem Alphabet $X = \{a, b, c, d | K = 4\}$ mit $h[i] = [4; 2; 1; 3]$ und $h_k[i] = [0; 4; 6; 7; 10]$. Die Statusvariablen sind entsprechend mit $low = 0$, $range = b^m - 1 = 999$ und $n = 0$ initialisiert. Die einzelnen (internen) Werte entwickeln sich gemäß der Algorithmen 3.9, 3.10 und 3.11 wie folgt von links nach rechts:

s_i	a	d	b	c	finale Ausgabe der $m+1=4$ Stellen von low			
low	0	273	317	302	21	210	100	0
$range$	396	117	22	22				
$range < b^{m-1}$?	false	false	true	true				
m-te Ziffer	0	2	3	3	0	2	1	0
$carry$	0	0	0	0	0	0	0	0
n	0	0	0	0	0	0	0	0
Ausgabe	-	-	,0'	,3'	,3'	,0'	,2'	,1'
$buffer$	0	0	3	3	0	2	1	0
low skaliert	0	273	170	20	210	100	0	0
$range$ skaliert	396	117	220	220				

Der Range-Encoder konvertiert die Input-Symbolfolge $\{a, d, b, c\}$ mit der angegebenen Häufigkeitsverteilung in eine Output-Ziffernsequenz $\{0, 3, 3, 0, 2, 1\}$.

Algorithmus 3.12: Initialisieren des Range-Decoders

```
1: procedure RCstartDecode(Statusvariablen)
2:     code ← 0
3:     range ← b^m − 1
4:     for (i = 1, …, m + 1) do
5:         code ← code × b + input
6:     end for
7: end procedure
```

---

der diskutiert: es muss durch die Modellierung der Symbolverteilung sichergestellt sein, dass $h_k[K]$ immer deutlich kleiner als $range$ bleibt, damit die kumulativen Häufigkeiten ausreichend genau im Teilintervall $range$ abgebildet sind.

Die Variable cu zeigt im Bereich der kumulativen Häufigkeiten genau auf die Position, welche durch das aktuelle Symbol festgelegt ist, siehe **Algorithmus 3.13**. Mit Hilfe der nachfolgenden Schleife wird dieses Symbol ermittelt.[6] Das Symbol $s[i]$ ist damit bekannt und kann ausgegeben werden. Mit Kenntnis des Symbol-Index werden nun die Decodervariablen $code$ und $range$ aktualisiert, **Algorithmus 3.14**. Damit ist das Decodieren eines Symbols abgeschlossen und es wird auf Basis von $code$ erneut mit (3.25) berechnet, welches Teilintervall aktuell vorliegt.

---

[6]Die lineare Suche von hohen Indizes hinzu kleinen Indizes ist nur eine Möglichkeit, das aktuelle Symbol zu identifizieren. In [Str25] wurden verschiedene Algorithmen hinsichtlich Ihrer Zeiteffizienz untersucht.

Algorithmus 3.13: Ermitteln des Symbols beim Range-Decoder

1: **function** RCIDENTIFYSYMBOL(Statusvariablen, Verteilungsmodell)
2: $\quad cu \leftarrow code/(range/h_{\mathrm{k}}[K])$
3: $\quad i \leftarrow K - 1$ $\qquad \triangleright$ *beginne Suche beim letzten Symbol $s[K-1]$*
4: $\quad$ **while** $(cu < h_{\mathrm{k}}[i])$ **do** $\quad \triangleright$ *suche, solange Bedingung erfüllt ist*
5: $\qquad i \leftarrow i - 1$
6: $\quad$ **end while**
7: $\quad$ **return** i $\qquad \triangleright$ *gebe gefundenen Symbol-Index zurück*
8: **end function**

Algorithmus 3.14: Programmschleife zum Aktualisieren der Stausvariablen und zum Einlesen von Daten beim Range-Decoder

---

1: **procedure** RCUPDATECODE(Statusvariablen, Verteilungsmodell, Symbol i)
2: $\quad code \leftarrow code - h_{\mathrm{k}}[i] \cdot (range/h_{\mathrm{k}}[K])$ $\quad \triangleright$ *Verschieben des aktuellen Bereiches*
3: $\quad range \leftarrow h[i] \cdot (range/h_{\mathrm{k}}[K])$ $\qquad \triangleright$ *Verjüngen des Intervalls*
4: $\quad$ **while** $(range < b^{m-1})$ **do** $\qquad \triangleright$ *solange aktueller Bereich zu klein ist,*
5: $\qquad\qquad\qquad\qquad\qquad\qquad \triangleright$ range *umfasst weniger als $m-1$ Ziffern*
6: $\qquad code \leftarrow code \cdot b + \mathrm{input}$ $\qquad \triangleright$ *skaliere und lese nächste Ziffer*
7: $\qquad range \leftarrow range \cdot b$
8: $\quad$ **end while**
9: **end procedure**

Beispiel 3.20 zeigt den Ablauf, wenn die Ausgabe von Beispiel 3.19 wieder decodiert wird. Der Codewert wird durch das Einlesen von m signifikanten Ziffern initialisiert und $range$ mit $b^m - 1$. Gleichung (3.25) berechnet den Wert von cu, womit ein Bestimmen des Symbols s_i möglich ist. Mit Kenntnis von s_i wird der Codewert verschoben und der Intervallbereich verjüngt. Diese Zwischenwerte haben im tabellarischen Beispiel ihre eigene Zeile. Nur wenn der Bereich dadurch zu klein geworden ist, erfolgt das Skalieren von $code$ und $range$ sowie das Präzisieren von $code$ durch das Addieren der nächsten Input-Ziffer. Auch diese Werte sind separat aufgeführt und dienen für den nächsten Decodierschritt als Startwerte.

3.8.5 Anmerkungen

Die bisherige Diskussion des Range-Coders verwendete bewusst eine beliebige Zahlenbasis b. Zur einfacheren Lesbarkeit wurde in den Beispielen das Dezimalsystem mit den Ziffern $0, 1 \ldots 9$ genutzt. Mit $b = 2$ wandelt sich der Range-Coder in eine konventionelle arithmetische Codierung, wie sie schon in den vorangegangenen Abschnitten diskutiert wurde. Die Ziffern sind dann entweder Null oder Eins.

Interessant wird die Range-Codierung mit $b = 256 = \mathtt{0x100}$. Die Ziffern haben dann einen Wertebereich von $\mathtt{0x00} \ldots \mathtt{0xff}$ und die Ausgabe und das Einlesen von Ziffern ist dadurch byteweise möglich. Das erspart den Aufwand zur Organisation von Bits und deren Umwandlung in Bytes zum Datentransfer.

Beispiel 3.20: Veränderung der Statusvariablen bei der Range-Decodierung

Voraussetzung für ein erfolgreiches Decodieren ist das Verwenden derselben Zahlenbasis $b = 10$ mit $m = 3$ Ziffern wie beim Encoder. Das Alphabet $X = \{a, b, c, d | K = 4\}$ und die Häufigkeitsverteilungen $h[i] = [4; 2; 1; 3]$ und $h_k[i] = [0; 4; 6; 7; 10]$ müssen ebenfalls bekannt sein. Die einzelnen (internen) Werte entwickeln sich gemäß der Algorithmen 3.12, 3.13 und 3.14 wie folgt:

Input	0	3	3	0	-	2	1
code	0	3	33	330	330	57	132
range				999	396	117	220
cu				3	8	5	6
Ausgabe s_i				‚a'	‚d'	‚b'	‚c'
code verschoben				330	57	13	0
range verjüngt				396	117	22	22
range $< b^{m-1}$?				false	false	true	true
code skaliert				330	57	132	1
range skaliert				396	117	220	220

Der Range-Decoder konvertiert die Input-Ziffernsequenz $\{0, 3, 3, 0, 2, 1\}$ in eine Output-Symbolfolge $\{a, d, b, c\}$.

3.9 Codierung basierend auf asymmetrischen Zahlensystemen

Die beiden bisher besprochenen Entropiecodierungsverfahren, codewortbasierte Codierung und arithmetische Codierung (bzw. Range-Codierung), bilden gewissermaßen zwei Gegenpole. Codewortbasierte Verfahren, wie zum Beispiel die Huffman-Codierung, arbeiten sehr schnell, weil man dafür tabellarische Verfahren einsetzen kann. Für sehr ungleichmäßige Symbolverteilungen ist die verbleibende Codierungsredundanz $\Delta R(X)$ jedoch relativ hoch, d. h. die Codiereffizienz der codewortbasierten Verfahren bleibt hinter dem theoretisch Möglichen zurück. Dagegen erreicht man mit der arithmetischen Codierung Bitraten nahe der Signalentropie. Die Codierungsredundanz ist dadurch nahezu null. Dies wird aber durch relativ aufwändige Berechnungen erkauft.

Eine Alternative bietet das Codieren basierend auf asymmetrischen Zahlensystemen (*asymmetrical numeral system* ... ANS) [Dud15]. Entsprechende Verfahren arbeiten wie die arithmetische Codierung mit Intervall-Aufteilungen, sie können aber im nicht-adaptiven Modus mit einfachen und weniger Rechenoperationen realisiert werden. Die Codierung ist dadurch schneller als bei der arithmetischen Codierung bei ähnlicher Effizienz. In [Blo14] und [Gie14] wurden verschiedene Aspekte diskutiert und Quellcode zur Geschwindigkeitsanalyse zur Verfügung gestellt.

Auf die namensgebenden *asymmetrischen Zahlensysteme* wird im folgenden Text nicht eingegangen, sondern Idee und praktische Umsetzung der Entropiecodierungsmethode ausführlich erläutert.

3.9.1 Prinzipielles Rechenschema in Relation zur arithmetischen Codierung

Zunächst soll die grundlegende Idee der ANS-Codierung erläutert werden, indem wir noch einmal das Prinzip der arithmetischen Codierung aufgreifen.

Beispiel: Gegeben sei ein beispielhaftes Symbolalphabet $s[i] = [a; b; c; d]$ ($i = 0 \ldots K - 1$) mit den Symbolwahrscheinlichkeiten $p[i] = [0.4; 0.2; 0.1; 0.3]$ und den Summenwahrscheinlichkeiten $p_k[i] = [0.0; 0.4; 0.6; 0.7; 1.0]$, wobei $p_k[0] = 0.0$ und $p_k[i+1] = p_k[i] + p[i]$ gelten.

Basierend auf den Summenwahrscheinlichkeiten $p_k[i]$ wird ein Intervall $[0, 1)$ in Teilintervalle gegliedert (Abbildung 3.4). Nun wird eine Zahl S gesucht, welche die Sequenz von codierten Symbolen repräsentiert. Diese Zahl zeigt gewissermaßen in ein entsprechendes Teilintervall. Wenn Symbol s im (sortierten) Symbolalphabet den Index i hat, dann gelten bezogen auf die Vektoren des Beispielalphabets: $p(s) = p[i]$ und $p_k(s) = p_k[i+1]$. Ein Symbol s_i liegt somit im Intervall

$$[p_k[i], p_k[i+1]) \quad \text{bzw.} \quad \left[p_k(s^-), p_k(s)\right) \ .$$

Die Summenwahrscheinlichkeit $p_k(s^-) = p_k(s) - p(s)$ entspricht der Summenwahrscheinlichkeit des Vorgängersymbols s^- im Alphabet und wird für die folgenden Betrachtungen benötigt.

Es sei eine Sequenz $\{s_0, s_1, s_2, \ldots, s_n, \ldots\}$ von Symbolen $s_n \in X = \{s_i | 0 \leq i < K\}$ gegeben, wobei der Index n nun die Position eines Symbols innerhalb der Sequenz kennzeichnet. Für das erste zu codierende Symbol s_0 wird nun

$$S_0 \leftarrow p_k(s_0^-) + p(s_0) \quad (= p_k(s_0))$$

berechnet. Die Zahl S_0 zeigt somit an den oberen Rand des Teilintervalls

$$\left[p_k(s_0^-), p_k(s_0)\right) = \left[p_k[i], p_k[i+1]\right)$$

und prepräsentiert den Status nach Codieren des ersten Symbols s_0. Für das nächste Symbol s_1 muss dieses Teilintervall weiter zergliedert werden. Die untere Teilintervallgrenze bleibt dabei erhalten und der Intervallbereich wird entsprechend der Summenwahrscheinlichkeiten neu aufgeteilt. Der neue Status S_1 berechnet sich entsprechend mit

$$S_1 \leftarrow p_k(s_0^-) + p(s_0) \cdot \left(p_k(s_1^-) + p(s_1)\right) \ .$$

Mit jedem neuen zu codierenden Symbol wird das Teilintervall, in das der Status S zeigt, schmaler:

$$S_n \leftarrow p_k(s_0^-) + p(s_0) \cdot \left(p_k(s_1^-) + p(s_1) \cdot \left(p_k(s_2^-) + p(s_2) \cdot (\ldots)\right)\right) \ . \tag{3.26}$$

Die Entwicklung des Statuswertes S_n bei konventioneller arithmetischer Codierung zeigt **Beispiel 3.21**. Je kleiner die Wahrscheinlichkeit $p(s)$ eines zu codierenden Symbols ist,

Beispiel 3.21: Veränderung des Statuswertes bei konventioneller arithmetischer Codierung

Für eine Symbolfolge $\{s_0, s_1, s_2\} = \{a, d, b\}$ würde sich der Status (obere Intervallgrenze) für das obige Beispielalphabet mit $p[i] = [0.4; 0.2; 0.1; 0.3]$ und $p_\mathrm{k}[i] = [0.0; 0.4; 0.6; 0.7; 1.0]$ wie folgt entwickeln:

$$S_0 := p_\mathrm{k}(a^-) + p(a) = p_\mathrm{k}[0] + p[0] = 0 + 0.4 = 0.4$$

$$S_1 := p_\mathrm{k}(a^-) + p(a) \cdot \Big(p_\mathrm{k}(d^-) + p(d) \Big) = p_\mathrm{k}[0] + p[0] \cdot \Big(p_\mathrm{k}[3] + p[3] \Big)$$

$$= 0 + 0.4 \cdot (0.7 + 0.3) = 0.4$$

$$S_2 := p_\mathrm{k}(a^-) + p(a) \cdot \Big(p_\mathrm{k}(d^-) + p(d) \cdot (p_\mathrm{k}(b^-) + p(b)) \Big)$$

$$= p_\mathrm{k}[0] + p[0] \cdot \Big(p_\mathrm{k}[3] + p[3] \cdot (p_\mathrm{k}[1] + p[1]) \Big)$$

$$= 0 + 0.4 \cdot (0.7 + 0.3 \cdot (0.4 + 0.2)) = 0.4 \cdot (0.7 + 0.18) = 0.352 \ .$$

Diese Grenzen entsprechen denen in Abbildung 3.4. Die untere Intervallgrenze ergibt sich, wenn man in der Rechnung die Wahrscheinlichkeit des letzen Symbols weglässt.

$$S'_0 := p_\mathrm{k}(a^-) + 0 = p_\mathrm{k}[0] + 0 = 0 + 0 = 0.0$$

$$S'_1 := p_\mathrm{k}(a^-) + p(a) \cdot \Big(p_\mathrm{k}(d^-) + 0 \Big) = p_\mathrm{k}[0] + p[0] \cdot \Big(p_\mathrm{k}[3] + 0 \Big)$$

$$= 0 + 0.4 \cdot (0.7 + 0) = 0.28$$

$$S'_2 := p_\mathrm{k}(a^-) + p(a) \cdot \Big(p_\mathrm{k}(d^-) + p(d) \cdot (p_\mathrm{k}(b^-) + 0) \Big)$$

$$= p_\mathrm{k}[0] + p[0] \cdot \Big(p_\mathrm{k}[3] + p[3] \cdot (p_\mathrm{k}[1] + 0) \Big)$$

$$= 0 + 0.4 \cdot (0.7 + 0.3 \cdot (0.4 + 0)) = 0.4 \cdot (0.7 + 0.12) = 0.328 \ .$$

desto schneller verengt sich das jeweilige Teilintervall und der finale Status S muss mit mehr Bits ausgegeben werden. Wie in Abschnitt 3.7.2 gezeigt wurde, kann man durch geeignete Skalierung der Intervalle auch mit ganzzahligen Intervallgrenzen operieren.

Die in Gleichung (3.26) gezeigte Berechnung ist jedoch nicht direkt rekursiv anwendbar. Deshalb erfolgt bei der praktischen arithmetisch Codierung die Intervallverengung mittels der drei Variablen *low*, *high* und *range*, siehe Gleichungen (3.8) - (3.9).

Eine Möglichkeit, den Status des Codieres rekursiv zu berechnen, wäre

$$S_n \leftarrow S_{n-1} \cdot p(s_n) + p_\mathrm{k}(s_n^-) \tag{3.27}$$

zum Beispiel mit einem initialen Wert von $S_{-1} = 0$. Die Multiplikation mit der Symbolwahrscheinlichkeit $p(s)$ verengt das aktuelle Intervall und die neue untere Intervallgrenze wird durch die Summenwahrscheinlichkeit $p_\mathrm{k}(s_n^-)$ festgelegt.

Beispiel: Für das oben bereits verwendete Beispiel ergäbe sich dann:

$$S_0 := S_{-1} \cdot p(a) + p_k(a^-) = 0 \cdot p[0] + p_k[0] = 0 + 0 = 0$$
$$S_1 := S_0 \cdot p(d) + p_k(d^-) = 0 \cdot p[3] + p_k[3] = 0 \cdot 0.3 + 0.7 = 0.7$$
$$S_2 := S_1 \cdot p(b) + p_k(b^-) = 0.7 \cdot p[1] + p_k[1] = 0.7 \cdot 0.2 + 0.4 = 0.54 \ .$$

Zu beachten ist hierbei, dass sich die aktuelle untere Intervallgrenze nicht durch das erste codierte Symbol ergibt, wie bei der arithmetischen Codierung bzw. Gleichung (3.26), sondern durch das jeweils letzte codierte Symbol. Das bedeutet, dass die Symbolsequenz rückwärts decodiert werden muss! Der Prozess des En- und Decodierens folgt also nach dem LIFO-Prinzip (*Last In First Out*). Der LIFO-Ansatz ist wesentlich älter als die Idee der asymmetrischen Zahlensysteme und wurde bereits in [Ris79] mit Bezug auf noch frühere Arbeiten besprochen.

Ähnlich wie bei der arithmetischen Codierung findet man das richtige Symbol, indem man den Statuswert mit den Summenwahrscheinlichkeiten vergleicht, bis die Bedingung

$$p_k[i-1] \leq S < p_k[i]$$

für ein bestimmtes i erfüllt ist. Das muss in einer Schleife realisiert werden:

$$i = K - 1;$$
$$\text{while } (S < p_k[i]) \ i \leftarrow i - 1; \ . \tag{3.28}$$

Die Variable i weist dann auf das richtige Symbol s_i bzw. das Symbol s_n an der aktuellen Position n innerhalb der Sequenz. Mit der Kenntnis von s_n ist es wiederum möglich, den Status zu aktualisieren durch Umstellen von (3.27)

$$S_{n-1} \leftarrow \frac{S_n - p_k(s_n^-)}{p(s_n)} \ . \tag{3.29}$$

Beispiel: Für das oben verwendete Beispiel war der finale Status $S_2 = 0.54$. Der Vergleich mit den Summenwahrscheinlichkeiten $p_k[i] = [0.0; 0.4; 0.6; 0.7; 1.0]$ liefert $i = 2$ und somit das Symbol $s_2 = b$. Das erste Symbol wurde damit decodiert. Für die weiteren Symbole rechnet man

$$S_1 := \left(S_2 - p_k(b^-)\right)/p(b) = (0.54 - 0.4)/0.2 = 0.7$$
$$p_k[3] \leq S_1 < p_k[4] \quad \rightsquigarrow \quad i = 3 \rightsquigarrow \quad s_1 = d$$
$$S_0 := \left(S_1 - p_k(d^-)\right)/p(d) = (0.7 - 0.7)/0.3 = 0.0$$
$$p_k[0] \leq S_0 < p_k[1] \quad \rightsquigarrow \quad i = 0 \rightsquigarrow \quad s_0 = a \ .$$

Wie bei der arithmetischen Codierung wird der Statuswert mit jedem codierten Symbol präziser und erfordert mehr Bits zur Repräsentation.

Für eine praktische Realisierung des Prinzips sollten die Berechnungen im Bereich der ganzen Zahl erfolgen. Außerdem muss eine Möglichkeit geschaffen werden, während des Codierprozesses Bits auszugeben (Encoder) bzw. einzulesen (Decoder).

3.9.2 ANS-Codierung im Detail

Für eine praktikable Lösung ist es erforderlich, die Ideen aus dem voran gegangenen Abschnitt weiter zu entwickeln.

3.9.2.1 Intervalle vergrößern statt verkleinern

Interessant wird es, wenn man den Beitrag eines Symbols nicht durch eine Verkleinerung des Intervalls, sondern durch eine Vergrößerung ausdrückt. Statt den aktuellen Statuswert mit der Symbolwahrscheinlichkeit zu Multiplizieren, wie in Gleichung (3.27), kann man den Statuswert auch durch die Symbolwahrscheinlichkeit teilen:

$$S_n \leftarrow S_{n-1}/p(s_n) + p_\mathrm{k}(s_n^-) \, . \tag{3.30}$$

Je geringer die Wahrscheinlichkeit eines Symbols ist, desto mehr vergrößert sich die Statuszahl. Auch diese Berechnung lässt sich für das Decodieren umkehren:

$$S_{n-1} \leftarrow \big(S_n - p_\mathrm{k}(s_n^-)\big) \cdot p(s_n) \, . \tag{3.31}$$

Das Encodieren mit (3.30) führt zu einer großen Statuszahl S, welche mit $\log_2(S)$ Bits gespeichert werden muss. Der Kompressionseffekt entsteht dadurch, dass wahrscheinliche Symbole S weniger stark anwachsen lassen als Symbole mit geringer Wahrscheinlichkeit.

Die zu klärende Frage ist nun, wie der Decoder das empfangene Symbol herausfindet, um Gleichung (3.31) anwenden zu können.

Angenommen, der Term $S_{n-1}/p(s_n)$ aus (3.30) wäre eine ganze Zahl. Dann könnte man den Statuswert S_n als Gleitkommazahl interpretieren mit dem Wert $S_{n-1}/p(s_n)$ vor dem Dezimalpunkt und $p_\mathrm{k}(s_n^-)$ nach dem Dezimalpunkt. Mit anderen Worten: die Nachkommastellen weisen auf das richtige Symbol, sobald

$$p_\mathrm{k}[i-1] \leq p_\mathrm{k}(s_n^-) < p_\mathrm{k}[i]$$

gilt, ähnlich (3.28).

3.9.2.2 Arithmetik mit ganzen Zahlen

An dieser Stelle wird es erforderlich, in den Ganzzahlbereich zu wechseln.

Die Wahrscheinlichkeiten $p(s)$ und $p_\mathrm{k}(s)$ werden durch Häufigkeiten $h(s)$ und $h_\mathrm{k}(s)$ ersetzt, wobei

$$p(s) = \frac{h(s)}{M} \quad \text{und} \quad p_\mathrm{k}(s) = \frac{h_\mathrm{k}(s)}{M} \qquad \text{mit} \quad M = \sum_{s \in X} h(s) \tag{3.32}$$

gelten für Symbole s aus einem Symbolalphabet X. Die Zahl M ist die Summe aller Häufigkeiten und wird im Folgenden noch eine wichtige Rolle spielen.

Auch die Statuszahl muss nun im Bereich der ganzen Zahlen bleiben. Dazu sind mehrere Modifikationen erforderlich. Aus (3.30) wird mit (3.32)

$$S_n \leftarrow S_{n-1} \cdot M/h(s_n) + h_\mathrm{k}(s_n^-)/M$$

$$S_n \cdot M \leftarrow S_{n-1} \cdot M \cdot M/h(s_n) + h_\mathrm{k}(s_n^-)$$

$$\boldsymbol{S}'_n \leftarrow \boldsymbol{S}'_{n-1} \cdot M/h(s_n) + h_\mathrm{k}(s_n^-) \, . \tag{3.33}$$

Weiterhin sollte der Term $\boldsymbol{S}'_{n-1} \cdot M/h(s_n)$ ganzzahlig sein, ein ganzes Vielfaches von M bleiben und es darf keine Information durch die verwendete Rundungsoperation verloren gehen. Gleichung (3.33) wird umgeformt zu:

$$\boxed{\boldsymbol{S}_n \leftarrow \left\lfloor \frac{\boldsymbol{S}_{n-1}}{h(s_n)} \right\rfloor \cdot M + (\boldsymbol{S}_{n-1} \bmod h(s_n)) + h_{\mathrm{k}}(s_n^-)} \,. \qquad (3.34)$$

Diese Encodier-Formel ist das Pendant zu (3.30).

Von entscheidender Bedeutung ist, dass die Relation

$$h_{\mathrm{k}}[i - 1] \leq \left\{ (\boldsymbol{S}_{n-1} \bmod h(s_n)) + h_{\mathrm{k}}(s_n^-) \right\} < h_{\mathrm{k}}[i] \qquad (3.35)$$

automatisch immer garantiert ist für genau ein i. Denn anhand von (3.34) ist zu sehen, dass gilt

$$(\boldsymbol{S}_n \bmod M) = (\boldsymbol{S}_{n-1} \bmod h(s_n)) + h_{\mathrm{k}}(s_n^-) \,, \qquad (3.36)$$

und dieser Wert liegt im Bereich $[0, M - 1]$. Dem Decodiervorgang steht nun nichts mehr im Wege. Aus dem aktuellen Statuswert $\boldsymbol{S}_n$ wird mit der Modulo-Operation in Gleichung (3.36) ein Wert erzeugt, welcher in denjenigen Bereich der Summenhäufigkeiten zeigt, der das korrespondierende Symbol s repräsentiert. Dieser Bereich ist gefunden, sobald Bedingung (3.35) erfüllt ist. Mit Kenntnis von s wird anschließend der Statuswert aktualisiert:

$$\boxed{\boldsymbol{S}_{n-1} \leftarrow \left\lfloor \frac{\boldsymbol{S}_n}{M} \right\rfloor \cdot h(s_n) + (\boldsymbol{S}_n \bmod M) - h_{\mathrm{k}}(s_n^-)} \,. \qquad (3.37)$$

Genau wie die Gleichungen (3.30) und (3.31) bilden auch (3.34) und (3.37) ein Encoder-Decoder-Paar. **Beispiel 3.22** zeigt den Encodier-Vorgang und **Beispiel 3.23** das Decodieren.

3.9.2.3 Normalisieren des Statuswertes

Anhand des Beispiels im vorangegangenen Abschnitt wurde deutlich, dass beim Encodieren die Statuszahl $\boldsymbol{S}$ monoton wächst, während sie beim Decodieren monoton kleiner wird. Für den Encoder lässt sich das einfach nachweisen, wodurch sich dann auch die Gültigkeit der Aussage für den Decoder ergibt.

Beweis

Die Statusaktualisierung für ein zu codierendes Symbol s ist laut (3.34)

$$\boldsymbol{S}_n := \left\lfloor \frac{\boldsymbol{S}_{n-1}}{h(s_n)} \right\rfloor \cdot M + (\boldsymbol{S}_{n-1} \bmod h(s_n)) + h_{\mathrm{k}}(s_n^-) \,.$$

Den ersten Summanden kann man aufspalten:

$$\boldsymbol{S}_n := \left\lfloor \frac{\boldsymbol{S}_{n-1}}{h(s_n)} \right\rfloor \cdot h(s_n) + \left\lfloor \frac{\boldsymbol{S}_{n-1}}{h(s_n)} \right\rfloor \cdot (M - h(s_n)) + (\boldsymbol{S}_{n-1} \bmod h(s_n)) + h_{\mathrm{k}}(s_n^-) \,.$$

Beispiel 3.22: Encodieren mit ANS

Für das Beispielalphabet $s[i] = [a; b; c; d]$ ($i = 0, 1, 2, 3$) müssen Vektoren für die Häufigkeiten der Symbole und deren kumulativen Häufigkeiten bereitgestellt werden. Der Einfachheit halber werden $h[i] = p[i] \cdot 10$ und $h_{\mathrm{k}}[i] = p_{\mathrm{k}}[i] \cdot 10$ gewählt: $h[i] = [4; 2; 1; 3]$, $h_{\mathrm{k}}[i] = [0; 4; 6; 7; 10]$. Die Summe aller Häufigkeiten ist $M = 10 = h_{\mathrm{k}}[K]$. Mit (3.34) wird die Symbolfolge $\{a, d, b, c\}$ codiert:

$$
\begin{aligned}
\boldsymbol{S}_0 &:= \left\lfloor \frac{\boldsymbol{S}_{-1}}{h(a)} \right\rfloor \cdot M + (\boldsymbol{S}_{-1} \bmod h(a)) + h_{\mathrm{k}}(s_n^-) \\
&= \left\lfloor \frac{\boldsymbol{S}_{-1}}{h[0]} \right\rfloor \cdot M + (\boldsymbol{S}_{-1} \bmod h[0]) + h_{\mathrm{k}}[0] = \left\lfloor \frac{0}{4} \right\rfloor \cdot 10 + (0 \bmod 4) + 0 = 0
\end{aligned}
$$

$$
\begin{aligned}
\boldsymbol{S}_1 &:= \left\lfloor \frac{\boldsymbol{S}_0}{h(d)} \right\rfloor \cdot M + (\boldsymbol{S}_0 \bmod h(d)) + h_{\mathrm{k}}(c) \\
&= \left\lfloor \frac{\boldsymbol{S}_0}{h[3]} \right\rfloor \cdot M + (\boldsymbol{S}_0 \bmod h[3]) + h_{\mathrm{k}}[3] = \left\lfloor \frac{0}{3} \right\rfloor \cdot 10 + (0 \bmod 3) + 7 = 7
\end{aligned}
$$

$$
\begin{aligned}
\boldsymbol{S}_2 &:= \left\lfloor \frac{\boldsymbol{S}_1}{h(b)} \right\rfloor \cdot M + (\boldsymbol{S}_1 \bmod h(b)) + h_{\mathrm{k}}(a) \\
&= \left\lfloor \frac{\boldsymbol{S}_1}{h[1]} \right\rfloor \cdot M + (\boldsymbol{S}_1 \bmod h[1]) + h_{\mathrm{k}}[1] = \left\lfloor \frac{7}{2} \right\rfloor \cdot 10 + (7 \bmod 2) + 4 = 35
\end{aligned}
$$

$$
\begin{aligned}
\boldsymbol{S}_3 &:= \left\lfloor \frac{\boldsymbol{S}_2}{h(c)} \right\rfloor \cdot M + (\boldsymbol{S}_2 \bmod h(c)) + h_{\mathrm{k}}(b) \\
&= \left\lfloor \frac{\boldsymbol{S}_2}{h[2]} \right\rfloor \cdot M + (\boldsymbol{S}_2 \bmod h[2]) + h_{\mathrm{k}}[2] = \left\lfloor \frac{35}{1} \right\rfloor \cdot 10 + (35 \bmod 1) + 6 = 356 \,.
\end{aligned}
$$

Die Information über die codierte Symbolfolge wird mit mindestens $\lceil \log_2(\boldsymbol{S}_3) \rceil = 9$ Bits gespeichert.

Der neue erste Summand und der dritte Summand können zusammengefasst werden, weil sich die Division durch $h(s_n)$ erübrigt.

$$
\boldsymbol{S}_n := \boldsymbol{S}_{n-1} + \left\lfloor \frac{\boldsymbol{S}_{n-1}}{h(s_n)} \right\rfloor \cdot (M - h(s_n)) + h_{\mathrm{k}}(s_n^-) \,.
$$

Da alle drei verbleibenden Summanden nichtnegative Zahlen sind (M ist die Summe aller Symbolhäufigkeiten, siehe (3.32)), wird die Statuszahl beim Encodieren nie kleiner.

□□□

Beispiel 3.23: Dencodieren mit ANS

Der Decodierungsvorgang nutzt (3.35), (3.36) und (3.37) sowie den in Beispiel 3.22 ausgegebenem Statuswert $\boldsymbol{S}_3 = 356$:

$$(\boldsymbol{S}_3 \bmod M) = 356 \bmod 10 = 6 \qquad h_{\mathrm{k}}[i-1] \leq 6 < h_{\mathrm{k}}[i] \quad \leadsto i = 3 \quad \leadsto \underline{s = c}$$

$$\boldsymbol{S}_2 := \left\lfloor \frac{\boldsymbol{S}_3}{M} \right\rfloor \cdot h(c) + (\boldsymbol{S}_3 \bmod M) - h_{\mathrm{k}}(b)$$

$$:= \left\lfloor \frac{356}{10} \right\rfloor \cdot 1 + (356 \bmod 10) - 6 = 35 + 6 - 6 = 35$$

$$(\boldsymbol{S}_2 \bmod M) = 35 \bmod 10 = 5 \qquad h_{\mathrm{k}}[i-1] \leq 5 < h_{\mathrm{k}}[i] \quad \leadsto i = 2 \quad \leadsto \underline{s = b}$$

$$\boldsymbol{S}_1 := \left\lfloor \frac{\boldsymbol{S}_2}{M} \right\rfloor \cdot h(b) + (\boldsymbol{S}_2 \bmod M) - h_{\mathrm{k}}(a)$$

$$:= \left\lfloor \frac{35}{10} \right\rfloor \cdot 2 + (35 \bmod 10) - 4 = 6 + 5 - 4 = 7$$

$$(\boldsymbol{S}_1 \bmod M) = 7 \bmod 10 = 7 \qquad h_{\mathrm{k}}[i-1] \leq 7 < h_{\mathrm{k}}[i] \quad \leadsto i = 4 \quad \leadsto \underline{s = d}$$

$$\boldsymbol{S}_0 := \left\lfloor \frac{\boldsymbol{S}_1}{M} \right\rfloor \cdot h(d) + (\boldsymbol{S}_1 \bmod M) - h_{\mathrm{k}}(c)$$

$$:= \left\lfloor \frac{7}{10} \right\rfloor \cdot 3 + (7 \bmod 10) - 7 = 0 + 7 - 7 = 0$$

$$(\boldsymbol{S}_0 \bmod M) = 0 \bmod 10 = 0 \qquad h_{\mathrm{k}}[i-1] \leq 0 < h_{\mathrm{k}}[i] \quad \leadsto i = 1 \quad \leadsto \underline{s = a} \, .$$

Der Decoder hat die Symbolfolge $\{c, b, d, a\}$ ausgegeben, was der originalen Folge rückwärts gelesen entspricht.

Da es ungünstig bis unmöglich ist, ganze Zahlen mit beliebiger Größe im Computer zu halten, ist es beim Encoder erforderlich, $\boldsymbol{S}$ zu verkleinern, wenn ein oberer Wert überschritten wird. Das erfolgt mittels einer Division mit D: $\boldsymbol{S} \leftarrow \boldsymbol{S}/D$. Der Rest der Division $R \leftarrow \boldsymbol{S} \bmod D$ muss in geeigneter Form gespeichert oder übertragen werden. Weil dazu $\lceil \log_2(D) \rceil$ Bits erforderlich sind, sollte D idealer Weise eine Potenz von Zwei sein. Beim Decoder wird die Statuszahl gegebenenfalls hochskaliert durch Multiplikation mit D und die gespeicherte Information addiert: $\boldsymbol{S} \leftarrow \boldsymbol{S} \cdot D + R$.

Der Bereich, in dem sich die Statuszahl bewegen darf, muss außerdem gewährleisten, dass die Verteilung der Symbole mit einer gewissen Genauigkeit abgebildet wird. Die untere Grenze L sollte deshalb ausreichend groß sein. Ein sinnvoller Status-Startwert beim Encoder wäre dann $\boldsymbol{S}_{-1} \leftarrow L$.

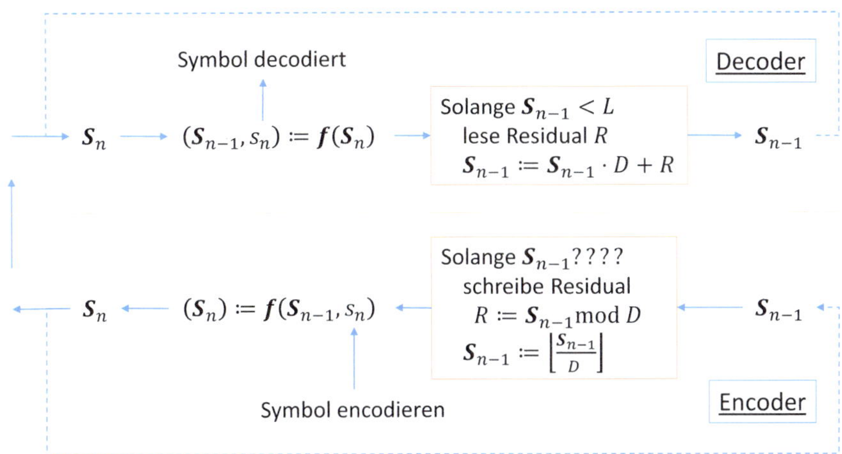

Abbildung 3.8: ANS-Codierung: synchrone Arbeitsweise von Encoder und Decoder
mit Renormalisierungsproblematik

Eine obere Grenze des Status-Bereiches verhindert in Abhängigkeit des verwendeten
Zahlentyps einen Überlauf. Mit Berücksichtigung der symmetrischen Arbeitsweise ist ein
Herunterskalieren des Statuswertes beim Encoder jedoch immer genau dann erforderlich,
wenn der Decoder hochskalieren würde. Dazu ist zu klären, wie der Encoder erkennt,
wann der Decoder eine Skalierungsoperation vornimmt. Denn der Encoder muss genau
die Information R ausgeben, welche der Decoder einlesen würde.

Abbildung 3.8 verdeutlicht die erforderliche synchrone Arbeitsweise. Um sicherzustel-
len, dass Encoder und Decoder dieselbe Statuszahl S verarbeiten, muss der Wertebereich
von S mit

$$[L, D \cdot L - 1] \tag{3.38}$$

festgelegt werden. Der Decoder prüft lediglich auf die untere Grenze L:

$$\text{while } (S < L) \tag{3.39}$$
$$\text{read } R$$
$$S \leftarrow S \cdot D + R\,.$$

Der Encoder muss aber das Residual R ausgeben, bevor die eigentliche Encodierungs-
funktion angewendet wird. Er muss also herausfinden, ob beim Decoder ein Einlesen von
R erforderlich wird, wenn er selbst den Statuswert herunter skaliert. Das hängt aber auch
von dem aktuellen Symbol s_n ab. Prinzipiell muss der Encoder solange S_{n-1} modifizieren bis eine nachfolgende Encodierunsoperation den Statuswert genau im zulässigen
Wertebereich (3.38) platziert.

Nehmen wir an, eine Skalierung wäre erforderlich, dann würde der Status anschließend
mittels der Encodier-Funktion (3.34) auf S/D reduziert. Der resultierende Wert muss

dann im erlaubten Wertebereich liegen:

$$L \ \leq\ \left\lfloor \frac{S_{n-1}/D}{h(s_n)} \right\rfloor \cdot M + ((S_{n-1}/D) \bmod h(s_n)) + h_{\mathrm{k}}(s_n^-) \ <\ D \cdot L \, .$$

Der Decoder würde den Term $h_{\mathrm{k}}(s_n^-)$ wieder abziehen und der Rest der Rechnung kann (ohne Rundungsoperation) geschrieben werden als:

$$L \ \leq\ \frac{S_{n-1}/D}{h(s_n)} \cdot M \ <\ D \cdot L \, .$$

Durch Umstellen erhält man eine Bedingung für Statuswerte, die beim Encoder skaliert werden müssen:

$$S_{\mathrm{Test}} \leftarrow \frac{L}{M} \cdot D \cdot h(s_n) \ \leq\ S_{n-1} \, . \tag{3.40}$$

Mit diesem Testwert kann der Encoder entscheiden, ob er Information ausgibt und den Statuswert skaliert:

$$\text{while } (S \geq S_{\mathrm{Test}}) \tag{3.41}$$
$$\text{write } R \leftarrow S \bmod D$$
$$S \leftarrow \lfloor S/D \rfloor \, .$$

Damit das synchrone Skalieren tatsächlich funktioniert, gibt es noch folgende Randbedingung:

$$L = k \cdot M \qquad \text{mit } k = 2, 3, 4, \dots \, .$$

Um den ganzen Prozess noch einmal praktisch zu beleuchten, wird an dieser Stelle dasselbe Beispiel wie in Abschnitt 3.9.2.2 verwendet. Unterschiede ergeben sich durch den Initialisierungswert $S_{-1} = L$ und das Normalisieren des Statuswertes, **Beispiel 3.24**.

Die hier beschriebene Codierungsmethode wird als *streaming* rANS bezeichnet. Das ‚r‘ steht für *range* und bezieht sich auf das Verwenden von Bereichen gemäß (3.35). Alternativ gibt es eine Variante mit dem Namen tANS, welche mit vorgefertigten Tabellen operiert, um eine Geschwindigkeitsvorteil zu erzielen, allerdings mit gewissen Einbußen bei der Codiereffizienz. Der Begriff *streaming* bezieht sich auf das kontinuierliche Ausgeben (beim Encoder) und Einlesen (beim Decoder) von Daten, welches in Verbindung mit dem Skalieren des Statuswertes in diesem Unterabschnitt erläutert wurde.

3.9.2.4   Schnelle Implementierung

Die Beschreibung der rANS-Codierung in den vorangegangenen Abschnitten erlaubt flexible Einstellungen verschiedener Parameter. Für eine möglichst schnelle Verarbeitung der Daten sind gewisse Einschränkungen vorzunehmen.

Die Codierfunktionen (3.34), (3.37) sowie ergänzende Operationen (3.39), (3.40) benötigen einige Divisionen und Modulo-Operationen, welche typischer Weise zeitaufwändig

---

Beispiel 3.24: rANS-Encodierung für ein Beispielalphabet

Für das Beispielalphabet $X = \{a, b, c, d\}$ sind gegeben: $h[i] = [4; 2; 1; 3]$ und $h_k[i] = [0; 4; 6; 7; 10]$. Die Initialisierung der Parameter erfolgt mit $M = h_k[K] = 10$, $L = 2 \cdot M = 20$, $D = 2$ und $\boldsymbol{S}_{-1} = L = 20$. Mit (3.34) soll die Symbolfolge $\{a, d, b, c\}$ codiert werden. Dazu ist zunächst ein Vergleich von $\boldsymbol{S}_{n-1}$ mit $\boldsymbol{S}_{\text{Test}}$ (siehe (3.40)) erforderlich.

$$\boldsymbol{S}_{\text{Test}} := L/M \cdot D \cdot h(a) = 20/10 \cdot 2 \cdot 4 = 16$$

$$\boldsymbol{S}_{-1} \geq \boldsymbol{S}_{\text{Test}} \rightsquigarrow R := \boldsymbol{S}_{-1} \bmod 2 = 0 \quad \text{Ausgabe eines 0-Bits} \quad \boldsymbol{S}_{-1} := \lfloor \boldsymbol{S}_{-1}/2 \rfloor = 10$$

$$\boldsymbol{S}_0 := \left\lfloor \frac{\boldsymbol{S}_{-1}}{h(a)} \right\rfloor \cdot M + (\boldsymbol{S}_{-1} \bmod h(a)) + h_k(s_n^-) = \left\lfloor \frac{10}{4} \right\rfloor \cdot 10 + (10 \bmod 4) + 0 = 22$$

Damit ist der Status wieder im gültigen Bereich von $[L, D \cdot L - 1] = [20, 39]$ und das nächste Symbol ‚d' kann codiert werden.

$$\boldsymbol{S}_{\text{Test}} := L/M \cdot D \cdot h(d) = 20/10 \cdot 2 \cdot 3 = 12$$

$$\boldsymbol{S}_0 \geq \boldsymbol{S}_{\text{Test}} \rightsquigarrow R := \boldsymbol{S}_0 \bmod 2 = 0 \quad \text{Ausgabe eines 0-Bits} \quad \boldsymbol{S}_0 := \lfloor \boldsymbol{S}_0/2 \rfloor = 11$$

$$\boldsymbol{S}_1 := \left\lfloor \frac{\boldsymbol{S}_0}{h(d)} \right\rfloor \cdot M + (\boldsymbol{S}_0 \bmod h(d)) + h_k(c) = \left\lfloor \frac{11}{3} \right\rfloor \cdot 10 + (11 \bmod 3) + 7 = 39$$

Codierung von ‚b' :

$$\boldsymbol{S}_{\text{Test}} := L/M \cdot D \cdot h(b) = 20/10 \cdot 2 \cdot 2 = 8$$

$$\boldsymbol{S}_1 \geq \boldsymbol{S}_{\text{Test}} \rightsquigarrow R := \boldsymbol{S}_1 \bmod 2 = 1 \quad \text{Ausgabe eines 1-Bits} \quad \boldsymbol{S}_1 := \lfloor \boldsymbol{S}_1/2 \rfloor = 19$$

$$\boldsymbol{S}_1 \geq \boldsymbol{S}_{\text{Test}} \rightsquigarrow R := \boldsymbol{S}_1 \bmod 2 = 1 \quad \text{Ausgabe eines 1-Bits} \quad \boldsymbol{S}_1 := \lfloor \boldsymbol{S}_1/2 \rfloor = 9$$

$$\boldsymbol{S}_1 \geq \boldsymbol{S}_{\text{Test}} \rightsquigarrow R := \boldsymbol{S}_1 \bmod 2 = 1 \quad \text{Ausgabe eines 1-Bits} \quad \boldsymbol{S}_1 := \lfloor \boldsymbol{S}_1/2 \rfloor = 4$$

$$\boldsymbol{S}_2 := \left\lfloor \frac{\boldsymbol{S}_1}{h(b)} \right\rfloor \cdot M + (\boldsymbol{S}_1 \bmod h(b)) + h_k(a) = \left\lfloor \frac{4}{2} \right\rfloor \cdot 10 + (4 \bmod 2) + 4 = 24$$

Codierung von ‚c' :

$$\boldsymbol{S}_{\text{Test}} := L/M \cdot D \cdot h(c) = 20/10 \cdot 2 \cdot 1 = 4$$

$$\boldsymbol{S}_2 \geq \boldsymbol{S}_{\text{Test}} \rightsquigarrow R := \boldsymbol{S}_2 \bmod 2 = 0 \quad \text{Ausgabe eines 0-Bits} \quad \boldsymbol{S}_2 := \lfloor \boldsymbol{S}_2/2 \rfloor = 12$$

$$\boldsymbol{S}_2 \geq \boldsymbol{S}_{\text{Test}} \rightsquigarrow R := \boldsymbol{S}_2 \bmod 2 = 0 \quad \text{Ausgabe eines 0-Bits} \quad \boldsymbol{S}_2 := \lfloor \boldsymbol{S}_2/2 \rfloor = 6$$

$$\boldsymbol{S}_2 \geq \boldsymbol{S}_{\text{Test}} \rightsquigarrow R := \boldsymbol{S}_2 \bmod 2 = 0 \quad \text{Ausgabe eines 0-Bits} \quad \boldsymbol{S}_2 := \lfloor \boldsymbol{S}_2/2 \rfloor = 3$$

$$\boldsymbol{S}_3 := \left\lfloor \frac{\boldsymbol{S}_2}{h(c)} \right\rfloor \cdot M + (\boldsymbol{S}_2 \bmod h(c)) + h_k(b) = \left\lfloor \frac{3}{1} \right\rfloor \cdot 10 + (3 \bmod 1) + 6 = 36$$

Die Ausgabe des finalen Statuswertes erfolgt mit mindestens $\lceil L \cdot D \rceil = 6$ Bits. Insgesamt wurden somit 14 Bits ausgegeben.

Beispiel 3.25: rANS-Decodierung von Beispiel 3.24

Der Decodierungsvorgang nutzt neben (3.35), (3.36) und (3.37) nun zusätzlich (3.39) und die vom Encoder ausgegebenen Bits werden rückwärts wieder eingelesen:

$S_3 = 36$　　　nach Einlesen von 6 Bits (Initialisierung von S)

$(S_3 \bmod M) = 36 \bmod 10 = 6$　　$h_\mathrm{k}[i-1] \leq 6 < h_\mathrm{k}[i]$　$\leadsto i = 3$　$\leadsto \underline{\underline{s = c}}$

$$S_2 := \left\lfloor \frac{S_3}{M} \right\rfloor \cdot h(c) + (S_3 \bmod M) - h_\mathrm{k}(b)$$

$$:= \left\lfloor \frac{36}{10} \right\rfloor \cdot 1 + (36 \bmod 10) - 6 = 3 + 6 - 6 = 3$$

$S_2 < L \leadsto R := 0$ durch Einlesen eines 0-Bits,　$S_2 := S_2 \cdot D + R = 6$

$S_2 < L \leadsto R := 0$ durch Einlesen eines 0-Bits,　$S_2 := S_2 \cdot D + R = 12$

$S_2 < L \leadsto R := 0$ durch Einlesen eines 0-Bits,　$S_2 := S_2 \cdot D + R = 24$

$(S_2 \bmod M) = 24 \bmod 10 = 4$　　$h_\mathrm{k}[i-1] \leq 4 < h_\mathrm{k}[i]$　$\leadsto i = 2$　$\leadsto \underline{\underline{s = b}}$

$$S_1 := \left\lfloor \frac{S_2}{M} \right\rfloor \cdot h(b) + (S_2 \bmod M) - h_\mathrm{k}(a)$$

$$:= \left\lfloor \frac{24}{10} \right\rfloor \cdot 2 + (24 \bmod 10) - 4 = 4 + 4 - 4 = 4$$

$S_1 < L \leadsto R := 1$ durch Einlesen eines 1-Bits,　$S_1 := S_1 \cdot D + R = 9$

$S_1 < L \leadsto R := 1$ durch Einlesen eines 1-Bits,　$S_1 := S_1 \cdot D + R = 19$

$S_1 < L \leadsto R := 1$ durch Einlesen eines 1-Bits,　$S_1 := S_1 \cdot D + R = 39$

$(S_1 \bmod M) = 39 \bmod 10 = 8$　　$h_\mathrm{k}[i-1] \leq 8 < h_\mathrm{k}[i]$　$\leadsto i = 4$　$\leadsto \underline{\underline{s = d}}$

$$S_0 := \left\lfloor \frac{S_1}{M} \right\rfloor \cdot h(d) + (S_1 \bmod M) - h_\mathrm{k}(c)$$

$$:= \left\lfloor \frac{39}{10} \right\rfloor \cdot 3 + (39 \bmod 10) - 7 = 9 + 9 - 7 = 11$$

$S_0 < L \leadsto R := 0$ durch Einlesen eines 0-Bits,　$S_0 := S_0 \cdot D + R = 22$

$(S_0 \bmod M) = 22 \bmod 10 = 2$　　$h_\mathrm{k}[i-1] \leq 2 < h_\mathrm{k}[i]$　$\leadsto i = 1$　$\leadsto \underline{\underline{s = a}}$

$$S_{-1} := \left\lfloor \frac{S_0}{M} \right\rfloor \cdot h(a) + (S_0 \bmod M) - h_\mathrm{k}(s^-)$$

$$:= \left\lfloor \frac{22}{10} \right\rfloor \cdot 4 + (22 \bmod 10) - 0 = 8 + 2 - 0 = 10$$

$S_{-1} < L \leadsto R := 0$ durch Einlesen eines 0-Bits,　$S_{-1} := S_{-1} \cdot D + R = 20$

Der Decoder hat die Symbolfolge $\{c, b, d, a\}$ ausgegeben, was der originalen Folge rückwärts gelesen entspricht. Der finale Statuswert ist identisch mit dem Initialwert der Encodierung.

Algorithmus 3.15: Programmschleife zum Aktualisieren des Status beim rANS-Decoder gemäß (3.39) und schneller Implementierung

---

  1: **while** $(S < L)$ **do**
  2:     $S \leftarrow S << 8 +$ read_byte()
  3:     $\triangleright$ *Multiplikation mit D und Addition von R* $\triangleleft$
  4: **end while**

Algorithmus 3.16: Programmschleife zum Aktualisieren des Status beim rANS-Encoder gemäß (3.40) und (3.41) und schneller Implementierung

---

  1: $factor \leftarrow (1 << (\text{L\_BITS} - \text{M\_BITS})) << 8$ $\triangleright$ *floor(L /M) * D*
  2: :
  3: $S_{\text{Test}} \leftarrow factor \cdot h(s_n)$
  4: **while** $(S \geq S_{\text{Test}})$ **do** $\triangleright$ *solange Status zu groß ist*
  5:     write_byte(S & 0xff) $\triangleright$ *Ausgabe von R*
  6:     $S \leftarrow S >> 8$ $\triangleright$ *Division durch $D = 256$*
  7: **end while**

---

sind und vermieden werden sollten. In Abschnitt 3.9.2.3 wurde schon darauf hingewiesen, dass der Divisor D eine Potenz von Zwei sein sollte, um die Ausgabe von ganzen Bits zu ermöglichen. Für die schnelle Implementierung wird $D = 256$ gesetzt; Multiplikationen und Divisionen mit D sind dadurch mit Bitshift-Operation realisierbar und die Ausgabe und das Einlesen von Information erfolgt byteweise. Aus (3.39) wird dadurch der in **Algorithmus 3.15** dargestellte Quellcode-Schnipsel.

Die Operationen (3.40) und (3.41) werden effizient mit dem Pseudocode in **Algorithmus 3.16** realisiert. Der Faktor zur Berechnung von S_{Test} muss nur einmalig initialisiert werden. Er berücksichtigt die Tatsache, dass nun auch $M = 1 << \text{M\_BITS}$ und $L = 1 << \text{L\_BITS}$ als Potenzen von zwei festgelegt sind.

Wenn unterstellt wird, dass der Status S maximal 32 Bits umfassen kann und die obere Grenze seines Intervalls gleich $L \cdot D - 1$ ist (vgl. (3.38)), dann gilt $\text{L\_BITS} < 32 - 8$. $\text{L\_BITS} = 23$ wäre also der günstigste Wert für eine möglichst große Bit-Auflösung von S. Da die untere Grenze L des Status-Intervalls ein ganzes Vielfaches von M sein muss, gilt außerdem $\text{M\_BITS} < \text{L\_BITS}$. Solange die aktuelle Statuszahl außerhalb des erlaubten Intervall liegt ($S \geq S_{\text{Test}}$), werden die untersten acht Bits ausgegeben und der Status um acht Bitstellen nach rechts verschoben.

Da M als Zweierpotenz gewählt ist, lässt sich auch die Berechnung beim Decoder vereinfachen. Aus der Decoderfunktion (3.37) wird

$$S_{n-1} \leftarrow (S_n >> \text{M\_BITS}) \cdot h(s_n) + (S_n \text{ \& } 0\text{xff}) - h_{\text{k}}(s_n^-) .$$

Bei der Encoderfunktion (3.34) wird lediglich die Multiplikation mit M durch eine Bitshift-Operation ersetzt:

$$S_n \leftarrow \left(\left\lfloor \frac{S_{n-1}}{h(s_n)} \right\rfloor << \text{M\_BITS} \right) + (S_{n-1} \bmod h(s_n)) + h_{\text{k}}(s_n^-) .$$

Tabelle 3.5: Vergleich von arithmetischer Codierung (AC), Range- (RC) und rANS-Codierung bezüglich der mindestens erforderlichen Operationen in den Kern-Routinen. Siehe Text für Details.

	Encoder			Decoder		
	AC	RC	rANS	AC	RC	rANS
Division	1	1	1	2	2	0
Modulo	0	0	1	0	0	0
Multiplikation	2	2	1	2	1	1
Addition	2 (1)	2 (1)	3	2 (2)	2 (1)	4 (1)
Shift-Operation	0 (2)	0 (4)	1 (1)	0 (3)	0 (2)	1 (1)
Vergleiche	1 (2)	1 (3)	1 (1)	1 (1)	1 (1)	1 (1)
Bit-AND/OR	0 (1)	1 (2)	0 (1)	0 (1)	0 (1)	2 (1)
Zuweisung	3 (1)	4 (1)	3 (1)	4 (2)	3 (1)	3 (1)
clocks/symbol, flat	180	41	45	121	123	70
clocks/symbol, geom.	142	47	50	149	145	96

3.10 Vergleich von arithmetischer, Range- und rANS-Codierung

Der folgende Vergleich bezieht sich auf eigene Implementierungen des Autors. **Tabelle 3.5** listet die mindestens erforderliche Anzahl von Operationen für Kernroutinen von Encoder und Decoder auf. Sobald Daten ausgegeben oder eingelesen werden müssen, erhöht sich die Zahl der Operationen. Die Zahlen in Klammern geben die minimale Anzahl von Operationen an, welche beim Einlesen bzw. Ausgeben eines Bits (AC) oder eines Bytes (RC, rANS) hinzukommen. Der Range- und rANS-Codierer sind hierbei offensichtlich im Vorteil, weil sie ganze Bytes ausgeben können, während der arithmetische Codierer zusätzlich einzelne Bits managen muss. Allerdings sind diese Angaben nur ungefähr, da die Anzahl der Operationen variiert, je nach dem welche Entscheidung bei einem Vergleich getroffen wird. Der Algorithmus zum Finden des korrekten Symbols beim Decoder (vgl. Algorithmen 3.7 und 3.13) kann bei allen Codierern identisch gestaltet werden und seine Operationen sind in der Auflistung deshalb nicht berücksichtigt.

Die letzten beiden Zeilen in Tabelle 3.5 zeigen, wie viele CPU-Clocks pro codiertes Symbol aufgewendet wurden für das Encodieren und Decodieren von zwei Datensätzen. Datensatz ‚flat‘ enthält $K = 16$ verschiedene und gleichverteilte Symbole, während im Datensatz ‚geom.‘ die Symbole einer geometrischen Verteilung folgen.

Im Allgemeinen ist das Decodieren langsamer, weil die Decoder dieser intervall-basierten Verfahren das richtige Symbol mit Hilfe der kumulativen Häufigkeiten suchen müssen. Dazu sind mindestens $\lceil \log_2(K) \rceil$ Abfragen erforderlich, wenn K die Anzahl der Symbole im Alphabet ist. Lediglich die Kombination „AC+clocks/symbol, flat" fällt in diesem kleinen Vergleich aus dem üblichen Rahmen. Der Range-Encodierer ist schneller als die beiden anderen Encoder und beim Decodieren ist der rANS-Coder deutlich im Vorteil, vermutlich weil er keine Division erfordert.

Ein Vorzug von Range- und rANS-Codierung ist die vollständig synchrone Arbeitsweise;

der Decoder liest nur die Bytes ein, die der Encoder ausgegeben hat. Es ist kein Vorlauf von mehreren Bits wie beim arithmetischen Codierer erforderlich. Problematisch könnte in manchen Applikation sein, dass die rANS-Decodierung rückwärts erfolgt und mit den zuletzt ausgegebenen Informationen beginnen muss.

Hinsichtlich der Codiereffizienz gibt es zwischen den drei Verfahren keine gravierende Unterschiede, da alle in ihrer praktischen Realisierung auf demselben Prinzip beruhen: Aufteilung eines Zahlenbereiches in Intervalle deren Breite proportional zu den Symbolwahrscheinlichkeiten sind.

Generell lässt sich sagen, dass die rANS-Codierung in Verbindung mit einer statischen Symbolverteilung eine ausgezeichnete Alternative zur Huffman-Codierung ist, da diese typischer Weise auch mit unveränderlichen Häufigkeitsverteilungen arbeitet. Wenn allerdings eine signaladaptive Codierung angestrebt wird, bei der sich die Symbolverteilung sukzessive verändert, siehe Abschnitt 3.11, dann wird das rANS-Verfahren aufgrund des LIFO-Prinzips etwas unhandlich.

3.11 Codierungsadaptation

Die Beispiele zu den verschiedenen Entropiecodierungsverfahren in den vorangegangenen Abschnitten gingen stets davon aus, dass die Verteilung der Symbole a priori bekannt ist. Dies stellt natürlich einen idealisierten Fall dar. Wenn unveränderliche Häufigkeitsmodelle verwendet werden, spricht man von einer *nicht-adaptiven* Codierung. In der Praxis sind die Symbolwahrscheinlichkeiten allerdings oft ungewiss und ändern sich sogar innerhalb des Signals. Um eine hohe Kompressionsleistung zu erreichen, müssen adaptive Verfahren eingesetzt werden.

3.11.1 Semi-adaptive Anpassung

Eine einfache Anpassung der Codierung an die Symbolstatistik erreicht man durch eine *semi-adaptive* Codierung. Dazu sind zwei Durchläufe beim Encoder notwendig. Im ersten Schritt werden alle Symbole gezählt und eine Verteilungsstatistik aufgestellt. Diese Information wird dem Decoder in geeigneter Form übermittelt. Dadurch vergrößert sich die zu sendende Datenmenge und diese Arbeitsweise lohnt sich nur, wenn die erhöhte Codiereffizienz den Aufwand zur Übertragung der Verteilungsinformation mindestens ausgleicht. Anschließend kann der Encodier- bzw. Decodierprozess beginnen.

Bei der semi-adaptiven Codierung geht man von einer stationären Quelle aus, d. h. es wird angenommen, dass sich die Symbolwahrscheinlichkeiten innerhalb des Signals nicht ändern. Falls die Signaleigenschaften variieren, sollte das Signal abschnittsweise verarbeitet werden. In regelmäßigen oder durch den Encoder signalisierten Abständen werden die Häufigkeiten neu ermittelt und an den Decoder gesendet.

3.11.1.1 Semi-adaptive Anpassung von Präfixcodes

Beim Einsatz eines Huffman-Codes ist der Aufwand zur Übertragung der Verteilungsstatistik geringer, wenn man encoderseitig zunächst auf Basis der Symbolverteilung einen

Code konstruiert und Information über die resultierenden Codewortlängen an den Decoder sendet. Wie in Abschnitt 3.6 schon beschrieben, ist der Decoder in der Lage, auf
Basis der Codewortlängen den Code rekonstruieren.

Da für Rice- und Golomb-Codierung keine optimale Anpassung der Codes an die Symbolstatistik möglich ist, bleibt hier nur die Option, die günstigste Codetabelle auszuwählen.
Der Decoder muss dann lediglich den entsprechenden Codierungsparameter k bzw. m
erfahren.

3.11.1.2 Semi-adaptive Anpassung von arithmetischer, Range- und rANS-Codierung

Prinzipiell ist auch bei den intervallbasierten Codierungsverfahren eine semi-adaptive
Arbeitsweise möglich. Um den Aufwand zur Übertragen der Symbolverteilung gering
zu halten, ist es günstig, die ermittelten Häufigkeiten auf kleinere Zahlen zu skalieren,
damit weniger Bits pro Wert nötig sind. Wichtig dabei ist, dass tatsächlich auftretenden
Symbolen eine Mindesthäufigkeit von mindestens Eins zugeordnet wird, wenn durch das
Herunterskalieren ein Wert von gleich Null entstehen sollte..

3.11.2 Voll-adaptive Anpassung

Von einer *voll-adaptiven* Codierung spricht man, wenn nach jedem übertragenen bzw.
empfangenen Symbol die für das Codieren verwendete Symbolstatistik aktualisiert wird.

3.11.2.1 Adaptation von Präfixcodes

Im Zusammenhang mit Huffman-Codes wird dieses Verfahren auch als dynamische Codierung bezeichnet [Vit87, Vit89]. Hierbei ist eine ständige Neuberechnung des Codebaums erforderlich, was die Kompressionsgeschwindigkeit deutlich verlangsamt.

Bei der Rice-Codierung kann man ebenfalls für jedes zu übertragene Symbol eine neue
Verteilung zugrunde legen. Dabei handelt es sich um eine kontextbasierte Codierung,
siehe Abschnitt 3.11.3.

3.11.2.2 Adaptation der arithmetischen und Range-Codierung

Die arithmetische Codierung ist für eine voll-adaptive Anpassung an die Signalstatistik
regelrecht prädestiniert.

Jeder Codierschritt ist neben dem aktuellen Zeichen nur von den kumulativen Häufigkeiten abhängig, die in $h_k[i]$ gespeichert sind (siehe Abschnitte 3.7.2, 3.8.3 und 3.9.2.2).
Während der Codierung ist es möglich, die Häufigkeiten nach jedem Symbol zu aktualisieren. Eine Konstruktion von Codes ist hier natürlich nicht erforderlich, sodass sofort
und ohne weiteren Aufwand mit der neuen Symbolverteilung gearbeitet werden kann.

In **Algorithmus 3.17** werden die kumulativen Häufigkeiten $h_k[i]$ initialisiert. Jedes
Symbol erfordert eine Mindesthäufigkeit von $h(s_i) = 1, \forall i$, weil der Decoder davon ausgehen muss, dass jedes Symbol des Alphabets auch tatsächlich vorkommt. Nach Codierung jedes Zeichens inkrementiert die Funktion UPDATEMODEL() in **Algorithmus 3.18**
indirekt die Häufigkeit des aktuellen Symbols duch Modifizieren aller betroffenen kumulativen Häufigkeiten. Falls die Summenhäufigkeit $h_k[K]$ einen maximalen Wert erreicht,

---

Algorithmus 3.17: Bestimmen der kumulativen Häufigkeiten

1: **procedure** STARTMODEL($h_k[i], K$)
2:     **for** ($i = K; i \geq 0; i - -$) $h_k[i] \leftarrow i$
3:     **if** ($h_k[K] \geq Q1$) **then**
4:         print(„Die Auflösungsbreite B des Codierungsintervalls ist zu klein")
5:         Programmabbruch
6:     **end if**
7: **end procedure**

Algorithmus 3.18: Aktualisieren der kumulativen Häufigkeiten nach dem Codieren von Symbol s

---

1: **procedure** UPDATEMODEL($h_k[i], K, s$)
2:     **if** ($h_k[K] \geq$ MAXCOUNT) **then**
3:         SCALEMODEL($h_k[i], K$)
4:     **end if**
5:     ▷ *erhöhe die Häufigkeit von s und die aller nachfolgenden Symbole*   ◁
6:     **for** ($i = s + 1; i \leq K; i + +$) $h_k[i] \leftarrow h_k[i] + 1$
7: **end procedure**

---

muss das Verteilungsmodell herunterskaliert werden, **Algorithmus 3.19**.

Beispiel 3.26 zeigt ein einfaches Beispiel mit dem Alphabet $A = \{a, b\}$. Die Spalte ‚s_i' gibt die Reihenfolge der Übertragung von 16 Symbolen vor. Die vier Spalten mit der Überschrift ‚keine Skalierung' zeigen, wie die Häufigkeiten zunehmen, die entsprechende Wahrscheinlichkeit des codierten Symbols und den zugehörigen Informationsgehalt $I(s_i) = \log_2(1/p(s_i))$ in bit. Die Wahrscheinlichkeiten werden als Quotient aus der Einzelzählung des zu übertragenden Symbols und der Summe aller Häufigkeiten geschätzt. Nachdem das Symbol gesendet oder vom Decoder empfangen wurde, kann seine Anzahl erhöht werden. Ein idealer Entropiecodierer würde insgesamt 17.05 bit ausgeben.

Die finale Verteilung der Symbole entspricht der Verteilung, welche bei einer statischen Arbeitsweise an den Decoder übermittelt werden müsste. Diesen zusätzlichen Aufwand

---

Algorithmus 3.19: Skalieren der Verteilung durch Halbieren der Häufigkeiten

---

1: **procedure** SCALEMODEL($h_k[i], K$)
2:     ▷ *halbiere alle Häufigkeiten und garantiere h[i] $\geq$ 1*   ◁
3:     nextDiff $\leftarrow h_k[1] - h_k[0]$
4:     **for** ($i = 1; i < K; i + +$) **do**
5:         diff$\leftarrow$ nextDiff
6:         nextDiff $\leftarrow h_k[i + 1] - h_k[i]$
7:         $h_k[i] \leftarrow h_k[i - 1] + ((\text{diff}+1) >> 1)$
8:     **end for**
9:     $h_k[K] \leftarrow h_k[K - 1] + ((\text{nextDiff}+1) >> 1)$
10: **end procedure**

Beispiel 3.26: Adaptation und Skalierung in einem FIFO-System, siehe Text für Erläuterungen

| | | keine Skalierung | | | | mit Skalierung | | | |
| | | Zähler | | | [bit] | Zähler | | | [bit] |
i	s_i	a	b	$p(s_i)$	$I(s_i)$	a	b	$p(s_i)$	$I(s_i)$
0		1	1			1	1		
1	a	2		1/2	1.000	2		1/2	1.000
2	a	3		2/3	0.585	3		2/3	0.585
3	a	4		3/4	0.415	4		3/4	0.415
4	a	5		4/5	0.322	5		4/5	0.322
						2	1	Skalierung	
5	a	6		5/6	0.263	3		2/3	0.585
6	b		2	1/7	2.807		2	1/4	2.000
7	b		3	2/8	2.000		3	2/5	1.322
8	a	7		6/9	0.585	4		3/6	1.000
						2	1	Skalierung	
9	b		4	3/10	1.737		2	1/3	1.585
10	b		5	4/11	1.459		3	2/4	1.000
11	b		6	5/12	1.263		4	3/5	0.737
12	b		7	6/13	1.115		5	4/6	0.585
						1	2	Skalierung	
13	b		8	7/14	1.000		3	2/3	0.585
14	b		9	8/15	0.907		4	3/4	0.415
15	b		10	9/16	0.830		5	4/5	0.322
16	b		11	10/17	0.766		6	5/6	0.263
				gesamt:	17.05			gesamt:	12.72

spart man bei der adaptiven Arbeitsweise. Allerdings ist die Codiereffizienz zu Beginn des Codierens geringer, weil die sich die richtige Verteilung erst im Zuge der Verarbeitung ausprägt.

Der rechte Teil der gleichen Tabelle zeigt, wie sich die Dinge ändern, wenn die Skalierung nach jeweils vier Symbolen erfolgt, indem die Bits der Zählwerte einfach nach rechts verschoben werden (Ganzzahldivision durch zwei), Algorithmus 3.19. Die erste Skalierung ändert die Zählwerte von $(5, 1)$ auf $(2, 1)$, die zweite von $(4, 3)$ auf $(2, 1)$, und die Skalierung nach dem zwölften Symbol reduziert die Zählwerte von $(2, 5)$ auf $(1, 2)$. Der Wechsel vom ursprünglich dominanten a zum Symbol b wird nun schneller von den Wahrscheinlichkeiten widergespiegelt und die Gesamtmenge der zu übertragenden Information wird auf 12.72 bit reduziert. Die Fragen, wie oft eine Neuskalierung vorgenommen werden sollte und wie die Neuskalierung tatsächlich durchgeführt wird, sollten anwendungsspezifisch beantwortet werden.

3.11.2.3 Adaptation der rANS-Codierung

Das Umsetzen einer voll-adaptiven Arbeitsweise ist bei der rANS-Codierung aufgrund des LIFO-Prinzips vergleichsweise umständlich aber nicht unmöglich. In [Str23] wurde vorgeschlagen, die Decodier-Reihenfolge entsprechend der originalen Symbolreihenfolge beizubehalten belassen und stattdessen die Reihenfolge beim Encoder umzukehren. Wie bei der arithmetischen Codierung startet der rANS-Decoder deshalb mit einer Häufigkeit von mindestens Eins für jedes theoretisch mögliche Symbol. Nach dem Decodieren jeden Symbols wird dessen Häufigkeit inkrementiert und auch der Vektor der kumulativen Häufigkeit ist entsprechend anzupassen.

Das erste vom Decoder gelesene Symbol ist jedoch das letzte vom Encoder ausgegebene. Der Encoder muss demzufolge mit einem Histogramm starten, welches die globalen Häufigkeiten der Symbole enthält und am Ende der Verarbeitung des gesamten Signals die Häufigkeiten auf Eins herunter gezählt haben. Mit Bezug auf Beispiel 3.26 fängt der Encoder also einfach unten mit dem sechzehnten Symbol an.

Auch das Skalieren der Symbolverteilung wurde in [Str23] thematisiert. Der Encoder muss dafür nicht nur die Symbole im Voraus vollständig zählen, sondern auch den Skalierungsprozess simulieren. Wenn der Decoder zum Beispiel die Symbolhäufigkeiten halbiert, dann weiß der Encoder bei der Umkehrung nicht, ob die ursprüngliche Zahl gerade oder ungerade war. Der Encoder muss also nicht nur die finalen Häufigkeiten speichern, sondern zusätzlich die Häufigkeiten vor jedem Skalierungsevent.

3.11.3 Kontextbasierte Codierung

3.11.3.1 Verwenden mehrerer Symbolverteilungen

Sowohl bei den Überlegungen zur semi- als auch zur voll-adaptive Cordierung wurde bisher davon ausgegangen, dass es nur ein Histogramm mit Symbolhäufigkeiten gibt, auf dessen Basis die Codierung erfolgt.

In der Praxis hängen die Autretenswahrscheinlichkeiten der einzelnen Symbole jedoch häufig von äußeren Einflüssen ab. Je nach dem, innerhalb welchen Kontextes das aktuelle Symbol codiert wird, kann seine Auftretenswahrscheinlichkeit größer oder kleiner sein als seine durchschnittliche Wahrscheinlichkeit. Für jeden Kontext gibt es demnach eine eigene Symbolverteilung.

Sei $H(X)$ die Entropie einer Quelle X ohne Berücksichtigung von Kontexten und sei $H(X|c_k)$ die Entropie für einen konkreten Kontext c_k, der mit einer Wahrscheinlichkeit $p(c_k)$ vorkommt. Dann kann nachgewiesen werden, dass die mittlere Entropie dieser kontext-basierten Verteilungen nie größer ist als die Entropie ohne Berücksichtigung der Kontexte:

$$\sum_k p(c_k) \cdot H(X|c_k) \leq H(X)$$

Nur wenn die Symbolverteilung nicht vom Kontext abhängt, dann gilt das Gleichheitszeichen. Ansonsten erhöht sich beim Verwenden von Kontexten, d. h. beim Nutzen von mehreren Symbolverteilungen, automatisch das Kompressionsverhältnis. Voraussetzung

---

Beispiel 3.27: Entropie mit und ohne Berücksichtigung eines Kontexts

---

Der Meteorologe aus Abschnitt 2.3 hatte Tabelle 2.2 mit einer durchschnittlichen Jahresverteilung der vier Wetterzustände benutzt. Er könnte aber auch stattdessen zwei Verteilungen verwenden, welche unterschiedliche Wahrscheinlichkeiten für die Jahreszeiten Sommer und Winter enthalten:

Wetter	ganzes Jahr	Sommer	Winter
Sonne	0.5	0.5	0.5
Wolken	0.25	0.25	0.25
Regen	0.125	0.25	0.0
Schnee	0.125	0.0	0.25

In Abhängigkeit vom Kontext „Jahreszeit" schaltet er zwischen zwei Modellen mit unterschiedlichen Häufigkeitsverteilungen um. Unter der Voraussetzung, dass sowohl der Meteorologe als auch seine Zentrale wissen, wann die Wechsel der Jahreszeiten stattfinden, ist keine zusätzliche Informationübertragung zur verwendeten Verteilung erforderlich. Während die Signalentropie nach Gleichung (2.3) für das gesamte Jahr $H(\text{Jahr}) = 1.75$ bit/Symbol beträgt, reduziert sie sich für die angegebenen Beispielverteilungen auf $H(\text{Sommer}) = H(\text{Winter}) = 1.5$ bit/Symbol. Die mittlere Jahresentropie hat also nur noch einen Wert von 1.5 bit/Symbol.

---

dafür ist, dass Encoder und Decoder in der Lage sind, synchron denselben Kontext zu verwenden.

Beispiel 3.27 zeigt, wie sich die Entropie ändert unter Berücksichtigung eines Kontexts. Dieses Prinzip nennt man kontextadaptiv und man spricht auch von einer Kontextmodellierung. Der Kontext beschreibt die aktuelle Situation (z. B. die Jahreszeit), auf deren Basis Codes ausgewählt und Verteilungsstatistiken gegebenenfalls adaptiv nachgeführt werden. Je mehr Kontexte man verwendet, desto genauer kann die Beschreibung erfolgen. Bei zu vielen Kontexten stellt sich jedoch das Problem ein, dass die Adaptation an die tatsächliche Symbolverteilung viel zu langsam ist, weil es einfach zu wenige Ereignisse pro Kontext gibt. Möchte der Meteorologe jede Woche (oder sogar jeden Tag) eine andere (und möglichst sehr gut angepasste) Verteilung auswählen, muss er schon auf den hundertjährigen Kalender zurückgreifen, um statistisch gesicherte Aussagen machen zu können.

Das Prinzip der kontext-basierten Codierung wird implizit für die Golomb- und Rice-Codes in Form der Auswahl einer Codetabellen verwendet. Die Parameter m bzw. k (siehe Abschnitte 3.5.1 und 3.5.2) müssen lediglich auf Basis der Verteilung von bereits codierten Signalwerten ausgewählt werden. Bei der Rice-Codierung ist dies besonders einfach, da $k+1$ mit der Anzahl von Bits korrespondiert, welche für die binäre Darstellung des voraussichtlichen Signalwertes ausreicht. Ist die Größenordnung des nächsten Wertes x ungefähr bekannt, könnte man $k = \lfloor \log_2 x \rfloor$ wählen.

Aufgrund von schwankenden Signaleigenschaften kann es allerdings vorkommen, dass der Codierungsparameter k sehr klein gewählt wird (z. B. $k = 2$), der tatsächlich zu codierende Wert aber sehr groß ist (z. B. $x = 131$). Das Rice-Codewort würde sich aus den untersten $k = 2$ Bits und einer Folge von $(131 >> 2) + 1 = 32 + 1$ Bits zusammensetzen. Dieses Codewort wäre unverhältnismäßig lang. Für solche Fälle könnte eine Ausnahmebehandlung aktiviert werden, welche die Codewortlänge auf einen maximalen Wert begrenzt. Angenommen, für den zweiten Teil der Codierung dürfen höchstens 8 Bits verwendet werden, d. h. eine Folge von maximal sieben 1-Bits plus einem abschließenden 0-Bit. Reicht dies wie im Beispiel nicht aus, werden acht Einsen ausgegeben, die sozusagen als ESCAPE-Symbol dienen und dem Decoder eine Ausnahmebehandlung signalisieren. Anschließend kommt der tatsächliche, uncodierte Wert. Die Anzahl der hierfür einzusetzenden Bits hängt vom Wertebereich von x ab, der sowohl dem Encoder als auch dem Decoder bekannt sein muss.

Besonders leistungsfähig ist die Modellumschaltung in Kombination mit einer voll-adaptiven arithmetische Codierung. En- und Decoder treffen in Abhängigkeit von vorangegangenen Ereignissen und anderer Bedingungen (=Kontext) synchron eine Entscheidung, welches Verteilungsmodell (welche kumulativen Häufigkeiten) als nächstes benutzt wird. Wenn zum Beispiel aufgrund des aktuellen Kontexts die Wahrscheinlichkeit des Symbols ‚a' sehr groß ist, wird dessen absolute Häufigkeit in dem zugehörigen Verteilungsmodell schneller wachsen als die der anderen Symbole. Infolge der Ungleichverteilung sinkt die Entropie und das erzielbare Kompressionsverhältnis wird größer. Liegt ein anderer Kontext vor, ist eventuell ein anderes Symbol das häufigste. Die Häufigkeitsverteilungen passen sich durch die adaptive Codierung den jeweiligen Kontexten an.

3.11.3.2 Kontextquantisierung

Die kontextbasierte Verzweigung der Verarbeitung ist sehr effektiv, bringt aber auch Probleme mit sich. In der Bildkompression ist es zum Beispiel üblich, benachbarte Grauwerte (oder Differenzen davon) als Kontext zu wählen. Abhängig von der Anzahl n der Nachbarn, die man verwenden möchte, ergeben sich bei 8 Bits pro Bildpunkt 256^n verschiedene Kontexte. Schon drei Nachbarn würden einen Kontextraum aufspannen, der bei durchschnittlich großen Bildern nicht mehr sinnvoll mit Leben (mit statistisch gesicherten Daten) befüllt werden kann. Um trotzdem mehrere Nachbarbildpunkte einsetzen zu können, ist eine Kontextquantisierung nötig, welche ähnliche Kontexte zusammenfasst. Genau genommen handelt es sich hierbei um ein Problem der Vektorquantisierung (siehe Abschnitt 5.3.2), wobei jeder Wert eines Nachbarn einem Element des Vektors entspricht. In schnellen Applikationen reduziert man die Vektorquantisierung auf eine Kombination von n skalaren Quantisierern. Dieser Weg wird zum Beispiel im Kompressionsstandard JPEG-LS beschritten [ISO00a] (siehe Abschnitt 8.3.2.3). Drei ausgewählte Grauwertdifferenzen d_1, d_2, d_3, welche die Textur in der Nachbarschaft des aktuellen Bildpunktes beschreiben, werden unabhängig voneinander auf jeweils ein von neun möglichen Intervallen $q_1, q_2, q_3 \in \{-4, \ldots 1, 0, 1, \ldots, 4\}$ eines ungleichmäßigen skalaren Quantisierers[7] abgebildet. Die Nummer des repräsentativen Rekonstruktionsvektors (bzw. des Kontexts) ergibt sich z. B. aus der Kombination $q = 9 \cdot (9 \cdot q_1 + q_2) + q_3$.

---

[7]siehe Abschnitt 5.3

3.11.4 Skalieren von Symbolverteilungen

Prinzipiell kann es vorkommen, dass sich die Verteilung der Symbole innerhalb einer Sequenz ändert. Beispielsweise gibt es am Anfang viele a und zum Ende eher mehr b, dann ist es sinnvoll, die Symbolhäufigkeiten zu definierten Zeitpunkten zurückzusetzen. Meist werden alle Häufigkeiten aller Symbole einfach halbiert, wenn eine bestimmte Anzahl von Symbolen verarbeitet wurde oder die Häufigkeit eines Symbols zu groß wird. Dadurch wird der Einfluss von solchen Symbolen schrittweise verringert, welche nicht mehr oder nicht mehr so häufig auftauchen. Dies wurde schon in Abschnitt 3.11.2.2 im Zusammenhang mit Beispiel 3.26 diskutiert.

3.12 Codierung von sehr großen Symbolalphabeten

Die Codierung eines sehr umfangreichen Symbolalphabets kann in verschiedener Hinsicht problematisch sein. Es sei zum Beispiel angenommen, dass eine Verarbeitungsstufe Signalwerte mit einer Auflösung von 16 Bits liefert, die entropiecodiert werden sollen. Das würde für eine Huffman-Codierung eine Codetabelle mit 2^{16} Einträgen bedeuten. Die Codierung mit einer solch riesigen Tabelle ist sehr zeitaufwendig und unhandlich. Eine arithmetische Codierung wäre erst gar nicht möglich, wenn die Verarbeitungsbreite auf $B = 16$ Bits beschränkt ist. Für jedes Symbol muss eine Häufigkeit von mindestens 1 garantiert sein, was zu einer maximalen kumulativen Häufigkeit $h_k[K] \geq 2^{16}$ führt. Die Bedingung $h_k[K] \leq Q1$ wäre somit nie erfüllbar (vgl. Seite 46).

Dieses Problem ist lösbar, wenn man die Symbole eines großen Alphabets in Gruppen aufteilt. Die Nummern dieser Gruppen bilden ein neues Alphabet. Die Codierung gliedert sich nun in zwei Stufen. Erst wird die Gruppennummer verarbeitet und anschließend muss ein Index gesendet werden, der das zu übertragende Symbol innerhalb der Gruppe identifiziert. Da die Anzahl der Symbole in einer Gruppe immer noch sehr groß sein kann, wird der Index direkt, mit einer festen Anzahl von Bits, gesendet. Die Gruppenaufteilung sollte deshalb so erfolgen, dass die Symbole innerhalb einer Gruppe ungefähr die gleiche Auftretenswahrscheinlichkeit haben.

Beispiel 3.28 zeigt eine mögliche Aufteilung der Symbole in Abhängigkeit einer logarithmischen Häufigkeitsverteilung $h(s_i)$, wie sie in typischen Szenarien auftreten kann, inklusive eines Code-Beispiels. Damit die Verteilung der Symbole in jeder Gruppe in etwa konstant ist, werden die Gruppenbreiten ebenfalls in logarithmischer Abstufung festgelegt. Abhängig von der Anzahl der Symbole pro Gruppe variiert die Anzahl der für den Index nötigen Folgebits. Die Gruppen 0 und 1 enthalten jeweils nur ein Symbol, also sind keine weiteren Bits zu senden. Für die anderen Gruppen steigert sich die Zahl der Folgebits. Die Gesamtlänge ist ebenfalls in der Tabelle enthalten und ergibt sich aus dem Huffman-Codewort der Gruppe plus der Folgebits.

Nun erhebt sich die Frage, ob der Codeentwurf aufgrund der Folgebits modifiziert werden muss. Ziel ist das Minimieren der mittleren Codewortlänge

$$\bar{l} = \sum_g p_g \cdot (l_g + \lceil \log_2(N_g) \rceil) \implies \text{Min} ,$$

Beispiel 3.28: Codierung von großen Symbolalphabeten mit logarithmischer Gruppenaufteilung

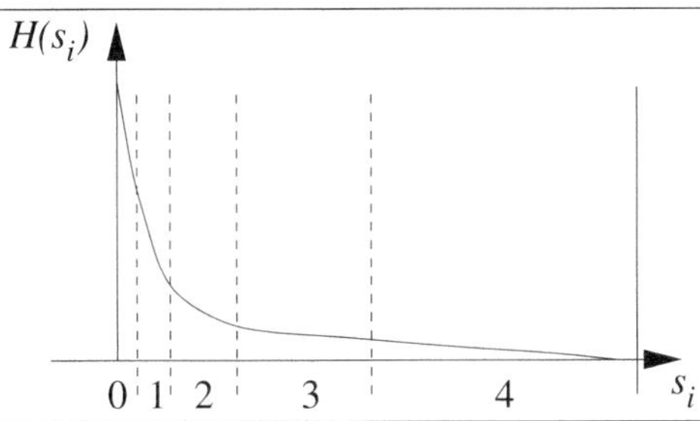

Kategorie	Bereich	Code	Anzahl Folgebits	Gesamtlänge l_i
0	0	11	0	2
1	1	10	0	2
2	2, 3	01	1	3
3	$4, \dots, 7$	001	2	5
4	$8, \dots, 15$	000	3	6

die sich aus den Auftretenswahrscheinlichkeiten p_g aller Gruppen g, der zugehörigen Gruppencodewortlänge l_g und der Zahl der Folgebits $\lceil \log_2(N_g) \rceil$ ergibt. Mit N_g ist die Anzahl der Symbole in einer Gruppe bezeichnet. Die Gleichung kann umgeformt werden in

$$\bar{l} = \sum_g p_g \cdot l_g + \sum_g p_g \cdot \lceil \log_2(N_g) \rceil \implies \text{Min} \, .$$

Der zweite Summand hat unabhängig vom Gruppencode einen konstanten Wert. Die Optimierung des Codes hängt also ausschließlich von den Gruppenwahrscheinlichkeiten ab, die Folgebits müssen nicht berücksichtigt werden.

Wenn es nicht gelingt, Gruppen mit einer ungefähren Gleichverteilung von Symbolen zu bilden, kann eine andere Variante in Betracht gezogen werden. Man unterteilt das Alphabet in zwei Gruppen. Die erste, kleinere Gruppe enthält die häufigsten Symbole, die restlichen ordnet man der zweiten Gruppe zu. Lediglich die Symbole der ersten Gruppe werden mit Codewörtern variabler Länge übertragen. Wenn ein Symbol der zweiten Gruppe auftaucht, muss dies durch ein ESCAPE-Symbol signalisiert werden. Dies ist ein zusätzliches Symbol, das ebenfalls der ersten Gruppe angehört. Empfängt der Decoder dieses ESCAPE-Symbol, weiß er, dass ein Zeichen der zweiten Gruppe folgt, welches man mit einer festen Codewortlänge übermittelt.

Beispiel: Gegeben seien 512 Zeichen, wobei die ersten sechzehn $(0 \dots 15)$ hohe Auftretenswahrscheinlichkeiten haben. Inklusive des ESCAPE-Symbols muss ein Code mit 17 Codewörtern bereitgestellt werden. Die Symbole 0 bis 15 werden im Codierungsprozess durch ihre Huffman-Codes ersetzt. Für die anderen wird zuerst das ESCAPE-Codewort gesendet, dann folgen beispielsweise 9 Bits zur Identifizierung des tatsächlichen Zeichens.

Unproblematisch in der Verarbeitung von sehr großen Symbolalphabeten sind Codes, die keinen abgeschlossenen Umfang haben, wie zum Beispiel die Golomb- und Rice-Codes (Abschnitt 3.5). Jeder beliebigen Zahl (Symbol) kann ein Codewort zugewiesen werden. Die Effizienz hängt hierbei allerdings von der geschickten Wahl des Codierungsparameters (Auswahl der Codetabelle) bzw. von der sinnvollen Zuordnung von Symbol und Codewort ab.

3.13 Testfragen

3.1 Eine Quelle produziert die Symbole a, b, c, d, e und f. Die entsprechenden Auftretenswahrscheinlichkeiten sind 0.05, 0.15, 0.05, 0.4, 0.2 und 0.15.

a) Wie groß ist die Redundanz ΔR_0 der Quelle?

b) Welche Codierungsredundanz $\Delta R(X)$ verbleibt nach einer Huffman-Codierung?

c) Wie hoch ist das Kompressionsverhältnis nach b) in Bezug auf eine FLC-Codierung?

3.2 Stellen Sie fest, ob die folgenden Codes eindeutig decodierbar sind:

a) $\{0, 01, 11, 111\}$ b) $\{0, 11, 10, 110, 111\}$ c) $\{11, 10, 000, 011, 010, 001\}$
d) $\{0, 10, 110, 111\}$ e) $\{1, 10, 00, 110, 111\}$ f) $\{00, 10, 11, 011, 010\}$

3.3 Wie lautet das Rice-Codewort für die Zahl 65, wenn der Codierungsparameter auf $k = 4$ geschätzt wurde? Ist $k = 4$ die beste Schätzung für 65?

3.4 Eine Signalquelle produziert fünf verschiedene Symbole mit folgenden Eigenschaften: a und c haben die gleiche Auftretenswahrscheinlichkeit, die Wahrscheinlichkeit von d ist doppelt so hoch wie die von b, im statistischen Mittel ist jedes zweite Symbol ein e und in einer repräsentativen Stichprobe von 10000 Symbolen tauchte „a" 625 mal auf. Abhängigkeiten zwischen den Symbolen sind nicht bekannt.

a) Stellen Sie einen Code mit Codewörtern fester Länge auf. Wie groß ist die Codierungsredundanz?

b) Konstruieren Sie einen Code mit variablen Längen für diese Symbolmenge.

c) Wie groß ist das Kompressionsverhältnis bei einer Codierung mit diesem Code?

d) Gibt es eine Möglichkeit zur Entropiecodierung, die für dieses Alphabet eine höhere Kompression erzielen kann? Warum?

3.5 Eine Quelle produziert $K = 11$ verschiedene Symbole, welche mit einer codewortbasierten Entropiecodierung übertragen werden. Mit welcher Bitrate ist maximal zu rechnen? Welche Längen haben die Codewörter?

3.6 Der Informationsgehalt einer Bildvorlage soll über einen Kanal mit einer Kapazität von 64kbit/s übertragen werden. Dabei wird das Bild durch Abtasten in 3.2×10^5 Bildpunkte zerlegt.

a) Welche Anzahl K verschiedener Helligkeitswerte s_i können bei jedem Bildpunkt höchstens unterschieden werden, wenn eine maximale Übertragungszeit von $t = 10\mathrm{s}$ nicht überschritten werden darf?

b) Welche Übertragungszeit ergäbe sich mit $K' = 2 \cdot K$?

c) Angenommen, die Verteilung der K' Helligkeitsstufen sei

$$p(s_i) = \frac{1}{2^i} \quad \text{für} \quad 1 \le i < K'$$

und $p(s_{K'}) = p(s_{K'-1})$. Welche Übertragungszeit wäre erforderlich im Falle einer idealen Entropiecodierung der Helligkeitsstufen?

3.7 Beschreiben Sie einen Algorithmus zur Decodierung von Huffman-Codes!

3.8 Nennen Sie zwei Vorteile und einen Nachteil der arithmetischen Codierung gegenüber der codewort-basierten Codierung (Huffman, Rice etc.).

3.9 Gegeben ist eine Sequenz von vier Symbolen „abcd". Die Auftretenswahrscheinlichkeiten sind $p_a = 0.4, p_b = 0.2, p_c = 0.1$.
  a) Führen Sie eine arithmetische Encodierung der Sequenz durch mit einer internen Auflösung von $B = 7$.

  b) Decodieren Sie das Resultat von a).

3.10 Gegeben ist eine Bitfolge „0000 0010 1011 111" eines arithmetischen Codes (mit $p_a = 0.1$, $p_b = 0.1$, $p_c = 0.2$, $p_d = 0.6$, $B = 6$)
  a) Decodieren Sie den Bitstrom vollständig.

  b) Encodieren Sie die ersten vier Symbole von a).

3.11 Welche der folgenden Aussagen zur Range-Codierung sind korrekt?
  ☐ Die Range-Codierung kann eine beliebige Zahlenbasis, ohne dass es Unterschiede in der Verarbeitungsgeschwindigkeit gibt.

  ☐ Die Range-Codierung verwendet wie die arithmetische Codierung kumulative Häufigkeiten als Intervallgrenzen.

  ☐ Mit jedem codierten Symbol verkleinert sich die Teilintervalle, wenn keine Gegenmaßnahmen getroffen werden.

  ☐ Wenn das Zahleninterval keine gute Repräsentation des Verteilungsmodells zu lässt, wird es mit den Faktor 2 skaliert.

  ☐ Wenn das Zahleninterval keine gute Repräsentation des Verteilungsmodells zu lässt, wird es durch einen konstanten Offset vergrößert.

  ☐ Bei der Range-Codierung kann es dazu kommen, dass über auszugebende Bits nicht sofort entschieden werden kann und ein ‚Sammeln' von Bits erforderlich ist.

  ☐ Bei der Range-Decodierung müssen im schlimmsten Fall alle Teilintervalle untersucht werden, um das richtige Symbol zu identifizieren.

  ☐ Obwohl die Range-Codierung auf völlig anderen Prinzipien als die konventionelle arithmetische Codierung beruht, besitzt sie eine ähnlich Kompressionsperformanz.

3.12 Welche Vorteile hat die rANS-Codierung gegenüber Huffman- und arithmetischer Codierung? Für welche Szenarien ist sie weniger geeignet? Warum?

3.13 Wie kann ein rANS-Decoder herausfinden, welches Symbol übertragen wurde?

Kapitel 4

Präcodierung

Die im vorangegangenen Kapitel beschriebenen Verfahren zur Entropiecodierung vermindern die Codierungsredundanz. Dazu wurden lediglich die Wahrscheinlichkeiten oder Häufigkeiten einzelner, voneinander unabhängiger Symbole ausgenutzt. In der Praxis bestehen zwischen den Symbolen jedoch meist vielfältige Beziehungen und Abhängigkeiten. Benachbarte Zeichen eines Signals haben zum Beispiel oft identische Werte oder bestimmte Folge von Symbolen treten gehäuft auf. Verfahren der Präcodierung (engl.: precoding*) haben das Ziel, diese Intersymbolredundanz zu vermindern* (**Abb. 4.1**).

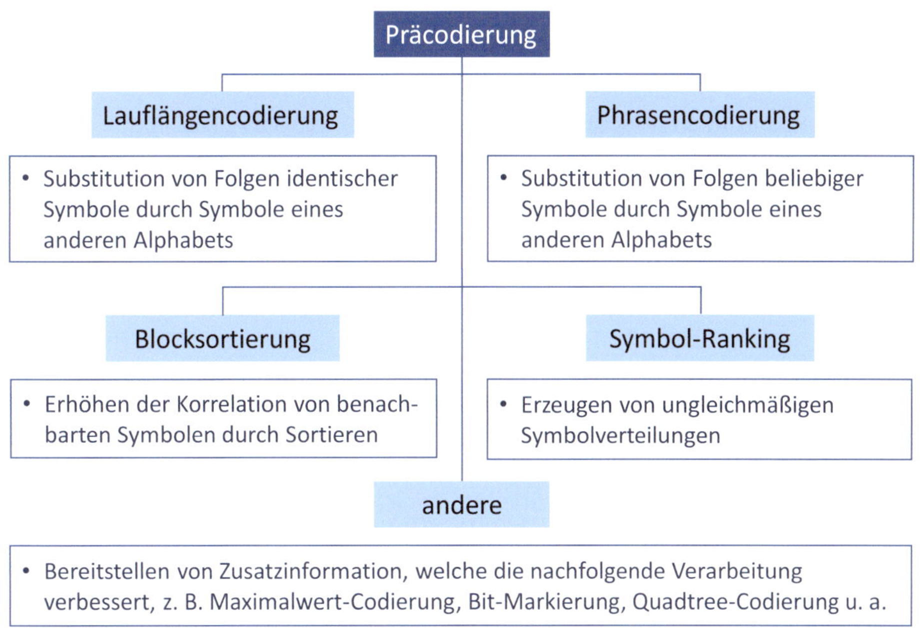

Abbildung 4.1: Unterteilung der Algorithmen zur Präcodierung

4.1 Informationstheoretische Grundlagen

Am Anfang des Kapitels 3 wurde bereits erläutert, dass die mittlere Codewortlänge $\overline{l_i}$ (bzw. die Bitrate R) nie kleiner sein kann als die Signalentropie $H(X)$ (Gl. 3.2). Die Berechnung der Entropie (Gl. 2.3) bezieht sich dabei auf Symbole ohne gegenseitige Abhängigkeiten. Das Betrachten unabhängiger Ereignisse ist jedoch ein Spezialfall. So besitzt zwar zum Beispiel jeder Buchstabe in der deutschen Sprache seine eigene Auftretenswahrscheinlichkeit, die Zeichen sind aber keineswegs unabhängig von den vorausgegangenen Buchstaben. War das letzte Zeichen ein „q", so ist die Wahrscheinlichkeit für ein „u" außerordentlich hoch, während das Auftreten von z. B. „k" sehr unwahrscheinlich wäre. Ähnlich ist es bei Zeitsignalen, welche die Information von Schwingungszuständen (z. B. einfache Audiosignale) enthalten. Je nach maximaler Signalfrequenz, maximaler Signalamplitude und Abtastperiode T, können sich zwei benachbarte Abtastwerte nur um einen bestimmten Betrag unterscheiden. Der Wert zum Abtastzeitpunkt $n \cdot T$ hängt vom Wert an der Position $(n-1) \cdot T$ ab. Der Begriff „Abhängigkeit" wird hier und im Folgenden im Sinne von „Korrelation" verwendet und darf keinesfalls mit „Kausalität" (Ursache-Wirkung-Prinzip) verwechselt werden.

Anders als bei Audiosignalen gibt es zwischen zwei benachbarten Bildpunkten keinen direkten Zusammenhang, weil sie zum gleichen Zeitpunkt aufgenommen sein können.[1] Eine Aufeinanderfolge von Schwingungszuständen, die eine systembedingte Korrelation aufweisen, ist hierbei nicht gegeben. Benachbarte Punkte sind jedoch indirekt durch das aufgenommene Objekt miteinander verbunden und weisen dann im Allgemeinen eine sehr starke Korrelation auf. Gehören sie nicht zum selben Objekt, sind ihre Helligkeits- oder Farbwerte im Prinzip unabhängig voneinander.

Die grundlegende Annahme ist nun, dass Bitraten $R < H(X)$ möglich sind, wenn die Abhängigkeiten zwischen den Symbolen ausgenutzt werden. Für das genauere Verständnis sind einige theoretische Betrachtungen erforderlich.

4.1.1 Markow-Modell

Das Markow-Modell ist ein mathematisches Modell zur Beschreibung von aufeinander folgenden Zuständen. Angewendet auf eine Informationsquelle, entspricht jedes ausgegebene Symbol einem Zustand. Die Informationsquelle kann in einem Zustand verharren, d. h. immer das gleiche Symbol ausgeben, oder durch Ausgabe eines anderen Symbols in einen anderen Zustand übergehen. Diese Übergänge erfolgen mit bestimmten Wahrscheinlichkeiten. Die Informationsquelle ist also nicht nur durch die Auftretenswahrscheinlichkeiten $p(s_i)$ (= *Zustandswahrscheinlichkeiten*) gekennzeichnet, sondern zusätzlich durch *Übergangswahrscheinlichkeiten*. Die Übergangswahrscheinlichkeit $p(s_i|s_j)$ beschreibt die Auftretenswahrscheinlichkeit des Symbols s_i unter der Bedingung, dass s_j das letzte Symbol war. Sie wird deshalb auch als *bedingte Wahrscheinlichkeit* bezeichnet. Die Übergangswahrscheinlichkeiten lassen sich in einer Matrix

$$\mathbf{P}_\mathrm{T} = \big(p(s_i|s_j)\big) = \begin{pmatrix} p(s_1|s_1) & p(s_1|s_2) & \cdots & p(s_1|s_K) \\ p(s_2|s_1) & p(s_2|s_2) & \cdots & p(s_2|s_K) \\ \vdots & \vdots & \ddots & \vdots \\ p(s_K|s_1) & p(s_K|s_2) & \cdots & p(s_K|s_K) \end{pmatrix} \tag{4.1}$$

zusammenfassen. Jede Spalte korrespondiert mit einem bestimmten Zustand, in dem sich die Informationsquelle gerade befindet, und K bezeichnet die Anzahl verschiedener Symbole. In (4.1) wird die Abhängigkeit des Symbols s_i von nur einem Vorgängersymbol

---

[1] Dies hängt natürlich vom Aufzeichnungsverfahren ab.

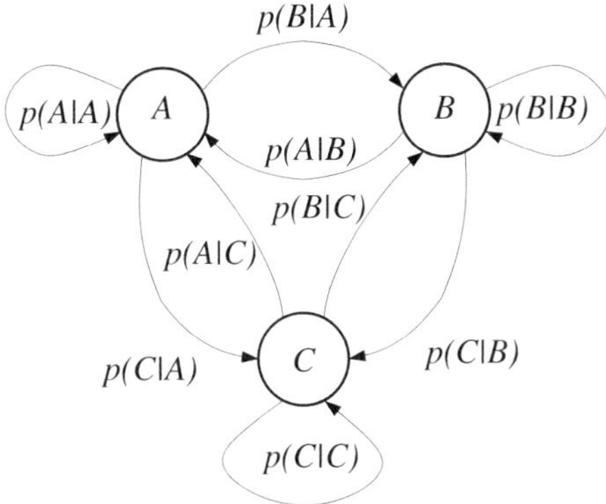

Abbildung 4.2: Markow-Modell 1. Ordnung einer ternären Quelle

betrachtet. Man spricht von einem Markow-Modell erster Ordnung. Für eine Informationsquelle mit drei verschiedenen Symbolen A, B und C, zum Beispiel, lautet die Matrix der Übergangswahrscheinlichkeiten

$$\mathbf{P}_\mathrm{T} = \begin{pmatrix} p(A|A) & p(A|B) & p(A|C) \\ p(B|A) & p(B|B) & p(B|C) \\ p(C|A) & p(C|B) & p(C|C) \end{pmatrix} .$$

Üblich ist die Darstellung in einem Zustandsdiagramm (**Abb. 4.2**). Befindet sich das System z. B. im Zustand A, dann kann es mit einer bestimmten Wahrscheinlichkeit nach B oder C wechseln oder im Zustand A verbleiben. Die Summe dieser Wahrscheinlichkeiten muss Eins ergeben. Es gilt also

$$p(A|A) + p(B|A) + p(C|A) = 1$$

oder allgemein ausgedrückt: Die Summen aller Spalten von $\mathbf{P}_\mathrm{T}$ sind gleich Eins:

$$\sum_{i=1}^{K} p(s_i|s_j) = 1 \qquad \forall j = 1, 2, \ldots, K . \tag{4.2}$$

Markow-Modelle höherer Ordnung berücksichtigen nicht nur ein vorangegangenes Symbol, sondern mehrere. Die Ausgabe eines Symbols $s^{(m+1)}$ hängt in einem Modell m-ter Ordnung von der bedingten Wahrscheinlichkeit $p(s^{(m+1)}|s^{(m)} \ldots s^{(2)} s^{(1)})$ ab.

In der deutschen Sprache hat der Buchstabe ‚h‘ zum Beispiel eine hohe Wahrscheinlichkeit, wenn das letzte Symbol ‚c‘ war. Die Wahrscheinlichkeit erhöht sich aber noch, wenn die beiden letzten Symbole ‚sc‘ lauten (Modell 2. Ordnung).

Ein System ist eindeutig durch die Matrix der Übergangswahrscheinlichkeiten $\mathbf{P}_\mathrm{T}$ bestimmt, also auch die Auftretenswahrscheinlichkeiten $p(s_i)$, $i = 1, 2, \ldots, K$, der einzelnen Zustände hängen von $\mathbf{P}_\mathrm{T}$ ab. Gesetzt den Fall, dass die Zustandswahrscheinlichkeiten $p(s_i)$ nicht bekannt sind, sondern nur die Matrix der Übergangswahrscheinlichkeiten $\mathbf{P}_\mathrm{T}$ (4.1): Wie kann man erstere ermitteln?

Die Wahrscheinlichkeit eines Zustandes (eines Symbols) hängt von den Übergangswahrscheinlichkeiten ab, welche zu diesem Zustand führen, und von den Wahrscheinlichkeiten der jeweiligen Bedingungen. Der Zusammenhang wird durch den *Satz der totalen Wahrscheinlichkeit* beschrieben

$$\boxed{p(s_i) = \sum_{j=1}^{K} p(s_i|s_j) \cdot p(s_j)} \qquad \forall i = 1, 2, \ldots, K \,. \tag{4.3}$$

Da s_i und s_j aus derselben Informationsquelle kommen, ist die Berechnung nach (4.3) rekursiv. Unter Verwendung des Spaltenvektors $\big(p(s_i)\big) = \big(p(s_1)\, p(s_2)\, \cdots \, p(s_K)\big)^{\mathrm{T}}$ lautet die Iteration in Matrixschreibweise[2]

$$\begin{aligned}
\big(p(s_i)\big)' &= \mathbf{P}_{\mathrm{T}} \cdot \big(p(s_i)\big) \\
\big(p(s_i)\big)'' &= \mathbf{P}_{\mathrm{T}} \cdot \big(p(s_i)\big)' = \mathbf{P}_{\mathrm{T}}^2 \cdot \big(p(s_i)\big) \\
\big(p(s_i)\big)''' &= \mathbf{P}_{\mathrm{T}} \cdot \big(p(s_i)\big)'' = \mathbf{P}_{\mathrm{T}}^3 \cdot \big(p(s_i)\big) \\
&\;\;\vdots \\
\big(p(s_i)\big) &= \mathbf{P}_{\mathrm{T}}^{\infty} \cdot \big(1\, 0\, \cdots 0\big)^{\mathrm{T}} \,.
\end{aligned} \tag{4.4}$$

Die unendlich oft mit sich selbst multiplizierte Matrix der Übergangswahrscheinlichkeiten $\mathbf{P}_{\mathrm{T}}^{\infty}$ ist eine Matrix, deren Spalten alle identisch sind. Jede dieser Spalten entspricht dem Vektor der Zustandswahrscheinlichkeiten $\big(p(s_i)\big)$.

Praktikabler ist allerdings die analytische Berechnung. Dazu wird die rekursive Gleichung von links mit einer Einheitsmatrix $\mathbf{I}$ multipliziert und entsprechend umgestellt

$$\begin{aligned}
\big(p(s_i)\big) &= \mathbf{P}_{\mathrm{T}} \cdot \big(p(s_i)\big) \\
\mathbf{I} \cdot \big(p(s_i)\big) &= \mathbf{P}_{\mathrm{T}} \cdot \big(p(s_i)\big) \\
0 &= (\mathbf{P}_{\mathrm{T}} - \mathbf{I}) \cdot \big(p(s_i)\big) \,.
\end{aligned} \tag{4.5}$$

Das resultierende Gleichungssystem enthält keine Rekursion mehr, ist aber aufgrund einer linearen Abhängigkeit unterbestimmt. Als zusätzliche Bedingung ist deshalb

$$\sum_{i=1}^{K} p(s_i) = 1$$

erforderlich, siehe **Beispiel 4.1**.

4.1.2 Bedingte Entropie

Wenn Abhängigkeiten zwischen aufeinander folgenden Symbolen existieren, dann ist die Wahrscheinlichkeit des Symbols s_j auch vom Vorgängersymbol, also von der Bedingung

---

[2]Hier wurde impliziert vorausgesetzt, dass es sich um eine ergodische Informationsquelle handelt, d. h. die Zustandswahrscheinlichkeiten hängen nicht vom Startzustand ab. Im Allgemeinen ist diese Eigenschaft gegeben.

Beispiel 4.1: Berechnen der Einzelwahrscheinlichkeiten für ein gegebenes Markow-Modell

---

Ein System schwingt zwischen zwei diskreten Zuständen S_1 und S_2. Die Wahrscheinlichkeiten eines Zustandswechsels sind $p(S_1|S_2) = 0.1$ und $p(S_2|S_1) = 0.5$. Wie groß ist die Wahrscheinlichkeit, dass sich das System bei einer Stichprobe im Zustand S_1 befindet?

Lösung:

Unter Berücksichtigung, dass die Summe der bedingten Wahrscheinlichkeiten in einer Spalte Eins beträgt, lautet die Matrix der Übergangswahrscheinlichkeiten für nur zwei Zustände

$$\mathbf{P}_{\mathrm{T}} = \begin{pmatrix} p(S_1|S_1) & p(S_1|S_2) \\ p(S_2|S_1) & p(S_2|S_2) \end{pmatrix} = \begin{pmatrix} p(S_1|S_1) & 0.1 \\ 0.5 & p(S_2|S_2) \end{pmatrix} = \begin{pmatrix} 0.5 & 0.1 \\ 0.5 & 0.9 \end{pmatrix} .$$

Der Lösungsansatz ist somit:

$$0 = (\mathbf{P}_{\mathrm{T}} - \mathbf{I}) \cdot (p(s_i))$$

$$0 = \begin{pmatrix} 0.5 - 1 & 0.1 \\ 0.5 & 0.9 - 1 \end{pmatrix} \cdot \begin{pmatrix} p(S_1) \\ p(S_2) \end{pmatrix} .$$

Aus der ersten Gleichung ergibt sich mit $p(S_2) = 1 - p(S_1)$

$$0 = -0.5 \cdot p(S_1) + 0.1 \cdot p(S_2)$$
$$= -0.5 \cdot p(S_1) + 0.1 \cdot (1 - p(S_1))$$
$$0.6 \cdot p(S_1) = 0.1$$
$$p(S_1) = 1/6 .$$

Die Wahrscheinlichkeit, dass sich das System im Zustand S_1 befindet, beträgt ein Sechstel.

---

s_k abhängig. Demzufolge ändert sich der Informationsgehalt des Symbols s_k von Gleichung (2.2) auf

$$I(s_j|s_k) = \log_2 \left[\frac{1}{p(s_j|s_k)} \right] . \tag{4.6}$$

Der mittlere Informationsgehalt (die Entropie unter der Bedingung s_k) ist dann die gewichtete Überlagerung der einzelnen Informationsgehalte

$$H(X|X = s_k) = \sum_{j=1}^{K} p(s_j|s_k) \cdot I(s_j|s_k)$$

bzw. mit eingesetzter Gleichung (4.6)

$$H(X|s_k) = -\sum_{j=1}^{K} p(s_j|s_k) \cdot \log_2\left[p(s_j|s_k)\right] \, . \tag{4.7}$$

$H(X|s_k)$ lässt sich im Prinzip als Entropie einer Teilquelle von X interpretieren. Diese Teilquelle wird aktiviert, sobald sich die Gesamtquelle im Zustand $X = s_k$ befindet. Da nun jeder Zustand (jede Bedingung) auch mit einer bestimmten Wahrscheinlichkeit $p(s_k)$ vorkommt, können alle $H(X|s_k)$ wie folgt zusammengefasst werden

$$H(X|X) = \sum_{k=1}^{K} H(X|s_k) \cdot p(s_k) \, . \tag{4.8}$$

$H(X|X)$ wird *bedingte Entropie* genannt.

Zur Interpretation der bedingten Entropie werden nun die Grenzfälle untersucht.

1. Die benachbarten Zeichen s_j und s_k seien unabhängig. Dann ist die Wahrscheinlichkeit von s_j unabhängig davon, in welchem Zustand s_k sich das System befindet und es gilt $p(s_j|s_k) = p(s_j)$. Die bedingte Entropie beträgt somit

$$H(X|X) = -\sum_{k=1}^{K} p(s_k) \cdot \sum_{j=1}^{K} p(s_j|s_k) \cdot \log_2\left[p(s_j|s_k)\right]$$

$$= -\left(\sum_{k=1}^{K} p(s_k)\right) \cdot \sum_{j=1}^{K} p(s_j) \cdot \log_2\left[p(s_j)\right]$$

Die Summation über $p(s_k)$ ergibt 1 und es verbleibt

$$H(X|X) = -\sum_{j=1}^{K} p(s_j) \cdot \log_2\left[p(s_j)\right] = H(X)$$

Sind die Zeichen voneinander unabhängig, dann ist die bedingte Entropie also gleich der Quellenentropie.

2. Die benachbarten Zeichen s_j und s_k seien vollständig voneinander abhängig, d. h., wenn s_k das letzte Ereignis war, folgt automatisch s_j. Es gilt somit $p(s_j|s_k) = 1$ und die bedingte Entropie ist gleich Null.

$$H(X|X) = -\sum_{k=1}^{K} p(s_k) \cdot \sum_{j=1}^{K} 1 \cdot 0 = 0$$

Damit wurde der wichtige Zusammenhang $0 \leq H(X|X) \leq H(X)$ nachgewiesen. Wenn der mittlere Informationsgehalt bei Berücksichtigung von Abhängigkeiten kleiner als die

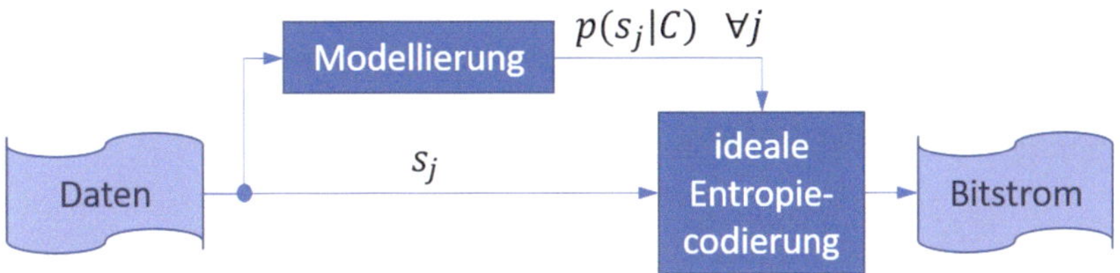

Abbildung 4.3: Modell einer idealen Codierung von Daten

Signalentropie $H(X)$ ist, dann gibt es vermutlich auch eine Möglichkeit, die Daten mit einer Bitrate von $H(X|X) \leq R < H(X)$ zu codieren.

Die bedingte Entropie wurde oben für ein Markow-Modell erster Ordnung abgeleitet. Prinzipiell könnte die bedingte Wahrscheinlichkeit eines Symbols als abhängig von beliebig vielen Vorgängersymbolen angenommen werden. Dadurch verschiebt sich die untere Grenze für die Bitrate R entsprechend weiter nach unten. Diese Vorgängersymbole bilden einen so genannten Kontext C für das aktuelle Symbol s_j. Der ideale Fall für die Codierung tritt ein, wenn zu jedem Zeitpunkt für jedes Symbol die korrekte bedingte Wahrscheinlichkeit $p(s_j|C)$ bestimmt werden könnte (**Abb. 4.3**). Die ideale Entropiecodierung könnte mit einer arithmetischen Codierung und ausreichend großer Berechnungsgenauigkeit (Verarbeitungsbreite in Bits) angenähert werden.

Wenn dieses Modell der Codierung einfach in die Praxis umzusetzen wäre, dann wäre das Buch an dieser Stelle fast zu Ende. Das große Problem bei diesem Ansatz besteht in der Modellierung der Wahrscheinlichkeitsverteilung. Theoretisch ergibt sich für jedes Symbol ein neuer Kontext C. Um praktisch zu brauchbaren Ergebnissen zu gelangen, muss man die Anzahl der Kontext jedoch begrenzen. Außerdem erfordert das Einbeziehen von Symbolen aus der (fernen) Vergangenheit in diesem Modell im Allgemeinen viel Rechenaufwand und damit Zeit. Ein möglicher Ansatz für die verlustlose Kompression von Bilddaten nach diesem Prinzip wurde zum Beispiel in [Str16c, Str20b, Och21, Udd23, Och24a] vorgestellt (siehe auch Abschnitt 8.7, Verfahren ‚SCF‘).

Im Folgenden wird deshalb ein zweiter Ansatz diskutiert, welcher von der Annahme ausgeht, dass Bitraten $R < H(X)$ möglich sind, wenn man Symbole aus dem Quellalphabet sinnvoll miteinander kombiniert.

4.1.3 Verbundwahrscheinlichkeit

Das gemeinsame, ungeordnete Auftreten von zwei Ereignissen s_i und s_j heißt Verbundereignis und besitzt eine *Verbundwahrscheinlichkeit* $p(s_i, s_j) = p(s_j, s_i)$. Die Wahrscheinlichkeit des gemeinsamen Auftretens von s_i und s_j ist also dieselbe unabhängig davon, welches der Symbole man zu erst betrachtet.

Wenn jedoch, wie in der Datenkompression im Allgemeinen üblich, die Symbole aus einer einzigen Quelle stammen und in einer geordneten Reihenfolge ausgegeben werden, dann ist die Reihenfolge ihres Auftretens sehr wohl entscheidend für die Verbundwahrscheinlichkeit.

Die Kombination ‚qu' hat in deutschen Texten eine andere Wahrscheinlichkeit als die
Kombination ‚uq'. Zur Kennzeichnung dieses Umstandes wird in den folgenden Aus-
führungen bei der Angabe einer Verbundwahrscheinlichkeit das Komma zwischen den
Symbolen weggelassen und es gilt im Allgemeinen[3]

$$\boxed{p(s_j s_i) = p(s_i|s_j) \cdot p(s_j) \quad \neq \quad p(s_i s_j) = p(s_j|s_i) \cdot p(s_i)} \,. \tag{4.9}$$

Die Wahrscheinlichkeit des Verbundes ‚s_j gefolgt von s_i' ist genauso groß wie die Wahrscheinlichkeit von s_i unter der Bedingung, dass s_j das letzte Symbol war, multipliziert
mit der Wahrscheinlichkeit eben dieser Bedingung.

Der Satz der totalen Wahrscheinlichkeit (4.3) kann mit (4.9) dann auch wie folgt ausgedrückt werden

$$\boxed{p(s_i) = \sum_{j=1}^{K} p(s_j s_i)} \qquad \forall i = 1, 2, \ldots, K \,. \tag{4.10}$$

Für Markow-Quellen höherer Ordnung ergeben sich natürlich auch Verbundwahrscheinlichkeiten für Kombinationen von mehr als zwei Symbolen. So gilt zum Beispiel:

$$p(ABC) = p(C|AB) \cdot p(AB) = p(C|AB) \cdot p(B|A) \cdot p(A) \,.$$

4.1.4 Verbundentropie

Bestehen zwischen den Symbolen des Quellalphabets $\mathbf{X} = \{s_i^{(X)}|1 \leq i \leq K^{(X)}\}$ statistische
Abhängigkeiten, so ist es möglich, diese Quellsymbole zusammenzufassen und derart auf
neue Symbole abzubilden, dass die Entropie des neuen Alphabets $\mathbf{Z} = \{s_i^{(Z)}|1 \leq i \leq K^{(Z)}\}$
geringer ist als die des Quellalphabets. Die Anzahl der verschiedenen Symbole nimmt
dabei zu ($K^{(Z)} > K^{(X)}$).

Beispiel: X sei eine binäre Informationsquelle und nur $N = 2$ benachbarte Zeichen
aus $\mathbf{X}$ werden durch ein neues Verbundsymbol substituiert. Die Symbole des neuen
Alphabets $\mathbf{Z}$ ergeben sich aus dem Alphabet $\mathbf{X}$ gemäß

$$\mathbf{X} = \{s_i^{(X)}|1 \leq i \leq 2\} = \{s_1; s_2\}$$

$$\mapsto \quad \mathbf{Z} = \{s_i^{(Z)}|1 \leq i \leq 4\} = \{s_1 s_1; s_1 s_2; s_2 s_1; s_2 s_2\} \,.$$

Die Wahrscheinlichkeit eines spezifischen Verbundes sei $p_i^{(Z)}$. Sie ist unabhängig vom
Zeitpunkt des Auftretens, wenn man eine stationäre Quelle annimmt. Daraus lässt sich
allgemein eine *Verbundentropie* mit

$$H(XX)_N = H(Z) = - \sum_{i=1}^{K^{(Z)}} p_i^{(Z)} \log_2 p_i^{(Z)} \quad \text{mit} \quad K^{(Z)} = \left(K^{(X)}\right)^N \tag{4.11}$$

---

[3]Für binäre Quellen gilt auch $p(AB) = p(BA)$, weil der Zustand genauso oft von A nach B wechselt
wie von B nach A.

definieren, wobei mit Gleichung (4.9) für das Beispiel gilt

$$p_i^{(Z)} = p^{(X)}(s_k s_j) = p^{(X)}(s_j|s_k) \cdot p^{(X)}(s_k) \tag{4.12}$$

In welcher Relation steht nun die Verbundentropie $H(XX)_N$ zur Quellenentropie $H(X)$? Um diese Frage zu beantworten, sind einige Ableitungen erforderlich.

Durch Einsetzen von (4.12) in (4.11) und $N = 2$ folgt

$$H(XX)_2 = -\sum_{j=1}^{K^{(X)}} \sum_{k=1}^{K^{(X)}} p^{(X)}(s_j|s_k) \cdot p^{(X)}(s_k) \cdot \log_2 \left[p^{(X)}(s_j|s_k) \cdot p^{(X)}(s_k) \right].$$

Mit $\log(a \cdot b) = \log a + \log b$ und Verzicht auf die Alphabetkennzeichnung ($^{(X)}$) wird die Gleichung umgeformt zu

$$H(XX)_2 = -\sum_{j=1}^{K} \sum_{k=1}^{K} p(s_j|s_k) \cdot p(s_k) \cdot \log_2 \left[p(s_j|s_k) \right] - \sum_{j=1}^{K} \sum_{k=1}^{K} p(s_j|s_k) \cdot p(s_k) \cdot \log_2 \left[p(s_k) \right].$$

Separiert man die Indizes k und j, erhält man

$$H(XX)_2 = -\sum_{k=1}^{K} \left\{ p(s_k) \sum_{j=1}^{K} p(s_j|s_k) \cdot \log_2 \left[p(s_j|s_k) \right] \right\}$$

$$- \sum_{k=1}^{K} \left\{ p(s_k) \log_2 \left[p(s_k) \right] \cdot \sum_{j=1}^{K} p(s_j|s_k) \right\}.$$

Wegen $\sum_{j=1}^{K} p(s_j|s_k) = 1$ für jedes konstante k (vgl. Gl. 4.2) und mit Einsetzen von (4.7) folgt

$$H(XX)_2 = -\sum_{k=1}^{K} \left\{ p(s_k) \sum_{j=1}^{K} p(s_j|s_k) \cdot \log_2 \left[p(s_j|s_k) \right] \right\} - \sum_{k=1}^{K} p(s_k) \log_2 \left[p(s_k) \right]$$

$$H(XX)_2 = \sum_{k=1}^{K} p(s_k) \cdot H(X|X = s_k) + H(X) \tag{4.13}$$

Die Verbundentropie setzt sich aus zwei Termen zusammen. Der erste Summand von Gl.(4.13) kann als bedingte Entropie identifiziert werden (vgl. 4.8). Der zweite Term entspricht der Signalentropie des Quellalphabets

$$\boxed{H(XX)_2 = H(X|X) + H(X)} \tag{4.14}$$

Die Entropie scheint sich durch das Verbinden von Symbolen sogar zu vergrößern, da zur ursprünglichen Signalentropie noch etwas hinzu addiert wird. Dies ist jedoch nicht der Fall, da der mittlere Informationsgehalt der Verbundentropie $H(XX)_2$ für $N = 2$ Zeichen angegeben wird, d. h. die Einheit lautet [1 bit/Doppelsymbol]. Das Ergebnis muss also noch durch zwei dividiert werden, um Verbundentropie und Signalentropie vergleichen zu können.

Wie wirkt sich nun dieser Zusammenhang auf die Verbundentropie $H(XX)_N$ aus? Bleiben wir bei dem Beispiel $N = 2$. $H(XX)_2$ gibt Auskunft über den mittleren Informationsgehalt von Doppelsymbolen, dann sei $H(XX)'_2$ der mittlere Informationsgehalt von einzelnen Symbolen

$$H(XX)'_2[\text{bit/Symbol}] = \frac{H(XX)_2[\text{bit/Doppelsymbol}]}{2}.$$

Aus (4.14) folgt

$$H(XX)'_2 = \frac{H(X|X) + H(X)}{2}$$

und man kann die Grenzen der Verbundentropie wegen $0 \le H(X|X) \le H(X)$ mit

$$\frac{H(X)}{2} \le H(XX)'_2 \le H(X)$$

angeben. Analog dazu ließe sich für beliebige N

$$\frac{H(X)}{N} \le H(XX)'_N \le H(X) \tag{4.15}$$

ableiten. Dies bedeutet, je mehr statistisch voneinander abhängige Symbole in geeigneter Weise zusammengefasst werden, desto stärker kann man die Entropie senken.

4.1.5 Praktische Implikationen

Sobald es statistische Abhängigkeiten zwischen den Symbolen einer Informationsquelle gibt, sind die bedingte Entropie und damit auch die Verbundentropie geringer als die Entropie der Quelle. Die untere Grenze der erreichbaren mittleren Codewortlänge (vgl. Gl. 3.2) verschiebt sich damit und niedere Bitraten sind erreichbar.

Das Verwenden bedingter Wahrscheinlichkeiten eignet sich gut für die kontextabhängige Entropiecodierung (siehe auch Abschnitte 3.11.3 und 4.1.2). Dies lässt sich anhand des Wetterbeispiels aus Kapitel 2 zeigen. Der Meteorologe stellt z. B. eine neue Tabelle auf, welche die Wahrscheinlichkeiten des heutigen Wetters enthält, wenn es gestern wolkig war (**Beispiel 4.2**). Unter der Bedingung ‚Wolken' beträgt die Entropie mit Gl. (2.3) lediglich

$$\begin{aligned} H(X|\text{Wolken}) \approx{} & 0.75 \cdot 0.415 \text{ bit} + 0.0625 \cdot 4.0 \text{ bit} + \\ & 0.125 \cdot 3.0 \text{ bit} + 0.0625 \cdot 4.0 \text{ bit} = 1.186 \text{ bit/Symbol} . \end{aligned}$$

Theoretisch lässt sich jede Informationsquelle als Markow-Modell m-ter Ordnung beschreiben. Der Informationsgehalt eines jeden Symbols reduziert sich auf

$$I\left(s^{(m+1)}\right) = \log_2 \frac{1}{p\left(s^{(m+1)}|s^{(m)} \ldots s^{(2)}s^{(1)}\right)} .$$

Beispiel 4.2: Bedingte Wetterwahrscheinlichkeiten

Wetter	p	$I[\text{bit}]$
Wolken $->$ Wolken	0.75	0.415
Wolken $->$ Sonne	0.0625	4.0
Wolken $->$ Regen	0.125	3.0
Wolken $->$ Schnee	0.0625	4.0

Praktisch sind diesem Ansatz jedoch Grenzen gesetzt. Erstens steigt der Speicherbedarf für alle möglichen Symbolkombinationen exponentiell mit steigender Modellordnung und zweitens besteht das Problem, dass sich nur dann eine ausgeprägte Verteilung der Symbole einstellt, wenn die Anzahl der zu codierenden Zeichen deutlich größer ist als die Symbolmenge des aktuellen Alphabets. Eine erfolgreiche Implementierung für die Kompression von alphanumerischen Daten mit Hilfe von Markow-Modellen höherer Ordnung wurde in [Mof90] unter dem Begriff *PPM ... prediction by partial matching* vorgestellt. Diese Arbeit basiert auf einem in [Cle84] vorgeschlagenen Algorithmus. Das Verfahren ist allerdings vergleichsweise rechentechnisch sehr aufwändig. Die meisten praktisch erfolgreichen Kompressionsalgorithmen stützen sich deshalb eher auf das Zusammenfassen von Symbolen zu Verbundsymbolen als auf die Modellierung bedingter Wahrscheinlichkeiten (siehe Abschnitte 4.2 und 4.3).

Das Codieren auf Basis von bedingten Wahrscheinlichkeiten ist ein Spezialfall der kontextbasierten Entropiecodierung. Während bei letzterem der Kontext aus prinzipiell beliebigen Informationen abgeleitet werden kann, ist der Kontext in Markov-Modellen immer an die chronologische Abfolge von Zuständen gebunden.

Ein weiteres Beispiel soll zeigen, dass man durch Zusammenfassen von Symbolen auch Codierungsvorteile erlangen kann, wenn die Symbole unabhängig voneinander sind. Gegeben sei eine binäre Quelle mit den Symbolen s_1 und s_2 mit $p_1 = 0.3$ und $p_2 = 0.7$. Die Entropie beträgt $H(X) \approx 0.881$. Bei Verwendung von Präfixcodes kann eine mittlere Codelänge von $\overline{l_i} = 1$ Bit pro Symbol nicht unterschritten werden. Verbindet man jeweils zwei Symbole, ergeben sich die Verbundwahrscheinlichkeiten nach Gleichung (4.9) mit der Bedingung, dass s_1 und s_2 unabhängig sind, zu

$$p(s_k s_j) = p(s_j | s_k) \cdot p_k = p_j \cdot p_k \quad .$$

In **Beispiel 4.3** sind alle Verbundsymbole, ihre Wahrscheinlichkeiten und der daraus erzeugte Huffman-Code aufgelistet. Die mittlere Codewortlänge beträgt für einen Verbund

$$\overline{l_i} = 0.09 \cdot 3 + 0.21 \cdot 3 + 0.21 \cdot 2 + 0.49 \cdot 1 = 1.81 \text{ Bits/Doppelsymbol}$$

und für ein einzelnes Symbol demnach nur 0.905 Bits/Symbol. Anzumerken ist hierbei, dass diese Verringerung auf die begrenzte Auflösung von Präfixcodes mit der unteren Schranke $\overline{l} \geq 1$ Bit/Symbol zurückzuführen ist. Der Einsatz einer arithmetischen Codierung hätte mit unabhängigen Symbolen auch bei einzelner Codierung der Zeichen ein optimales Ergebnis erzielt.

Die folgenden Abschnitte stellen Verfahren vor, welche auf unterschiedlichste Art und Weise versuchen, statistische Abhängigkeiten zwischen Symbolen zur Steigerung der

Beispiel 4.3: Verbundwahrscheinlichkeiten und Huffman-Code für Doppelsymbole aus einem binären Alphabet

i	s_i	p_i	c_i
1	$s_1 s_1$	$0.3 \cdot 0.3 = 0.09$	000
2	$s_1 s_2$	$0.3 \cdot 0.7 = 0.21$	001
3	$s_2 s_1$	$0.7 \cdot 0.3 = 0.21$	01
4	$s_2 s_2$	$0.7 \cdot 0.7 = 0.49$	1

Kompression auszunutzen. Die Verfahren haben jedoch alle eine Eigenschaft gemeinsam: Sie beruhen auf bestimmten Annahmen darüber, welche Symbolverteilungen zu erwarten und welcher Art die Abhängigkeiten im Signal sind. Jede Präcodierung basiert auf einer Modellvorstellung. Entspricht das zu verarbeitende Signal nicht diesem Modell, so ist keine effiziente Kompression möglich und im schlimmsten Fall wird die Datenmenge sogar noch vergrößert. Der Entwickler von neuen Kompressionsalgorithmen muss sich also immer zuerst Klarheit über die Struktur und statistischen Eigenschaften der Signale verschaffen, die er verarbeiten will.

4.2 Lauflängencodierung

4.2.1 Allgemeine Codierung mehrwertiger Signale

Signale, bei denen Symbole häufig mehrfach hintereinander auftreten, können effizient mit einer Lauflängencodierung komprimiert werden (engl.: *RLC...run length coding* oder *RLE...run length encoding*). Die Abfolge von r gleichen Symbolen wird dabei als Lauflänge r bezeichnet und in der Codierung durch ein 3-Elemente-Symbol (Token) ersetzt. Dieses Token enthält ein ESCAPE-Symbol, die Lauflänge r und das Symbol s_i (ESC;r;s_i). Das ESCAPE-Symbol signalisiert dem Decoder, dass ein Token kommt. Ein Kompressionseffekt tritt nur dann ein, wenn mindestens vier gleiche Symbole aufeinander folgen.

In **Abbildung 4.4** sind Programmablaufpläne für das En- und Decodieren von Lauflängen dargestellt. Der Decoder testet lediglich, ob das gelesene Zeichen ein ESCAPE-Symbol ist und damit eine Lauflänge ankündigt, oder ob es ein einzeln codiertes Zeichen ist. Der Encoder hat etwas mehr zu tun. Er überwacht die Anzahl der gleichen Symbole und darf nur dann ein Token senden, wenn mindestens vier gleiche Zeichen gefunden wurden, **Beispiel 4.4**. Außerdem muss er die Lauflänge auf einen maximalen Wert begrenzen (nicht dargestellt in der Abbildung), weil r nur mit einer begrenzten Anzahl von Bits übertragen wird.[4]

Problematisch wird es, wenn alle Symbole im Datenstrom vorkommen und kein Extrazeichen als ESCAPE-Symbol zur Verfügung steht. In diesem Fall definiert man z. B. die Folge von drei gleichen Symbolen als ESCAPE-Symbol. Sieht der Decoder eine solche Folge, dann weiß er, dies war ein ESC-Zeichen, und es folgt eine Lauflängenangabe für

---

[4]Das Begrenzen der Lauflänge ist zum Beispiel dann nicht notwendig, wenn sie mit einem Golomb- oder Rice-Code entropiecodiert wird.

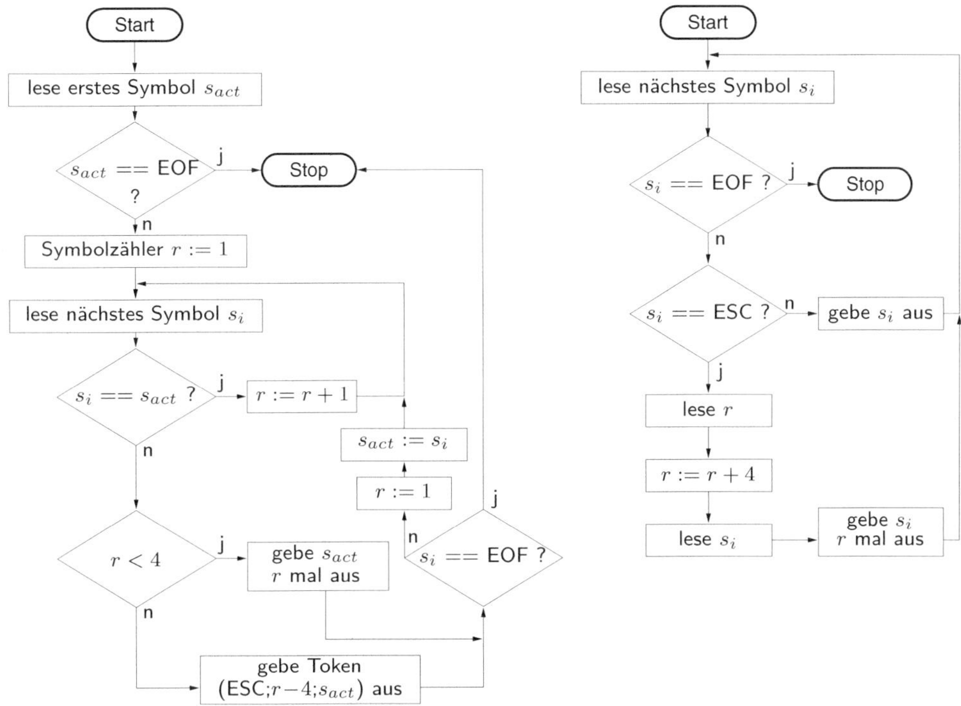

Abbildung 4.4: Ablaufpläne für die En- und Decodierung von Lauflängen

die noch folgenden Symbole. Allerdings bewirkt dieser Mechanismus ein Expandieren der Datenmenge, wenn zufällig genau drei gleiche Symbole aufeinander folgen, da auch in diesem Fall $r = 0$ angehängt werden muss. Ein Kompressionseffekt ergibt sich nur für $r \geq 5$. Aus der obigen Sequenz wird also „baaa1ccc0ddd2baaa3". Das codierte Si-

---

Beispiel 4.4: Lauflängencodierung mit ESC-Zeichen

Gegeben sei die Zeichensequenz „baaaacccdddddbaaaaaa" und das Token $(ESC;r-4;s_i)$. Führen Sie eine Lauflängencodierung durch! Auf wie viele Symbole reduziert sich die Übertragung?

Lösung:

Alle Symbole, die mit einer Lauflänge $r < 4$ auftreten, werden einfach kopiert alle anderen durch ein entsprechendes Token ersetzt. Die Sequenz wird somit auf die Symbolfolge „b(ESC;0;a)ccc(ESC;1;d)b(ESC;2;a)" abgebildet. Aus den zwanzig Zeichen in der Originalsequenz sind 14 im codierten Signal geworden.

Die Subtraktion von 4 hat folgenden Hintergrund. Angenommen, r wird mit 8 Bits gesendet, dann ergebe das eine maximale Lauflänge von $r_{\max} = 255$. Da r aber mindestens gleich 4 ist, können auf diese Weise sogar Lauflängen bis zu $255 + 4 = 259$ codiert werden. Der Decoder braucht die 4 nur wieder zu addieren.

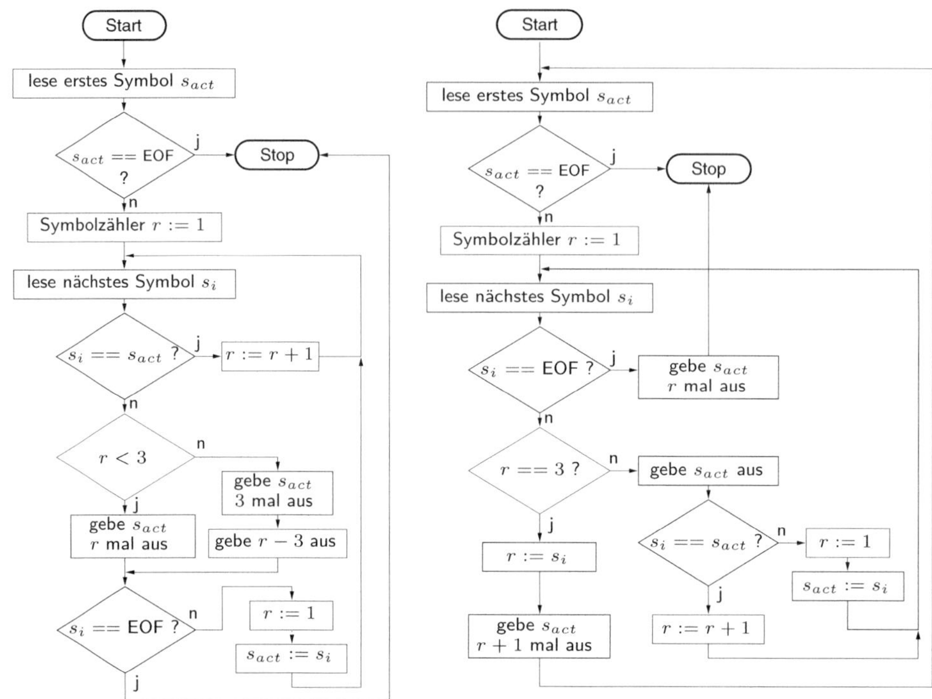

Abbildung 4.5: Ablaufpläne für die En- und Decodierung von Lauflängen ohne extra ESCAPE-Symbol

gnal enthält 18 Symbole. Die Ablaufsteuerung für die Codierung verändert sich etwas (**Abb. 4.5**). Auch der Decoder ist komplexer, da er nun ebenfalls die Symbole zählen muss. Nachdem der Decoder ein Lauflängen-Token (drei gleiche Zeichen) erkannt und die Anzahl der noch folgenden Zeichen gelesen hat, muss er zusätzlich auch das aktuelle Zeichen ausgeben, deshalb steht im Blockschaltbild „gebe s_{act} $r + 1$ mal aus".

Eine dritte Variante der Lauflängencodierung kommt in Betracht, wenn einzelne Symbole fast überhaupt nicht vorkommen, wie es im oben verwendeten Beispiel der Fall ist. Als Token wird die Kombination $(s_i; r - 1)$ von Lauflänge r und Symbol s_i eingesetzt. Die Beispielsequenz würde codiert „b0a3c2d4b0a5" lauten, was zu lediglich 12 Zeichen führt. Solch ein Token wird zum Beispiel in einer Erweiterung des Standards zur Bildsequenzkompression HEVC-SCC verwendet [Xu16].

An dieser Stelle sei noch einmal daran erinnert, dass in diesem Kapitel Verfahren zur Präcodierung behandelt werden. Der Output eines Lauflängencodierers kann selbstverständlich noch entropiecodiert werden, da sowohl die uncodierten Symbole als auch die Elemente der Token bestimmten Häufigkeitsverteilungen unterliegen, welche im Regelfall eine weitere Kompression ermöglichen.

4.2.2 Signale mit einem speziellen Symbol

Signale, bei denen ein Symbol mit sehr hoher Wahrscheinlichkeit auftritt, stellen einen Spezialfall für die Lauflängencodierung dar. In praktischen Applikationen der Bildkompression (z. B. JPEG-1-Standard, Kapitel 8.2) weisen vorverarbeitete Signale häufig einen großen Anteil von Nullen auf, sodass es sich lohnt, diese Situation gesondert zu behandeln.

Der Unterschied zum allgemeinen Fall liegt im ausschließlichen Zusammenfassen von Null-Symbolen. Es wird davon ausgegangen, dass sich eine Folge von Nullen immer mit einem Wert ungleich Null abwechselt. Angenommen, eine Quelle produziert acht verschiedene Zeichen (Zahlen von 0 bis 7), dann werden aufeinander folgende Nullen gezählt und die Folge durch die Anzahl ersetzt.

```
Symbole des Signals:  ...  00001 000004 003  5   00002 00000000 07...
codiertes Signal:     ...    4 1     5 4  2 3 0 5  4 2      7 0   1 7...
```

Wenn zwei Werte ungleich Null aufeinander folgen, ist die Lauflänge der Nullen natürlich gleich Null. Vorausgesetzt, die maximale Anzahl benachbarter Nullen ist 7, können sowohl die Signalwerte als auch die Lauflängen mit je drei Bits codiert werden und der Aufwand für die Beschreibung des oben dargestellten Signalausschnitts verringert sich von $30 \cdot 3 = 90$ Bits auf $14 \cdot 3 = 42$ Bits. Für die weitere Verarbeitung der neuen Zeichen gibt es nun zwei Alternativen. Im einfachsten Fall werden sie als gleichberechtigte Symbole entropiecodiert. Wenn allerdings die Wahrscheinlichkeiten der Folgewerte von der Anzahl der vorangegangenen Nullen abhängt, erscheint es günstiger, die Kombination von Lauflänge und Folgewert als ein neues (Verbund-)Symbol zu betrachten.[5] Wie im Abschnitt 4.1 gezeigt wurde, führt das zu einer erhöhten Codiereffizienz.

4.3 Phrasen-Codierung

Das Codieren von Phrasen kann als Verallgemeinerung der Lauflängencodierung angesehen werden, bei der nicht nur identische Symbole zusammengefasst, sondern auch verschiedene Symbole zu neuen Einheiten kombiniert werden. Diese Symbol- oder Zeichenfolgen werden als Phrasen bezeichnet und im Laufe der Codierung in einem Wörterbuch abgelegt. Deshalb nennt man die Phrasen-Codierung auch wörterbuchbasierte Kompression (engl.: *dictionary-based compression*).

Die Phrasen-Codierung ist eine sehr universelle Codierungsmethode, die sich automatisch der Signalstatistik anpasst. Deshalb wird sie sehr häufig in verlustlosen Kompressionsalgorithmen (Archivierungsprogramme) zur Speicherung von Computer-Daten verwendet.

1977 veröffentlichten Jacob Ziv und Abraham Lempel einen ersten Beitrag zur wörterbuchbasierten Codierung von Symbolketten [Ziv77]. Dieser Algorithmus wird mit „LZ77" bezeichnet. Ein Jahr später erschien eine weitere Veröffentlichung, welche die Verwendung des Wörterbuchs modifizierte („LZ78") [Ziv78]. Wegen des sehr mathematischen

---

[5]Es ist z. B. vorstellbar, dass kleine Folgewerte wahrscheinlicher sind, wenn viele kleine Signalwerte (Nullen) vorangegangen sind, während große Folgewerte öfter auftreten, wenn die Lauflänge sehr kurz war.

Beispiel 4.5: Prinzip der LZ77-Codierung mit gleitendem Fenster

Gegeben sei die Symbolfolge in folgender Übersicht:

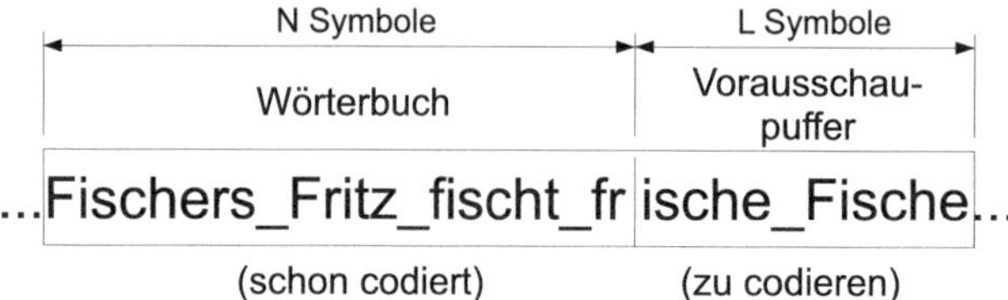

Die aktuelle Zeichenfolge ‚ische' wird im Wörterbuch an der 23-sten Position von rechts gefunden. Die Länge des übereinstimmenden Strings beträgt 5 und das Nachfolgezeichen ist ‚_'. Das zu übertragende Token lautet also (23; 5;‚_'). Die Grenze zwischen dem Vorausschaupuffer und dem Wörterbuch verschiebt sich hinter ‚_' und das nächste zu suchende Symbol ist dann ‚F'. Es ist zu beachten, dass sich das gesamte Wörterbuch-Fenster nach rechts verschiebt und die Zeichen ganz links (‚Fische') aus dem Wörterbuch heraus fallen.

Charakters fanden die Beiträge zunächst wenig Beachtung. Erst 1984, mit einer Veröffentlichung von Terry Welch, wurde das Codierungsverfahren populär, da Welch einen detaillierten Algorithmus beschrieb („LZW") [Wel84].

4.3.1 Der LZ77-Algorithmus

Das LZ77-Verfahren arbeitet mit einem über die Symbolfolge gleitenden Fenster. Der vordere Teil ist der Vorausschau-Puffer und enthält die Symbole, die noch codiert werden müssen. Der hintere Teil des Fensters enthält Symbole, die bereits codiert wurden, und wird als Wörterbuch bezeichnet. In jedem Codierschritt wird nach der längsten Übereinstimmung von Symbolen aus dem Puffer mit einer Symbolfolge aus dem Wörterbuch gesucht. War die Suche erfolgreich, wird ein Token bestehend aus drei Elementen übertragen: die relative Position des gefundenen Strings im Wörterbuch (Offset zur aktuellen Position), die Länge des Strings und das erste Symbol, dass der Phrase im Puffer folgt, siehe **Beispiel 4.5**. Wird bereits das erste Zeichen nicht gefunden, wird es allein, mit einem Offset und einer Stringlänge von je 0, gesendet.

Voraussetzung für eine effiziente Kompression ist die relativ dichte Nachbarschaft von gleichen Phrasen. Ist das Wörterbuch zu kurz, ist die Suche nach identischen Zeichenfolgen oft erfolglos und eine Kompression nicht möglich. In heutigen Computern ist das Speichern großer Wörterbücher aber kein Problem mehr und der limitierende Faktor ist eher die für die Suche erforderliche Zeit.

4.3.2 Der LZ78-Algorithmus

Die neue Qualität bei der LZ78-Codierung besteht im Verwenden eines abgesetzten Wörterbuches. Die gesuchten Phrasen müssen nicht mehr in unmittelbarer Nachbarschaft liegen, sondern können zeitlich schon wesentlich früher aufgetreten sein. Dieses Wörterbuch ist zu Beginn der Codierung leer und Encoder und Decoder füllen es Schritt für Schritt mit geeigneten Phrasen, sodass die Inhalte der Bücher auf Sende- und Empfangsseite immer identisch sind. Als weiterer Unterschied zum LZ77-Algorithmus ist das kleinere Tokens zu erwähnen. Es enthält nur noch zwei Elemente: den Index der zu sendenden Phrase und das nachfolgende Symbol. Die Codierung läuft wie folgt ab:

1. Die aktuelle Phrase $P :=$„#"ist ein leerer String.

2. Wenn keine weiteren Symbole vorhanden sind:

   - falls P ungleich „#", dann übertrage die aktuelle Phrase,
   - beende die Codierung.

3. Hänge das nächste Symbol $s[n + 1]$ an die Phrase und aktualisiere $P[n + 1] := Ps[n + 1]$.

4. Falls $P[n + 1]$ im Wörterbuch steht: Definiere $P := P[n + 1]$ und fahre fort mit Schritt 2.

5. $P[n + 1]$ steht nicht im Wörterbuch. Übertrage den Index der Phrase P gefolgt vom neuen Symbol $s[n + 1]$.

6. Trage die neue Phrase $P[n + 1]$ ins Wörterbuch ein, wenn noch Platz vorhanden ist.

7. Fahre im Schritt 1 fort.

Der Codierungsablauf ist in **Beispiel 4.6** dargestellt.

4.3.3 Der LZW-Algorithmus

Der LZW-Algorithmus basiert auf dem LZ78-Verfahren. Das Wörterbuch wird allerdings mit allen vorkommenden Symbolen initialisiert und die Übertragung verringert sich auf ein Element pro Codierschritt. Die aktuelle Phrase P wird zu Beginn der Codierung auf das erste zu verarbeitende Symbol gesetzt $P = s[0]$. Der weitere Codierungsablauf ist wie folgt:

1. Falls P das letzte Symbol des Signals enthält, übertrage den Index der Phrase und beende die Codierung.

2. Hänge das nächste Symbol $s[n + 1]$ an die Phrase und aktualisiere $P[n + 1] := Ps[n + 1]$.

3. Falls $P[n + 1]$ im Wörterbuch steht: Definiere $P := P[n + 1]$ und fahre fort mit Schritt 1.

4. Übertrage den Index der Phrase P.

5. Trage die neue Phrase $P[n + 1]$ ins Wörterbuch ein, wenn noch Platz vorhanden ist.

6. Definiere $P := s[n + 1]$ und fahre im Schritt 1 fort.

Beispiel 4.6: Ablauf der LZ78-Codierung

Folgende Tabelle zeigt den Ablauf der LZ78-Codierung für die Signalfolge „abracadabrarabarabab":

P	$s[n+1]$	Output	Phraseneintrag	Index
#	-	-		0
#	a	0,a	a	1
#	b	0,b	b	2
#	r	0,r	r	3
#	a	-	-	-
a	c	1,c	ac	4
#	a	-	-	-
a	d	1,d	ad	5
#	a	-	-	-
a	b	1,b	ab	6
#	r	-	-	-
r	a	3,a	ra	7
#	r	-	-	-
r	a	-	-	-
ra	b	7,b	rab	8
#	a	-	-	-
a	r	1,r	ar	9
#	a	-	-	-
a	b	-	-	-
ab	a	6,a	aba	10
#	b	-	-	-
b	#	2,#	-	-

Das Wörterbuch startet mit einer leeren Phrase # (Index 0) und die aktuelle Phrase ist ein leerer String $P =$„#". Das erste gelesene Zeichen ist ein „a" und wird an die Phrase angehängt $P[n+1] := Ps[n+1] =$„a". Diese Phrase steht noch nicht im Wörterbuch. Deshalb werden die leere Phrase P (Index 0) und das Zeichen „a" ausgegeben und das Wörterbuch erhält einen neuen Eintrag $P[n+1] =$„a" (Index 1). Analog erfolgt das Codieren für die Zeichen „b" und „r". Das vierte Zeichen ist wieder ein „a". Diese Phrase ist bereits im Wörterbuch und es wird gesetzt $P := P[n+1] :=$„a". Das Einlesen des nächsten Symbols „c" ergibt eine neue Phrase $P[n+1] =$„ac" welche noch nicht existiert. Also werden die alte Phrase $P =$„a" (Index 1) sowie das neue Symbol ausgegeben und die neue Phrase $P[n+1] =$„ac" in das Wörterbuch geschrieben. Diese Prozedur setzt sich fort, bis alle Symbole der Folge verarbeitet sind.

Beispiel 4.7: LZW-Codierung des Beispielsignals „abracadabrarabarabab"

Zu Beginn wird das Wörterbuch mit den Zeichen des Alphabets {a,b,c,d,r} initialisiert und das erste Zeichen „a" der Phrase P zugewiesen.

P	n	$s[n+1]$	gesendeter Index	Phraseneintrag	Index
-	-	-	-	a	0
-	-	-	-	b	1
-	-	-	-	c	2
-	-	-	-	d	3
-	-	-	-	r	4
a	0	b	0	ab	5
b	1	r	1	br	6
r	2	a	4	ra	7
a	3	c	0	ac	8
c	4	a	2	ca	9
a	5	d	0	ad	10
d	6	a	3	da	11
a	7	b	-	-	-
ab	8	r	5	abr	12
r	9	a	-	-	-
ra	10	r	7	rar	13
r	11	a	-	-	-
ra	12	b	7	rab	14
b	13	a	1	ba	15
a	14	r	0	ar	16
r	15	a	-	-	-
ra	16	b	-	-	-
rab	17	a	14	raba	17
a	18	b	-	-	-
ab	19	#	5	-	-

Die neue Phrase $P[n+1]$ ergibt sich aus der alten Phrase und dem nächsten Symbol „b" ($P[n+1]$=„ab"). Diese neue Phrase steht noch nicht im Wörterbuch, deshalb wird der Index von P=„a" ausgegeben und die neue Phrase „ab" ins Wörterbuch an die nächste freie Position (Index 5) eingetragen. P wird gleich „b" gesetzt und die Prozedur fährt mit dem nächsten Symbol fort. In dem Moment, wo alte Phrase und nachfolgendes Symbol eine Phrase bilden, die schon im Wörterbuch steht (zum Beispiel die Phrase „ab"), kann man ein drittes Zeichen einlesen usw. Insgesamt werden für das Beispielsignal 14 Token mit je einem Index gesendet, im Vergleich dazu benötigte der LZ78-Algorithmus 11 Token mit je 2 Elementen.

Beispiel 4.7 zeigt den Ablauf für das bereits verwendete Beispielsignal.

Jeder Index wird mit einer definierten Anzahl von l Bits gespeichert. Daraus folgt, dass maximal 2^l Phrasen unterschieden werden können. Ist diese Grenze erreicht, ist es möglich, mit einem zusätzlichen Bit den Wertebereich zu verdoppeln und weitere Phrasen aufzunehmen. Wenn eine maximale Anzahl von Phrasen nicht überschritten werden darf, müssen alte Phrasen wieder entfernt werden, um neuen Phrasen Platz zu machen. Dazu sind verschiedene Mechanismen denkbar. Viele Implementationen initialisieren das gesamte Wörterbuch neu. Dies entspricht einer blockweisen Verarbeitung des Signals. Einige Programme überwachen dazu das erzielte Kompressionsverhältnis. Wird die Kompression zu schlecht, erfolgt das Löschen aller Einträge, weil anzunehmen ist, dass die Phrasen im Wörterbuch nicht mehr repräsentativ sind.

Zum Erhöhen der Codiereffizienz werden die LZ-Verfahren in vielen so genannten Pack-Programmen mit einer Entropiecodierung verknüpft. Da einige der zu übertragenden Phrasen häufiger als andere auftreten, können den entsprechenden Token kürzere Codewörter zugewiesen werden, während die seltenen Phrasen längere Codewörter erhalten. Eine ausführlichere Beschreibung von Verfahren der LZ-Familie ist zum Beispiel in [Sal97b] zu finden.

Infolge der Algorithmusstruktur beim LZW-Verfahren werden neue Phrasen beim Decoder erst nach einer Verzögerung von einem Codierschritt erkannt. Dadurch kann es zu dem so genannten „Henne-Ei-Problem" kommen. Die zu übertragende Symbolfolge sei zum Beispiel „aSaSab", wobei S eine beliebige Symbolfolge ist. Weiterhin sei die Phrase „aS" bereits im Wörterbuch. Der Encoder sendet den Index für „aS" und ergänzt die Phrase „aSa" im Wörterbuch. Die nächste zu sendende Phrase wäre „aSa", die zwar beim Encoder schon im Wörterbuch steht, aber dem Decoder noch nicht bekannt ist. In diesem Moment ist eine Ausnahmebehandlung beim Decoder erforderlich. Er erkennt das Problem (empfangender Index entspricht dem Index des nächsten zu schreibenden Eintrags) und reagiert entsprechend. Das Decodieren bei dem LZW-Verfahren ist nicht nur dadurch etwas komplizierter als bei LZ77 oder LZ78. Der Algorithmus ist wie folgt:

1. Lese den ersten Index aus dem Symbolstrom. Ermittle den entsprechenden Phraseneintrag im Wörterbuch, gebe diesen aus und initialisiere die aktuelle Phrase P damit.

2. Wenn kein zu lesender Index mehr vorhanden ist, beende das Decodieren.

3. Lese den nächsten Index aus dem Symbolstrom.

4. Wenn diesem Index im Wörterbuch schon eine Phrase zugeordnet ist:

   (a) gebe diese Phrase $P[m]$ aus;

   (b) verknüpfe die aktuelle Phrase P mit dem ersten Symbol von $P[m]$ zu einer neuen Phrase und trage diese in das Wörterbuch ein;

   (c) setze die aktuelle Phrase $P := P[m]$;

   (d) fahre fort mit Schritt 2.

5. Die zugeordnete Phrase existiert noch nicht (Henne-Ei-Problem).

Beispiel 4.8: Ablauf der LZW-Decodierung von „0 1 4 0 2 0 3 5 7 7 1 0 14 5"

Es sei bekannt, dass die Symbolfolge aus den Buchstaben a, b, c, d und r besteht.
Wie beim Encoder muss das Wörterbuch entsprechend initialisiert werden.

P	empfangener Index	$P[m]$	Phraseneintrag	Index
-	-	-	a	0
-	-	-	b	1
-	-	-	c	2
-	-	-	d	3
-	-	-	r	4
-	0	a	-	-
a	1	b	ab	5
b	4	r	br	6
r	0	a	ra	7
a	2	c	ac	8
c	0	a	ca	9
a	3	d	ad	10
d	5	ab	da	11
ab	7	ra	abr	12
ra	7	ra	rar	13
ra	1	b	rab	14
b	0	a	ba	15
a	14	rab	ar	16
rab	5	ab	raba	17

Spalte $P[m]$ enthält pro Zeile die aus dem Index decodierte Phrase und insgesamt
die decodierte Symbolfolge. Der Eintrag von $P[m]$ wird anschließend in die Spalte P
kopiert und somit einen Schritt aufgehoben. Wenn der nächste Eintrag interpretiert
wurde, wird dessen erstes Symbol von links mit der Phrase in P kombiniert und als
neue Phrase in das Wörterbuch aufgenommen. Am Ende ist das Wörterbuch des
Decoders genauso gefüllt wie das des Encoders (vgl. Beispiel 4.7).

(a) Erzeuge einen String S. Nehme dazu die aktuelle Phrase und hänge deren
    erstes Symbol noch hinten dran;

(b) Gebe S aus;

(c) trage S ins Wörterbuch ein;

(d) setze die aktuelle Phrase $P := S$;

(e) fahre fort mit Schritt 2.

Auch hierfür ist ein Beispiel gegeben, siehe **Beispiel 4.8**.

4.4 Symbol-Ranking

Angenommen sei eine Symbolsequenz, welche keine Phrasen enthält, die sich ausreichend oft wiederholen und auch die Symbolverteilung selbst sei nicht ungleichmäßig genug, um eine effektive Entropiecodierung durchzuführen. Es seien lediglich lokale Häufigkeiten eines oder mehrerer Symbole vorhanden. In einem solchen Fall kann das Sortieren der K verschiedenen Symbole entsprechend ihrer Rangfolge hilfreich sein. Jedes Symbol wird vor der weiteren Verarbeitung durch seine Position in der Rangfolge ersetzt.

Begonnen wird mit einer Gleichverteilung der Symbole ($h(s_i) = 0$, $\forall\, i$) und einer vordefinierten Reihenfolge der Symbole. Sobald ein Symbol gesendet wurde, erhöht sich seine Häufigkeit um Eins. Hat es dadurch eine größere Häufigkeit als mindestens ein Vorgänger, überholt es alle Symbole mit einer geringeren Häufigkeit, das heißt, es rutscht in der Symbolliste entsprechend nach oben. Dieses Verfahren ist als *incremental frequency count* (IFC) bekannt [Abe07]. Alternativ kann man das zuletzt codierte Symbol sofort an die Spitze stellen (*MTF ... Move To Front*) [Ben85, Ben86].Wenn tatsächlich ein oder mehrere Symbole gehäuft in einem Sequenzabschnitt vorkommen, dann rutschen sie schnell nach oben und das Ranking gibt bevorzugt kleine Positionsindizes aus. Die Verteilung der Indizes wird dadurch ungleichmäßig und eine Entropiecodierung könnte anschließend effektiv angewendet werden.

Beispiel 4.9 zeigt die beiden Verfahren im Vergleich anhand einer kurzen Symbolsequenz. Es ist zu erkennen, dass beim MTF-Verfahren jedes gelesene Symbol sofort an die Spitze der Liste springt, während sich beim IFC-Verfahren die Reihenfolge der Symbole in der Liste nicht so schnell ändert. Letzteres ist meist dann von Vorteil, wenn mehrere Symbole innerhalb eines Abschnitts der Symbolsequenz um den Spitzenplatz kämpfen (z. B. in verrauschten Daten). Das MTF-Verfahren ist für solche Daten besser geeignet, bei denen benachbarte Symbole oft identisch sind, weil dadurch viele Nullen im MTF-Output generiert werden.

Die erläuterten Operationen werden von En- und Decoder synchron ausgeführt. Dadurch ist gewährleistet, dass die häufigsten Zeichen immer im oberen Teil der Liste stehen und mit den kleineren Indizes korrespondieren. Nachteilig ist die verzögerte Anpassung, da die Symbole zu Beginn der Codierung noch nicht geeignet sortiert sind und unter Umständen auf sehr große Indizes abgebildet werden.

Gegebenenfalls sollten beim IFC-Verfahren die gezählten Häufigkeiten in regelmäßigen Abständen herunterskaliert werden, wie es schon in Abschnitt 3.11.4 beschrieben wurde. Dadurch haben neue Symbole die Chance, schneller an die Spitze zu klettern.

4.5 Blocksortierung

Bei der im Abschnitt 4.3 beschriebenen Phrasen-Codierung werden Symbolfolgen in einer Liste gesammelt. Man könnte die gespeicherten Phrasen als Kontexte bezeichnen, die mit einer gewissen Wahrscheinlichkeit ankündigen, welches Zeichen als nächstes kommt. Bei der Codierung von C-Quelltexten wäre die Phrase „retur" deutliches Signal für ein nachfolgendes „n", da der Befehl „return" zu erwarten ist. Dieser Zusammenhang wird

---

Beispiel 4.9: MTF- und IFC-Codierung

Eine Signalquelle mit einem Symbolalphabet $\{a, b, c, d\}$ produziere zum Beispiel eine Zeichenfolge *„baaacb"* und die Symbolliste sei in der Reihenfolge *abcd* initialisiert. Der MTF-Encoder ersetzt jedes Zeichen durch dessen jeweils aktuellen Index und schiebt das Zeichen an die Spitze.

Index	b	a	a	a	c	b	(Input)
0	a	b	a		c	b	
1	b	a	b		a	c	
2	c	c	c		b	a	
3	d	d	d		d	d	
	1	1	0	0	2	2	(MTF-Output)

Die Ausgabe lautet also „110022" und die Symbole stehen abschließend mit der Reihenfolge *bcad* in der Liste.

Für das IFC-Verfahren verändert sich die Reihenfolge in der Liste wie folgt:

Index	b	a	a	a	c	b	(Input)
0	a(0)	b(1)	b(1)	a(2)	a(3)	a(3)	a(3)
1	b(0)	a(0)	a(1)	b(1)	b(1)	b(1)	b(2)
2	c(0)	c(0)	c(0)	c(0)	c(0)	c(1)	c(1)
3	d(0)	d(0)	d(0)	d(0)	d(0)	d(0)	d(0)
	1	1	1	0	2	1	(IFC-Output)

wobei die Zahl in Klammern jeweils die gezählte Häufigkeit des Symbols anzeigt.

---

in der Phrasencodierung zwar nicht direkt ausgenutzt, aber wenn zum Beispiel ein LZW-Decoder als letztes „...retur" decodiert hat, dann wird die nächste Phrase vermutlich mit „n" beginnen.

Die Blocksortierung geht einen anderen Weg. Hierbei werden alle Symbole so sortiert, dass Symbole mit gleichem Kontext dicht beieinander liegen. Ein Kompressionseffekt tritt dabei zunächst nicht sofort, sondern erst in den darauf folgenden Verarbeitungsschritten ein.

Die Frage ist nun, wie sortiert man Zeichen, ohne die Sortierreihenfolge übertragen zu müssen? 1994 veröffentlichten Burrows und Wheeler [Bur94] hierfür einen Algorithmus. Die nach ihren Erfindern bezeichnete Burrows-Wheeler-Transformation (BWT) rief vor allem die Informatiker auf den Plan, weil für das Sortieren schnelle Algorithmen mit geringem Speicherbedarf gefragt sind. Ihre volle Leistungsfähigkeit entfaltet die BWT erst bei sehr langen Datensätzen (mehrere KByte), welche sich wiederholende Symbolfolgen enthalten. Das Pack-Programm Bzip2 [BZIP2] erzielt unter Verwendung der BWT eine hervorragende Kompression.

4.5.1 Vollständiges Sortieren

Für die Erläuterungen müssen wir uns auf ein sehr kurzes Beispiel beschränken. Gegeben sei die Zeichenkette „HOPPELPOPPEL". Die BWT erzeugt zunächst eine quadratische

---

Beispiel 4.10: Burrows-Wheeler-Transformation; (a) Matrix aller Rotationen, (b) vollständig sortierte Matrix, (c) Rücksortierungsalgorithmus. Die originale Sequenz ist mit einem horizontalen Pfeil markiert, die Ausgabesequenz mit einem vertikalen.

(a)	(b)	sortiert	empfangen
HOPPELPOPPEL	*EL* HOPPELPOPP	E	P
OPPELPOPPELH	*EL* POPPELHOPP	E	P
PPELPOPPELHO →	HOPPELPOPPEL	→ H	L
PELPOPPELHOP	*L* HOPPELPOPPE	L	E
ELPOPPELHOPP	*L* POPPELHOPPE	L	E
LPOPPELHOPPE	OPPELHOPPELP	O	P
POPPELHOPPEL	OPPELPOPPELH	O	H
OPPELHOPPELP	*PEL* HOPPELPOP	P	P
PPELHOPPELPO	*PEL* POPPELHOP	P	P
PELHOPPELPOP	POPPELHOPPEL	P	L
ELHOPPELPOPP	*PPEL* HOPPELPO	P	O
LHOPPELPOPPE	*PPEL* POPPELHO	P	O

(c)

Matrix, die alle um jeweils ein Zeichen verschobenen Versionen der originalen Zeichenkette enthält (**Beispiel 4.10a**). Anschließend werden alle Zeilen alphabetisch sortiert (**Beispiel 4.10b**). Die Verschiebungsrichtung spielt dabei keine Bedeutung, wie man leicht nachprüfen kann. Zwei Spalten sind von besonderem Interesse. Die erste Spalte der Matrix enthält alle Symbole der originalen Zeichenkette alphabetisch sortiert, während sich in der letzten Spalte die gleichen Symbole in einer solchen Reihenfolge befinden, dass Zeichen mit einem gleichen Kontext untereinander stehen. So haben zum Beispiel die ersten beiden ‚P' den Kontext ‚*EL*'. Die Kontexte sind jeweils am linken Rand der Matrix hervorgehoben. Die beiden untereinander stehenden ‚E' haben lediglich ein ‚*L*' gemeinsam, während das zweite P-Paar und das O-Paar die Kontexte ‚*PEL*' bzw. ‚*PPEL*' aufweisen. Die Zeichenketten dieser Kontexte stehen im Originaltext hinter dem aktuellen Symbol (letzte Spalte der Matrix). Bei der Verarbeitung von sehr vielen C-Quellen würden in der sortierten Matrix zum Beispiel mehrere Zeilen benachbart sein, die mit „eturn…" beginnen und auf „…r" enden.

Die letzte Spalte der sortierten Matrix wird übertragen. Sie enthält alle Zeichen der originalen Botschaft, nur sind sie kontextabhängig geordnet. Für eine korrekte Rücksortierung muss zusätzlich die Position der Zeile mit der ursprünglichen Symbolfolge übermittelt werden. Decoderseitig stehen somit zunächst die letzte Spalte der Matrix und ebenfalls die erste Spalte zur Verfügung, welche einfach durch das alphabetische Sortieren erzeugt wird. Unter Ausnutzen der Zusatzinformation der Zeilenposition sind dadurch bereits das erste (H) sowie das letzte Zeichen (L) der Originalfolge bekannt (**Beispiel 4.10c**). Nun müssen die Symbole der übertragenen Folge in geeigneter Weise mit den Symbolen der alphabetisch geordneten Folge in Verbindung gebracht werden. Begonnen wird mit dem ersten bereits bekannten Symbol ‚H'. Das korrespondierende Symbol wird in der übertragenen Sequenz an sechster Position gefunden (siehe Pfeil). Ihm gegenüber steht in derselben Zeile ein ‚O'. Das ist das zweite Symbol der Sequenz. Es ist das zweite ‚O' in der sortierten Liste, deshalb muss nun in der Liste der übertrage-

---

Beispiel 4.11: Ausschnitte aus einer sortierten Matrix mit vorangestellten Zeichen der
letzten Spalte

```
36285: j: eweils für einen Signalabschn   26018: \: begin{center}\n {\sf\n \setlen
36286: j: eweils gleich Null, und zwei 0   26019: \: begin{center}\n{\sf \setlength
36287: J: eweils vier benachbarte Werte    26020: \: begin{enumerate}\n         %\n
36288: j: eweils zwei Symbole, ergeben s   26021: \: begin{enumerate}\n    %\n     \
36289: g: ewert als ein neues\n(Verbund-   26022: \: begin{enumerate}\n    %\n     \
36290: g: ewerte\nöfter auftreten, wenn    26023: \: begin{eqnarray}\n          H(s_j
36291: g: ewerte von der Anzahl der\nvor   26024: \: begin{eqnarray}\n          H(s_j
36292: g: ewerte wahrscheinlicher sind,  .
36293: g: ewiesen werden,\nwährend die     27151: a: ch durch das alphabetische Sor
36294: g: ewiesen.\n    %\n\begin{table}   27152: r: ch ein 0-Bit beschrieben wird.
36295: g: ewiesen. Von der Wurzel beginn   27153: r: ch ein Bit beschreibt, sondern
36296: b: ewirkt dieser Mechanismus ein    27154: o: ch ein Spezialfall. So\nbesitz
36297: g: ewisse Dauer (eine Lauf"|läng    27155: i: ch ein \glqq{\sf L}\grqq\ geme
36298: g: ewissen Wahrscheinlichkeit ank   27156: r: ch ein neues Verbundsymbol sub
```

---

nen Symbole nach dem zweiten ‚O' gesucht werden. Es steht offensichtlich in der letzten
Zeile. Das korrespondierende Symbol in derselben Zeile ist ein ‚P' das dritte Symbol der
Sequenz. Diesem Schema folgend werden alle Symbole nacheinander ermittelt, bis der
Ausgangspunkt wieder erreicht, d. h. die Sequenz vollständig rekonstruiert ist.

Im Prinzip wird bei der Rücksortierung eine Permutationsmatrix rekursiv durchlaufen.
Schauen wir uns das Beispiel von eben noch einmal an und nummerieren die empfangenen
Symbole.

Beispiel: Nach dem alphabetischen Sortieren der Symbole und ihrer Indizes ergibt
sich eine Permutationsmatrix $\pi[i]$.

Index i	0	1	2	3	4	5	6	7	8	9	10	11
Symbole in Übertragungsreihenfolge	P	P	L	E	E	P	H	P	P	L	O	O
Symbole alphabetisch sortiert	E	E	H	L	L	O	O	P	P	P	P	P
$\pi[i]$	3	4	6	2	9	10	11	0	1	5	7	8

Wenn wir wissen, dass das Symbol mit dem Index $i = 2$ in der sortierten Liste (H)
das erste Symbol der originalen Sequenz ist, dann ergibt sich die Position des zweiten
Symbols mit $\pi[2] = 6$ (O). Das dritte Symbol ist dann $\pi[6] = \pi[\pi[2]] = 11$ (P), das
vierte $\pi[11] = \pi[\pi[\pi[2]]] = 8$ (P), das fünfte $\pi[8] = \pi[\pi[\pi[\pi[2]]]] = 1$ (E) usw.

Welchen Vorteil hat nun diese Sortierung? Entscheidend ist die Tatsache, dass Symbole mit gleichen und genügend langen Kontexten mit großer Wahrscheinlichkeit identisch
sind. Durch das Sortieren stehen diese Symbole überwiegend direkt nebeneinander. **Beispiel 4.11** zeigt einen Ausschnitt der sortierten Matrix, die aus einem LaTeX-Quelltext
erzeugt wurde. Links steht jeweils die Zeilennummer gefolgt von dem übertragenen Zeichen (aus der letzten Spalte der Matrix) und dem Anfang der Matrixzeile. Es ist zu
erkennen, dass sich für häufig vorkommende LaTeX-Befehle wie z. B. \begin{...} lange

Folgen gleicher Zeichen ergeben (Zeilen 26018ff.). In Abhängigkeit von der Struktur der Sprache oder Textes gibt es aber auch Kontexte, die sehr verschiedenen Symbolen folgen (Zeilen 27151ff.). Hier stehen nicht unbedingt identische Zeichen direkt hintereinander, es sind aber nur wenige, die im Vergleich zu anderen eine sehr hohe Wahrscheinlichkeit aufweisen.

Burrows und Wheeler schlugen deshalb eine Kombination eines Move-to-Front-Coders (siehe auch Abschnitt 4.4, Seite 112). und einer Lauflängencodierung (siehe Abschnitt 4.2, Seite 102) vor. Alle Symbole des Alphabets stehen in einer Liste und die Position (der Index) des aktuellen Symbols wird codiert. Danach wird dieses Symbol an die Spitze der Symbolliste verschoben. Infolge der Konzentration von gleichen Zeichen haben Positionsnummern am Anfang der Liste eine deutlich größere Auftretenswahrscheinlichkeit als Positionen am Ende. Diese Ungleichverteilung führt zu einer sehr geringen Entropie der Positionsnummern, das heißt zu guten Voraussetzungen für eine hohe Kompression. Falls ein Symbol mehrmals direkt hintereinander auftritt, entsteht eine Folge von Nullen (Position an der Spitze der Symbolliste), für deren Verarbeitung sich zusätzlich eine Lauflängencodierung anbietet. Wenn mehrere Symbole innerhalb eines Abschnitts um die Spitzenposition konkurrieren und es auch einmal Ausreißer gibt (z. B. bei verrauschten Daten), dann ist oft eine Variante günstiger, bei der das aktuelle Symbol nicht gleich ganz nach vorne geschoben wird. Beim *incremental frequency count* (IFC), zum Beispiel, werden die Symbole während der Codierung gezählt und ihre Reihenfolge wird durch die aktuellen Häufigkeiten bestimmt [Abe07] (siehe Abschnitt 4.4).

Nun wäre noch zu diskutieren, wie die Blocksortierung auch für das Codieren von Bilddaten Verwendung finden kann. Häufig bestehen statistische Abhängigkeiten zwischen Grauwerten oder beliebigen Signalwerten derart, dass sich große Werte in bestimmten Regionen konzentrieren und kleine Werte in anderen. Tastet man zweidimensionale Signale zeilenweise ab, so erhält man eine Sequenz, in der auf einen großen Zahlenwert mit hoher Wahrscheinlichkeit ein Kontext folgt, der auch aus großen Werten besteht. In [Guo97, Kla98] wurde diese Eigenschaft für die Kompression von Bilddaten ausgenutzt. Auch für die Kompression von synthetischen (computergenerierten) Bilddaten ist eine Blocksortierung gut geeignet, um nicht nur lokale, sondern auch globale Abhängigkeiten zwischen den Bildpunkten zu erfassen [Str11]. Nachteilig ist lediglich, dass keine zwei- oder mehrdimensionalen Zusammenhänge ausgenutzt werden können.

Zur Lösung von algorithmischen und programmiertechnischen Problemen bei der Blocksortierung sowie zur Verbesserung der nachfolgenden Codierung wurden eine Reihe von Vorschlägen gemacht [Sch97, Lin99, Lin00, Lin01]. Eine gut verständliche Beschreibung der BWT findet man auch in [Tam00].

4.5.2 Sortieren mit begrenzter Sortierungstiefe

In der ursprünglichen Form der Burrows-Wheeler-Transformation wurden die zyklisch verschobenen Zeilen komplett bis zum letzten Symbol sortiert. Es existieren aber auch Varianten mit reduzierter Sortierungstiefe, z. B. Sortieren nur nach den ersten fünf Symbolen in der Matrix [Sch97, Non11]. Während das beim Encoder zu einer Verringerung des Sortierungsaufwandes führt, wird das Zurücksortieren beim Decoder aufwändiger.

Beispiel 4.12: Blocksortierung bei einer Kontextlänge gleich eins; (a) sortierte Matrix; (b) inverse Sortierung

	sortiert/ Kontext	empfangen
ELPOPPELHOPP	E	P
ELHOPPELPOPP	E	P
HOPPELPOPPEL	H	L
LPOPPELHOPPE	L	E
LHOPPELPOPPE	L	E
OPPELPOPPELH	O	H
OPPELHOPPELP	O	P
PPELPOPPELHO	P	O
PELPOPPELHOP	P	P
POPPELHOPPEL	P	L
PPELHOPPELPO	P	O
PELHOPPELPOP	P	P
(a)	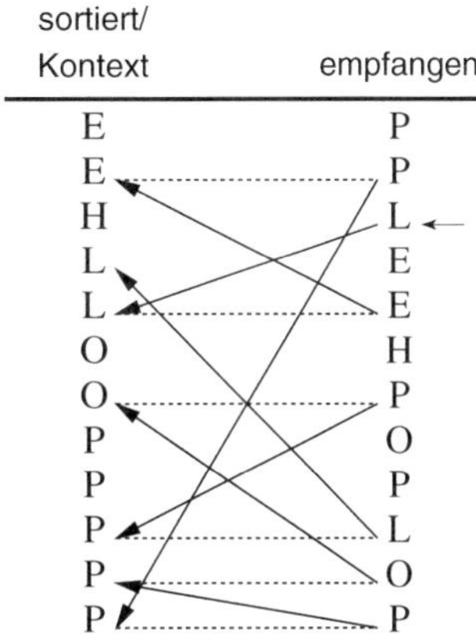	(b)

Ausgehend von demselben Beispiel wie oben sei die Kontextlänge nun lediglich gleich eins, d. h. es wird nur nach dem ersten Symbol sortiert. Die sortierte Matrix ist in **Beispiel 4.12**(a) zu sehen.

Während bei der vollständigen Sortierung theoretisch alle Symbole einen unterschiedlichen Kontext (= Rest der Symbolsequenz) haben, gibt es nun Symbole mit gleichem Kontext. Bei einer Kontextlängen von Eins sind es die fünf Kontexte ‚E‘, ‚H‘, ‚L‘, ‚O‘ und ‚P‘. Das Zurücksortieren muss mit dem letzten Symbol aus der originalen Sequenz beginnen, also ‚L‘ in der dritten Zeile von oben. Dieses Symbol wird nun in der Kontextspalte gesucht. Gewählt wird jeweils die letzte noch nicht besuchte Zeile. Der Vorgang ist in **Beispiel 4.12**(b) veranschaulicht. Das unterste freie ‚L‘ steht in der fünften Zeile. Horizontal daneben findet man ein ‚E‘. Das letzte freie ‚E‘ steht in der zweiten Zeile der sortierten Liste. Das nächste gefundene Symbol ist also ein ‚P‘. Diese Prozedur wird fortgesetzt, bis auch das ‚H‘ als letztes Symbol ermittelt ist.

Bei einer Kontextlänge von zwei ergibt sich wiederum eine andere Reihenfolge nach dem Sortieren (**Beispiel 4.13**a). Wie bereits bei den anderen beiden Varianten wird die erste Spalte der Matrix durch das Sortieren der empfangenen Symbole erzeugt. Aufgrund der zyklischen Rotation der originalen Symbolsequenz sind die Symbole der ersten Spalte gleichzeitig auch die direkten Nachfolger der letzten Spalte. Es ist also möglich, für jede Zeile ein Symbolpaar zu bilden. Diese Symbolpaare gibt es selbstverständlich auch in den ersten beiden Spalten der sortierten Matrix, nur eben in der sortierten Reihenfolge. Diese Paare sind in der **Beispiel 4.13**(b) dargestellt. Sie bilden jeweils den Kontext für die empfangenen Symbole. Insgesamt gibt es acht Kontexte: ‚EL‘, ‚HO‘, ‚LH‘, ‚LP‘, ‚OP‘, ‚PE‘, ‚PO‘ und ‚PP‘. Darunter sind zwei verschiedene Kontexte, die mit ‚L‘ anfangen und drei verschiedene, die mit ‚P‘ beginnen. Die empfangen Symbole müssen entsprechend auf die Kontexte aufgeteilt werden. Die ersten beiden ‚P‘ sind dem Kontext ‚PE‘ zugeordnet, das dritte ‚P‘ dem Kontext ‚PO‘ und die letzten beiden ‚P‘ gehören zum Kontext ‚PP‘.

Beispiel 4.13: Blocksortierung bei einer Kontextlänge gleich zwei; (a) sortierte Matrix; (b) inverse Sortierung

	sortiert/ Kontext	empfangen
ELPOPPELHOPP	EL	P
ELHOPPELPOPP	EL	P
HOPPELPOPPEL	HO	L
LHOPPELPOPPE	LH	E
LPOPPELHOPPE	**LP**	E
OPPELPOPPELH	OP	H
OPPELHOPPELP	OP	**P**
PELPOPPELHOP	PE	P
PELHOPPELPOP	PE	P
POPPELHOPPEL	**PO**	L
PPELPOPPELHO	PP	O
PPELHOPPELPO	PP	O
(a)		(b)

In der Abbildung ist die Zuordnung entsprechend markiert. Auch die beiden ‚L' werden den verschiedenen Kontexten chronologisch zugewiesen.

Der Decodieralgorithmus beginnt wiederum beim letzten Symbol der originalen Sequenz ‚L'. Nun wird auf der linken Seite das letzte Vorkommen des zugeordneten Kontexts gesucht. Da der Kontext ‚LH' nur einmal vorkommt ist die Korrespondenz eindeutig. Der gefundenen Position steht ein ‚E' gegenüber, das zweite decodierte Symbol. Für dieses ‚E' wird wieder die letzte freie Zeile des korrespondierenden Kontexts gesucht. Das ‚P' in der zweiten Zeile ist also das dritte decodierte Symbol. Der zugeordnete Kontext ist nun ‚PE' und es muss wiederum die jeweils letzte freie Position ausgewählt werden. Diese Prozedur wird fortgesetzt, bis ‚H' als letztes Symbol decodiert ist.

Das Prinzip kann auf beliebige Kontextlängen erweitert werden, denn die Doppelspalte links in Beispiel 4.13(b) enthält die Nachfolger der letzten Spalte mit den empfangenen Symbolen. Man könnte nun Dreiergruppen bilden, welche sortiert den ersten drei Spalten der sortierten Matrix entsprechen usw.

4.6 Bit-Markierung

Bei einigen Signalen tritt ein Zeichen sehr häufig auf, ohne dass eine starke Bündelung zu erkennen ist. Eine Lauflängencodierung würde zu keinem Erfolg führen. In solchen Fällen ist es möglich, eine Liste mit den Positionen des betreffenden Symbols zu erstellen und als Seiteninformation zu übertragen. Im eigentlichen Signal kann dieses Symbol einfach weggelassen werden. Gegeben sei zum Beispiel folgendes Signal

Symbole:	0070100604305002 0253
Bit-Liste:	0010100101110100 10111
zu sendende Symbole:	7 1 6 43 5 2 253 .

Von zwanzig Symbolen im Signal sind die Hälfte Nullen. Die zu erstellende Liste enthält für jedes Zeichen eine Information darüber, ob es sich um das Spezialzeichen (=Null) handelt oder nicht. Der Aufwand zur Repräsentation des codierten Signals beträgt somit 20 Bits für die Liste plus $10 \cdot 3 = 30$ Bits für die verbliebenen Symbole, wenn die Symbole mit je drei Bits dargestellt werden können. Insgesamt werden 50 Bits im codierten statt $20 \cdot 3 = 60$ Bits im originalen Signal benötigt. Die Bitliste wird jeweils für einen Signalabschnitt erstellt und gefolgt von den verbliebenen Symbolen übertragen. Die Länge des Abschnittes muss dem Decoder bekannt sein.

Welche Wahrscheinlichkeit p_s muss das Spezialsymbol mindestens aufweisen, damit eine Kompression eintritt? Der Aufwand für die Zeichen des originalen Signals beträgt $\lceil \log_2 K \rceil$ Bits pro Symbol, der Aufwand für die codierten Zeichen setzt sich aus einem Listen-Bit und den verbleibenden Symbolen zusammen, insgesamt also $1 + (1 - p_s) \cdot \lceil \log_2 K \rceil$ Bits pro Symbol. Die Bedingung lautet

$$
\begin{aligned}
1 + (1 - p_s) \cdot \lceil \log_2 K \rceil &< \lceil \log_2 K \rceil \\
1 + \lceil \log_2 K \rceil - p_s \cdot \lceil \log_2 K \rceil &< \lceil \log_2 K \rceil \\
1 - p_s \cdot \lceil \log_2 K \rceil &< 0 \\
1 &< p_s \cdot \lceil \log_2 K \rceil \\
1 / \lceil \log_2 K \rceil &< p_s \, .
\end{aligned}
\tag{4.16}
$$

Wird also zum Beispiel ein Signal mit 256 verschiedenen Zeichen verarbeitet, kann eine Kompression mit der Bit-Markierung erzielt werden, wenn ein Zeichen eine Wahrscheinlichkeit von mehr als $1 / \log_2 256 = 0.125$ besitzt. Binäre Signale können nicht komprimiert werden, da die Wahrscheinlichkeit eines Symbols größer Eins sein müsste, was unmöglich ist.

Zum Einsatz kommt das Verfahren der Bit-Markierung zum Beispiel in den Standards zur Bildsequenzkompression [ISO93a, ISO96b, ISO00c, ISO01b, ITU01, ITU03, ITU15c]. Allerdings werden dort nicht einzelne Symbole, sondern ganze Blöcke ausgeblendet, wenn sie keine signifikante Information enthalten.

4.7 Viererbäume

Ein Viererbaum (engl.: *quadtree*) ist eine Variante der Bit-Markierung (siehe vorangegangenen Abschnitt) für zweidimensionale Signale. Die Bitzuordnung erfolgt nun jedoch für jeweils 2 mal 2 Symbole. Eine neue Qualität wird außerdem durch eine hierarchische Anwendung dieser Markierungen erreicht, die zu Baumstrukturen führt. Mit einem Null-Bit wird signalisiert, dass die vier untergeordneten Symbole eine gemeinsame Eigenschaft aufweisen. Im Allgemeinen werden sie dann gemeinsam weiter verarbeitet. Müssen diese vier Symbole unterschiedlich behandelt werden, wird ein 1-Bit gesendet. Dieses Prinzip wird speziell in Videokompressionsstandards seit H.265/HEVC intensiv genutzt [Wie14].

Quadtrees können auch direkt zur Kompression von Bilddaten eingesetzt werden. **Beispiel 4.14** veranschaulicht das Vorgehen. Das Originalsignal ist dort ein Graustufenbild mit $8 \cdot 8 = 64$ Bildpunkten. Die gemeinsame Eigenschaft in diesem Beispiel ist: alle 2

Beispiel 4.14: Quadtree-Codierung mit Hilfe von Bit-Karten und die zugehörige Baumstruktur. Die Farbcodierung zeigt den Zusammenhang zwischen den Karten (oben) und dem Baum (unten),

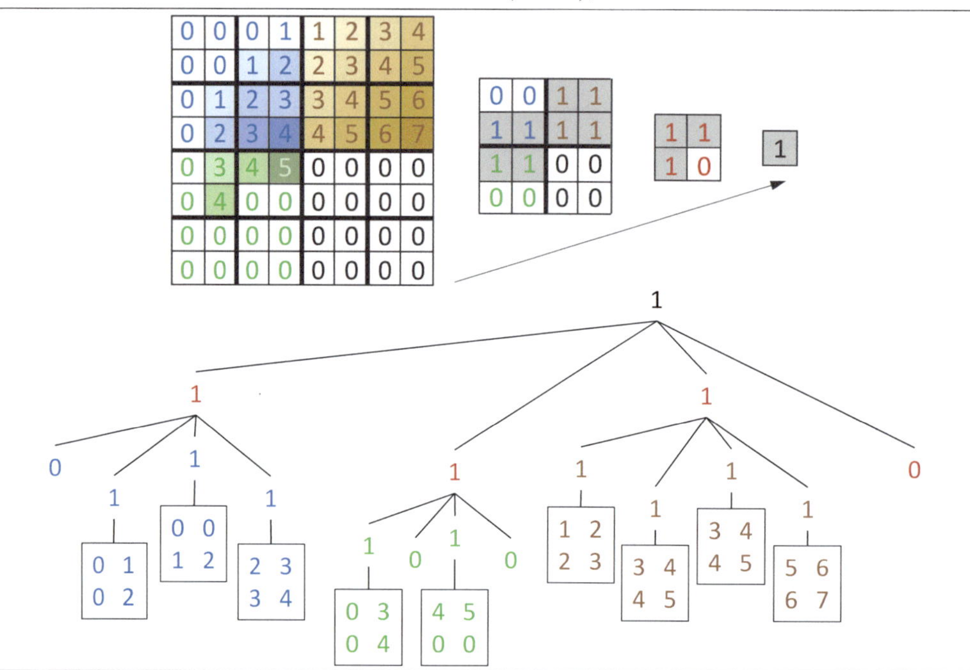

mal 2 Signalwerte sind gleich Null. Zur Markierung der gemeinsam zu betrachtenden Bildpunkte wurden die Grenzen der Kästchen mit dicken Linien umrandet. Statt einer Liste (wie bei der Bit-Markierung) wird eine Bit-Karte erstellt, die im Vergleich zum Originalsignal die halbe Auflösung hat (4 mal 4 Einträge). Die vier Bildpunkte ganz links oben sind zum Beispiel alle gleich Null und es wird an der korrespondierenden Position in die Karte eine Null eingetragen. Im Quadrat rechts daneben sind auch andere Werte, dies wird durch eine Eins in der Karte markiert. Nachdem alle Einträge in die Karte aufgenommen wurden, kann sie als Basis für eine erneute Bitzuweisung dienen. Es wird eine zweite Karte erzeugt, die wiederum nur die halbe Auflösung hat und Nullen aus der ersten Karte zusammenfasst. Die Projektion von einer Karte auf die nächste kann solange fortgesetzt werden, bis eine Karte nur noch einen einzigen Eintrag hat. Diese Hierarchie lässt sich gut mit einer Baumstruktur veranschaulichen. Ist ein Knoten mit „1" beschriftet, folgen weitere Zweige, eine „0" schließt die Baumstruktur an dieser Stelle ab. Alle Symbole, deren Blätter im Baum durch eine „0"-Markierung nicht erreicht werden, können bei der Übertragung der Symbole ausgelassen werden.

Welches Kompressionsverhältnis erreicht man nun für dieses Beispiel? Für das Originalbild werden $8 \cdot 8 \cdot 3 = 192$ Bits benötigt. Durch die Quadtree-Codierung verbleiben nur die Symbole der 2×2-Blöcke, in denen mindestens ein Symbol ungleich Null ist ($36 \cdot 3 = 108$ Bits) und der Aufwand für die Baumstruktur kommt mit $1+4+12 = 17$ Bits hinzu. Das Kompressionsverhältnis beträgt $192/125 \approx 1.54$.

Beispiel 4.15: Maximalwert-Codierung für ein Beispielsignal mit einem Wertebereich von $0 \ldots 2^B - 1$ ($B = 4$): (a) Festlegen der Segmente und Bestimmen der Maximalwerte innerhalb der Segmente; (b) Codierung des Signals

(a)

$x[n]$		0101 3469 7652 2310			
$x_{\max}$		1	9	7	3
erforderliche Bits pro Symbol B^*		1	4	3	2
eingesparte Bits pro Symbol $B - B^*$		3	0	1	2
$B - B^*$ unär codiert		0001	1	01	001

(b)

$x[n]$		0 1 0 1	3 4 6 9		7 6 5 2		2 3 1 0
codiert	0001	0 1 0 1	1	0011 0100 0110 1001	01	111 110 101 010	001	10 11 01 00

Es sei noch einmal darauf hingewiesen, dass man die gemeinsame Eigenschaft benachbarter Symbole beliebig festlegen kann. Man erhält somit ein flexibles Werkzeug für das Segmentieren des Originalsignals in ähnliche Abschnitte. In [Str20b], zum Beispiel, wird eine Quadtree-Struktur genutzt, um Bildpunkte zu markieren, welche einfach durch Kopieren des linken oder oberen Nachbarn rekonstruierbar sind.

4.8 Maximalwert-Codierung

Mit Hilfe der Maximalwert-Codierung ist eine Kompression von solchen Signalen möglich, die überwiegend geringe Amplituden in zusammenhängenden Regionen aufweisen, ohne dass eine Clusterung von Nullen oder anderen identischen Werten vorhanden ist.

Gegeben sei zum Beispiel ein Signal $x[n]$ (**Beispiel 4.15**). Der maximale Wert beträgt 9, es reichen zur binären Darstellung also $B = 4$ Bits pro Wert aus.

Da angenommen wird, dass im Signal überwiegend kleine Werte auftreten, kann man auch davon ausgehen, dass es Abschnitte im Signal gibt, welche mit weniger als B Bits auskommen. Im angegebenen Beispiel werden jeweils vier benachbarte Werte x_i als ein Segment betrachtet. Für diese Maximalwerte sind aber nicht in jedem Fall $B = 4$ Bits erforderlich. Beträgt der maximale Wert nur 1, dann ist nur ein einziges Bit zur Unterscheidung erforderlich und drei Bits können eingespart werden. Die Anzahl der eingesparten Bits überträgt man mit einem unären Code, wie in Beispiel 4.15(a) dargestellt. Anschließend wird dann jeder Wert eines Segmentes mit der erforderlichen Anzahl von Bits übertragen. Beispiel 4.15(b) zeigt den resultierenden Bitstrom.

Der Gesamtaufwand zur Beschreibung aller Signalwerte beträgt somit nur

$$S = 10 + 4 \cdot (1 + 4 + 3 + 2) = 50 \text{ Bits} ,$$

während eine direkte Codierung $S = 16 \cdot 4 = 64$ Bits benötigen würde.

Die Segmentierung muss den Signaleigenschaften angepasst werden. Je größer die Regionen mit annähernd konstanter Amplitude sind, desto größer dürfen die Segmente sein und desto höher sind auch die zu erwartenden Kompressionsverhältnisse, weil sich der

Beispiel 4.16: (a) Minimalwert-Baum bei Zusammenfassen von zwei benachbarten Werten; (b) Baum der Codewörter

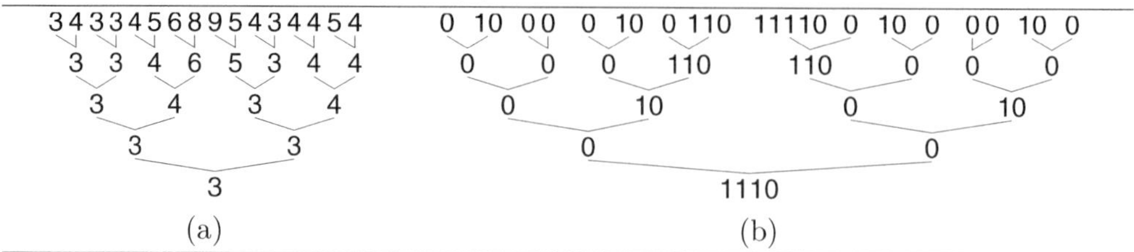

(a)   (b)

relative Aufwand für die Seiteninformation verringert. Die Maximalwert-Codierung ist selbstverständlich auch für zwei- oder mehrdimensionale Signalsegmente einsetzbar.

4.9 Minimalwert-Bäume

Das Verfahren der Minimalwert-Bäume (engl. auch: *tag trees*) komprimiert Signale, in denen die benachbarten Werte beliebig große, aber ähnliche Werte aufweisen. Das charakteristische Merkmal dieser Codierungsmethode besteht in der Fortpflanzung des Minimalwertes eines Signalausschnitts von den Blättern des Baumes bis zur Wurzel. Im einfachsten Fall werden jeweils zwei benachbarte Werte zusammengefasst und der jeweils kleinere von beiden an den neuen Knoten geschrieben.

Beispiel 4.16(a) zeigt ein Beispielsignal mit 16 Werten und den entsprechenden Minimalwert-Baum. Die oberste Zahlenreihe enthält die Signalwerte, welche gleichzeitig die Blätter des Baumes sind. Jeweils der kleinere von zwei benachbarten Werten wird dem übergeordneten Knoten zugewiesen. Von der Wurzel beginnend erfolgt nun die Codierung derart, dass eine Differenz zwischen dem aktuellen Minimalwert und dem Basiswert unär durch 1-Bits mit einer anschließenden Terminierung mit einem 0-Bit beschrieben wird. Angenommen der Basiswert sei $b = 0$. Die Differenz zwischen dem Minimalwert $m = 3$ an der Wurzel des Baumes und dem Basiswert ist demnach gleich $d = 3$. Codiert werden $d = 3$ 1-Bits und ein 0-Bit (Beispiel 4.16b). Nun wird der Minimalwert an der Wurzel zum Basiswert $b := m$ und die Differenzen zu den beiden Nachfolgern werden betrachtet. Sie sind beiden Fällen gleich Null, und zwei 0-Bits schließen die Differenzcodierung ab. Im linken Zweig pflanzt sich der Basiswert nach links fort, während nach rechts ein Minimalwert gleich 4 auftaucht. Die neue Differenz beträgt 1, sodass ein 1-Bit gefolgt von einem 0-Bit erforderlich ist. Diese Prozedur setzt sich fort, bis alle Blätter des Baumes (Signalwerte) erreicht sind. Es ist zu erkennen, dass die längsten Codewörter dann entstehen, wenn sich die Minimalwerte zweier benachbarter Regionen (bzw. die Signalwerte selbst) stark unterscheiden. In diesem Beispiel reduziert sich der Speicherbedarf von $S = 16 \cdot 4 = 64$ Bits auf 50 Bits.

Falls nicht nur zwei direkte Nachbarn ähnliche Amplituden haben, ist es auch möglich, auf den Ebenen der Minimalwert-Fortpflanzung mehrere Signalwerte zu einer Region zusammenzufassen (**Beispiel 4.17**). Diese Variante benötigt in diesem Beispiel sogar nur 44 Bits. Das Codieren mittels Minimalwert-Bäumen ist nicht auf eindimensionale Signale beschränkt, sondern kann auf weitere Dimensionen erweitert werden. Vorausset-

Beispiel 4.17: Minimalwert-Baum und Baum der Codewörter bei Zusammenfassen von jeweils vier Werten

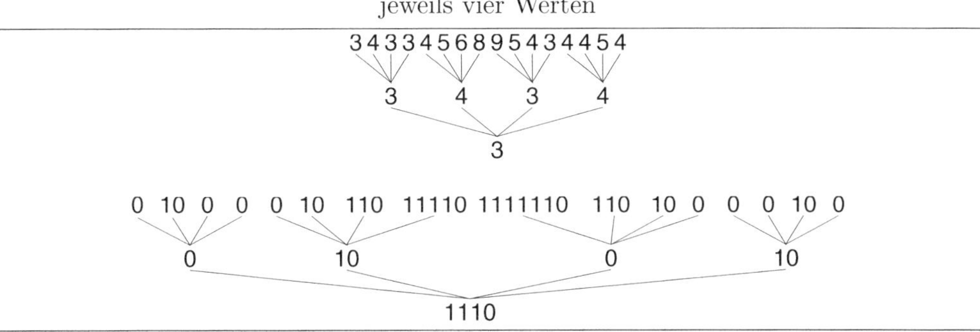

zung für eine erfolgreiche Kompression ist immer die Ähnlichkeit der zu einer Region zusammengefassten Signalwerte.

Bei genauerer Betrachtung entspricht die Minimalwert-Codierung einer Kombination aus hierarchischer Prädiktion (Abschnitt 6.5) und Rice-Codierung (Abschnitt 3.5.2) mit dem Codierungsparameter $k = 0$. Zum Verbessern der Kompressionseffizienz wäre zum Beispiel eine Adaptation von k abhängig von der Hierarchiestufe denkbar.

Minimalwert-Bäume werden im Bildkompressionsstandard JPEG-2000 zur Codierung von insignifikanten Bitebenen und anderen Zusatzinformationen genutzt (siehe Abschnitt 8.4).

4.10   Testfragen

Gegeben sei eine Symbolsequenz von 40 Symbolen
„bbdbbbbbcccccaabbbbaaccccccbbdddabbbbbbaab(b)".
Das Symbolalphabet umfasst $K = 4$ verschiedene Symbole $\mathbf{X} = \{a; b; c; d\}$.

4.1 Wie viele Bits müssen bei Verwenden eines FLC-Codes gesendet werden?

4.2 Bestimmen Sie die Auftretenswahrscheinlichkeiten aller Symbole. Wie viele Bits müssen übertragen werden, wenn eine Huffman-Codierung eingesetzt wird? Wie groß ist die **verbleibende** Codierungsredundanz?

4.3 Bestimmen Sie alle Übergangswahrscheinlichkeiten und zeichnen Sie das korrespondierende Markow-Modell erster Ordnung. Beschriften Sie das Modell mit den Variablen der Wahrscheinlichkeiten. Berechnen Sie die bedingte Entropie und die Verbundentropie für Doppelsymbole. Wie hoch ist der Speicheraufwand nach Huffman-Codierung von Doppelsymbolen?

4.4 Betrachten Sie jeweils das letzte verarbeitete Symbol als Kontext. Der initiale Kontext sei 'b'. Die Verteilung der Symbole ist unterschiedlich für jeden einzelnen Kontext. Wie hoch ist der Speicheraufwand, wenn für jeden Kontext eine separate Huffman-Codierung durchgeführt wird?

4.5 Führen Sie eine Lauflängencodierung durch. Das Token sei eine Kombination aus Symbol und der Lauflänge $(s_i, r - 1)$.

4.6 Das Resultat der Lauflängencodierung kann in einen String von Symbolen und in einen String von Lauflängen separiert werden. Wie viele Bits müssen insgesamt übertragen werden, wenn jeder der beiden Strings mit einem FLC codiert wird?

4.7 Wie verändert sich das Ergebnis wenn an Stelle des FLCs ein Huffman-Code eingesetzt wird?

4.8 Es ist möglich die Symbole, die von der Lauflängencodierung ausgegebenen wurden, als Symbole eines neuen Alphabets zu betrachten ($\{a; b; c; d; 0; 1; 2; 3; 4; 5\}, K = 10$). Wie groß wäre der Speicheraufwand nach einer Huffman-Codierung? Warum ist das Ergebnis so schlecht?

4.9 Die Token $(s_i, r - 1)$ der Lauflängencodierung können als Symbole eines neuen Alphabets betrachtet werden ($\{a0; a1; \ldots a5; b0; \ldots d5\}, K = 24$). Wie groß wäre der Speicheraufwand nach einer Huffman-Codierung dieser Symbole?

4.10 Ersetzen Sie die Buchstaben der gegebenen Symbolfolge in alphabetischer Reihenfolge durch Zahlen von 0 bis 3. Erzeugen Sie einen Minimalwertbaum, indem Sie auf jeder Ebene maximal 4 Elemente zusammenfassen!

4.11 Ersetzen Sie die Buchstaben der gegebenen Symbolfolge in alphabetischer Reihenfolge durch Zahlen von 0 bis 3. Führen Sie eine Maximalwert-Codierung durch, indem Sie maximal 4 Elemente zusammenfassen!

4.12 Verarbeiten Sie die originale Symbolfolge mit einer Move-to-Front-Codierung (MTF). Wie lautet der resultierende String? Berechnen Sie die Entropie des Ergebnisses und bestimmen Sie den Speicheraufwand (bits/symbol) nach einer Huffman-Codierung.

4.13 Verwenden Sie den Output der MTF-Codierung der vorangegangenen Aufgabe als Input für eine Rice-Codierung. Verwenden Sie $k = 0$ als Codierungsparameter.

4.14 Ein zu codierendes Signal setzt sich aus einer Abfolge von zwei verschiedenen Symbolen A und B zusammen. Gesetzt den Fall, das aktuelle Symbol ist A, dann folgt in zwei Dritteln aller Fälle wieder ein A. Auf B folgt in einem Viertel der Fälle ein A.

a) Zeichnen und beschriften Sie das Markow-Modell (Zustandsgraph)!

b) Wie groß ist die Quellenentropie $H(X)$?

c) Welche minimale Bitrate ist unter Berücksichtigung aller Kenntnisse theoretisch zu erreichen?

4.15   gegeben:

- Markow-Modell mit
  Übergangswahrscheinlichkeiten

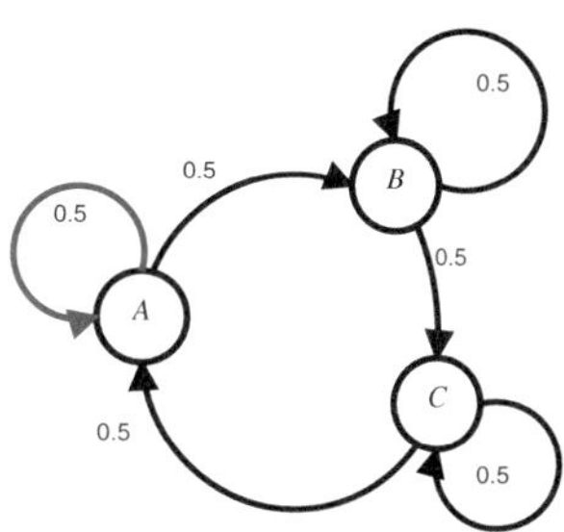

gesucht:

a) Entropie $H(X)$ der Informationsquelle

b) Hat die Quelle ein Gedächtnis? Warum?

c) Bedingte Entropie $H(X|X)$

d) Verbundentropie $H(XX)$ in bit/Symbol

4.16 Eine ergodische Informationsquelle habe ein Alphabet mit drei Symbolen. Die Matrix der Übergangswahrscheinlichkeiten lautet:

$$(p(s_j|s_i)) = \mathbf{P}_\mathrm{T} = \begin{pmatrix} 0.5 & 0.1 & 0.2 \\ 0.2 & 0.6 & 0.1 \\ 0.3 & 0.3 & 0.7 \end{pmatrix}$$

gesucht:

a) Einzelwahrscheinlichkeiten $p(s_i)$

b) bedingte Entropie $H(X|X)$

4.17 gegeben:
drei Arten von Wetter: S...Sonne, W...Wolken, N...Niederschlag und die Übergangswahrscheinlichkeiten von einem Wetter zum anderen

$$(p(s_j|s_i)) = \begin{pmatrix} p(S|S) & p(S|W) & p(S|N) \\ p(W|S) & p(W|W) & p(W|N) \\ p(N|S) & p(N|W) & p(N|N) \end{pmatrix} = \begin{pmatrix} 0.0 & 0.4 & 0.0 \\ 0.3 & 0.2 & 0.2 \\ 0.7 & 0.4 & 0.8 \end{pmatrix}$$

gesucht:

a) Einzelwahrscheinlichkeiten $p(S), p(W), p(N)$

b) Wahrscheinlichkeiten von Doppelsymbolen $p(s_j s_i)$

c) Entropien $H(X)$, $H(X|X)$, $H(X, X)$

4.18 Zeichnen Sie ein Zustandsdiagramm (Markow-Modell) zweiter Ordnung einer binären Quelle und beschriften Sie die Übergänge!

4.19 Gegeben sei ein Wörterbuch mit den Symbolen A, B und C.
gesucht:

a) Codieren Sie die Botschaft „ABBACABBABABBA" mit dem LZW-Algorithmus.

aktuelle Phrase	nächstes Symbol $s[n+1]$	Output	neue Phrase	Index
-	-	-	A	0
-	-	-	B	1
-	-	-	C	2

b) Decodieren Sie das Ergebnis von a)

aktuelle Phrase	Input	korresp. Phrase	neue Phrase	Index
-	-	-	A	0
-	-	-	B	1
-	-	-	C	2

4.20 Die Sequenz „cetabeta" ist gegeben.

a) Encodieren Sie diese Sequenz mit der Burrows-Wheeler-Transform und anschließender Move-to-front-Codierung! (Nehmen Sie eine anfängliche Sortierung der Buchstaben in alphabetischer Reihenfolge an.)

b) Decodieren Sie das Ergebnis!

4.21 a) Encodieren Sie die Sequenz „ABBAAAABBCAAAAAABCAA" mit dem LZ78-Algorithmus.

b) Decodieren Sie die Sequenz „0B1C1B2B4B" mit einem LZ78-Decoder! Wie lautet die ursprüngliche Sequenz?

4.22 Welcher grundlegende Unterschied existiert zwischen dem LZ77- und dem LZ78-Codierungsverfahren? Nennen Sie zwei Kompressionsprogramme, welche Phrasencodierung einsetzen.

4.23 Encodieren Sie die Sequenz „laufensaufenraufen" mit dem LZ77-Verfahren und möglichst wenigen Token. Erläutern Sie die von Ihnen verwendeten Token.

4.24 a) Decodieren Sie die LZ77-Token-Sequenz „(0,0,a)(0,0,b)(0,0,c)(0,0,d)(1,1,d)(3,3,d) (9,3,d) (10,6,c)(20,3,d)(11,6,c)". Die Elemente der Token haben folgende Bedeutung: (relative Position gezählt ab aktueller Pos., Länge des gefundenen Strings, Nachfolgesymbol).

b) Wie viele Symbole gibt der Decoder aus?

c) Gibt es eine Möglichkeit die Symbolsequenz besser mit LZ77 zu codieren?

4.25 Gegeben ist ein zweidimensionales Feld mit Daten.

0	0	0	0	1	1	2	2
0	0	0	0	1	1	2	3
0	0	0	0	2	2	3	4
0	0	0	0	2	4	4	5
0	0	0	0	3	5	5	6
0	0	0	4	5	6	7	7
2	2	2	5	7	7	7	7
2	2	6	6	7	7	7	7

a) Erstellen Sie einen Viererbaum (quadtree), welcher das 0-Symbol als Markierung für Knoten mit identischen Nachfolger verwendet.

b) Wie groß ist der prozentuale Anteil der Seiteninformation am gesamten Speicheraufwand, wenn die codierten Daten mit einem FLC gespeichert werden? Erzeugen Sie einen entsprechenden Bitstrom und erklären Sie, wie der Decoder daraus wieder das originale Signal rekonstruiert.

c) Wie ist das Kompressionsverhältnis im Vergleich zu direkter FLC-Codierung (ohne Quadtree)?

d) Wie verändert sich das Kompressionsverhältnis, wenn die originalen Signalwerte durch eine Bitshift-Operation nach rechts verändert werden?

Kapitel 5

Datenreduktion

Im Einführungskapitel wurde zwischen verlustloser und verlustbehafteter Kompression unterschieden. Kompressionsverfahren, die zur Steigerung der Kompressionseffizienz irrelevante Bestandteile der Signalinformation entfernen, verringern die Datenmenge mit Methoden der Datenreduktion. Dieses Kapitel beschäftigt sich mit den zwei grundlegenden Reduktionsverfahren. Zunächst wird die Abtastratenumsetzung beschrieben. Anschließend werden skalare Quantisierung und Vektorquantisierung behandelt.

5.1 Allgemeines

Der Begriff *Datenreduktion* hat seinen Ursprung nicht im Zusammenhang mit der Datenkompression, sondern bezog sich ursprünglich auf Verfahren, welche eine Menge von Werten auf das Wesentliche reduzieren. Insbesondere zu statistischen Zwecken werden viele Daten erhoben, welche dann über eine unabhängige Variable aufgetragen eine Folge von Messpunkten ergeben. Diese Messpunkte sind im Allgemeinen durch eine gewisse Unsicherheit (Rauschen) gekennzeichnet. Statt alle Messwerte zu speichern, sucht man nach einer Möglichkeit, die Folge von Werten durch eine Modellfunktion zu beschreiben. **Abbildung 5.1** zeigt hierfür ein Beispiel. Es wird vermutet, dass sich die Messreihe durch die Funktion $y = f(x) = a_1 + a_2 \cdot x + a_3 \cdot x^2$ modellieren lässt. Mit der Methode

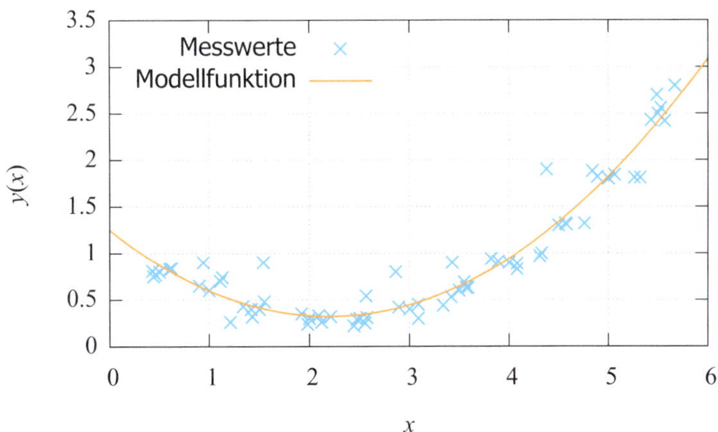

Abbildung 5.1: Beispiel zur allgemeinen Datenreduktion

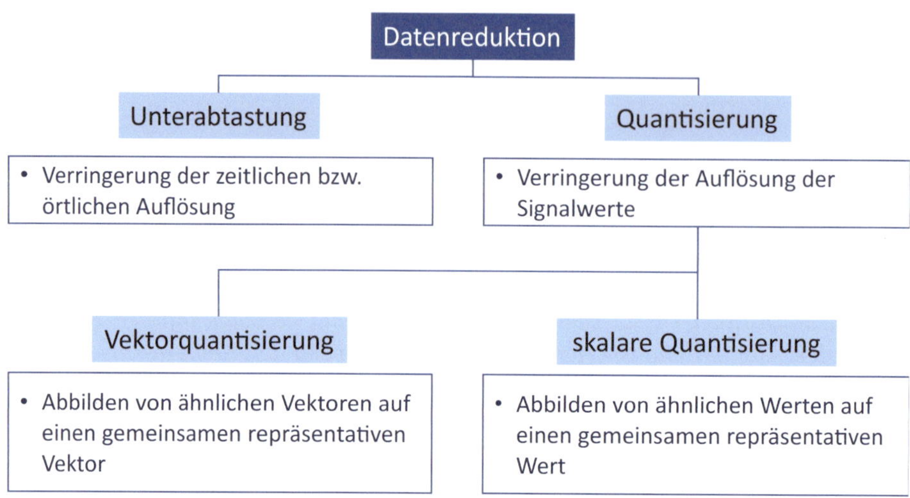

Abbildung 5.2: Unterteilung der Verfahren zur Datenreduktion

der kleinsten Fehlerquadrate ([Str16b]) erhält man die Modellparameter $a_1 = 1.248$, $a_2 = -0.842$ und $a_3 = 0.192$. Die relativ große Anzahl von Messwerten wurde auf eine Modellfunktion und ihre drei Parameter reduziert.

Auch in der Datenkompression soll das Signal durch ein Verfahren der Datenreduktion auf das Wesentliche beschränkt werden. Muss jeder Signalwert gespeichert werden? Mit welcher Genauigkeit müssen die Signalwerte gespeichert werden? Dies führt zu den beiden Verfahren der Unterabtastung und Quantisierung (**Abb. 5.2**). Mit Bezug auf das Quantisieren erfolgt das Modellieren des Signals im Allgemeinen in einem vorgelagerten Schritt durch ein Verfahren der Dekorrelation (siehe Kapitel 6) und quantisiert werden dann die Parameter des Modells.

5.2 Modifikation der Abtastrate

5.2.1 Unterabtastung

Die einfachste Form der Datenreduktion erfolgt durch Herabsetzen der Datenrate (engl.: *sub-sampling* oder *down-sampling*). Ausgehend von einem vorliegenden Signal $x[n]$ wird nur jeder M-te Signalwert in ein neues Signal

$$y[m] = x[m \cdot M] \qquad m, M \in \mathbb{Z} \tag{5.1}$$

kopiert. Die Information der dazwischen liegenden Werte geht verloren. In **Abbildung 5.3** ist der Vorgang symbolisch und für ein Signalbeispiel mit $M = 3$ dargestellt.

Durch die Veränderung der Abtastrate wird das Spektrum des Signals beeinflusst. **Abbildung 5.4** zeigt die Betragsspektren $|X(f)| \bullet\!\!-\!\!\circ x[n]$ vor und $|Y(f)| \bullet\!\!-\!\!\circ y[m]$ nach der Unterabtastung mit $M = 3$. Da wir zeitdiskrete Signale betrachten, ist das Betragsspektrum $|X(f)|$ periodisch mit der Abtastfrequenz $f_s^{(x)}$. Durch die Unterabtastung

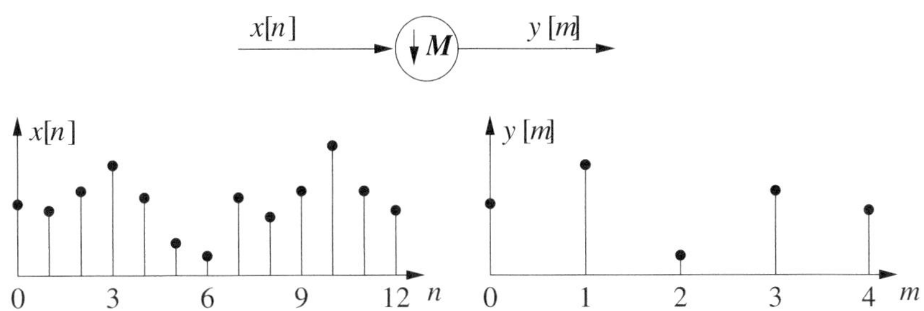

Abbildung 5.3: Signalbeispiel zur Unterabtastung mit $M = 3$

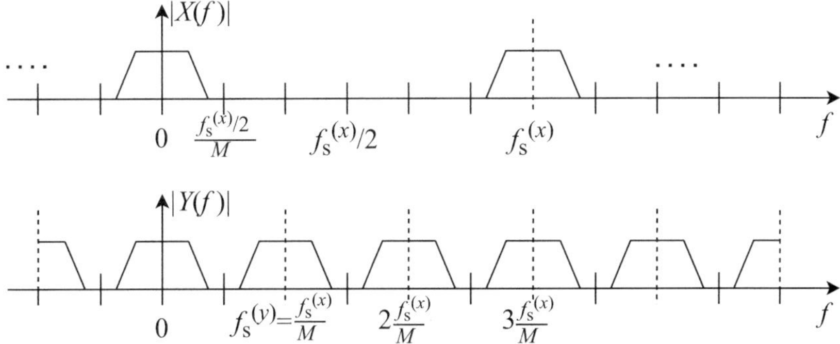

Abbildung 5.4: Beispiel für Betragsspektren vor und nach einer Unterabtastung mit
$M = 3$

verringert sich die Abtastfrequenz um den Faktor $1/M$ auf

$$f_s^{(y)} = \frac{f_s^{(x)}}{M} \; .$$

Das periodische Spektrum schiebt sich quasi zusammen. Um eine Überlappung (Aliasing) der spektralen Anteile zu verhindern, muss vor der Unterabtastung eine geeignete Filterung die Bandbreite des Signals auf eine obere Grenzfrequenz von $f_g = \frac{f_s/2}{M}$ begrenzen. Die Kombination von Antialiasing-Filterung und Unterabtastung nennt man *Dezimation*.

5.2.2 Überabtastung

Das Erhöhen der Abtastrate (engl.: *up-sampling*) um einen Faktor $L \geq 2$ wird durch das Einfügen von $L - 1$ Nullen zwischen den bisherigen Abtastwerten realisiert

$$x'[n] = \begin{cases} y[n/L] & \text{für } n = m \cdot L, \quad n, m \in \mathbb{Z} \\ 0 & \text{sonst} \end{cases} \; . \tag{5.2}$$

Abbildung 5.5 zeigt das Symbol für die Überabtastung und ein Signalbeispiel mit $L = 3$. Für eine sinnvolle Weiterverarbeitung des Signals $x'[n]$ wäre es wünschenswert,

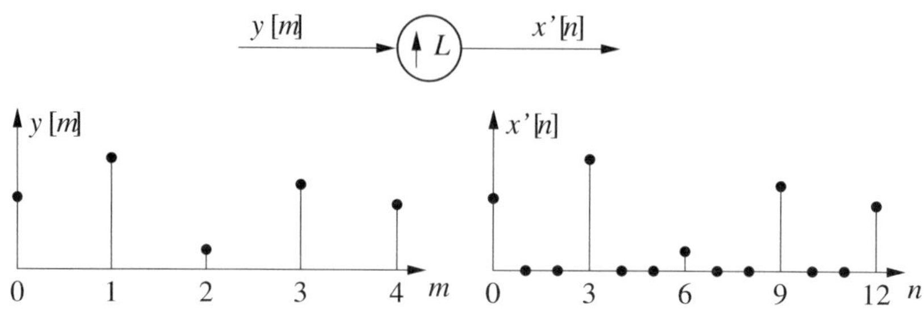

Abbildung 5.5: Signalbeispiel zur Überabtastung mit $L = 3$

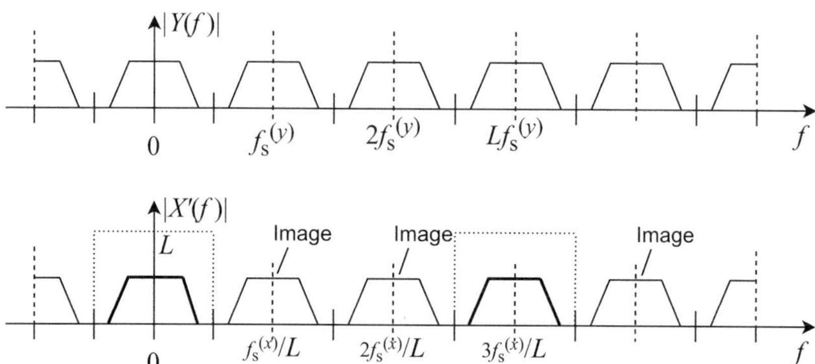

Abbildung 5.6: Beispiel für Betragsspektren vor und nach einer Überabtastung mit $L = 3$

die Lücken im Signal mit geeigneten Werten aufzufüllen. Betrachten wir dazu noch einmal das Signal im Frequenzbereich (**Abb. 5.6**). Durch Erhöhen der Abtastrate verändert sich das Spektrum in keiner Weise, lediglich die Abtastfrequenz verschiebt sich um den Faktor L. Im Vergleich zum originalen Spektrum (fett gedruckte Linien) sind zusätzliche Abbilder (engl.: *images*) hinzugekommen. Dieser Effekt wird als *Imaging* bezeichnet. Die Rekonstruktion des Originalsignals ist durch ideale Tiefpassfilterung (siehe Abb. 5.6, gestrichelte Boxen) im Frequenzbereich oder durch Faltung mit einer geeigneten Impulsantwort (Antiimaging-Filter) im Zeitbereich möglich. Die Kombination von Überabtastung und Antiimaging-Filterung nennt man *Interpolation*. Dieser Begriff drückt bereits aus, dass die fehlenden Abtastwerte durch interpolative Verfahren rekonstruiert werden können. Damit die Stützwerte der Zeitfunktion $y[m]$ bei der Interpolation unverändert bleiben, muss das Antiimaging-Filter einen Verstärkungsfaktor von L aufweisen.

In dem betrachteten Beispiel in den Abbildungen 5.4 und 5.6 scheint das originale Spektrum nach idealer Tiefpassfilterung zurückgewonnen und kein Verlust an Information aufgetreten zu sein. Zur besseren Veranschaulichung wurde allerdings ein Signal mit hinreichend kleiner Bandbreite gewählt, sodass sich die periodischen Komponenten des Spektrums $X(f)$ nach der Unterabtastung nicht überlappten. Die Bandbegrenzung durch die Antialiasing-Filterung bewirkt den eigentlichen Verlust an Signalinformation. Hochfrequente Signalanteile werden unterdrückt. Weitere Signalverzerrungen treten auf durch das nicht vollständig auszuschließende Aliasing und wenn kein idealer Tiefpass verwendet wird für die Antiimaging-Filterung.

5.3 Quantisierung

5.3.1 Skalare Quantisierung

Die skalare Quantisierung (engl.: *scalar quantisation*) weist einzelnen Signalwerten x einen quantisierten Wert $[x]_Q$ zu.

Für die Datenkompression ist es wichtig, den Quantisierungsvorgang in zwei Schritte zu zerlegen. Sendeseitig wird der Wertebereich des Signals in Teilintervalle unterteilt und jeder Signalwert auf die entsprechende Intervallnummer $q \in \mathbb{Z}$ abgebildet

$$\text{Quantisierung:} \quad x \mapsto q \,.$$

Aus einem zumeist reellwertigen Signalwert x wird ein ganzzahliger Wert q, wodurch sich die weitere Verarbeitung der Signalinformation vereinfacht. Diese Intervallnummer q wird in den nachfolgenden Kapiteln auch als Quantisierungssymbol bezeichnet. Da allen Signalwerten, die sich im selben Intervall befinden, die gleiche Nummer zugeordnet wird, verlieren sie ihre Individualität. Es tritt ein Informationsverlust auf.

Auf der Seite des Decoders wird jeder empfangenen Intervallnummer ein repräsentativer Rekonstruktionswert y_q zugewiesen

$$\text{Rekonstruktion:} \quad q \mapsto y_q \,, \quad \text{mit } [x]_Q = y_q \,,$$

wobei y_q ebenfalls ein Wert aus dem Intervall q ist. Der Quantisierungsfehler beträgt

$$e_\text{q} = x - [x]_Q \,.$$

In Abhängigkeit von der Breite und Lage der Quantisierungsintervalle werden verschiedene Quantisierer-Typen definiert.

5.3.1.1 Gleichmäßige Quantisierung

Das entscheidende Merkmal für die gleichmäßige Quantisierung (engl.: *uniform quantization*) sind Intervalle mit gleicher Breite Δ. Man unterscheidet hierbei zwei Untertypen. Gehört $y_q = 0$ zur Menge der Rekonstruktionswerte, handelt es sich um einen *midtread*-(Stufe in der Mitte)-Quantisierer (**Abb. 5.7** a). Die Intervallnummern und Rekonstruktionswerte berechnen sich nach folgender Vorschrift

$$q = \left\lfloor \frac{|x|}{\Delta} + \frac{1}{2} \right\rfloor \cdot \text{sgn}(x) \qquad [x]_Q = y_q = q \cdot \Delta \,. \tag{5.3}$$

Diese Berechnungsvariante garantiert eine symmetrische Behandlung von Intervallgrenzen im positiven und negativen Wertebereich von x.

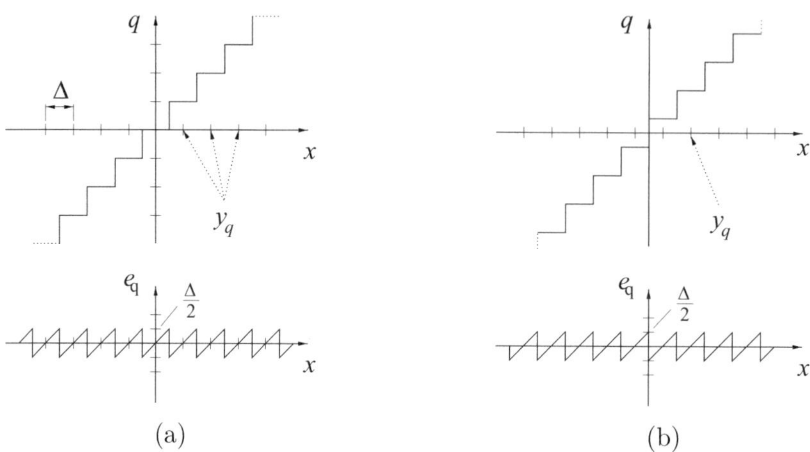

Abbildung 5.7: Kennlinien der gleichmäßigen Quantisierung und deren Quantisierungsfehler; (a) *Midtread*-Quantisierer; (b) *Midrise*-Quantisierer

Gehört $y_q = 0$ nicht zur Menge der Rekonstruktionswerte, spricht man von einem *midrise*-(Anstieg in der Mitte)-Quantisierer (**Abb. 5.7** b)

$$q = \left\lfloor \frac{x}{\Delta} + 1 \right\rfloor \qquad [x]_Q = y_q = \Delta \cdot \left(q - \frac{1}{2} \right) . \tag{5.4}$$

Der Midrise-Quantisierer hat allerdings kaum praktische Relevanz, da ein energieloses Eingangssignal $x[n] \equiv 0$ zu einer Signalausgabe von $|[x[n]]_Q| = 1$ führen würde. Die Quantisierungsfehler haben in beiden Fällen einen begrenzten Wertebereich von

$$-\frac{\Delta}{2} \leq e_q \leq \frac{\Delta}{2} . \tag{5.5}$$

Die Quantisierungsfehlerleistung P_q entspricht der Fehlervarianz, wenn $\overline{e_q} = 0$ gilt

$$P_q = \sigma_q^2 = \int\limits_{-\infty}^{\infty} e_q^2 \cdot p(e_q)\, de_q . \tag{5.6}$$

Die Variable $p(e_q)$ gibt die Wahrscheinlichkeit eines spezifischen Fehlers e_q an. Ist die Intervallbreite Δ hinreichend schmal, kann man davon ausgehen, dass die Quantisierungsfehler im angegebenen Wertebereich gleichverteilt sind

$$p(e_q) = \begin{cases} \frac{1}{\Delta} & |e_q| \leq \frac{\Delta}{2} \\ 0 & \text{sonst} \end{cases} . \tag{5.7}$$

Wenn die Leistung in allen Intervallen gleich groß ist, erhält man

$$\sigma_q^2 = \int\limits_{-\Delta/2}^{\Delta/2} e_q^2 \cdot \frac{1}{\Delta}\, de_q = \frac{1}{\Delta} \left[\frac{e_q^3}{3} \right]_{-\Delta/2}^{\Delta/2} = \frac{1}{12} \cdot \Delta^2 . \tag{5.8}$$

Abbildung 5.8: Wahl des Rekonstruktionswertes y_q in Abhängigkeit der relativen Häufigkeitsverteilung $h(x)$ der Signalwerte x: (a) bei Gleichverteilung innerhalb des Intervalls; (b) bei Ungleichverteilung

Hierbei ist weiterhin anzumerken, dass als Rekonstruktionswert der mittlere Wert aus dem jeweiligen Intervall gewählt wurde (Gleichungen (5.3) und (5.4)). Dies ist nicht selbstverständlich. Lediglich wenn man von einer Gleichverteilung der Signalwerte innerhalb eines Intervalls ausgehen kann, ist die Wahl des mittleren Wertes optimal bezüglich des Quantisierungsfehlers (**Abb. 5.8** a). Ansonsten muss man zum Minimieren der Quantisierungsfehlerleistung die Verteilung der Signalwerte $h(x)$ berücksichtigen (**Abb. 5.8** b). Die Rekonstruktionswerte sind dann in Abhängigkeit der Grenzen x_q und x_{q+1} des Intervalls $[x_q, x_{q+1})$ und der Verteilung der Signalamplituden $p(x) \approx h(x)$ zu bestimmen mit

$$y_q = \frac{\displaystyle\int_{x_q}^{x_{q+1}} x \cdot p(x)\, dx}{\displaystyle\int_{x_q}^{x_{q+1}} p(x)\, dx}\,. \tag{5.9}$$

Der so für jedes Intervall berechnete Rekonstruktionswert zerteilt die Fläche unter der relativen Häufigkeitsverteilung $h(x)$ in zwei gleich große Stücke.

Typischer Weise ist dem Empfänger der Quantisierungssymbole q die Verteilung $h(x)$ der Signalwerte x nicht bekannt. Der Sender könnte die Verteilung modellieren und die Modellparameter zusätzlich übertragen. Um diesen Aufwand an Seiteninformation zu vermeiden, ist es aber auch möglich, die Verteilung $h(x)$ aus der diskreten Verteilung der Quantisierungssymbole $h[q]$ zu schätzen [Mar00]. Dies erfordert allerdings zusätzlichen Rechenaufwand beim Empfänger.

Als Ergänzung seien noch zwei Spezialformen der gleichmäßigen Quantisierung genannt (**Abb. 5.9**). Für einige Anwendungen ist es sinnvoll, das mittlere Intervall aufzuweiten, zum Beispiel wenn kleine Signalamplituden irrelevant sind. Diese Variante heißt Quantisierer mit Totzone (engl.: *deadzone*). Die Breite der Totzone ist im Vergleich zu den anderen Intervallen häufig doppelt so groß. Die Berechnungsvorschriften lauten dann

$$q = \left\lfloor \frac{|x|}{\Delta} \right\rfloor \cdot \mathrm{sgn}(x) \tag{5.10}$$

$$[x]_{\mathrm{Q}} = y_q = \begin{cases} 0 & \text{wenn} \quad q = 0 \\ (|q| + 0.5) \cdot \Delta \cdot \mathrm{sgn}(q) & \text{sonst} \end{cases}. \tag{5.11}$$

Des Weiteren erwarten nachfolgende Verarbeitungsstufen im Allgemeinen eine endliche Anzahl von zu unterscheidenden Quantisierungsintervallen. Wenn das Signal keinen hin-

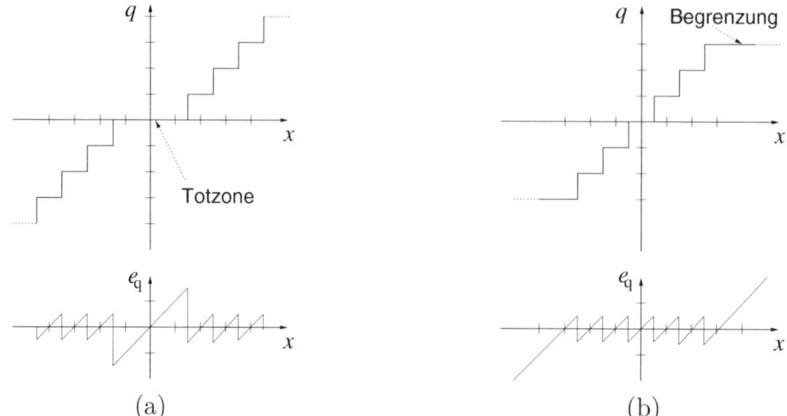

Abbildung 5.9: Gleichmäßige Quantisierung: (a) mit Totzone; (b) mit Amplitudenbegrenzung

reichend kleinen Dynamikbereich aufweist, muss der Quantisierer die Signalamplituden begrenzen.

An dieser Stelle sei darauf hingewiesen, dass Quantisierer grundsätzlich nichtlineare Systeme sind. Sei x eine Eingangsgröße, welche zu einer Ausgangsgröße X führt, d. h., $x \Rightarrow X$. Ebenso gelte $y \Rightarrow Y$. Für lineare Systeme müssen dann folgende Eigenschaften erfüllt sein:

a) $a \cdot x \Rightarrow a \cdot X$, d. h., Eingangs- und Ausgangsgröße sind proportional zu einander.

b) $a \cdot x + b \cdot y \Rightarrow a \cdot X + b \cdot Y$, d. h., das System behandelt zwei simultane Eingangsgrößen unabhängig voneinander und diese gehen keine Wechselwirkung innerhalb des Systems ein.

Bei der Quantisierung ist keine der beiden Bedingungen erfüllt.

5.3.1.2 Sukzessive Approximation

Die sukzessive Approximation ist eine Form der gleichmäßigen Quantisierung mit Totzone, die ein progressives Übertragen der Signalinformation ermöglicht [Sha93]. Sie wird deshalb in modernen Kompressionsalgorithmen häufig eingesetzt. Der Grundgedanke der progressiven Übertragung besteht darin, dass man zuerst eine grobe Signalinformation sendet, die dann schrittweise verfeinert wird. Jedes zusätzlich gesendete Bit verbessert die Qualität des rekonstruierten Bildes auf der Empfängerseite. Nach der vollständigen Übermittlung aller Daten entsprechen die rekonstruierten Signalwerte einer normalen gleichmäßigen Quantisierung. Die Quantisierung ist dabei kein eigenständiger Funktionsblock mehr, sondern im Allgemeinen mit der nachfolgenden Verarbeitung verschachtelt. **Abbildung 5.10** soll die Vorgehensweise verdeutlichen. Voraussetzung für die schrittweise Approximation ist die Kenntnis über die maximale Amplitude $x_{\max} = \max_n(\overline{x[n]})$. Zur Vereinfachung wird im Folgenden nur der nicht-negative Wertebereich betrachtet. Die Quantisierung erfolgt analog für negative Werte.

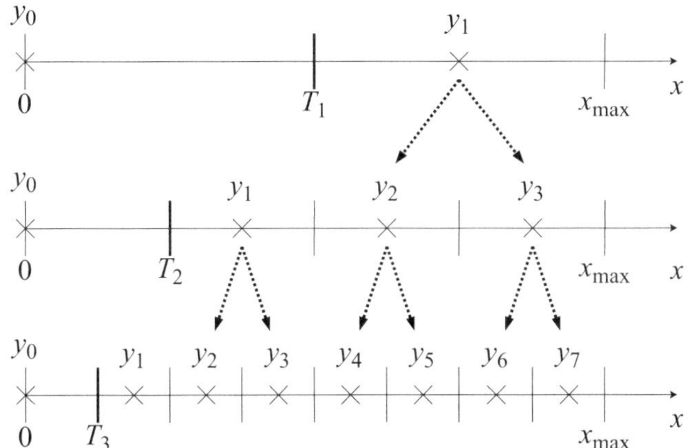

Abbildung 5.10: Gleichmäßige Quantisierung durch schrittweise Approximation von Signalwerten

Auf der Basis von x_{max} wird eine Schwelle $T_1 = x_{\mathrm{max}}/2$ festgelegt, die den Wertebereich in 2 Quantisierungsintervalle unterteilt. Als Rekonstruktionswerte werden $y_0 = 0$ und $T_1 < y_1 < x_{\mathrm{max}}$ (typisch: $y_1 = 0.75 \cdot x_{\mathrm{max}}$) gewählt. Unter Berücksichtigung des negativen Zahlenbereiches ist das zentrale Quantisierungsintervall $(-T_1, T_1)$ doppelt so groß wie alle anderen. Der Algorithmus trifft im ersten Quantisierungsschritt eine binäre Entscheidung, ob der Signalbetragswert kleiner als die Schwelle T_1 ist oder nicht. Die Werte erhalten damit die Attribute „insignifikant" bzw. „signifikant". Ein geeigneter Kompressionsalgorithmus kann diese binäre Information bereits weiterverarbeiten. In den nachfolgenden Schritten werden die nächsten Schwellen $T_n = T_{n-1}/2$ berechnet. Für alle insignifikanten Werte des vorangegangenen Schrittes erfolgt ein Vergleich mit der neuen Schwelle T_n. Alle anderen Signalwerte, die bereits einmal eine Schwelle überschritten hatten, werden durch Halbierung der Intervalle verfeinert. Auch hier sind nur binäre Entscheidungen zu treffen.

Auf der Empfängerseite werden aus den binären Informationen die Intervallnummern ermittelt und die zugehörigen Rekonstruktionswerte y_q festgelegt und schrittweise verfeinert. Die maximale Amplitude x_{max} muss deshalb ebenfalls übertragen werden.

5.3.1.3 Ungleichmäßige Quantisierung

Ungleichmäßige Quantisierer sind durch unterschiedliche Intervallbreiten gekennzeichnet. Die Gestaltung der Quantisierungskennlinie ist abhängig von der Zielstellung.

WDV-optimiert

Ziel der Anpassung der Intervallbreiten an die Wahrscheinlichkeitsdichte-Verteilung (engl.: *pdf ... probability density function*) ist eine minimale Quantisierungsfehlerleistung. Für Teilbereiche mit hoher Wahrscheinlichkeitsdichte werden schmale Intervalle gewählt und umgekehrt. Dadurch werden häufige Signalwerte feiner quantisiert als seltene. Die Rekonstruktionswerte werden für jedes gegebene Intervall $[x_q, x_{q+1})$ mit Gleichung (5.9)

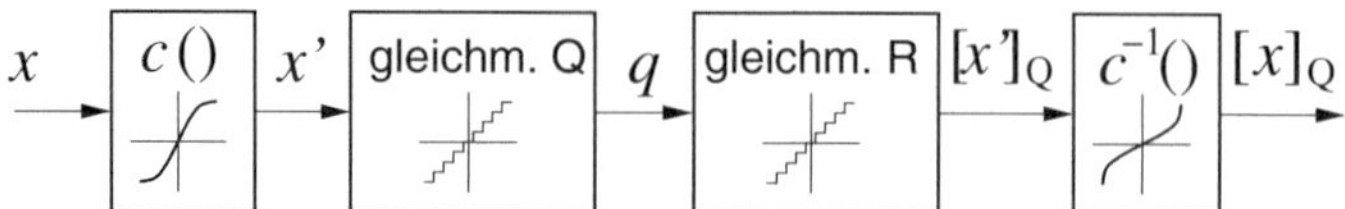

Abbildung 5.11: Ungleichmäßige Quantisierung mit Hilfe einer Kompanderfunktion

optimal berechnet. Der Rekonstruktionswert y_q liegt dadurch im Schwerpunkt seines Intervalls. Die Intervallgrenzen müssen wiederum genau zwischen zwei Rekonstruktionswerten liegen

$$x_q = \frac{y_{q-1} + y_q}{2} \ . \tag{5.12}$$

Alle y_q und x_q können durch das iterative Lösen der Gleichungen (5.9) und (5.12) optimiert werden. Derart entworfene Quantisierer nennt man Max-Lloyd-Quantisierer (nach [Max60] und [Llo82]).

Wahrnehmungsoptimiert

Motivation für eine wahrnehmungsoptimierte (engl.: *perceptual-optimised*) Quantisierung ist die Tatsache, dass die Quantisierungsfehlervarianz selten die wahrgenommenen Signalverzerrungen widerspiegelt. Ein Beispiel hierfür ist das Quantisieren von Musik. Laute Töne können im Allgemeinen stärker quantisiert werden als leise, weil der Quantisierungsfehler bezogen auf die Signalamplituden dann geringer ist und weniger wahrgenommen wird. Auch in der Bildkompression sind ähnliche Effekte zu beachten. Meistens werden die Quantisierungsintervalle basierend auf Erfahrungen und Tests festgelegt, da die mathematische Beschreibung der menschlichen Wahrnehmung von Bild und Ton sehr komplex ist.

SNR-optimiert

Sehr häufig ist das Signal-Rausch-Verhältnis nach der Quantisierung stark abhängig von der Varianz des Originalsignals. Mit Hilfe von SNR-optimierten Quantisierern kann diese Abhängigkeit vermindert und ein maximales SNR unabhängig von der Signalvarianz gewährleistet werden. Möglich ist dies durch logarithmisches Quantisieren [Loc97]. Zur Vereinfachung wird die ungleichmäßige Quantisierung in eine Signaltransformation und eine gleichmäßige Quantisierung zerlegt (**Abb. 5.11**). Zunächst wird das Signal mit Hilfe einer invertierbaren Funktion transformiert

$$x' = c(x) \ .$$

Die Funktion $c(x)$ wird als Kompressor-Kennlinie bezeichnet, da große Signalwerte stärker gedämpft werden als kleine. Anschließend folgt eine gleichmäßige Quantisierung von x'. Auf der Empfängerseite werden die Signalwerte zu $[x']_Q$ rekonstruiert und mit einer Expander-Kennlinie zurück transformiert

$$[x]_Q = c^{-1}([x']_Q) \ .$$

Die Verbindung von Kompressor und Expander nennt man Kompander.

Eine umfassende Übersicht über die Geschichte der Quantisierung und ihrer verschiedenen Varianten ist in [Gra98] zu finden.

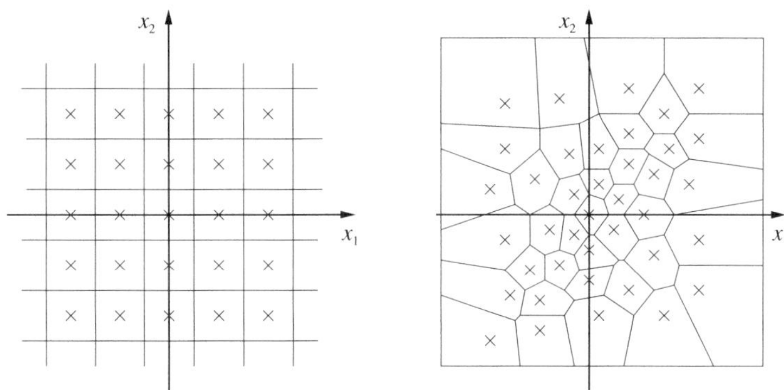

Abbildung 5.12: Beispiele für zweidimensionale Unterräume bei der
Vektorquantisierung

5.3.2 Vektorquantisierung

Im Gegensatz zur skalaren Quantisierung werden bei der Vektorquantisierung nicht nur
einzelne Signalwerte betrachtet, sondern zwei oder mehrere Werte in einem Signalvektor
$\mathbf{x}$ vereint und gemeinsam verarbeitet [Gra84].

In Analogie zur skalaren Quantisierung wird der zwei- oder mehrdimensionale Vektorraum in Unterräume (mehrdimensionale Intervalle) unterteilt. Diese Unterräume nennt
man auch Zellen. Jeder Signalvektor kann durch die Nummer q seines Unterraumes identifiziert werden und ihm wird ein entsprechender Rekonstruktionsvektor $\mathbf{y}_q$ zugeordnet.
Getrennt nach sender- und empfängerseitiger Verarbeitung gibt es die zwei Schritte

$$\text{Quantisierung:}\quad \mathbf{x} \mapsto q \qquad \text{und}$$
$$\text{Rekonstruktion:}\quad q \mapsto \mathbf{y}_q, \quad \text{mit } [\mathbf{x}]_Q = \mathbf{y}_q \ .$$

Im einfachsten Fall werden jeweils zwei Werte zu einem zweidimensionalen Vektor zusammengefasst

$$\mathbf{x} = (x_1 \ x_2) \ .$$

Beispiele für die Aufteilung zweidimensionaler Unterräume sind in **Abbildung 5.12**
angegeben. Jeder Zelle ist ein Referenz- oder Rekonstruktionsvektor (Position von $\times$)
zugeordnet. Die gleichmäßige Aufteilung in der Darstellung links ergibt sich aus der Konstruktion von zwei gleichmäßigen, skalaren Quantisierern. Man würde mit der separaten
Quantisierung von x_1 und x_2 dieselben Resultate erzielen. Anders sieht es für die Signalraumunterteilung in der rechten Abbildung aus. Die Aufteilung der Zellen ist hier an
die Verteilung der Signalvektoren angepasst und lässt sich nicht in skalare Quantisierer
separieren.

An dieser Stelle sei vermerkt, dass die Vektorquantisierung kein spezielles Verfahren
der Datenkompression ist, sondern eine allgemeine, universell einsetzbare Methode zum
Clustern von zwei- oder mehrdimensionalen Daten. Sie gehört somit zu den Verfahren
des maschinellen Lernens.

Zum Ermitteln der richtigen Zellennummern verwendet man Tabellen, welche für jede Zelle C_q einen Referenzvektor enthalten. Das ist üblicherweise der Rekonstruktionsvektor $\mathbf{y}_q$, mit dem der konkrete Signalvektor verglichen wird. Mit Hilfe eines Abstandsmaßes $d(\mathbf{x}, \mathbf{y}_q)$ wird der dichteste Rekonstruktionsvektor gesucht und die entsprechende Unterraumnummer q ermittelt und übertragen. Die Wahl des Abstandsmaßes hängt von den zu verarbeitenden Daten ab. Meist wird der euklidische Abstand

$$d(\mathbf{x}, \mathbf{y}_q) = \sqrt{\sum_{i=1}^{P} (x_i - y_i)^2} \quad \text{mit } \mathbf{x} = (x_1 \cdots x_i \cdots x_P) \text{ und } \mathbf{y}_q = (y_1 \cdots y_i \cdots y_P)$$

verwendet. Der Empfänger hat eine identische Tabelle und kann mit Hilfe der übertragenen Zellennummer q den richtigen Rekonstruktionsvektor $\mathbf{y}_q$ zuweisen.

Während die Unterteilung der Quantisierungsintervalle bei der skalaren Quantisierung noch relativ übersichtlich ist, gestaltet sich die geeignete Zellenaufteilung bei einer mehrdimensionalen Quantisierung etwas schwieriger.

Der LBG-Algorithmus (nach [Lin80]) als Variation des *k-means*-Clusterverfahrens ist ein populäres Verfahren zum Bestimmen der Rekonstruktionsvektoren. Diese Vektoren werden zunächst mit beliebigen Werten initialisiert. In einer Trainingsphase werden sie mit Trainingsvektoren $\mathbf{v}_n$ $(n = 1, 2, \ldots, N)$, welche typisch für die zu erwartenden Signalvektoren sind, stimuliert und die Rekonstruktionsvektoren iterativ derart optimiert, dass sich die Aufteilung der Teilräume an die Verteilungsdichte der Trainingsvektoren anpasst. Der Ablauf ist wie folgt:

1. Die Tabelle wird mit beliebigen Rekonstruktionsvektoren $\mathbf{y}_q$ $(q = 0, 1, \ldots, M{-}1)$ initialisiert und ein Startwert für den mittleren Quantisierungsfehler $D(l = 0)$ festgelegt. l ist die Nummer der Iterationsschleife. Das Berechnen von $D(l)$ ist weiter unten angegeben.

2. Setze $l := l + 1$. Alle Trainingsvektoren $\mathbf{v}_n$ werden nun klassifiziert. Vektor $\mathbf{v}_n$ wird der Zelle C_q zugeordnet, wenn der Abstand zum Referenzvektor y_q dieser Zelle kleiner ist als alle anderen Abstände, d. h. $d(\mathbf{v}_n, \mathbf{y}_q) \leq d(\mathbf{v}_n, \mathbf{y}_j)$ für alle $j \neq q$ $(j = 0, 1, \ldots, M - 1)$.

3. Der Schwerpunkt aller Trainingsvektoren, die zu einer Zelle gehören, wird berechnet und als neuer Rekonstruktionsvektor für diese Zelle festgelegt

$$\mathbf{y}_q = \frac{1}{N_q} \sum_{\mathbf{v}_j \in C_q} \mathbf{v}_j. \tag{5.13}$$

N_q ist dabei die Anzahl aller Trainingsvektoren in C_q. Damit verändern sich die Zellen und ihre Grenzen.

4. Für die neue Signalraumunterteilung wird der mittlere Quantisierungsfehler berechnet

$$D(l) = \frac{1}{M} \sum_{q} D_q \quad \text{mit} \quad D_q = \frac{1}{N_q} \sum_{\mathbf{v}_j \in C_q} d(\mathbf{v}_j, \mathbf{y}_q).$$

D_q ist der mittlere Fehler für die Zelle C_q.

5. Es folgt ein Test, wie stark sich der Quantisierungsfehler verringert hat. Wenn das Konvergenzkriterium

$$\frac{D(l-1) - D(l)}{D(l-1)} < \epsilon \, ,$$

erfüllt ist, kann die Prozedur beendet werden. Anderenfalls wird bei 2. fortgesetzt.

Wenn sich der Quantisierungsfehler nicht mehr ändert, d. h. es gilt $D(l) = D(l-1)$, dann wurde im letzten Schritt der Neuberechnung der Zellgrenzen (der Rekonstruktionsvektoren) keiner der Trainingsvektoren einer neuen Zelle zugeordnet und eine weitere Verbesserung der Vektorraum-Aufteilung ist nicht möglich, siehe **Beispiel 5.1**.

Der Trainingsprozess ist abhängig von der Anzahl der Trainingsvektoren relativ rechenintensiv, da in jedem Durchlauf jeder Trainingsvektor mit jedem Rekonstruktionsvektor verglichen wird. Deshalb ist eine, durchaus vorstellbare, Adaptation der Vektoren an die Signalstatistik während der Kompression eines Signals nur selten realisierbar.

Je nachdem wie die initialen Rekonstruktionsvektoren gesetzt wurden, kann es vorkommen, dass ihnen kein Trainingsvektor zugeordnet wird, weil der Abstand zu ihnen immer größer ist als der Abstand zu einer anderen Zelle. Sie behalten also ihre Position bei. Damit diese Rekonstruktionsvektoren nicht ungenutzt bleiben, ist für sie ein Reinitialisieren erforderlich. Sie könnten zum Beispiel nach dem Zufallsprinzip gesetzt werden oder sie erhalten Werte aus Bereichen, in denen die größten Quantisierungsfehler in der letzten Iterationsschleife lagen.

Der beschriebene LBG-Algorithmus ist nur eine Möglichkeit, die Unterräume (Zellen) an die Verteilung der Signalwerte anzupassen. Denkbar sind auch neuronale Ansätze mit bestimmten Topologien der Neuronen (z. B. Kohonen-Map, [Koh89]). Zur Verringerung des rechentechnischen Aufwandes wird die Vektorquantisierung auch in kaskadierte Quantisierer mit verringerter Genauigkeit (weniger Zellen) zerlegt. Einen umfangreichen Überblick gibt hierzu zum Beispiel [Bar96].

5.4   Anmerkungen

Die skalare Quantisierung wird üblicher Weise nicht auf originale Audio- oder Bilddaten angewendet, da sich die Signalqualität zu schnell verschlechtert mit steigendem Kompressionsverhältnis. Stattdessen werden die Daten zuerst dekorreliert (siehe Kapitel 6) und anschließend quantisiert.

Die Vektorquantisierung findet ihre Anwendung in der Datenkompression überwiegend in Systemen zur Sprachcodierung [Vel93, Var98] oder Audiokompression [Bra00, Iwa95, Iwa96]. In den 80er Jahren wurde sie auch erfolgreich für die Bilddatenkompression eingesetzt. Heute hat sie hier so gut wie keine Bedeutung mehr, da transformationsbasierte Kompressionsverfahren deutlich leistungsfähiger sind.

Abbildung 5.13 vergleicht die objektive Qualität (PSNR) von rekonstruierten Bildern aufgetragen über der Bitrate in Bits pro Bildpunkt (bpp) in Abhängigkeit vom verwendetet Kompressionssystem. Die verwendeten Bilder sind im Anhang auf Seite 412

Beispiel 5.1: Vektorquantisierung mit drei Zellen

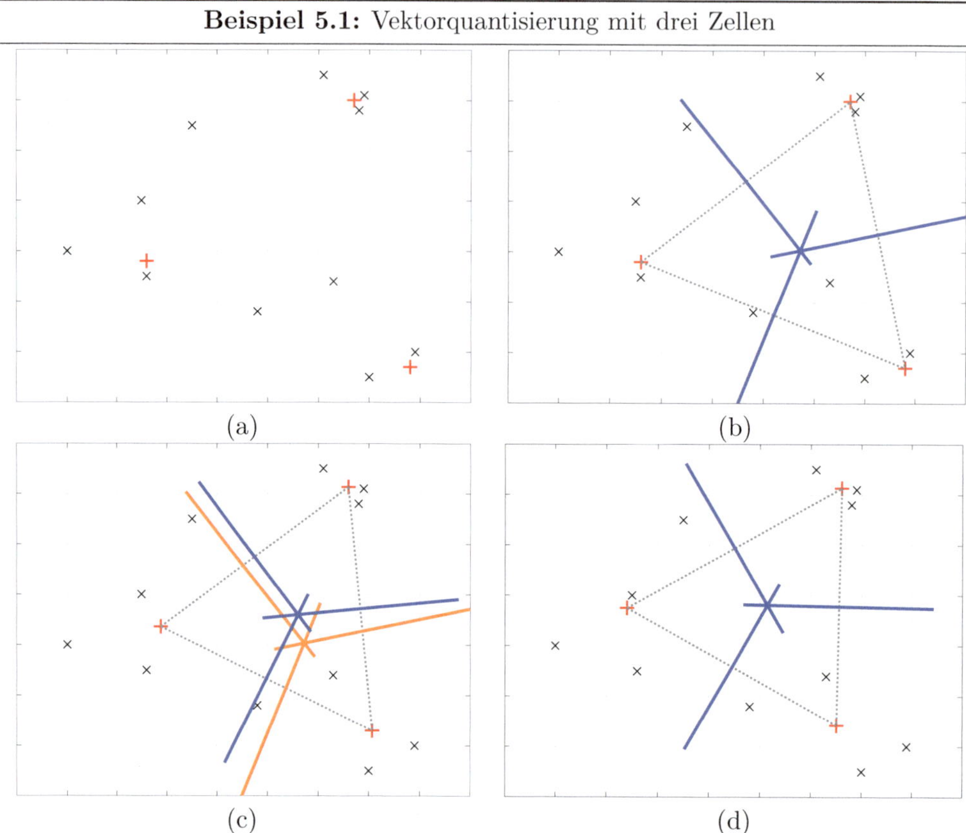

(a) (b)

(c) (d)

In (a) sind elf Trainingsvektoren $\mathbf{v}_j$ zu sehen ($\times$), mit welchen eine Clusterung in drei Cluster durchgeführt werden soll. Die initialen Rekonstruktionsvektoren $\mathbf{y}_q$ sind mit roten Pluszeichen markiert (+). Falls mit dem euklidischen Abstandsmaß operiert wird, ergeben sich die Cluster- oder Zellgrenzen aus den Mittelsenkrechten (blaue Linien) der Verbindungslinien (gepunktete Linien), Bild (b). Die blauen Linien segmentieren den gesamten Vektorraum in drei Bereiche (Zellen). Für diesen zwei-dimensionalen Fall ist es leicht zu sehen, welcher Trainingsvektor zu welcher Zelle gehört. Die Vektoren jeweils einer Zelle werden gemittelt und das Ergebnis den Rekonstruktionsvektoren zugewiesen (siehe Gleichung (5.13)). Die Rekonstruktionsvektoren nehmen entsprechend neue Positionen ein und es ergeben sich neue Zellgrenzen, Bild (c). Die vorherigen Zellgrenzen sind mit orangenen Linien dargestellt. Einer der Trainingsvektoren hat dadurch seine Zellzugehörigkeit geändert und die Rekonstruktionsvektoren müssen aktualisiert werden. Bild (d) zeigt die finale Aufteilung des Vektorraumes.

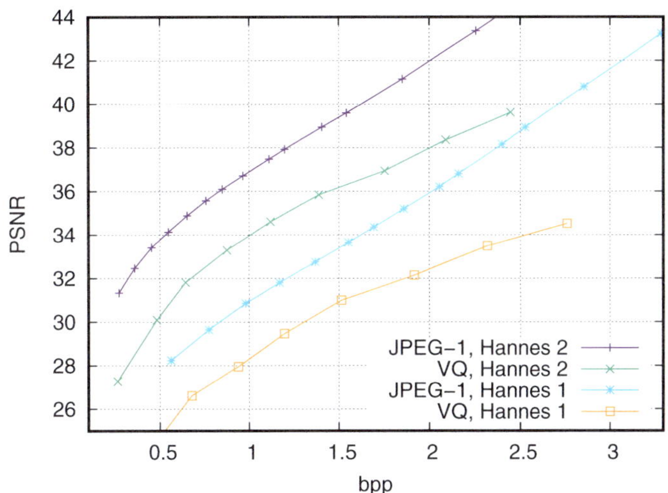

Abbildung 5.13: Leistungsfähigkeit der Vektorquantisierung im Vergleich zur JPEG-1-Kompression für die Testbilder ‚Hannes1' und ‚Hannes2'.

zu sehen. Das Kompressionsschema VQ verwendet eine Vektorquantisierung, welche jeweils 2×2 Bildpunkte zu einem Vektor zusammenfasst. Mit Hilfe des oben beschriebenen LBG-Algorithmus wurden repräsentative Vektoren (Rekonstruktionsvektoren) ermittelt. Deren Anzahl wurde in Potenzen von zwei von $n = 4, 8, 16, \ldots 1024$ variiert. Zur Rekonstruktion des Bildes sind alle diese repräsentativen Vektoren und deren Auswahl pro 2×2-Bildblock erforderlich. Je mehr Vektoren verwendet werden, desto feiner wird der (vier-dimensionale) Vektorraum aufgeteilt und desto höher ist die Qualität des rekonstruierten Bildes. Allerdings steigt auch der Aufwand zum Speichern aller Vektoren. Da es zwischen benachbarten Bildblöcken statistische Abhängigkeiten hinsichtlich der Auswahl eines repräsentativen Vektors gibt, wurde die Vektorquantisierung für diese Untersuchung durch eine Phrasencodierung ergänzt (siehe Kapitel 4). Es ist deutlich zu sehen, dass die Bildqualität für JPEG-1-komprimierte Bilder bei gleicher Bitrate wesentlich höher ist als beim Verwenden der Vektorquantisierung.

5.5   Testfragen

5.1 Erläutern Sie den Vorgang der Unterabtastung. Beschreiben Sie die Veränderung des Spektrums anhand einer Skizze.

5.2 Erläutern Sie den Vorgang der Überabtastung. Beschreiben Sie die Veränderung des Spektrums anhand einer Skizze.

5.3 Ein Bild (720x576 Bildpunkte, Grauwerte im Bereich $0 \ldots 255$) habe eine Entropie von 6.84 bit/Symbol und wird gleichmäßig quantisiert (4 Teilintervalle) und wieder rekonstruiert. Welche Entropie hat das rekonstruierte Bild höchstens?

5.4 Was ist bei Quantisierern die Totzone?

5.5 Welcher Quantisierer-Typ wird bei der sukzessiven Approximation eingesetzt?

5.6 Erläutern Sie den Begriff „Rekonstruktionsvektor" und ordnen Sie ihn thematisch ein!

5.7 Ein Thermometer soll für einen Messbereich von $-40°C$ bis $+60°C$ mit einer Skala versehen werden. Die Skalenstriche unterteilen den Messbereich in Intervalle und der erste Strich soll genau bei $-40°C$ liegen. Wie viele Striche sind mindestens erforderlich, wenn der absolute Fehler der abgelesenen Temperatur $0.5°C$ nicht übersteigen darf?

5.8 Wie viele binäre Entscheidungen müssen bei der sukzessiven Approximation mit Totzone mindestens getroffen werden, damit der Quantisierungsfehler garantiert unter $x_{\mathrm{max}}/8$ liegt?

5.9 Beschreiben Sie kurz einen möglichen (Lern-)Algorithmus zur adaptiven Aufteilung eines Signalraumes für die Vektorquantisierung.

Kapitel 6

Techniken zur Dekorrelation

Dieses Kapitel befasst sich mit Methoden zur Dekorrelation von Signalen. Hierbei ist zwischen zwei Hauptgruppen zu unterscheiden. Verfahren der Prädiktion *versuchen mit Hilfe von Kenntnissen über bereits verarbeitete Signalwerte (bzw. Symbole) eine Voraussage über nachfolgende Werte zu treffen. Die zweite Gruppe bilden die* Signaltransformationen *und* Filterbänke, *welche die Dekorrelation über eine Signalzerlegung realisieren* (**Abb. 6.1**). *Für die verlustbehaftete Bilddatenkompression ist hierbei insbesondere das Zerlegen von Signalen in gewichtete Basisfunktionen von Interesse. Es wird gezeigt, dass die Wavelet-Transformation als Bindeglied zwischen Signaltransformationen und Filterbankstrukturen eine spezielle Position einnimmt.*

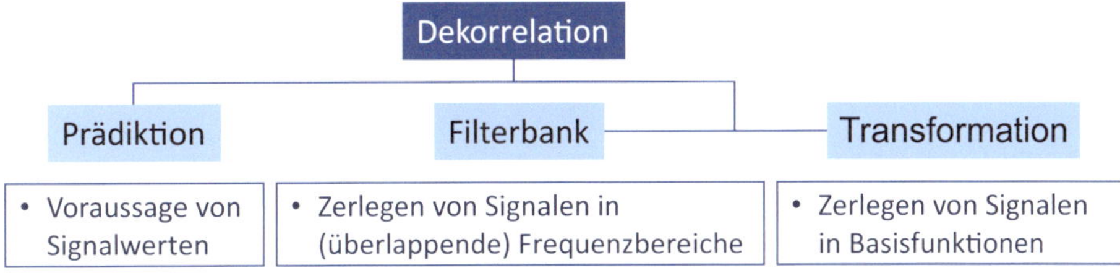

Abbildung 6.1: Einteilung der Verfahren zur Dekorrelation von Signaldaten

6.1   Was ist Korrelation?

Korrelation beschreibt die Abhängigkeit zwischen zwei Größen. Wenn Größe X zum Beispiel kleiner wird und Größe Y wird tendenziell auch kleiner, dann sind die beiden Größen positiv korreliert. Sollte Größe Y tendenziell größer werden, wenn X kleiner wird, dann sind die beiden Größen negativ korreliert. Sie sind unkorreliert, wenn es keinen Zusammenhang zwischen ihnen gibt.

Korrelation darf keinesfalls mit Kausalität verwechselt werden. Bei einem kausalen Zusammenhang könnte man sagen: „weil X größer geworden ist ..." (Ursache) „... wird auch Y größer" (Wirkung). Bei einer Korrelation ist die Abhängigkeit jedoch nicht gerichtet, sondern die Reihenfolge der Betrachtung der Größen kann vertauscht werden. Die Temperatur-Zeitreihen in **Abbildung 6.2** verdeutlichen das anschaulich. Das Wetter in Leipzig ist zweifelsfrei nicht die Ursache für das Wetter in Rostock. Die Temperaturen sind aber abhängig voneinander. Da die beiden Größen über den zeitlichen Verlauf gemeinsam tendenziell größer oder kleiner werden, sind sie positiv korreliert. Die

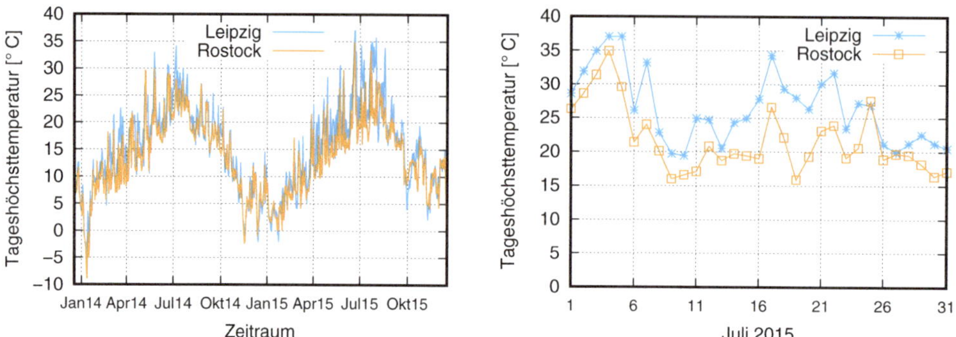

Abbildung 6.2: Tageshöchsttemperaturen gemessen an den Wetterstationen Leipzig/ Halle und Rostock-Warnemünde, (links) Zweijahreszeitraum; (rechts) Ausschnitt für Juli 2015, Quelle: Deutscher Wetterdienst (Archiv)

Stärke der linearen Korrelation ρ_{xy} zwischen zwei Messreihen lässt sich auf Basis der Signalvarianzen $\sigma_{\mathrm{x}}^2, \sigma_{\mathrm{y}}^2$ und der Covarianz σ_{xy}^2 ermitteln

$$\rho_{\mathrm{xy}} = \frac{\sigma_{\mathrm{xy}}^2}{\sqrt{\sigma_{\mathrm{x}}^2 \cdot \sigma_{\mathrm{y}}^2}} \; . \tag{6.1}$$

Varianz und Covarianz berechnen sich für unendlich ausgedehnte Signale mit

$$\sigma_{\mathrm{x}}^2 = \lim_{N \longrightarrow \infty} \left(\frac{1}{2N+1} \cdot \sum_{n=-N}^{N} (x[n] - \overline{x})^2 \right) \tag{6.2}$$

$$\sigma_{\mathrm{xy}}^2 = \lim_{N \longrightarrow \infty} \left(\frac{1}{2N+1} \cdot \sum_{n=-N}^{N} (x[n] - \overline{x}) \cdot (y[n] - \overline{y}) \right) \; .$$

Verzichtet man sowohl im Zähler als auch im Nenner auf das Normieren auf die Signallänge, so kann man für den Korrelationskoeffizienten

$$\rho_{\mathrm{xy}} = \frac{\displaystyle\sum_{n=-\infty}^{\infty} (x[n] - \overline{x}) \cdot (y[n] - \overline{y})}{\sqrt{\displaystyle\sum_{n=-\infty}^{\infty} (x[n] - \overline{x})^2 \cdot \sum_{n=-\infty}^{\infty} (y[n] - \overline{y})^2}} \tag{6.3}$$

schreiben, wobei die Signalmittelwerte

$$\overline{x} = \lim_{N \longrightarrow \infty} \left(\frac{1}{2N+1} \cdot \sum_{n=-N}^{N} x[n] \right) \qquad \text{und} \qquad \overline{y} = \lim_{N \longrightarrow \infty} \left(\frac{1}{2N+1} \cdot \sum_{n=-N}^{N} y[n] \right)$$

lauten. Der Betrag des Korrelationskoeffizienten ρ_{xy} ist maximal gleich Eins. Sein Vorzeichen entscheidet über positive oder negative Korrelation. Für endliche Signale muss

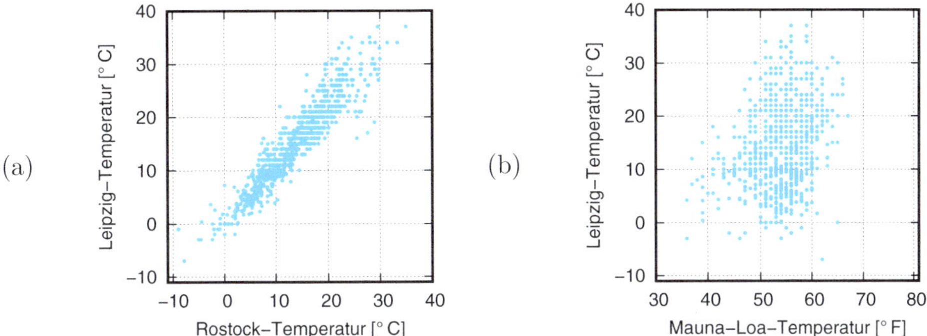

Abbildung 6.3: Tageshöchsttemperaturen gegeneinander aufgetragen: (a) gemessen an den Wetterstationen Leipzig/Halle und Rostock-Warnemünde; (b) gemessen an den Wetterstationen Leipzig/Halle und Mauna Loa (Hawaii), Quelle: [NOAA]

der Wertebereich für n entsprechend angepasst werden. Die Zeitreihen in Abbildung 6.2 (links) sind stark korreliert; der Korrelationskoeffizient beträgt $\rho_{xy} = 0.9308$.

Einen ersten Eindruck, ob Daten miteinander korreliert sind oder nicht, kann man sich verschaffen, indem man die Größen gegeneinander in einem Diagramm als Punktwolke darstellt. Die Koordinaten der Punkte in **Abbildung 6.3**(a) sind durch die beiden Höchsttemperaturen in Rostock und Leipzig an jeweils demselben Tag definiert. Hier sieht man sehr gut, dass die Temperatur in Leipzig tendenziell groß ist, wenn auch die Temperatur in Rostock groß ist und umgekehrt. Die Punktwolke ist lang gestreckt. Je dichter die Punkte an einer Geraden liegen, desto stärker sind die Werte mit einander korreliert.[1] Vergleicht man die Temperatur in Leipzig mit der von Manua Loa (Hawaii) ergibt sich ein ganz anderes Bild (**Abb. 6.3**(b)). Die Punkte streuen stark um eine gedachte Linie. Trotzdem ist eine geringfügige Korrelation von $\rho_{xy} = 0.3058$ festzustellen.[2]

In der Datenkompression betrachtet man aber im Allgemeinen nur ein Signal und interessiert sich dafür, wie die Signalwerte innerhalb dieses Signals voneinander abhängen. Diesen Zusammenhang kann man ableiten, indem man das zweite Signal in (6.3) als $y[n] = x[n - m]$ definiert. Mit anderen Worten: das zweite Signal ist eine um m Positionen verschobene Version des ersten Signals. Unter Berücksichtigung, dass ein Verschieben eines Signals seinen Mittelwert nicht ändert, wird aus Gleichung (6.3) zunächst

$$\rho_{xy} = \rho_{xx} = \frac{\sum_{n}(x[n] - \overline{x}) \cdot (x[n - m] - \overline{x})}{\sqrt{\sum_{n}(x[n] - \overline{x})^2 \cdot \sum_{n}(x[n - m] - \overline{x})^2}} . \tag{6.4}$$

---

[1] Beachte: Wenn der Anstieg der Geraden Null ist, dann ist auch die Korrelation gleich Null; ist mindestens ein Signal konstant, dann ist seine Varianz gleich Null und der Korrelationskoeffizient nicht definiert.

[2] Beide Orte befinden sich auf der nördlichen Halbkugel.

Wenn man von allen Signalwerten den Mittelwert des gesamten Signals abzieht, dann fällt $\overline{x}$ weg und wir erhalten

$$\rho_{\mathrm{xx}} = \frac{\sum\limits_n x[n] \cdot x[n-m]}{\sqrt{\sum\limits_n (x[n])^2 \cdot \sum\limits_n (x[n-m])^2}} = \frac{\sum\limits_n x[n] \cdot x[n-m]}{\sum\limits_n (x[n])^2} . \tag{6.5}$$

Bei genauer Betrachtung sieht man, dass Zähler und Nenner im Bruch (6.5) für $m = 0$ identisch sind, d. h., der Korrelationskoeffizient ist $\rho_{\mathrm{xx}} = 1$, wenn man ein Signal $\{x[n]\}$ unverschoben mit sich selbst vergleicht.

Normiert man Zähler und Nenner jeweils auf die Signallänge, dann ergibt sich

$$\rho_{\mathrm{xx}} = \frac{\lim\limits_{N \to \infty} \left(\dfrac{1}{2N+1} \sum\limits_n x[n] \cdot x[n-m] \right)}{\lim\limits_{N \to \infty} \left(\dfrac{1}{2N+1} \sum\limits_n (x[n])^2 \right)} . \tag{6.6}$$

Der Ausdruck über dem Bruchstrich ist die Autokorrelationsfunktion (AKF) des Signals $\{x[n]\}$[3]

$$R_{\mathrm{xx}}[m] = \lim\limits_{N \to \infty} \left(\frac{1}{2N+1} \sum\limits_{n=-N}^{N} x[n] \cdot x[n-m] \right) \qquad m \in \mathbb{Z} . \tag{6.7}$$

Für $m = 0$ und Mittelwertfreiheit des Signals $\{x[n]\}$ ist die AKF gleich der Signalvarianz σ_{x}^2 (vgl. (6.2)). Der Korrelationskoeffizient eines mittelwertfreien Signals an der Verschiebungsstelle m ist also

$$\rho_{\mathrm{xx}}[m] = \frac{R_{\mathrm{xx}}[m]}{R_{\mathrm{xx}}[0]} = \frac{R_{\mathrm{xx}}[m]}{\sigma_{\mathrm{x}}^2} . \tag{6.8}$$

Hat ein zu untersuchendes mittelwertfreies Signal eine endliche Länge N, berechnet man die AKF mit

$$R_{\mathrm{xx}}[m] \simeq \frac{1}{N - |m|} \sum\limits_{n=0}^{N-1} x[n] \cdot x[n-m] . \tag{6.9}$$

Der Normierungsfaktor ist von m abhängig, da die Anzahl der zu verknüpfenden Elemente $x[n]$ und $x[n-m]$ mit jeder Verschiebungsposition abnimmt[4].

Kehren wir zu den Zeitreihen in Abbildung 6.2 zurück. Wie groß sind die Korrelationskoeffizienten in Abhängigkeit von der Verschiebungsposition m für die Temperaturen

---

[3]Um den zeitdiskreten Charakter zu unterstreichen, werden manchmal auch die Begriffe *Autokorrelationssequenz* oder *Autokorrelationsfolge* verwendet.
[4]Für $n - m < 0$ und $m - n > N - 1$ wird $x[n-m] = 0$ gesetzt.

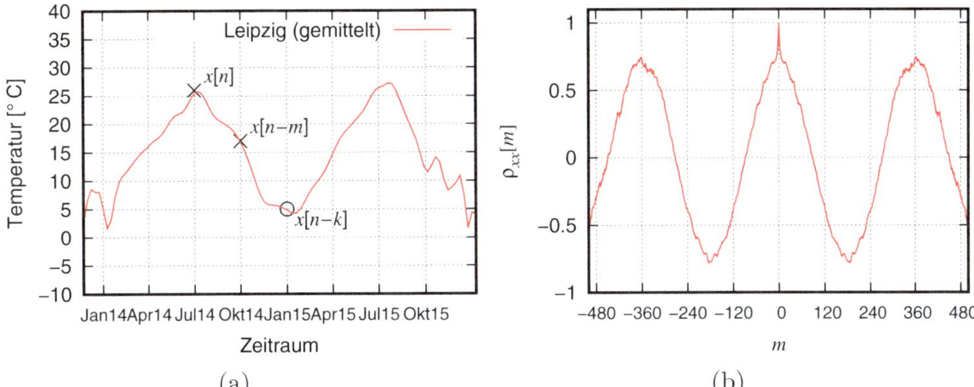

Abbildung 6.4: Autokorrelationsfolge eines Signals mit periodischem Anteil: (a) gemittelte Tageshöchsttemperaturen in Leipzig im Zweijahreszeitraum 2014 bis 2015. Zeitliche Abstände der markierten Punkte: $m = 92$ und $k = 194$ Tage; (b) normierte Autokorrelationsfunktion der mittelwertbereinigten Leipzig-Temperatur

in Leipzig? Betrachtet man zwei benachbarte Tage ($m = 1$), zum Beispiel den ersten und den zweiten Juli in der Abbildung rechts, so sieht man, dass sowohl vom ersten auf den zweiten als auch von zweiten auf den dritten Juli die Temperatur steigt. Auch für alle anderen Tagespaare gilt im statistischen Mittel, dass die Werte gemeinsam steigen oder fallen. Der Korrelationskoeffizient für benachbarte Temperaturwerte der Leipziger Zeitreihe beträgt $\rho_{xx}[1] = 0.91581$.

Wie verändert sich jedoch die Korrelation für größere zeitliche Abstände? **Abbildung 6.4**(a) zeigt den Temperatur-Trend über zwei Jahre in Leipzig. Markiert sind ein Signalwert $x[n]$ und ein Signalwert $x[n - m]$ mit einem zeitlichen Abstand von $m = 92$ Tagen. Verschiebt man beide Punkte gemeinsam (n wird größer), so sieht man, dass für drei Monate beide Temperaturwerte kleiner werden. Verschiebt man weiter, dann wird $x[n]$ immer noch kleiner, aber $x[n - m]$ wächst wieder an. Im ersten Bereich sind also die Werte positiv korreliert und im zweiten negativ. Berechnet man die Korrelation über das gesamte Signal erhält man $\rho_{xx}[92] = -0.0566$ und das Signal erscheint für diese Verschiebungsposition als nicht oder sehr schwach korreliert. Betrachtet man $x[n]$ und einen Signalwert $x[n - k]$ mit einem zeitlichen Abstand von $k = 184$ Tagen (6 Monate), so sieht man, dass $x[n - k]$ tendenziell größer wird, solange $x[n]$ kleiner wird und umgekehrt. Für $k = 184$ ist das Signal $x[n]$ mit sich selbst stark negativ korreliert, $\rho_{xx}[184] = -0.7744$.

In **Abbildung 6.4**(b) sind die Korrelationskoeffizienten für einen großen Bereich von m dargestellt. Es fällt sofort auf, dass es sich um eine zur vertikalen Achse symmetrische Funktion handelt. Weiterhin ist zu sehen, dass die Korrelation wieder steigt, wenn der zeitliche Abstand das halbe Jahr überschreitet. Sie erreicht das nächste Maximum für $m = 365$, also wenn die Temperaturen an Tagen mit gleichem Datum (Tag, Monat) verglichen werden. Wenn die zu untersuchende Funktion periodisch ist (so wie die Tagestemperaturen, welche mit einer Periode von 365 Tagen schwanken), dann ist

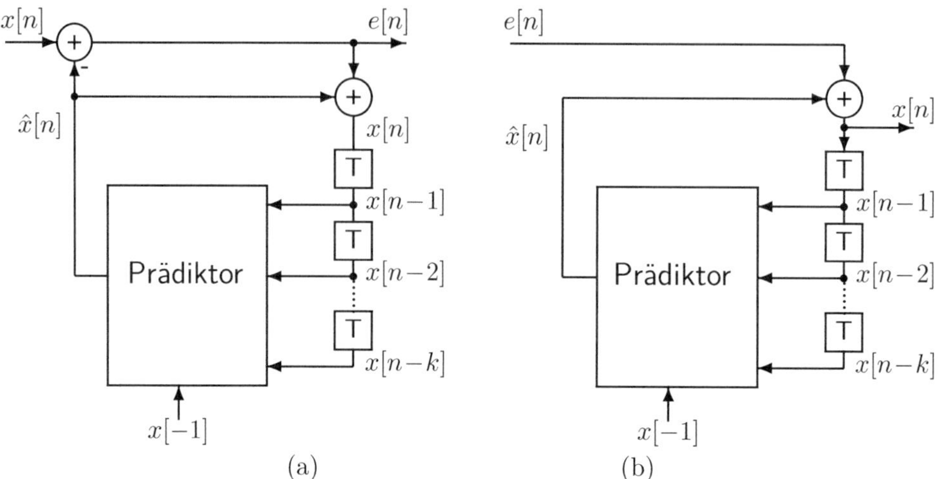

Abbildung 6.5: Blockschaltbilder für die Signalprädiktion: (a) Encoder; (b) Decoder

auch die Autokorrelationsfunktion periodisch. Der Pik im Funktionsverlauf bei $m = 0$ repräsentiert das Rauschen (den zufälligen Anteil) im Temperatursignal.

6.2 Prädiktion von Signalwerten

Die Voraussage von Signalwerten ist eine relativ einfache Methode, die statistischen Abhängigkeiten innerhalb eines Signals aufzulösen, d. h., die Signalwerte zu dekorrelieren. Sie hat ihre Wurzeln unter anderem in der differentiellen Analog-Digital-Wandlung (DPCM ... *Differential Pulse Code Modulation*, [Jay84]). Ziel der Prädiktion ist es, Signalwerte derart zu schätzen, dass die Schätzfehler betragsmäßig möglichst klein sind. Diese konzentrieren sich dann um Null und ihre Verteilung ist ungleichmäßiger als die Verteilung der originalen Signalwerte. Dadurch ist die Entropie im Schätzfehler-Signal kleiner als die Entropie im Originalsignal (vgl. Abschnitt 2.3) und das Übertragen der Information erfordert weniger Bits. Eine Möglichkeit, die Konzentration von Signalwerten um einen gemeinsamen Mittelwert zu bewerten, ist das Berechnen der Varianz (vgl. Gl. (2.15)).

Zunächst wird das allgemeine Prinzip der Prädiktion anhand von eindimensionalen Signalen erläutert. Das Erweitern auf Bilddaten erfolgt anschließend. Variable $x[n]$ sei der n-te Signalwert des zu verarbeitenden, zeitdiskreten Originalsignals (**Abbildung 6.5**). Ein Prädiktionsmodul versucht diesen Wert vorauszusagen und erzeugt einen Schätz- oder Prädiktionswert $\hat{x}[n]$, der vom tatsächlichen Signalwert abgezogen wird. Je besser die Schätzung ist, desto kleiner wird der Betrag des Schätz- oder Prädiktionsfehlers $e[n] = x[n] - \hat{x}[n]$. Durch Addition von Prädiktionsfehler und Schätzwert wird $x[n]$ wieder zurückgewonnen. Die Kästchen mit dem T symbolisieren jeweils einen Zeitverzögerungsschritt. Der nächste Prädiktionswert wird aus beliebig vielen früheren Signalwerten bestimmt. Die separate Eingabe von $x[-1]$ ist für die Voraussage des ersten Signalwertes $x[0]$ erforderlich. Die Prädiktionsfehler werden dem Empfänger übermittelt. Dieser hat ein identisches Voraussagemodul und kann durch Addition von Schätzwert und empfangenem Prädiktionsfehler das Signal rekonstruieren.

6.2.1 Einfache lineare Prädiktion

Die einfachste Prädiktion ergibt sich, wenn jeder Signalwert direkt durch seinen Vorgänger vorausgesagt wird. Der Prädiktionsfehler lautet dann

$$e[n] = x[n] - \hat{x}[n] = x[n] - x[n-1] \tag{6.10}$$

und ist unabhängig vom Mittelwert des Signals $\{x[n]\}$.

Nun soll für mittelwertfreie Signale $x[n]$ untersucht werden, wie sich für diesen Fall die Varianz des Schätzfehlersignals gegenüber der Varianz des Originalsignals verringert. Unter der Annahme, dass der Prädiktionsfehler ebenfalls mittelwertfrei ist ($\sum_n e[n] = 0$), entspricht die Varianz σ_e^2 dem Erwartungswert[5] des quadrierten Fehlersignals

$$\sigma_e^2 = \lim_{N \to \infty} \left(\frac{1}{2N+1} \sum_{n=-N}^{N} \left(e[n] - \overline{e[n]} \right)^2 \right)$$

$$= \lim_{N \to \infty} \left(\frac{1}{2N+1} \sum_{n=-N}^{N} (e[n])^2 \right) = \mathrm{E}\left[e^2[n] \right] \;. \tag{6.11}$$

Durch Einsetzen der Prädiktionsformel Gl. (6.10) in (6.11) erhält man

$$\sigma_e^2 = \mathrm{E}\left[e^2[n] \right] = \mathrm{E}\left[x^2[n] - 2x[n] \cdot x[n-1] + x^2[n-1] \right]$$

$$= \mathrm{E}\left[x^2[n] \right] - 2 \cdot \mathrm{E}\left[x[n] \cdot x[n-1] \right] + \mathrm{E}\left[x^2[n-1] \right] \;. \tag{6.12}$$

Die Erwartungswerte von $x^2[n]$ und $x^2[n-1]$ sind identisch, weil sich durch das Verschieben um -1 die Signalstatistik nicht ändert, und in Analogie zu (6.11) gilt auch $\mathrm{E}\left[x^2[n] \right] = \sigma_x^2$. Ferner ist der Erwartungswert von $x[n] \cdot x[n-1]$ gleich der Autokorrelationsfunktion $R_{xx}[m]$ (siehe Gl. 6.7) von $x[n]$ an der Verschiebungsstelle $m = 1$. Man kann also Gleichung (6.12) umschreiben in

$$\sigma_e^2 \;=\; \sigma_x^2 - 2 \cdot R_{xx}[1] + \sigma_x^2$$

Für $m = 0$ und Mittelwertfreiheit des Signals $\{x[n]\}$ ist die Autokorrelationsfunktion ebenfalls gleich der Signalvarianz und es folgt weiter

$$\sigma_e^2 \;=\; 2 \cdot \sigma_x^2 \cdot \left(1 - \frac{R_{xx}[1]}{\sigma_x^2} \right) \;=\; 2 \cdot \sigma_x^2 \cdot \left(1 - \frac{R_{xx}[1]}{R_{xx}[0]} \right) \;=\; 2 \cdot \sigma_x^2 \cdot (1 - \rho_{xx}[m]) \;.$$

Die Varianz des Prädiktionsfehlers berechnet sich demnach aus

$$\sigma_e^2 = \sigma_x^2 \cdot (2 - 2 \cdot \rho_{xx}[1]) \;. \tag{6.13}$$

---

[5]Der Begriff „Erwartungswert" stammt aus der Stochastik. Der Erwartungswert von Zufallszahlen s_i berechnet sich abhängig von ihrer Auftretenswahrscheinlichkeit $\mathrm{E}[s_i] = \sum s_i \cdot p_i$.

Es ist zu erkennen, dass die Varianz des Prädiktionsfehlers kleiner als die Originalvarianz wird, wenn der Korrelationskoeffizient ρ_{xx} zwischen zwei benachbarten Signalwerten größer als 0.5 ist. Außerdem verringert sich die Varianz umso mehr, je größer die Korrelation ist. Der Codiergewinn einer Prädiktion wird in der Regel als Verhältnis von Original- und Fehlervarianz angegeben[6]

$$G = \frac{\sigma_{\mathrm{x}}^2}{\sigma_{\mathrm{e}}^2} \; .$$

Die Prädiktionsgüte kann durch eine Wichtung der Vorgängeramplitude verbessert werden. Der Schätzwert sei

$$\hat{x}[n] = a \cdot x[n-1] \; . \tag{6.14}$$

Beim Ermitteln eines geeigneten Gewichts a sind zwei Fälle zu unterscheiden.

6.2.1.1 Stationäre Signale

Wenn die charakteristischen Eigenschaften (Mittelwert, Leistungsdichtespektrum, Autokorrelationsfunktion, …) eines Signals unabhängig von der Zeit (bzw. vom Ort) sind, dann spricht man von stationären Signalen. Für das Gewicht a gibt es in diesem Fall einen optimalen Wert. Der Prädiktionsfehler lautet $e[n] = x[n] - a \cdot x[n-1]$ und die Varianz des Prädiktionsfehlers beträgt mit $\sum_n x[n] = 0$ in Analogie zu (6.12)

$$\begin{aligned}
\sigma_{\mathrm{e}}^2 &= \mathrm{E}\left[x^2[n] - 2ax[n]x[n-1] + a^2 x^2[n-1]\right] \\
&= (1+a^2) \cdot \sigma_{\mathrm{x}}^2 - 2a \cdot R_{\mathrm{xx}}[1] \\
&= \sigma_{\mathrm{x}}^2 \cdot \left[(1+a^2) - 2a \cdot \frac{R_{\mathrm{xx}}[1]}{\sigma_{\mathrm{x}}^2}\right] = \sigma_{\mathrm{x}}^2 \cdot \left[(1+a^2) - 2a \cdot \rho_{\mathrm{xx}}[1]\right] \; .
\end{aligned}$$

Der Codiergewinn ist maximal, wenn der Betrag des Faktors $\left[(1+a^2) - 2a \cdot \rho_{\mathrm{xx}}[1]\right]$ minimal ist. Das Bestimmen eines optimalen Wertes für a entspricht einer Extremwertaufgabe. Der Betrag der Ableitung nach a muss Null sein: $0 = 2a - 2\rho_{\mathrm{xx}}[1]$. Mit der optimalen Wahl von $a = \rho_{\mathrm{xx}}[1], |a| \leq 1$ folgt also

$$\sigma_{\mathrm{e}}^2 = \sigma_{\mathrm{x}}^2 \cdot \left[1 + a^2 - 2a^2\right]$$

$$\sigma_{\mathrm{e}}^2 = \sigma_{\mathrm{x}}^2 \cdot \left(1 - a^2\right) , \tag{6.15}$$

siehe **Beispiel 6.1**.

6.2.1.2 Instationäre Signale

Sind die charakteristischen Eigenschaften eines Signals abhängig vom betrachteten Signalausschnitt, dann ist ein Signal instationär. Die Korrelation zwischen den Signalwerten kann schwanken und es gibt nicht *das* optimale Gewicht a, sondern $a \mapsto a[n]$

---

[6]Hierbei ist allerdings anzumerken, dass eine geringere Varianz zwar im Allgemeinen auch auf eine geringe Entropie hinweist, aber der Umkehrschluss gilt nicht. Bei bi- oder multimodalen Verteilungen des Prädiktionsfehlers kann die Entropie klein sein, obwohl die Varianz vielleicht groß ist. Im konkreten Fall wäre also zu prüfen, ob man nicht direkt die Entropie des Prädiktionsfehlers senken kann, ohne die Signalvarianz heranzuziehen.

Beispiel 6.1: Verringerung der Signalvarianz abhängig vom Verwenden eines Faktors bei der linearen Prädiktion

---

Gegeben sei ein Signal mit einem Korrelationskoeffizienten zwischen benachbarten Signalwerten von $\rho_{xx}[1] = 0.7$. Wie groß ist die Varianz des Prädiktionsfehlers σ_e^2 im Verhältnis zur Signalvarianz σ_x^2 für folgende Ansätze zur Prädiktion: (a) $\hat{x}[n] = x[n-1]$ und (b) $\hat{x}[n] = a \cdot x[n-1]$?
Lösung:

a) Ohne Gewichtungsfaktor gilt Gleichung (6.13):

$$\sigma_e^2 \;=\; 2 \cdot \sigma_x^2 \cdot [1 - 0.7] \;=\; 0.6 \cdot \sigma_x^2$$

b) Mit Gewichtungsfaktor gilt Gleichung (6.15) und es sollte $a = \rho_{xx}[1] = 0.7$ verwendet werden:

$$\sigma_e^2 \;=\; \sigma_x^2 \cdot [1 - (0.7)^2] \;=\; 0.51 \cdot \sigma_x^2 \,.$$

Durch die optimale Wahl des Faktors a wird die Varianz also stärker gesenkt als ohne diesen Faktor.

---

muss ständig angepasst werden. Ein populäres Verfahren hierfür ist der *Least-Mean-Squares*-Algorithmus [Str16b]. Ausgehend von einem Startwert $a[0]$ wird das Gewicht in Abhängigkeit vom Prädiktionsfehler $e[n] = x[n] - a[n] \cdot x[n-1]$ rekursiv nachgeführt

$$a[n+1] = a[n] + \mu \cdot e[n] \cdot \frac{x[n-1]}{\overline{|x|[n]} + \epsilon} \,.$$

Der Parameter μ bestimmt, wie schnell sich a anpasst. Die Wahl eines geeigneten Wertes hängt ab sowohl von der Änderungsgeschwindigkeit der Signaleigenschaften als auch von den Signalwerten selbst. Wenn μ zu groß ist, kann es unter Umständen zu einem Aufschwingen kommen. Als Faustregel werden $0 < \mu < 1/\sigma_x^2$ oder $0 < \mu < 1/x_{\max}^2$ empfohlen. Das Normieren auf den lokal geschätzten Mittelwert der Signalbeträge $\overline{|x|[n]}$ wirkt sich günstig auf den Adaptationsprozess aus. Die positive Konstante ϵ verhindert lediglich eine Division durch Null.

Aufgrund der auf Seite 92 beschriebenen Tatsache, dass Bilder im Allgemeinen nicht durch einen chronologischen signalerzeugenden Prozess entstehen, verändern sich die statistischen Eigenschaften bei einer Abarbeitung der Bildpunkte im Rasterscan sehr schnell. Die optimale Anpassung der Gewichte ist zum Beispiel durch den Wechsel zwischen relativ homogenen Bereichen und Kanten innerhalb einer Bildzeile kaum möglich. Abhilfe schafft hierbei nur eine kontextbasierte Umschaltung. Pro Kontext benötigt man einen Parametersatz, der jeweils nur für Bildpunkte dieses Kontexts adaptiert wird [Str02, Str16a].

6.2.2 Lineare Prädiktion höherer Ordnung

Wenn lediglich ein vorangegangener Signalwert in die Berechnung des Schätzwertes einfließt, spricht man von Prädiktion erster Ordnung, vgl. (6.14). Die Prädiktionswertberechnung p-ter Ordnung wird mit

$$\hat{x}[n] = \sum_{k=1}^{p} a_k \cdot x[n-k] \tag{6.16}$$

erreicht. Eine Lösung für die optimale Wahl von allen a_k (Minimierung des Prädiktionsfehlers) ist mit der Wiener-Hopf-Gleichung zu erreichen [Kam98], wenn das vorauszusagende Signal stationär und mittelwertfrei ist. Äquivalent zur Wiener-Hopf-Gleichung ist das Berechnen der Prädiktionskoeffizienten mit der Methode der kleinsten Fehlerquadrate (*least squares approximation*). Hierbei wird ein Gleichungssystem aufgestellt, welches die Signalwerte an allen Positionen im Signal als gewichtete Summation der voran gegangenen Signalwerte beschreibt. Zugelassen wird eine nicht genauer definierte Toleranz $\epsilon[n]$

$$\hat{x}[n] = a_1 \cdot x[n-1] + a_2 \cdot x[n-2] + \cdots + a_p \cdot x[n-p] = x[n] + \epsilon[n] \qquad \forall n \tag{6.17}$$

In Matrixschreibweise liest sich das als

$$\mathbf{y} = \mathbf{X} \cdot \mathbf{a} + \epsilon.$$

Der Vektor $\mathbf{a}$ umfasst alle Prädiktionskoeffizienten (Gewichte)

$$\mathbf{a} = (a_1 \; a_2 \; \ldots \; a_k \; \ldots \; a_p)^{\mathrm{T}}$$

und

$$\mathbf{y} = (x[n] \; x[n-1] \; x[n-2] \; \ldots \; x[n-k] \; \ldots)^{\mathrm{T}}$$

enthält die bereits bekannten Signalwerte (die idealen Schätzwerte). Die Matrix $\mathbf{X}$ hat so viele Zeilen, wie Gleichungen aufzustellen sind. Sie enthalten die jeweiligen Vorgängerwerte zu den Elementen in $\mathbf{y}$ an einer bestimmten Position $[n-k]$

$$\mathbf{X} = \begin{pmatrix} x[n-1] & x[n-2] & \ldots & x[n-k] & \ldots & x[n-p] \\ x[n-2] & x[n-3] & \ldots & x[n-k-1] & \ldots & x[n-(p+1)] \\ \vdots & \vdots & \vdots & \vdots & \vdots & \vdots \end{pmatrix}. \tag{6.18}$$

Die Anzahl der Spalten wird von der Ordnung p der Prädiktion bestimmt. Es ist zu erkennen, dass die erste Zeile der Matrix $\mathbf{X}$ die direkten Vorgänger des ersten Elements aus Vektor $\mathbf{y}$ enthält, die zweite Zeile aus $\mathbf{X}$ die direkten Vorgänger des zweiten Elements aus $\mathbf{y}$ usw.

Für eine statistisch fundierte Aussage über die optimalen Gewichte $\mathbf{a}$, sollte die Anzahl der Gleichungen (Zeilen von $\mathbf{X}$) wesentlich größer als die Ordnung p sein.

Die Lösung für $\mathbf{a}$ unter der Maßgabe der Minimierung des quadratischen Prädiktionsfehlers lautet [Str16b]

$$\boxed{\mathbf{a} = \left(\mathbf{X}^{\mathrm{T}} \cdot \mathbf{X}\right)^{-1} \cdot \mathbf{X}^{\mathrm{T}} \cdot \mathbf{y}}. \tag{6.19}$$

Der Term $\mathbf{X}^{\mathrm{T}} \cdot \mathbf{X}$ in (6.19) ergibt mit (6.18)

$$
\begin{pmatrix}
x[n-1] & x[n-2] & \cdots \\
x[n-2] & x[n-3] & \cdots \\
\vdots & \vdots & \vdots \\
x[n-p] & x[n-(p+1)] & \cdots
\end{pmatrix}
\cdot
\begin{pmatrix}
x[n-1] & x[n-2] & \cdots & x[n-p] \\
x[n-2] & x[n-3] & \cdots & x[n-(p+1)] \\
\vdots & \vdots & & \vdots
\end{pmatrix} ,
$$

das heißt, es gilt

$$
\mathbf{X}^{\mathrm{T}} \cdot \mathbf{X} =
\begin{pmatrix}
\sum_n x^2[n-1] & \sum_n x[n-1]x[n-2] & \cdots & \sum_n x[n-1]x[n-p] \\
\sum_n x[n-2]x[n-1] & \sum_n x^2[n-2] & \cdots & \sum_n x[n-2]x[n-p] \\
\vdots & \vdots & \ddots & \vdots \\
\sum_n x[n-p]x[n-1] & \sum_n x[n-p]x[n-2] & \cdots & \sum_n x^2[n-p]
\end{pmatrix} .
\tag{6.20}
$$

Abgesehen von der fehlenden Normierung auf die Signallänge entsprechend die Elemente dieser Matrix den Werten der Autokorrelationsfolge $R_{\mathrm{xx}}[m]$ (vgl. Gl.6.7).

Verändern sich die statistischen Eigenschaften im Signalverlauf, ist ein Algorithmus nötig, der die Gewichte a_k ständig anpasst. Hierfür kann wiederum der *Least-Mean-Squares*-Algorithmus zum Einsatz kommen

$$
a_k[n+1] = a_k[n] + \mu \cdot e[n] \cdot \frac{x[n-k]}{|x[n]| + \epsilon} \quad \text{mit} \quad e[n] = x[n] - \hat{x}[n] .
$$

6.2.3   Prädiktion mit Quantisierung

In verlustbehafteten Kompressionssystemen wird die Prädiktion mit einer Quantisierung kombiniert (**Abb. 6.6**). Das Quantisierungsmodul (Q) ermittelt die zum Signalwert $e[n]$ gehörende Intervallnummer $q[n]$, die zum Decoder gesendet wird. Ein Rekonstruktionsmodul (R) ersetzt die Nummer durch den zugehörigen Rekonstruktionswert $[e[n]]_{\mathrm{Q}}$.

Wichtig ist hierbei, dass die Quantisierung innerhalb der Prädiktionsschleife platziert wird, damit der Input für die Prädiktionsmodule von Encoder und Decoder identisch sind. Anderenfalls würden die Module unterschiedliche Schätzwerte produzieren und nicht mehr synchron laufen. Durch Addition des Schätzwertes $\hat{x}[n]$ entsteht ein Signalwert $x'[n]$, welcher sich vom originalen Wert $x[n]$ unterscheidet.

6.2.4   2D-Prädiktion

Für zweidimensionale Signale erfolgt die Prädiktion im Prinzip genau wie für eindimensionale. Man hat lediglich mehr Freiheitsgrade in der Wahl der Werte, die in die Schätzwertberechnung einfließen. Variable $x[n,m]$ sei der Grauwert an der Position $[n,m]$, dann berechnet sich der Schätzwert nach

$$
\hat{x}[n,m] = \sum_i \sum_j a_{i,j} \cdot x[n-i, m-j] \quad n,m = 0,1,2,\ldots \quad i,j = 1,2,\ldots . \tag{6.21}
$$

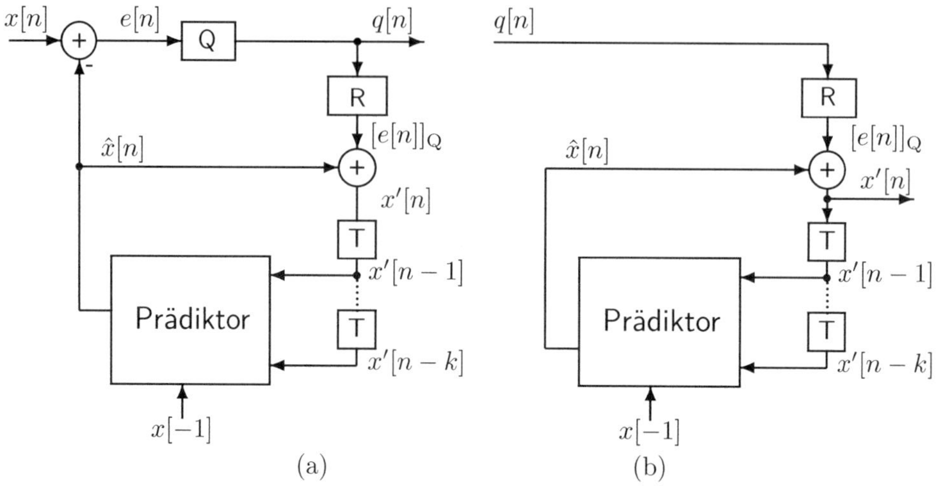

Abbildung 6.6: Blockschaltbild für die Signalprädiktion mit Quantisierung: (a) Encoder; (b) Decoder

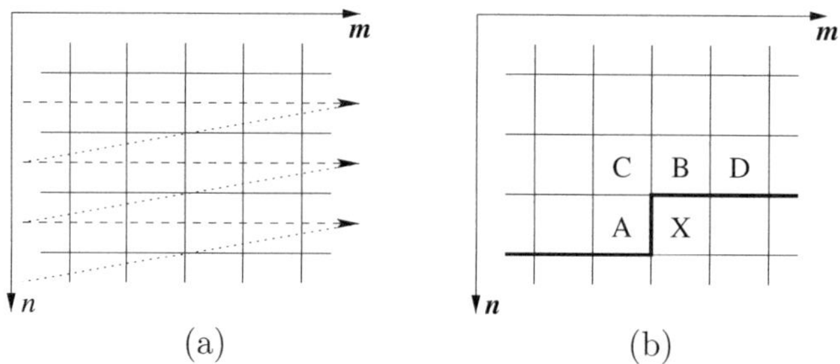

Abbildung 6.7: Bildpunktraster: (a) Abtastreihenfolge in 2D-Signalen, (b) mögliche Kandidaten für die Prädiktion des Wertes an der Position X

Angenommen, das Bild wird im Rasterscan Zeile für Zeile durchlaufen (**Abb. 6.7**). Dann dürfen nur jene Bildpunkte $x[n-i, m-j]$ verwendet werden, die chronologisch vor dem vorauszusagenden Bildpunkt $x[n, m]$ liegen. In der Abbildung 6.7 rechts sind das alle Bildpunkte oberhalb der dicken Linie. Als Schätzwert für X könnte zum Beispiel $\hat{X} = f(A, B, C, D)$ dienen. Die Menge aller geordneten Bildpunkte, die in die Verarbeitung einfließen, bezeichnet man als *Template* (Schablone).

Das Bestimmen der optimalen Koeffizienten in Gleichung (6.21) ist auch hier mittels der Least-Squares-Methode möglich. Es sollten solche Signalwerte für die Voraussage verwendet werden, die einen geringen geometrischen Abstand zur Position des vorauszusagenden Wertes haben. **Abbildung 6.8** zeigt ein Beispiel zur Sortierung von benachbarten Signalwerten in Abhängigkeit ihres euklidischen Abstands zur Position X.

Für eine algorithmische Umsetzung sind lediglich zwei Tabellen erforderlich, welche die

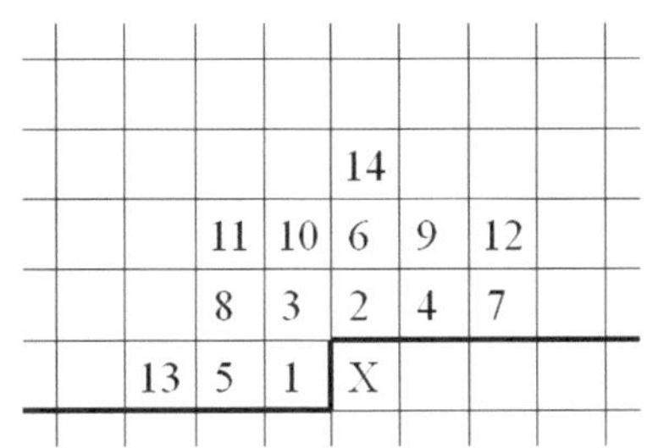

Abbildung 6.8: Schablone mit nummerierten Positionen von voran gegangenen Signalwerten

2D-Koordinaten in die Nummerierung übertragen, wie zum Beispiel

$$\mathbf{c} = (\ -1 \quad 0 \quad -1 \quad 1 \quad \dots\ ) \qquad \mathbf{r} = (\ 0 \quad -1 \quad -1 \quad -1 \quad \dots\ ) \ .$$

Mit Hilfe von $\mathbf{c}$ (*column*) und $\mathbf{r}$ (*row*) lautet die Matrix aus (6.18)

$$\mathbf{X} = \begin{pmatrix} \vdots & \vdots & \vdots & \vdots \\ x[n + r[0], m + c[0]] & x[n + r[1], m + c[1]] & x[n + r[2], m + c[2]] & \dots \\ \vdots & \vdots & \vdots & \vdots \end{pmatrix},$$

wobei n und m alle verfügbaren Positionen des Bildes durchlaufen. Die Signalwerte an den Positionen X (Abb. 6.8) werden im Vektor

$$\mathbf{y} = (\dots \quad x[n, m] \quad \dots\ )^{\mathrm{T}}$$

abgelegt. Die Reihenfolge von n und m muss zwangsläufig dieselbe sein, wie beim Füllen von $\mathbf{X}$.

Unter der Maßgabe, dass die statistischen Eigenschaften für alle Signalausschnitte gleich sind, genügt es, die Parameter auf Basis eines ausreichend großen Ausschnitts zu berechnen. Für ein globales Optimum wäre aber das Einbeziehen aller verfügbaren Signalwerte erforderlich, **Beispiel 6.2+6.3**.

Bilder sind jedoch im Allgemeinen instationäre Signale, sodass nur Signalwerte aus der Nachbarschaft des vorauszusagenden Bildpunktes in die Berechnung einfließen sollten.

6.2.5 Nichtlineare Prädiktion

6.2.5.1 Prädiktor-Auswahl

Die Prädiktionswertberechnung nach Gleichungen (6.16) und (6.21) bezeichnet man als lineare Prädiktion, da sich der Schätzwert aus einer gewichteten Überlagerung von anderen Werten ergibt. Insbesondere bei der Prädiktion von Bildsignalen ist es sinnvoll, abhängig vom aktuellen Kontext zwischen verschiedenen Prädiktionsmodi auszuwählen. Als Kontext kommt hier zum Beispiel die Textur in der Nachbarschaft des aktuellen Bildpunktes in Betracht.

Eine sehr einfache und trotzdem leistungsstarke Variante der nichtlinearen Prädiktion ist der *Median Edge Detector* (MED). Dieser Prädiktor verwendet lediglich drei benachbarte

---

Beispiel 6.2: Lineare Prädiktion von Signalwerten

Geben ist ein Bildsignal

$$\mathbf{x} = \begin{pmatrix} 1 & 2 & 3 & 2 & 1 & 2 \\ 2 & 4 & 3 & 3 & 3 & 1 \\ 1 & 3 & 4 & 3 & 2 & 2 \\ 1 & 3 & 4 & 3 & 2 & 1 \end{pmatrix} .$$

a) Führen Sie eine lineare Prädiktion gemäß Gleichung (6.21) auf Basis des jeweils linken und oberen Nachbarn durch! Wie lautet die Modellfunktion?

b) Ab welcher Position kann diese Prädiktion durchgeführt werden? Wie lautet der Parametervektor?

c) Berechnen Sie den Parametervektor $\underline{a} = (a_1 \ a_2)^{\mathrm{T}}$, der für die Prädiktion von $x[2,4]$ verwendet werden kann auf Basis der Methode der kleinsten Fehlerquadrate!

Lösung:

a) Die Modellfunktion lautet

$$\hat{x}[n,m] = a_1 \cdot x[n, m-1] + a_2 \cdot x[n-1, m] .$$

b) Weder für die erste Zeile noch die erste Spalte des Bildes liegt die Schablone vollständig im Bild und es muss auf ein anderes Prädiktionsverfahren zurückgegriffen werden. In der ersten Zeile könnte zum Beispiel der linke Nachbar als Schätzwert genommen werden, in der ersten Spalte der obere Nachbar. Die Werte aus diesem Randbereich stehen nicht für das Bestimmen von a_1 und a_2 zur Verfügung.

Das erste Paar aus Vorgängerwerten und aktuellem Wert liegt für die Position $[1,1]$ mit $x[1,1] = 4$ vor. Damit hat man eine Bedingung, welche jedoch nicht für das Bestimmen der beiden Unbekannten a_1 und a_2 ausreicht. Erst wenn auch der nächste Bildpunkt $x[1,2] = 3$ verarbeitet wurde, können wir folgendes Gleichungssystem aufstellen

$$\mathbf{X} \cdot \mathbf{a} = \mathbf{y}$$
$$\begin{pmatrix} x[1,0] & x[0,1] \\ x[1,1] & x[0,2] \end{pmatrix} \cdot \begin{pmatrix} a_1 \\ a_2 \end{pmatrix} = \begin{pmatrix} x[1,1] \\ x[1,2] \end{pmatrix}$$
$$\begin{pmatrix} 2 & 2 \\ 4 & 3 \end{pmatrix} \cdot \begin{pmatrix} a_1 \\ a_2 \end{pmatrix} = \begin{pmatrix} 4 \\ 3 \end{pmatrix} .$$

Die erste Zeile des Gleichungssystems stammt von der Position $[1,1]$ und die Werte der zweiten Zeile beziehen sich auf Position $[1,2]$. Man erhält $\mathbf{a} = (-3.0 \ 5.0)^{\mathrm{T}}$. Der Schätzwert für den darauf folgenden Bildpunktwert $x[1,3]$ beträgt also

$$\hat{x}[1,3] = a_1 \cdot x[1,2] + a_2 \cdot x[0,3]$$
$$= -3.0 \cdot 3 + 5.0 \cdot 2 = 1 .$$

Fortsetzung in **Beispiel 6.3**

Beispiel 6.3: Lineare Prädiktion von Signalwerten (Fortsetzung)

c) Mit jedem verarbeiteten Wert wachsen die Matrix $\mathbf{X}$ und der Vektor $\mathbf{y}$ und die statistische Sicherheit, brauchbare Parameter zu bekommen, steigt. Für den Bildpunktwert $x[2,4] = 2$ können die beiden Parameter bereits auf Basis des folgenden Gleichungssystems berechnet werden

$$\mathbf{X} \cdot \mathbf{a} = \mathbf{y}$$

$$\begin{pmatrix} 2 & 2 \\ 4 & 3 \\ 3 & 2 \\ 3 & 1 \\ 3 & 2 \\ 1 & 4 \\ 3 & 3 \\ 4 & 3 \end{pmatrix} \cdot \begin{pmatrix} a_1 \\ a_2 \end{pmatrix} = \begin{pmatrix} 4 \\ 3 \\ 3 \\ 3 \\ 1 \\ 3 \\ 4 \\ 3 \end{pmatrix}$$

und man erhält mit Anwendung von Gleichung (6.19):

$$\mathbf{a} = \begin{pmatrix} 0.4118 \\ 0.6775 \end{pmatrix} .$$

Werte (A, B und C in Abb.6.7). Er wurde ursprünglich in [Mar90b] als *Median Adaptive Predictor* (MAP) vorgestellt

$$\hat{X} = \text{median}(A, B, A - C + B) . \tag{6.22}$$

Später hat Weinberger ([Wei00]) die Wirkungsweise des Prädiktors anhand einer Kantendetektion erklärt, wodurch der neue Name *Median Edge Detector* entstand.

Anhand der Grauwerte wird abgeschätzt, ob sich an der aktuellen Position eine horizontale oder vertikale Grauwertkante, oder ein flächiger Signalverlauf befindet. Wenn C größer als A und B ist und B der kleinste Wert, ist eine vertikale Kante anzunehmen. Der vorauszusagende Bildpunkt ist dann vermutlich auf der gleichen Seite der Kante wie B, weshalb B als Prädiktionswert verwendet wird. Ist C der kleinste Wert und B der größte, dann scheint es sich ebenfalls um eine vertikale Struktur zu handeln, nur mit umgekehrtem Vorzeichen des Gradienten. B wird wiederum als Schätzwert eingesetzt. Der Test auf eine horizontale Kante erfolgt in Analogie durch Austauschen von A und B. Falls keine der Bedingungen zutrifft, C also zwischen A und B liegt, wird der Schätzwert auf Basis einer Flächenapproximation festgelegt. Es wird angenommen, dass X in der Ebene liegt, welche durch A, B und C (betrachtet als Punkte im Grauwertgebirge) definiert wird (**Abb. 6.9**)

$$\hat{X} = off[cx] + \begin{cases} \min(A, B) & \text{für} & C > \max(A, B) \\ \max(A, B) & \text{für} & C < \min(A, B) \\ A + B - C & \text{sonst} \end{cases} . \tag{6.23}$$

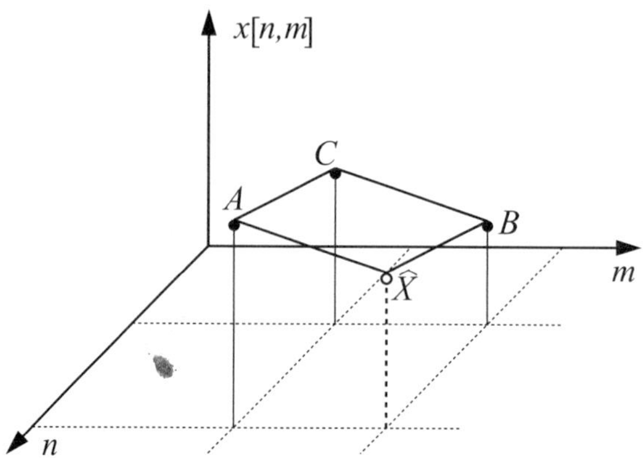

Abbildung 6.9: Berechnen des Schätzwertes $\hat{X} = A + B - C$ unter der Annahme, dass X in derselben Ebene liegt wie A, B und C

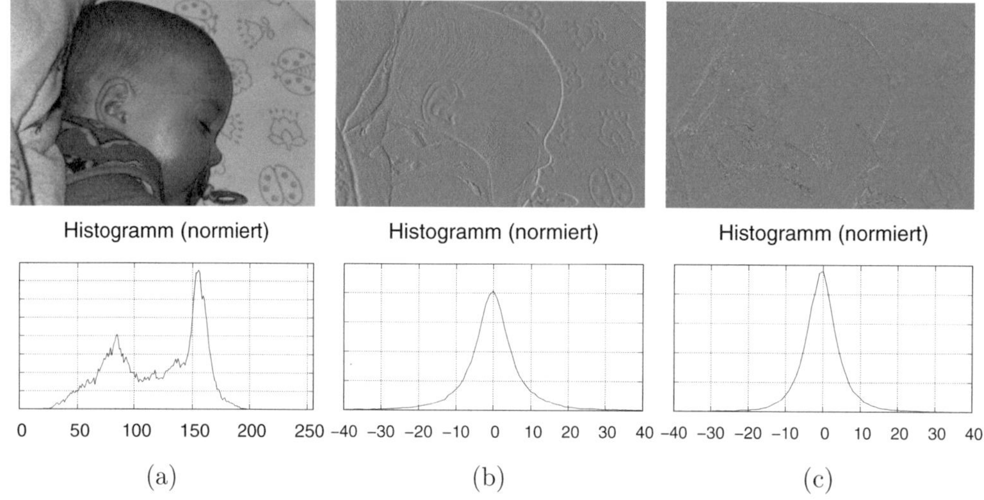

Abbildung 6.10: Bilder und Grauwertverteilungen: (a) Originalsignal $\sigma_x^2 = 1464.61$ und $H = 6.991$ bit/Symbol; (b) nach einfacher Prädiktion (Gl.(6.10)) $\sigma_e^2 = 18.336$ und $H = 4.030$ bit/Symbol; (c) nach nichtlinearer Prädiktion (Gl.(6.23) $\sigma_e^2 = 12.235$ und $H = 3.736$ bit/Symbol)

Eine alternative Berechnung des Schätzwertes wäre

$$\hat{X} = off[cx] + \max(A, B, C) + \min(A, B, C) - C\,.$$

Die Addition eines Offsetwertes (Bias) $off[cx]$ verbessert die Prädiktionsgüte zusätzlich. Dieser Wert muss im Laufe der Codierung in Abhängigkeit vom Kontext cx (von der Textur) angepasst werden. Weitere Ausführungen hierzu gibt es im Abschnitt 8.3.2.3 (Seite 299ff). Eine leicht modifizierte Prädiktionsvorschrift ist in [Pae91] zu finden.

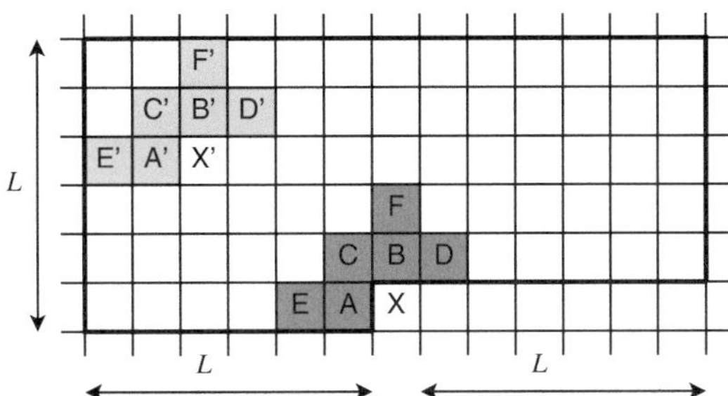

Abbildung 6.11: Vergleich von Texturen: wenn die Werte in der Schablone (A, B, C, D, E, F) den Werten (A', B', C', D', E', F') ähneln, dann ist vermutlich auch X ähnlich zu X'. L legt den Suchraum fest.

In **Abbildung 6.10** sind die Ergebnisse einer einfachen Prädiktion ($\hat{x}[n, m] = x[n, m - 1] = A$) und der nichtlinearen Prädiktion nach Gleichung (6.23) gegenübergestellt. Anhand der Grauwerthistogramme ist deutlich die Konzentration der Signalwerte zu erkennen. Sowohl die Varianz alsauch die Entropie haben sich durch die Prädiktion deutlich verringert.

6.2.5.2 Template-Matching

Die Textur in der Umgebung eines Bildpunktes wird durch dessen Nachbarpunkte definiert. Dies könnten zum Beispiel die in **Abbildung 6.11** gezeigten sechs Bildpunkte A, B, C, D, E und F sein. Diese Werte legen ein Muster innerhalb einer Schablone (engl. *template*) fest. Beginnend von links oben bis zur aktuellen Position wird das Bild durchsucht nach identischen oder ähnlichen Mustern. Dieser Vorgang wird *template matching* oder *pattern matching* genannt [Par04, Kau06]. Je größer die Ähnlichkeit zwischen dem aktuellen und einem Muster an anderer Position ist, desto größer ist die Chance, dass der Wert X' ein guter Schätzwert für X ist.

Im Allgemeinen ist diese Suche relativ rechenaufwändig, weshalb sie meist auf eine maximale Entfernung zur aktuellen Position begrenzt wird. Dadurch können aber nur Muster innerhalb dieses Suchraumes für die Prädiktion verwendet werden. Falls das aktuelle Muster schon einmal in einer größeren Entfernung als L Bildpunkte auftrat, so wäre diese Information nicht mehr verfügbar.

Ein Abstandsmaß legt die Ähnlichkeit der Muster fest. Mögliche Kandidaten hierfür sind die Summe der absoluten Differenzen $SAD = |A' - A| + |B' - B| + \cdots + |F' - F|$ oder die maximale absolute Differenz $maxDiff = \max(|A' - A|, |B' - B|, \ldots, |F' - F|)$.

Es ist auch denkbar, die X'-Werte von verschiedenen Positionen, welche eine ausreichende Ähnlichkeit zur aktuellen Textur haben, gewichtet miteinander zu kombinieren.

Für synthetische Bilddaten (Text, Grafik etc.) lassen sich mit diesem Verfahren sehr gute Voraussagen machen und hohe Kompressionsverhältnisse erreichen [Str16c, Str20b, Och21, Udd23, Och24b, Och24a].

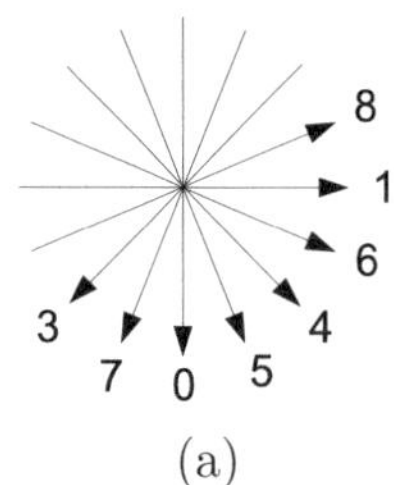

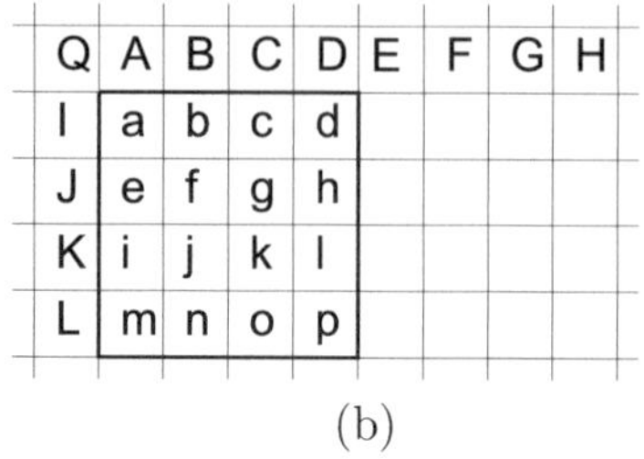

(a)   (b)

Abbildung 6.12: Örtliche Prädiktion für 4×4-Blöcke: (a) Richtungen der Prädiktion, (b) Verwenden der Bildpunkte A bis Q als Informationsquelle

6.2.6   Blockbasierte Prädiktion

Die bisher besprochenen Verfahren zur Prädiktion gingen immer davon aus, dass Encoder und Decoder synchron arbeiten und beide die erforderlichen Parameter aus vorangegangenen Signalwerten ableiten können. Das Übertragen von Seiteninformation für jeden einzelnen Signalwert wäre zu aufwändig. Wenn man jedoch mehrere Signalwerte zusammenfasst, z. B. zu einem Block, dann könnte es sich lohnen, eine Information darüber zu senden, welcher Prädiktionsmodus tatsächlich verwendet wurde.

6.2.6.1   Blockbasierte Prädiktion in H.264

Eine solche blockbasierte Prädiktion wurde erstmals für den Videokompressionsstandard MPEG-4 (H.264/AVC) eingesetzt. Sie basiert auf einer Voraussage von Blöcken mit 4 mal 4 Bildpunkten und ist gut geeignet für detailreiche Regionen eines Bildes. Da es bei der Videokompression auch eine *zeitliche* Prädiktion zwischen den Bildern eine Sequenz gibt (siehe Kapitel 9), wird hier zur Abgrenzung von *örtlicher* Prädiktion gesprochen.

Die Bildpunkte a bis p (siehe **Abb. 6.12**b) werden aus den Werten der Bildpunkte A bis Q vorausgesagt. In Abhängigkeit von der Texturrichtung des Blockinhaltes wählt der Encoder einen von neun verschiedenen Prädiktionsmodi. Im so genannten DC-Modus (Modus 2) werden alle Schätzwerte für a bis p auf den Mittelwert der direkten Nachbarpunkte gesetzt

$$\hat{x} = (A + B + C + D + I + J + K + L + 4) >> 3 \,.$$

Die anderen Modi sind richtungsabhängig und für die Voraussage von Bildstrukturen mit verschiedenen Orientierungen hilfreich [ITU03]. Auf die Kennzeichnung des Schätzwertes durch ^ wird für die folgenden Beispiel verzichtet.

- Modus 0 beschreibt eine vertikale Prädiktion. Die Werte A bis D dienen als Schätzwerte für die darunter liegenden Bildpunkte (a = e = i = m = A, b = f = j = n = B usw.).

- Modus 3 (diagonal von rechts-oben nach links-unten) setzt die Voraussagewerte auf

  a = (A+2*B+C+2)>>2,   b = e = (B+2*C+D+2)>>2,
  c = f = i = (C+2*D+E+2)>>2,   d = g = j = m = (D+2*E+F+2)>>2,

$$h = k = n = (E + 2*F + G + 2) >> 2, \qquad l = o = (F + 2*G + H + 2) >> 2 \quad \text{und}$$
$$p = (G + 3*H + 2) >> 2.$$

- Modus 8 (schräg horizontal nach oben) verwendet

$$a = (I+J+1) >> 1, \qquad e = c = (J+K+1) >> 1,$$
$$i = g = (K+L+1) >> 1, \qquad m = k = l = n = o = p = L,$$
$$b = (I + 2*J + K + 2) >> 2, \qquad f = d = (J + 2*K + L + 2) >> 2 \quad \text{und}$$
$$j = h = (K + 3*L + 2) >> 2.$$

Die Addition von 1 bzw. 2 innerhalb der Klammern dient dem korrekten Runden. Dieses Prinzip lässt sich auf andere Blockgrößen erweitern, wie zum Beispiel Blöcke mit 8×8, 16×16 oder 32×32 Bildpunkten.

6.2.6.2 Blockbasierte Prädiktion in H.265/HEVC

Die Güte der Prädiktion hängt unter anderem davon ab, wie gut die Richtung der Voraussage und der tatsächliche Winkel der Prädiktion über einstimmen. Speziell für größere Blöcke ist eine feiner abgestufte Auflösung der Prädiktionsrichtungen von Vorteil. Im Standard H.265/HEVC gibt es deshalb 33 richtungsabhängige Prädiktionsmodi statt nur 8 wie bei H.264 [Lai12]. Die Richtungen sind in **Abbildung 6.13** dargestellt. Es ist zu erkennen, dass in horizontaler und vertikaler Richtung eine etwas feinere Winkel-Auflösung genutzt wird. Der Grund ist, dass in mit einer Kamera aufgenommenen Bildern solche Kanten häufiger auftreten als andere (solange die Kamera waagerecht gehalten wird).

Alle Bildpunkte eines Prädiktionsblocks (PB) werden mit Hilfe von örtlich benachbarten, rekonstruierten Bildpunkten vorhergesagt. Für einen PB der Größe $N \times N$ werden maximal $4 \cdot N + 1$ Nachbarwerte verwendet (**Abbildung 6.14**). Die Prädiktionsmodi 2 bis 17 verwenden ausschließlich Referenz-Bildpunkte aus der Spalte links vom aktuellen PB und die Modi 18 bis 34 nutzen nur die Referenz-Bildpunkte oberhalb des aktuellen Blocks. Wenn allerdings die gewählte Prädiktionsrichtung auf Bildkoordinaten zeigt, die nicht innerhalb der grau hinterlegten Region liegt (Abb.6.14), dann müssen diese fehlenden Referenz-Bildpunkte durch andere aus dem grauen Bereich ersetzt werden. Das ist exemplarisch in **Abbildung 6.15** gezeigt.

In Abhängigkeit von der gewählten Prädiktionsrichtung wird ein vorherzusagender Punkt $x_{n,m}$ auf die Referenzzeile (bzw. Referenzspalte) projiziert und ein Schätzwert durch bilineare Interpolation berechnet. Für vertikale Prädiktionsrichtungen berechnet man

$$\hat{x}_{n,m} = [(32 - w_m) \cdot r_{i,0} + w_m \cdot r_{i+1,0} + 16] >> 5 . \tag{6.24}$$

Hierbei sind $n = 0, 1, \ldots, N-1$ der Spaltenindex und $m = 0, 1, \ldots, N-1$ der Zeilenindex des vorherzusagenden Sigalwertes sowie $i = -N, \ldots, -1, 0, 1, \ldots, N$ der Index in der Referenzzeile.

Das Gewicht $w_m = 0, 1, 2, \ldots, 31$ wird mit 1/32-Genauigkeit aus dem Versatz d bestimmt, welcher sich aus dem gewählten Prädiktionsmodus ergibt, siehe **Beispiel 6.4**. Wie der Vektor der Referenz-Bildpunkte durch Substitution für die einzelnen Prädikti-

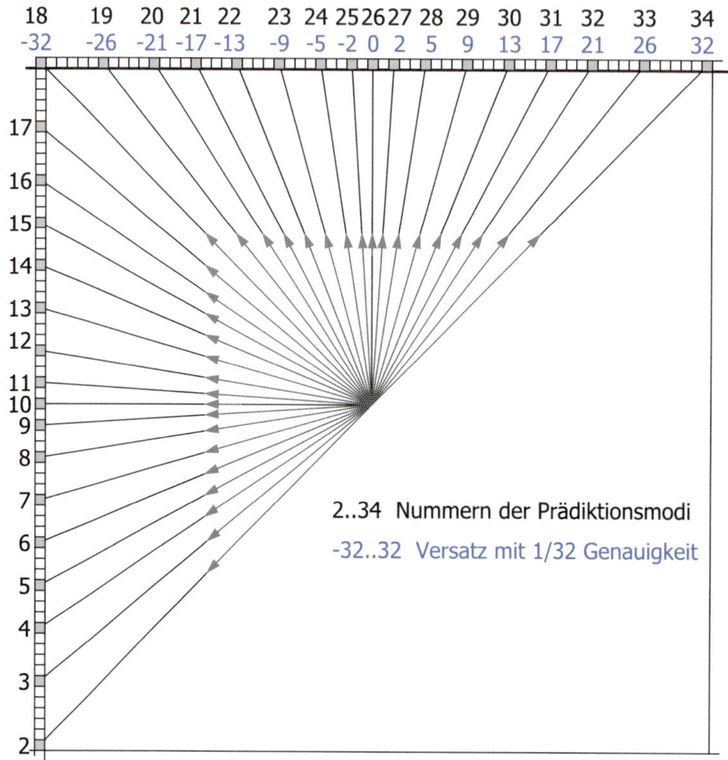

Abbildung 6.13: Prädiktionsrichtungen der 33 richtungsabhängigen Modi der örtlichen Prädiktion in HEVC

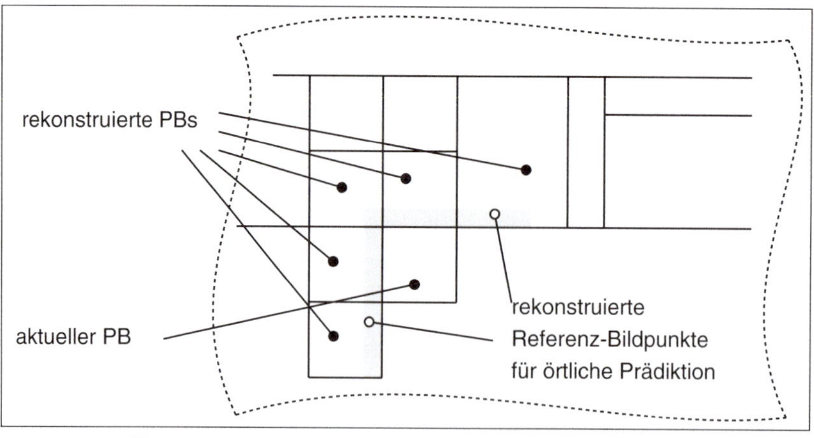

Abbildung 6.14: Örtliche Prädiktion eines Blocks auf Basis von direkt benachbarten, rekonstruierten Bildpunkten

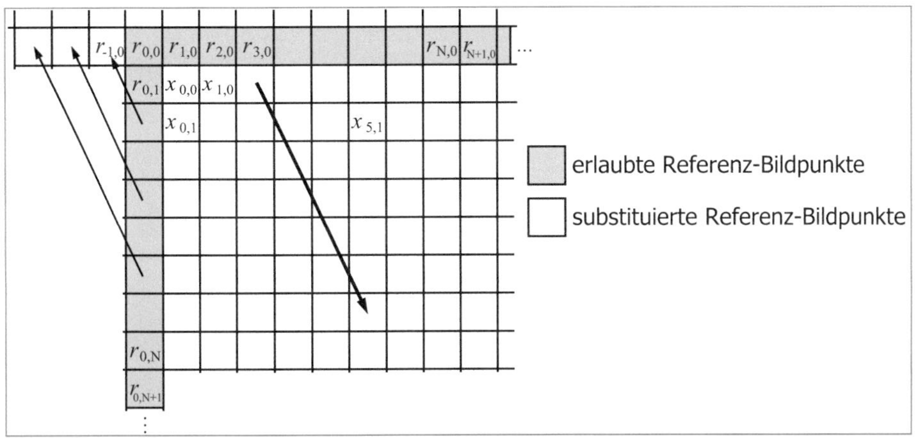

Abbildung 6.15: Örtliche Prädiktion: Erweiterung der oberen Referenzzeile $r_{i,0}$ durch Substitution von fehlenden Referenz-Bildpunkten bei einer vertikalen Prädiktionsrichtung mit einem Versatz von $-17/32$ pro Zeile (Prädiktionsmodus 21)

Beispiel 6.4: Berechnung von Schätzwerten unter Berücksichtigung der Prädiktionsrichtung in HEVC

Für die in Abbildung 6.15 gezeigte Richtung ist der Versatz $d = -17$. Das Gewicht w_m und der Referenzindex i sind somit für den Punkt $x_{n,m} = x_{0,0}$

$$d_m = d \cdot (m+1) = -17 \cdot 1 = -17$$
$$w_m = d_m \,\&\, 31 = (-17 + 32) \bmod 32 = 15$$
$$i = (n+1) + (d_m >> 5) = 1 + (-17 >> 5) = 0 \,.$$

Die Operation '&' führt eine Bitweise Und-Operation durch. Der Schätzwert berechnet sich gemäß (6.24) mit

$$\hat{x}_{n,m} = [17 \cdot r_{0,0} + 15 \cdot r_{1,0} + 16] >> 5 \,.$$

Für den Punkt $x_{5,1}$ gelten

$$d_m = d \cdot (m+1) = -17 \cdot 2 = -34$$
$$w_m = d_m \,\&\, 31 = (-34 + 2 \cdot 32) \bmod 32 = 30$$
$$i = (n+1) + (d_m >> 5) = 6 + (-34 >> 5) = 4$$

und

$$\hat{x}_{5,1} = [2 \cdot r_{4,0} + 30 \cdot r_{5,0} + 16] >> 5 \,.$$

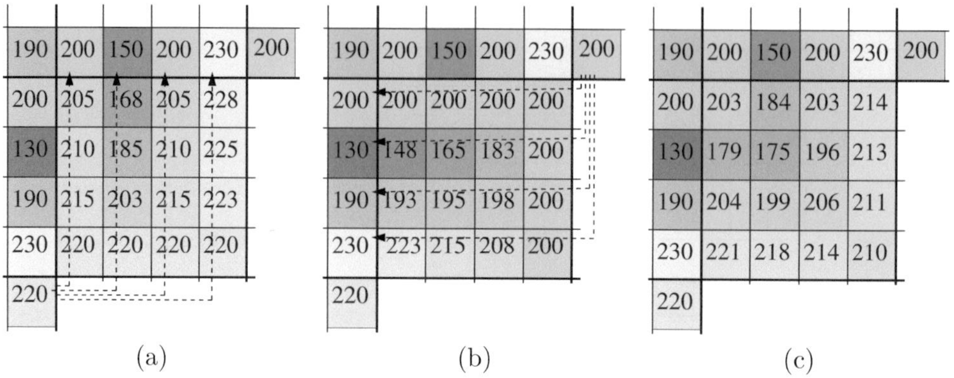

190	200	150	200	230	200
200	205	168	205	228	
130	210	185	210	225	
190	215	203	215	223	
230	220	220	220	220	
220					

(a)

190	200	150	200	230	200
200	200	200	200	200	
130	148	165	183	200	
190	193	195	198	200	
230	223	215	208	200	
220					

(b)

190	200	150	200	230	200
200	203	184	203	214	
130	179	175	196	213	
190	204	199	206	211	
230	221	218	214	210	
220					

(c)

Abbildung 6.16: Beispiel für eine planare Prädiktion gemäß Gleichung (6.26): (a) vertikale Interpolation $\lfloor (x_{n,m}^V + 2)/4 \rfloor$; (b) horizontale Interpolation $\lfloor (x_{n,m}^H + 2)/4 \rfloor$; (c) Gesamtergebnis $\hat{x}_{n,m}$

onsrichtungen bestimmt wird, ist in [Wie14] sehr gut grafisch dargestellt.

Zusätzlich zu den 33 richtungsabhängigen Prädiktionsmodi ist eine so genannte *Planar-Prediction* möglich und es gibt einen DC-Modus (Annahme eines konstanten Bildsignals) wie bei H.264. Letzterer berechnet einen Mittelwert aus den dichtesten $2N$ Nachbarbildpunkten gerundet auf eine ganze Zahl für eine Blockgröße von $N \times N$ mit

$$\hat{x}_{\mathrm{DC}} = \left(\sum_{n=1}^{N} r_{n,0} + \sum_{m=1}^{N} r_{0,m} + N \right) >> (\log_2(N) + 1) \qquad N = 2^i, i = 2, 3, 4, 5 . \quad (6.25)$$

Die planare Prädiktion hat einen irreführenden Namen, weil hier gar keine Ebenen-Approximation durchgeführt wird, sondern zwei bilineare Interpolation mit Hilfe der Referenz-Eckpunkte, welche anschließend gemittelt werden. Dieser Modus wird bei allen Blockgrößen unterstützt und erzeugt weniger Diskontinuitäten an den Blockgrenzen. Über zwei Zwischenwerte berechnen sich die einzelnen Schätzwerte nach

$$x_{n,m}^V = (N - m - 1) \cdot r_{n,0} + (m + 1) \cdot r_{0,N+1}$$
$$x_{n,m}^H = (N - n - 1) \cdot r_{0,m} + (n + 1) \cdot r_{N+1,0}$$
$$\hat{x}_{n,m} = (x_{n,m}^V + x_{n,m}^H + N) >> (\log_2(N) + 1) . \quad (6.26)$$

Die dritte Gleichung berechnet den Mittelwert der ersten beiden mit Runden auf eine ganze Zahl. **Abbildung 6.16** zeigt ein Beispiel.

Die blockbasierte Verarbeitung bringt zwei signifikante Probleme mit sich. Erstens nimmt die Vorhersagegenauigkeit typischer Weise mit der Distanz zu den verwendeten Referenzpunkten ab. Und zweitens führt sie zu sichtbaren Kanten an den Blockgrenzen. Deshalb werden in praktischen Lösungen verschiedene Tricks angewendet, um diese Nachteile zu kaschieren. Weitere Information dazu gibt es im Abschnitt 8.6.

Das Codieren der Prädiktorauswahl erfolgt nach den in Kapitel 3 besprochenen Prinzipien, wobei die Prädiktornummern Symbole eines entsprechenden Alphabets sind.

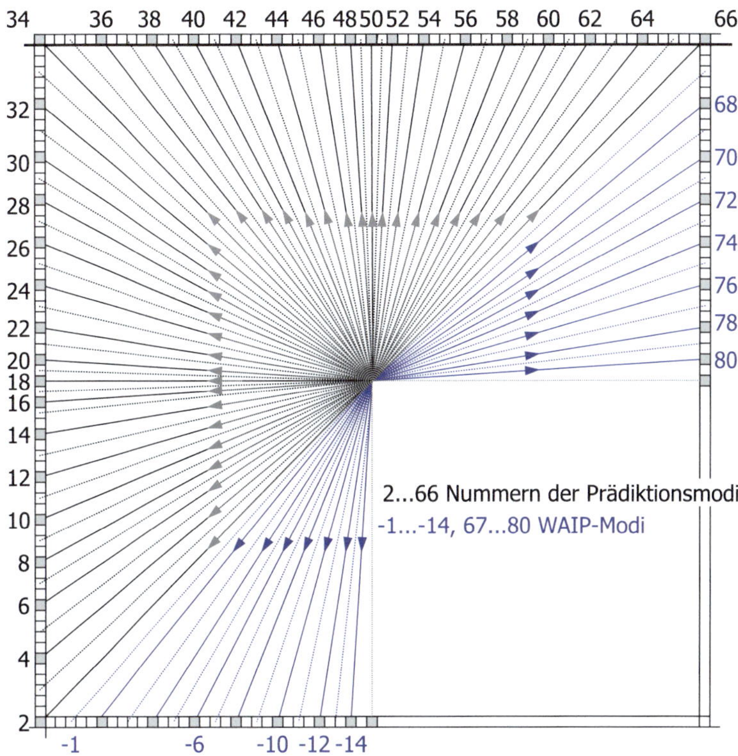

Abbildung 6.17: Prädiktionsrichtungen der richtungsabhängigen Modi der örtlichen
Prädiktion in VVC

6.2.6.3 Blockbasierte Prädiktion in H.266/VVC

Für den Videokompressionsstandard Versatile-Video-Coding (VVC) wurde die Winkel-
auflösung gegenüber HEVC noch einmal verdoppelt, sodass insgesamt 65 richtungsabhängige Prädiktionsmodi zur Verfügung stehen [Pfa21]. **Abbildung 6.17** zeigt die verschiedenen Richtungen, wobei die geraden Nummern von 2 bis 66 den Modi aus HEVC
entsprechen. Außerdem werden nicht nur quadratische Blöcke unterstützt, sondern auch
rechteckige der Größe $N \times M$ mit $N, M \in \{4, 8, 16, 32, 64\}$. Für diese rechteckigen Blöcke
gibt es einen erweiterten Winkelbereich jenseits von 45° bezogen auf die horizontale bzw.
vertikale Richtung. Diese Weitwinkel-Modi werden als Wide-Angular-Intra-Prediction
(WAIP) bezeichnet [Zha19]. Die Positionen von breiten Rechtecken liegen bei bestimmten horizontalen Prädiktionsmodi (8 ... 16) tendenziell dichter an der oberen Referenzpunktzeile als an der vertikalen Referenzpunktzeile. Deshalb werden sie nicht von links
unten, sondern von rechts oben vorausgesagt (67 ... 80), **Abbildung 6.18**(a). Hochge-
streckte Blöcke werden in Analogie von unten links (-1 ... -14) statt von oben rechts
prädiziert (52 ... 60), **Abbildung 6.18**(b).

Auf Basis des Seitenverhältnisses des rechteckigen Blocks wird ermittelt, welche regulären Prädiktionsrichtungen durch einen korrespondierenden Weitwinkel-Modus ersetzt

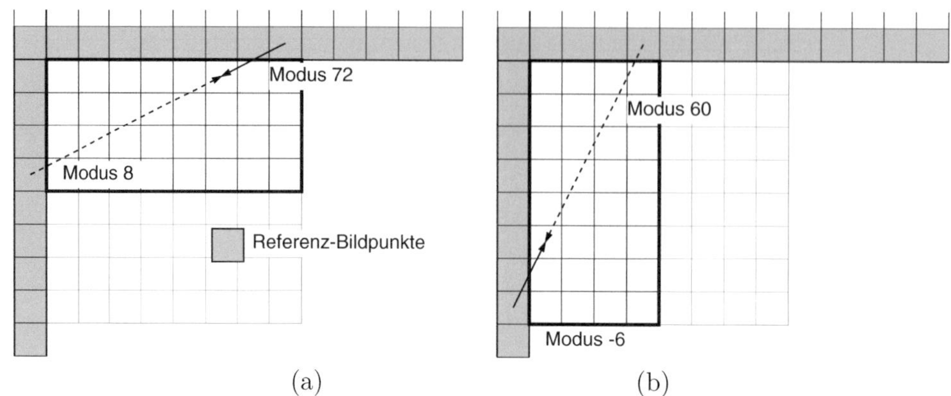

Abbildung 6.18: Beispiele für die Substitution eines regulären Prädiktionsmodus (8 bzw. 60) durch einen anderen (72 bzw. -6) im WAIP-Modus von VVC

Tabelle 6.1: Korrespondierende Weitwinkel-Modi der örtlichen Prädiktion in VVC

Breite Höhe	entgegengesetzte Modus-Indizes	
	WAIP	regulär
16:1	67 … 80	3 … 16
8:1	67 … 78	3 … 14
4:1	67 … 76	3 … 12
2:1	67 … 72	3 … 8
1:1	-	2, 66
1:2	-6 … -1	60 … 65
1:4	-10 … -1	56 … 65
1:8	-12 … -1	54 … 65
1:16	-14 … -1	52 … 65

werden, **Tabelle 6.1**. Dieses Umschalten geschieht automatisch, sodass keine zusätzliche Signalisierung erforderlich ist. Je schmaler ein Block ist, desto mehr fächert sich der Bereich für den Wechsel des WAIP-Modus auf.

Der DC-Mode funktioniert für quadratische Blöcke in VVC wie in Gleichung (6.25) beschrieben. Für rechteckige Blöcke wäre die Anzahl der Referenzpunkte aber keine Potenz von zwei und die Division kann nicht durch eine Bitshift-Operation realisiert werden. Deshalb werden bei rechteckigen Blöcken nur die Referenzpunkte an der längeren Seite des Blocks gemittelt.

Der Planar-Modus funktioniert im Prinzip wie bereits für HEVC beschrieben (siehe Seite 166).

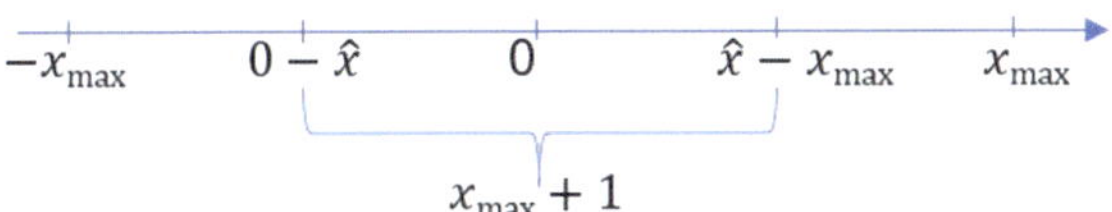

Abbildung 6.19: Tatsächlicher (relativer) Wertebereich eines Prädiktionsfehlers $0 - \hat{x} \leq e \leq x_{\mathrm{max}} - \hat{x}$ bei bekanntem Schätzwert $\hat{x}$

6.2.7 Der Wertebereich von Prädiktionsfehlern

Gegeben sei ein Signal $\{x[n]\}$ mit Abtastwerten $0 \leq x \leq x_{\mathrm{max}}$. Aufgrund der Berechnung der Prädiktionsfehler e aus der Differenz von tatsächlichem Signalwert x und dem Schätzwert $\hat{x}$

$$e = x - \hat{x}$$

können theoretisch Prädiktionsfehler im Bereich $-x_{\mathrm{max}} \leq e \leq x_{\mathrm{max}}$ auftreten. Betrachtet man allerdings einen einzelnen konkreten Prädiktionsschritt (**Abb. 6.19**), dann wird offensichtlich, dass der Prädiktionsfehler in einem deutlich kleinerem Bereich liegt, der vom Schätzwert abhängt, nämlich

$$0 - \hat{x} \leq e \leq x_{\mathrm{max}} - \hat{x} \, .$$

Dieser Fakt ermöglicht eine weitere Reduktion der Schätzfehlervarianz, da der relative Wertebereich von e nicht größer als der von x ist. Mit Hilfe einer Modulo-Operation wird der Bereich zunächst auf Werte $-\lfloor (x_{\mathrm{max}} + 1)/2 \rfloor \leq e \leq \lfloor x_{\mathrm{max}}/2 \rfloor$ zentriert:

$$
\begin{aligned}
&\text{if} && (e > \lfloor x_{\mathrm{max}}/2 \rfloor) && e' \leftarrow e - (x_{\mathrm{max}} + 1); \\
&\text{else if } (e < -\lfloor (x_{\mathrm{max}} + 1)/2 \rfloor) && e' \leftarrow e + (x_{\mathrm{max}} + 1); \\
&\text{else} && e' \leftarrow e;
\end{aligned}
$$

Durch die nachträgliche Addition von $\lfloor (x_{\mathrm{max}} + 1)/2 \rfloor$ könnte e sogar in den originalen Wertebereich von $0 \dots x_{\mathrm{max}}$ verschoben werden.

Auf der Empfängerseite wird die Modulo-Operation dadurch erkannt, dass der rekonstruierte Wert $x' = e' + \hat{x}$ außerhalb des erlaubten Wertebereichs liegt. Mit einer erneuten Modulo-Operation wird er korrigiert

$$
\begin{aligned}
&\text{if} && (x' > x_{\mathrm{max}}) && x \leftarrow x' - (x_{\mathrm{max}} + 1); \\
&\text{else if } (x < 0) && x \leftarrow x' + (x_{\mathrm{max}} + 1); \\
&\text{else} && x \leftarrow x';
\end{aligned}
$$

Beispiel 6.5 zeigt die Funktionsweise dieser Modulo-Operation.

6.2.8 Anmerkungen

Der Erfolg einer Voraussage ist, wie bei allen Verarbeitungsschritten in einem Kompressionssystem, von der realitätsnahen Modellierung des zu verarbeitenden Signals abhängig. In puncto Prädiktion sollte man mindestens folgende drei Arten von Signalen unterscheiden.

Beispiel 6.5: Einschränkung des Wertebereiches von Prädiktionsfehlern durch Modulo-Operation

---

Ein Signal enthält Abtastwerte im Bereich von 0 bis $x_{\mathrm{max}} = 200$. An einer bestimmten Position innerhalb des Signals wird ein Abtastwert von $x = 10$ durch einen zu hohen Schätzwert von $\hat{x} = 160$ vorausgesagt. Welcher Prädiktionsfehler wird nach Einschränken des Wertebereichs übertragen? Wie wird der Signalwert richtig rekonstruiert?

Lösung:
Der eingeschränkte Wertebereich des Prädiktionsfehlers lautet

$$-\lfloor (200+1)/2 \rfloor \ \leq \ e' \ \leq \ \lfloor 200/2 \rfloor \qquad \rightsquigarrow \qquad -100 \ \leq \ e' \ \leq \ 100$$

Der Schätzfehler wird ermittelt gemäß

$$\begin{aligned} e \ &= \ x - \hat{x} = 10 - 160 = -150 \\ (e \ &< \ -100) \quad \rightsquigarrow \quad e' \leftarrow e + (200+1) = 51 \end{aligned}$$

Ein Schätzfehler von $e' = 51$ wird übertragen.

Auf der Empfängerseite wird berechnet

$$\begin{aligned} x' \ &= \ e' + \hat{x} = 51 + 160 = 211 \\ (x' \ &> \ 200) \quad \rightsquigarrow \quad x \leftarrow x' - (200+1) = 10 \end{aligned}$$

Der richtige Signalwert $x = 10$ wurde rekonstruiert.

Diskontinuierliche Signale mit eingeschränkten diskreten Werten sind durch dünn besetzte Häufigkeitsverteilungen gekennzeichnet. In Computergrafiken kommen bestimmte Signalwerte x beispielsweise häufig vor, während Werte etwas größer oder kleiner als x gar nicht auftreten. Sobald diese Werte x aus bereits verarbeiteten Signalabschnitten bekannt sind, sollte das Prädiktionsmodul dieses Wissen nutzen und zum Beispiel auf eine lineare Überlagerung von Signalwerten verzichten und versuchen, exakte Voraussagen zu machen. Dadurch entsteht unter Umständen eine multimodale Verteilung der Prädiktionsfehler, deren Entropie kann aber trotzdem kleiner sein als bei einer unimodalen Verteilung.

Kontinuierliche Signale, die relativ gut durch einfache mathematische Funktionen modellierbar sind, bilden die zweite Gruppe. Hier kommt es darauf an, den Verlauf des Signals möglichst gut zu extrapolieren. Im Allgemeinen reicht ein lokal begrenzter Signalabschnitt für das Bestimmen des Signalmodells aus.

Verrauschte Signale, die sich nur mit statistischen Modellen beschreiben lassen, können nicht mit einfachen Methoden extrapoliert werden. Ein lokal begrenzter Signalausschnitt würde durch die mehr oder weniger zufällige Anordnung der Signalwerte einen Signalverlauf suggerieren, der nicht vorhanden ist. Für eine, statistisch gesehen, erfolgreiche Voraussage des nächsten Signalwertes ist die Analyse einer deutlich größeren Umgebung erforderlich, um relevante Aussagen über den nächsten Signalwert treffen zu können.

Der nicht-lineare Prädiktor aus Gleichung (6.23), zum Beispiel, ist für die ersten beiden Arten von Signalen relativ erfolgreich, versagt aber bei verrauschten Bildern, weil (i) die Kantendetektion durch den Rauschanteil fehlgeleitet wird und (ii) das direkte Verwenden des linken oder oberen Nachbars nur suboptimal sein kann. Für Signale mit hohem Rauschanteil sind im Allgemeinen solche Verfahren besser, welche die Prädiktionsparameter mit Hilfe der Ausgleichsrechnung (Least-Squares Methode) ermitteln (siehe Abschnitt 6.2.2).

Ein wesentlicher Unterschied zwischen der Prädiktion und den im Anschluss beschriebenen Transformationen und Filterbänken ist der rekursive Charakter der Signalverarbeitung. Ein fehlerhaft decodierter Prädiktionsfehler wirkt sich auf alle nachfolgend rekonstruierte Signalwerte aus. Bei einer Transformation haben die Transformationsergebnisse je nach Basisfunktion nur einen begrenzten Einfluss, wie noch zu zeigen ist.

6.3　Transformationen

In der Datenkompression werden Transformationen genau wie die Verfahren der Prädiktion zur Dekorrelation der Daten eingesetzt. Nach der Transformation auf der Sendeseite soll sich die Signalinformation auf wenige Signalwerte konzentrieren, d. h., möglichst wenige Werte sollen nach der Transformation wichtig für die Repräsentation der Signalinformation sein und die anderen entsprechend unwichtig. Zunächst wird der allgemeine mathematische Apparat der Signaltransformationen beschrieben. Anschließend erfolgt eine Interpretation mit Hinblick auf die Datenkompression.

6.3.1　Diskrete Transformationen

Die folgenden Ausführungen beschränken sich auf die Transformation von eindimensionalen Signalen. Alle hier näher zu betrachtenden Transformationen sind separierbar. Das bedeutet, eine mehrdimensionale Transformation lässt sich durch nacheinander ausgeführte, eindimensionale Transformationen realisieren.

Eine allgemeine diskrete Signaltransformation wird beschrieben mit

$$X[k] = \sum_{n=0}^{N-1} x[n] \cdot a[k,n]\,, \qquad k = 0, 1 \ldots, N-1\,. \tag{6.27}$$

Das diskrete Originalsignal $x[n]$ der Länge N wird mit Hilfe eines Transformationskerns $a[n,k]$ in ein transformiertes Signal $X[k]$ mit ebenfalls N Werten überführt. Der Transformationskern bestimmt die Eigenschaften der Transformation. Die Rücktransformation lautet

$$x[n] = \sum_{k=0}^{N-1} X[k] \cdot b[n,k]\,, \qquad n = 0, 1 \ldots, N-1\,, \tag{6.28}$$

mit $b[k, n]$ als Kern der Rücktransformation. Betrachtet man das Originalsignal und das transformierte Signal als Spaltenvektoren

$$\mathbf{x} = (x_0\, x_1\, \ldots\, x_n\, \ldots\, x_{N-1})^{\mathrm{T}} \quad \text{und} \quad \mathbf{X} = (X_0\, X_1\, \ldots\, X_k\, \ldots\, X_{N-1})^{\mathrm{T}},$$

lassen sich Hin- und Rücktransformation in Matrixschreibweise angeben als

$$\mathbf{X} = \mathbf{A} \cdot \mathbf{x}, \quad \mathbf{x} = \mathbf{B} \cdot \mathbf{X} = \mathbf{B} \cdot (\mathbf{A} \cdot \mathbf{x}), \quad \rightsquigarrow \mathbf{B} \cdot \mathbf{A} = \mathbf{I}.$$

Zum Gewährleisten der perfekten Rekonstruktion des Originalsignals muss das Produkt aus Rücktransformationsmatrix und Hintransformationsmatrix eine Einheitsmatrix

$$\mathbf{I} = \begin{pmatrix} 1 & 0 & \cdots & 0 \\ 0 & 1 & \cdots & 0 \\ \vdots & \vdots & \ddots & \vdots \\ 0 & 0 & \cdots & 1 \end{pmatrix}.$$

ergeben. Die Transformationsmatrizen entsprechen den Transformationskernen

$$\mathbf{A} = \Big(a[k, n] \Big) = \begin{pmatrix} a_{0,0} & \cdots & a_{0,n} & \cdots & a_{0,N-1} \\ \vdots & \cdots & \vdots & \cdots & \vdots \\ a_{k,0} & \cdots & a_{k,n} & \cdots & a_{k,N-1} \\ \vdots & \cdots & \vdots & \ddots & \vdots \\ a_{N-1,0} & \cdots & a_{N-1,n} & \cdots & a_{N-1,N-1} \end{pmatrix},$$

$$\mathbf{B} = \Big(b[n, k] \Big) = \begin{pmatrix} b_{0,0} & \cdots & b_{0,k} & \cdots & b_{0,N-1} \\ \vdots & \cdots & \vdots & \cdots & \vdots \\ b_{n,0} & \cdots & b_{n,k} & \cdots & b_{n,N-1} \\ \vdots & \cdots & \vdots & \ddots & \vdots \\ b_{N-1,0} & \cdots & b_{N-1,k} & \cdots & b_{N-1,N-1} \end{pmatrix}.$$

Für die Interpretation der Rücktransformation ist es hilfreich, die Spaltenelemente der Rücktransformationsmatrix zu Spaltenvektoren $\mathbf{b}_k$ zusammenzufassen

$$\mathbf{B} = \Big(\mathbf{b}_k \Big)_{k=0,1,\ldots,N-1}, \quad \mathbf{b}_k = \Big(b[n, k] \Big)_{n=0,1,\ldots,N-1}.$$

Ersetzt man den Transformationskern $b[n, k]$ in Gleichung (6.28) durch die Elemente dieser Spaltenvektoren $\mathbf{b}_k[n]$ erhält man zunächst

$$x[n] = \sum_{k=0}^{N-1} X[k] \cdot \mathbf{b}_k[n], \qquad n = 0, 1 \ldots, N-1. \tag{6.29}$$

Ohne das Indizieren mit n folgt daraus

$$\boxed{\mathbf{x} = \sum_{k=0}^{N-1} X[k] \cdot \mathbf{b}_k = \mathbf{B} \cdot \mathbf{X}}. \tag{6.30}$$

Beispiel 6.6: Rechenbeispiel zum Zusammenhang zwischen Matrizen von Hin- und Rücktransformation

---

Es sind die Basisfunktionen $\mathbf{b}_0 = (1\ 1\ 1)^\mathrm{T}$, $\mathbf{b}_1 = (1\ {-1}\ 1)^\mathrm{T}$ und $\mathbf{b}_2 = (1\ 0\ {-1})^\mathrm{T}$ gegeben.

a) Wie lautet die Rücktransformationsmatrix?

b) Berechnen Sie das Originalsignal aus den Transformationskoeffizienten $X[k] = (2\ 0\ {-1})^\mathrm{T}$!

c) Bestimmen Sie die Hintransformationsmatrix!

d) Stellen Sie die Basisfunktionen und ihre gewichtete Überlagerung grafisch dar!

Lösung:

a) Die Rücktransformationsmatrix setzt sich spaltenweise aus den Basisfunktionen zusammen:

$$\mathbf{B} = \begin{pmatrix} 1 & 1 & 1 \\ 1 & -1 & 0 \\ 1 & 1 & -1 \end{pmatrix}$$

b) Das Originalsignal berechnet sich nach:

$$\mathbf{x} = \mathbf{B} \cdot \mathbf{X} = \begin{pmatrix} 1 & 1 & 1 \\ 1 & -1 & 0 \\ 1 & 1 & -1 \end{pmatrix} \cdot \begin{pmatrix} 2 \\ 0 \\ -1 \end{pmatrix} = \begin{pmatrix} 1 \\ 2 \\ 3 \end{pmatrix}.$$

Fortsetzung in **Beispiel 6.7**

Man erkennt, dass sich der originale Signalvektor $\mathbf{x}$ aus einer gewichteten Summe von Vektoren $\mathbf{b}_k$ ergibt. Diese Vektoren werden als *Basisvektoren* oder auch *Basisfunktionen* bezeichnet. Die Transformationskoeffizienten $X[k]$ fungieren dabei als Gewichte der einzelnen Basisfunktionen. Dieser Aspekt ist bei der Auswahl einer geeigneten Transformation oder genauer eines Transformationskerns von großer Bedeutung. Gelingt es, einen Transformationskern zu finden, der das Originalsignal mit wenigen signifikanten Basisfunktionen beschreiben kann, so ist mit dieser Transformation eine starke Dekorrelation der Signalwerte zu erzielen. Die meiste Signalinformation konzentriert sich dann in wenigen Transformationskoeffizienten $X[k]$, während die anderen Koeffizienten nur geringe Beträge aufweisen. Ein Rechenbeispiel ist in **Beispiel 6.6** und **6.7** zu sehen.

6.3.2 Orthogonale Transformation

Die Basisvektoren einer Transformation bilden ein *Orthogonalsystem*, wenn sie paarweise senkrecht aufeinander stehen

$$\langle \mathbf{b}_i, \mathbf{b}_j \rangle = \sum_{n=0}^{N-1} b[n,i] \cdot b[n,j] = \begin{cases} 0, & \text{für } i \neq j \\ C_B, & \text{für } i = j, \text{mit } C_B > 0 \end{cases} \tag{6.31}$$

Beispiel 6.7: Fortsetzung von **Beispiel 6.6**

---

c) Die Hintransformationsmatrix ist die Inverse von **B**, welche hier mit der Gauß-Jordan-Eliminierung [Str16b] bestimmt wird:

$$[\mathbf{BI}] = \left.\begin{array}{ccc|ccc} 1 & 1 & 1 & 1 & 0 & 0 \\ 1 & -1 & 0 & 0 & 1 & 0 \\ 1 & 1 & -1 & 0 & 0 & 1 \end{array}\right| \begin{array}{l} \cdot(-1) \\ \leftarrow + \\ \leftarrow + \end{array}$$

$$\mapsto \left.\begin{array}{ccc|ccc} 1 & 1 & 1 & 1 & 0 & 0 \\ 0 & -2 & -1 & -1 & 1 & 0 \\ 0 & 0 & -2 & -1 & 0 & 1 \end{array}\right| \begin{array}{l} \leftarrow + \\ \cdot 0.5 \\ \end{array} \qquad \mapsto \left.\begin{array}{ccc|ccc} 1 & 0 & 0.5 & 0.5 & 0.5 & 0 \\ 0 & -2 & -1 & -1 & 1 & 0 \\ 0 & 0 & -2 & -1 & 0 & 1 \end{array}\right| \begin{array}{l} \\ \leftarrow + \\ \cdot(-0.5) \end{array}$$

$$\mapsto \left.\begin{array}{ccc|ccc} 1 & 0 & 0.5 & 0.5 & 0.5 & 0 \\ 0 & -2 & 0 & -0.5 & 1 & -0.5 \\ 0 & 0 & -2 & -1 & 0 & 1 \end{array}\right| \qquad \mapsto \left.\begin{array}{ccc|ccc} 1 & 0 & 0.5 & 0.5 & 0.5 & 0 \\ 0 & 1 & 0 & 0.25 & -0.5 & 0.25 \\ 0 & 0 & -1 & -0.5 & 0 & 0.5 \end{array}\right| \begin{array}{l} \leftarrow + \\ \\ \cdot 0.5 \end{array}$$

$$\mapsto \left.\begin{array}{ccc|ccc} 1 & 0 & 0 & 0.25 & 0.5 & 0.25 \\ 0 & 1 & 0 & 0.25 & -0.5 & 0.25 \\ 0 & 0 & 1 & 0.5 & 0 & -0.5 \end{array}\right| = [\mathbf{IA}] \ .$$

Die Hintransformationsmatrix ist also

$$\mathbf{A} = \begin{pmatrix} 0.25 & 0.5 & 0.25 \\ 0.25 & -0.5 & 0.25 \\ 0.5 & 0 & -0.5 \end{pmatrix} \ .$$

d) grafische Darstellung der Basisfunktionen und deren gewichtete Überlagerung:
$$x[n] = X[0] \cdot b_0[n] + X[1] \cdot b_1[n] + X[2] \cdot b_2[n] = 2 \cdot b_0[n] + 0 \cdot b_1[n] + (-1) \cdot b_2[n]$$

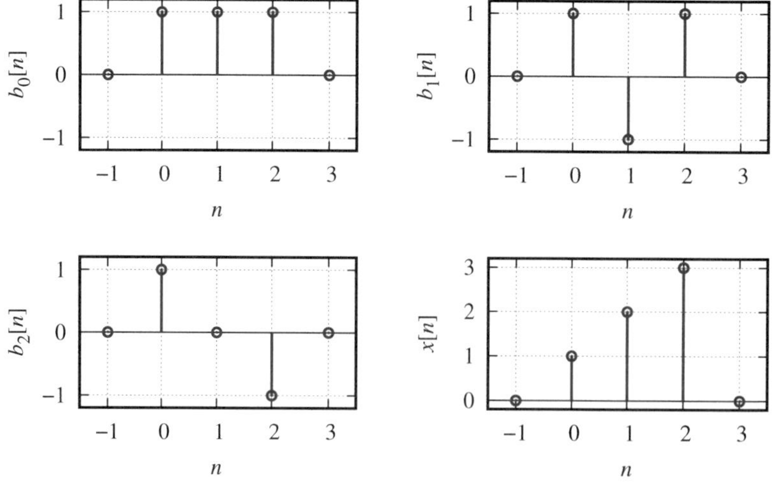

und

$$\langle \mathbf{a}_i, \mathbf{a}_j \rangle = \sum_{n=0}^{N-1} a[i,n] \cdot a[j,n] = \left\{ \begin{array}{ll} 0, & \text{für } i \neq j \\ C_A, & \text{für } i = j, \text{mit } C_A > 0 \end{array} \right. \ .$$

Falls $C_A = C_B = 1$ gilt, dann ist das Basissystem nicht nur orthogonal, sondern darüber hinaus auch *orthonormal*. Für eine orthonormale Transformationsmatrix stimmt die inverse Matrix mit der Transponierten überein

$$\mathbf{A}^{-1} = \mathbf{A}^{\mathrm{T}},$$

d. h. es gilt

$$\mathbf{A}\mathbf{A}^{\mathrm{T}} = \mathbf{A}^{\mathrm{T}}\mathbf{A} = \mathbf{I} \ .$$

Ist die Matrix der Hintransformation bekannt, berechnet sich die Rücktransformationsmatrix für orthonormale Systeme mit

$$\mathbf{B} = \mathbf{A}^{-1} = \mathbf{A}^{\mathrm{T}} \ . \tag{6.32}$$

Dies bedeutet, die Basisvektoren sind sowohl Spalten von $\mathbf{B}$, als auch Zeilen von $\mathbf{A}$.

In einigen Anwendungen kann es von Vorteil sein, mit skalierten Basisfunktionen zu rechnen, wodurch zum Beispiel der Wertebereich der Transformationskoeffizienten beeinflusst wird. Statt mit $\mathbf{A}$ und $\mathbf{B}$ wird die Transformation mit $\mathbf{A}'$ und $\mathbf{B}'$ durchgeführt, wobei gilt

$$\mathbf{A}' = \mathbf{C_A} \cdot \mathbf{A} \quad \text{mit} \quad \mathbf{C_A} = \begin{pmatrix} c_0 & 0 & \cdots & 0 \\ 0 & c_1 & \cdots & 0 \\ \vdots & \vdots & \ddots & \vdots \\ 0 & 0 & \cdots & c_{N-1} \end{pmatrix} \quad \text{und}$$

$$\mathbf{B}' = \mathbf{B} \cdot \mathbf{C_B} \quad \text{mit} \quad \mathbf{C_B} = \begin{pmatrix} 1/c_0 & 0 & \cdots & 0 \\ 0 & 1/c_1 & \cdots & 0 \\ \vdots & \vdots & \ddots & \vdots \\ 0 & 0 & \cdots & 1/c_{N-1} \end{pmatrix} \ . \tag{6.33}$$

Der gesamte Transformationsprozess lautet dann

$$\mathbf{x} = \mathbf{B}' \cdot \mathbf{A}' \cdot \mathbf{x} = \mathbf{B} \cdot \mathbf{C_B} \cdot \mathbf{C_A} \cdot \mathbf{A} \cdot \mathbf{x} \ .$$

Die Skalierungsmatrix $\mathbf{C_A}$ wichtet jeden Koeffizienten X_k des transformierten Signals $\mathbf{X} = \mathbf{A} \cdot \mathbf{x}$ mit einem Wert c_k. Diese Gewichtung wird vor der Rücktransformation durch die Matrix $\mathbf{C_B}$ rückgängig gemacht. Die Matrizen sind nun zwar nicht mehr allein durch Transponieren ineinander überführbar, aber die Eigenschaft der Orthogonalität wird davon nicht berührt.

Der Vorteil des Skalierens sei an **Beispiel 6.8** erläutert.

Beispiel 6.8: Rechenbeispiel zum Skalieren von Transformationsmatrizen

---

Gegeben sei ein orthonormales System mit

$$\mathbf{A} = \begin{pmatrix} \frac{1}{\sqrt{3}} & \frac{1}{\sqrt{3}} & \frac{1}{\sqrt{3}} \\ \frac{1}{\sqrt{6}} & \frac{1}{\sqrt{6}} & -\frac{2}{\sqrt{6}} \\ \frac{1}{\sqrt{2}} & -\frac{1}{\sqrt{2}} & 0 \end{pmatrix} \quad \text{und} \quad \mathbf{B} = \mathbf{A}^{\mathrm{T}} = \begin{pmatrix} \frac{1}{\sqrt{3}} & \frac{1}{\sqrt{6}} & \frac{1}{\sqrt{2}} \\ \frac{1}{\sqrt{3}} & \frac{1}{\sqrt{6}} & -\frac{1}{\sqrt{2}} \\ \frac{1}{\sqrt{3}} & -\frac{2}{\sqrt{6}} & 0 \end{pmatrix} .$$

Wie sich leicht nachprüfen lässt, erfüllen alle Spaltenvektoren aus $\mathbf{B}$ die Bedingungen aus (6.31) mit $C_B = 1$. Die praktische Anwendung dieser Matrizen erfordert allerdings das Rechnen mit irrationalen Zahlen. Dies kann man verhindern durch eine geeignete Skalierung mit

$$\mathbf{C_A} = \begin{pmatrix} \sqrt{3} & 0 & 0 \\ 0 & \sqrt{6} & 0 \\ 0 & 0 & \sqrt{2} \end{pmatrix} \quad \text{und} \quad \mathbf{C_B} = \mathbf{C_A}^{-1} = \begin{pmatrix} \frac{1}{\sqrt{3}} & 0 & 0 \\ 0 & \frac{1}{\sqrt{6}} & 0 \\ 0 & 0 & \frac{1}{\sqrt{2}} \end{pmatrix} .$$

Es ergeben sich

$$\mathbf{A}' = \mathbf{C_A} \cdot \mathbf{A} = \begin{pmatrix} 1 & 1 & 1 \\ 1 & 1 & -2 \\ 1 & -1 & 0 \end{pmatrix} \quad \text{und} \quad \mathbf{B}' = \mathbf{B} \cdot \mathbf{C_B} = \frac{1}{6} \cdot \begin{pmatrix} 2 & 1 & 3 \\ 2 & 1 & -3 \\ 2 & -2 & 0 \end{pmatrix}$$

und die Berechnungen der Hintransformation beschränken sich auf Ganzzahl-Operationen.

6.3.3 Biorthogonale Transformation

Transformationen, deren Matrizen $\mathbf{A}$ (Hintransformation) und $\mathbf{B}$ (Rücktransformation) die Bedingung der perfekten Rekonstruktion $\mathbf{B} \cdot \mathbf{A} = \mathbf{A} \cdot \mathbf{B} = \mathbf{I}$ erfüllen, selbst wenn $\mathbf{B}$ auch unter Berücksichtigung von Skalierungsmatrizen $\mathbf{C_{A,B}}$ nicht die transponierte Matrix von $\mathbf{A}$ ist, nennt man biorthogonale Transformationen. Die Basisvektoren beider Matrizen stehen paarweise senkrecht aufeinander

$$\sum_{n=0}^{N-1} a[i,n] \cdot b[n,j] = \begin{cases} 0, & \text{für } i \neq j \\ 1, & \text{für } i = j \end{cases} .$$

Die Basisfunktionen innerhalb einer Matrix müssen keine spezielle Bedingung erfüllen. Alle Systeme mit $\mathbf{B} = \mathbf{A}^{-1}$ sind also biorthogonale System und die orthogonalen sind eine Teilmenge davon, **Beispiel 6.9**. Vertauscht man die beiden Matrizen $\mathbf{A}$ und $\mathbf{B}$, so ist das Ergebnis der Hintransformation qualitativ ein anderes, und die Transformationskoeffizienten gewichten bei der Rücktransformation andere Basisfunktionen. Man spricht deshalb bei biorthogonalen Transformationen auch von *dualen Basen*.

Beispiel 6.9 Biorthogonales Matrizenpaar

$$\mathbf{A} = \begin{pmatrix} 1 & 2 & 1 \\ 1 & 0 & 0 \\ 0 & 0 & 1 \end{pmatrix}, \qquad \mathbf{B} = \begin{pmatrix} 0 & 1 & 0 \\ 0.5 & -0.5 & -0.5 \\ 0 & 0 & 1 \end{pmatrix}, \qquad \mathbf{A} \cdot \mathbf{B} = \mathbf{B} \cdot \mathbf{A} = \mathbf{I}$$

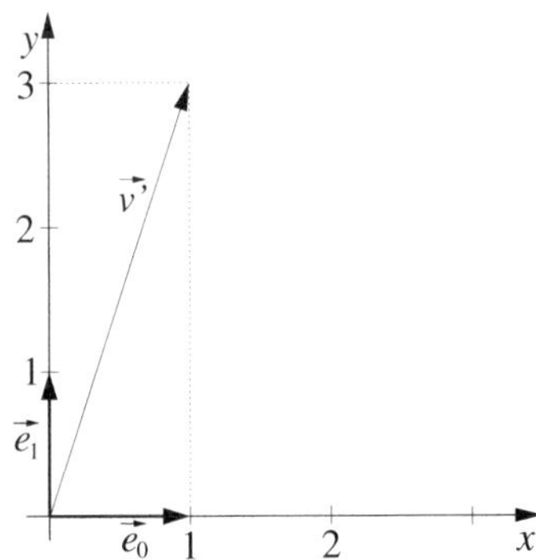

Abbildung 6.20: Kartesisches Koordinatensystem mit Einheitsvektoren und einem Signalvektor

6.3.4 Transformation – Interpretation als Rotation des Koordinatensystems

Zum Verständnis des Konzepts von Basisvektoren wird in diesem Abschnitt auf ein Signal der Länge $N = 2$ zurückgegriffen Das Signal sei $\{x[n]\} = \{1, 3\}$, welches man als Vektor $\vec{v} = (1\ 3)$ interpretieren kann. Damit ist ein Visualisieren in der Ebene möglich. **Abbildung 6.20** zeigt diesen Vektor in einem kartesischen Koordinatensystem. Des weiteren sind die Einheitsvektoren dieses Koordinatensystems eingezeichnet. Sie lauten

$$\vec{e}_0 = \begin{pmatrix} 1 \\ 0 \end{pmatrix} \qquad \text{und} \qquad \vec{e}_1 = \begin{pmatrix} 0 \\ 1 \end{pmatrix}. \tag{6.34}$$

Der Signalvektor lässt sich somit beschreiben als gewichtete Überlagerung dieser Einheitsvektoren

$$\vec{v} = 1 \cdot \vec{e}_0 + 3 \cdot \vec{e}_1 = \begin{pmatrix} 1 \\ 3 \end{pmatrix} = \underline{x} \tag{6.35}$$

Die Einheitsvektoren sind zugleich die Basisvektoren des Koordinatensystems und bilden zusammengefasst eine Matrix des Basissystems:

$$\mathbf{B} = \begin{pmatrix} 1 & 0 \\ 0 & 1 \end{pmatrix}. \tag{6.36}$$

Entsprechend gilt auch

$$\underline{x} = \mathbf{B} \cdot \vec{v} = \begin{pmatrix} 1 & 0 \\ 0 & 1 \end{pmatrix} \cdot \begin{pmatrix} 1 \\ 3 \end{pmatrix} = \begin{pmatrix} 1 \\ 3 \end{pmatrix}. \tag{6.37}$$

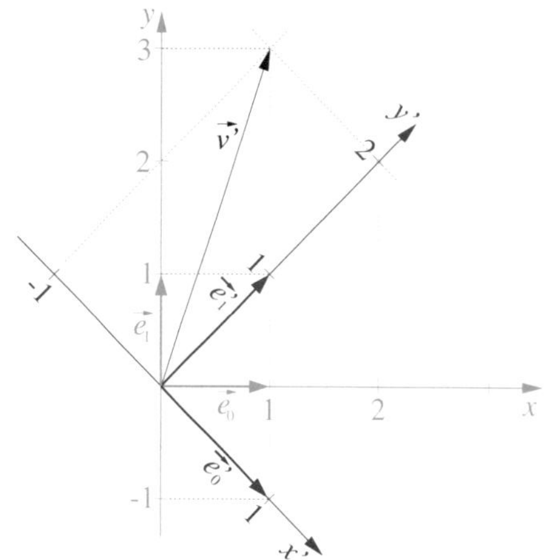

Abbildung 6.21: Gedrehtes Koordinatensystem durch $\vec{e_0'}$ und $\vec{e_1'}$ aufgespannt

Nun seien zwei neue Basisvektoren definiert (**Abb. 6.21**):

$$\vec{e_0'} = \begin{pmatrix} 1 \\ -1 \end{pmatrix} \qquad \vec{e_1'} = \begin{pmatrix} 1 \\ 1 \end{pmatrix} \qquad \mathbf{B'} = \begin{pmatrix} 1 & 1 \\ -1 & 1 \end{pmatrix} . \tag{6.38}$$

Sie spannen ein neues Koordinatensystem auf, welches im Vergleich zum ersten um 45° gedreht ist. Derselbe Signalvektor (derselbe Punkt in der Ebene) wird in diesem System mit

$$\vec{v'} = -1 \cdot \vec{e_0'} + 2 \cdot \vec{e_1'} = \begin{pmatrix} -1 \\ 2 \end{pmatrix} = \underline{X} \qquad \text{bzw.}$$

$$\underline{x} = \mathbf{B'} \cdot \underline{X} = \begin{pmatrix} 1 & 1 \\ -1 & 1 \end{pmatrix} \cdot \begin{pmatrix} -1 \\ 2 \end{pmatrix} = \begin{pmatrix} 1 \\ 3 \end{pmatrix} . \tag{6.39}$$

beschrieben. Das Drehen des Koordinatensystems verändert das Basissystem, mit dem der Vektor dargestellt wird; aus $\vec{v}$ wird $\vec{v'}$ bzw. aus $\underline{x}$ wird $\underline{X}$.

Zusammenfassend kann festgestellt werden, das die Projektion eines Punktes auf die Achsen eines neuen Koordinatensystems dem Transformieren in einen neuen Darstellungsbereich entspricht. Sowohl $\mathbf{B}$ als auch $\mathbf{B'}$ sind Rücktransformationsmatrizen, deren Spalten gleich der verwendeten Basisvektoren sind:

$$\mathbf{B} = (\vec{e_0} \; \vec{e_1}) = \begin{pmatrix} 1 & 0 \\ 0 & 1 \end{pmatrix} \qquad \mathbf{B'} = \left(\vec{e_0'} \; \vec{e_1'}\right) = \begin{pmatrix} 1 & 1 \\ -1 & 1 \end{pmatrix} . \tag{6.40}$$

Da die Basisvektoren jeweils senkrecht aufeinander stehen, sind beide Matrizen orthogonal. Da $\mathbf{B}$ allerdings eine Einheitsmatrix ist wird das Signal bei der Rücktransformation auf sich selbst abgebildet.

Mit Hilfe der Rücktransformationsmatrix $\mathbf{B'}$ kann $\vec{v'}$, wie schon in (6.39) gezeigt, wieder in $\vec{v}$ zurückverwandelt werden. Vektor $\vec{v'}$ ist die Transformierte von $\vec{v}$ bzw. $\underline{X}$ ist die Transformierte von $\underline{x}$.

Die Basisfunktionen von $\mathbf{B}'$ sind jedoch keine Einheitsvektoren, weil ihre Norm (ihre Länge) nicht gleich Eins ist

$$
\begin{aligned}
|\vec{e'}| &= \sqrt{e'_x \cdot e'_x + e'_y \cdot e'_y} \\
&= \left[\left(\vec{e'}\right)^{\mathrm{T}} \cdot \vec{e'} \right]^{1/2} \\
&= \left[(1 \; \pm 1) \cdot \begin{pmatrix} 1 \\ \pm 1 \end{pmatrix} \right]^{1/2} = \sqrt{2}
\end{aligned}
\tag{6.41}
$$

Die Hintransformationsmatrix $\mathbf{A}'$ ist deshalb auch nicht einfach die Transponierte von $\mathbf{B}'$, sondern erfordert noch einen Skalierungsfaktor:

$$
\mathbf{A}' = \frac{1}{2} \cdot \mathbf{B}'^{\mathrm{T}} = \frac{1}{2} \cdot \begin{pmatrix} 1 & -1 \\ 1 & 1 \end{pmatrix} ,
\tag{6.42}
$$

sodass gilt:

$$
\mathbf{B}' \cdot \mathbf{A}' = \mathbf{I} .
$$

Die Hintransformation für das Signalbeispiel lautet also

$$
\vec{v'} = \mathbf{A}' \cdot \vec{v} = \frac{1}{2} \cdot \begin{pmatrix} 1 & -1 \\ 1 & 1 \end{pmatrix} \cdot \begin{pmatrix} 1 \\ 3 \end{pmatrix} = \begin{pmatrix} -1 \\ 2 \end{pmatrix}
\tag{6.43}
$$

und $\vec{v'}$ enthält die Transformationskoeffizienten.

Die Äquivalenz zwischen einer Signaltransformation und einer Drehung eines Koordinatensystems wurde hier für zwei Dimensionen (Vektoren enthalten 2 Elemente), d. h. zwei Basisvektoren erläutert. Das Prinzip lässt sich verallgemeinern auf beliebig viele Dimensionen bzw. Signalvektoren mit beliebig vielen Elementen. Solange die Lage der Koordinatenachsen zueinander unverändert bleibt, handelt es sich um eine orthogonale Transformation. Bei biorthogonalen oder anders gearteten Transformationen können sich auch die Winkel zwischen den Achsen verändern. So stehen die Basisvektoren (die Achsen) aus Beispiel 6.9 auf Seite 177 nicht senkrecht zu einander, wie sich leicht überprüfen lässt.

6.3.5 Diskrete Fourier-Transformation (DFT)

Die diskrete Fourier-Transformation findet keine direkte Anwendung in der Bilddatenkompression, da sie aufgrund des imaginären Anteils im Transformationsbereich sehr unhandlich ist. Sie wurde aber trotzdem in dieses Kapitel aufgenommen, weil sie den meisten Lesern aus anderen Zusammenhängen bekannt sein dürfte und dadurch einen guten Einstieg in die Reihe von orthogonalen Transformationen ermöglicht. Die Transformationskerne der diskreten Fourier-Transformation sind

$$
a[k,n] = \frac{1}{\sqrt{N}} \cdot e^{-j 2\pi \frac{n \cdot k}{N}}
$$

für die Hintransformation und

$$b[n,k] = \frac{1}{\sqrt{N}} \cdot e^{j\,2\pi \frac{n \cdot k}{N}}$$

für die Rücktransformation. In Matrixschreibweise lautet die Transformation

$$\mathbf{X} = \mathbf{F} \cdot \mathbf{x}, \qquad \mathbf{x} = \mathbf{F}^{-1} \cdot \mathbf{X}\,.$$

Die inverse Transformation ist die konjugiert-komplex Transponierte. Wegen der Symmetrie von $\mathbf{F}$ kann das Transponieren jedoch entfallen

$$\mathbf{F}^{-1} = \mathbf{F}^{*\mathrm{T}} = \mathbf{F}^{*}\,.$$

6.3.6 Karhunen-Loève-Transformation (KLT)

Die Karhunen-Loève-Transformation wird auch als Hauptachsen-Transformation bezeichnet. Sie realisiert eine optimale Dekorrelation der Signalwerte. Allerdings ist kein bestimmter Transformationskern definiert, sondern dieser hängt vom Signal selbst ab. Die Basisvektoren der Transformation sind die Eigenvektoren des Signals. Diese Eigenschaften sind nachteilig für den Einsatz in der Datenkompression. Erstens ist die Berechnung der Basisvektoren sehr aufwendig und zweitens müsste der Transformationskern als Zusatzinformation an den Empfänger übermittelt werden, um eine Rücktransformation zu ermöglichen. Diese Transformation hat jedoch durchaus eine theoretische Bedeutung, weil sie die Lösungen für eine optimale Zerlegung eines Signals in Basisvektoren liefert. Eine nähere Beschreibung dieser Transformation ist u. a. in [Wah89] und [Wic96] zu finden.

6.3.7 Diskrete Kosinus-Transformation (DCT)

Die diskrete Kosinus-Transformation (engl.: *discrete cosine transform*) wurde 1974 von Ahmed, Natarjan und Rao durch spiegelsymmetrische Erweiterung und Ausnutzen von Signalsymmetrien aus der diskreten Fourier-Transformation abgeleitet [Ahm74] (siehe auch Anhang B). Der wesentliche Grundgedanke ist dabei, dass in der Fouriertransformierten von geraden Funktionen[7] der imaginäre Anteil verschwindet. Es entsteht also ein kein komplexes Signal mehr, sondern ein reelles.

Aufgrund ihrer sehr guten Eigenschaften zur Signaldekorrelation wird die Kosinustransformation in fast allen Standards zur verlustbehafteten Bild- und Videokompression angewendet. Insgesamt sind 4 Typen der DCT bekannt (DCT-I bis DCT-IV), die sich durch die Abtastung der kontinuierlichen Kosinusfunktion im Zeit- und Frequenzbereich unterscheiden [Wic96]. Für die Datenkompression kommt in der Regel der Typ II zur Anwendung. Der große Vorteil gegenüber der diskreten Fourier-Transformation ist der ausschließlich reellwertige Transformationskern

$$a[k,n] = C_0 \cdot \sqrt{\frac{2}{N}} \cdot \cos\left[(2 \cdot n + 1) \cdot \frac{k \cdot \pi}{2 \cdot N}\right], \quad \text{mit } C_0 = \begin{cases} \frac{1}{\sqrt{2}} & \text{für } k = 0 \\ 1 & \text{für } k \neq 0 \end{cases} \,. \tag{6.44}$$

---

[7]Als gerade Funktionen bezeichnet man solche Funktionen, welche symmetrisch zur y-Achse sind, wie zum Beispiel eine Kosinusfunktion. Funktionen, die symmetrisch zum Koordinatenursprung sind, wie z. B. die Sinusfunktion, nennt man ungerade Funktion.

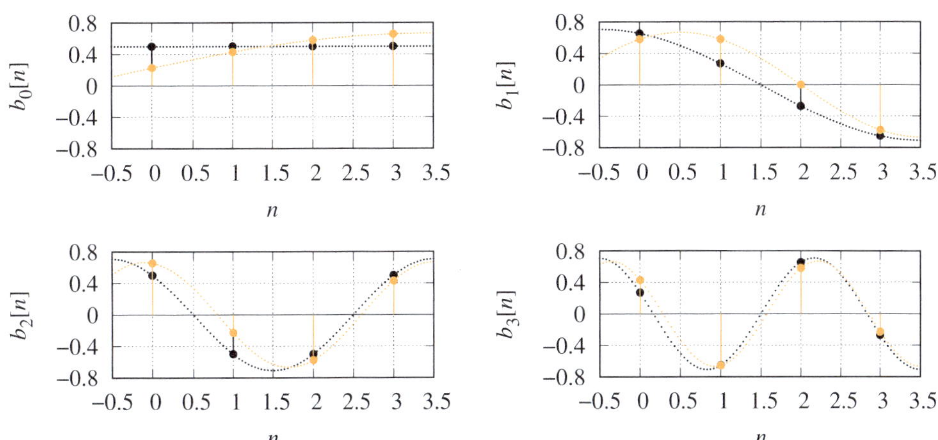

Abbildung 6.22: Basisfunktionen einer 4-Punkte-DCT (schwarz) und einer 4-Punkte-DST (orange) inklusive der kontinuierlichen Verläufe

Damit ergibt sich die Berechnungsvorschrift für die Hintransformation zu

$$X[k] = C_0 \cdot \sqrt{\frac{2}{N}} \cdot \sum_{n=0}^{N-1} x[n] \cdot \cos\left[(2 \cdot n + 1) \cdot \frac{k \cdot \pi}{2 \cdot N}\right] \,. \tag{6.45}$$

Der Anhang B zeigt die mathematische Ableitung der DCT aus der DFT.

Die Rücktransformation oder auch inverse Transformation (IDCT, engl.: *inverse DCT*) lautet

$$x[n] = \sqrt{\frac{2}{N}} \cdot \sum_{k=0}^{N-1} C_0 \cdot X[k] \cdot \cos\left[(2 \cdot n + 1) \cdot \frac{k \cdot \pi}{2 \cdot N}\right] \,.$$

Die Basisfunktionen der diskreten Kosinus-Transformation sind, wie es der Name schon vermuten lässt, Kosinusfunktionen unterschiedlicher Frequenz (**Abb. 6.22**). Die erste Basisfunktion entspricht der Frequenz gleich Null, also dem Gleichanteil, die zweite Basisfunktion entspricht einer halben Kosinusschwingung, die dritte einer ganzen und $b_3[n]$ anderthalb Kosinusschwingungen. **Beispiel 6.10** zeigt die Transformationsmatrix für Signale der Länge $N = 8$.

Werden Signale zweidimensional transformiert, wie zum Beispiel im DCT-basierten Verarbeitungsmodus des JPEG-1-Standards (siehe Abschnitt 8.2), dann sind auch die Basisfunktionen zweidimensional. Man spricht dann auch von Basisbildern statt von Basisvektoren (siehe auch Abbildung 8.5 auf Seite 268).

6.3.8 Ganzzahl-DCT

In zeitkritischen Anwendungen mit Hardware-Implementierung wird vorzugsweise nur Ganzzahl-Arithmetik verwendet. Außerdem sind die Berechnungsergebnisse unabhängig von möglicherweise unterschiedlichen Realisierungen der Gleitkomma-Arithmetik bei

Beispiel 6.10 Matrix für die DCT eines Signalvektors mit $N = 8$ Elementen

$$\mathbf{C}^{(8)} = \frac{1}{\sqrt{8}} \cdot \begin{pmatrix} 1 & 1 & 1 & 1 & 1 & 1 & 1 & 1 \\ a_1 & b_1 & c_1 & d_1 & -d_1 & -c_1 & -b_1 & -a_1 \\ a_2 & b_2 & -b_2 & -a_2 & -a_2 & -b_2 & b_2 & a_2 \\ b_1 & -d_1 & -a_1 & -c_1 & c_1 & a_1 & d_1 & -b_1 \\ 1 & -1 & -1 & 1 & 1 & -1 & -1 & 1 \\ c_1 & -a_1 & d_1 & b_1 & -b_1 & -d_1 & a_1 & -c_1 \\ b_2 & -a_2 & a_2 & -b_2 & -b_2 & a_2 & -a_2 & b_2 \\ d_1 & -c_1 & b_1 & -a_1 & a_1 & -b_1 & c_1 & -d_1 \end{pmatrix}$$

mit

$$a_1 = \sqrt{2} \cdot \cos \frac{\pi}{16} \approx 1.387, \quad b_1 = \sqrt{2} \cdot \cos \frac{3\pi}{16} \approx 1.176 ,$$

$$c_1 = \sqrt{2} \cdot \cos \frac{5\pi}{16} \approx 0.786, \quad d_1 = \sqrt{2} \cdot \cos \frac{7\pi}{16} \approx 0.276 ,$$

$$a_2 = \sqrt{2} \cdot \cos \frac{2\pi}{16} \approx 1.307, \quad b_2 = \sqrt{2} \cdot \cos \frac{6\pi}{16} \approx 0.541 .$$

Die Basisfunktionen sind als Zeilenvektoren in der Matrix $\mathbf{C}^{(8)}$ zu finden. Die Berechnung der Matrixelemente erfolgt aus (6.44), indem man für jede Zeile den Frequenzparameter k konstant hält und den Parameter n von 0 bis $N - 1$ laufen lässt.

En- und Decoder. Im Standard H.265/HEVC wurde deshalb eine aus der DCT abgeleitete 32×32-Matrix spezifiziert, welche eine eindimensionale Ganzzahl-Transformation ermöglicht.

Auf Basis der DCT-II (vgl. (6.45))

$$X[k] = C_0 \cdot \sqrt{\frac{2}{N}} \cdot \sum_{n=0}^{N-1} x[n] \cdot \cos \left[(2 \cdot n + 1) \cdot \frac{k \cdot \pi}{2 \cdot N} \right]$$

wurden die Basisfunktionen skaliert und auf ganze Zahlen gerundet:

$$X[k] = \sum_{n=0}^{N-1} x[n] \cdot \text{round} \left(scale \cdot C_0 \cdot \sqrt{\frac{2}{N}} \cdot \cos \left[(2 \cdot n + 1) \cdot \frac{k \cdot \pi}{2 \cdot N} \right] \right)$$

mit $scale = 2^{(6+\log_2(N)/2)}$. Die resultierenden Elemente der Transformationsmatrix wurden systematisch um maximal ± 1.5 variiert, um sowohl die Orthogonalität zwischen den Basisvektoren zu maximieren als auch annähernd identische Normen der Vektoren zu erreichen.

Das Resultat $\mathbf{M} = [\mathbf{M}_1 \mathbf{M}_2]$ ist aufgesplittet in Teilmatrizen $\mathbf{M}_1$ und $\mathbf{M}_2$ in **Abbildung 6.23** zu sehen. Die Transformationsmatrizen der kleineren Blöcke ergeben sich, wenn man jeweils jede zweite Zeile weglässt und nur die linke Hälfte aller Spalten beibehält.

$$
\mathbf{M}_1 =
\begin{pmatrix}
64 & 64 & 64 & 64 & 64 & 64 & 64 & 64 & 64 & 64 & 64 & 64 & 64 & 64 & 64 & 64 \\
90 & 90 & 88 & 85 & 82 & 78 & 73 & 67 & 61 & 54 & 46 & 38 & 31 & 22 & 13 & 4 \\
90 & 87 & 80 & 70 & 57 & 43 & 25 & 9 & -9 & -25 & -43 & -57 & -70 & -80 & -87 & -90 \\
90 & 82 & 67 & 46 & 22 & -4 & -31 & -54 & -73 & -85 & -90 & -88 & -78 & -61 & -38 & -13 \\
89 & 75 & 50 & 18 & -18 & -50 & -75 & -89 & -89 & -75 & -50 & -18 & 18 & 50 & 75 & 89 \\
88 & 67 & 31 & -13 & -54 & -82 & -90 & -78 & -46 & -4 & 38 & 73 & 90 & 85 & 61 & 22 \\
87 & 57 & 9 & -43 & -80 & -90 & -70 & -25 & 25 & 70 & 90 & 80 & 43 & -9 & -57 & -87 \\
85 & 46 & -13 & -67 & -90 & -73 & -22 & 38 & 82 & 88 & 54 & -4 & -61 & -90 & -78 & -31 \\
83 & 36 & -36 & -83 & -83 & -36 & 36 & 83 & 83 & 36 & -36 & -83 & -83 & -36 & 36 & 83 \\
82 & 22 & -54 & -90 & -61 & 13 & 78 & 85 & 31 & -46 & -90 & -67 & 4 & 73 & 88 & 38 \\
80 & 9 & -70 & -87 & -25 & 57 & 90 & 43 & -43 & -90 & -57 & 25 & 87 & 70 & -9 & -80 \\
78 & -4 & -82 & -73 & 13 & 85 & 67 & -22 & -88 & -61 & 31 & 90 & 54 & -38 & -90 & -46 \\
75 & -18 & -89 & -50 & 50 & 89 & 18 & -75 & -75 & 18 & 89 & 50 & -50 & -89 & -18 & 75 \\
73 & -31 & -90 & -22 & 78 & 67 & -38 & -90 & -13 & 82 & 61 & -46 & -88 & -4 & 85 & 54 \\
70 & -43 & -87 & 9 & 90 & 25 & -80 & -57 & 57 & 80 & -25 & -90 & -9 & 87 & 43 & -70 \\
67 & -54 & -78 & 38 & 85 & -22 & -90 & 4 & 90 & 13 & -88 & -31 & 82 & 46 & -73 & -61 \\
64 & -64 & -64 & 64 & 64 & -64 & -64 & 64 & 64 & -64 & -64 & 64 & 64 & -64 & -64 & 64 \\
61 & -73 & -46 & 82 & 31 & -88 & -13 & 90 & -4 & -90 & 22 & 85 & -38 & -78 & 54 & 67 \\
57 & -80 & -25 & 90 & -9 & -87 & 43 & 70 & -70 & -43 & 87 & 9 & -90 & 25 & 80 & -57 \\
54 & -85 & -4 & 88 & -46 & -61 & 82 & 13 & -90 & 38 & 67 & -78 & -22 & 90 & -31 & -73 \\
50 & -89 & 18 & 75 & -75 & -18 & 89 & -50 & -50 & 89 & -18 & -75 & 75 & 18 & -89 & 50 \\
46 & -90 & 38 & 54 & -90 & 31 & 61 & -88 & 22 & 67 & -85 & 13 & 73 & -82 & 4 & 78 \\
43 & -90 & 57 & 25 & -87 & 70 & 9 & -80 & 80 & -9 & -70 & 87 & -25 & -57 & 90 & -43 \\
38 & -88 & 73 & -4 & -67 & 90 & -46 & -31 & 85 & -78 & 13 & 61 & -90 & 54 & 22 & -82 \\
36 & -83 & 83 & -36 & -36 & 83 & -83 & 36 & 36 & -83 & 83 & -36 & -36 & 83 & -83 & 36 \\
31 & -78 & 90 & -61 & 4 & 54 & -88 & 82 & -38 & -22 & 73 & -90 & 67 & -13 & -46 & 85 \\
25 & -70 & 90 & -80 & 43 & 9 & -57 & 87 & -87 & 57 & -9 & -43 & 80 & -90 & 70 & -25 \\
22 & -61 & 85 & -90 & 73 & -38 & -4 & 46 & -78 & 90 & -82 & 54 & -13 & -31 & 67 & -88 \\
18 & -50 & 75 & -89 & 89 & -75 & 50 & -18 & -18 & 50 & -75 & 89 & -89 & 75 & -50 & 18 \\
13 & -38 & 61 & -78 & 88 & -90 & 85 & -73 & 54 & -31 & 4 & 22 & -46 & 67 & -82 & 90 \\
9 & -25 & 43 & -57 & 70 & -80 & 87 & -90 & 90 & -87 & 80 & -70 & 57 & -43 & 25 & -9 \\
4 & -13 & 22 & -31 & 38 & -46 & 54 & -61 & 67 & -73 & 78 & -82 & 85 & -88 & 90 & -90
\end{pmatrix}
$$

$$
\mathbf{M}_2 =
\begin{pmatrix}
64 & 64 & 64 & 64 & 64 & 64 & 64 & 64 & 64 & 64 & 64 & 64 & 64 & 64 & 64 & 64 \\
-4 & -13 & -22 & -31 & -38 & -46 & -54 & -61 & -67 & -73 & -78 & -82 & -85 & -88 & -90 & -90 \\
-90 & -87 & -80 & -70 & -57 & -43 & -25 & -9 & 9 & 25 & 43 & 57 & 70 & 80 & 87 & 90 \\
13 & 38 & 61 & 78 & 88 & 90 & 85 & 73 & 54 & 31 & 4 & -22 & -46 & -67 & -82 & -90 \\
89 & 75 & 50 & 18 & -18 & -50 & -75 & -89 & -89 & -75 & -50 & -18 & 18 & 50 & 75 & 89 \\
-22 & -61 & -85 & -90 & -73 & -38 & 4 & 46 & 78 & 90 & 82 & 54 & 13 & -31 & -67 & -88 \\
-87 & -57 & -9 & 43 & 80 & 90 & 70 & 25 & -25 & -70 & -90 & -80 & -43 & 9 & 57 & 87 \\
31 & 78 & 90 & 61 & 4 & -54 & -88 & -82 & -38 & 22 & 73 & 90 & 67 & 13 & -46 & -85 \\
83 & 36 & -36 & -83 & -83 & -36 & 36 & 83 & 83 & 36 & -36 & -83 & -83 & -36 & 36 & 83 \\
-38 & -88 & -73 & -4 & 67 & 90 & 46 & -31 & -85 & -78 & -13 & 61 & 90 & 54 & -22 & -82 \\
-80 & -9 & 70 & 87 & 25 & -57 & -90 & -43 & 43 & 90 & 57 & -25 & -87 & -70 & 9 & 80 \\
46 & 90 & 38 & -54 & -90 & -31 & 61 & 88 & 22 & -67 & -85 & -13 & 73 & 82 & 4 & -78 \\
75 & -18 & -89 & -50 & 50 & 89 & 18 & -75 & -75 & 18 & 89 & 50 & -50 & -89 & -18 & 75 \\
-54 & -85 & 4 & 88 & 46 & -61 & -82 & 13 & 90 & 38 & -67 & -78 & 22 & 90 & 31 & -73 \\
-70 & 43 & 87 & -9 & -90 & -25 & 80 & 57 & -57 & -80 & 25 & 90 & 9 & -87 & -43 & 70 \\
61 & 73 & -46 & -82 & 31 & 88 & -13 & -90 & -4 & 90 & 22 & -85 & -38 & 78 & 54 & -67 \\
64 & -64 & -64 & 64 & 64 & -64 & -64 & 64 & 64 & -64 & -64 & 64 & 64 & -64 & -64 & 64 \\
-67 & -54 & 78 & 38 & -85 & -22 & 90 & 4 & -90 & 13 & 88 & -31 & -82 & 46 & 73 & -61 \\
-57 & 80 & 25 & -90 & 9 & 87 & -43 & -70 & 70 & 43 & -87 & -9 & 90 & -25 & -80 & 57 \\
73 & 31 & -90 & 22 & 78 & -67 & -38 & 90 & -13 & -82 & 61 & 46 & -88 & 4 & 85 & -54 \\
50 & -89 & 18 & 75 & -75 & -18 & 89 & -50 & -50 & 89 & -18 & -75 & 75 & 18 & -89 & 50 \\
-78 & -4 & 82 & -73 & -13 & 85 & -67 & -22 & 88 & -61 & -31 & 90 & -54 & -38 & 90 & -46 \\
-43 & 90 & -57 & -25 & 87 & -70 & -9 & 80 & -80 & 9 & 70 & -87 & 25 & 57 & -90 & 43 \\
82 & -22 & -54 & 90 & -61 & -13 & 78 & -85 & 31 & 46 & -90 & 67 & 4 & -73 & 88 & -38 \\
36 & -83 & 83 & -36 & -36 & 83 & -83 & 36 & 36 & -83 & 83 & -36 & -36 & 83 & -83 & 36 \\
-85 & 46 & 13 & -67 & 90 & -73 & 22 & 38 & -82 & 88 & -54 & -4 & 61 & -90 & 78 & -31 \\
-25 & 70 & -90 & 80 & -43 & -9 & 57 & -87 & 87 & -57 & 9 & 43 & -80 & 90 & -70 & 25 \\
88 & -67 & 31 & 13 & -54 & 82 & -90 & 78 & -46 & 4 & 38 & -73 & 90 & -85 & 61 & -22 \\
18 & -50 & 75 & -89 & 89 & -75 & 50 & -18 & -18 & 50 & -75 & 89 & -89 & 75 & -50 & 18 \\
-90 & 82 & -67 & 46 & -22 & -4 & 31 & -54 & 73 & -85 & 90 & -88 & 78 & -61 & 38 & -13 \\
-9 & 25 & -43 & 57 & -70 & 80 & -87 & 90 & -90 & 87 & -80 & 70 & -57 & 43 & -25 & 9 \\
90 & -90 & 88 & -85 & 82 & -78 & 73 & -67 & 61 & -54 & 46 & -38 & 31 & -22 & 13 & -4
\end{pmatrix}
$$

Abbildung 6.23: Transformationsmatrix für die eindimensionale Transformation von 32×32-Blöcken [ITU15c]

Die 8×8- und 4×4-Matrizen lauten zum Beispiel:

$$
H_{\mathrm{iDCT}}^{(8)} =
\begin{pmatrix}
64 & 64 & 64 & 64 & 64 & 64 & 64 & 64 \\
89 & 75 & 50 & 18 & -18 & -50 & -75 & -89 \\
83 & 36 & -36 & -83 & -83 & -36 & 36 & 83 \\
75 & -18 & -89 & -50 & 50 & 89 & 18 & -75 \\
64 & -64 & -64 & 64 & 64 & -64 & -64 & 64 \\
50 & -89 & 18 & 75 & -75 & -18 & 89 & -50 \\
36 & -83 & 83 & -36 & -36 & 83 & -83 & 36 \\
13 & 38 & 61 & -78 & 88 & -90 & 85 & -73
\end{pmatrix}
$$

und

$$H_{\text{iDCT}}^{(4)} = \begin{pmatrix} 64 & 64 & 64 & 64 \\ 83 & 36 & -36 & -83 \\ 64 & -64 & -64 & 64 \\ 36 & -83 & 83 & -36 \end{pmatrix}. \tag{6.46}$$

Allerdings ist das Produkt von Hin- und Rücktransformation aufgrund der Approximation der Matrixelemente mit ganzen Zahlen keine exakte (skalierte) Einheitsmatrix. Für die 4×4-Matrix ergibt sich:

$$H_{\text{iDCT}} \cdot H_{\text{iDCT}}^{\text{T}} = \begin{pmatrix} 16384 & 0 & 0 & 0 \\ 0 & 16370 & 0 & 0 \\ 0 & 0 & 16384 & 0 \\ 0 & 0 & 0 & 16370 \end{pmatrix} \approx \frac{1}{16384} \begin{pmatrix} 1 & 0 & 0 & 0 \\ 0 & 0.9991 & 0 & 0 \\ 0 & 0 & 1 & 0 \\ 0 & 0 & 0 & 0.9991 \end{pmatrix}.$$

Zweidimensionale Transformationen werden über aufeinanderfolgende 1D-Transformationen von Zeilen und Spalten eines Blockes realisiert. Speziell für die 32×32-Transformation kann der Wertebereich der Zwischenwerte nach der 1D-Transformation schon sehr groß sein. Decoderseitig werden deshalb nach der ersten inversen 1D-Transformation alle Zahlenwerte um sieben Bits nach unten verschoben und auf 16 Bits begrenzt. Dadurch ist gewährleistet, dass für das Decodieren von 8-Bit-Videodaten eine 16-Bit-Architektur ausreicht.

Das Prinzip der Ganzzahl-Transformation wird auch im Kompressionsstandard VVC fortgeführt. Allerdings wird die Vielfalt durch verschiedene Kombinationsmöglichkeiten von Kosinus- und Sinus-Transformationen erhöht und auch das Multiskalen-Prinzip der Wavelet-Transformation wird aufgegriffen, vgl. Abschnitte 6.3.11 und 6.4.2. Das heißt, die tieffrequenten Transformationskoeffizienten der ersten Transformation können durch eine zweite Transformation weiter dekorreliert werden [Zha21].

6.3.9 Diskrete Sinus-Transformation (DST)

Die diskrete Sinus-Transformation (engl.: *discrete sine transform*) lässt sich wie die DCT aus der diskreten Fourier-Transformation ableiten (siehe Anhang C). Durch (virtuelles) Erzeugen einer ungeraden Funktion verschwindet der Realteil in der Fouriertransformierten und das Ergebnis ist rein imaginär.

Im Videokompressionsstandard HEVC [ITU15c, ISO15] kommt eine 4-Punkt-DST für Blöcke nach einer örtlichen Prädiktion zum Einsatz. Die orthonormale Hintransformation lautet

$$X[k] = \frac{2}{\sqrt{2N+1}} \cdot \sum_{n=0}^{N-1} x[n] \cdot \sin\left[(n+1) \cdot (2k+1) \cdot \frac{\pi}{2N+1}\right].$$

Die erste Basisfunktion ($k = 0$) dieser DST beschreibt den typischen Verlauf der Prädiktionsfehlerbeträge in blockweise vorausgesagten Bilddaten (im Standard HEVC) und konzentriert dadurch die Signalenergie besser als die DCT [Han10] (**Abb. 6.22**).

6.3.10 Diskrete Walsh-Hadamard-Transformation (WHT)

Die Walsh-Hadamard-Transformation ist ebenfalls eine Transformation, die eher selten für die Bilddatenkompression verwendet wird. Ihre Transformationsmatrizen verschiedener Ordnungen lassen sich mit Hilfe eines Algorithmus aus einer Basismatrix entwickeln. $\mathbf{H}^{(2)}$ sei die Matrix für eine Transformation zweiter Ordnung

$$\mathbf{H}^{(2)} = \frac{1}{\sqrt{2}} \cdot \begin{pmatrix} 1 & 1 \\ 1 & -1 \end{pmatrix} \,,$$

dann ergeben sich die Matrizen höherer Ordnung durch das rekursive Schema

$$\mathbf{H}^{(2N)} = \frac{1}{\sqrt{2}} \cdot \begin{pmatrix} \mathbf{H}^{(N)} & \mathbf{H}^{(N)} \\ \mathbf{H}^{(N)} & -\mathbf{H}^{(N)} \end{pmatrix}$$

nach [Shu73]. Die Matrix vierter Ordnung lautet demnach

$$\mathbf{H}^{(4)} = \frac{1}{\sqrt{4}} \cdot \begin{pmatrix} 1 & 1 & 1 & 1 \\ 1 & -1 & 1 & -1 \\ 1 & 1 & -1 & -1 \\ 1 & -1 & -1 & 1 \end{pmatrix} = \frac{1}{2} \cdot \begin{pmatrix} 1 & 1 & 1 & 1 \\ 1 & -1 & 1 & -1 \\ 1 & 1 & -1 & -1 \\ 1 & -1 & -1 & 1 \end{pmatrix} \tag{6.47}$$

und die Matrix 8. Ordnung

$$\mathbf{H}^{(8)} = \frac{1}{\sqrt{8}} \cdot \begin{pmatrix} 1 & 1 & 1 & 1 & 1 & 1 & 1 & 1 \\ 1 & -1 & 1 & -1 & 1 & -1 & 1 & -1 \\ 1 & 1 & -1 & -1 & 1 & 1 & -1 & -1 \\ 1 & -1 & -1 & 1 & 1 & -1 & -1 & 1 \\ 1 & 1 & 1 & 1 & -1 & -1 & -1 & -1 \\ 1 & -1 & 1 & -1 & -1 & 1 & -1 & 1 \\ 1 & 1 & -1 & -1 & -1 & -1 & 1 & 1 \\ 1 & -1 & -1 & 1 & -1 & 1 & 1 & -1 \end{pmatrix} \cdot$$

Sortiert man die Zeilen nach ansteigender Anzahl der Vorzeichenwechsel, erhält man

$$\mathbf{H'}^{(8)\mathrm{T}} = \mathbf{H'}^{(8)} = \frac{1}{\sqrt{8}} \cdot \begin{pmatrix} 1 & 1 & 1 & 1 & 1 & 1 & 1 & 1 \\ 1 & 1 & 1 & 1 & -1 & -1 & -1 & -1 \\ 1 & 1 & -1 & -1 & -1 & -1 & 1 & 1 \\ 1 & 1 & -1 & -1 & 1 & 1 & -1 & -1 \\ 1 & -1 & -1 & 1 & 1 & -1 & -1 & 1 \\ 1 & -1 & -1 & 1 & -1 & 1 & 1 & -1 \\ 1 & -1 & 1 & -1 & -1 & 1 & -1 & 1 \\ 1 & -1 & 1 & -1 & 1 & -1 & 1 & -1 \end{pmatrix}$$

als Transformationsmatrix. Wegen der rechteckigen Form der Basisfunktionen spricht man meist von Sequenz statt von Frequenz. Die Sequenz entspricht der Anzahl der Vorzeichenwechsel innerhalb einer Grundperiode [Krü02].

In **Abbildung 6.24** sind die Basisvektoren der DCT und der WHT gegenübergestellt. Die ersten Basisfunktionen sind identisch. Sie repräsentieren den Gleichanteil der transformierten Signale. Bei den weiteren Basisfunktionen ist die steigende Frequenz erkennbar. Die Form der Basisvektoren zeigt, dass die DCT besser für die Approximation von Signalen mit einem relativ glatten Verlauf geeignet ist, während mit den kantigen Basisfunktionen der WHT Signalsprünge besser approximiert werden können. Deshalb wird die Walsh-Hadamard-Transformation nicht direkt für die Dekorrelation von natürlichen Bildern eingesetzt. Abrupte Grauwertänderungen sind in fotografischen Bildern sehr selten. Im Videokompressionsstandard H.264/AVC findet die WHT vierter Ordnung allerdings wieder Anwendung bei der hierarchischen Dekorrelation.

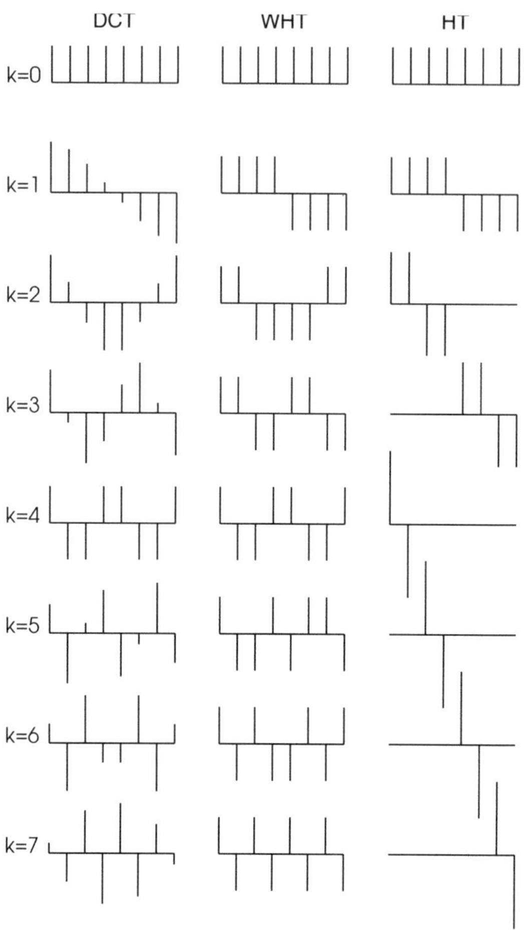

Abbildung 6.24: Basisvektoren für verschiedene eindimensionale Transformationen (DCT ... diskrete Kosinus-Transformation, WHT ... Walsh-Hadamard-Transformation, HT ... Haar-Transformation

6.3.11   Diskrete Wavelet-Transformation (DWT)

Die Wavelet-Transformation besitzt eine Reihe von Eigenschaften, durch welche sie für die Bilddatenkompression interessant ist. Deshalb wird sie zum Beispiel im Standard JPEG-2000 zur Kompression von Einzelbildern eingesetzt. Der Transformationskern ist nicht festgelegt, sondern es ist eine Auswahl aus verschiedenen Kernen mit unterschiedlichen Eigenschaften möglich. Der Name „Wavelet" bedeutet so viel wie „kleine Welle" und liegt im wellchenförmigen Aussehen vieler Basisfunktionen der Transformation begründet. Der Frequenzbereich wird ungleichförmig aufgelöst und die Auflösungstiefe ist durch das Konzept der Mehrfachauflösung (engl.: *multiresolution*) wählbar. Die Basisfunktionen sind nicht zwangsläufig so lang wie das originale Signal, sondern können lokal begrenzt sein. Im Englischen spricht man von *compact support*. Dadurch ist eine bessere zeitliche bzw. örtliche Auflösung des Signals im Vergleich zu klassischen Signaltransformationen möglich. Instationaritäten werden somit direkt berücksichtigt; das Segmentieren des Signals, wie zum Beispiel bei der DCT, ist nicht erforderlich. Des Weiteren wird durch die Wavelet-Transformation die Äquivalenz zwischen den Signaltransformationen und den Filterbänken besonders deutlich. In diesem Abschnitt wird die Wavelet-Transformation ausschließlich als Signaltransformation betrachtet. Die Interpretation als Filterbankstruktur erfolgt im Abschnitt 6.4.

An einem Beispiel soll das Konzept der Wavelet-Transformation erläutert werden. Gegeben sei ein Signalvektor a_0 mit acht Elementen (1 2 3 3 2 1 1 -1). Der Graph dieses Signals ist in **Abbildung 6.25** dargestellt. Mittelt man jeweils 2 benachbarte Signalwerte mit einer Schrittweite von 2, führt dies zu einem Signal a_1=(1.5 1.5 3 3 1.5 1.5 0 0), welches den Signalverlauf von a_0 mit geringerer Auflösung approximiert. Die Differenz zwischen Originalsignal und gemitteltem Signal ist das Detailsignal d_1=(-0.5 0.5 0 0 0.5 -0.5 1 -1). Die gleiche Prozedur wird für das Signal a_1 wiederholt. Jeweils vier Werte des Signals a_1 werden gemittelt, was zum Signal a_2=(2.25 2.25 2.25 2.25 0.75 0.75 0.75 0.75) und der Differenz d_2=(-0.75 -0.75 0.75 0.75 0.75 0.75 -0.75 -0.75) führt. Der letzte Zerlegungsschritt liefert die Signale a_3=(1.5 1.5 1.5 1.5 1.5 1.5 1.5 1.5) und d_3=(0.75 0.75 0.75 0.75 -0.75 -0.75 -0.75 -0.75).

Als Ergebnis erhält man eine Zerlegung des Originalsignals in Form der Summe $a_0 = a_3 + d_3 + d_2 + d_1$. Das ursprüngliche Signal a_0 ist in ein Approximationssignal a_3 sehr geringer Auflösung (im Extremfall der Mittelwert) und eine Reihe von Detailsignalen zerlegt worden. Betrachtet man die Detailsignale genauer, so ist zu erkennen, dass sie selbst aus gegeneinander verschobenen Funktionen bestehen. Jeweils zwei benachbarte Signalwerte haben den gleichen Betrag, jedoch unterschiedliche Vorzeichen. Auch die Approximationssignale sind aus typischen Signalabschnitten zusammengesetzt. Paare von benachbarten Signalwerten besitzen eine identische Amplitude. Diese Funktionen werden *Waveletfunktion* bei den Detailsignalen und *Skalierungsfunktion* bei den Approximationssignalen genannt. In diesem Beispiel handelt es sich um die Basisfunktionen der Haar-Transformation (**Abb. 6.26**). Diese Transformation wurde bereits 1910 von Alfréd Haar beschrieben[8] [Haa10]. Bei der Vereinheitlichung der Wavelet-Theorie erkannte man, dass die Haar-Transformation die einfachste Form der Wavelet-Transformation darstellt und das erste Glied in verschiedenen Wavelet-Familien ist.

Mit Kenntnis dieser Basisfunktionen ist es nicht mehr erforderlich, für jedes Approximations- bzw. Detailsignal acht Signalwerte anzugeben, sondern nur so viele, wie für die Auflösungsebene erforderlich sind. Die einzelnen Signale können also mit

$$a_0 = (1 \quad 2 \quad 3 \quad 3 \quad 2 \quad 1 \quad 1 - 1)$$
$$a_1 = (1.5 \quad 3 \quad 1.5 \quad 0) \qquad d_1 = (-0.5 \quad 0 \quad 0.5 \quad 1)$$
$$a_2 = (2.25 \quad 0.75) \qquad\qquad d_2 = (-0.75 \quad 0.75)$$
$$a_3 = (1.5) \qquad\qquad\qquad d_3 = (0.75)$$

beschrieben werden, wobei die Werte keine einzelnen Signalamplituden mehr repräsentieren, sondern Gewichte für die Basisfunktionen (Waveletfunktionen und Skalierungsfunktion) darstellen. Das Ergebnis der 3-stufigen Signaltransformation wird durch die

---

[8]ungarischer Mathematiker, 1885–1933, Studium in Göttingen

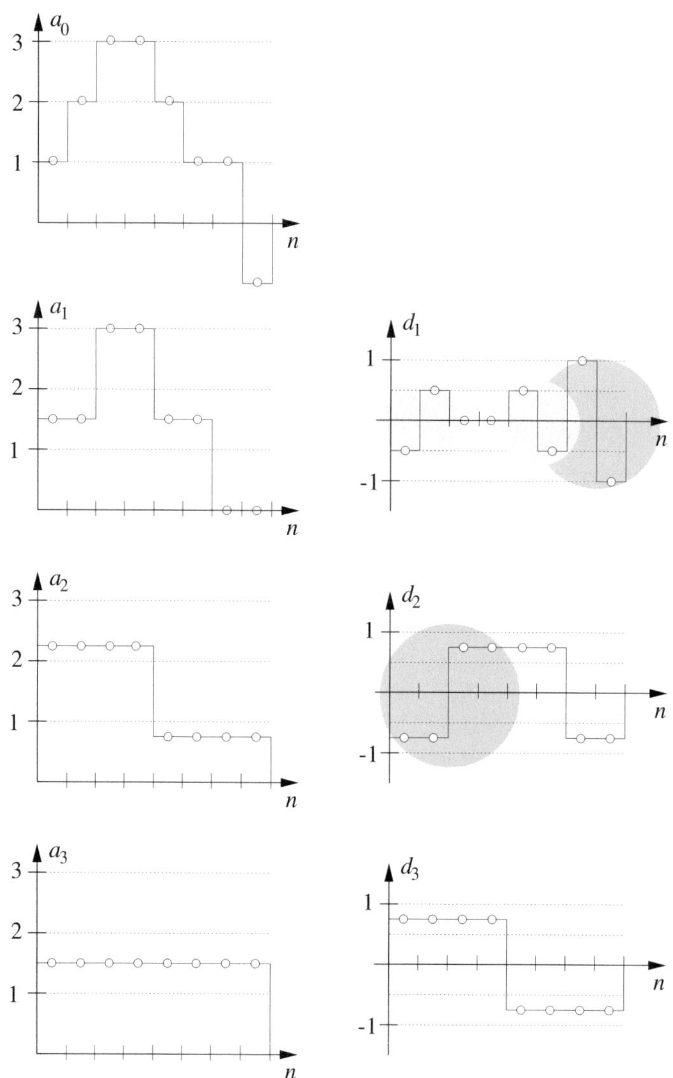

Abbildung 6.25: Haar-Transformation am Beispiel, a_i... Approximation, d_i... Detail

Gewichte $a_3[0] = 1.5$, $d_3[0] = 0.75$, $d_2[0] = -0.75$, $d_2[1] = 0.75$, $d_1[0] = -0.5$, $d_1[1] = 0$, $d_1[2] = 0.5$ und $d_1[3] = 1$ angegeben. Der Vektor des transformierten Signals lautet also (1.5 0.75 -0.75 0.75 -0.5 0 0.5 1).

In Abbildung 6.25 war bereits zu erkennen, dass sich die Basisfunktionen innerhalb einer Zerlegungsstufe durch ihre Position und von Auflösungsstufe zu Auflösungsstufe durch ihre Breite (Skalierung) unterscheiden. Alle Basisfunktionen der Detailsignale sind Derivate einer Waveletfunktion, wie sie beispielhaft in Abbildung 6.26 (a) rechts dargestellt ist. Eine solche Basisfunktion nennt man Mutter-Wavelet $\psi(t)$. Aus einem

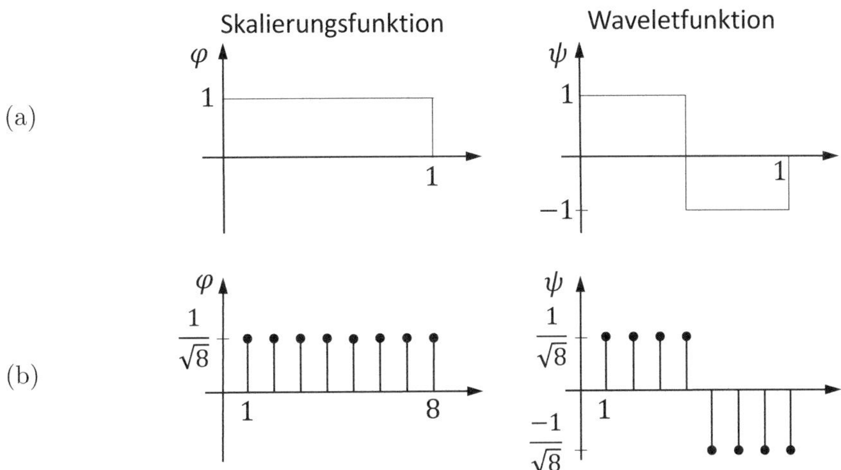

Abbildung 6.26: Skalierungs- und Waveletfunktion der Haar-Transformation: (a) kontinuierlich, (b) diskret für $N = 8$

Mutter-Wavelet können alle anderen Wavelets $\psi_{p,q}(t)$ eines Transformationskerns durch Skalieren p (Stauchen oder Dehnen) und Verschieben q konstruiert werden

$$\psi_{p,q}(t) = \frac{1}{\sqrt{p}} \cdot \psi\left(\frac{t-q}{p}\right) , \qquad p,q \in \mathbb{R}, p > 0 . \tag{6.48}$$

Für eine diskrete Transformation sind auch diskrete Werte für das Verschieben und Skalieren erforderlich

$$p = p_0^{-j}, \qquad q = k \cdot q_0 \cdot p_0^{-j} ,$$

wobei der Parameter j die Auflösungsstufe bestimmt. Aus der Konstruktionsvorschrift für kontinuierliche Wavelets in Gleichung (6.48) kann nun die Konstruktion von diskreten Wavelets abgeleitet werden

$$\psi_{j,k}[n] = \frac{1}{\sqrt{p_0^{-j}}} \cdot \psi\left[\frac{n - k \cdot q_0 \cdot p_0^{-j}}{p_0^{-j}}\right] = \sqrt{p_0^{j}} \cdot \psi\left[n \cdot p_0^{j} - k \cdot q_0\right] .$$

Sinnvolle Werte ergeben sich mit $p_0 = 2$, was zu einer dyadischen Zerlegung der Signale führt. Die Konstante q_0 hängt von der zu transformierenden Signallänge N ab. Für die Transformation von Signalvektoren der Länge $N = 8$ muss q_0 ebenfalls mit 8 festgelegt werden, um eine korrekte Verschiebung der Basisfunktion zu gewährleisten. Die Konstruktionsvorschrift lautet somit

$$\psi_{j,k}[n] = \sqrt{2^{j}} \cdot \psi\left[n \cdot 2^{j} - k \cdot 8\right] .$$

Mit der Skalierungsfunktion $\varphi[n] = \frac{1}{\sqrt{8}} \cdot (1\ 1\ 1\ 1\ 1\ 1\ 1\ 1)$ (erste Basisfunktion für den Gleichanteil) als Ausgangspunkt ergibt sich das Mutter-Wavelet entsprechend Abbildung 6.26 b) mit $\psi[n] = \frac{1}{\sqrt{8}} \cdot (1\ 1\ 1\ 1 -1 -1 -1 -1)$ und eine orthonormale Transformationsmatrix kann konstruiert werden

$$\mathbf{W_A}^{(8)} = \begin{pmatrix} \varphi \\ \psi_{0,0} \\ \psi_{1,0} \\ \psi_{1,1} \\ \psi_{2,0} \\ \psi_{2,1} \\ \psi_{2,2} \\ \psi_{2,3} \end{pmatrix} = \frac{1}{\sqrt{8}} \cdot \begin{pmatrix} 1 & 1 & 1 & 1 & 1 & 1 & 1 & 1 \\ 1 & 1 & 1 & 1 & -1 & -1 & -1 & -1 \\ \sqrt{2} & \sqrt{2} & -\sqrt{2} & -\sqrt{2} & 0 & 0 & 0 & 0 \\ 0 & 0 & 0 & 0 & \sqrt{2} & \sqrt{2} & -\sqrt{2} & -\sqrt{2} \\ 2 & -2 & 0 & 0 & 0 & 0 & 0 & 0 \\ 0 & 0 & 2 & -2 & 0 & 0 & 0 & 0 \\ 0 & 0 & 0 & 0 & 2 & -2 & 0 & 0 \\ 0 & 0 & 0 & 0 & 0 & 0 & 2 & -2 \end{pmatrix}.$$

Die Rücktransformationsmatrix lautet gemäß Gleichung (6.32) $\mathbf{W_B}^{(8)} = \left(\mathbf{W_A}^{(8)}\right)^{\mathrm{T}}$.

In Abbildung 6.24 sind die Basisvektoren der Haar-Transformation (HT) denen der diskreten Kosinus-Transformation und der Walsh-Hadamard-Transformation gegenübergestellt. Es ist deutlich zu erkennen, dass die Basisfunktionen bei der Wavelet-Transformation in Abhängigkeit von der Auflösungsstufe eine begrenzte Länge (*compact support*) haben und damit zeitlich lokalisierbar sind.

Wenn man die Matrix $\mathbf{W_A}^{(8)}$ entsprechend Gleichung (6.33) mit

$$\mathbf{C_A}^{(8)} = \frac{1}{\sqrt{8}} \cdot \begin{pmatrix} 1 & 0 & 0 & 0 & 0 & 0 & 0 & 0 \\ 0 & 1 & 0 & 0 & 0 & 0 & 0 & 0 \\ 0 & 0 & \sqrt{2} & 0 & 0 & 0 & 0 & 0 \\ 0 & 0 & 0 & \sqrt{2} & 0 & 0 & 0 & 0 \\ 0 & 0 & 0 & 0 & 2 & 0 & 0 & 0 \\ 0 & 0 & 0 & 0 & 0 & 2 & 0 & 0 \\ 0 & 0 & 0 & 0 & 0 & 0 & 2 & 0 \\ 0 & 0 & 0 & 0 & 0 & 0 & 0 & 2 \end{pmatrix}$$

skaliert, beschränkt sich die Berechnung auf ganze Zahlen. Die Hintransformation lautet dann

$$\mathbf{W'_A}^{(8)} = \mathbf{C_A}^{(8)} \cdot \mathbf{W_A}^{(8)} = \frac{1}{8} \cdot \begin{pmatrix} 1 & 1 & 1 & 1 & 1 & 1 & 1 & 1 \\ 1 & 1 & 1 & 1 & -1 & -1 & -1 & -1 \\ 2 & 2 & -2 & -2 & 0 & 0 & 0 & 0 \\ 0 & 0 & 0 & 0 & 2 & 2 & -2 & -2 \\ 4 & -4 & 0 & 0 & 0 & 0 & 0 & 0 \\ 0 & 0 & 4 & -4 & 0 & 0 & 0 & 0 \\ 0 & 0 & 0 & 0 & 4 & -4 & 0 & 0 \\ 0 & 0 & 0 & 0 & 0 & 0 & 4 & -4 \end{pmatrix}.$$

Diese Form korrespondiert mit der Signalzerlegung in Abbildung 6.25. Die Skalierungsfunktion (erste Basisfunktion) berechnet den Mittelwert des Signals, die Waveletfunktionen legen die Differenzen auf verschiedenen Zerlegungs- oder Auflösungsstufen fest. Die inverse Transformation $\mathbf{W'_B}^{(8)}$ muss gewährleisten, dass die Multiplikation beider Matrizen eine Einheitsmatrix ergibt

$$\mathbf{W'_B}^{(8)} = \begin{pmatrix} 1 & 1 & 1 & 0 & 1 & 0 & 0 & 0 \\ 1 & 1 & 1 & 0 & -1 & 0 & 0 & 0 \\ 1 & 1 & -1 & 0 & 0 & 1 & 0 & 0 \\ 1 & 1 & -1 & 0 & 0 & -1 & 0 & 0 \\ 1 & -1 & 0 & 1 & 0 & 0 & 1 & 0 \\ 1 & -1 & 0 & 1 & 0 & 0 & -1 & 0 \\ 1 & -1 & 0 & -1 & 0 & 0 & 0 & 1 \\ 1 & -1 & 0 & -1 & 0 & 0 & 0 & -1 \end{pmatrix} = \mathbf{W_B}^{(8)} \cdot \mathbf{C_B}^{(8)}$$

mit

$$\mathbf{C_B}^{(8)} = \left(\mathbf{C_A}^{(8)}\right)^{-1} = \frac{\sqrt{8}}{2} \cdot \begin{pmatrix} 2 & 0 & 0 & 0 & 0 & 0 & 0 & 0 \\ 0 & 2 & 0 & 0 & 0 & 0 & 0 & 0 \\ 0 & 0 & \sqrt{2} & 0 & 0 & 0 & 0 & 0 \\ 0 & 0 & 0 & \sqrt{2} & 0 & 0 & 0 & 0 \\ 0 & 0 & 0 & 0 & 1 & 0 & 0 & 0 \\ 0 & 0 & 0 & 0 & 0 & 1 & 0 & 0 \\ 0 & 0 & 0 & 0 & 0 & 0 & 1 & 0 \\ 0 & 0 & 0 & 0 & 0 & 0 & 0 & 1 \end{pmatrix} .$$

Die Operationen der Hin- und Rücktransformation lauten demnach gemeinsam

$$\begin{aligned} \mathbf{x} &= \mathbf{W_B}^{(8)} \cdot \mathbf{C_B}^{(8)} \cdot \mathbf{C_A}^{(8)} \cdot \mathbf{W_A}^{(8)} \cdot \mathbf{x} \\ &= \mathbf{W'_B}^{(8)} \cdot \mathbf{W'_A}^{(8)} \cdot \mathbf{x} . \end{aligned}$$

Abschnitt 6.4 wird zeigen, dass die Wavelet-Transformation ähnlich der Signalzerlegung in Abbildung 6.25 elegant mit Filterbänken realisierbar ist. Die Signallänge und auch die Zerlegungstiefe sind dann beliebig wählbar.

Abbildung 6.27 veranschaulicht die Wirkung verschiedener Transformationen bei Anwendung auf ein natürliches Bild. Oben ist das Original zu sehen. Darunter ist das Ergebnis der diskreten Kosinus-Transformation dargestellt (b), wobei jeweils Bildblöcke von 8 mal 8 Bildpunkten transformiert wurden. Die hellen Punkte sind die Gewichte für die Gleichanteile der einzelnen Blöcke. In Abbildung (c) sind die DCT-Koeffizienten aller Blöcke nach ihrer Frequenz sortiert. Alle Gleichanteile zusammengefasst zeigen in der Ecke links oben das Origialbild mit reduzierter örtlicher Auflösung. Die Bilder 6.27 (d) und (e) dokumentieren die Wirkungsweise der Walsh-Hadamard-Transformation sowie der 3-stufigen Haar-Transformation.

Kehren wir noch einmal zu dem Beispiel mit den Approximations- und Detailsignalen in Abbildung 6.25 zurück. Angenommen, wir verschieben das Ursprungssignal a_0 um eine Position. Was passiert? Man erhält andere Mittelwerte und dementsprechend andere Differenzsignale. Eine Verschiebung des Originalsignals führt also zu einer anderen Repräsentation im transformierten Bereich. Die diskrete Wavelet-Transformation ist zeit- bzw. verschiebungsvariant.

Das Haar-Wavelet ist das einfachste Wavelet und zeichnet sich durch einen geringen Rechenaufwand, aber auch eine begrenzte Leistungsfähigkeit aus. Die Spektren von Skalierungs- und Waveletfunktion sind sehr breitbandig, sodass keine gute spektrale Auflösung möglich ist. Für die Kompression von Bilddaten werden im Allgemeinen komplexere Wavelets eingesetzt (siehe Abschnitte 6.4.2.2 und 8.4.1.1).

6.3.12 Fraktale Transformation

Die Idee, fraktale Transformationen zur Bilddatenkompression einzusetzen, geht auf Michael Barnsley zurück [Bar88]. Der erste vollständige Algorithmus zur Kompression wurde jedoch erst von A. Jacquin, einem früheren Studenten von Barnsley, entwickelt [Jac89]. Trotz der anfänglichen Euphorie, die auf Visionen von ungeahnten Kompressionsverhältnissen beruhte, haben fraktale Methoden keine Bedeutung mehr in der Bilddatenkompression. Die erreichbaren Kompressionsverhältnisse sind im Allgemeinen

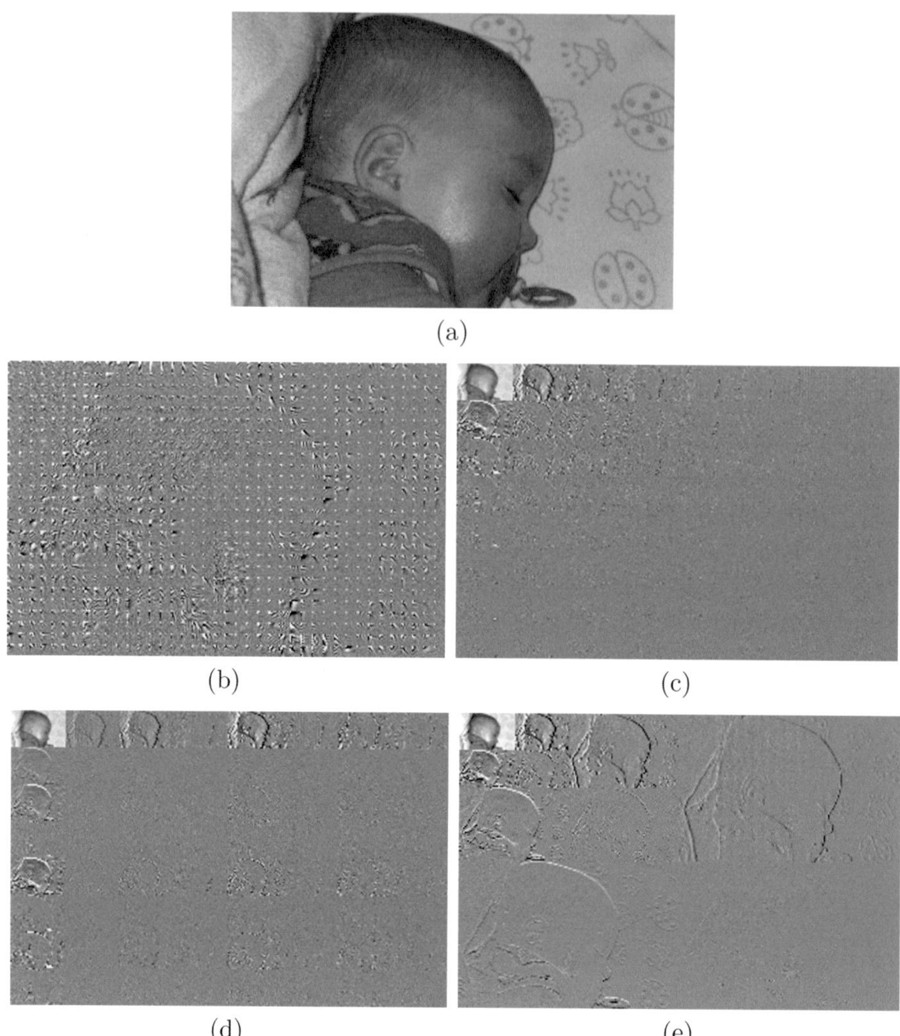

Abbildung 6.27: Testbild im Orts- und verschiedenen Frequenzbereichen; (a) Originalbild, (b) nach 8×8-Block-DCT, (c) wie (b) aber Koeffizienten nach Frequenzen sortiert,
(d) nach 3-stufiger WHT, (e) nach 3-stufiger HT

nicht höher als bei anderen Verfahren, der Rechenaufwand ist jedoch insbesondere bei
der Encodierung wegen der Suche nach geeigneten Abbildungsvorschriften relativ groß.

Die fraktale Transformation basiert auf folgendem Grundgedanken. Mit Hilfe iterativer
Gleichungen lassen sich Bilder wie zum Beispiel die Mandelbrotfigur oder Juliamengen
erzeugen (**Abb. 6.28**). Dann ist es unter Umständen auch möglich, für jedes beliebige Bild ein zugehöriges Gleichungssystem zu finden, das durch iterative Anwendung
zum gewünschten Bild führt. Als Basisvektoren werden unter Ausnutzen der Selbstähnlichkeit Ausschnitte aus dem Signal selbst verwendet. Zum Verständnis der fraktalen

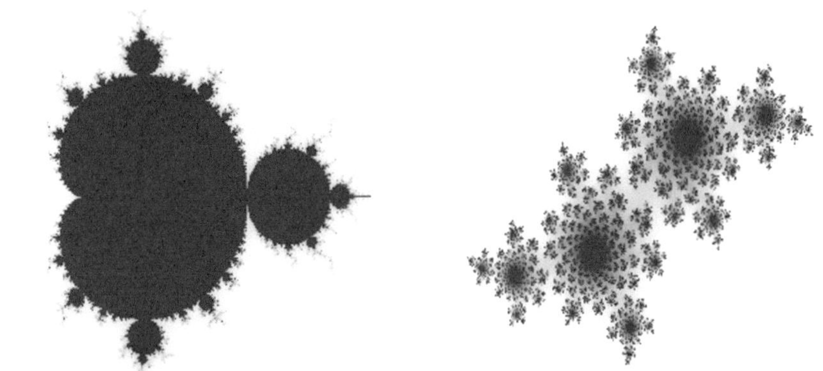

Abbildung 6.28: Mit Hilfe von iterativen Gleichungen erzeugte, fraktale Bilder

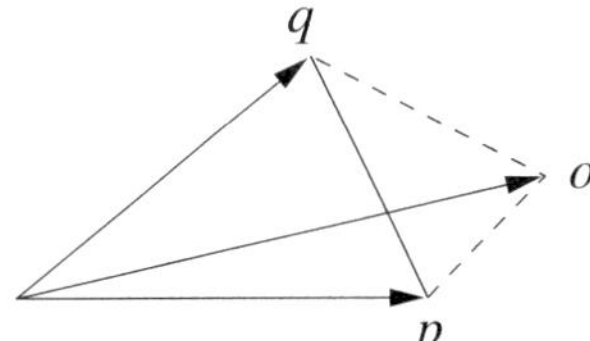

Abbildung 6.29: Veranschaulichung der Dreiecksungleichung $d(p,q) \leq d(p,o) + d(q,o)$

Transformation müssen zunächst ein paar grundlegende Begriffe erläutert werden.

6.3.12.1 Metrische Räume - Grundlagen

Seien o, p und q Punkte des Raumes $\mathbf{R}$. Dann ordnet die Metrik den Punkten p und q einen Abstand $d(p,q) \geq 0$ mit folgenden Eigenschaften zu:

1. Ist der Abstand $d(p,q)$ zwischen zwei Punkten gleich Null, sind die Punkte identisch ($p = q$).

2. Der Abstand zwischen zwei Punkten ist unabhängig von der Richtung, die man betrachtet ($d(p,q) = d(q,p)$, Symmetrie-Eigenschaft).

3. Der direkte Abstand zwischen zwei Punkten ist nie größer als die Summe ihrer Abstände zu einem dritten Punkt ($d(p,q) \leq d(p,o) + d(q,o)$, Dreiecksungleichung, **Abb. 6.29**).

Abstände zwischen Punkten können auf unterschiedlichste Weise definiert werden. Stellvertretend sei hier der euklidische Abstand zwischen Punkten im N-dimensionalen Raum genannt

$$d(p,q) = ||p - q|| = \sqrt{\sum_{n=0}^{N-1} |p_n - q_n|^2} , \tag{6.49}$$

siehe **Beispiel 6.11**.

Beispiel 6.11: Euklidischer Abstand von zwei Punkten im Raum

Gegeben seien zwei Punkte $p = \binom{2}{1}$ und $q = \binom{-2}{3}$ durch ihre kartesischen Koordinaten im zweidimensionalen Raum. Wie groß ist der euklidische Abstand zwischen ihnen?

Lösung:

Der euklidische Abstand zwischen ihnen beträgt laut Gleichung (6.49):

$$d(p,q) = \sqrt{|2 - (-2)|^2 + |1 - 3|^2} = \sqrt{16 + 4} \,.$$

Da die Vektoren jeweils nur zwei Elemente enthalten und somit in der Ebene liegen, wird hier lediglich über den Satz des Pythagoras die Hypotenuse in einem rechtwinkligen Dreieck berechnet.

6.3.12.2 Kontraktive Abbildungen

Abbildungen sind Funktionen in metrischen Räumen, die Punkte eines Raumes auf andere Punkte desselben Raumes projizieren. $\mathcal{T}(p)$ sei eine Abbildung von p. Eine Abbildung ist dann kontraktiv, wenn sie den Abstand $d(p,q)$ zwischen p und q verringert

$$d\left(\mathcal{T}(p), \mathcal{T}(q)\right) \leq s \cdot d(p,q) \,, \qquad 0 \leq s < 1 \,.$$

s wird als Kontraktivitätsfaktor bezeichnet. Nun soll am Beispiel untersucht werden, welche Abbildungen kontraktiv sind. Zunächst werden die Punkte mit einem skalaren Wert a multipliziert

$$d(a \cdot p, a \cdot q) = \sqrt{\sum_{n=0}^{N-1} |a \cdot p_n - a \cdot q_n|^2} = |a| \cdot \sqrt{\sum_{n=0}^{N-1} |p_n - q_n|^2} = |a| \cdot d(p,q) \,.$$

Der Wert $|a|$ entspricht dem Kontraktivitätsfaktor s. Die Abbildung ist also kontraktiv, wenn $|a| < 1$ gilt. Als zweites sei die Addition eines Vektors b untersucht. Dies entspricht einer Translation

$$d(p + b, q + b) = \sqrt{\sum_{n=0}^{N-1} |(p_n + b_n) - (q_n + b_n)|^2} = \sqrt{\sum_{n=0}^{N-1} |p_n - q_n|^2} = d(p,q) \,.$$

Durch die Addition eines Vektors hat sich der Abstand zwischen den Punkten nicht verändert. Der Kontraktivitätsfaktor s ist gleich Eins und die Abbildung ist somit nicht kontraktiv. Handelt es sich bei der Transformation um eine Verkettung von einzelnen Abbildungen, dann ergibt sich die Gesamtkontraktion aus dem Produkt der Einzelkontraktionen. Betrachtet man zum Beispiel eine affine Abbildung in der Ebene

$$\mathcal{T}(\underline{p}) = \mathbf{A} \cdot \underline{p} + \mathbf{b} \qquad \text{mit} \qquad \underline{p} = \binom{p_x}{p_y}, \mathbf{b} = \binom{b_x}{b_y}, \qquad \mathbf{A} = \begin{pmatrix} a_1 & a_2 \\ a_3 & a_4 \end{pmatrix},$$

so muss die Transformationsmatrix $\mathbf{A}$ kontraktiv sein, da der Translationsvektor $\mathbf{b}$ keine Kontraktion bewirkt.

6.3.12.3 Iterierte Funktionensysteme (IFS)

Iterierte Funktionensysteme sind Transformationen bzw. Abbildungen, die wiederholt durchgeführt werden, wobei das Ergebnis einer Abbildung automatisch das Argument für die nächste Transformation ist

$$\begin{aligned}
\mathcal{T}^{(0)}(p) &= p \\
\mathcal{T}^{(1)}(p) &= \mathcal{T}(p) \\
\mathcal{T}^{(2)}(p) &= \mathcal{T}(\mathcal{T}(p)) \\
&\;\;\vdots
\end{aligned}$$

Die Punktfolge $\mathcal{T}^{(n)}(p)$ wird dann als Iterationsfolge bezeichnet. Wenn die Abbildung $\mathcal{T}$ kontraktiv ist, konvergiert die Abbildung zu einem Fixpunkt p_f

$$\lim_{n \to \infty} \mathcal{T}^{(n)}(p) = \mathcal{T}(p_f) = p_f \;.$$

Für den eindimensionalen Raum kann dies einfach bewiesen werden. Gegeben sei die Transformation

$$\mathcal{T}(x) = a \cdot x + b \;.$$

Wenn man diese Abbildung iterativ anwendet, erhält man für die ersten beiden Schritte

$$x_1 = a \cdot x_0 + b \qquad \text{und} \qquad x_2 = a \cdot x_1 + b = a^2 \cdot x_0 + a \cdot b + b \;.$$

Nach n Iterationen führt dies zu

$$x_n = a^n \cdot x_0 + b \cdot \sum_{r=0}^{n-1} a^r$$

und im Grenzfall wird mit der Kontraktivitätsbedingung $a < 1$ daraus

$$\lim_{n \to \infty} x_n = b \cdot \sum_{r=0}^{\infty} a^r = \frac{b}{1-a} \;. \tag{6.50}$$

Der Fixpunktwert lautet $b/(1-a)$ und seine Transformation verändert ihn nicht mehr

$$\mathcal{T}\left(\frac{b}{1-a}\right) = a \cdot \frac{b}{1-a} + b = \frac{ab + b(1-a)}{1-a} = \frac{b}{1-a} \;.$$

Beim Abbilden von n-dimensionalen Gebilden statt von Punkten wird der Fixpunkt auch als Attraktor bezeichnet. Der Banachsche Fixpunktsatz besagt [Bar95], dass jede kontraktive Abbildung genau einen Fixpunkt besitzt. Der Fixpunkt ist dabei ausschließlich von der Abbildung $\mathcal{T}$ und nicht vom Startpunkt p abhängig. In Gleichung (6.50) ist dies daran zu erkennen, dass der Startwert x_0 verschwunden ist, siehe auch **Beispiel 6.12**.

Beispiel 6.12: Kontraktion von drei Punkten in der Ebene durch iterative Abbildungen

Die Konvergenz kontraktiver Abbildungen wird hier anhand des zweidimensionalen Raumes demonstriert. Gegeben ist eine affine Abbildung in der Ebene

$$\mathcal{T}(p) = \mathbf{A} \cdot \underline{p} + \mathbf{b} ,$$

$$\begin{pmatrix} p_x^{(i+1)} \\ p_y^{(i+1)} \end{pmatrix} = \begin{pmatrix} 0.3 & 0.3 \\ -0.5 & 0.5 \end{pmatrix} \cdot \begin{pmatrix} p_x^{(i)} \\ p_y^{(i)} \end{pmatrix} + \begin{pmatrix} 1 \\ 1.5 \end{pmatrix} . \qquad (6.51)$$

Es werden die drei Startpunkte $a = a^{(0)} = \begin{pmatrix} 3.5 \\ 2 \end{pmatrix}, b = b^{(0)} = \begin{pmatrix} 1 \\ 3.5 \end{pmatrix}$ und $c = c^{(0)} = \begin{pmatrix} 0.5 \\ 0.5 \end{pmatrix}$ ausgewählt. Wendet man nun die Abbildung nach Gleichung (6.51) iterativ auf die einzelnen Punkte an, so ist zu beobachten, dass sie alle drei einem gemeinsamen Fixpunkt $p_f = (1.9\ \ 1.1)^T$ zustreben. Die Entwicklung der Punktkoordinaten sind in der folgende Tabelle und die Positionen in der grafischen Darstellung zu sehen.

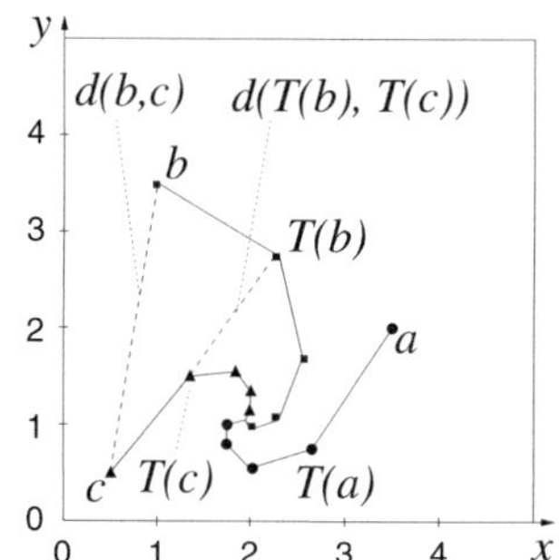

i	$a_x^{(i)}$	$a_y^{(i)}$	$b_x^{(i)}$	$b_y^{(i)}$	$c_x^{(i)}$	$c_y^{(i)}$
0	3.500	2.000	1.000	3.500	0.500	0.500
1	2.650	0.750	2.350	2.750	1.300	1.500
2	2.020	0.550	2.530	1.700	1.840	1.600
3	1.771	0.765	2.269	1.085	2.032	1.380
3	1.761	0.997	2.006	0.908	2.024	1.174
⋮	⋮	⋮	⋮	⋮	⋮	⋮
∞	1.900	1.100	1.900	1.100	1.900	1.100

Es ist unter anderem zu erkennen, dass sich der Abstand zwischen den Punkten b und c schon nach einer affinen Transformation deutlich verkürzt hat.

6.3.12.4 Fraktale Bilddatenkompression

Das Interessante an Fixpunkten ist, dass sie sowohl durch ihre Koordinaten als auch über die Abbildungsvorschrift beschrieben werden können. Die Idee der fraktalen Bilddatenkompression liegt nun darin, ein Bild als Fixpunkt oder Attraktor anzusehen. Man kann diesen Attraktor entweder durch seine einzelnen Bildpunkte oder durch ein Set von kontraktiven Abbildungen beschreiben. Aufgabe der fraktalen Encodierung ist das Finden von geeigneten Abbildungen des Bildes auf sich selbst. Jacquin stellte 1992 ein Verfahren vor, dass relativ leicht nachzuvollziehen ist [Jac92]. In seiner Implementierung werden Bilder mit einer Größe von 256×256 oder 512×512 in sich nicht überlappende Blöcke (*Range-Blöcke*) der Größe $N \times N$ bzw. $N/2 \times N/2$ mit $N = 8$ segmentiert. Ein großer Range-Block umfasst jeweils vier kleine Blöcke. Je nachdem, wie detailliert das Bild an der Position ist, verwendet man entweder den großen oder die vier kleinen Blöcke.

Für jeden Range-Block wird ein passender Bildausschnitt (*Domain-Block*) der Größe $M \times M$ bzw. $M/2 \times M/2$ gesucht ($M = 16$), aus dem durch geeignete Abbildungs-

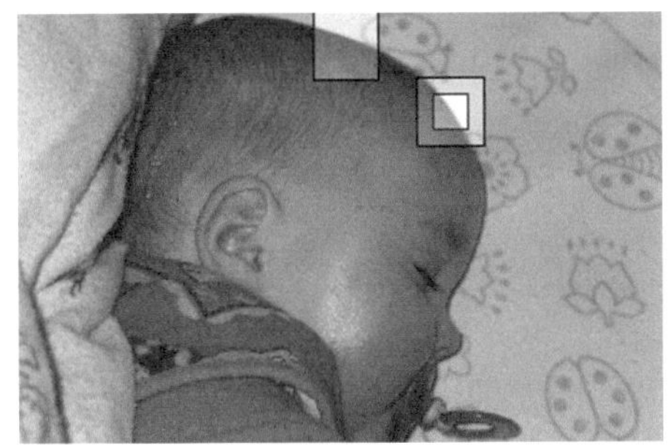

Abbildung 6.30: Kompression mit Selbstähnlichkeit: Range-Block mit zwei aussichtsreichen Kandidaten für die Wahl des besten Domain-Blocks

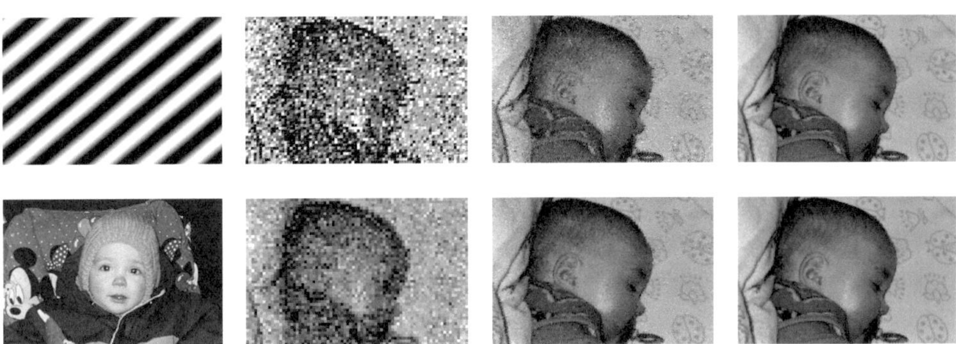

Abbildung 6.31: Fraktale Decodierung (Ausgangsbild, 1., 3. und 5. Iteration) aus verschiedenen Anfangszuständen

oder Transformationsvorschriften das gewünschte Segment mit einem möglichst kleinen Fehler approximiert werden kann. Die Domain-Blöcke dürfen sich überlappen.

Die Transformation der Domain-Blöcke unterteilt sich in zwei Komponenten. Der geometrische Teil berechnet einfach 2×2-Mittelwerte mit anschließender Unterabtastung, wenn $M = 2 \cdot N$ gilt. Außerdem sind Spiegelungen an der horizontalen und vertikalen Achse und Rotationen um Vielfache von $90°$ erlaubt. Der zweite Teil wird auch als Luminanz-Transformation bezeichnet und bewirkt eine Kontrastskalierung oder eine Helligkeitsveränderung. **Abbildung 6.30** zeigt einen kleinen Range-Block und zwei Domain-Blöcke, die eine gute Approximation des Range-Blocks versprechen.

Die Parameter aller gefundenen Abbildungen werden quantisiert, codiert und einschließlich der Koordinaten der verwendeten Domain-Blöcke zum Empfänger übertragen. Im Prozess der Decodierung wird mit Hilfe der iterativen Anwendung der Abbildungsvorschriften das Bild rekonstruiert (**Abb. 6.31**). Dabei ist es natürlich völlig egal, mit welchem Startbild man beginnt. Entscheidend sind die Abbildungsvorschriften, die immer zum selben Attraktor führen.

Aufgrund der sehr interessanten Eigenschaften der Fraktalen Transformation wurde auch erfolgreich versucht, die Selbstähnlichkeit nicht in den originalen Bilddaten zu suchen, sondern zum Beispiel in den Teilbändern einer Wavelet-Transformation [Dav95]. Die Ergebnisse waren besser als die von herkömmlichen fraktalen Codern, konnten aber die reinen waveletbasierten Algorithmen nicht in der Leistungsfähigkeit übertreffen.

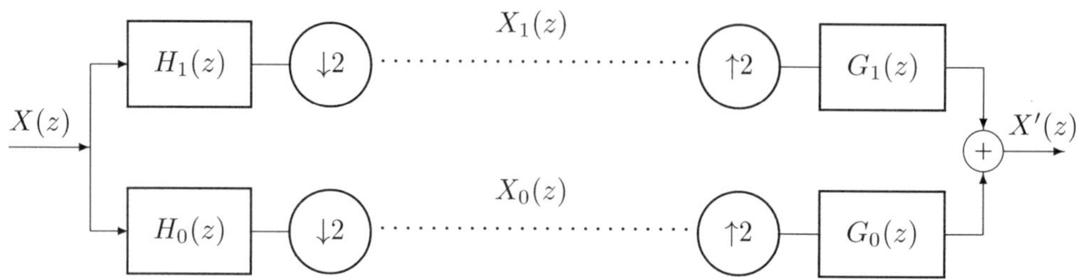

Abbildung 6.32: Zwei-Kanal-Analyse-Synthese-Filterbank

Als weiterführende Lektüre können dem Leser die Bücher „Bildkompression mit Fraktalen" von Barnsley und Hurd [Bar95], sowie „Fractal Image Compression" von Fisher [Fis95] empfohlen werden.

6.4 Filterbänke

Filterbänke zerlegen Signale in verschiedene Komponenten. Das Ziel ist genau wie bei der Prädiktion und den Signaltransformationen eine Dekorrelation der Signalwerte. Analog zur Unterteilung in Hin- und Rücktransformation besteht eine Filterbank aus einer Struktur zur Zerlegung (Analyse) und einer Struktur zur Rekonstruktion der Signale (Synthese). Prinzipiell besteht zwischen Transformationen und Filterbänken eine Äquivalenz, wie zum Beispiel schon in [Edl95] aufgezeigt wurde.

In diesem Abschnitt werden die Zusammenhänge in Filterbankstrukturen am Beispiel von Zwei-Kanal-Filterbänken hergeleitet und darauf aufbauend der Entwurf von Impulsantworten der Filter gezeigt. Entscheidende Motivation für die Behandlung von Filterbänken ist die enge Verbindung zur diskreten Wavelet-Transformation.

Basis für viele Zerlegungsstrukturen sind Zwei-Kanal-Filterbänke, die ein Signal in zwei spektrale Komponenten unterteilen (**Abb. 6.32**). Da die Berechnungen mit Filterbänken üblicherweise im z-Bereich durchgeführt werden, ist hier eine kurze Wiederholung der Eigenschaften der z-Transformation erforderlich. Für ein tiefer gehendes Studium sei der Leser an entsprechende Fachbücher zur Signal- und Systemtheorie verwiesen (z.B. [Fli91, Gir97, Mil95]).

Die z-Transformierte eines zeitdiskreten Signals $x[n]$ lautet

$$X(z) = \mathcal{Z}\left\{x[n]\right\} = \sum_n x[n] \cdot z^{-n} \ . \tag{6.52}$$

Eine negative Potenz im z-Bereich korrespondiert mit einem im Zeitbereich gespiegelten Signal

$$X(z^{-1}) \ \bullet\!\!-\!\!\!-\!\!\circ \ x[-n] \ .$$

Eine Spiegelung im z-Bereich bewirkt ein alternierendes Vorzeichen im Zeitbereich

$$X(-z) \ \bullet\!\!-\!\!\!-\!\!\circ \ (-1)^n \cdot x[n] \ .$$

Eine Verschiebung des Zeitsignals um l Stellen entspricht im z-Bereich einer Multiplikation mit z^{-l}.

$$X(z) \cdot z^{-l} \bullet\!\!-\!\!\circ x[n - l] \; .$$

Eine Unter- oder Überabtastung des Zeitsignals spiegelt sich in einer Potenz von z wider. Bei der Unterabtastung mit dem Faktor M ist darüber hinaus der Aliasing-Effekt zu berücksichtigen. Das resultierende Signal im z-Bereich besteht aus M Komponenten [Str96a]

$$\frac{1}{M} \cdot \sum_{k=0}^{M-1} X(z^{1/M} \cdot e^{2\pi jk/M}) \quad \bullet\!\!-\!\!\circ \quad x[n \cdot M] \qquad M \in \mathbb{N}, M > 0 \tag{6.53}$$

$$X(z^L) \quad \bullet\!\!-\!\!\circ \quad x[n] = \begin{cases} y[n/L] & \text{für } n = m \cdot L, \; m \in \mathbb{Z} \\ 0 & \text{sonst} \end{cases} \tag{6.54}$$

Wie bei der Fourier-Transformation entspricht die Faltung im Zeitbereich einer Multiplikation im z-Bereich

$$\mathcal{Z}\{x[n] * y[n]\} = \mathcal{Z}\{x[n]\} \cdot \mathcal{Z}\{y[n]\} \; .$$

6.4.1 Zwei-Kanal-Filterbänke

Zwei-Kanal-Filterbänke zerlegen ein Signal $x[n] \bullet\!\!-\!\!\circ X(z)$ mit Hilfe eines Hochpassfilters $h_1[n] \bullet\!\!-\!\!\circ H_1(z)$ und eines Tiefpassfilters $h_0[n] \bullet\!\!-\!\!\circ H_0(z)$ und einer anschließenden Unterabtastung in zwei Teilbandsignale $X_1(z)$ und $X_0(z)$ (siehe Abb. 6.32). Auf der Syntheseseite werden die Teilbandsignale wieder überabgetastet, mit den Synthesefiltern $G_1(z)$ und $G_0(z)$ gefiltert und addiert. Wenn das rekonstruierte Signal $X'(z)$ dem Originalsignal entsprechen soll, sind an die Analyse- und Synthesefilter besondere Bedingungen geknüpft, die im Folgenden hergeleitet werden.

Die Signalanalyse einschließlich der Unterabtastung führt mit $M = 2$ und Gleichung (6.53) zu den Teilbandsignalen $X_1(z)$ und $X_0(z)$ [Fli93]

$$\begin{aligned} X_1(z) &= \frac{1}{2}\left[H_1(z^{\frac{1}{2}}) \cdot X(z^{\frac{1}{2}}) + H_1(-z^{\frac{1}{2}}) \cdot X(-z^{\frac{1}{2}})\right] \\ X_0(z) &= \frac{1}{2}\left[H_0(z^{\frac{1}{2}}) \cdot X(z^{\frac{1}{2}}) + H_0(-z^{\frac{1}{2}}) \cdot X(-z^{\frac{1}{2}})\right] . \end{aligned} \tag{6.55}$$

Durch das Unterabtasten ist gewährleistet, dass das zerlegte Signal insgesamt genauso viele Werte hat wie das originale Signal. Die Synthese rekonstruiert das Signal mit der Regel für die Überabtastung (6.54)

$$X'(z) = G_1(z) \cdot X_1(z^2) + G_0(z) \cdot X_0(z^2) . \tag{6.56}$$

Setzt man Gleichung (6.55) in (6.56) ein, folgt

$$\begin{aligned} X'(z) &= \frac{1}{2}\left[G_1(z) \cdot H_1(z) \cdot X(z) + G_1(z) \cdot H_1(-z) \cdot X(-z)\right] + \\ &\quad \frac{1}{2}\left[G_0(z) \cdot H_0(z) \cdot X(z) + G_0(z) \cdot H_0(-z) \cdot X(-z)\right] \end{aligned}$$

oder in Matrixschreibweise

$$X'(z) = \frac{1}{2} \begin{bmatrix} G_1(z) & G_0(z) \end{bmatrix} \cdot \begin{bmatrix} H_1(z) & H_1(-z) \\ H_0(z) & H_0(-z) \end{bmatrix} \cdot \begin{bmatrix} X(z) \\ X(-z) \end{bmatrix} .$$

Das rekonstruierte Signal $X'(z)$ setzt sich somit aus zwei Teilkomponenten zusammen

$$
\begin{aligned}
X'(z) &= \frac{1}{2}\left[G_1(z) \cdot H_1(z) + G_0(z) \cdot H_0(z) \right] \cdot X(z) + \\
&\quad \frac{1}{2}\left[G_1(z) \cdot H_1(-z) + G_0(z) \cdot H_0(-z) \right] \cdot X(-z) \\
&= F_0(z) \cdot X(z) + F_1(z) \cdot X(-z) .
\end{aligned}
\tag{6.57}
$$

$X(-z)$ ist eine Aliasingkomponente, enthält also Frequenzen, die nicht zum Signal gehören. Zum Eliminieren dieser Komponente muss $F_1(z)=0$ gelten. An $F_0(z)$ wird ebenfalls eine Bedingung gestellt. Soll die Filterbank eine perfekte Rekonstruktion (PR) des Signals ermöglichen, darf $F_0(z)$ das Signal $X(z)$ nicht verzerren. Erlaubt ist lediglich eine Verzögerung $\left(F_0(z) = z^{-l}\right)$.

Setzt man die Bedingungen für $F_0(z)$ und $F_1(z)$ in Gleichung (6.57) ein, erhält man folgende zwei Bedingungsgleichungen für den Filterentwurf

$$
\begin{aligned}
G_1(z) \cdot H_1(z) + G_0(z) \cdot H_0(z) &= 2 \cdot z^{-l} \quad \text{und} \tag{6.58} \\
G_1(z) \cdot H_1(-z) + G_0(z) \cdot H_0(-z) &= 0 . \tag{6.59}
\end{aligned}
$$

Die Bedingung für die Aliasingfreiheit (6.59) kann gelöst werden, wenn man Analyse- und Synthesefilter in einen geeigneten Zusammenhang bringt

$$G_1(z) = P(z) \cdot H_0(-z), \quad H_1(-z) = -\frac{1}{P(z)} \cdot G_0(z) . \tag{6.60}$$

Beschränkt man sich auf ausschließlich nichtrekursive Filter (FIR-Filter), so muss $P(z)$ ein Monom sein

$$P(z) = c \cdot z^{-m} \qquad c \in \mathbb{R},\ m \in \mathbb{Z} . \tag{6.61}$$

Setzt man (6.60) mit (6.61) in die Bedingung zur perfekten Rekonstruktion (6.58) ein, erhält man außerdem

$$
\begin{aligned}
2 \cdot z^{-l} &= P(z) \cdot H_0(-z) \cdot H_1(z) - P(z) \cdot H_1(-z) \cdot H_0(z) \\
&= c \cdot z^{-m} \cdot H_0(-z) \cdot H_1(z) - c \cdot z^{-m} \cdot H_1(-z) \cdot H_0(z) . \tag{6.62}
\end{aligned}
$$

Vereinfacht liefert dies einen Zusammenhang zwischen den beiden Analysefiltern

$$\boxed{H_0(-z) \cdot H_1(z) - H_0(z) \cdot H_1(-z) = \tfrac{2}{c} z^{m-l}} . \tag{6.63}$$

Nun muss untersucht werden, welche Bedingungen an die Variablen m und l geknüpft sind. Dazu wird Gleichung (6.63) im Zeitbereich betrachtet

$$(-1)^n h_0[n] * h_1[n] - h_0[n] * (-1)^n h_1[n] = \begin{cases} \frac{2}{c} & \text{für } n = m - l \\ 0 & \text{sonst} \end{cases} .$$

Das Ausformulieren der Faltungsoperationen führt zu

$$\sum_{k=-\infty}^{\infty} (-1)^k h_0[k] \cdot h_1[n-k] - \sum_{k=-\infty}^{\infty} h_0[k] \cdot (-1)^{n-k} h_1[n-k] = \left\{ \begin{array}{l} \frac{2}{c} \text{ für } n = m - l \\ 0 \text{ sonst} \end{array} \right.$$

bzw.

$$\sum_{k=-\infty}^{\infty} \left\{ (-1)^k h_0[k] \cdot h_1[n-k] - h_0[k] \cdot (-1)^{n-k} h_1[n-k] \right\} = \left\{ \begin{array}{l} \frac{2}{c} \text{ für } n = m - l \\ 0 \text{ sonst} \end{array} \right. .$$

Dies kann man vereinfachen zu

$$\sum_{k=-\infty}^{\infty} \left[(-1)^k - (-1)^{n-k} \right] \cdot h_0[k] \cdot h_1[n-k] = \left\{ \begin{array}{l} \frac{2}{c} \text{ für } n = m - l \\ 0 \text{ sonst} \end{array} \right. . \qquad (6.64)$$

Für die Lösung dieser Formel muss der Ausdruck $n = m - l$ ungerade sein, da ansonsten die Summe für alle n gleich Null wäre. Diese Bedingung wird für den Entwurf von biorthogonalen Filterbänken benötigt.

6.4.1.1 Orthogonale Filterbänke

Smith und Barnwell schlugen 1984 eine Lösung für das PR-Problem vor [Smi84]. Die nach ihrem Ansatz entworfenen Filter werden als Konjugiert-Quadratur-Filter (engl.: *CQF... conjugate quadrature filterbank*) bezeichnet. Voraussetzung für den erfolgreichen Filterentwurf ist eine gerade Anzahl N der FIR-Filterkoeffizienten. Dann kann mit dem Ansatz

$$H_1(z) = z^{-(N-1)} \cdot H_0(-z^{-1})$$

die Gleichung (6.63) gelöst werden

$$H_0(-z) \cdot z^{-(N-1)} \cdot H_0(-z^{-1}) - H_0(z) \cdot (-z)^{-(N-1)} \cdot H_0(z^{-1}) = \frac{2}{c} z^{m-l} .$$

Wählt man $m - l = -(N - 1)$, ergibt sich daraus eine Bedingung für das Analyse-Tiefpassfilter

$$H_0(-z) \cdot H_0(-z^{-1}) + H_0(z) \cdot H_0(z^{-1}) = \frac{2}{c} . \qquad (6.65)$$

Mit (6.60), (6.61) und $c = 2, m = 0$ lassen sich nun die Synthesefilter festlegen

$$\begin{aligned} G_1(z) &= 2 \cdot H_0(-z) \ , \\ G_0(z) &= -2 \cdot H_1(-z) = 2 \cdot z^{-(N-1)} \cdot H_0(z^{-1}) \ . \end{aligned} \qquad (6.66)$$

Zurück in den Zeitbereich transformiert lauten die zugehörigen Impulsantworten somit wie folgt

$$\begin{aligned} h_1[n] &= (-1)^{(N-1-n)} \cdot h_0[N-1-n] \ , \\ g_0[n] &= 2 \cdot h_0[N-1-n] \ , \\ g_1[n] &= 2 \cdot (-1)^n \cdot h_0[n] \ . \end{aligned} \qquad (6.67)$$

Tabelle 6.2: Zusammenhang zwischen Filterkoeffizienten einer orthogonalen Filterbank mit Impulsantworten der Länge $N = 4$

n	0	1	2	3
$h_0[n]$	$h_0[0]$	$h_0[1]$	$h_0[2]$	$h_0[3]$
$h_1[n]$	$-h_0[3]$	$h_0[2]$	$-h_0[1]$	$h_0[0]$
$g_0[n]$	$2h_0[3]$	$2h_0[2]$	$2h_0[1]$	$2h_0[0]$
$g_1[n]$	$2h_0[0]$	$-2h_0[1]$	$2h_0[2]$	$-2h_0[3]$

Die Filter $h_0[n]$, $h_1[n]$, $g_0[n]$ und $g_1[n]$ bilden eine orthogonale Filterbank. **Tabelle 6.2** veranschaulicht den Zusammenhang der Filterkoeffizienten, wenn die Länge der Impulsantworten $N = 4$ beträgt.

Die Beziehungen zwischen den vier Impulsantworten der Filterbank sind nun eindeutig in Abhängigkeit vom Analysetiefpass festgelegt. Die Koeffizienten dieses Filters müssen allerdings noch bestimmt werden. Dazu wird Gleichung (6.65) mit $c = 2$ in den Zeitbereich überführt

$$(-1)^n h_0[n] * (-1)^n h_0[-n] + h_0[n] * h_0[-n] = \begin{cases} 1 & \text{für } n = 0 \\ 0 & \text{sonst} \end{cases} .$$

Das Auflösen der Faltungsoperatoren ergibt

$$\sum_{k=-\infty}^{\infty} (-1)^k h_0[k] \cdot (-1)^{k-n} h_0[k-n] + \sum_{k=-\infty}^{\infty} h_0[k] \cdot h_0[k-n] = \begin{cases} 1 & \text{für } n = 0 \\ 0 & \text{sonst} \end{cases}$$

bzw.

$$\sum_{k=-\infty}^{\infty} \left\{ (-1)^k \cdot (-1)^{k-n} \cdot h_0[k] \cdot h_0[k-n] + h_0[k] \cdot h_0[k-n] \right\} = \begin{cases} 1 & \text{für } n = 0 \\ 0 & \text{sonst} \end{cases}$$

und vereinfacht

$$\sum_{k=-\infty}^{\infty} h_0[k] \cdot h_0[k-2n] = \begin{cases} 0.5 & \text{für } n = 0 \\ 0 & \text{sonst} \end{cases} . \tag{6.68}$$

Die Lösung dieser Formel führt bei Filterimpulsantworten mit N Stützstellen zu $N/2$ Bestimmungsgleichungen. Da aber N unbekannte Filterkoeffizienten ermittelt werden müssen, ergeben sich für den Filterentwurf weitere $N/2$ Gleichungen, mit deren Hilfe auf die Eigenschaften der Filter Einfluss genommen werden kann. Der orthogonale Filterentwurf wird im **Beispiel 6.13** gezeigt.

6.4.1.2   Biorthogonale Filterbänke

Eine Alternative für perfekt rekonstruierende Filterbänke wurde 1992 von Cohen, Daubechies und Feauveau [Coh92] sowie Vetterli und Herley [Vet92] vorgestellt. Dazu wird

Beispiel 6.13: Entwurf eines orthogonalen Filters mit $N = 4$ Filterkoeffizienten

Gesucht sei eine orthogonale Filterbank mit $N = 4$. Die Impulsantwort des Analysetiefpasses sei $h_0[n] = \{h_0[0],\ h_0[1],\ h_0[2],\ h_0[3]\}$. Aus den Entwurfsprinzipien für CQF-Filter in Gl.(6.68) folgen die beiden Gleichungen

$$h_0[0]^2 + h_0[1]^2 + h_0[2]^2 + h_0[3]^2 = 0.5 \qquad \text{und}$$
$$h_0[0] \cdot h_0[2] + h_0[1] \cdot h_0[3] = 0 \ .$$

Es bleiben zwei Freiheitsgrade, um die Eigenschaften der Filter zu beeinflussen. Als Bedingung wird gefordert, dass das Hochpassfilter $h_1[n]$ konstante Signale und Signale mit konstantem Anstieg unterdrückt. Mit Gleichung (6.67) folgen

$$h_0[0] - h_0[1] + h_0[2] - h_0[3] = 0 \qquad \text{und}$$
$$0 \cdot h_0[0] - 1 \cdot h_0[1] + 2 \cdot h_0[2] - 3 \cdot h_0[3] = 0 \ .$$

Daraus ergibt sich eine eindeutige Lösung für die Filterkoeffizienten

$$h_0[0] = \frac{1 + \sqrt{3}}{8} \approx 0.3415 \qquad\qquad h_0[1] = \frac{3 + \sqrt{3}}{8} \approx 0.5915$$
$$h_0[2] = \frac{3 - \sqrt{3}}{8} \approx 0.1585 \qquad\qquad h_0[3] = \frac{1 - \sqrt{3}}{8} \approx -0.0915 \ . \qquad (6.69)$$

mit Hilfe von (6.60) die Bedingungsgleichung (6.58) umgeformt in

$$
\begin{aligned}
2 \cdot z^{-l} &= P(z) \cdot H_0(-z) \cdot \frac{-1}{P(-z)} \cdot G_0(-z) + G_0(z) \cdot H_0(z) \\
&= c \cdot z^{-m} \cdot H_0(-z) \cdot \frac{-1}{c \cdot (-z)^{-m}} \cdot G_0(-z) + G_0(z) \cdot H_0(z) \\
&= H_0(z) \cdot G_0(z) - (-1)^m \cdot H_0(-z) \cdot G_0(-z) \ .
\end{aligned}
\qquad (6.70)
$$

Wenn es sich um eine Filterbank mit geradzahliger Verzögerung $l = 2 \cdot k, k \in \mathbb{N}$ handelt, ist m wegen Gleichung (6.64) ungerade und (6.70) vereinfacht sich zu

$$H_0(z) \cdot G_0(z) + H_0(-z) \cdot G_0(-z) = 2 \ . \qquad (6.71)$$

Diese Gleichung beschreibt den Zusammenhang zwischen Analyse- und Synthesetiefpassfilter. Übertragen in den Zeitbereich lautet diese Gleichung

$$\sum_{k=-\infty}^{\infty} \left\{ h_0[k] \cdot g_0[n - k] + (-1)^k h_0[k] \cdot (-1)^{n-k} g_0[n - k] \right\} = \begin{cases} 2 & \text{für } n = 0 \\ 0 & \text{sonst} \end{cases}$$

bzw.

$$\sum_{k=-\infty}^{\infty} h_0[k] \cdot g_0[2n - k] = \begin{cases} 1 & \text{für } n = 0 \\ 0 & \text{sonst} \end{cases} \ . \qquad (6.72)$$

Tabelle 6.3: Zusammenhang zwischen Analyse-und Synthesefilter einer biorthogonalen Filterbank mit $m = 1$

n	$\cdots$	-2	-1	0	1	2	$\cdots$
$h_0[n]$	$\cdots$	$h_0[-2]$	$h_0[-1]$	$h_0[0]$	$h_0[1]$	$h_0[2]$	$\cdots$
$h_1[n]$	$\cdots$	$-0.5g_0[-1]$	$0.5g_0[0]$	$-0.5g_0[1]$	$0.5g_0[2]$	$-0.5g_0[3]$	$\cdots$
$g_0[n]$	$\cdots$	$g_0[-2]$	$g_0[-1]$	$g_0[0]$	$g_0[1]$	$g_0[2]$	$\cdots$
$g_1[n]$	$\cdots$	$-2h_0[-3]$	$2h_0[-2]$	$-2h_0[-1]$	$2h_0[0]$	$-2h_0[1]$	$\cdots$

Als Randbedingung wird

$$\sum_{k=-\infty}^{\infty} h_0[k] = 1 \tag{6.73}$$

festgelegt. Dadurch ist eine Verstärkung von Eins für das Analysetiefpassfilter definiert. Die Synthesefilter ergeben sich nach (6.60) mit $P(z) = 2 \cdot z^{-m}$ mit $m = 2 \cdot k + 1$, $k \in \mathbb{N}$ zu

$$
\begin{aligned}
G_1(z) &= 2 \cdot z^{-m} \cdot H_0(-z) \quad \bullet\!\!-\!\!\circ \quad g_1[n] = 2 \cdot (-1)^{n-m} h_0[n-m] \quad \text{und} \\
G_0(z) &= -2 \cdot z^{-m} \cdot H_1(-z) \quad \bullet\!\!-\!\!\circ \quad g_0[n] = -2 \cdot (-1)^{n-m} h_1[n-m] \\
&\longrightarrow \quad h_1[n] = -0.5 \cdot (-1)^n g_0[n+m] \, . \tag{6.74}
\end{aligned}
$$

Die Zusammenhänge zwischen den Impulsantworten sind in **Tabelle 6.3** zu sehen, wobei idealisiert eine verzögerungsfreie Filterbank ($l = 0, m = 1$) angenommen wurde. Die Impulsantworten stehen jeweils über Kreuz miteinander in Beziehung. Das Synthesehochpassfilter $g_1[n]$ hat, abgesehen von den Vorzeichen und einem Faktor 2, die gleichen Koeffizientenwerte wie der Analysetiefpass $h_0[n]$, während der Analysehochpass $h_1[n]$ die gleichen Koeffizienten wie das Synthesetiefpassfilter $g_0[n]$ hat. Außerdem ist ein Versatz zwischen den Zentren der Tief- und Hochpassfilter zu erkennen.

Ähnlich dem Entwurf von orthogonalen Filterbänken ergibt sich auch aus Gleichung (6.72) nur ein unterbestimmtes Gleichungssystem für den Entwurf von biorthogonalen Filtern und es verbleiben Freiheitsgrade für einen anwendungsbezogenen Filterentwurf. Im Gegensatz zu den orthogonalen Filtern können biorthogonale Filter symmetrisch sein und eine lineare Phase haben. Der Entwurf von biorthogonalen Filtern wird in **Beispiel 6.14** etwas detaillierter erläutert.

Interessant ist ein Vergleich der Betragsfrequenzgänge der orthogonalen und biorthogonalen Analysefilter aus den Entwurfsbeispielen (**Abb. 6.33**). Während die orthogonalen Filter das Signal in komplementäre Frequenzgänge zerlegt, sind die Spektren der biorthogonalen Filter nicht komplementär.

6.4.1.3 Filterentwurf und verschwindende Momente

Je nachdem, welche Bedingungen man in den Filterentwurf einbringt, um die Eigenschaften der Filterbank zu beeinflussen, entstehen unterschiedliche Waveletfamilien. Die Wavelets unterscheiden sich dabei durch die Länge der Impulsantworten der korrespondierenden Filter. Der Entwurf des orthogonalen Filters im Beispiel 6.13 konnte durch

---

Beispiel 6.14: Entwurf eines biorthogonalen Filterpaares mit Impulsantworten der Länge 5 und 3

Gesucht sei eine biorthogonale Filterbank mit Impulsantworten der Länge 5 bzw. 3. Die symmetrischen Tiefpassfilter seien gegeben mit

$$
\begin{aligned}
h_0[n] &= \quad\quad \{h_0[-2]\ h_0[-1]\ h_0[0]\ h_0[1]\ h_0[2]\} \\
&= \quad\quad \{\ h_0[2]\ \ h_0[1]\ \ h_0[0]\ \ h_0[1]\ \ h_0[2]\} \quad\quad\quad \text{und} \\
g_0[n] &= \{g_0[-1]\ g_0[0]\ g_0[1]\} = \{g_0[1]\ g_0[0]\ g_0[1]\}\ .
\end{aligned}
$$

Aus den Entwurfsprinzipien (6.72) folgen die Gleichungen

$$
\begin{aligned}
h_0[1] \cdot g_0[1] + h_0[0] \cdot g_0[0] + h_0[1] \cdot g_0[1] &= 1 \quad\quad \text{und} \\
h_0[1] \cdot g_0[1] + h_0[2] \cdot g_0[0] &= 0\ .
\end{aligned}
$$

Als dritte Bedingung (vgl. (6.73)) kommt

$$
h_0[2] + h_0[1] + h_0[0] + h_0[1] + h_0[2] = 1
$$

hinzu. Weitere Gleichungen können analog zum Entwurf der orthogonalen Filter zum Beeinflussen der Filtereigenschaften formuliert werden. Sie erzeugen Nullstellen im Frequenzgang und definieren damit den Hochpass- bzw. Tiefpass-Charakter der Filter

$$
\begin{aligned}
h_0[2] - h_0[1] + h_0[0] - h_0[1] + h_0[2] &= 0\ , & (6.75) \\
0 \cdot h_0[2] - 1 \cdot h_0[1] + 2 \cdot h_0[0] - 3 \cdot h_0[1] + 4 \cdot h_0[2] &= 0\ , & (6.76) \\
-g_0[1] + g_0[0] - g_0[1] &= 0\ , & (6.77) \\
0 \cdot g_0[1] + 1 \cdot g_0[0] - 2 \cdot g_0[1] &= 0\ . & (6.78)
\end{aligned}
$$

Die Gleichungen (6.75) und (6.76) bzw. (6.77) und (6.78) sind jeweils linear abhängig. Damit stehen insgesamt fünf Gleichungen für das Bestimmen von fünf unbekannten Filterkoeffizienten zur Verfügung. Als Lösung ergeben sich folgende Impulsantworten für den Analyse- und den Synthesetiefpass:

$$
h_0[n] = \left\{ -\frac{1}{8}\ \ \frac{1}{4}\ \ \frac{3}{4}\ \ \frac{1}{4}\ \ -\frac{1}{8} \right\}, \qquad g_0[n] = \left\{ \frac{1}{2}\ \ 1\ \ \frac{1}{2} \right\}\ . \tag{6.79}
$$

Die Hochpassfilter sind über die Beziehungen in (6.74) definiert

$$
h_1[n] = \left\{ -\frac{1}{4}\ \ \frac{1}{2}\ \ -\frac{1}{4} \right\}, \qquad g_1[n] = \left\{ -\frac{1}{4}\ \ -\frac{1}{2}\ \ \frac{3}{2}\ \ -\frac{1}{2}\ \ -\frac{1}{4} \right\}\ . \tag{6.80}
$$

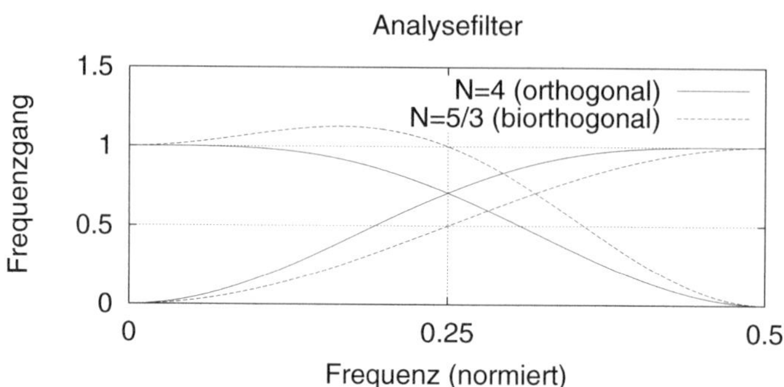

Abbildung 6.33: Betragsfrequenzgänge der Filter aus den Entwurfsbeispielen

zwei Freiheitsgrade beeinflusst werden. Es wurden an das Analysehochpassfilter $h_1[n]$ die Bedingungen

$$\sum_{n=0}^{N-1} n^p \cdot h_1[n] = 0 \qquad \text{für} \quad p = 0, 1, \ldots \left(\frac{N}{2} - 1\right) \tag{6.81}$$

geknüpft. Wählt man nun verschiedene Längen $N = 2, 4, 6, \ldots$ für die Impulsantworten, erhält man Wavelets einer Familie. In diesem Fall handelt es sich um die Familie der Daubechies-Wavelets, bezeichnet nach der belgischen Mathematikerin Ingrid Daubechies, die diese Wavelets als erste definierte [Dau88]. In **Abbildung 6.34** sind einige Daubechies-Wavelets und ihre Skalierungsfunktionen mit $N \geq 6$ dargestellt. Für $N = 2$ liefert der Entwurf das Haar-Wavelet. Es ist aber nicht nur das erste Wavelet der Daubechies-Familie, sondern auch Beginn einer Reihe anderer Waveletfamilien und somit ein sehr elementares Wavelet[9].

Die durch Gleichung (6.81) in den Filterentwurf eingebrachten Bedingungen gewährleisten, dass das Hochpassfilter konstante Signale unterdrückt ($p = 0$), Signale mit konstantem Anstieg ($p = 1$), quadratische Signale ($p = 2$) usw. Deshalb spricht man in diesem Zusammenhang von verschwindenden Momenten (engl.: *vanishing moments*).

Im z-Bereich betrachtet, korrespondiert diese Eigenschaft mit multiplen Nullstellen im Pol-Nullstellen-Diagramm. **Abbildung 6.35** zeigt die Pol-Nullstellen-Diagramme für verschiedene Analyse-Filter. Das Analyse-Hochpassfilter des Haar-Wavelets unterdrückt nur konstante Signale, es hat nur eine Nullstelle bei $z = 1$. Mit steigender Länge der orthogonalen Daubechies-Filter nimmt die Anzahl der multiplen Nullstellen zu. Die Filter der Daubechies-6-Wavelet-Filterbank haben je eine Länge von $N = 6$ und DreifachNullstellen. Da sich bei orthogonalen Filterbänken die Impulsantworten nur im alternierenden Vorzeichen und einer Umkehr der Reihenfolge der Filterkoeffizienten unterscheiden (vgl. (6.67)), haben auch die Analyse-Tiefpassfilter $H_0(z)$ die gleiche Anzahl von multiplen Nullstellen, allerdings nicht an der Frequenz gleich Null, sondern an der halben Abtastfrequenz $f = f_s/2$, d. h. bei $z = -1$. An Abbildung 6.35 (d) ist weiterhin

---

[9]Der Zusammenhang zwischen Wavelets und Filtern wird noch in Abschnitt 6.4.2.2 etwas näher erläutert.

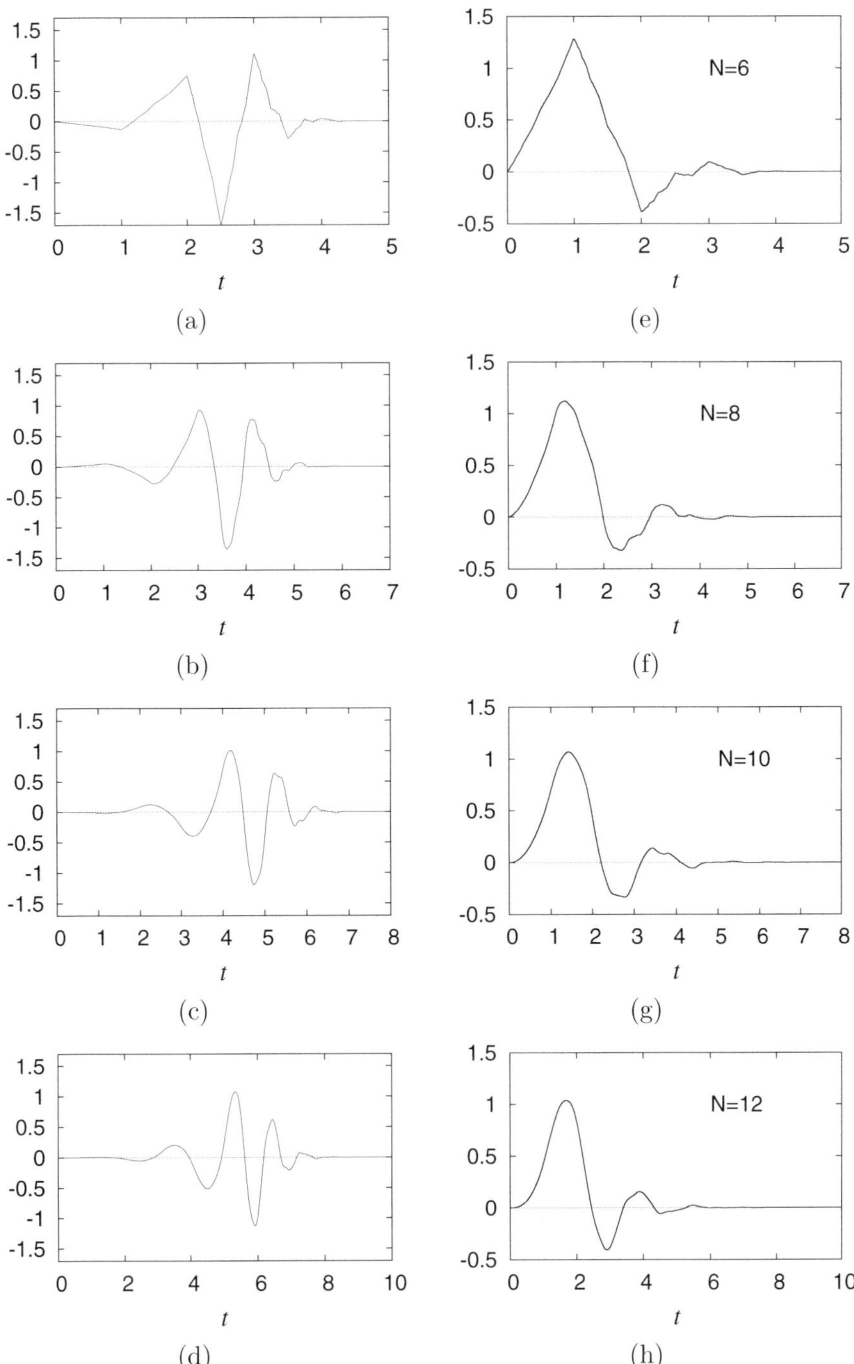

Abbildung 6.34: Wavelets (a–d) und Skalierungsfunktionen (e–h) der Daubechies-Familie mit $N = 6, 8, 10, 12$

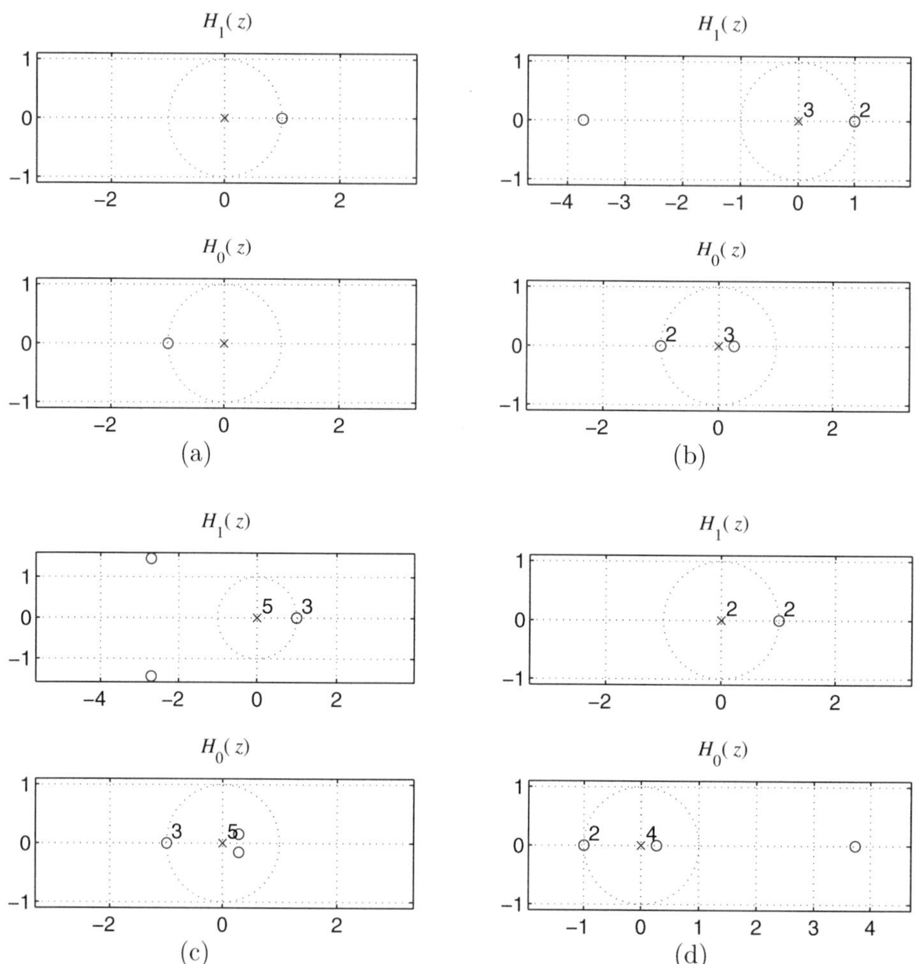

Abbildung 6.35: Pol-Nullstellen-Pläne verschiedener Wavelet-Filter: (a) Haar-Filter, (b) Daubechies-4-Filter, (c) Daubechies-6-Filter, (d) biorthogonales 5/3-Filter

zu erkennen, dass eine doppelte Nullstelle bereits durch ein Filter der Länge $N = 3$ (vgl. (6.80), biorthogonale 5/3-Filterbank) erzeugt werden kann.

Wie wirken sich nun diese multiplen Nullstellen auf das Spektrum aus? **Abbildung 6.36**(a) gibt die Antwort. Je mehr Nullstellen das Filter bei $z = 1$ bzw. bei $z = -1$ hat, desto flacher ist der Frequenzgang für $f = 0$ bzw. $f/f_\mathrm{s} = 0.5$ und desto steiler sind die Flanken. Wenn man sich typische Spektren von Bildern anschaut (**Abb. 6.36**b), dann wird klar, dass ein Hochpassfilter mit sehr flachem Frequenzgang bei $f = 0$ den Hauptteil der Signalenergie unterdrückt und damit zu einer starken Kompression des Bildes beiträgt.

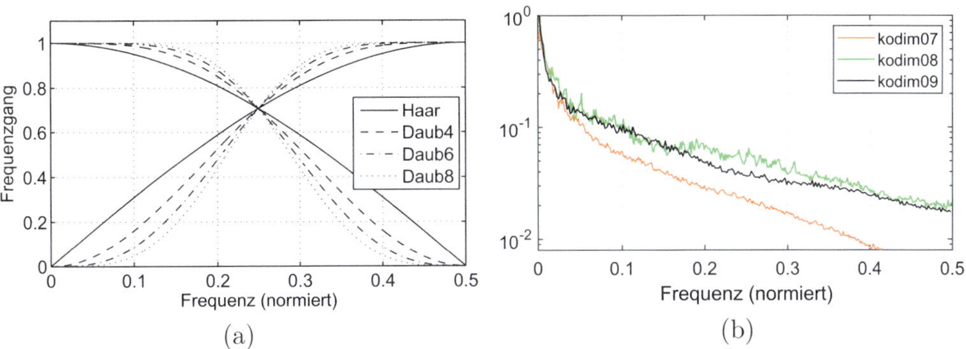

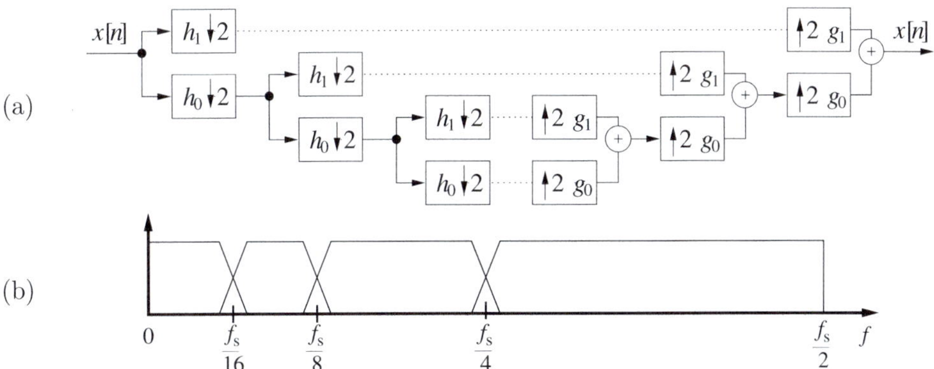

Abbildung 6.36: (a) Spektren verschiedener Analysefilter; (b) Spektren (eindimensional, gemittelt für alle Bildspalten) von drei typischen Fotos (siehe Seite 413f)

Abbildung 6.37: Oktavfilterbank mit 3 Zerlegungsstufen: (a) Blockschaltbild; (b) korrespondierendes Frequenzspektrum (schematisch), f_s... Abtastfrequenz

6.4.2 Oktavfilterbänke

6.4.2.1 Filterbank-Kaskaden

Praktische Bedeutung erlangen die Zwei-Kanal-Filterbänke erst durch Kaskadieren (**Abb. 6.37**). Das hochpassgefilterte Teilsignal bleibt erhalten, während das Tiefpasssignal erneut eine Zerlegung durchläuft. Durch diese Filterbank-Kaskaden wird für den tieffrequenteren Signalanteil eine feinere spektrale Auflösung erreicht. Man spricht auch von einer Oktavbandzerlegung. Ist die zugrunde gelegte Zwei-Kanal-Filterbank perfekt rekonstruierend, so gilt dies auch für die Kaskade.

Man bezeichnet die Oktavbandzerlegung als dyadische Wavelet-Transformation, wenn der Filterentwurf nach bestimmten Kriterien erfolgt. Die iterative Anwendung der Synthesefilter muss gegen eine Bandpassfunktion (ein Wavelet) konvergieren. Diese Tatsache ist relativ trivial, wenn man wieder den Bogen zu den Signaltransformationen spannt. Das Ergebnis einer Transformation sind Koeffizienten, die als Gewichte für Basisfunktionen dienen. Interpretiert man die Signalanalyse als Hintransformation, so bestehen die Teilbandsignale aus Transformationskoeffizienten. Durch die Signalsynthese oder Rücktransformation werden die mit diesen Transformationskoeffizienten gewichteten Basisfunktionen überlagert und das Signal rekonstruiert.

Wie findet man nun die Basisfunktionen (Wavelets) einer speziellen Filterbank? Dazu setzt man im Transformationsbereich alle Gewichte (alle Koeffizienten) bis auf einen auf Null. Dieser eine Koeffizient wichtet die ihm zugeordnete Basisfunktion, die dann als Signal am Ausgang der Rücktransformation erscheint. Je nachdem, welcher Koeffizient aus einer Zerlegungsebene ausgewählt wurde, konstruiert man Wavelets unterschiedlicher Verschiebung und Skalierung (siehe auch Abschnitt 6.3.11). Wählt man einen Koeffizienten aus dem Teilbandsignal, dass nur durch Tiefpassfilterung entstanden ist, führt die Signalsynthese nicht zu einem Wavelet, sondern zur Skalierungsfunktion.

Der Zusammenhang von kaskadierten Filterbänken und der diskreten Wavelet-Transformation wurde in Verbindung mit der Mehrfachauflösung von Signalen erstmals von Stephane Mallat [Mal89] aufgezeigt.

6.4.2.2 Wavelets und Wavelet-Filter

Anhand der Filterbank-Kaskade (Abb.6.37) ist sehr gut zu erkennen, dass das am meisten gestauchte Wavelet dem ersten Hochfrequenzteilband zuzuordnen ist. Die Koeffizienten dieser Komponente werden bei der Rücktransformation lediglich mit dem Synthesehochpass gefiltert. Das schmalste Wavelet (die kürzeste Basisfunktion) und die Impulsantwort dieses Filters sind identisch (siehe Bild 6.38 e). Man bezeichnet die Filter einer solchen Filterbank deshalb auch als Wavelet-Filter. Der Entwurf orthogonaler Filter korrespondiert demnach mit dem Entwurf einer orthogonalen Wavelet-Transformation.

In **Abbildung 6.38** sind die diskreten Wavelets und die Skalierungsfunktionen aus dem Beispielentwurf einer orthogonalen Filterbank (Beispiel 6.13) für unterschiedliche Zerlegungsebenen dargestellt. Welche Basisfunktionen in der Transformation verwendet werden, hängt von der Zerlegungstiefe ab. Bei zum Beispiel drei Zerlegungsstufen einer Oktavfilterbank (vier Teilbandsignale) sind das die Skalierungsfunktion in Abbildung 6.38 (c) und die Wavelets in den Abbildungen 6.38 (e) bis (g). Jede Basisfunktion korrespondiert mit einem der vier Teilbänder. Setzt man die Approximation der Basisfunktionen fort, so konvergieren sie gegen kontinuierliche Funktionen (**Abb. 6.39**).

6.4.2.3 Symmetrische Filterbänke

Der Entwurf in Beispiel 6.13 liefert Wavelet-Filter mit Impulsantworten, die sich zwischen Hin- und Rücktransformation durch einen Faktor 2 unterscheiden. Das Analysetiefpassfilter hat eine Verstärkung von 1, während das Synthesetiefpassfilter eine Verstärkung von 2 aufweist. Ursache dafür ist die Wahl von $c = 2$ beim Entwurf der orthogonalen Filter bzw. die explizite Angabe eines Verstärkungsfaktors gleich Eins bei den biorthogonalen Filtern (Gleichung (6.73)).

In Analogie zur Beschreibung der Transformation mit Matrizen in Abschnitt 6.3.11 ist festzustellen, dass die so entworfenen Filterbänke mit skalierten Transformationsmatrizen korrespondieren. Eine Symmetrie der Filterung lässt sich aber auch nachträglich einfach erzwingen, wenn die Gesamtverstärkung von 2 auf Analyse und Synthese auf-

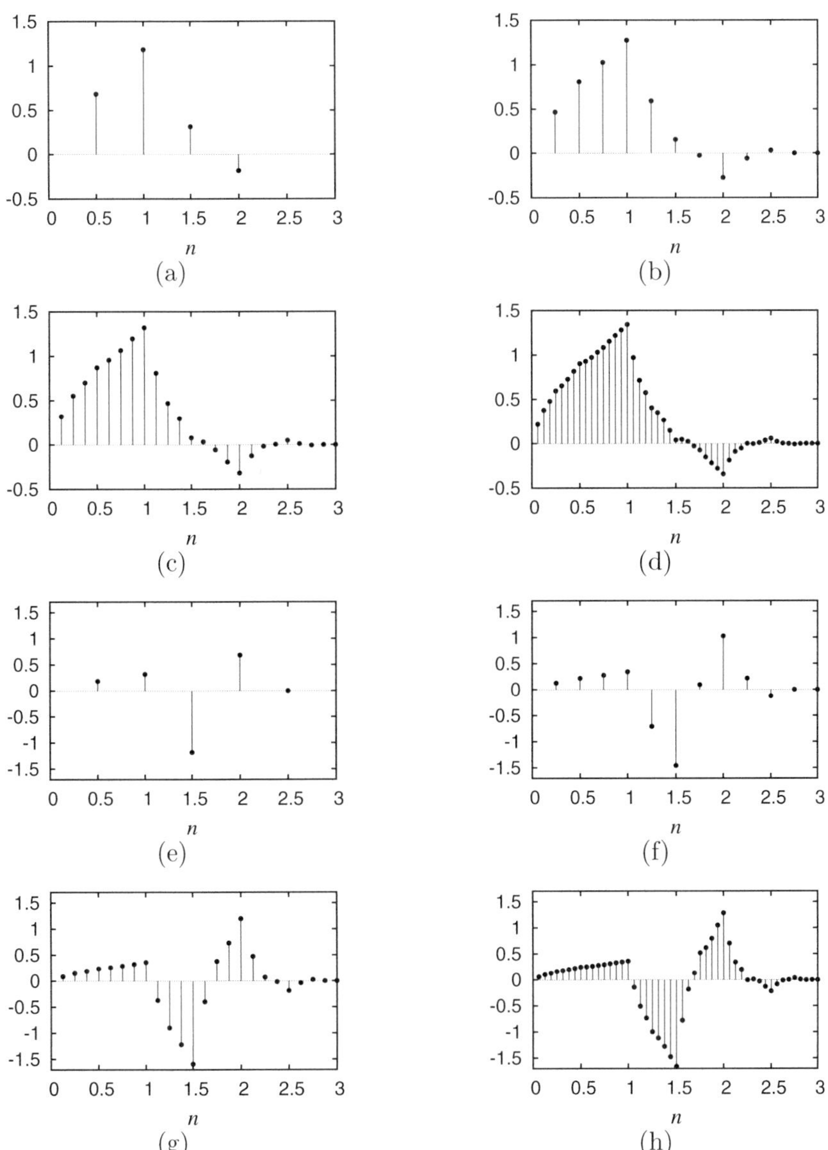

Abbildung 6.38: Basisfunktionen der entworfenen orthogonalen Filterbank ($N = 4$) nach 1 bis 4 Synthesestufen: (a)–(d) diskrete Skalierungsfunktionen, (e)–(h) diskrete Waveletfunktionen

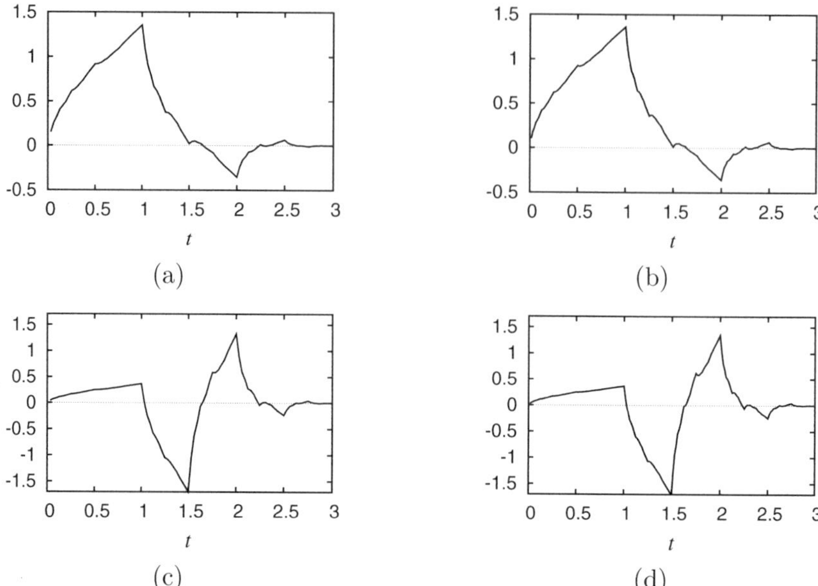

Abbildung 6.39: Approximation der kontinuierlichen Funktionen nach 5 und 6 Synthesestufen: (a)+(b) Skalierungsfunktionen, (c)+(d) Waveletfunktionen

geteilt wird. Dazu müssen die Impulsantworten der beiden Analysefilter mit $\sqrt{2}$ multipliziert und die Impulsantworten der Synthesefilter durch $\sqrt{2}$ dividiert werden. Für die weitere Verarbeitung der Wavelet-Koeffizienten (insbesondere ihrer Quantisierung) in der Datenkompression ist diese Unterscheidung von großer Bedeutung.

Der günstigste Fall im Sinne der Bitrate-Bildverzerrung-Optimierung (*rate-distortion optimisation*) ergibt sich, wenn die Transformation orthonormal ist. Dann können alle Teilbänder des transformierten Bildsignals gleichmäßig mit derselben Intervallbreite Δ quantisiert werden. Im Abschnitt 6.4.1 wurde im Filterentwurf die Gesamtverstärkung von 2 auf die Syntheseseite geschoben. Auch die auf Seite 190 angesprochene Skalierung der Matrizen macht nichts anderes. Die elementaren Filter in der Matrix $\mathbf{W_A}^{(8)}$ entsprechen den Impulsantworten der Haar-Wavelet-Filter[10] $h_0[n] = \left\{ \sqrt{2}/2 \ \ \sqrt{2}/2 \right\}$ und $h_1[n] = \left\{ \sqrt{2}/2 \ \ -\sqrt{2}/2 \right\}$. Durch das Skalieren entstanden neue Filter $h_0'[n] = \{1/2 \ \ 1/2\}$ und $h_1'[n] = \{1/2 \ \ -1/2\}$, deren Verstärkung nicht mehr $\sqrt{2}$ sondern gleich 1 ist. Infolge der komplementären Skalierung der Rücktransformationsmatrix lauten die Synthesefilter $g_0'[n] = \{1 \ \ 1\}$ und $g_1'[n] = \{1 \ \ -1\}$ mit einer Verstärkung von jeweils 2.

Ist die Filterbank nicht symmetrisch (d. h., die Transformation ist nicht ortho*normal*), dann müssen die Quantisierungsintervalle entsprechend angepasst werden. Für biorthogonale Filterbänke sind die Verhältnisse aufgrund der nicht-komplementären Frequenzgänge von Hoch- und Tiefpassfilter noch komplizierter. Meist wird die Quantisierungs-

---

[10]Beachte: $2/\sqrt{8} = \sqrt{2}/2$.

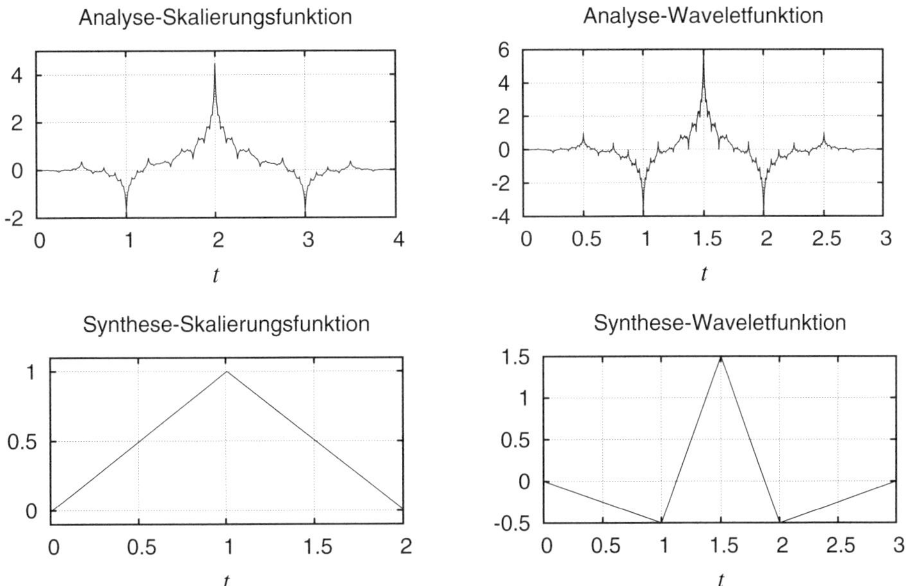

Abbildung 6.40: Wavelet- und Skalierungsfunktionen der biorthogonalen
5/3-Filterbank

stärke jedoch nur von der Filterverstärkung bei $f/f_s = 0$ (Tiefpass) bzw. bei $f/f_s = 0.5$
(Hochpass) abgeleitet.

6.4.2.4 Duale Basen

Eine weitere Besonderheit ergibt sich für biorthogonale Filterbänke. Wie im Filterentwurf gezeigt wurde, unterscheiden sich die Impulsantworten in den Signalwerten und
der Anzahl der Stützstellen. Ausschlaggebend für die Basisfunktionen sind jedoch immer die Synthesefilter. Würde man Analyse- und Synthesefilter vertauschen, hätte man
immer noch eine perfekt rekonstruierende Filterbank, die Basisfunktionen wären jedoch
andere. Eine biorthogonale Wavelet-Transformation ist durch je 2 Wavelet- und Skalierungsfunktionen gekennzeichnet. Die Funktionen der 5/3-Filterbank sind in **Abbildung
6.40** dargestellt.

Welches Filterpaar für die Hin- und welches Paar für die Rücktransformation verwendet werden muss, hängt von den Eigenschaften der Filter ab. Die Analysefilter müssen
die Signalinformation auf möglichst wenige Transformationskoeffizienten konzentrieren.
Die Synthesefilter müssen dagegen aufgetretene Veränderungen der Koeffizienten im rekonstruierten Signal so verteilen, dass sich rauschartige Quantisierungsfehler kompensieren und, speziell bei der Bilddatenkompression, möglichst nicht zu sehen sind. **Abbildung 6.41** zeigt im Vergleich die Basisfunktionen für die in JPEG 2000 verwendete
9/7-Wavelet-Filterbank (siehe auch Abschnitte 6.4.6.2 und 8.4.1.1).

Einen tieferen Einblick in die Zusammenhänge von Wavelets und Filterbänken erhält

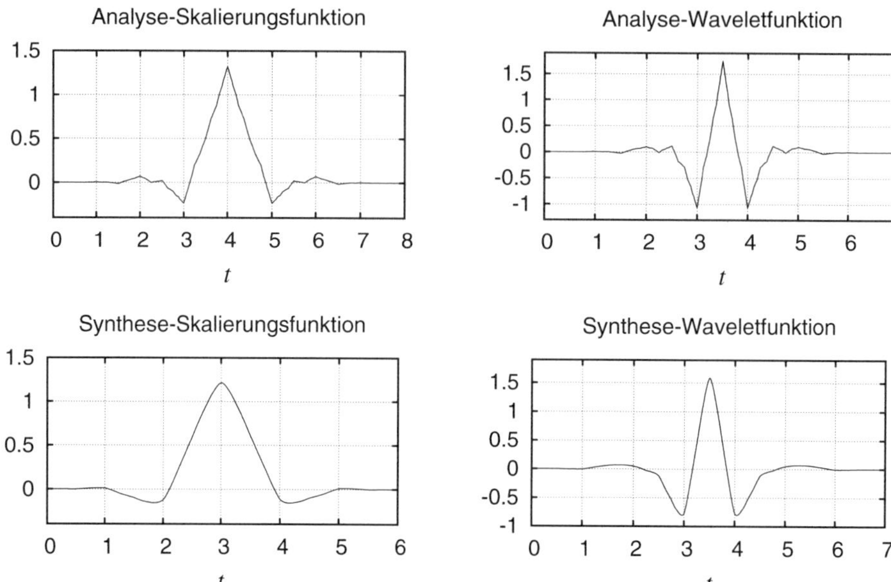

Abbildung 6.41: Wavelet- und Skalierungsfunktionen der biorthogonalen
9/7-Filterbank

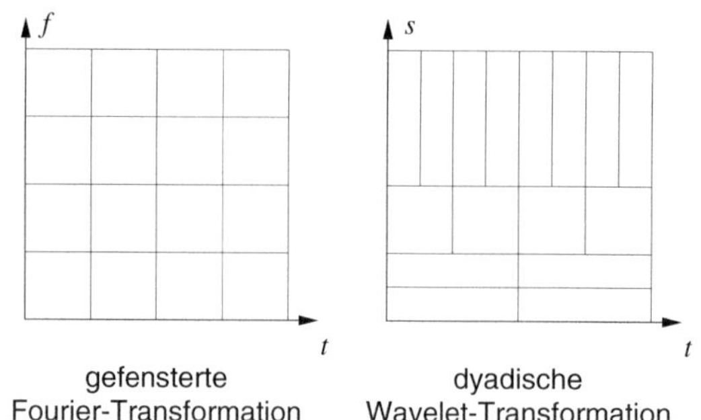

Abbildung 6.42: Zeit-Skalierung-Ebenen im Fourier- und Wavelet-Bereich

der interessierte Leser bei Strang und Nguyen [Str96a] sowie bei Vetterli und Kovačević
[Vet95]. Die Frequenzgänge verschiedener orthogonaler und biorthogonaler Filterpaare
wurden z.B. in [Str98] untersucht.

6.4.2.5 Zeit-Skalierung-Ebene

Im Vergleich zur gleichmäßig aufgeteilten Zeit-Frequenz-Ebene der gefensterten Fourier-
Transformation (engl.: *STFT ... short time fourier transform*) bzw. der blockbasierten
DCT weist die Oktavbandzerlegung eine modifizierte Unterteilung der Zeit-Skalierung-
Ebene auf (**Abb. 6.42**). Hohe Frequenzen haben eine geringere spektrale Auflösung,

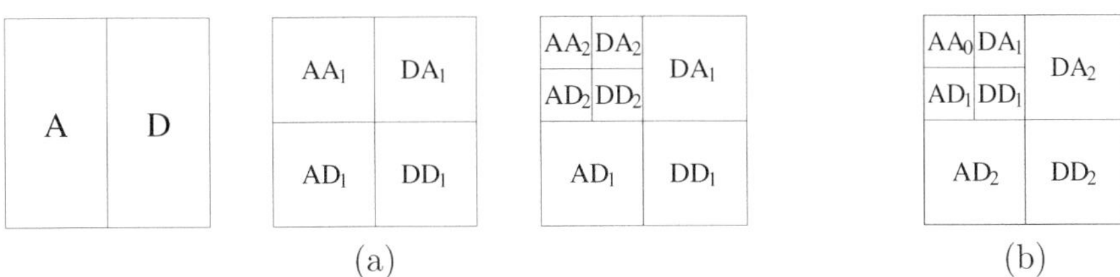

(a)   (b)

Abbildung 6.43: Zweidimensionale Wavelet-Transformation: (a) mit Nummerierung der Zerlegungsebenen, (b) mit Nummerierung der Auflösungsstufen

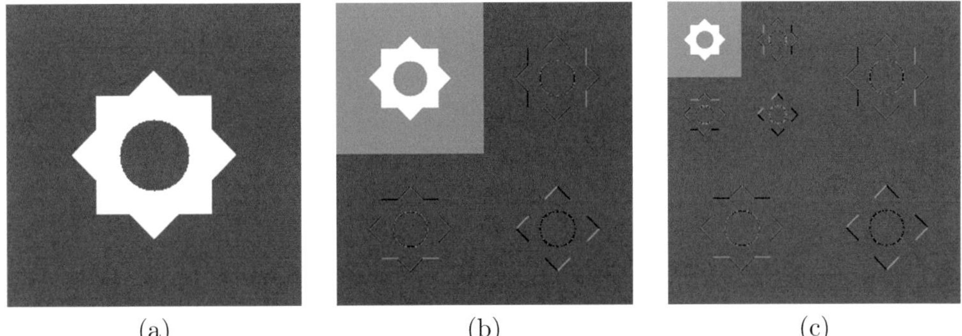

(a)   (b)   (c)

Abbildung 6.44: Beispiel für die Transformation mit der 5/3-Wavelet-Filterbank: (a) Originalbild, (b) einstufige 2D-Zerlegung, (c) zweistufige 2D-Zerlegung

dafür ist ihre zeitliche Auflösung sehr groß. Im Gegensatz dazu ist die Lokalisierbarkeit von tieffrequenten Anteilen in der Zeit ungenauer, aber die spektrale Auflösung höher.

6.4.3 2D-Filterung

Filterbänke können selbstverständlich auch auf mehrdimensionale Signale angewendet werden. Genau wie bei den Signaltransformationen gilt das Prinzip der Separierbarkeit. So werden bei der diskreten Wavelet-Transformation von Bildern zum Beispiel zuerst alle Zeilen in einen Tiefpass- (A... Approximationssignal) und einen Hochpassanteil (D... Detailsignal) zerlegt. Anschließend erfolgt das Zerlegen der Spalten (**Abb. 6.43** a). Im Ergebnis der ersten Transformationsstufe liegt eine Zerlegungsebene mit vier Teilbändern vor. Aufgrund der Eigenschaft der Separierbarkeit führt das Vertauschen der Zerlegungsreihenfolge zu einem identischen Ergebnis.

Zum Kaskadieren der Filterung wird in den nächsten Schritten jeweils nur noch der zweimal tiefpassgefilterte Anteil AA (Approximationssignal) weiter verarbeitet. Jede Zerlegungsebene enthält somit drei Teilbänder, welche vorzugsweise die vertikalen (DA), horizontalen (AD) oder diagonalen (DD) Strukturen (insbesondere Kanten) bewerten (**Abb. 6.44**). Lediglich die letzte Zerlegungsstufe besteht aus vier Teilbändern (DA_n, AD_n, DD_n und AA).

Eine alternative Betrachtungsweise im Wavelet-Bereich beschreibt die Auflösungsebenen des Bildes. Teilbänder, die in derselben Zerlegungsstufe entstanden sind, enthalten

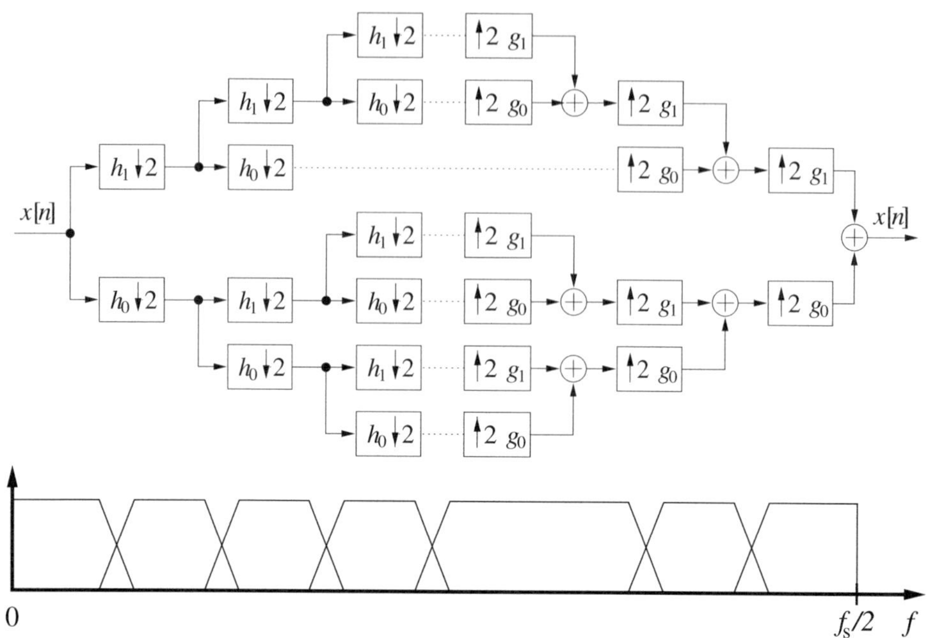

Abbildung 6.45: Beispiel für eine Wavelet-Paket-Zerlegung und resultierende Frequenzaufteilung (schematisch)

Informationen der gleichen örtlichen Auflösung des Bildes. Bei einer dyadischen Transformation differieren benachbarte Zerlegungsebenen mit einem Faktor 2 in ihrem Beitrag zur Auflösung. Das Approximationssignal AA entspricht der Auflösungsebene $r = 0$, die anderen drei Teilbänder der letzten Zerlegungsstufe verdoppeln die Auflösung ($r = 1$) usw. bis hin zu den Teilbändern mit den höchsten Frequenzen (**Abb. 6.43** b). Dies bedeutet, n Transformationsstufen zerlegen das Bild in $n + 1$ Auflösungsstufen.

6.4.4 Beste Basen — Wavelet-Pakete

Das Kaskadieren in Abbildung 6.37 ist eine von vielen Möglichkeiten, das Signal in spektrale Komponenten zu zerlegen. In einigen Anwendungen ist es von Vorteil, auch die höheren Frequenzen feiner aufzulösen. Dies ist einfach zu erreichen, wenn nicht nur das Tiefpass-, sondern auch das Hochpass-Signal erneut gefiltert und unterabgetastet wird (**Abb. 6.45**). Die hohe zeitliche Auflösung für hohe Frequenzen geht dabei allerdings verloren und es entstehen neue Basisfunktionen. Die Transformation wird dann auch als Wavelet-Paket-Transformation (engl.: *wavelet-packet transform*) bezeichnet, wobei die dyadische Wavelet-Transformation ein Spezialfall der Wavelet-Pakete ist. Eine vollständige Zerlegung mit Haar-Wavelet-Filtern entspricht z. B. der Walsh-Hadamard-Transformation.

Das Problem bei der Wavelet-Paket-Transformation besteht im Finden der besten Zerlegungsstruktur (engl.: *best basis selection*) [Wic96]. Im einfachsten Fall wird zuerst eine vollständige Zerlegung aller Teilbandsignale durchgeführt und anschließend anhand einer Kostenfunktion entschieden, ob die einzelnen Zerlegungen eher günstig oder eher nachteilig sind. Als Kriterium wird zum Beispiel die Entropie der Teilbandsignale herangezogen [Coi92] oder die Zahl der Koeffizienten, die durch das Quantisieren nicht zu Null werden [Li95].

Für die Bildkompression ist eine feinere Frequenzauflösung insbesondere dann von Vorteil, wenn der Bildinhalt durch mittlere bis hohe Frequenzen gekennzeichnet ist. Dazu gehören zum Beispiel ausgeprägte Texturen wie feine Streifenmuster oder Ähnliches. Diese Bilder weisen im dyadischen Wavelet-Bereich noch relativ starke Korrelationen zwischen den Werten der Teilbandsignale auf, die durch weitere Zerlegungen vermindert werden können. Hierbei ist es möglich, die Frequenzzerlegung durch eine zusätzliche örtliche Segmentierung der Teilbandsignale zu ergänzen. Dies führt zu Strukturen mit spektraler und örtlicher Unterteilung, welche die Instationarität von Bildinhalten besser berücksichtigen [Her97]. Denkbar ist auch eine separate Behandlung von vertikalen und horizontalen Strukturen [Str97].

In **Abbildung 6.46** ist ein Bild mit einer ausgeprägten Textur im Hintergrund zu sehen. Die gestreifte Tapete enthält hohe horizontale Frequenzen, sodass nach einer dyadischen Transformation relativ starke Korrelationen zwischen den Transformationskoeffizienten verbleiben. Durch eine angepasste Zerlegungsstruktur, welche auch die Richtung und den örtlichen Bereich der Korrelationen berücksichtigt, können die statistischen Bindungen zwischen den Koeffizienten reduziert werden. Zusätzlich zur dyadischen Wavelet-Transformation (vgl. Abbildung 6.43 a) wurde das Teilband DA_1 erneut in beide Richtungen zerlegt, während von AD_1 nur die Zeilen transformiert wurden (weiße Trennlinien). Die Komponente DD_1 blieb unverändert, es erfolgte jedoch ein örtliches Segmentieren (schwarze Trennlinie) für die Transformation auf der nächsten Zerlegungsstufe.

Infolge der zusätzlichen Filteroperationen ist die Wavelet-Paket-Transformation sehr rechenintensiv. Das vollständige Transformieren des Bildsignals lässt sich durch Sortieren der einzelnen Zerlegungen in Abhängigkeit von der Energie in den Teilbändern umgehen [Mar98]. Wenn der Rechenaufwand für die Wavelet-Paket-Zerlegung einen bestimmten Wert erreicht hat, wird die Transformation abgebrochen. Dies führt unter Umständen zu suboptimalen Lösungen. Für Signale mit einer bestimmten Charakteristik ist auch a priori eine Festlegung der Zerlegungsstruktur möglich, die dann für jedes Signal ohne zusätzliche Entscheidungsfindung verwendet wird. Wavelet-Pakete wurden erfolgreich in verschiedenen Kompressionssystemen eingesetzt [Bol00, Mar00, Mey00, Xio95, Xio97]. Die weitere Zerlegung der hochfrequenten Teilbandsignale bringt allerdings auch eine schlechtere zeitliche Auflösung mit sich, da die Basisfunktionen wieder länger werden. Bei zu starker Quantisierung der Wavelet-Paket-Koeffizienten führt dies zu einem Auslaufen von markanten Texturen (Überschwinger).

6.4.5   Implementieren von Filterbänken

Die Mehrfachzerlegung eines Signals durch eine Oktavbandfilterbank reduziert sich im Kern auf eine Zwei-Kanal-Filterbank, also auf Hochpass- und Tiefpassfilterungen, die iterativ ausgeführt werden. Betrachtet man die Struktur einer solchen Filterbank, ist offensichtlich, dass eine direkte Umsetzung ineffektiv wäre. Bei der Signalzerlegung wird jedes zweite Filterergebnis durch die Unterabtastung verworfen, und in der Signalsyn-

(a)

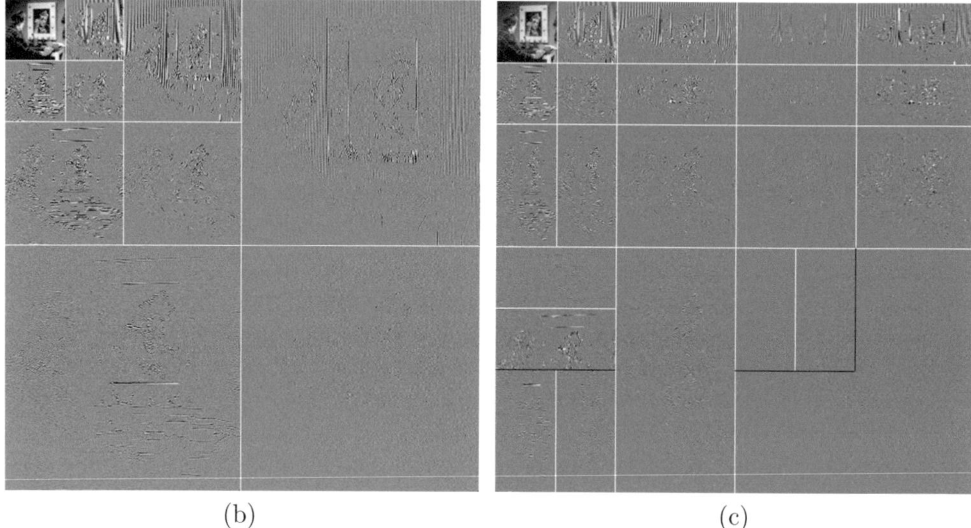

(b)   (c)

Abbildung 6.46: Beispiel für mögliche Zerlegungen eines Bildes: (a) Originalbild, (b) dyadisch Transformierte, (c) signalangepasste Teilbandzerlegung mit örtlicher Segmentierung bei maximal drei Zerlegungsstufen

these werden Multiplikationen von Filterkoeffizienten mit den durch die Überabtastung eingefügten Nullen durchgeführt (Abb. 6.32 auf Seite 198). Das Problem bei der Signalanalyse ist einfach zu lösen, indem man die Filter in Zweierschritten über das Signal schiebt. Bei der Rücktransformation muss die Überabtastung des Signals durch eine Unterabtastung der Filter ersetzt werden [Str96b, Str98].

Ein weiteres Problem ergibt sich bei der Verarbeitung von endlichen Signalen. Bild-

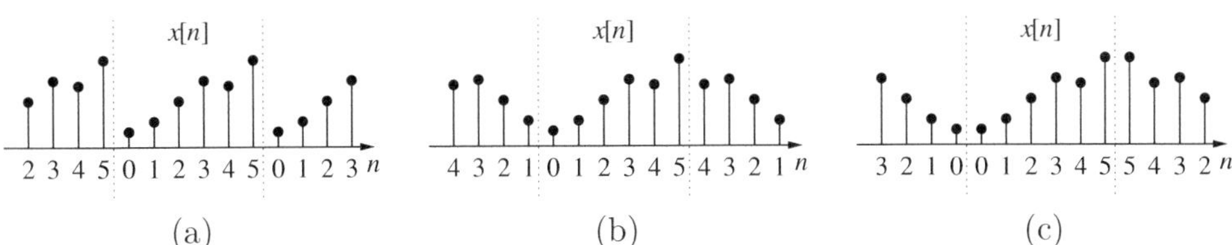

Abbildung 6.47: Randbehandlung begrenzter Signale: (a) periodische Fortsetzung, (b) + (c) spiegelsymmetrische Fortsetzungen

zeilen oder -spalten haben normalerweise eine begrenzte Länge und allein durch die Filterbankstruktur ist noch nicht festgelegt, was passiert, wenn die Impulsantwort eines Filters über den Signalrand hinaus ragt. Für eine perfekt rekonstruierende Filterbank ist hier eine korrekte Vorgehensweise unabdingbar. Grundsätzlich ist es möglich, das Signal zyklisch am Rand fortzusetzen. Dies impliziert ein periodisches Signal (**Abb. 6.47** a). Nachteilig bei dieser Variante ist das Einfügen von zusätzlichen Signaldiskontinuitäten. Hat der Signalvektor zum Beispiel am rechten Rand einen großen und am linken Rand einen kleinen Wert, so werden sie durch die zyklische Fortsetzung zu Nachbarn und erzeugen einen künstlichen Sprung, der sich im hochpassgefilterten Signal wiederfindet und die Dekorrelation des Signals beeinträchtigt.

Verwendet man biorthogonale, symmetrische Filter, kann man stattdessen das Signal am Rand spiegeln und vermeidet so Signalsprünge (**Abb. 6.47** b+c). Die Position der Spiegelachse hängt von der Länge der Impulsantworten ab. Ist die Anzahl der Stützstellen ungerade, fungieren die Randwerte des Signals als Spiegelachse (b), bei Impulsantworten gerader Länge müssen die Randwerte verdoppelt werden (c). Bei der Rücktransformation sind beide Arten der Spiegelung für die Teilbandsignale einzusetzen. Ursache dafür ist die Unterabtastung [Str98]. Wie die Spiegelung zu erfolgen hat, kann anhand der Matrix in Gleichung (6.83) nachvollzogen werden.

Die Matrizen für einstufige Transformationen mit den orthogonalen Daubechies-Filtern (N=4) und den entworfenen biorthogonalen 5/3-Filtern lauten für Signale mit einer Länge von 8 unter Berücksichtigung der korrekten Randbehandlung

$$
\mathbf{W}_{\mathbf{A},4}^{(8)} =
\begin{pmatrix}
h_0[1] & h_0[2] & h_0[3] & 0 & 0 & 0 & 0 & h_0[0] \\
0 & h_0[0] & h_0[1] & h_0[2] & h_0[3] & 0 & 0 & 0 \\
0 & 0 & 0 & h_0[0] & h_0[1] & h_0[2] & h_0[3] & 0 \\
h_0[3] & 0 & 0 & 0 & 0 & h_0[0] & h_0[1] & h_0[2] \\
h_0[2] & -h_0[1] & h_0[0] & 0 & 0 & 0 & 0 & -h_0[3] \\
0 & -h_0[3] & h_0[2] & -h_0[1] & h_0[0] & 0 & 0 & 0 \\
0 & 0 & 0 & -h_0[3] & h_0[2] & -h_0[1] & h_0[0] & 0 \\
h_0[0] & 0 & 0 & 0 & 0 & -h_0[3] & h_0[2] & -h_0[1]
\end{pmatrix}
$$

mit $h_0[n]$ aus Gleichung (6.69) aus Beispiel 6.13 und

$$\mathbf{W}_{\mathbf{A},5/3}^{(8)} = \begin{pmatrix} 3/4 & 2/4 & -2/8 & 0 & 0 & 0 & 0 & 0 \\ -1/8 & 1/4 & 3/4 & 1/4 & -1/8 & 0 & 0 & 0 \\ 0 & 0 & -1/8 & 1/4 & 3/4 & 1/4 & -1/8 & 0 \\ 0 & 0 & 0 & 0 & -1/8 & 1/4 & 5/8 & 1/4 \\ -1/4 & 1/2 & -1/4 & 0 & 0 & 0 & 0 & 0 \\ 0 & 0 & -1/4 & 1/2 & -1/4 & 0 & 0 & 0 \\ 0 & 0 & 0 & 0 & -1/4 & 1/2 & -1/4 & 0 \\ 0 & 0 & 0 & 0 & 0 & 0 & -2/4 & 1/2 \end{pmatrix} . \tag{6.82}$$

Jeweils die ersten vier Zeilen der Matrizen erzeugen die Koeffizienten des Tiefpasssignals, während die unteren vier Zeilen das Detailsignal liefern. Die Matrizen der Rücktransformation erhält man durch die Inversion $\mathbf{B} = \mathbf{A}^{-1}$

$$\mathbf{W}_{\mathbf{B},4}^{(8)} = \begin{pmatrix} 2h_0[1] & 0 & 0 & 2h_0[3] & 2h_0[2] & 0 & 0 & 2h_0[0] \\ 2h_0[2] & 2h_0[0] & 0 & 0 & -2h_0[1] & -2h_0[3] & 0 & 0 \\ 2h_0[3] & 2h_0[1] & 0 & 0 & 2h_0[0] & 2h_0[2] & 0 & 0 \\ 0 & 2h_0[2] & 2h_0[0] & 0 & 0 & -2h_0[1] & -2h_0[3] & 0 \\ 0 & 2h_0[3] & 2h_0[1] & 0 & 0 & 2h_0[0] & 2h_0[2] & 0 \\ 0 & 0 & 2h_0[2] & 2h_0[0] & 0 & 0 & -2h_0[1] & -2h_0[3] \\ 0 & 0 & 2h_0[3] & 2h_0[1] & 0 & 0 & 2h_0[0] & 2h_0[2] \\ 2h_0[0] & 0 & 0 & 2h_0[2] & -2h_0[3] & 0 & 0 & -2h_0[1] \end{pmatrix}$$

und

$$\mathbf{W}_{\mathbf{B},5/3}^{(8)} = \begin{pmatrix} 1 & 0 & 0 & 0 & -1 & 0 & 0 & 0 \\ 1/2 & 1/2 & 0 & 0 & 5/4 & -1/4 & 0 & 0 \\ 0 & 1 & 0 & 0 & -1/2 & -1/2 & 0 & 0 \\ 0 & 1/2 & 1/2 & 0 & -1/4 & 3/2 & 1/4 & 0 \\ 0 & 0 & 1 & 0 & 0 & -1/2 & -1/2 & 0 \\ 0 & 0 & 1/2 & 1/2 & 0 & -1/4 & 3/2 & -1/4 \\ 0 & 0 & 0 & 1 & 0 & 0 & -1/2 & -1/2 \\ 0 & 0 & 0 & 1 & 0 & 0 & -2/4 & 3/2 \end{pmatrix} , \tag{6.83}$$

wobei die ersten vier Spalten das Approximationssignal und die anderen vier Spalten das Detailsignal bewerten. Es ist deutlich die Periodizität des Matrixinhalts zu erkennen. Lediglich an den Rändern der Matrizen ergeben sich infolge der periodischen bzw. symmetrischen Signalerweiterung abweichende Werte. Für die Verarbeitung von längeren Signalen sind die Matrizen entsprechend zu vergrößern.

Die periodische Erweiterung der Signale wird bei der orthogonalen Transformation durch eine Modulo-Operation mit der Signallänge erreicht. Durch einen Offset von Eins kann die Phasenverschiebung der orthogonalen Filterung vermindert werden, d. h. die Signalinformation verschiebt sich vom originalen zum approximierten (tiefpassgefilterten) Signal nur geringfügig. Bei den biorthogonalen Filtern mit ungerader Länge tritt bei entsprechender Positionierung der Filter keine Phasenverschiebung auf. Die spiegelsymmetrische Erweiterung der Signale in der biorthogonalen Implementierung wurde durch eine separate Behandlung der Randzonen erreicht.

Prinzipiell ist es auch möglich, Signalvektoren mit ungerader Länge ohne Verlust der perfekten Rekonstruktion zu verarbeiten. In der Matrix-Schreibweise lässt sich dies sehr gut veranschaulichen. Soll ein Signalvektor mit nur sieben Werten transformiert werden, reduziert sich die Matrix für die Hintransformation mit den 5/3-Wavelet-Filtern auf

$$
\mathbf{W}^{(7)}_{\mathbf{A},5/3} = \begin{pmatrix}
3/4 & 2/4 & -2/8 & 0 & 0 & 0 & 0 \\
-1/8 & 1/4 & 3/4 & 1/4 & -1/8 & 0 & 0 \\
0 & 0 & -1/8 & 1/4 & 3/4 & 1/4 & -1/8 \\
0 & 0 & 0 & 0 & -2/8 & 2/4 & 3/4 \\
-1/4 & 1/2 & -1/4 & 0 & 0 & 0 & 0 \\
0 & 0 & -1/4 & 1/2 & -1/4 & 0 & 0 \\
0 & 0 & 0 & 0 & -1/4 & 1/2 & -1/4
\end{pmatrix}.
$$

Ein Vergleich mit der Matrix in (6.82) zeigt, dass die letzte Zeile der Hochpassfilterung weggelassen wurde und sich die Behandlung am rechten Rand durch die Signalspiegelung etwas verändert hat. Das transformierte Signal enthält somit vier Werte im Approximationssignal und nur noch drei Werte im Detailsignal. Die inverse Transformation ergibt sich zu

$$
\mathbf{W}^{(7)}_{\mathbf{B},5/3} = \begin{pmatrix}
1 & 0 & 0 & 0 & -1 & 0 & 0 \\
1/2 & 1/2 & 0 & 0 & 5/4 & -1/4 & 0 \\
0 & 1 & 0 & 0 & -1/2 & -1/2 & 0 \\
0 & 1/2 & 1/2 & 0 & -1/4 & 3/2 & 1/4 \\
0 & 0 & 1 & 0 & 0 & -1/2 & -1/2 \\
0 & 0 & 1/2 & 1/2 & 0 & -1/4 & 5/4 \\
0 & 0 & 0 & 1 & 0 & 0 & -2/2
\end{pmatrix}.
$$

Für die orthogonale Transformation mit periodischer Signalerweiterung lässt sich die Zerlegung von Signalen mit ungerader Länge nicht so einfach realisieren. Hier ist eine virtuelle Erweiterung des Signals um einen Wert erforderlich. Seine Amplitude muss so gewählt werden, dass die Transformation zu einem Wert gleich Null an der letzten Stelle des Detailsignals führt. Diese Null braucht dann nicht übertragen zu werden und die Länge des transformierten Signals stimmt wieder mit der originalen (ungeraden) Länge überein.

6.4.6 Das Lifting-Schema

1995 wurde von Wim Sweldens eine elegante Methode zur Realisierung von Wavelet-Transformationen mit Hilfe des so genannten Lifting-Schemas vorgeschlagen [Swe95]. Dabei handelt es sich um einen Algorithmus, mit dem die Transformation in zwei Teilschritte unterteilt wird, wodurch sich aber die Zahl der Rechenoperationen verringern kann.

Zuerst wird das eindimensionale Gesamtsignal in zwei Teilsignale separiert (Modul S in **Abb. 6.48** a). Im einfachsten Fall enthält das eine Signal alle Werte mit geradem und das andere alle Werte mit ungeradem Index. Aus dem oberen Teilsignal werden mit Hilfe eines Prädiktormoduls (P) Prädiktionswerte berechnet, die von den Werten des unteren Teilsignals abgezogen werden. Als Ergebnis erhält man ein Differenz- oder Detailsignal $d[n]$. Diese neuen Signalwerte werden nun für die Modifikation des oberen

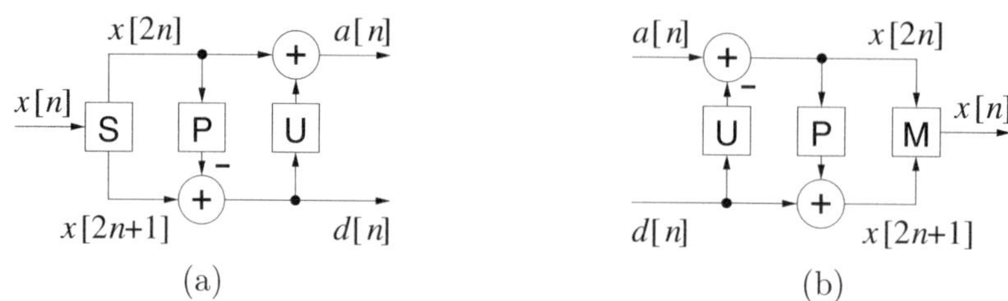

Abbildung 6.48: Prinzip des Lifting-Schemas (S ... *Split*, P ... *Prediction*, U ... *Update*, M ... *Merge*): (a) Analyse, (b) Synthese

Teilsignals mit Hilfe eines Aktualisierungsmoduls (U) genutzt. Das Resultat entspricht einem Approximationssignal.

Auf der Empfängerseite wird das Signal durch die inversen Operationen zurücktransformiert. Die Module für Prädiktion und Aktualisierung bleiben dieselben, lediglich das Vorzeichen der Signalmodifikation kehrt sich um (**Abb. 6.48** b). Dadurch ist immer eine perfekte Rekonstruktion unabhängig von der Berechnung des Prädiktor- und des Aktualisierungswertes garantiert. Den Abschluss bildet ein Modul (M), welches die beiden Teilsignale $x[2n]$ und $x[2n + 1]$ wieder zusammenfügt.

6.4.6.1 5/3-Lifting

Anhand eines Beispiels soll die Funktionsweise des Lifting-Schemas genauer erläutert werden. Gegeben sei ein endlicher Signalvektor $x[n] = (x_0\ x_1\ x_2\ x_3\ x_4\ x_5)$ mit spiegelsymmetrischer Erweiterung (**Abb. 6.49** a). Die Signalwerte mit ungeradem Index werden im Prädiktorschritt durch ihre direkten Nachbarn beeinflusst. Wählt man $\alpha = -0.5$, so ergibt sich der Prädiktionswert aus den gemittelten Amplituden der Nachbarwerte. Das Detailsignal berechnet sich demnach aus

$$d[n] = x[2n + 1] - 0.5 \cdot (x[2n] + x[2n + 2]) . \tag{6.84}$$

Daraus lassen sich nun wiederum die Werte des Approximationssignals berechnen

$$a[n] = x[2n] + \beta \cdot (d[n - 1] + d[n]) . \tag{6.85}$$

Die Frage ist nun, welcher Wert für β gewählt werden sollte. Stellt man die Forderung nach Erhaltung des Signalmittelwertes

$$\sum_n a[n] = 0.5 \cdot \sum_n x[n] \tag{6.86}$$

erhält man mit

$$\sum_n a[n] = \sum_n x[2n] + 2\beta \cdot \sum_n d[n] \tag{6.87}$$

aus Gleichung (6.85) und mit

$$\sum_n d[n] = \sum_n x[2n + 1] - 0.5 \left(\sum_n x[2n] + \sum_n x[2n] \right) \tag{6.88}$$

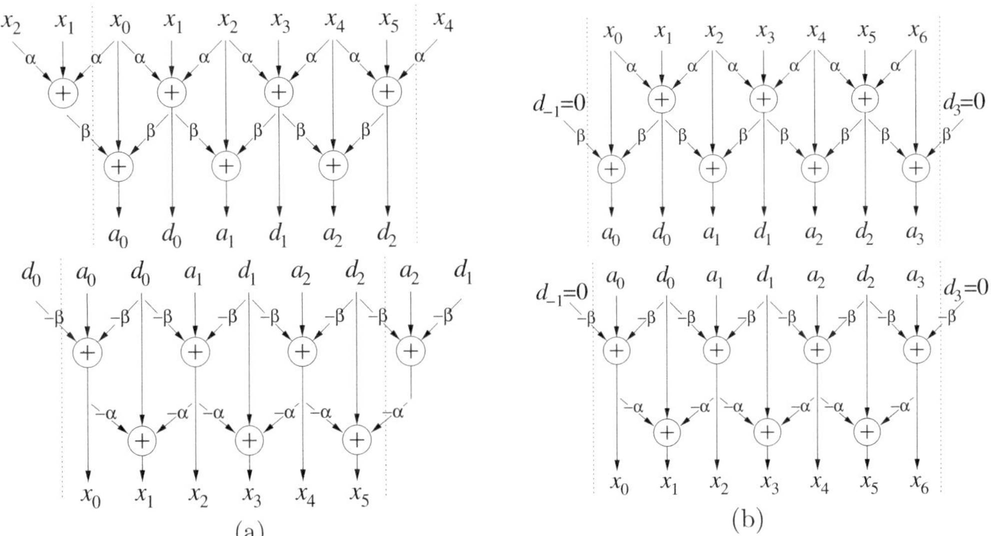

Abbildung 6.49: Signalfluss beim Lifting-Schema: (a) gerade Signallänge, mit symmetrischer Signalerweiterung, (b) ungerade Signallänge, ohne Signalerweiterung (oben: Signalanalyse, unten: Signalsynthese, $\alpha\ldots$ Koeffizienten des Prädiktions- oder Hochpassfilters, $\beta\ldots$ Faktor für die Aktualisierung des Approximationssignals)

aus Gleichung (6.84) die Summengleichung

$$\sum_n a[n] = \sum_n x[2n] + 2\beta \cdot \left[\sum_n x[2n+1] - 0.5\left(\sum_n x[2n] + \sum_n x[2n]\right)\right],$$

$$= 0.5 \cdot \sum_n x[n] + 2\beta \cdot \left[\sum_n x[2n+1] - 0.5\left(\sum_n x[n]\right)\right],$$

wenn man Gl.(6.88) in Gl.(6.87) einsetzt. Dies kann man vereinfachen zu

$$\sum_n a[n] = (1 - 2\beta) \cdot \sum_n x[2n] + 2\beta \cdot \sum_n x[2n+1].$$

Die Forderung entsprechend Gleichung (6.86) wird mit $\beta = 0.25$ erfüllt, weil nur dann beide Teilsignale $x[2n]$ und $x[2n+1]$ einen Anteil von je 0.5 haben.

Welchen konventionellen Filteroperationen entspricht dieses Lifting-Beispiel? Betrachten wir zunächst die Werte des Detailsignals

$$d[n] = \alpha \cdot x[2n] + 1 \cdot x[2n+1] + \alpha \cdot x[2n+2].$$

Die Wichtung der Originalwerte ist als Impulsantwort eines FIR-Filters zu interpretieren

$$h_1[n] = \{\alpha \quad 1 \quad \alpha\}. \tag{6.89}$$

Für das Approximationssignal ergibt sich aus der Struktur in Abbildung 6.49 a)

$$a[n] = \alpha\beta \cdot x[2n-2] + \beta \cdot x[2n-1] + (1+2\alpha\beta) \cdot x[2n] + \beta \cdot x[2n+1] + \alpha\beta \cdot x[2n+2]$$

und als Impulsantwort

$$h_0[n] = \{\alpha\beta \quad \beta \quad (1+2\alpha\beta) \quad \beta \quad \alpha\beta\} \; . \tag{6.90}$$

Setzt man nun die gewählten Werte $\alpha = -0.5$ und $\beta = 0.25$ ein, führt dies zum Filterpaar

$$h_0[n] = \left\{-\frac{1}{8} \quad \frac{1}{4} \quad \frac{3}{4} \quad \frac{1}{4} \quad -\frac{1}{8}\right\}, \qquad h_1[n] = \left\{-\frac{1}{2} \quad 1 \quad -\frac{1}{2}\right\} \; .$$

Vergleicht man dieses Ergebnis mit den Resultaten des biorthogonalen Filterentwurfbeispiels (Gl.(6.79) und Gl.(6.80)), so ist festzustellen, dass sie, bis auf einen Skalierungsfaktor von 2 für das Hochpassfilter $h_1[n]$, mit dem 5/3-Wavelet-Filterpaar übereinstimmen.

Abbildung 6.49 (b) zeigt ein Beispiel für Signale ungerader Länge. Hier wird außerdem dargestellt, dass die praktische Verarbeitung der Signalenden prinzipiell auch ohne spiegelsymmetrische Erweiterung möglich ist.

Alternativ zur Berechnung der Filterkoeffizienten im Zeit- oder Ortsbereich ist ein Ansatz auch im z-Bereich möglich, der die Randbedingungen für Hoch- und Tiefpassfilter berücksichtigt [Str04, Str09a, Str09b]. Der Frequenzgang im z-Bereich einer Impulsantwort $h[n]$ mit t Stützstellen lautet

$$H(z) = \sum_{n=0}^{t-1} h[n] \cdot z^{-n} \; . \tag{6.91}$$

Da das Filter $h_0[n]$ aus (6.90) ein richtiges Tiefpassfilter sein soll, muss der Betrag des Frequenzgangs an der Stelle der halben Abtastfrequenz gleich Null sein; es gilt $H_0(z)|_{z=-1} = 0$. Das Filter $h_1[n]$ (6.89) soll dagegen ein Hochpassfilter sein, welches den Gleichanteil des zu filternden Signals vollständig unterdrückt. Es muss also gelten $H_1(z)|_{z=1} = 0$. Das führt mit (6.91) zu folgenden Bedingungen im Zeit- bzw. Ortsbereich

$$0 = \alpha\beta - \beta + (1+2\alpha\beta) - \beta + \alpha\beta \tag{6.92}$$

und

$$0 = \alpha + 1 + \alpha \; . \tag{6.93}$$

Aus der letzten Gleichung liest man sofort $\alpha = -0.5$ ab. Eingesetzt in (6.92) ergibt sich $0 = 1 - 4 \cdot \beta$ also $\beta = 0.25$, genau wie in der obigen Ableitung.

6.4.6.2 9/7-Lifting

Ingrid Daubechies und Wim Sweldens haben nachgewiesen, dass jedes FIR-Filter mit Hilfe des Lifting-Schemas realisiert werden kann [Dau98]. Für längere Filter sind im Allgemeinen jedoch mehr als nur ein Prädiktions- und ein Aktualisierungsschritt erforderlich (**Abb. 6.50**). Die in JPEG 2000 genutzte 9/7-Wavelet-Transformation erfordert zum Beispiel insgesamt vier Lifting-Schritte. **Abbildung 6.51** zeigt die erforderliche

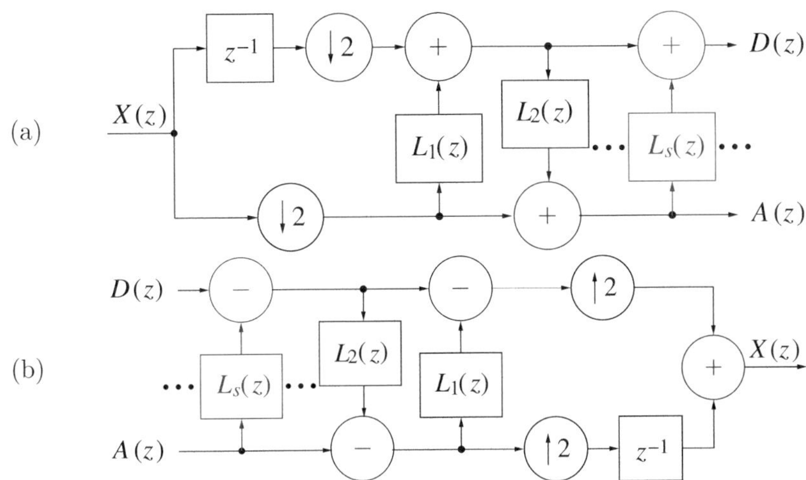

Abbildung 6.50: Prinzip des Lifting-Schemas mit alternierenden Schritten: (a) Analyse, (b) Synthese

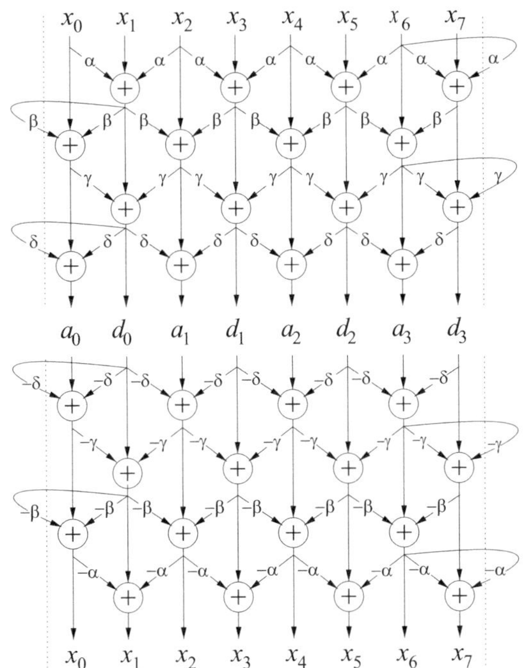

Abbildung 6.51: Signalfluss bei der Signalzerlegung und -rekonstruktion mit 9/7-Wavelet Filtern

Lifting-Kaskade für die Realisierung einer Zwei-Kanal-Filterbank bestehend aus einem Analyse-Tiefpassfilter der Länge 9 und einem Analyse-Hochpassfilter der Länge 7. Der Signalfluss veranschaulicht das Zerlegen eines Signals mit acht Abtastwerten x_0 bis x_7 (oben) und die korrespondierende Synthese des Signals (unten).

Ein Paar von Abtastwerten an geraden Positionen wird gewichtet mit Koeffizienten α und zu dem Abtastwert dazwischen addiert. Der nächste Lifting-Schritt kombiniert paarweise die Resultate der Additionen unter Verwenden der Koeffizienten β. Die Lifting-Schritte drei und vier agieren in gleicher Weise mit Hilfe der Gewichte γ und δ. Das Ergebnis ist ein Vektor mit alternierenden Werten aus dem Approximationssignal ($a_0\ a_1\ \ldots$) (Tiefpasssignal) und aus dem Detailsignal ($d_0\ d_1\ \ldots$) (Hochpasssignal). Auf der Syntheseseite (Abb. 6.51 unten) werden die gleichen Operationen in umgekehrter Reihenfolge und mit umgekehrtem Vorzeichen ausgeführt. Damit ist unabhängig von den Werten für α, β, γ und δ die perfekte Rekonstruktion des Signals gemäß Gl.(6.58) immer garantiert. Das Flussdiagramm in Abbildung 6.51 veranschaulicht außerdem die Verarbeitung der Werte an den Signalgrenzen.

Die spektralen Eigenschaften (hinsichtlich der Nullstellen im PN-Plan) der in JPEG 2000 verwendeten Wavelet-Transformation werden mit folgenden Werten erreicht:

$$\alpha \approx -1.58613434206 \qquad \beta \approx -0.05298011857$$
$$\gamma \approx 0.88291107553 \qquad \delta \approx 0.44350685204 \qquad \varepsilon \approx 1.2301741049\ .$$

Die Variable ε ist ein Korrekturterm zum Skalieren der Transformationsergebnisse, denn die Filter haben ohne dessen Berücksichtigung folgende Verstärkungsfaktoren:

$$H_0(z)|_{z=1} = \varepsilon\ , \quad H_1(z)|_{z=-1} = \frac{2}{\varepsilon}\ , \quad G_0(z)|_{z=1} = \frac{2}{\varepsilon} \quad \text{und} \quad G_1(z)|_{z=-1} = \varepsilon\ .$$

6.4.6.3 Ganzzahlige Wavelet-Zerlegung

Für die verlustlose Datenkompression ist der Einsatz von allgemeinen Signaltransformationen bzw. Filterbänken nicht zulässig. Durch Unterschiede bei der Repräsentation von Gleitkomma-Zahlen können Abweichungen in den Berechnungen entstehen. Eine perfekte Rekonstruktion des Signals ist in diesem Sinne nicht gewährleistet. Nur durch das ausschließliche Verwenden von ganzen Zahlen in der Signalverarbeitungskette sind reproduzierbare Berechnungen möglich.

Aufgrund seiner besonderen Struktur ist das Lifting-Schema für eine Wavelet-Transformation im ganzzahligen Bereich (engl.: *Integer Wavelet Transformation ... IWT*) bestens geeignet. Das Abbilden von ganzzahligen Signalwerten auf ganzzahlige Werte in den Teilbandsignalen, ohne den Wertebereich beliebig zu vergrößern, wird beim Lifting-Schema einfach durch das Runden der Zwischenergebnisse der einzelnen Lifting-Schritte erreicht [Cal98]. Mit Blick zurück auf Abbildung 6.48 muss man sich das Runden als Bestandteil der Operationen P und U vorstellen.

Die Berechnungen der Approximations- und Detailsignale bei einer eindeutig umkehrbaren 5/3-Wavelet-Transformation analog zu (6.84) und (6.85), wie sie zum Beispiel beim

Kompressionsstandard JPEG 2000 verwendet werden, lauten

$$
\begin{aligned}
d[n] &= x[2n+1] - \left\lfloor \frac{x[2n] + x[2n+2]}{2} \right\rfloor \quad \text{und} \\[2mm]
a[n] &= x[2n] + \left\lfloor \frac{d[n-1] + d[n] + 2}{4} \right\rfloor .
\end{aligned}
\tag{6.94}
$$

Dadurch ist gewährleistet, dass $a[n]$ und $d[n]$ auch immer ganzzahlig sind, sofern es $x[n]$ ist. Die Signalsynthese erfolgt, wie bereits schon erwähnt, durch das Umkehren der Operationen

$$
\begin{aligned}
x[2n] &= a[n] - \left\lfloor \frac{d[n-1] + d[n] + 2}{4} \right\rfloor \quad \text{und} \\[2mm]
x[2n+1] &= d[n] + \left\lfloor \frac{x[2n] + x[2n+2]}{2} \right\rfloor .
\end{aligned}
\tag{6.95}
$$

Selbstverständlich ist mit diesem Rundungstrick auch eine IWT für die 9/7-Wavelet-Transformation aus Abbildung 6.51 möglich. Die Berechnungen lauten für die Analyse

$$
\begin{aligned}
d'[n] &= x[2n+1] + \lfloor \alpha \cdot (x[2n] + x[2n+2]) + 0.5 \rfloor \\
a'[n] &= x[2n] \;\;\;\;\;\; + \lfloor \beta \cdot (d'[n-1] + d'[n]) + 0.5 \rfloor \\
d[n] &= d'[n] \;\;\;\;\;\; + \lfloor \gamma \cdot (a'[n] + a'[n+1]) + 0.5 \rfloor \\
a[n] &= a'[n] \;\;\;\;\;\; + \lfloor \delta \cdot (d[n-1] + d[n]) + 0.5 \rfloor
\end{aligned}
\tag{6.96}
$$

und für die Synthese

$$
\begin{aligned}
a'[n] &= a[n] - \lfloor \delta \cdot (d[n-1] + d[n]) + 0.5 \rfloor \\
d'[n] &= d[n] - \lfloor \gamma \cdot (a'[n] + a'[n+1]) + 0.5 \rfloor \\
x[2n] &= a'[n] - \lfloor \beta \cdot (d'[n-1] + d'[n]) + 0.5 \rfloor \\
x[2n+1] &= d'[n] - \lfloor \alpha \cdot (x[2n] + x[2n+2]) + 0.5 \rfloor .
\end{aligned}
\tag{6.97}
$$

Das Runden hat aber auch einen entscheidenden Nachteil. Es handelt sich um eine nichtlineare Operation, deren Einfluss abhängig vom reellwertigen Zwischenergebnis ist. Die im Filterentwurf erzeugte Charakteristik wird durch das Runden verändert und die Kompressionsergebnisse verschlechtern sich dadurch im Allgemeinen [Str09a, Str09b]. **Abbildung 6.52** zeigt mit der durchgezogenen Linie die theoretischen Frequenzgänge. Man beachte auch die Verstärkung des 5/3-Hochpassfilters bei $f/f_s = 0.5$, welche doppelt so hoch ist wie die des Tiefpassfilters. Die anderen Kurven verdeutlichen, wie sich die Frequenzgänge in Abhängigkeit vom Eingangssignal ändern können.

Durch Manipulationen der Filterkoeffizienten ist es möglich, den negativen Einfluss der Rundungsoperationen bei 9/7-Filterbänken abzumildern [Str09b, Str12], die Leistungsfähigkeit bleibt aber trotzdem hinter der ganzzahligen 5/3-Filterbank zurück. Des Weiteren führt das Runden dazu, dass mehrdimensionale Zerlegungen nicht mehr beliebig separierbar sind (vgl. Abschnitt 6.4.3). Die Reihenfolge der Verarbeitung von, zum Beispiel, Zeilen und Spalten eines Bildes muss genau festgelegt werden.

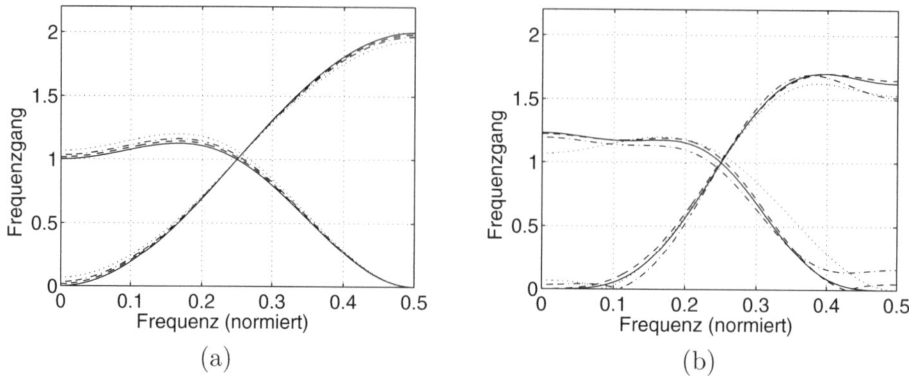

Abbildung 6.52: Vergleich der Analysefilter-Betragsfrequenzgänge zwischen original (durchgezogen) und verändert, verursacht durch das Runden auf ganze Zahlen: (a) 5/3-Wavelet-Filter, (b) 9/7-Wavelet-Filter

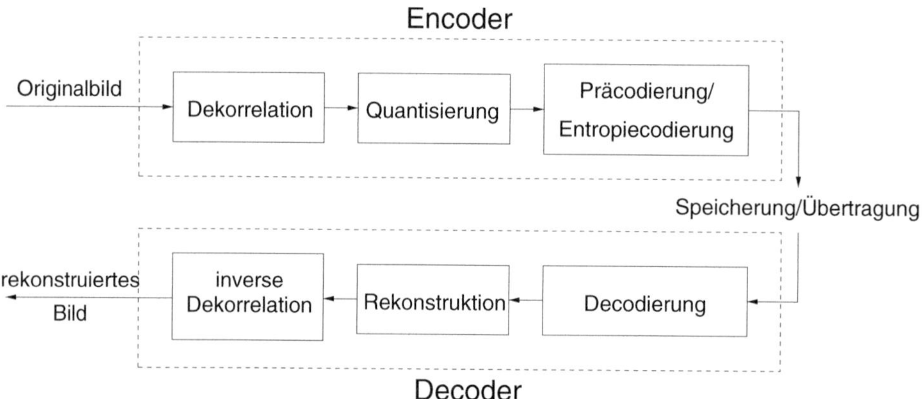

Abbildung 6.53: Allgemeines Blockschaltbild eines Kompressionssystems

6.5 Kompressionssysteme

Dieser Abschnitt diskutiert am Beispiel der Bildkompression, warum die Dekorrelation von Signalwerten für eine effiziente Datenkompression wichtig ist und wie sie gemeinsam mit anderen Verfahren und Methoden hohe Kompressionsverhältnisse erzielen kann.

Abbildung 6.53 zeigt das Blockschaltbild eines typischen Kompressionssystems. Man bezeichnet solche Kompressionsverfahren als hybrid, weil hier verschiedene Module zu einem Gesamtsystem kombiniert werden. Je nach Anwendung wird für die Dekorrelation eine Prädiktion, eine Transformation oder eine Filterbank eingesetzt. Aufgrund der Verwandtschaft von Transformation und Filterbank wird letztere hier nicht gesondert diskutiert.

Bei Einsatz einer Transformation spricht man auch von einer Transformationscodierung oder einem Transformationscoder. Welche Transformation eingesetzt wird, hängt ganz von den Eigenschaften des Signals ab. In der standardisierten Bild- und Videokompression wurde meistens die diskrete Kosinus-Transformation verwendet (z. B. JPEG-1, MPEG-1, MPEG-2). Im Standard JPEG-2000 wurde sie durch die diskrete Wavelet-Transformation ersetzt, weil mit waveletbasierten Verfahren höhere Kompressionsverhältnisse erzielbar sind. Neuere Videokompressionsstandards (H.264/AVC, H.265/HEVC, H.266/VVC) setzen auf eine von der DCT abgeleiteten Ganzzahl-Transformation in Kombination mit einer blockweisen Prädiktion (Abschnitte 6.3.8 und 6.2.6). Aufgrund der blockbasierten Arbeitsweise dieser Video-Codecs kann die Wavelet-Transformatuon dort nicht so vorteilhaft eingesetzt werden wie bei der Einzelbildkompression. Die Eigenschaft der Multiskalen-Auflösung wurde teilweise durch eine Kaskadierung von Block-Transformationen nachgebildet.

Die Transformation allein bewirkt jedoch noch keine Kompression, im Gegenteil. Das Originalsignal wird nur in eine andere Darstellungsform überführt, wobei sich die Datenmenge im Allgemeinen sogar vergrößert, weil die Auflösung der Transformationskoeffizienten im Allgemeinen mehr Bits erfordert als für die Originaldaten. Ziel der Transformation ist die Informationsverdichtung durch Dekorrelation der Signalwerte. Die Bildinformation, welche im Ortsbereich durch die Signalwerte oder Grauwerte der einzelnen Bildpunkte getragen wird, soll sich im Transformationsbereich auf möglichst wenige Koeffizienten konzentrieren. Anders ausgedrückt kann man sagen, dass das Bild durch die Überlagerung von nur wenigen signifikanten Basisfunktionen rekonstruierbar sein soll. Wichtig ist dabei, dass durch die Signaltransformation keine Veränderung der Information stattfindet. Durch eine inverse Transformation ist im Rahmen der Berechnungsgenauigkeit die perfekte Rekonstruktion des Signals möglich.

An die Transformation schließt sich üblicherweise eine Quantisierung an. Die reellwertigen Koeffizienten werden zu ganzzahligen Quantisierungssymbolen (Nummern der Quantisierungsintervalle bzw. Quantisierungsräume). Ziel der Quantisierung ist die Reduktion der Irrelevanz im Signal. Die kleinen Gewichte der insignifikanten Basisfunktionen werden unterdrückt. Dies ist die einzige Komponente in einem Transformationscoder, welche die Bildinformation gezielt verändert.

Erst jetzt kommen die eigentlichen Algorithmen der Codierung zum Einsatz. Mit Hilfe von Verfahren der Prächodierung wird versucht, Abhängigkeiten zwischen den Quantisierungssymbolen zur Verringerung der Intersymbolredundanz auszunutzen.

Den Abschluss eines Transformationscoders bildet die Entropiecodierung. Durch sie soll die verbliebene Codierungsredundanz vermindert und die Signalinformation in eine noch kompaktere Darstellungsform gebracht werden. Das Ergebnis ist ein Bitstrom.

Auf der Empfängerseite müssen zur Rekonstruktion des Bildsignals alle Stufen in der umgekehrten Reihenfolge durchlaufen werden. Im Decodierungsprozess werden zunächst die Quantisierungssymbole zurückgewonnen. Sie bilden die Basis für die Rekonstruktion der Transformationskoeffizienten. Diese sind aufgrund des Informationsverlusts in der Quantisierungsstufe nicht mehr identisch mit den originalen Werten. Die Rücktransformation überführt das Signal in den Ortsbereich und als Ergebnis erhält man das rekonstruierte Bild.

Mit Transformationscodern sind relativ hohe Kompressionsverhältnisse erreichbar. Sie sind deshalb das am meisten genutzte Verfahren zur verlustbehafteten Kompression von Daten.

Wenn es auf die verlustlose Kompression von Bilddaten ankommt, ist es meist vorteilhaft eine Prädiktion für die Dekorrelation der Daten einzusetzen (siehe auch Tabelle 8.24 auf Seite 307). Alles, was vorausgesagt werden kann, muss nicht mehr codiert und übertragen werden. Die Signalinformation wird wie bei einer Transformation auf wenige Signalwerte konzentriert. Bei einer verlustlosen Kompression werden die Funktionsblöcke ‚Quantisierung' und ‚Rekonstruktion' übersprungen. Anderenfalls muss die Quantisierung in die Prädiktionsschleife integriert werden (siehe Abb. 6.6 auf Seite 156).

6.6 Testfragen

6.1 Gegeben:
Signal $\{x[n]\} = \{$ 3 5 4 5 3 6 7 7 7 7 5 5 4 4 3 2 1 0 0 2 $\}$, mit $0 \leq x[n] < 8$.
Gesucht:

a) Wie groß sind Varianz und Entropie des Signals?

b) Führen Sie eine Prädiktion durch! Verwenden Sie $\hat{x} = x[n-1]$ als Schätzwert und $x[-1] = 4$!

c) Wie groß sind Varianz und Entropie des Prädiktionsfehlers?

d) Wie groß ist der Codierungsgewinn?

e) Welchen Wertebereich kann das Fehlersignal theoretisch umfassen?

f) Konstruieren Sie für das Fehlersignal einen Huffman-Code! Wie groß ist die verbleibende Codierungsredundanz?

6.2 Gegeben ist folgendes Bild:

$$\mathbf{A} = \begin{array}{|cccccccc|} \hline 4 & 3 & 2 & 1 & 5 & 7 & 7 & 1 \\ 4 & 3 & 1 & 1 & 6 & 3 & 2 & 1 \\ 3 & 2 & 1 & 2 & 2 & 2 & 2 & 1 \\ 1 & 1 & 2 & 3 & 4 & 3 & 2 & 2 \\ \hline \end{array}$$

a) Führen Sie eine Prädiktion mit $\hat{x}[n,m] = x[n-1,m]$ durch. Überlegen Sie, wie Randpunkte effektiv behandelt werden können.

b) Führen Sie eine nichtlineare Prädiktion mit dem Median-Adaptive-Predictor (MAP) durch. Notieren Sie das Prädiktionsbild und das Prädiktionsfehlerbild. Überlegen Sie, wie Randpunkte effektiv behandelt werden können.

c) Erfassen Sie die Verteilung (Histogramm) des originalen Bildes und der beiden Schätzfehlerbilder tabellarisch.

d) Berechnen Sie die Entropien der drei Bilder und vergleichen Sie.

e) Begrenzen Sie die Prädiktionsfehlerbilder auf einen Bereich von $-4 \leq e[n] \leq 3$ mit einer Modulo-Operation und bestimmen Sie die Entropien erneut.

6.3 Warum muss die Quantisierung von Prädiktionsfehlern innerhalb der Prädiktionsschleife erfolgen?

6.4 Gegeben ist ein Signal mit ganzzahligen Werten $\{x[n]\} = \{\ 3\ 5\ 4\ 6\ \}$.

    a) Transformieren Sie das Signal mit einer 4-Punkte-DCT!

    b) Runden Sie die DCT-Koeffizienten auf ganze Zahlen und transformieren Sie das Ergebnis zurück!

    c) Bestimmen Sie den Rekonstruktionsfehler!

6.5 Gegeben ist ein Bild mit 4x4 Grauwerten

$$\mathbf{A} = \begin{array}{|c|c|c|c|} \hline 4 & 3 & 2 & 1 \\ \hline 4 & 3 & 1 & 1 \\ \hline 3 & 2 & 1 & 2 \\ \hline 1 & 1 & 2 & 3 \\ \hline \end{array}$$

    a) Führen Sie eine 2D-Walsh-Hadamard-Transformation durch, indem Sie zuerst alle Zeilen und danach alle Spalten des Ergebnisses eindimensional transformieren!

    b) Führen Sie eine 2D-Walsh-Hadamard-Transformation durch, indem Sie zuerst alle Spalten und danach alle Zeilen des Ergebnisses eindimensional transformieren!

    c) Vergleichen und kommentieren Sie die Ergebnisse von a) und b)!

6.6 Durch welche Eigenschaft sind orthogonale Transformationsmatrizen gekennzeichnet?

6.7 Welchen Zusammenhang gibt es bei orthonormalen Transformationen zwischen der Hin- und Rücktransformationsmatrix?

6.8 Skizzieren Sie die zwei grundlegenden Basisfunktionen der (kontinuierlichen) Haar-Transformation. Wie werden diese Basisfunktionen von Wavelet-Transformationen im Allgemeinen genannt?

6.9 Welchen Zusammenhang gibt es zwischen den Basisfunktionen einer Transformation und den Werten (Koeffizienten) des transformierten Signals?

6.10 Geben Sie zwei orthogonale Basissysteme (Matrizen zur Rücktransformation) an, welche ausschließlich nicht-überlappende Basisfunktionen der Länge $N = 4$ verwenden!

6.11 Was versteht man unter einem ‚Basisbild'?

6.12 Gegeben ist ein Signal der Länge 4 mit den Werten (2 4 6 4). Berechnen Sie die Wavelet-Koeffizienten bei Verwenden einer (skalierten) Haar-Transformation und zweistufiger Zerlegung. Wie lautet die dazugehörige Transformationsmatrix?

6.13 Was versteht man unter dem Begriff ‚iteriertes Funktionensystem'?

6.14 Angenommen, eine Abbildungsvorschrift $\mathcal{T}(x)$ für die Transformation von Punkten o, p, q sei kontraktiv. Was passiert bei einer wiederholten Anwendung dieser Abbildung auf jeweils das letzte Ergebnis?

6.15 Skizzieren und beschriften Sie eine 2-Kanal-Filterbank. Was versteht man unter perfekter Rekonstruktion?

6.16 Gegeben sei eine orthogonale 2-Kanal-Filterbank mit den Analysefiltern

$$H_0(z) = \frac{1+\sqrt{3}}{8} + \frac{3+\sqrt{3}}{8} \cdot z^{-1} + \frac{3-\sqrt{3}}{8} \cdot z^{-2} + \frac{1-\sqrt{3}}{8} \cdot z^{-3}$$

und

$$H_1(z) = z^{-(N-1)} \cdot H_0(-z^{-1}) \, .$$

a) Bestimmen Sie die Impulsantworten der Analysefilter.

b) Wie lauten die Teilbandsignale (vor der Unterabtastung) im z-Bereich, wenn als Signal ein Impuls

$$x[n] = \begin{cases} 1 & \text{für} \quad n = 0 \\ 0 & \text{sonst} \end{cases}$$

verwendet wird?

c) Notieren Sie die Teilbandsignale im Zeitbereich sowohl vor als auch nach der Unterabtastung.

d) Bestimmen Sie die Impulsantworten der Synthesefiltern unter Zuhilfenahme von

$$G_0(z) = -2 \cdot H_1(-z) \qquad \text{und} \qquad G_1(z) = 2 \cdot H_0(-z)$$

e) Rekonstruieren Sie das Signal $x'[n]$ im Zeitbereich.

6.17 Gegeben ist ein Signalflussplan für die Zerlegung eines Signals $x[n]$ mit acht Werten $x_0 \dots x_7$. Wie lauten die FIR-Filter, welche die Teilbandsignale $a[n]$ und $d[n]$ generieren?

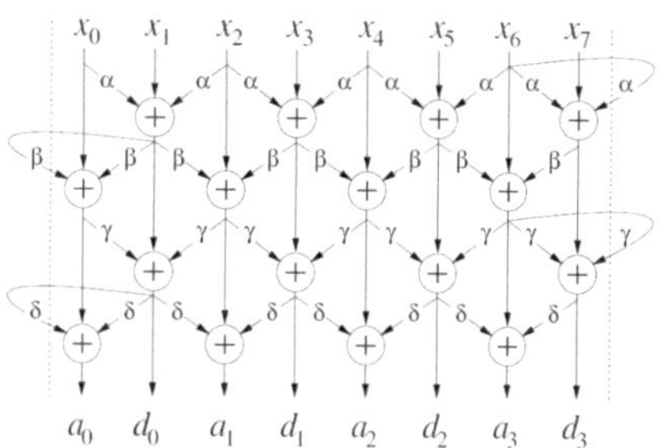

6.18 Wie kann man bei einer Signalzerlegung per Filterbank das Abbilden von ganzzahligen Signalwerten auf ganzzahlige Werte in den Teilbandsignalen realisieren?

6.19 Warum ist für die verlustlose Datenkompression eine ganzzahlige Verarbeitung auch im Dekorrelationsprozess unbedingt erforderlich?

6.20 Beschreiben Sie die Funktionsweise eines Transformationscoders anhand eines Blockschaltbildes!

6.21 Die Hintransformationsmatrix einer Signaltransformation sei gegeben mit:

$$\mathbf{A} = \begin{pmatrix} 0.25 & 0.5 & 0.25 \\ 0.25 & -0.5 & 0.25 \\ 0.5 & 0 & -0.5 \end{pmatrix} \, .$$

Berechnen Sie das Transformationsergebnis für $x = (1\ 2\ 3)^{\mathrm{T}}$. Wie lauten die Basisfunktionen der der Transformation?

Kapitel 7

Wahrnehmung, Farbe, Bildeigenschaften

Dieses Kapitel befasst sich mit den Eigenschaften des menschlichen Auges und des Farbsehens. Die Kenntnisse über den Prozess der visuellen Wahrnehmung sind wichtig für den Entwurf eines effizienten Kompressionsalgorithmus, wenn man zur Steigerung der Kompression verlustbehaftete Verfahren einsetzen möchte. Das Berücksichtigen der Wahrnehmungseigenschaften des Auges ist Voraussetzung für das optimale Gestalten von Unterabtastung und Quantisierung zur Reduktion der Irrelevanz in den Daten.

7.1   Visuelle Wahrnehmung

7.1.1   Netzhaut und Sehnerven

Die visuelle Wahrnehmung des Menschen wird in erster Linie durch den Aufbau des Auges bestimmt, **Abbildung 7.1**). Das Licht fällt durch die Pupille und die Linse auf die Netzhaut (Retina). Dort wird die Lichtenergie in Nervenreize umgewandelt. Die Pupille hat einen Durchmesser von 2 mm bis 8.0 mm und wirkt als Blende [Hau94]. Dadurch wird das Anpassen (Adaptation) an verschiedene Helligkeiten unterstützt. Die Linse ist durch eine spezielle Muskulatur verformbar und ermöglicht dadurch eine scharfe Abbildung auf der Netzhaut (Akkommodation).

Die Retina verfügt über zwei Rezeptortypen: Zapfen (engl.: *cones*) und Stäbchen (engl.: *rods*). **Abbildung 7.2** zeigt ihre horizonale Verteilung auf der Retina. Die Zapfen sind

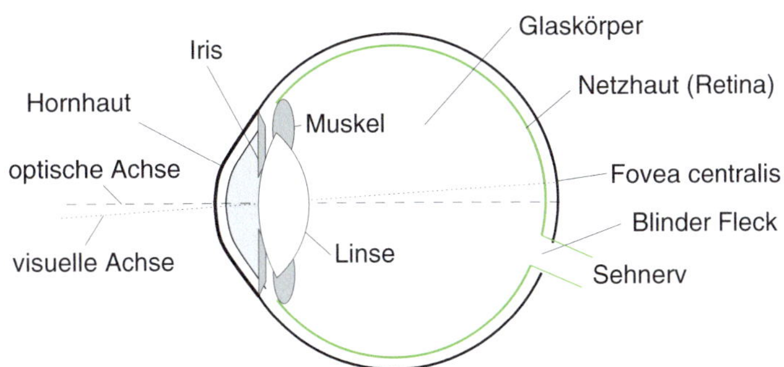

Abbildung 7.1: Aufbau des menschlichen Auges

© Der/die Autor(en), exklusiv lizenziert an
Springer Fachmedien Wiesbaden GmbH, ein Teil von Springer Nature 2025
T. Strutz, *Bilddatenkompression*, https://doi.org/10.1007/978-3-658-49923-5_7

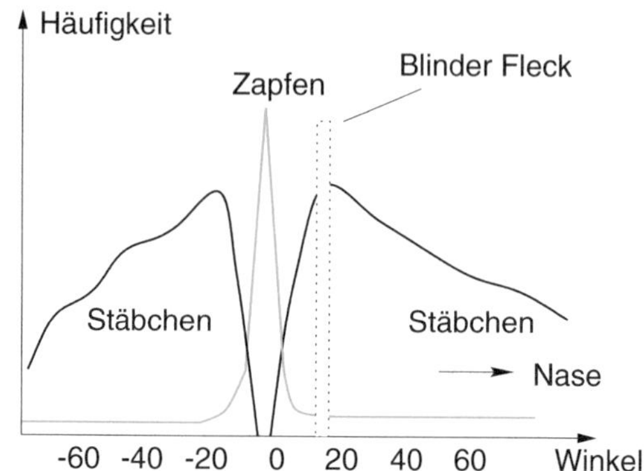

Abbildung 7.2: Horizontale Verteilung von Zapfen und Stäbchen (schematisch)

sowohl farb- als auch helligkeitsempfindlich und arbeiten bei Tageslicht. Jedes Auge verfügt über ca. 6 Millionen Zapfen. Die Stäbchen können dagegen keine Farben unterscheiden. Dafür sind sie wesentlich helligkeitsempfindlicher und bei geringer Beleuchtung aktiv. Pro Auge gibt es ungefähr 120 Millionen Stäbchen [Mal98].

Das wahrnehmbare Spektrum reicht von etwa 780 nm (rot) bis 390 nm (violett). Die Zapfen lassen sich in drei Arten unterteilen, welche verschiedene, von der Wellenlänge des Lichts abhängige Empfindlichkeiten aufweisen. Ihre Bezeichnungen S...*short*, M...*middle* und L...*long* sind vom Bereich der Wellenlängen abgeleitet. **Abbildung 7.3** zeigt die Empfindlichkeiten der drei Zapfentypen auf Basis der Daten von [Sto00]. Die absolute Empfindlichkeit der L-Zapfen ist um etwa 5% niedriger als die der M-Zapfen. Die geringste Empfindlichkeit hat der Zapfentyp S im violetten Bereich. Sie beträgt lediglich ein Dreißigstel der Empfindlichkeit von Typ M. Ein Rotrezeptor ist nicht vorhanden. Dies ist überraschend, da die Farbe Rot einen Signalcharakter hat. Die Wahrnehmung von Rot-Tönen basiert auf dem Verhältnis der Erregungen von M- und L-Rezeptoren [Mal98].

Das menschliche Gehirn kombiniert die Reize der drei Zapfentypen zu weiteren Farben. Warum Grün- und Gelbtöne stärker wahrgenommen werden, liegt vermutlich am Lebensraum unserer Vorfahren. Die evolutionäre Entwicklung der Rezeptoren im mittel- und langwelligen Bereich und der neuronalen Verarbeitung könnten mit der Lebensweise von Primaten im immergrünen Regenwald zusammenhängen. Das Erkennen von Gelb- und Rotabstufungen ist für die Beurteilung des Reifegrades von Früchten erforderlich [Oso96].

Die Retina weist zwei markante Regionen auf. Die *fovea centralis* ist die Stelle mit der größten Sehschärfe. Sie liegt annähernd in der Mitte der Netzhaut, aber etwas abseits der optischen Achse. In dieser Netzhautregion befinden sich ausschließlich Zapfen, jedoch keine Blau-Zapfen [Geg03]. Auch ist die Zapfendichte hier am höchsten (**Abb. 7.1** b).

Der zweite besondere Punkt auf der Netzhaut ist der blinde Fleck. An dieser Stelle verlassen zirka 1.5 Million Nervenfasern die Netzhaut und Lichtstrahlen können nicht wahrgenommen werden. Das Verhältnis von Rezeptoren und Nervenfasern beträgt un-

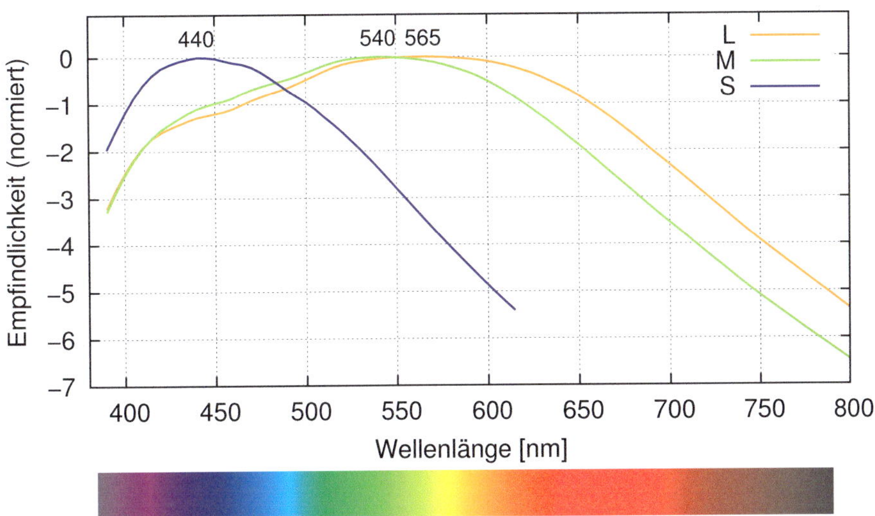

Abbildung 7.3: Empfindlichkeit der drei Zapfentypen, logarithmisch aufgetragen. Der Farbbalken zeigt den wahrgenommenen Farbreiz abhängig von der Wellenlänge des monochromatischen Lichts

gefähr 80:1. Dies bedeutet, dass die Vorverarbeitung der visuellen Information bereits mit einem hohen Datenkompressionsfaktor erfolgt. Dies ist zum Beispiel eine mögliche Ursache für optische Täuschungen.

7.1.2 Die Lichtempfindung

7.1.2.1 Helligkeitsempfindung

Das menschliche Auge ist im adaptierten Zustand in der Lage ca. 500 Helligkeitswerte zu unterscheiden. Dies hängt von verschiedenen Parametern wie zum Beispiel der Hintergrundbeleuchtung und der Größe des Helligkeitsfeldes ab. Unter optimalen Bedingungen kann sich der Wert sogar verdoppeln. Technische Displays reduzieren diesen Bereich infolge nicht-linearer Grauwertskalierungen, sodass in der Regel acht Bits pro Bildpunkt für die Repräsentation von Grauwertbildern ausreichen. Die Wellenlänge der maximalen Empfindlichkeit ist von der Lichtintensität abhängig. Bei Tageslicht ist die maximale Empfindlichkeit bei 554 nm. Bei Dunkeladaptation verschiebt sie sich nach 513 nm [Röh95]. In **Abbildung 7.4** ist dieser Unterschied schematisch dargestellt.

Die Helligkeitsadaptation ist für Zapfen 7 min nach Eintreten der Dunkelheit abgeschlossen. Die Empfindlichkeit steigert sich dabei um etwas mehr als eine Zehnerpotenz. Die Stäbchen benötigen mehr als 30 min, dafür beträgt die Steigerung der Empfindlichkeit mehrere Zehnerpotenzen. Die wesentlich höhere Lichtempfindlichkeit ist nicht nur auf den Unterschied zwischen Stäbchen und Zapfen zurückzuführen, sondern wird auch durch ihre Zusammenschaltung zu rezeptiven Feldern verstärkt. Dies führt allerdings zu einer Verringerung des optischen Auflösungsvermögens [Röh95].

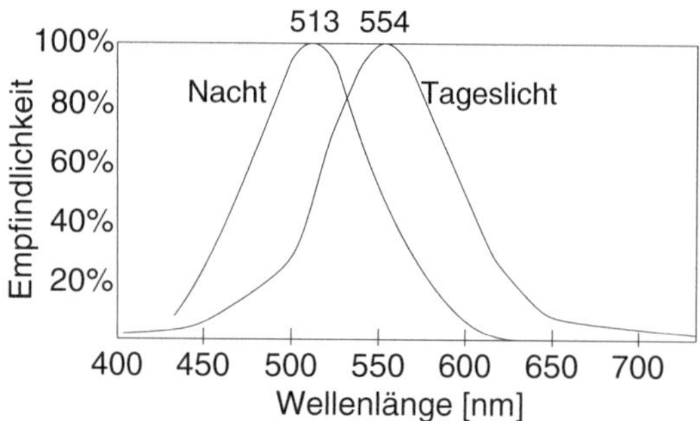

Abbildung 7.4: Empfindlichkeit des menschlichen Auges bei Hell- und Dunkeladaptation als Funktion der Wellenlänge des Lichts

7.1.2.2 Das Auflösungsvermögen des Auges

Das Auflösungsvermögen des Menschen ist bei ruhenden Bildern am größten, wobei die örtliche Auflösung beim Farbsehen deutlich geringer ist als beim Helligkeitssehen. Ursache ist vermutlich die spezifische Verarbeitung der Informationen in den nachfolgenden Neuronenschichten. Die Folge ist, dass Farbkanten nur schlecht wahrgenommen werden können. Dieser Umstand wird bei der Datenreduktion ausgenutzt. Helligkeitskanten werden durch die neuronale Verarbeitung im Gegensatz dazu sogar verstärkt. Dies führt zu dem so genannten Effekt der Machschen Bänder. Die Stufen einer Grauwerttreppe werden nicht als Flächen konstanter Helligkeit wahrgenommen, sondern kontrastverschärfend.

Die Bewegtbildauflösung ist so gering, dass 20 Bilder pro Sekunde ausreichen, damit ein Bewegungsablauf als fließend empfunden wird. Allerdings fallen die Dunkelpausen beim Bildwechsel unangenehm als Flackern auf (Großflächenflimmern). Deshalb sind Bildfolgefrequenzen von mindestens 50 Hz erforderlich. In der analogen Fernsehtechnik wurde dies durch die Zerlegung der Vollbilder in jeweils zwei Halbbilder erreicht, wobei das eine Halbbild alle geraden und das andere alle ungeraden Bildzeilen enthielt. Diese Halbbilder wurden alternierend auf den Bildschirm projiziert (Zeilensprungverfahren). Bei einer Bildfolgefrequenz von 25 Vollbildern pro Sekunde wird dadurch eine Frequenz von 50 Hz simuliert. Flachbildschirme und Computer-Monitore können alle Bildpunkte eines Bildes quasi gleichzeitig (und auch dauerhaft) darstellen, ein Aufteilen in Halbbilder ist nicht mehr erforderlich.

7.1.2.3 Maskierungseffekte

Die Verarbeitung der Bildinformation im menschlichen Gehirn bewirkt eine Reihe von Effekten, welche die Wahrnehmbarkeit von bestimmten Strukturen beeinflussen. So können zum Beispiel horizontale und vertikale Kontraste besser wahrgenommen werden als schräge Strukturen. Die Kontrastempfindlichkeit des menschlichen Auges ist auch von der Ortsfrequenz der Strukturen abhängig [Mal98]. Die **Abbildung 7.5** zeigt eine sinusförmige Schwingung mit von links nach rechts steigender Frequenz und mit von oben nach unten steigender Amplitude. Bei mittleren Ortsfrequenzen ist die Modulation auch

Abbildung 7.5: Veranschaulichung der Modulationsübertragungsfunktion

bei relativ geringen Kontrasten noch zu erkennen. Die Grenze der Sichtbarkeit der Kontraste in Abhängigkeit von der Ortsfrequenz wird als Modulationsübertragungsfunktion (engl.: *modulation transfer function*) bezeichnet. Sowohl im Kompressionsstandard für Einzelbilder (JPEG) als auch in waveletbasierten Verfahren wurde versucht, diese Funktion für eine wahrnehmungsangepasste Quantisierung auszunutzen [Pen93, Jon95].

Einen wichtigen Einfluss auf die Wahrnehmung von Bildverzerrungen hat vor allem auch das wissensbasierte Erkennen des Bildinhaltes. Bestimmte Strukturen, wie z. B. Kanten und regelmäßige Texturen, sowie „antrainierte" Muster[1] werden besonders beachtet und Veränderungen fallen dem Betrachter auf.

Helligkeitsschwankungen, also z. B. Verzerrungen infolge verlustbehafteter Bilddatenkompression, sind in der Nähe von Kanten oder stark texturierten Bildregionen weniger zu erkennen, während sie in sehr glatten Bereichen deutlich sichtbar sind [Gir92]. Diesen Effekt bezeichnet man als örtliche Maskierung. Eine zeitliche Maskierung tritt bei einem Szenenwechsel in Bildsequenzen auf. Nach einem solchen Wechsel muss sich das Auge erst an den neuen Bildinhalt anpassen und Störungen im Bild sind ca. 1/15 Sekunden kaum erkennbar. Die Bewegung von Bildern bzw. Objekten in Videosequenzen

---

[1]Zum Beispiel wird ein Gütekontrolleur aus der Textilindustrie einen Gewebefehler höchstwahrscheinlich eher bemerken als jede andere Person.

verringert die Wahrnehmung im Gegensatz dazu nicht, da das Auge dies durch seine Eigenbewegung kompensiert [Gir92].

7.2 Farbsysteme

7.2.1 Was ist Farbe?

Die Geschichte der Farbsysteme ist so alt wie die Geschichte der Wissenschaften selbst. Bereits Aristoteles (384–322 v.u.Z.) ordnete Farben, indem er sie auf einem Strahl zwischen Schwarz und Weiß aneinander reihte. Nach ihm versuchten viele Wissenschaftler und Künstler, die Farben in eine Systematik zu bringen. Die Intentionen waren dabei sehr unterschiedlich. Die Chemiker sahen in der Farbe Moleküle, die Textilfabrikanten Farbstoffe, die Physiker verschiedene Wellenlängen, der Physiologe eine Empfindung und der Maler eine Substanz auf seiner Palette. Entsprechend groß ist die Vielfalt von entwickelten Farbsystemen, die zum Beispiel von Silvestrini, Fischer und Stromer [Sil98] zusammengetragen wurden.

Alle Systeme versuchen, die Farben so anzuordnen, dass sie durch eine Geometrie zu beschreiben sind oder eine Anleitung zum Mischen von Farben geben. Dabei kämpfen alle mit dem Gegensatz von einer metrischen und der psychologischen, durch das Wahrnehmungssystem des Menschen vorgegebenen Skala.

Die Erkenntnis, dass Farben keine Abänderungen des weißen Lichts, sondern seine Bestandteile sind, wurde durch Untersuchungen mit Prismen gewonnen. Der böhmische Physiker Marcus Marci dokumentierte 1648 erstmals, dass sich durch ein Glasprisma Farben erzeugen lassen, die dann jedoch nicht weiter zerlegbar sind [Sil98]. Darauf aufbauend führte Isaac Newton Experimente mit Prismen durch und veröffentlichte seine Ergebnisse 1672. Er bog das Band der Spektralfarben zu einem Kreis zusammen, unterteilte ihn in sieben Sektoren (Rot, Orange, Gelb, Grün, Cyanblau, Ultramarinblau, Violettblau) und verzichtete auf die bisherige Organisation der Farben von Hell nach Dunkel. Er ordnete der Mitte ausdrücklich das Weiß zu, weil die Summe aller angeführten Farben Weiß ergibt. Die Lücke zwischen dem Violett und dem Rot wird allerdings durch unser Gehirn geschlossen, d. h. den Farbkreis gibt es nicht wirklich, sondern er wird durch unsere visuelle Empfindung erzeugt. Der Bereich zwischen Violett und Rot erscheint uns in einem purpurroten Farbton.

1801 legte der englische Arzt und Physiker Thomas Young seine (später bestätigte) 3-Farben-Theorie vor, in der er annahm, dass die Retina nur für eine begrenzte Anzahl von Farben, nämlich drei, einen Rezeptor besitzt. Des Weiteren wies er auch den Wellencharakter des Lichts durch Interferenzexperimente nach. Der schottische Physiker James Clerk Maxwell zeigte 1859, dass eine Farbmischung immer aus drei Komponenten möglich ist, wenn sie sich zu Weiß kombinieren lassen. Die Suche nach den primären Farben hatte somit ein Ende. Es mussten nur drei Farbkoordinaten sein, die im Spektrum weit genug auseinander liegen (z. B. Rot, Grün und Blau).

Herrmann von Helmholtz war der erste, der deutlich auf den Unterschied zwischen additiver Mischung von Spektralfarben und subtraktiver Mischung in der Malerei hinwies. Zwischen 1856 und 1867 erschien sein „Handbuch zur physiologischen Optik", in dem er

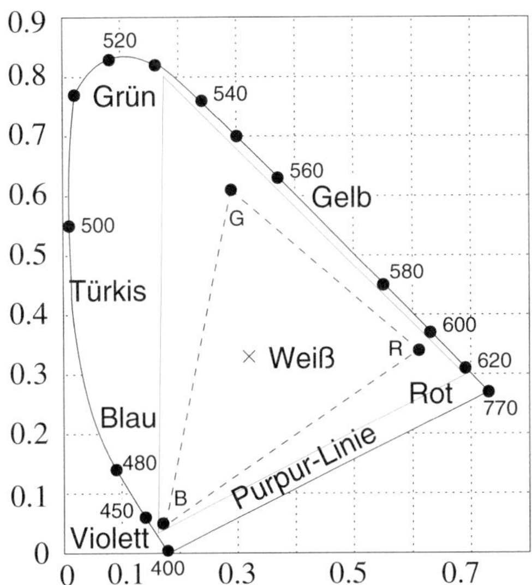

Abbildung 7.6: Normfarbtafel; das gestrichelte RGB-Dreieck zeigt die darstellbaren Farben auf herkömmlichen Farbbildschirmen

drei Variablen zur Charakterisierung der Farbe vorstellte, die man noch heute verwendet: Farbton, Sättigung und Helligkeit (Helmholtz-Koordinaten).

Das psychophysische Auflösungsvermögen ermöglicht die Unterscheidung von ca. 200 Farbtönen, ca. 20 Sättigungsstufen (wie viel Weiß ist hinzu gemischt, ist die Farbe blass oder kräftig) und ca. 500 Helligkeitsstufen [Mal98]. Andere Autoren machen zum Teil abweichende Zahlenangaben (z. B. [Sil94]).

7.2.2 CIE-Normfarbtafel

Die Bemühungen, eine objektive Farbbestimmung zu ermöglichen, resultierten 1931 in einer *Normfarbtafel*, die von der Internationalen Beleuchtungskommission (Commission Internationale d'Eclairage... CIE) angefertigt wurde. Subjektive Beobachter mischten dazu mit Hilfe eines Apparats drei Elementarfarben (monochromatisches Licht) solange, bis eine visuelle Übereinstimmung mit einer vorgegebenen Spektralfarbe erreicht war. Für jede Elementarfarbe ergab sich somit ein Zahlenwert. Durch eine geeignete Umrechnung und Normierung kann der Farbraum auf zwei Dimensionen reduziert werden (**Abb. 7.6**). Alle von einem normalsichtigen Menschen zu unterscheidenden Farben liegen innerhalb des Zungen-ähnlichen Gebildes, dessen Rand durch die reinen Spektralfarben vorgegeben ist. Das gestrichelte Dreieck deutet an, welche Farben von herkömmlichen HDTV-Farbbildschirmen nach BT.709 [ITU15b] wiedergegeben werden können. Diese Region wird auch als *colour gamut* bezeichnet. Der Bereich der in der Natur tatsächlich vorkommenden Farben ist etwas größer [Jan14]. Zukünftige Bildschirme für Ultra-High-Definition-Fernsehsysteme sollten einen Farbbereich abdecken, der sogar über natürliche Farben hinausgeht und für spezielle optische Effekte genutzt werden kann. Dieser Farbbereich ist in der Empfehlung BT.2020 [ITU15a] spezifiziert und man spricht von *wide*

Abbildung 7.7: Wahrnehmung von Helligkeit und Farbsinneseindruck abhängig von der lokalen Umgebung

colour gamut (WCG). Der Bereich ist in Abbildung 7.6 mit dem größeren Dreieck markiert.

Weitere Farbebenen entstehen durch Verringern der Helligkeit. Allerdings dürfen auch in der Farbgeometrie des CIE-Diagramms gleiche Abstände nicht als gleiche Farbunterschiede interpretiert werden. Es handelt sich um dasselbe Problem wie bei der Darstellung von geographischen Entfernungen auf einer ebenen Karte.

Wie kompliziert das Sehen ist, zeigt auch der Effekt der Farbkonstanz. Selbst bei unterschiedlicher Beleuchtung erscheinen Objekte immer in der richtigen Farbe. Der Gesichtssinn ermittelt aus der Farbverteilung im Gesichtsfeld ein Referenz-Unbunt (Grau, Weiß), gegen das die einzelnen Farbkomponenten bewertet werden [Röh95]. Deshalb ist bei Kameraaufnahmen immer ein so genannter Weißabgleich notwendig, der die aktuelle Farbverteilung ermittelt.

Dass sowohl die Helligkeits- als auch die Farbwahrnehmung nicht absolut sind, zeigt **Abbildung 7.7**. Die beiden Quadrate mit den gelblichen Punkten sind vollkommen identisch, was die zugrunde liegenden RGB-Werte betrifft. Trotzdem erscheint das linke Quadrat (inklusive Kreisfläche) heller als das andere.

7.2.3　Der RGB-Farbraum

Der RGB-Farbraum beschreibt Farben, wie sie durch additive Lichtmischung auf Farbbildschirmen mit phosphoreszierenden Substanzen erzeugt werden (siehe auch Abb. 7.6). RGB steht für Rot (700 nm), Grün (546.1 nm) und Blau (435.8 nm). Bei G und B handelt es sich um Linien des Quecksilberspektrums, während die Wellenlänge für R den Sinneseindruck oberhalb von 650 nm nicht wesentlich ändert [Röh95] (siehe auch Abb.7.3). Diese drei Komponenten sind linear unabhängige Vektoren, die durch additive Farbmischung einen dreidimensionalen Farbraum aufspannen. Der RGB-Farbraum wird durch den RGB-Einheitswürfel veranschaulicht (**Abb. 7.8**a), der die additive Farbmischung in ein Zahlenmodell umsetzt. Die Addition von jeweils zwei Grundfarben führt zum Beispiel zu folgenden Mischfarben:

- Rot + Blau → Magenta,
- Rot + Grün → Gelb (Yellow),

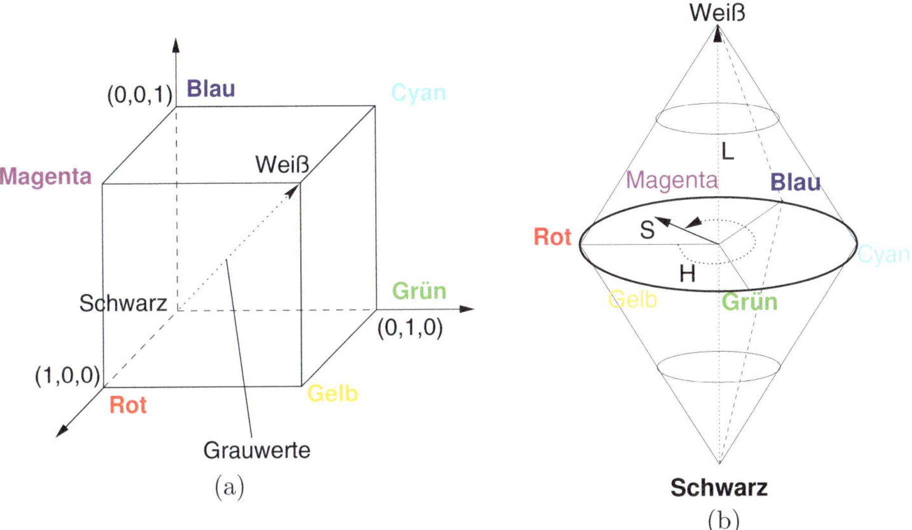

Abbildung 7.8: Farbmodelle: (a) RGB-Würfel; (b) HSL-Farbraum als Doppelkegel

- Blau + Grün → Türkis (Cyan).

Auf der Diagonalen des Würfels sind die Anteile der drei Komponenten jeweils gleich groß. Sie beschreibt deshalb den Grauwerteverlauf von Schwarz bis Weiß. Allerdings lässt es sich vom Farbtripel (Rot Grün Blau) nur schwer auf den tatsächlichen Farbsinneseindruck schließen.

Abbildung 7.9 verdeutlicht das Zusammenspiel der drei Farbkomponenten. Die drei Zahlen geben die Intensität der einzelnen Komponenten an, wobei 255 der maximal mögliche Wert ist, weil die Intensitäten typischer Weise durch acht Bits repräsentiert werden. Dadurch sind $2^8 = 256$ Werte unterscheidbar. Die meisten Anwendungen verwenden diese Präzision, weil sie das Auflösungsvermögen des menschlichen Auges gut widerspiegelt (siehe auch Abschnitt 7.3.1).

Am Grauwertkeil von Weiß nach Schwarz im Hintergrund des Bildes sind alle drei Komponenten gleich beteiligt. Die farbigen Kreise enthalten aber jeweils nur eine oder zwei Komponenten in verschiedenen Mischungen; ist ein Wert im (R,G,B)-Tripel gleich Null, so ist diese Farbkomponente nicht vorhanden. Im entsprechenden Farbauszug (Abbildungen 7.9 b-d) ist der Kreis deshalb vollkommen schwarz.

7.2.4   Der CMY-Farbraum

Zum RGB-Modell komplementär ist der CMY-Farbraum. Die Farben Türkis, Gelb und Magenta (engl.: *Cyan, Magenta, Yellow*) ermöglicht eine subtraktive Farbmischung. Dieses Farbmodell findet beim Drucken von farbigen Vorlagen in Tintenstrahl- oder Laserdruckern seine Anwendung. Zur besseren Grauwertdarstellung wird hierbei das Modell um eine vierte, schwarze Komponente (engl.: *blacK*→ CMYK) ergänzt. Die Kombination von jeweils zwei Farben dieses Modells erzeugen die Grundfarben des RGB-Farbraums:

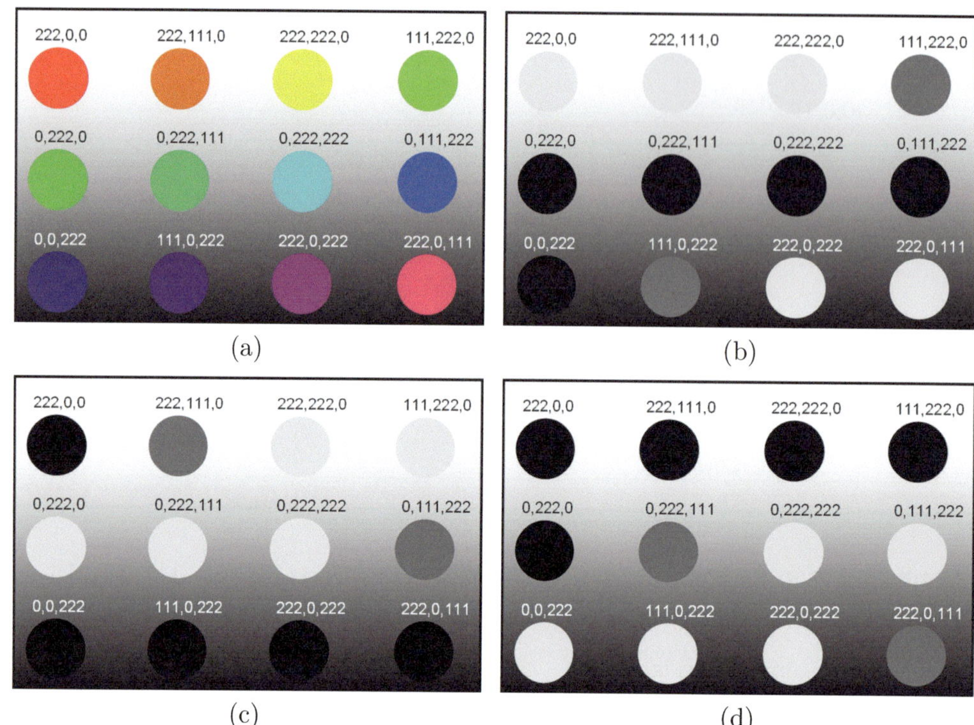

(a) (b)

(c) (d)

Abbildung 7.9: Testbild mit farbigen Kreisen; Zahlentripel geben den Farbwert im RGB-Farbraum an: (a) alle Komponenten, (b) Rot-Komponente, (c) Grün-Komponente, (d) Blau-Komponente

- Cyan (Absorption von Rot) + Gelb (Absorption von Blau) → Grün,
- Cyan (Absorption von Rot) + Magenta (Absorption von Grün) → Blau,
- Gelb (Absorption von Blau) + Magenta (Absorption von Grün) → Rot.

7.2.5 Der HSL-Farbraum

Eine sehr gute Vorstellung des Farbeindrucks bei Kenntnis der Zahlenwerte bietet der HSL-Farbraum. Der Farbton (H ... *hue*) gibt Auskunft über den Sinneseindruck einer reinen Spektralfarbe (Wellenlänge), der auch durch die Mischung von zwei oder mehreren spektralen Komponenten (Farbreizen) hervorgerufen werden kann. Die Sättigung (S ... *saturation*) definiert die Mischung des Farbtons mit Grau und die Luminanz (L ... *luminance*) beschreibt die Helligkeit des Gesamteindrucks. Sie wird häufig auch mit I für *intensity* (⤳ HSI-Farbraum) angegeben.

Dieser Farbraum wird mit Hilfe eines Doppelkegels veranschaulicht (**Abb. 7.8**b). Der Winkel im Farbkreis legt den Farbton (H) fest. Der Übergang von Rot zu Violett wird als Purpur bezeichnet; das Zuordnen einer Wellenlänge ist hier nicht möglich. Liegt der Farbwert im Zentrum, so handelt es sich um einen Grauwert. Die Helligkeit (L) wird durch den vertikalen Abstand vom Farbkreis symbolisiert. Der Abstand des Farbwertes von der zentralen Achse des Kegels bestimmt die Sättigung (S). Je größer der Abstand ist, desto kräftiger erscheint die Farbe. Für jede Helligkeit L nimmt die Sättigung für Punkte auf der Kegeloberfläche den Maximalwert an. Das ist leider etwas kontra-intuitiv, weil nach dieser Definition auch sehr dunkle oder sehr helle Farben einen hohen Wert für die Sättigung haben können.

Obwohl dieser Farbraum eine klare Trennung von Helligkeit und Farbe liefert, hat er keine Bedeutung für die Bilddatenkompression. Ursache ist die Diskontinuität in der Farbdarstellung. Die Farbwerte der Winkel $0°$ und $359°$ haben im Prinzip den gleichen Farbton, ihre Repräsentation als Zahl unterscheidet sich jedoch drastisch. Bei einer verlustbehafteten Kompression würde eine Vermischung (Mittelung) dieser beiden Werte eine Farbe ergeben, die auf der gegenüberliegenden Seite des Farbkreises liegt $((0 + 359)/2 \approx 180)$. Solche Farbverfälschungen sind natürlich nicht akzeptabel.

7.2.6 Yxx-Farbräume

Beim Übergang vom S/W-Fernsehen zum Farbfernsehen war es aus Kompatibilitätsgründen erforderlich ein Farbmodell zu finden, dass eine weitere Benutzbarkeit der alten Schwarz-Weiß-Empfänger garantiert und durch zusätzliches Übertragen von Farbkomponenten das Farbfernsehen ermöglicht. Dies führte zu einer Trennung von Helligkeit und Farbanteil und damit gegenüber dem RGB-Modell zu einer Dekorrelation der Farbkomponenten (YUV-Farbraum). Da das menschliche Auge außerdem Helligkeit und Farbe unterschiedlich verarbeitet, besteht hierdurch gleichzeitig die Möglichkeit, die Auflösung der Komponenten an die menschliche Wahrnehmung anzupassen. Im Folgenden werden Farbräume mit einer Relevanz zur Bilddatenkompression besprochen.

7.2.6.1 YCbCr

Für das digitale Fernsehen wurde das YCbCr-Farbmodell definiert. Y ist die Helligkeitskomponente (Luminanz, engl.: *luminance*), die anderen beiden sind Farbdifferenzwerte (Chrominanz, engl.: *chrominance*). Cb steht dabei für *chrominance blue* und Cr für *chrominance red*. Die Farbraumtransformation lautet zunächst

$$
\begin{pmatrix} Y \\ Cb \\ Cr \end{pmatrix} = \begin{pmatrix} 0.2990 & 0.5870 & 0.1140 \\ -0.1687 & -0.3313 & 0.5000 \\ 0.5000 & -0.4187 & -0.0813 \end{pmatrix} \cdot \begin{pmatrix} R \\ G \\ B \end{pmatrix} . \tag{7.1}
$$

Daraus ergeben sich Wertebereiche von

$$
0 \leq Y \leq 255 , \qquad -127.5 \leq Cb \leq 127.5 , \qquad -127.5 \leq Cr \leq 127.5 .
$$

Für die digitale Weiterverarbeitung in den Kompressionsstandards MPEG-1 und MPEG-2 werden die Werte für Y, Cb und Cr auf ganze Zahlen gerundet. Die Y-Komponente ist nur im Bereich $[16 \ldots 235]$ definiert, wobei der Nullpegel (Schwarz) bei 16 liegt. Die Chrominanzen Cb und Cr werden durch einen Offset von 128 in den positiven Zahlenbereich verschoben. Ihr Definitionsbereich ist $[16 \ldots 240]$ mit einem Nullpegel bei 128. Die Rücktransformation in den RGB-Farbraum erfordert eine Matrix, die invers zur

Hintransformationsmatrix ist[2]

$$\begin{pmatrix} \mathsf{R} \\ \mathsf{G} \\ \mathsf{B} \end{pmatrix} = \begin{pmatrix} 1.0 & 0.00000 & 1.40200 \\ 1.0 & -0.34414 & -0.71414 \\ 1.0 & 1.77200 & 0.00000 \end{pmatrix} \cdot \begin{pmatrix} \mathsf{Y} \\ \mathsf{Cb} \\ \mathsf{Cr} \end{pmatrix}. \tag{7.2}$$

Für die Speicherung von Farbbildern im JPEG-Format ist ebenfalls der Einsatz dieses Farbraums empfohlen. Allerdings steht hier der gesamte Dynamikbereich von 0 bis 255 für alle drei Farbkomponenten zur Verfügung.

In modernen Videokompressionssystemen (z. B. H.264 oder HEVC) ist das Farbraummanagement etwas variantenreicher. Basierend auf zwei Faktoren K_R und K_B berechnen sich die neuen Farbkomponenten wie folgt

$$\begin{aligned} \mathsf{Y} &= K_\mathrm{R} \cdot \mathsf{R} + (1 - K_\mathrm{R} - K_\mathrm{B}) \cdot \mathsf{G} + K_\mathrm{B} \cdot \mathsf{B} \\ \mathsf{Cb} &= \frac{1}{2 \cdot (1 - K_\mathrm{B})} \cdot (\mathsf{B} - \mathsf{Y}) \\ \mathsf{Cr} &= \frac{1}{2 \cdot (1 - K_\mathrm{R})} \cdot (\mathsf{R} - \mathsf{Y}) . \end{aligned} \tag{7.3}$$

Entsprechend verschiedener Empfehlungen lauten die Faktoren entweder $K_\mathrm{R} = 0.299$, $K_\mathrm{B} = 0.114$ [ITU05, SMP04] oder $K_\mathrm{R} = 0.2126$, $K_\mathrm{B} = 0.0722$ [ITU02, SMP93] oder $K_\mathrm{R} = 0.212$, $K_\mathrm{B} = 0.087$ [SMP99]. Die erste Variante führt zur in (7.1) angegebenen Matrix.

Die Dekorrelation der Bildinformation ist sehr gut anhand der **Abbildungen 7.10** und **7.11** zu erkennen. Abbildung 7.10 zeigt zunächst das Originalbild in Farbe und die drei Komponenten im RGB-Farbraum. Es ist deutlich zusehen, dass jede Komponente eine relative hohe Varianz der Intensitäten aufweist und die Entropie aller Komponenten ist entsprechend hoch. Nach der Transformation in den YCbCr-Farbraum, Abbildung 7.11, trifft dies nur noch für die Y-Komponente zu. Die beiden Chrominanz-Komponenten haben durch die Dekorrelation eine geringere Varianz und die Entropie ist dementsprechend kleiner. Allerdings ist das Konvertieren von RGB nach YCbCr und zurück ein verlustbehafteter Prozess, weil die Ergebnisse jeweils auf ganze Zahlen gerundet werden.

7.2.6.2 YCgCo

Bestrebungen, den Berechnungsaufwand für die Farbraumtransformation im Rahmen der H.264/AVC-Standardisierung für hochqualitatives Video (*FRExt ...fidelity range extensions*) zu senken, führten zur Entwicklung des YCgCo-Farbraumes [Mal03]. Cg steht für *chrominance green* und Co für *chrominance orange*. Die ursprüngliche Bezeichnung lautete ‚YCoCg'. Im H.264-Standard [ITU03] wird jedoch ‚YCgCo' verwendet, sodass letztere Variante auch hier benutzt wird

$$\begin{pmatrix} \mathsf{Y} \\ \mathsf{Cg} \\ \mathsf{Co} \end{pmatrix} = \begin{pmatrix} 0.25 & 0.5 & 0.25 \\ -0.25 & 0.5 & -0.25 \\ 0.50 & 0.0 & -0.50 \end{pmatrix} \cdot \begin{pmatrix} \mathsf{R} \\ \mathsf{G} \\ \mathsf{B} \end{pmatrix}. \tag{7.4}$$

---

[2]Die hier angegebenen Matrizen wurden [Ham92] entnommen. Bei genauer Prüfung wird man feststellen, dass sie mit den angegeben Nachkommastellen nicht exakt inverse zu einander sind. Der Standard JPEG 2000 definiert eine etwas genauere RGB$\mapsto$YCbCr-Transformation, siehe (8.11) auf Seite 323.

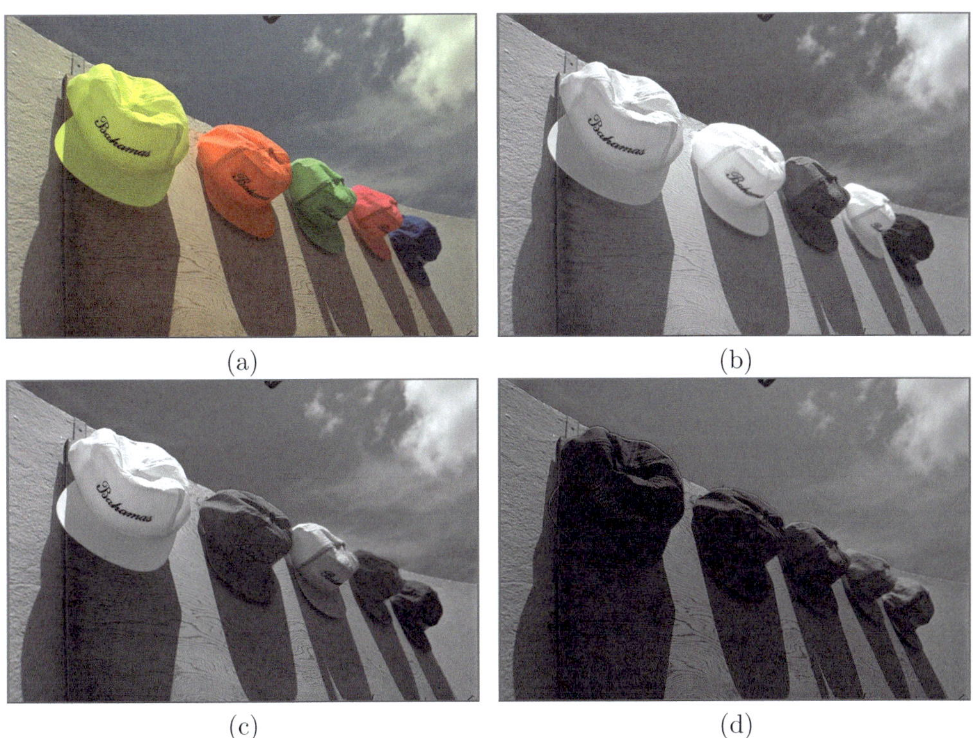

(a)　　　　　　　　　　　　　　　　　(b)

(c)　　　　　　　　　　　　　　　　　(d)

Abbildung 7.10: Farbkomponenten im RGB-Farbraum; (a) Originalbild ‚kodim03'
[Kodak], (b) Rot-Komponente, $H(R) = 7.17$ bit/Bildpunkt; (c) Grün-Komponente,
$H(G) = 7.22$ bit/Bildpunkt; (d) Blau-Komponente, $H(B) = 6.98$ bit/Bildpunkt

Daraus ergeben sich dieselben Wertebereiche wie für YCbCr

$$0 \leq \mathsf{Y} \leq 255 , \qquad -127.5 \leq \mathsf{Cg} \leq 127.5 , \qquad -127.5 \leq \mathsf{Co} \leq 127.5 ,$$

wobei auch hier das Ergebnis auf ganze Zahlen gerundet wird und eine Addition von
128 die Chrominanzen in den nicht-negativen Zahlenbereich verschiebt. Die Rücktransformation in den RGB-Farbraum lautet

$$\begin{pmatrix} \mathsf{R} \\ \mathsf{G} \\ \mathsf{B} \end{pmatrix} = \begin{pmatrix} 1.0 & -1.0 & 1.0 \\ 1.0 & 1.0 & 0.0 \\ 1.0 & -1.0 & -1.0 \end{pmatrix} \cdot \begin{pmatrix} \mathsf{Y} \\ \mathsf{Cg} \\ \mathsf{Co} \end{pmatrix} . \tag{7.5}$$

Das Resultat der Farbraumtransformation RGB→YCbCr ist links in **Abbildung 7.12**
zusehen, das von RGB→YCgCo auf der rechten Seite. Für die Darstellung wurden alle
Werte auf ganze Zahlen gerundet und die Chrominanzen durch einen Offset von 128 in
den Wertebereich von 0 bis 255 verschoben. Das originale RGB-Bild war in Abbildung
7.9a auf Seite 242 dargestellt. Die Bilder (a) und (d) zeigen jeweils die Y-Komponenten.
Da deren Berechnung etwas voneinander abweicht, ist auch das Ergebnis nicht identisch, am besten zu sehen an der Helligkeit des (0,0,222)-Kreises ganz links unten. Die

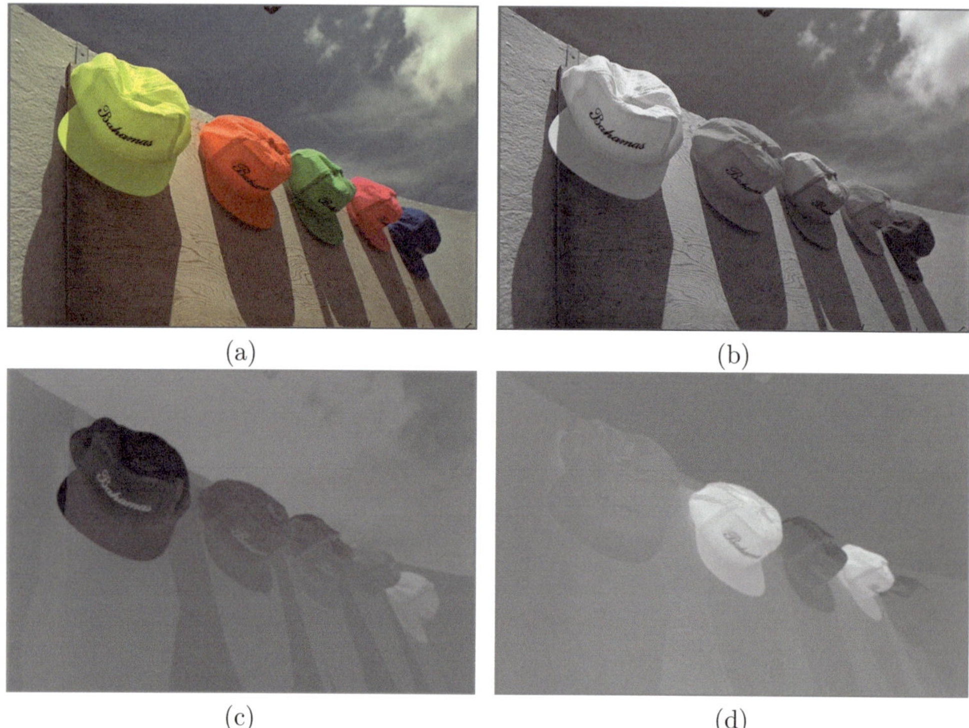

Abbildung 7.11: Farbkomponenten im YCbCr-Farbraum; (a) Originalbild, (b) Y-Komponente, $H(\mathrm{Y}) = 7.09$ bit/Bildpunkt; (c) Cb-Komponente, $H(\mathrm{Cb}) = 5.58$ bit/Bildpunkt; (d) Cr-Komponente, $H(\mathrm{Cr}) = 5.06$ bit/Bildpunkt;

Gewichtungsfaktoren für Blau unterscheiden sich auch am stärksten in den beiden Transformationsmatrizen.

In allen Chrominanzen (Abb. 7.12 b,c,e,f) ist der Grauwertkeil durch ein mittleres Grau ersetzt. Da dieser Hintergrund keine Farbe enthält, gilt Cb=Cr=Cg=Co=0. Auch die Zahlen sind verschwunden, weil sie nur aus schwarzen oder weißen Bildpunkten bestehen. Ansonsten unterscheiden sich die Chrominanzen deutlich. In Cb sind alle bläulichen-violetten Bildpunkte durch eine hohe Intensität (helles Grau bis Weiß) und alle anderen durch Intensitäten kleiner Null (dunkles Grau bis Schwarz) repräsentiert. In Cr sind die rötlichen Anteile hervorgehoben. Cg enthält hohe Werte für die grünlichen-gelben Komponenten und Co für die rötlich-gelben (Orange). Diese Verteilungen ergeben sich allein aus den unterschiedlichen Gewichten für die RGB-Anteile in den Transformationsmatrizen.

YCgCo wird auch in der Erweiterung von HEVC für die verlustbehaftete Kompression von Bildschirm-Inhalten (*screen content*) genutzt wenn die adaptive Farbtransformation (*adaptive colour transform*, ACT) aktiviert ist.

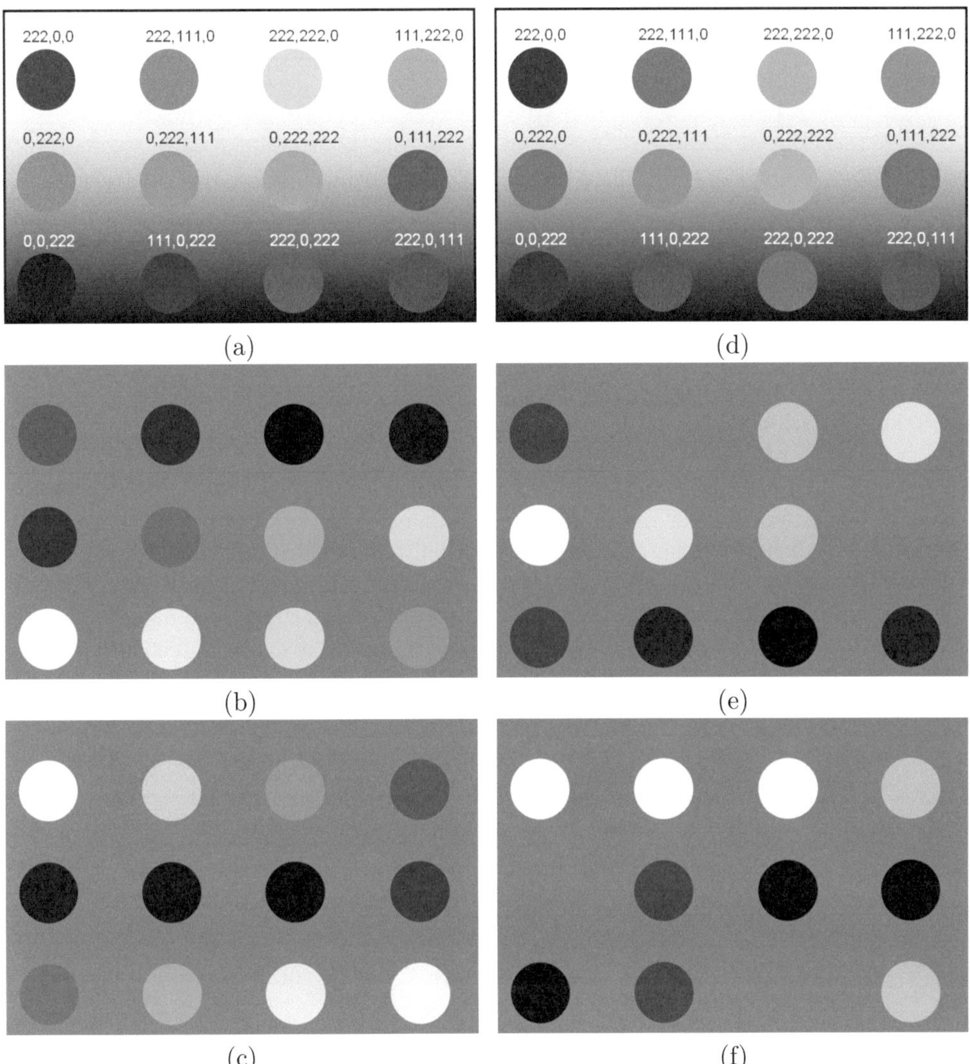

Abbildung 7.12: Farbkomponenten nach Farbraumtransformation; (a) Y-Komponente aus YCbCr, (b) Cb, (c) Cr, (d) Y-Komponente aus YCgCo, (e) Cg, (f) Co.

7.2.6.3 Reversible Farbraumtransformationen

Die vorangegangenen beschriebenen Transformationen erfordern aufgrund der reellwertigen Matrizen eine reellwertige Weiterverarbeitung der Komponenten, wenn ein zusätzlicher Informationsverlust verhindert werden soll. Eine umkehrbare Transformation vom RGB- in einen Yxx-ähnlichen Farbraum im Bereich der ganzen Zahlen ist aber auch möglich.

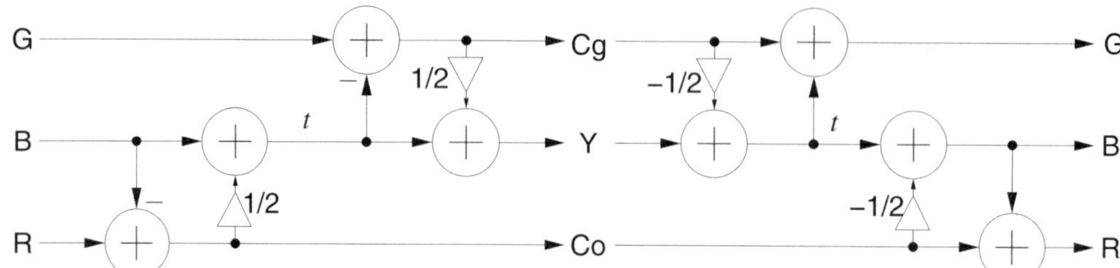

Abbildung 7.13: Signalfluss der RGB→YCgCo-R-Transformation

YCgCo-R

Die Transformationsvorschrift für diesen Farbraum wurde aus dem Farbraum YCgCo
einfach durch Verdopplung der Wertebereiche für Cg und Co und geschicktem Runden
auf ganze Zahlen abgeleitet [Mal03]. Der Signalfluss benötigt jeweils 4 Additionen und
2 Bitschiebeoperationen für die Hin- und Rücktransformation (**Abb. 7.13**). An dieser
Abbildung ist auch zu erkennen, dass die Verarbeitung ähnlich dem Lifting-Schema der
Wavelet-Transformation erfolgt (siehe Abschnitt 6.4.6, Abb.6.48). Von B nach R erfolgt
eine Prädiktion, der sich ein Update-Schritt über eine Verstärkung von 0.5 anschließt. Ein
adäquater Verarbeitungsschritt folgt dann zwischen t und G. Da sowohl die Prädiktion als
auch der Update-Schritt mit ganzen Zahlen arbeiten, ist die Umkehrung der Operationen
auf der Seite der Rücktransformation trivial. Die Berechnungen lauten wie folgt

$$
\begin{aligned}
\mathsf{Co} &= \mathsf{R} - \mathsf{B} & t &= \mathsf{Y} - \lfloor \mathsf{Cg}/2 \rfloor \,, \\
t &= \mathsf{B} + \lfloor \mathsf{Co}/2 \rfloor & \mathsf{G} &= \mathsf{Cg} + t \,, \\
\mathsf{Cg} &= \mathsf{G} - t & \mathsf{B} &= t - \lfloor \mathsf{Co}/2 \rfloor \,, \\
\mathsf{Y} &= t + \lfloor \mathsf{Cg}/2 \rfloor & \mathsf{R} &= \mathsf{B} + \mathsf{Co} \,.
\end{aligned}
\tag{7.6}
$$

Insgesamt ergeben sich folgende Berechnungen:

$$
\mathsf{Y} = \lfloor (\mathsf{R} + 2\mathsf{G} + \mathsf{B})/4 \rfloor, \qquad \mathsf{Cg} = \mathsf{G} - \lfloor (\mathsf{R} + \mathsf{B})/2 \rfloor \quad \text{und} \quad \mathsf{Co} = \mathsf{R} - \mathsf{B} \,.
$$

Die Wertebereiche sind entsprechend:

$$
0 \leq \mathsf{Y} \leq 255 \,, \qquad -255 \leq \mathsf{Cg} \leq 255 \,, \qquad -255 \leq \mathsf{Co} \leq 255 \,.
$$

Die Erweiterung von HEVC für die verlustlose Kompression von Bildschirm-Inhalten
nutzt YCgCo-R für die adaptive Farbtransformation.

YUV$_\mathrm{r}$

Im JPEG-2000-Standard ist folgende umkehrbare Farbraumtransformation (*RCT …
Reversible Colour Transform*) [ISO04b] definiert

$$
\begin{aligned}
\mathsf{Y}_\mathrm{r} &= \left\lfloor \frac{\mathsf{R} + 2 \cdot \mathsf{G} + \mathsf{B}}{4} \right\rfloor & \mathsf{G} &= \mathsf{Y}_\mathrm{r} - \left\lfloor \frac{\mathsf{U}_\mathrm{r} + \mathsf{V}_\mathrm{r}}{4} \right\rfloor \,, \\
\mathsf{U}_\mathrm{r} &= \mathsf{B} - \mathsf{G} & \mathsf{B} &= \mathsf{U}_\mathrm{r} + \mathsf{G} \,, \\
\mathsf{V}_\mathrm{r} &= \mathsf{R} - \mathsf{G} & \mathsf{R} &= \mathsf{V}_\mathrm{r} + \mathsf{G}
\end{aligned}
\tag{7.7}
$$

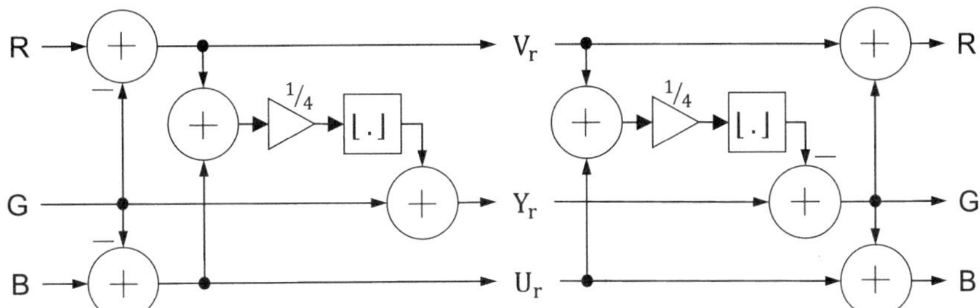

Abbildung 7.14: Signalfluss der RGB→YUV$_r$-Transformation

Die Farbkomponenten des YUV$_r$-Farbraums haben die gleichen Wertebereiche wie die des YCgCo-R-Farbraums.

Auf den ersten Blick scheint es einen Informationsverlust auf Grund der Rundungsoperation zu geben. Bei genauerer Betrachtung des Signalflusses anhand von **Abbildung 7.14** zeigt sich jedoch, dass alle Operationen der Hintransformation bei der Rücktransformation nachvollzogen werden können, da wie bei der YCgCo-R-Transformation das Lifting-Prinzip zugrunde liegt. Die Berechnungsvorschriften bei der Hintransformation sind gemäß dem Signalfluss

$$
\begin{aligned}
U_r &= B - G, \\
V_r &= R - G \\
Y_r &= G + \left\lfloor \frac{U_r + V_r}{4} \right\rfloor \left(= \frac{4 \cdot G}{4} + \left\lfloor \frac{B-G+R-G}{4} \right\rfloor = \left\lfloor \frac{R+2 \cdot G+B}{4} \right\rfloor \right)
\end{aligned}
\tag{7.8}
$$

Die Hintransformation ist mit lediglich vier Additionen und einer Bit-Schiebe-Operationen realisierbar.

YCbCr-R

In [Pei09] wurde eine reversible Näherung für den YCbC-Farbraum vorgeschlagen. Sie ist zwar etwas rechenintensiver als YCgCo-R oder YUV$_r$ weil sie Multiplikationen erfordert, dekorreliert aber viele Bilder sehr gut. Die Chrominanz-Komponente Cr wird wie bei YUV$_r$ mit

$$ Cr = R - G $$

berechnet. Die Rechnung für die zweite Chrominanz-Komponente ist schon etwas aufwändiger

$$ Cb = B - \left[(87 \cdot R + 169 \cdot G)/256 \right]. $$

Die Luminanz folgt mit

$$ Y = G + \left[(86 \cdot Cr + 29 \cdot Cb)/256 \right]. $$

Das entspricht näherungsweise der Matrix

$$
\begin{pmatrix} Y \\ Cb \\ Cr \end{pmatrix}_r = \begin{pmatrix} 0.297 & 0.589 & 0.113 \\ -0.340 & -0.660 & 1.000 \\ 1.000 & -1.000 & 0.000 \end{pmatrix} \cdot \begin{pmatrix} R \\ G \\ B \end{pmatrix}.
\tag{7.9}
$$

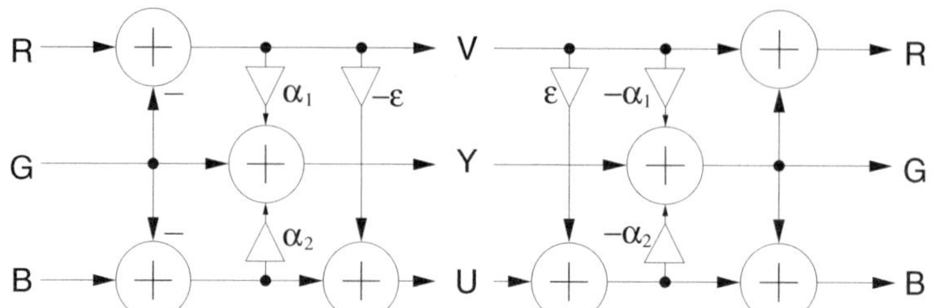

Abbildung 7.15: Signalfluss für reversible, automatisch auswählbare
Farbraumtransformationen

Abgesehen von der Verdopplung des Wertebereiches für die Chrominanzen hat die Transformationsmatrix in (7.9) große Ähnlichkeit mit der in (7.1) angegebenen. Für das Bildbeispiel in Abbildung 7.11 haben die Farbkomponenten folgende mittlere Informationsgehalte: $H(\mathrm{Y}) = 7.07$ bit/Bildpunkt, $H(\mathrm{Cb_r}) = 5.86$ bit/Bildpunkt und $H(\mathrm{Cr_r}) = 5.83$ bit/Bildpunkt. Obwohl der Wertebereich für die beiden Chrominanz-Komponenten verdoppelt ist, sinken die Entropien deutlich gegen über den originalen RGB-Komponenten.

Adaptive Auswahl eines reversiblen Farbraums

Die Verarbeitungsstruktur in Abbildung 7.14 lässt sich um weitere Verknüpfungen erweitern und auch die Koeffizienten müssen nicht fest 0.25 betragen, sondern könnten andere Werte annehmen. In [Str13] wurden auf der Basis einer Struktur nach **Abbildung 7.15** eine Familie von Farbraumtransformationen entworfen, welche ohne Multiplikationen auskommen, wenn man die Koeffizienten auf die Menge $\{0, 0.25, 0.5\}$ beschränkt. Es wurde außerdem gezeigt, dass die adaptive Auswahl des Farbraumes die Kompression von Bildern verbessert, und eine Methode für das automatische Bestimmen von geeigneten Parametern α_1, α_2 und ε vorgeschlagen.

24Bits⇒24Bits-Transformation

Abschließend sei darauf hingewiesen, dass der Wertebereich der Chrominanzen genauso beschränkt werden könnte, wie es für Prädiktionsfehler im Abschnitt 6.2.7 auf Seite 169ff diskutiert wurde. Nach jeder Additions-Operation müsste eine Modulo-Operation folgen, welchen den Wertebereich eingrenzt. Auf der Empfängerseite müssen die rekonstruierten Werte hinsichtlich des zulässigen Wertebereiches überwacht und gegebenenfalls die Modulo-Operation wieder rückgängig gemacht werden. Dadurch ist eine reversible 24Bits-zu-24Bits-Farbraumtransformation möglich. Allerdings entstehen durch die Modulo-Operationen Diskontinuitäten im Bildsignal, welche eine nachfolgende Dekorrelationsstufe negativ beeinflussen [Str15]. Im zweiten Teil des JPEG-LS-Standards ist zum Beispiel eine solche Transformation der (Farb-)Komponenten spezifiziert [ISO03a]. **Abbildung 7.16** zeigt den entsprechenden Signalfluss mit drei Lifting-Schritten aber ohne Modulo-Operationen. Sechs nichtnegative Parameter müssen für α_i festgelegt und übertragen werden. Dies scheint eine große Vielfalt im Vergleich zur Struktur in Abbildung 7.15 zu sein, aber nur wenige Kombinationen der Parameterwerte sind wirklich sinnvoll.

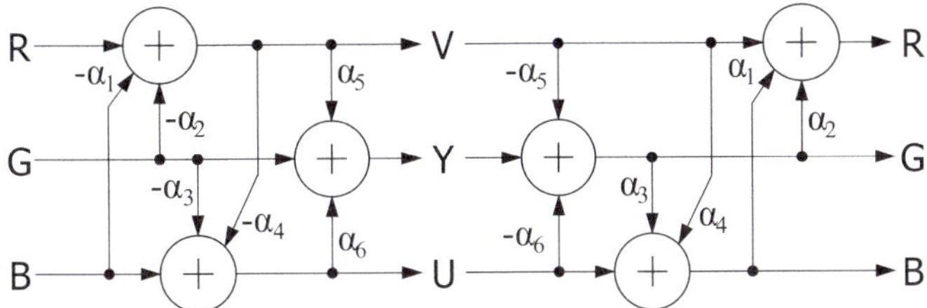

Abbildung 7.16: Signalfluss einer Farbraumtransformation mit drei Lifting-Schritten

(a)
(b)
(c)
(d)

Abbildung 7.17: Sinneseindruck mit und ohne Helligkeitskontrast: (a)+(c) Original-bilder ‚kodim03' und ‚composition', (b)+(d) Versionen mit Y-Komponente gleich 128

7.2.6.4 Farb-Unterabtastung

Das menschliche Auge erkennt farbige Kontraste weniger als Helligkeitskontraste. Wie groß der Einfluss der Helligkeit an der Bildwahrnehmung ist, verdeutlicht **Abbildung 7.17**. Dort sind zwei originale Bilder zu sehen und das Resultat, wenn die Helligkeit Y auf einen konstanten Wert gesetzt ist.

Wegen der offensichtlich geringeren Bedeutung des Farbanteils für die Wahrnehmung werden die Chrominanzkomponenten in Vorbereitung zur Datenkompression häufig un-

Tabelle 7.1: Unterabtastformate in der Bilddatenkompression

Format	Bits pro Bildpunkt	Beschreibung
4:4:4	$8 + 8 + 8 = 24$	keine Unterabtastung
4:2:2	$8 + 4 + 4 = 16$	horizontale Unterabtastung der Chrominanzen $M = 2$
4:1:1	$8 + 2 + 2 = 12$	horizontale Unterabtastung der Chrominanzen $M = 4$
4:2:0	$8 + 2 + 2 = 12$	horizontale und vertikale Unterabtastung $M = 2$

terabgetastet. Dafür wurden verschiedene Unterabtastformate definiert, die in **Tabelle 7.1** aufgelistet sind. Je nachdem, welche Bildqualität angestrebt wird, kann die Auflösung der Chrominanzen sowohl horizontal als auch vertikal verringert werden. Mit dem 4:2:0-Unterabtastformat wird zum Beispiel das Datenaufkommen schon halbiert, ohne dass ein wesentlicher Verlust an subjektiver Bildqualität wahrnehmbar ist.

7.2.7 Komponentenübergreifende Prädiktion

In Ergänzung zu einer Farbraumtransformation oder als Alternative dazu ist es mit Hilfe einer komponentenübergreifenden Prädiktion (CCP ... *Cross Component Prediction*) möglich, die Korrelation zwischen den Farbkomponenten weiter zu senken [Kha14]. Die CCP wird optional in Kompressionsstandards (ab HEVC) auf Blöcke von Prädiktionsfehlersignalen angewendet.

Aus der Decoder-Perspektive wirkt CCP in folgender Weise. Nachdem die rekonstruierten Transformationskoeffizienten einer Chrominanzkomponente zurück in den Ortsbereich transformiert wurden, also der Prädiktionsfehler $\tilde{r}[n, m]_{\text{chroma}}$ vorliegt, wird dieser durch einen Offset korrigiert

$$r[n, m]_{\text{chroma}} = \tilde{r}[n, m]_{\text{chroma}} + \left\lfloor \frac{a \cdot r[n, m]_{\text{luma}}}{8} \right\rfloor \, ,$$

wodurch der eigentliche Schätzfehler $r[n, m]_{\text{chroma}}$ generiert wird. Anschließend wird der Signalwert durch Umkehrung der örtlichen oder zeitlichen Prädiktion rekonstruiert.

Der Faktor a wird beim Encoder blockweise z. B. basierend auf einer Kovarianz-Analyse ermittelt und für jeden Chrominanz-Block übertragen, wenn der korrespondierende Luminanz-Block Schätzfehler $r[n, m]_{\text{luma}}$ ungleich Null enthält. Zulässig sind nur die Werte $|a| \in \{0, 1, 2, 4, 8\}$.

7.2.8 Bayer-Matrix

Fotokameras haben zur Bildaufnahme einen Kamera-Chip, welcher eine Matrix von lichtempfindlichen Sensoren besitzt. Das einfallende und vom Objektiv gebündelte Licht erzeugt in diesen Sensoren elektrische Ladungen. Die Steuerelektronik liest diese Ladung aus, interpretiert sie als Helligkeitsinformation und speichert sie digital als Zahlenwert. Ein Variante zum Aufzeichnen von Farbinformationen besteht darin, jeden einzelnen Sensor mit einem Farbfilter zu versehen. Diese Idee geht auf eine Erfindung von Bryce Edward Bayer zurück, welcher dieses System für die Eastman Kodak Company entwickelte [Bay76]. Diese Farbfilter sind entweder rot, grün oder blau und in spezieller

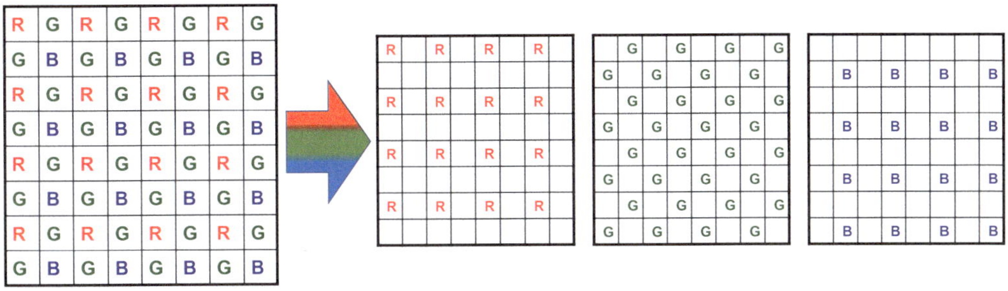

Abbildung 7.18: Bayer-Matrix: Anordnung der Farbfilter für die Farbaufzeichnung in Einchipkameras

Tabelle 7.2: Beispiel für den Aufbau einer Farbpalette

Index	R	G	B	Farbe
0	0	0	0	schwarz
1	128	128	128	grau
2	255	255	255	weiß
3	255	0	0	rot
4	0	255	0	grün
5	0	0	255	blau
6	0	255	255	türkis
7	255	255	0	gelb
8	255	0	255	purpur
⋮	⋮	⋮	⋮	⋮

Weise angeordnet, **Abb. 7.18**. 50 Prozent der Bildpunkte enthalten die Intensitäten von Grün und je 25 Prozent die Werte für Rot und Blau. Das spiegelt die Bedeutung des grünen Farbspektrums für die Wahrnehmung von Helligkeit wider. Extrahiert man die verschachtelten Komponenten, entstehen drei Matrizen, bei denen die fehlende Information durch interpolative Verfahren rekonstruiert werden muss. Dafür gibt es verschiedene Strategien, welche insbesondere das Vorhandensein von Intensitätskanten berücksichtigen, um ein möglichst scharfes Bild zu erzeugen.

7.2.9 Farbpaletten

7.2.9.1 Aufbau

Eine weitere Möglichkeit zur Darstellung von Farbbildern besteht im Verwenden von Farbpaletten. Dabei repräsentieren die Bildpunkte keine Farbtripel oder Helligkeitswerte, sondern Indizes, die in eine Tabelle mit einer begrenzten Anzahl von Farbtripeln zeigen. In **Tabelle 7.2** ist der grundsätzliche Aufbau einer solchen Farbpalette angedeutet. Mit acht Bits pro Farbebene können insgesamt 256^3 verschiedene Farbnuancen erzeugt werden. Eine solche Vielfalt ist aber nur in sehr wenigen Bildern zu finden bzw. das menschliche Auge kann diese Nuancen nicht alle unterscheiden. Der Grundgedanke ist nun, eine begrenzte Auswahl von verschiedenen Farben (RGB-Tripel) zu finden, die das Bild mit einer ausreichenden Qualität repräsentieren.

Typische Bildformate wie GIF oder PNG erlauben Farbpaletten von maximal 256 verschiedenen Farben und ermöglichen so eine Datenreduktion von 24 Bits auf 8 Bits pro Bildpunkt. Hinzu kommt allerdings noch die Tabelle mit den Farbtripeln, welche zusammen mit dem Bild gespeichert werden muss. Da im Bild die Indizes gespeichert sind, hängen die statistischen Eigenschaften des Bildsignals stark von der Sortier-Reihenfolge der Farbpalette ab. Man kann also die Eigenschaften durch eine geeignete Anordnung der Farben beeinflussen (z. B. [Lai07]).

Methoden der Dekorrelation sind für die Verarbeitung von Indizes nur bedingt geeignet und Farbpalettenbilder werden im Allgemeinen verlustlos komprimiert. Dies kann aber auch mit einer progressiven Verarbeitung kombiniert werden [Rau00].

Grundsätzlich sind auch Farbpaletten von mehr als 256 Farben realisierbar. Damit die Kompression insgesamt effizient bleibt, muss dann auch die Farbpalette selbst komprimiert werden. Ein mögliches Verfahren wurde in [Str11] vorgeschlagen.

7.2.9.2 Konstruktion von Farbpaletten – Farbquantisierung

Der Einsatz von Farbpaletten war besonders wichtig, als preiswerte True-Colour-Farbmonitore (bzw. Grafikkarten) noch nicht in ausreichendem Maße zur Verfügung standen. Sie haben aber auch Bedeutung zum Beispiel für kleine mobile Geräte, deren Displays nur eine begrenzte Farbvielfalt aufweisen. Heute sind es fast ausschließlich synthetische (computer-generierte) Bilder, die mit einer Farbpalette gespeichert werden, weil ihre Farbanzahl von vornherein klein ist.

Der Aufbau einer Farbtabelle, die lediglich 256 Farben enthält und trotzdem das Bild erscheinen lässt, als wären es 256^3, ist nicht ganz einfach. Prinzipiell handelt es sich hierbei um eine Quantisierung (siehe auch Abschnitt 5.3) des dreidimensionalen RGB-Farbraums, genauer gesagt um eine Vektorquantisierung, wobei die Vektoren aus den drei Elementen R, G und B bestehen.

Eine gleichmäßige Aufteilung des RGB-Würfels in Unterräume (Teilwürfel) wäre zunächst die einfachste Variante. Sie wird allen Farben gerecht, aber es verbleiben unter Umständen Farbtripel, die keinen einzigen Bildpunkt aus dem Bild repräsentieren, während es in Bildregionen mit sanften Farbverläufen durch die grobe Unterteilung zu sichtbaren Farbstufen im Bild kommt. Ein Ausweg ist die ungleichmäßige Quantisierung. Zum Beispiel ist es möglich, den RGB-Würfel derart in 256 Quader zu zerlegen, dass jeder Quader ungefähr gleich viele Farbtripel umfasst, die im Originalbild tatsächlich genutzt werden (Median-Cut-Verfahren, [Hec82]). Eine Vektorquantisierung mit Hilfe des LGB-Algorithmus (siehe Seite 140) ist ebenfalls möglich. Die Rekonstruktionsvektoren (Farbtripel) verschieben sich in Bereiche mit einer dichten Farbverteilung. Einen sehr effizienten Algorithmus zur Lösung des Quantisierungsproblems hat Xiaolin Wu vorgeschlagen [Wu91, Wu92]. Der RGB-Würfel wird hier basierend auf einer Varianzminimierung in immer kleinere Quader zerlegt. Ein anderes populäres Verfahren ist der Octree-Algorithmus von Gervautz und Purgathofer [Ger88]. Er generiert einen unvollständigen Farbbaum, dessen Blätter die Farbtripel für die Palette enthalten. Für jede neu gefundene Farbkombination aus dem Bild wird eine neue Verzweigung erzeugt. Sobald mehr Blätter vorhanden sind, als die Palette Einträge haben darf, werden dicht beieinander liegende Farben miteinander vermischt und ein neues Farbtripel erzeugt.

Üblicherweise enthalten die Farbpaletten RGB-Tripel. In bestimmten Anwendungen muss man mit Bildern im Yxx-Farbraum arbeiten, weil zum Beispiel die Framegrabber-Karte nur eine YCbCr-Ausgabe erlaubt. Muss man diese Bilder auf einem RGB-Display mit reduzierter Farbanzahl darstellen, ist es auch möglich, die Farbquantisierung zunächst im YCbCr-Farbraum durchzuführen dann zu jedem YCbCr-Paletteneintrag das passende RGB-Tripel zu ermitteln.

Zum Vermeiden von künstlichen Farb- oder Helligkeitskanten wird die Farbreduktion mit einer Verfeinerung der Farbabstufung durch Farbdithering verbunden [Buh98]. Farben, die nicht in der Farbpalette enthalten sind, werden durch Farbkombinationen ersetzt, deren Mischung im menschlichen Auge den gewünschten Farbton vortäuscht. Soll zum Beispiel ein Orange dargestellt werden, kann dies durch die abwechselnde Darstellung von roten und gelben Pigmenten realisiert werden. Dieser Effekt wird durch die Verteilung des Farbfehlers an der aktuellen Bildposition auf benachbarte Bildpunkte erreicht (z. B. Floyd-Steinberg-Methode, [Tho91]).

7.3   Bilddaten und ihre Eigenschaften

7.3.1   Bildauflösung

Bei Bildern unterscheidet man zwei Arten der Auflösung. Zum einen gibt es die örtliche Auflösung, welche die Anzahl der Bildpunkte pro Längeneinheit beschreibt. Als Beispiel kann man das Scannen von analogen Bilder nennen. Hier sind Höhe und Breite der Bildvorlage in Zentimeter bekannt und der Scanner zeichnet eine bestimmte Anzahl von Bildpunkten pro Zentimeter auf. Meist ist die Bezugsgröße jedoch in Zoll angegeben und die örtliche Auflösung des Bildes wird in *dpi ... dots per inch* angegeben.

In vielen Anwendungsfällen ist allerdings der Bezug auf die Längeneinheit nicht möglich und die örtliche Auflösung gibt lediglich Auskunft darüber, wie viele Spalten und Zeilen ein Bild hat. Darauf wird im Abschnitt 7.3.2 weiter eingegangen.

Neben der örtlichen Auflösung gibt es auch noch eine Auflösung der Helligkeits- oder Farbwerte. Sie gibt an, wie viele Bits zur Repräsentation der Signalwerte verwendet werden, und beschreibt damit ihre Präzision. Wie schon in Abschnitt 7.2.3 erwähnt, verwendet man meist acht Bits, um 256 verschiedene Intensitäten zu unterscheiden. Das kann zum einen die Helligkeit in einem Graustufenbild sein oder die Intensitäten der einzelnen Farbkomponenten in einem Farbbild.

Bestimmte Anwendungsfälle erfordern eine höhere Bittiefe. Das ist zum Beispiel der Fall, wenn eine aufzunehmende Szene sehr unterschiedlich ausgeleuchtet ist oder der Dynamikumfang aus anderen Gründen größer ist, wie zum Beispiel in der Medizintechnik. Einige Anwendungen benötigen eine Bittiefe von bis zu 16 Bits pro Abtastwert. Man spricht dann von *High-Dynamic-Range* (HDR). Mit Hilfe dieser erhöhten Bittiefe kann man sowohl sehr dunkle Bereiche als auch sehr helle Bereiche eines Bildes kontrastreich ohne Über- oder Untersteuerung erfassen. Eine Möglichkeit, solche HDR- Bilder aufzuzeichnen besteht darin, eine Szene mehrfach mit verschiedene Belichtungszeiten zu fotografieren. Bei kurzen Belichtungszeiten sind sehr helle Regionen der Szene kontrastreich erfasst, bei langen Belichtungszeiten kann man in dunklen Regionen gut die Details erkennen.

Möchte man HDR-Bilder auf üblichen Geräten, die nur eine Auflösung von 8 Bits unterstützen, anzeigen oder ausgeben, dann ist ein sogenanntes *tone mapping* erforderlich. Dieses Verfahren muss den erhöhten Dynamikumfang in geeigneter Weise reduzieren, so dass alle Regionen des Bildes gut repräsentiert sind. Dafür gibt es aber viele verschiedene Möglichkeiten. Einfache und schnelle Verfahren bilden jeden Signalwert aus dem HDR-Bild eineindeutig auf einen Signalwert im Zielbild (*LDR ... Low Dynamic Range*) ab. Komplexere Verfahren berücksichtigen die lokale Umgebung eines Bildpunktes bei der Entscheidung, auf welchen Zielwert abgebildet wird.

Abbildung 7.19 zeigt ein Beispiel, wie eine Szene mit unterschiedlichen Belichtungen zu einem Bild kombiniert werden kann. In der dunklen Aufnahme sind die Berge im Hintergrund und der Himmel gut dargestellt, aber der Vordergrund und der Berg rechts sind viel zu dunkel. Im Bild rechts unten sind der Hintergrund und Teile des Holzstapels überbelichtet, aber Details im Schatten noch gut zu erkennen. Die Kombination der Bildinformation mittels eines geeigneten Tone-Mapping ermöglicht eine kontrastreiche Darstellung aller Bildregionen (großes Bild oben).

7.3.2 Bildformate

Als Bildformat sei hier die oben schon angesprochene örtliche Auflösung gemeint. Generell kann ein Bild beliebig viele Spalten oder Zeilen besitzen. Für manche Anwendungen ist es jedoch sinnvoll, das Bildformat festzulegen. Das ist zum Beispiel in Videoanwendungen erforderlich.

Abbildung 7.20 stellt verschiedene Formate gegenüber. CCIR-601 war das erste Format für das digitale Fernsehen, welches auch für DVDs zum Einsatz kam. Davon wurden auch kleinere Bildformate durch Verringerung der Abtastrate abgeleitet. Das CIF-Format (engl.: *common intermediate format*) war für Anwendungen in der Bildtelefonie und für Videokonferenzen bei Bildfolgefrequenzen von 10 bis 30 Hz gedacht. Des Weiteren wurde es für die Videokompression nach dem MPEG-1-Standard eingesetzt. Die Zahl der Bildspalten wurde von $720/2=360$ auf 352 reduziert, weil dies ein Vielfaches von 16 ist. Die blockweise Codierung der Bilddaten vereinfachte sich dadurch. Für die Bildtelefonie bei sehr niedrigen Bitraten und geringerer Qualität wurde das QCIF-Format (engl.: *quarter common intermediate format*) festgelegt. Die Bildfolgefrequenzen liegen typischer Weise im Bereich von 5 bis 10 Hz.

Hochauflösendes Fernsehen (HDTV... *high definition television*) ist unter anderem durch deutlich erhöhte Zeilen- und Spaltenanzahl gekennzeichnet. Das HD-1440-Format orientierte sich noch an dem üblichen Seitenverhältnis von 5:4. Der Trend ging aber zum Seitenverhältnis von 16:9, also zu breitwandigen Bildschirmformaten. Für die Produktion von Fernsehfilmen gibt es vier von der *European Broadcast Union* (EBU) empfohlene Formate (siehe **Tab. 7.3**) [EBU10]. Das Format 1920×1080 wird auch als FullHD be-

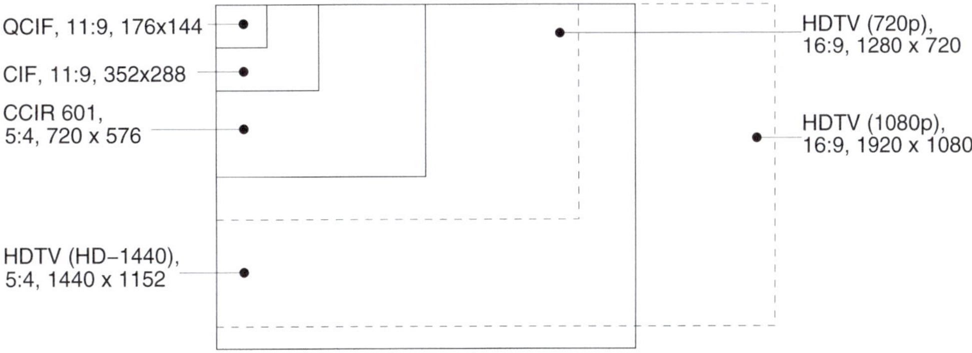

Abbildung 7.19: Kombination von drei Aufnahmen mit unterschiedlicher Belichtung zu einem Ergebnisbild [WC20]

QCIF, 11:9, 176x144

CIF, 11:9, 352x288

CCIR 601,
5:4, 720 x 576

HDTV (HD–1440),
5:4, 1440 x 1152

HDTV (720p),
16:9, 1280 x 720

HDTV (1080p),
16:9, 1920 x 1080

Abbildung 7.20: Bildformate im Vergleich

Tabelle 7.3: HDTV-Formate für die Produktion von Fernsehsendungen in Europa (Stand 2017)

Name	Spalten	Zeilen	Modus	Vollbilder	Auflösung	Bitrate (4:2:2)
720p/50	1280	720	progressiv	50 s^{-1}	10 Bit	921.6 Mbit/s
1080i/25	1920	1080	interlaced	25 s^{-1}	10 Bit	1036.8 Mbit/s
1080p/25	1920	1080	progressiv	25 s^{-1}	10 Bit	1036.8 Mbit/s
1080p/50	1920	1080	progressiv	50 s^{-1}	10 Bit	2073.6 Mbit/s

zeichnet. UltraHD umfasst 3840×2160 Bildpunkte. Die Buchstaben ‚p' und ‚i' im Namen der HDTV-Formate geben den verwendeten Modus an. ‚Progressiv' bedeutet, dass alle Bildpunkte quasi zum selben Zeitpunkt aufgenommen und entsprechend auch gleichzeitig auf einem Bildschirm angezeigt werden[3]. Der Begriff ‚interlaced' verweist auf das Verschachteln von zwei Halbbildern, die entweder nur die Bildzeilen mit geraden Nummern oder nur die Bildzeilen mit ungeraden Nummern enthalten. Diese Technologie des *Zeilensprungverfahrens* war zur Darstellung von Bildsignalen auf Röhrenbildschirmen erforderlich und hat heute eigentlich keine Bedeutung mehr.

Die Signalwertauflösung ist auf 10 Bit pro Farbebene festgelegt. Im Produktionsprozess ist das Film-Rohmaterial infolge der Weiterbearbeitung Veränderungen unterworfen; ein erweiterter Dynamikbereich ermöglicht u. a. das Kombinieren von Filmmaterial aus verschiedenen Quellen. Die Auflösung des fertigen Films wird dann auf 8 Bit pro Bildpunkt reduziert.

7.3.3 Charakteristik des Bildinhalts

Die Art und Weise, mit welchen Methoden ein Bild komprimiert werden sollte für einen maximalen Kompressionseffekt, hängt stark von den Eigenschaften des Bildes ab. Dazu gehören zum einen die Anzahl der verschiedenen Farben oder Helligkeitsstufen und zum anderen, ob benachbarte Werte ähnlich oder sogar identisch sind. Grob kann man alle Bilde in die Kategorien „natürlich" und „synthetisch" einteilen.

7.3.3.1 Natürliche Bilder

Alle Bilder, welche mit einer Kamera aufgenommen wurden, gehören zu den natürlichen Bildern. Sie enthalten in der Regel keine scharfen Farb- oder Intensitätskanten, sondern unterschiedliche Farbverläufe. Sie weisen immer auch eine gewisse Zufälligkeit in den Signalwerten auf, welche als Rauschen sichtbar wird. Ein Beispiel dafür ist in **Abbildung 7.21**(a) dargestellt. Wenn man in dieses Bild hinein zoomt, erkennt man unregelmäßige Schwankungen in den Farbwerten, **Abbildung 7.21**(b). Solche rauschartigen Bestandteile haben aber nicht nur Fotos, sondern auch Aufnahmen von anderen bildgebenden Methoden, wie zum Beispiel die Radiologie oder Ultraschalldiagnostik in der Medizintechnik. Selbstverständlich können auch Computer fotorealistische Bilder erzeugen, die „natürlich" erscheinen und entsprechend ähnliche Eigenschaften haben wie Kamerabilder.

---

[3]Praktisch gesehen muss die Bildinformation in einen Speicher geschrieben werden, was nicht wirklich zum exakt selben Zeitpunkt für alle Bildpunkte geschehen kann.

(a)

(b)

Abbildung 7.21: Beispielbild mit natürlichem Inhalt: (a) gesamt, (b) vergrößerter Ausschnitt der zentralen Blüte

7.3.3.2 Synthetische Bilder

Im Gegensatz zu natürlichen Bilden sind synthetisch im Allgemeinen computergeneriert und enthalten keine zufälligen Komponenten. Dazu gehören Bildinhalte wie Text und Grafiken. Solche Bilder werden auch als „computergeneriert" oder „born-digital" bezeichnet, **Abbildung 7.22**(a). Solche Bilder haben meist eine relative geringe Anzhal von Farben bezogen auf die Gesamtanzahl an Bildpunkten. Der vergrößerte Ausschnitt in **Abbildung 7.22**(b) offenbart, dass viele Muster (bestehend aus benachbarten Bildpunkten) sich wieder holen. Das sind nicht nur die Streifen am oberen Bildrand, sondern

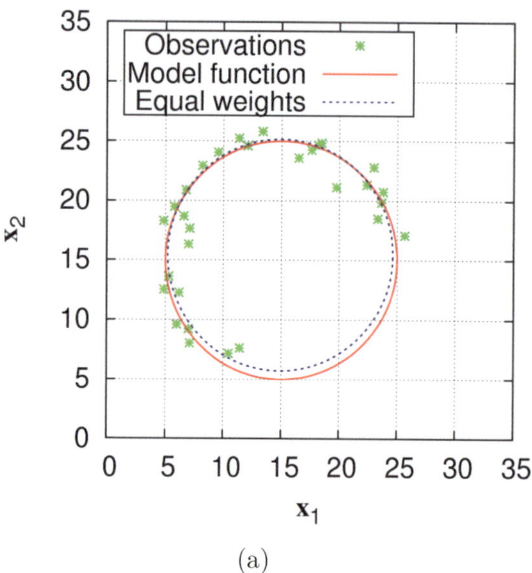

(a)

(b)

Abbildung 7.22: Beispiel für synthetische Daten: (a) Gesamtbild ‚circle_fit', (b) vergrößerter Ausschnitt

auch ganze Buchstaben, wie die drei n's. Selbst das ‚c' sieht größtenteils so aus wie das ‚o' in derselben Zeile.

7.3.3.3 Screen-Content-Daten

„Screen-Content" (dt. Bildschirminhalt) ist ein Begriff für Bilder, die bei typischer Büroarbeit auf Computerbildschirmen zu sehen sind, **Abbildung 7.23**. Dieser Begriff wird

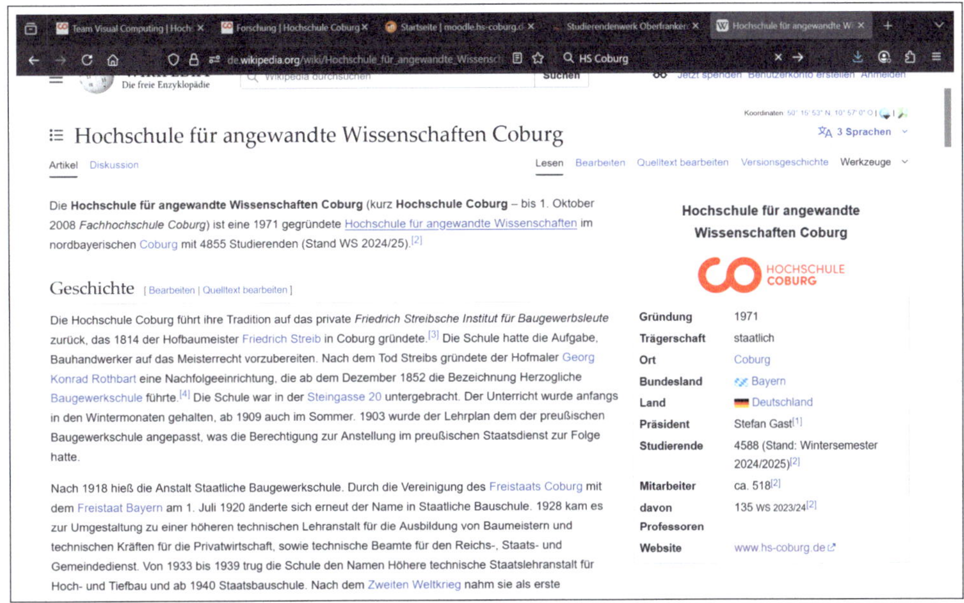

Abbildung 7.23: Beispielbild für Screen-Content-Daten

hauptsächlich innerhalb der Wissenschaftsgemeinschaft verwendet, die sich mit der Kompression von Bild- und Videodaten beschäftigt.

Auf Computerbildschirmen sieht man oft Text und Grafiken in Kombination mit anderen Bildelementen. in Abbildung 7.23 sind das zum Beispiel die Logos. Ein früherer Begriff für Bilder, die eine Mischung aus synthetischen und natürlichen Elementen enthalten, war „zusammengesetzte Bilder" (engl.: *compound images*) [Mog99].

Zu den Hauptanwendungen für die Verarbeitung von Bildschirminhaltsdaten gehören das webbasierte Application-Sharing und das Desktop-Sharing. Andere Schlüsselwörter sind „virtualisierter Desktop" oder „Thin Client". Die Idee dahinter ist die 1:1-Übertragung von Bildschirminhalten von einem Computer auf einen entfernten Bildschirm, [Wal14, Pan13].

Moderne Verfahren zur Kompression von Videos, wie zum Beispiel HEVC und VVC, haben spezielle Werkzeuge, welche auf die Verarbeitung von Screen-Content-Daten zugeschnitten sind [Xu16]. Es gibt außerdem akademisch getriebene Ansätze, die Kompression von Bildschirminhalten zu verbessern. Speziell in der verlustfreien Kompression lassen sich damit synthetische Bilddaten noch besser komprimieren [Str16c, Str20b, Och21, Udd23, Och24b, Och24a].

7.4   Testfragen

7.1 Was bedeuten YUV und YCbCr? Wofür stehen die Buchstaben?

7.2 Welche Gründe gibt es bei der verlustbehafteten Bildkompression, die Daten vom RGB- in ein Yxx-Format zu konvertieren?

7.3 Welche der drei Farbkomponenten Rot, Grün und Blau trägt typischer Weise am stärksten zur Helligkeit eines Bildes bei?

7.4 Was versteht man unter ‚Maskierung'?

7.5 Was ist bei reversiblen Farbraumtransformationen bezüglich des Wertebereiches der Komponenten zu beachten?

7.6 Wie lässt sich die verlustlose Farbraumtransformation algorithmisch bewerkstelligen?

7.7 Welche Farbraumtransformationen sind für die verlustlose Bilddatenkompression geeignet?

7.8 Erläutern Sie das Verwenden von Farbpaletten für das Speichern von Farbbildern!

7.9 Erläutern Sie de Begriff ‚Auflösung' in Bezug auf Bilddaten!

7.10 Konvertieren Sie das RGB-Tripel $(200, 5, 100)$ in den YCgCo-R-Farbraum!

7.11 Konvertieren Sie das RGB-Tripel $(50, 5, 200)$ in den YCbCr-Farbraum und anschließend wieder in den RGB-Farbraum!

7.12 Das Decodieren eines Bildpunktes resultiert in ein YUV_r-Tripel $(51, 5, 200)$. Rekonstruieren Sie den RGB-Farbwert!

7.13 Erläutern Sie, warum die Reduktion des Farbraums für Palettenbilder einer Vektorquantisierung entspricht. Erläutern Sie dazu kurz das allgemeine Prinzip der Vektorquantisierung!

Kapitel 8

Standards zur Einzelbildkompression

Dieses Kapitel befasst sich mit den Kompression von Einzelbildern. Zunächst wird anhand der Standards JPEG-1, JPEG-LS und JPEG-2000 dokumentiert, wie die grundlegenden Verfahren der Datenkompression in sinnvoller Weise miteinander kombiniert wurden, um leistungsfähige und flexible Werkzeuge zur Bilddatenkompression zu schaffen. Das Kapitel beschränkt sich inhaltlich auf die Beschreibung der wesentlichen Komponenten, eine vollständige Wiedergabe der internationalen Standards ist weder gewollt, noch in diesem begrenzten Rahmen möglich. Anschließend werden ein Überblick über weitere Standardisierungsaktivitäten gegeben und proprietäre Kompressionsverfahren diskutiert.

8.1 Historie der Standards zur Einzelbildkompression

Anfang der achtziger Jahre gab es erste Aktivitäten zur Definition eines Standards für das Codieren von Farbbildern. Innerhalb der ISO (International Organization for Standardization) wurde eine *Photographics Experts Group* mit dem Ziel gebildet, die Entwicklung eines progressiven Kompressionsverfahrens für den Einsatz auf ISDN-Kanälen (64 Kbit/s) voran zu treiben. Ähnliche Bestrebungen gab es auch in der CCITT (International Telegraph and Telephone Consultative Committee, heute: ITU–T . . . International Telecommunications Union–Telecommunication Sector). 1986 schlossen sich die Arbeitsgruppen zur *Joint Photographic Experts Group* (JPEG) zusammen, um die Entwicklung von verschiedenen, konkurrierenden Standards zu verhindern. Es wurde ein Wettbewerb ausgeschrieben und bis März 1987 12 Vorschläge registriert. Die eingereichten Algorithmen wurden bei verschiedenen Bitraten (4, 1 und 0.25 bpp) und mit unterschiedlichsten Bildern getestet. Drei Verfahren kamen in die engere Wahl, die in ihrer Leistungsfähigkeit bis Januar 1988 noch deutlich gesteigert wurden. Als Basis für die weitere Verbesserung des Kompressionsverfahrens wurde der Vorschlag „Adaptive Discrete Cosine Transform Coding Scheme for Still Image Communication on ISDN" ausgewählt [Sin87], weil er bei allen untersuchten Bitraten die besten Ergebnisse lieferte. Als abzusehen war, dass die Kompression von Graustufenbildern mit Textinhalt andere Anforderungen an die Methodenauswahl stellt, spaltete sich 1988 eine neue Arbeitsgruppe mit dem Titel *Joint Bi-level Image Experts Group* (JBIG) ab.

© Der/die Autor(en), exklusiv lizenziert an
Springer Fachmedien Wiesbaden GmbH, ein Teil von Springer Nature 2025
T. Strutz, *Bilddatenkompression*, https://doi.org/10.1007/978-3-658-49923-5_8

Die JBIG-Standards wurden seitdem vorwiegend für die Kompression von Dokumenten in Fax-Geräten entwickelt. Solche Dokumente können sowohl Text als auch Halbtonbilder (geditherte Graustufenbilder) beinhalten [ISO93b]. Erlaubt war neben einer verlustfreien auch eine verlustbehaftete (auflösungsreduzierte) Verarbeitung. Allerdings nahm die Qualität der Dokumente hierdurch deutlich ab. Dieser Nachteil wurde durch die Weiterentwicklung der Verfahren überwunden. Der resultierende Standard JBIG2 erreicht auch im verlustbehafteten Modus Qualitäten, die keinen sichtbaren Unterschied zum Original aufweisen [ISO99]. Als Besonderheit ist weiterhin die inhaltsbasierte Auswahl der Codierungsstrategie zu nennen. Der Algorithmus segmentiert die zu codierende Seite zuerst in Bereiche mit Text, Halbtonbildern oder anderen Bestandteilen und verwendet dann für jedes Segment ein entsprechendes, zum angenommenen Signalmodell passendes Codierverfahren. Grundsätzlich nutzen die JBIG-Standards prädiktive Methoden. Entscheidend für den Kompressionserfolg ist eine kontextbasierten Modellierung, die einen arithmetischen Coder steuert. Bei geringer Bittiefe (ca. ≤ 6 Bits pro Bildpunkt) können mit dem JBIG2-Verfahren auch für Graustufenbilder relativ gute Kompressionsergebnisse bei separater Verarbeitung der Bitebenen erreicht werden. In diesem Buch wird nicht weiter auf JBIG eingegangen.

Im Rahmen von „JPEG" wurde im Februar 1989 schließlich ein grundlegendes Verfahren (*Baseline System*) definiert. Hierbei handelt es sich um ein verlustbehaftetes, DCT-basiertes und sequentielles System mit Huffman-Codes und 8 Bit Genauigkeit pro Bildpunkt. Als besondere Optionen wurden die arithmetische Codierung sowie die progressive und hierarchische Codierung hinzugefügt. Die Standardisierungskommission legte zusätzlich eine unabhängige Funktion zur verlustlosen Codierung fest. Der Revisionsprozess zog sich bis Ende 1989 hin, in dem Vereinfachungen des Algorithmus vorgenommen und allgemein gültige Huffman-Code-Tabellen vorgeschlagen wurden. Das Formulieren des Standards, die Tests und abschließende Abstimmungen dauerten bis März 1992 an. Als Ergebnis entstand ein Standard, der eine Familie von Verfahren definiert und sowohl eine verlustfreie Codierung mit Prädiktionstechniken als auch eine verlustbehaftete Kompression auf Basis eines Transformationscoders einschließt. Einen Überblick über derzeitige Standards für die Bildkompression zeigt **Abb. 8.1**.

Die ersten Abschnitte dieses Kapitels enthalten die wesentlichen Konzepte des ersten JPEG-Standards aus dem Jahr 1992, welcher heute auch als „JPEG-1" bezeichnet wird. Es werden die einzelnen Komponenten der definierten Kompressionsmethoden, die verschiedenen Modi und die Datenstruktur beschrieben. Auf eine detaillierte Darstellung der Varianten mit arithmetischer Codierung wird verzichtet, da diese Algorithmen durch eine Reihe von Patenten geschützt waren (inzwischen ist der Patentschutz abgelaufen) und deshalb selten in JPEG-1-Software implementiert wurden. Für ein genaueres Studium, vor allem hinsichtlich der Vorgaben zu den Ablaufplänen von Algorithmen, sei auf die Standardschrift [ISO92, ISO95, ISO96d] verwiesen. Sehr informativ ist auch das Buch von William B. Pennebaker und Joan L. Mitchell [Pen93]. Es enthält u. a. eine Vorabversion des Standards [ISO92]. Anschließend werden zwei weitere JPEG-Standards detailliert vorgestellt. JPEG-LS ist ein leistungsfähiges System zur verlustlosen Bildkompression. JPEG-2000 ist ein waveletbasiertes Verfahren, das sowohl einen verlustbehafteten als auch einen verlustlosen Modus besitzt. Den Abschluss bildet ein Überblick über jüngere Standardisierungsaktivitäten.

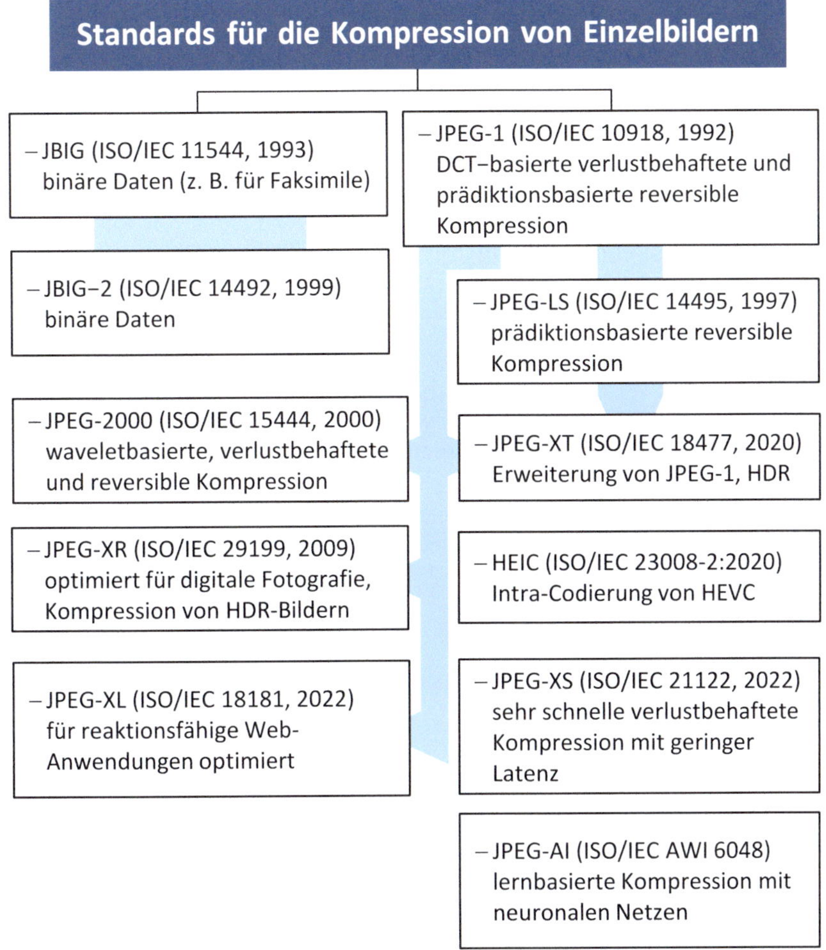

Abbildung 8.1: Standards zur Kompression von Bilddaten: chronologischer Überblick

8.2   JPEG-1

8.2.1   DCT-basierte Kompression

8.2.1.1   Datentypen und Ablaufplan

Der DCT-basierte Algorithmus des JPEG-Standards ist in der Lage, Bilddaten mit einer Genauigkeit von 8 oder 12 Bits pro Bildpunkt zu verarbeiten. Insgesamt können 256 Komponenten, wie zum Beispiel Farbkomponenten, codiert werden. Grundsätzlich ist JPEG-1 farbenblind. Dem Algorithmus ist es egal, welche Information die einzelnen Komponenten enthalten. In der Praxis erfolgt die Kompression von Farbbildern meistens unter Verwendung des YCbCr-Farbraums. Um das begrenzte Farbsehen des Menschen ausnutzen zu können, unterstützt JPEG-1 die Datenreduktion durch Unter-

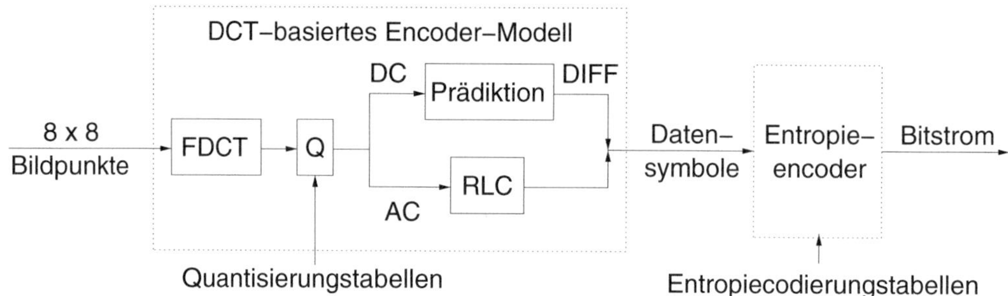

Abbildung 8.2: Blockschaltbild für die JPEG-1-Encodierung

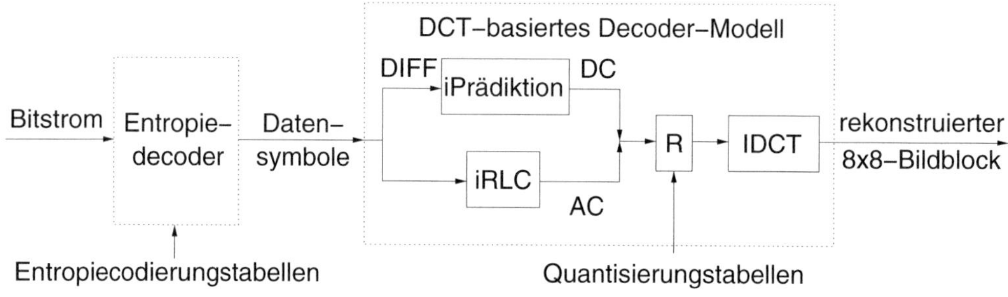

Abbildung 8.3: Blockschaltbild für die JPEG-1-Decodierung

abtastung der Chrominanzen. Bevorzugt wird das Unterabtastformat 4:2:0, was bereits zu einer Halbierung der Datenmenge führt. Der Wertebereich der Eingangsdaten wird zentriert. Liegen zum Beispiel 8-Bit-Daten vor, werden alle Werte vom Bereich $0\ldots255$ nach $-128\cdots+127$ verschoben. Dadurch stellen sich geringere Anforderungen an die Genauigkeit der DCT-Berechnungen.

Bei der DCT-basierten Kompression handelt es sich um eine Transformationscodierung. Die Blockschaltbilder der En- und Decodierung sind in den **Abbildungen 8.2** und **8.3** dargestellt. Die Abkürzungen werden in den folgenden Abschnitten erläutert.

8.2.1.2 Transformation (DCT)

Bildsignale haben einen instationären Charakter. Die spektralen Anteile eines Bildes variieren von Ausschnitt zu Ausschnitt. Daher ist es sinnvoll, die DCT nicht für das gesamte Bild, sondern für einzelne Segmente zu berechnen. Das zu codierende Bild wird in Blöcke von 8×8 Bildpunkten zerlegt und jeder dieser Blöcke durch eine separate Verarbeitung von Zeilen und Spalten transformiert. Die Gleichungen für die eindimensionale Hin- und Rücktransformation wurden bereits im Abschnitt 6.3.7 angegeben. Aufgrund der Separierbarkeit der mehrdimensionalen Transformation werden die Zeilen und Spalten eines 8×8-Blockes nacheinander eindimensional transformiert (siehe auch Abschnitt 6.3.1). Die Hintransformation wird im Englischen auch *forward discrete cosine transform* (FDCT) genannt und die Rücktransformation als *inverse discrete cosine transform* (IDCT) bezeichnet.

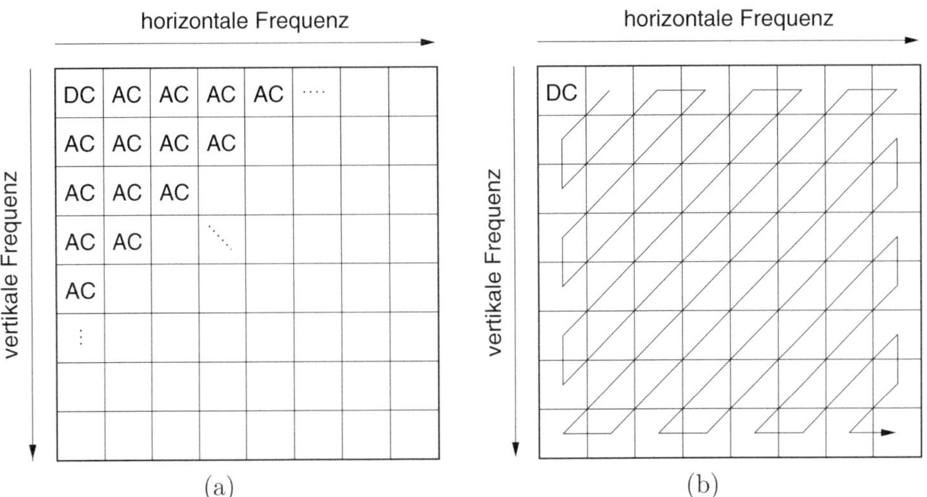

Abbildung 8.4: 8×8-Block: (a) Positionen der DCT-Koeffizienten in Abhängigkeit von der Ortsfrequenz, (b) Zick-Zack-Abtastung der Koeffizienten nach aufsteigenden Frequenzen

Die Transformation von 8 mal 8 Grauwerten erzeugt 8 mal 8 DCT-Koeffizienten. Man unterscheidet hierbei zwischen dem Gleichanteil (engl.: *DC... direct current*) und den 63 Wechselanteilen (engl.: *AC... alternating current*). Die Positionen der Koeffizienten sind in **Abbildung 8.4**(a) dargestellt.

Aufgrund der zweidimensionalen Transformation gewichten die Transformationskoeffizienten keine Basisvektoren (vgl. Abschnitt 6.3.1), sondern so genannte Basisbilder (**Abb. 8.5**). Ein Block von 8×8 Grauwerten lässt sich aus einer gewichteten Überlagerung von 64 Basisbildern rekonstruieren. Es ist deutlich zu erkennen, dass das Basisbild in der Ecke links oben den Gleichanteil repräsentiert. Alle anderen Basisbilder der ersten Zeile sind für die horizontalen Frequenzen im Block verantwortlich; die Basisbilder der ersten Spalte entsprechend für die vertikalen Frequenzen. Die restlichen Basisbilder enthalten eine Mischung aus horizontalen und vertikalen Anteilen mit steigender Frequenz von links oben nach rechts unten.

8.2.1.3 Quantisierung

Die DCT-Koeffizienten werden entsprechend Gleichung (5.3) gleichmäßig quantisiert. Da die Intervallbreite Δ von Koeffizient zu Koeffizient variieren darf, wird diese Formel etwas abgewandelt

$$q[k,l] = \left\lfloor \frac{|X[k,l]|}{Q_{k,l}} + 0.5 \right\rfloor \cdot \mathrm{sgn}(X[k,l]) \, . \tag{8.1}$$

Jeder Koeffizient $X[k,l]$ wird durch einen ihm zugeordneten Quantisierungswert $Q_{k,l}$ dividiert und durch korrektes Runden in ein ganzzahliges Quantisierungssymbol $q[k,l]$ überführt. Die $Q_{k,l}$-Werte sind in einer Quantisierungstabelle abgelegt und können als Parameter für die Kompression angegeben werden. Der JPEG-1-Standard macht bereits einen Vorschlag für die Quantisierungswerte (**Abb. 8.6**). Die Wahl erfolgte mit

Abbildung 8.5: Basisbilder einer 8×8-DCT. Grau entspricht Werten nahe Null, große Werte sind hell dargestellt, kleine dunkel.

Berücksichtigung der menschlichen Wahrnehmung. In einer Testreihe wurde für jeden Koeffizienten ein mittlerer Quantisierungswert ermittelt, bei dem die Veränderung des Koeffizienten im rücktransformierten Bild gerade noch nicht zu erkennen ist. Quantisierte man jedoch alle Koeffizienten gleichzeitig mit diesen Quantisierungswerten, wären Verzerrungen sichtbar. Deshalb werden die tabellierten Werte abhängig von der durch den Nutzer vorgegebenen Qualitätseinstellung skaliert (siehe auch Gleichung 8.4 auf Seite 290). Die subjektive Wahl der Quantisierungswerte führt zu einer Kompressionsoptimierung hinsichtlich der subjektiven Bildqualität.

Es ist unbedingt zu beachten, dass die objektive Qualität (z. B. PSNR) für eine bestimmte Bitrate deutlich höher ausfallen kann, wenn man die Intervallbreiten für alle DCT-Koeffizienten konstant hält. Die verwendeten Quantisierungstabellen werden in den Bitstrom eingefügt, damit der Decoder eine korrekte Rekonstruktion durchführen kann.

Der Decoder rekonstruiert die DCT-Koeffizienten durch Multiplikation der Quantisie-

16	11	10	16	24	40	51	61
12	12	14	19	26	58	60	55
14	13	16	24	40	57	69	56
14	17	22	29	51	87	80	62
18	22	37	56	68	109	103	77
24	35	55	64	81	104	113	92
49	64	78	87	103	121	120	101
72	92	95	98	112	100	103	99

(a)

17	18	24	47	99	99	99	99
18	21	26	66	99	99	99	99
24	26	56	99	99	99	99	99
47	66	99	99	99	99	99	99
99	99	99	99	99	99	99	99
99	99	99	99	99	99	99	99
99	99	99	99	99	99	99	99
99	99	99	99	99	99	99	99

(b)

Abbildung 8.6: Vorschläge für Matrizen mit Quantisierungswerten $Q_{k,l}$: (a) für den Luminanz-Block, (b) für die Chrominanz-Blöcke

rungssymbole mit den Quantisierungswerten analog zu (5.3):

$$\left[X[k,l]\right]_Q = q[k,l] \cdot Q_{k,l} \ .$$

Die Quantisierung beeinflusst die Genauigkeit der DCT-Koeffizienten. Angenommen, das Originalbild hat eine Genauigkeit von 8 Bits pro Bildpunkt, so führt die DCT zu einer 11-Bit-Genauigkeit der DCT-Koeffizienten. Eine Quantisierung mit dem Wert 16 verringert die Genauigkeit der Koeffizienten auf 7 Bits.

Die blockweise Verarbeitung der Bildpunkte wirkt sich bei einer stärkeren Quantisierung der DCT-Koeffizienten nachteilig aus. Es kommt zu Diskontinuitäten an den Blockgrenzen. Diese Verzerrungen im rekonstruierten Bild bezeichnet man als Blockartefakte. Im Extremfall werden alle AC-Koeffizienten zu Null quantisiert. Der gesamte Block wird nur durch den Wert des quantisierten DC-Koeffizienten, also den ungefähren Gleichanteil, repräsentiert und alle Bildpunkte des Blocks haben den gleichen Grauwert. Das Bild setzt sich in diesem Fall nur noch aus Blöcken mit konstanten Grauwerten zusammen. **Beispiel 8.1** zeigt ein Beispiel für den Transformations- und Quantisierungsprozess.

8.2.1.4 Huffman-Codierung der DC-Koeffizienten

Dieser und der folgende Abschnitt beziehen sich auf die Huffman-basierte Entropiecodierung. Es sei an dieser Stelle darauf hingewiesen, dass der JPEG-1-Standard auch eine Möglichkeit zur arithmetischen Codierung vorsieht.

Die DC-Koeffizienten werden unabhängig von den AC-Koeffizienten mit einem prädiktiven Verfahren codiert.[1] Man geht davon aus, dass benachbarte Blöcke einen ähnlichen Gleichanteil (Mittelwert) besitzen. Auf dieser Basis kann ein DC-Wert aus seinem Vorgänger vorausgesagt werden. Sei i die Blocknummer, dann ergibt sich der Prädiktions-

---

[1]Genau genommen handelt es sich hierbei nicht um die Transformationskoeffizienten, sondern um die korrespondierenden Quantisierungssymbole. Im Weiteren wird dies nicht unterschieden.

Beispiel 8.1 Beispiel einer DCT-basierten Kompression

<table>
<tr><td colspan="8">Originale Grauwerte</td><td colspan="8">DCT-Koeffizienten</td></tr>
<tr><td>66</td><td>70</td><td>62</td><td>83</td><td>81</td><td>81</td><td>81</td><td>82</td><td>624.1</td><td>0.3</td><td>-5.0</td><td>4.0</td><td>0.6</td><td>-1.1</td><td>-3.2</td><td>4.8</td></tr>
<tr><td>66</td><td>71</td><td>74</td><td>76</td><td>80</td><td>75</td><td>78</td><td>73</td><td>-27.7</td><td>-16.2</td><td>-4.8</td><td>4.6</td><td>1.9</td><td>0.0</td><td>-2.6</td><td>-7.2</td></tr>
<tr><td>77</td><td>76</td><td>73</td><td>73</td><td>74</td><td>80</td><td>75</td><td>79</td><td>17.8</td><td>-16.2</td><td>-4.6</td><td>-5.4</td><td>5.9</td><td>-0.7</td><td>-5.5</td><td>-7.0</td></tr>
<tr><td>83</td><td>77</td><td>77</td><td>72</td><td>80</td><td>77</td><td>74</td><td>65</td><td>-6.6</td><td>-2.0</td><td>0.1</td><td>-0.2</td><td>1.3</td><td>0.7</td><td>-4.3</td><td>1.9</td></tr>
<tr><td>74</td><td>75</td><td>80</td><td>73</td><td>74</td><td>72</td><td>72</td><td>69</td><td>-0.9</td><td>-2.8</td><td>-6.5</td><td>1.7</td><td>3.1</td><td>4.1</td><td>-0.4</td><td>-3.1</td></tr>
<tr><td>88</td><td>78</td><td>82</td><td>76</td><td>83</td><td>74</td><td>83</td><td>74</td><td>4.7</td><td>3.2</td><td>5.9</td><td>4.9</td><td>-0.1</td><td>-6.1</td><td>-0.9</td><td>-3.7</td></tr>
<tr><td>83</td><td>93</td><td>86</td><td>77</td><td>83</td><td>79</td><td>78</td><td>83</td><td>5.5</td><td>-5.0</td><td>3.5</td><td>3.7</td><td>5.5</td><td>5.9</td><td>0.9</td><td>-1.7</td></tr>
<tr><td>85</td><td>82</td><td>88</td><td>92</td><td>89</td><td>84</td><td>87</td><td>86</td><td>-3.6</td><td>-3.0</td><td>3.6</td><td>-6.3</td><td>-1.9</td><td>-5.5</td><td>2.1</td><td>-7.0</td></tr>
<tr><td colspan="8">Quantisierungstabelle</td><td colspan="8">Quantisierte Koeffizienten</td></tr>
<tr><td>16</td><td>16</td><td>16</td><td>16</td><td>16</td><td>16</td><td>16</td><td>16</td><td>39</td><td>0</td><td>0</td><td>0</td><td>0</td><td>0</td><td>0</td><td>0</td></tr>
<tr><td>16</td><td>16</td><td>16</td><td>16</td><td>16</td><td>16</td><td>16</td><td>16</td><td>-2</td><td>-1</td><td>0</td><td>0</td><td>0</td><td>0</td><td>0</td><td>0</td></tr>
<tr><td>16</td><td>16</td><td>16</td><td>16</td><td>16</td><td>16</td><td>16</td><td>16</td><td>1</td><td>-1</td><td>0</td><td>0</td><td>0</td><td>0</td><td>0</td><td>0</td></tr>
<tr><td>16</td><td>16</td><td>16</td><td>16</td><td>16</td><td>16</td><td>16</td><td>16</td><td>0</td><td>0</td><td>0</td><td>0</td><td>0</td><td>0</td><td>0</td><td>0</td></tr>
<tr><td>16</td><td>16</td><td>16</td><td>16</td><td>16</td><td>16</td><td>16</td><td>16</td><td>0</td><td>0</td><td>0</td><td>0</td><td>0</td><td>0</td><td>0</td><td>0</td></tr>
<tr><td>16</td><td>16</td><td>16</td><td>16</td><td>16</td><td>16</td><td>16</td><td>16</td><td>0</td><td>0</td><td>0</td><td>0</td><td>0</td><td>0</td><td>0</td><td>0</td></tr>
<tr><td>16</td><td>16</td><td>16</td><td>16</td><td>16</td><td>16</td><td>16</td><td>16</td><td>0</td><td>0</td><td>0</td><td>0</td><td>0</td><td>0</td><td>0</td><td>0</td></tr>
<tr><td>16</td><td>16</td><td>16</td><td>16</td><td>16</td><td>16</td><td>16</td><td>16</td><td>0</td><td>0</td><td>0</td><td>0</td><td>0</td><td>0</td><td>0</td><td>0</td></tr>
<tr><td colspan="8">Rekonstruierte Koeffizienten</td><td colspan="8">Rekonstruierte Grauwerte</td></tr>
<tr><td>624</td><td>0</td><td>0</td><td>0</td><td>0</td><td>0</td><td>0</td><td>0</td><td>68</td><td>69</td><td>71</td><td>74</td><td>77</td><td>79</td><td>81</td><td>83</td></tr>
<tr><td>-32</td><td>-16</td><td>0</td><td>0</td><td>0</td><td>0</td><td>0</td><td>0</td><td>70</td><td>70</td><td>72</td><td>73</td><td>75</td><td>77</td><td>78</td><td>79</td></tr>
<tr><td>16</td><td>-16</td><td>0</td><td>0</td><td>0</td><td>0</td><td>0</td><td>0</td><td>73</td><td>73</td><td>73</td><td>74</td><td>74</td><td>74</td><td>74</td><td>74</td></tr>
<tr><td>0</td><td>0</td><td>0</td><td>0</td><td>0</td><td>0</td><td>0</td><td>0</td><td>77</td><td>77</td><td>76</td><td>75</td><td>74</td><td>73</td><td>72</td><td>71</td></tr>
<tr><td>0</td><td>0</td><td>0</td><td>0</td><td>0</td><td>0</td><td>0</td><td>0</td><td>81</td><td>80</td><td>79</td><td>77</td><td>76</td><td>74</td><td>73</td><td>72</td></tr>
<tr><td>0</td><td>0</td><td>0</td><td>0</td><td>0</td><td>0</td><td>0</td><td>0</td><td>84</td><td>83</td><td>82</td><td>81</td><td>79</td><td>78</td><td>77</td><td>76</td></tr>
<tr><td>0</td><td>0</td><td>0</td><td>0</td><td>0</td><td>0</td><td>0</td><td>0</td><td>86</td><td>85</td><td>85</td><td>84</td><td>83</td><td>83</td><td>82</td><td>82</td></tr>
<tr><td>0</td><td>0</td><td>0</td><td>0</td><td>0</td><td>0</td><td>0</td><td>0</td><td>86</td><td>86</td><td>86</td><td>86</td><td>86</td><td>86</td><td>86</td><td>86</td></tr>
</table>

Die 64 Grauwerte des Originalblocks werden durch die DCT in 64 Transformations-koeffizienten überführt. Das Quantisieren mit den angegebenen Quantisierungswer-ten resultiert in einem DC-Wert von 39 und vier AC-Koeffizienten ungleich Null. Die Rekonstruktion skaliert diese verbliebenen Koeffizienten und durch die inverse Transformation werden die Grauwerte des Blocks restauriert. Es ist zu erkennen, dass der rekonstruierte Block dem Original trotz des Informationsverlusts sehr ähn-lich sieht. Der Grauwert-Verlauf ist nun aber etwas glatter. Die Werte 93 und 92 in den unteren beiden Zeilen des Originalblocks sind zum Beispiel verschwunden.

fehler $DIFF$ aus

$$DIFF = DC_i - PRED \quad \text{mit} \quad PRED = \begin{cases} DC_{i-1} & i > 0 \\ 0 & i = 0 \end{cases}.$$

Die Reihenfolge der Nummerierung der DC-Werte mit i ist bei der Codierung von meh-reren Komponenten vom Verarbeitungsmodus abhängig (siehe Abschnitt 8.2.3.1).

Der theoretisch mögliche Wertebereich der Prädiktionsfehler ist sehr groß. Deshalb wer-den die $DIFF$-Werte in 12 Kategorien eingeteilt und jeder Kategorie ein Codewort

Tabelle 8.1: Kategorien für die Codierung von DC-Koeffizienten und Huffman-Code-Beispiele für die Codierung von Luminanz und Chrominanzen

Kategorie	$DIFF$-Wert	Code (Lum)	Code (Chrom)
0	0	00	00
1	-1, 1	010	01
2	-3, -2, 2, 3	011	10
3	-7, …, -4, 4, …, 7	100	110
4	-15, …, -8, 8, …, 15	101	1110
5	-31, …, -16, 16, …, 31	110	11110
6	-63, …, -32, 32, …, 63	1110	111110
7	-127, …, -64, 64, …, 127	11110	1111110
8	-255, …, -128, 128, …, 255	111110	11111110
9	-511, …, -256, 256, …, 511	1111110	111111110
10	-1023, …, -512, 512, …, 1023	11111110	1111111110
11	-2047, …, -1024, 1024, …, 2047	111111110	11111111110

zugewiesen (vgl. Abschnitt 3.12). Dabei wird angenommen, dass die Differenzwerte innerhalb einer Kategorie in etwa gleichverteilt sind. **Tabelle 8.1** enthält die vorgeschlagenen Huffman-Codes. Es steht dem Anwender jedoch frei, selbst einen Huffman-Code zu konstruieren, um optimale Kompressionsergebnisse zu erzielen. Die verwendeten Codes werden in jedem Fall zum Empfänger übertragen.

Die Kategorienummer legt gleichzeitig fest, wie viele Bits für die Übertragung des tatsächlichen Differenzwertes $DIFF$ folgen. Decodiert der Empfänger zum Beispiel den Huffman-Code für die Kategorie $n = 2$, so weiß er damit, dass weitere 2 Bits kommen, die einen der Werte -3,-2,2 und 3 identifizieren. Der Codewert c dieses Codewortes fester Länge ergibt sich aus dem $DIFF$-Wert d

$$\text{if } (d > 0) \quad c = d$$
$$\text{else} \quad c = 2^n - 1 + d \tag{8.2}$$

und wird übertragen. Falls beim Empfänger diese beiden Bits ‚01' lauten, ist der Codewert c also gleich 1 und der $DIFF$-Wert d berechnet sich nach

$$\text{if } (c \geq 2^{n-1}) \quad d = c$$
$$\text{else} \quad d = c - 2^n + 1 \tag{8.3}$$

zu $DIFF = -2$.

8.2.1.5 Huffman-Codierung der AC-Koeffizienten

In Abhängigkeit vom Verlauf der Bildpunkt-Werte im 8×8-Block und der Quantisierungsstärke erzeugt die Quantisierung der AC-Koeffizienten viele Werte gleich Null. Damit bietet sich der Einsatz einer Lauflängencodierung mit Spezialsymbol an.

Zuerst wird die 8×8-Koeffizientenmatrix durch eine Zick-Zack-Abtastung in einen eindimensionalen Vektor überführt (Abb. 8.4 b, Seite 267). Diese Abtastung sortiert die Koeffizienten entsprechend ihrer Ortsfrequenz. Diese Reihenfolge ist unter der Annahme

Tabelle 8.2: Kategorien für die Codierung von AC-Koeffizienten

Kategorie	AC-Wert
1	-1, 1
2	-3, -2, 2, 3
3	-7, ..., -4, 4, ..., 7
4	-15, ..., -8, 8, ..., 15
5	-31, ..., -16, 16, ..., 31
6	-63, ..., -32, 32, ..., 63
7	-127, ..., -64, 64, ..., 127
8	-255, ..., -128, 128, ..., 255
9	-511, ..., -256, 256, ..., 511
10	-1023, ..., -512, 512, ..., 1023

vorteilhaft, dass die Blöcke im Allgemeinen weniger hochfrequente Anteile enthalten als tieffrequente. Dadurch konzentrieren sich die zu Null quantisierten Koeffizienten am Ende des AC-Koeffizientenvektors.

Alle AC-Koeffizienten ungleich Null werden wie die DC-Koeffizienten in Kategorien unterteilt (**Tab. 8.2**). Außerdem wird für jeden dieser Koeffizienten der Abstand zum Vorgänger ungleich Null ermittelt. Diese Lauflänge darf einen Wert von 0 bis 15 haben. Da die Anzahl benachbarter Nullen und die Größe des nachfolgenden Koeffizienten miteinander korreliert sind, werden aus der Kombination von Lauflänge und Kategorie des AC-Koeffizienten neue Datensymbole gebildet. Dabei sind zwei besondere Symbole zu unterscheiden: ZRL definiert eine Lauflänge von 15 Nullen mit einem Folgewert Null und das Ende des Zick-Zack-Scans wird durch EOB (*End Of Block*) markiert. Das EOB-Symbol folgt dem letzten AC-Koeffizienten ungleich Null. Alle nachfolgenden, zu Null quantisierten Koeffizienten müssen dadurch nicht mehr codiert werden.

Den aus der Kombination von Lauflänge und Kategorie entstandenen, neuen Datensymbolen werden Huffman-Codewörter zugeordnet. Die **Tabellen 8.3** und **8.4** zeigen die im JPEG-1-Standard für den Baseline-Prozess (siehe Abschnitt 8.2.2.1) vorgeschlagenen Codewörter.

Entsprechend der statistischen Verteilung werden bei gleicher Lauflänge kürzere Codes für kleinere AC-Werte und bei gleicher Kategorie kürzere Codes für kurze Lauflängen verwendet. Die Symbolnummer berechnet sich nach ($16 \times$ Lauflänge + Kategorienummer). Die maximale Codelänge beträgt 16. Falls bei einer signalangepassten Konstruktion des Huffman-Codes längere Codewörter entstehen, muss der Codebaum umstrukturiert werden. Die Standardschrift gibt hierfür einen Algorithmus vor [ISO92]. Die Codewörter werden grundsätzlich in kanonischer Form aus den Codewortlängen ermittelt (siehe auch Abschnitt 3.6).

Dem Huffman-Codewort folgen wiederum weitere Bits, die den tatsächlichen Koeffizientenwert festlegen müssen. Die Anzahl der Bits ist durch die Kategorienummer n bestimmt. Der Codewert c ergibt sich aus dem AC-Wert a, der die Lauflänge beendet, in Analogie zu Gleichung (8.2), siehe **Beispiel 8.2**.

Genau wie bei der Codierung der DC-Koeffizienten ist es auch hier möglich, die Codewörter an die Statistik der Symbole anzupassen, um eine optimale Kompression zu erreichen.

Tabelle 8.3: Standardtabelle (Huffman-Code) für Kombinationen von Lauflänge und Kategorie eines AC-Koeffizienten der Luminanz im Baseline-Modus (Teil 1)

Nr.	Lauflänge/Kategorie	Codewort	Nr.	Lauflänge/Kategorie	Codewort
1	0/1	00	24	1/8	1111111110000110
2	0/2	01	25	1/9	1111111110000111
3	0/3	100	26	1/10	1111111110001000
0	0/0 (EOB)	1010	37	2/5	1111111110001001
4	0/4	1011	38	2/6	1111111110001010
17	1/1	1100	39	2/7	1111111110001011
5	0/5	11010	40	2/8	1111111110001100
18	1/2	11011	41	2/9	1111111110001101
33	2/1	11100	42	2/10	1111111110001110
49	3/1	111010	52	3/4	1111111110001111
65	4/1	111011	53	3/5	1111111110010000
6	0/6	1111000	54	3/6	1111111110010001
19	1/3	1111001	55	3/7	1111111110010010
81	5/1	1111010	56	3/8	1111111110010011
97	6/1	1111011	57	3/9	1111111110010100
7	0/7	11111000	58	3/10	1111111110010101
34	2/2	11111001	67	4/3	1111111110010110
113	7/1	11111010	68	4/4	1111111110010111
20	1/4	111110110	69	4/5	1111111110011000
50	3/2	111110111	70	4/6	1111111110011001
129	8/1	111111000	71	4/7	1111111110011010
145	9/1	111111001	72	4/8	1111111110011011
161	10/1	111111010	73	4/9	1111111110011100
8	0/8	1111110110	74	4/10	1111111110011101
35	2/3	1111110111	83	5/3	1111111110011110
66	4/2	1111111000	84	5/4	1111111110011111
177	11/1	1111111001	85	5/5	1111111110100000
193	12/1	1111111010	86	5/6	1111111110100001
21	1/5	1111110110	87	5/7	1111111110100010
82	5/2	1111110111	88	5/8	1111111110100011
209	13/1	11111111000	89	5/9	1111111110100100
240	15/0 ZRL)	11111111001	90	5/10	1111111110100101
36	2/4	111111110100	99	6/3	1111111110100110
51	3/3	111111110101	100	6/4	1111111110100111
98	6/2	111111110110	101	6/5	1111111110101000
114	7/2	111111110111	102	6/6	1111111110101001
130	8/2	111111111000000	103	6/7	1111111110101010
9	0/9	1111111110000010	104	6/8	1111111110101011
10	0/10	1111111110000011	105	6/9	1111111110101100
22	1/6	1111111110000100	106	6/10	1111111110101101
23	1/7	1111111110000101	115	7/3	1111111110101110

Tabelle 8.4: Standardtabelle (Huffman-Code) für Kombinationen von Lauflänge und Kategorie eines AC-Koeffizienten der Luminanz im Baseline-Modus (Teil 2)

Nr.	Lauflänge/ Kategorie	Codewort	Nr.	Lauflänge/ Kategorie	Codewort
116	7/4	1111111110101111	185	11/9	1111111111010111
117	7/5	1111111110110000	186	11/10	1111111111011000
118	7/6	1111111110110001	194	12/2	1111111111011001
119	7/7	1111111110110010	195	12/3	1111111111011010
120	7/8	1111111110110011	196	12/4	1111111111011011
121	7/9	1111111110110100	197	12/5	1111111111011100
122	7/10	1111111110110101	198	12/6	1111111111011101
131	8/3	1111111110110110	199	12/7	1111111111011110
132	8/4	1111111110110111	200	12/8	1111111111011111
133	8/5	1111111110111000	201	12/9	1111111111100000
134	8/6	1111111110111001	202	12/10	1111111111100001
135	8/7	1111111110111010	210	13/2	1111111111100010
136	8/8	1111111110111011	211	13/3	1111111111100011
137	8/9	1111111110111100	212	13/4	1111111111100100
138	8/10	1111111110111101	213	13/5	1111111111100101
146	9/2	1111111110111110	214	13/6	1111111111100110
147	9/3	1111111110111111	215	13/7	1111111111100111
148	9/4	1111111111000000	216	13/8	1111111111101000
149	9/5	1111111111000001	217	13/9	1111111111101001
150	9/6	1111111111000010	218	13/10	1111111111101010
151	9/7	1111111111000011	225	14/1	1111111111101011
152	9/8	1111111111000100	226	14/2	1111111111101100
153	9/9	1111111111000101	227	14/3	1111111111101101
154	9/10	1111111111000110	228	14/4	1111111111101110
162	10/2	1111111111000111	229	14/5	1111111111101111
163	10/3	1111111111001000	230	14/6	1111111111110000
164	10/4	1111111111001001	231	14/7	1111111111110001
165	10/5	1111111111001010	232	14/8	1111111111110010
166	10/6	1111111111001011	233	14/9	1111111111110011
167	10/7	1111111111001100	234	14/10	1111111111110100
168	10/8	1111111111001101	241	15/1	1111111111110101
169	10/9	1111111111001110	242	15/2	1111111111110110
170	10/10	1111111111001111	243	15/3	1111111111110111
178	11/2	1111111111010000	244	15/4	1111111111111000
179	11/3	1111111111010001	245	15/5	1111111111111001
180	11/4	1111111111010010	246	15/6	1111111111111010
181	11/5	1111111111010011	247	15/7	1111111111111011
182	11/6	1111111111010100	248	15/8	1111111111111100
183	11/7	1111111111010101	249	15/9	1111111111111101
184	11/8	1111111111010110	250	15/10	1111111111111110

Beispiel 8.2: Codierung von Symbolen im JPEG-1-Standard

Gegeben ist der quantisierten Block aus Beispiel 8.1. Ermitteln Sie den entsprechenden Bitstrom und das erreichte Kompressionsverhältnis!

Lösung: Da es sich um einen einzelnen Block handelt, ist der Prädiktionswert $PRED$ gleich Null. Der Schätzfehler ist somit $DIFF=$ DC-Koeffizient$-0 = 39$ und fällt in die Kategorie 6. Laut der Tabelle 8.1 für Luminanzen lautet das Codewort „1110". Da 39 auch gleichzeitig der 39. Wert in dieser Kategorie ist, folgen die Bits „100111". Für die AC-Koeffizienten können entsprechend der Zick-Zack-Abtastung die Kombinationen aus Lauflänge und Kategorie 1/2, 0/1, 0/1 und 3/1 gefunden werden. Die entsprechenden Huffman-Codes und Folgebits lauten

Datensymbol	1/2 (-2)	0/1 (+1)	0/1 (-1)	3/1 (-1)
Codewort	11011 01	00 1	00 0	111010 0

Abgeschlossen wird die Codierung des Blocks mit dem Codewort „1010" für das EOB-Symbol. Insgesamt werden für diesen Block 34 Bits benötigt. Gegenüber den $64 \cdot 8$ Bits des Originalblocks macht das ein Kompressionsverhältnis von etwa 15:1.

Die Codetabelle wird in den Bitstrom eingefügt. Sie muss nur jene Symbole enthalten, die auch tatsächlich im Signal vorkommen.

8.2.2 Die Arbeitsmethoden

8.2.2.1 Charakteristika der Codierungsprozesse

Baseline-Prozess

Das Kernstück der verlustbehafteten JPEG-1-Kompression wird durch den so genannten Baseline-Prozess definiert. Jede Software, die für sich in Anspruch nimmt, En- und Decodierung entsprechend dem JPEG-1-Standard durchführen zu können, muss mindestens die Operationen des Baseline-Prozesses beherrschen. Der Baseline-Prozess definiert die minimale Funktionalität eines JPEG-1-Decoders. Dieses Verfahren basiert auf den Prinzipien der DCT-basierten Codierung und es können Bilder mit 8 Bits pro Abtastwert in jeder Komponente verarbeitet werden. Die Codierung erfolgt sequentiell, d. h. Block für Block. Für die Entropiecodierung werden ausschließlich Huffman-Codes eingesetzt, wobei maximal je zwei Codetabellen für die AC- und die DC-Codierung übertragen werden dürfen. Zwischen diesen beiden Tabellen kann eine Modellumschaltung erfolgen, je nachdem, mit welchem Verteilungsmodell eine geringere Bitrate erreicht wird.

Erweiterter DCT-basierter Prozess

Dieser Prozess erweitert das Baseline-System um einige Merkmale. Neben 8-Bit-Bildern können auch Bilder mit einer Auflösung von 12 Bits pro Bildpunkt codiert werden. Es ist möglich, die Verarbeitung sowohl sequentiell als auch progressiv durchzuführen, und es dürfen je vier Codetabellen für die AC- und DC-Koeffizienten definiert werden. Weiterhin kann man in diesem Modus die arithmetische Codierung anstelle der Huffman-Codes einsetzen.

Verlustloser Prozess

Der verlustlose Prozess ist durch eine prädiktive Verarbeitung ohne Kosinus-Transformation gekennzeichnet. Es dürfen Bilder mit einer Auflösung von 2 Bits bis 16 Bits pro Bildpunkt verarbeitet werden. Die Codierung erfolgt sequentiell und die maximale Anzahl der Codetabellen beträgt 4.

Hierarchischer Prozess

Der hierarchische Prozess verwendet ein Set von durch schrittweise Unterabtastung verkleinerten Bildern. Beginnend mit dem kleinsten Bild erfolgt die Codierung mit steigender Auflösung. Auf jeder Ebene wird das übertragene Bild durch Überabtasten und Interpolation auf die nächste Auflösungsstufe skaliert und dient als Prädiktor für das nächste Bild aus dem Set. Die Differenz zwischen beiden Bilder wird codiert und übertragen. Es kann dabei entweder mit dem erweiterten DCT-basierten Verfahren oder der verlustlosen Codierung gearbeitet werden.

8.2.2.2 Sequentielle Verarbeitung

Das Charakteristische an einer sequentiellen Codierung ist die Verarbeitung in einem Durchlauf. Jede Komponente wird nur einmal betrachtet und sofort vollständig codiert. Im Baseline-Prozess erfolgt dies typischer Weise Block für Block von links oben nach rechts unten. Der Decoder rekonstruiert dementsprechend einen Block nach dem anderen und baut das Bild blockweise auf. Für die Implementierung ist dieses Vorgehen sehr vorteilhaft, weil jeder Block unabhängig vom anderen verarbeitet wird[2] und dadurch die Anforderungen an den benötigten Speicherplatz sehr gering sind. Außerdem ist die Kompressionslatenz durch das Beschränken auf einen Durchlauf relativ klein. **Abbildung 8.7**(a) zeigt schematisch die Strukturierung der Daten. Jeder transformierte Bildblock enthält 64 Koeffizienten (von 0 bis 63), die z. B. jeweils aus 11 Bits vom niederwertigsten Bit (engl.: *LSB... least significant bit*) bis zum Bit mit höchster Bedeutung (engl.: *MSB... most significant bit*) bestehen. Bei der sequentiellen Codierung werden alle Bits aller Koeffizienten eines Blocks als eine Einheit codiert und übertragen, **Abb. 8.7** (b).

8.2.2.3 Progressive Verarbeitung

Die progressive Codierung überträgt die Bildinformation Schritt für Schritt, beginnend mit einer groben Auflösung des gesamten Bildes. Weitere Durchläufe verfeinern die Information des Bildes sukzessiv. In jedem Durchlauf wird also nur ein Teil der Koeffizienteninformation codiert. Eine progressive Decodierung von Bilddaten ist zum Beispiel bei langsamen Übertragungen von Vorteil. Man empfängt sofort einen, wenn auch sehr groben Überblick über das gesamte Bild und kann entscheiden, ob das Übertragen von weiteren Daten, welche die Bildqualität verbessern, abgewartet wird, oder das Bild uninteressant ist und der Empfang abgebrochen werden kann.

Der JPEG-1-Standard definiert zwei Arten der Progression. Die spektrale Selektion (**Abb. 8.8** a) überträgt zuerst die tieffrequenten Koeffizienten. Die hochfrequenten Be-

---

[2]abgesehen von der Prädiktion der DC-Werte

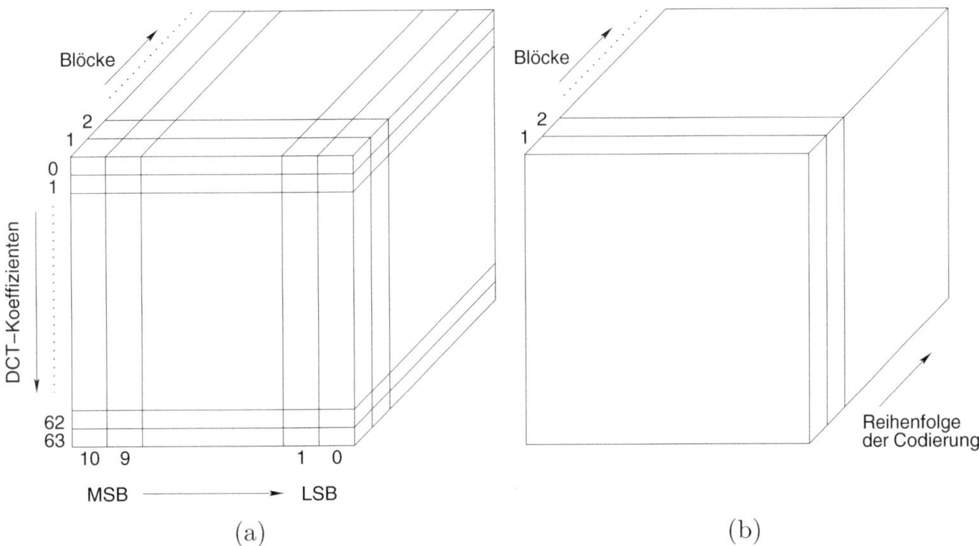

Abbildung 8.7: Visualisierung der Bildinformation als Quader: (a) Struktur der zu codierenden Bildblöcke, (b) sequentielle Verarbeitung der quantisierten Transformationskoeffizienten

standteile folgen in weiteren Codierungsschritten. Alternativ dazu ist eine schrittweise Approximation der Koeffizienten möglich. Nach dem Übertragen der DC-Koeffizienten (Index gleich 0) werden von allen Koeffizienten zuerst die obersten Bits gesendet. Die Genauigkeit wird in nachfolgenden Durchläufen durch das Übertragen weiterer Bitebenen verbessert (**Abb. 8.8** b). Eine Kombination beider Verfahren ist ebenfalls möglich, wenn auch unüblich. Die Auswahl der Koeffizienten für die spektrale Selektion und die Anzahl der Bitebenen pro Durchlauf bei der schrittweisen Approximation legt der Encoder in der Datenstruktur fest.

Wenn alle Koeffizienten bzw. alle Bitebenen decoderseitig empfangen wurden, sind die Koeffizienteninformationen identisch mit denen bei einer sequentiellen Kompression, vorausgesetzt, es wurden gleiche Quantisierungstabellen verwendet. Die Bildqualität ist deshalb für alle drei Modi gleich. Durch die unterschiedliche Codierung variiert jedoch die benötigte Bitrate. Die schrittweise Approximation erfordert zur Kompression eines Bildes mit einer bestimmten Qualität meist weniger Bits als die anderen beiden Verfahren. Außerdem ist die spektrale Selektion zwar einfacher zu implementieren als die sukzessive Approximation, aber die Qualität der Bilder bei unvollendeter Übertragung und gleicher Bitrate ist bei der schrittweisen Approximation deutlich besser.

8.2.2.4 Sequentielle verlustlose Verarbeitung

Selbst bei Verzicht auf die Quantisierung im DCT-basierten Kompressionsmodus ist es nicht möglich, eine exakte Übereinstimmung von Originalbild und Rekonstruktion zu garantieren, da unterschiedliche Implementierungen der DCT bzw. der inversen DCT zu Abweichungen führen können. Für die verlustlose Kompression von Bilddaten mit einer

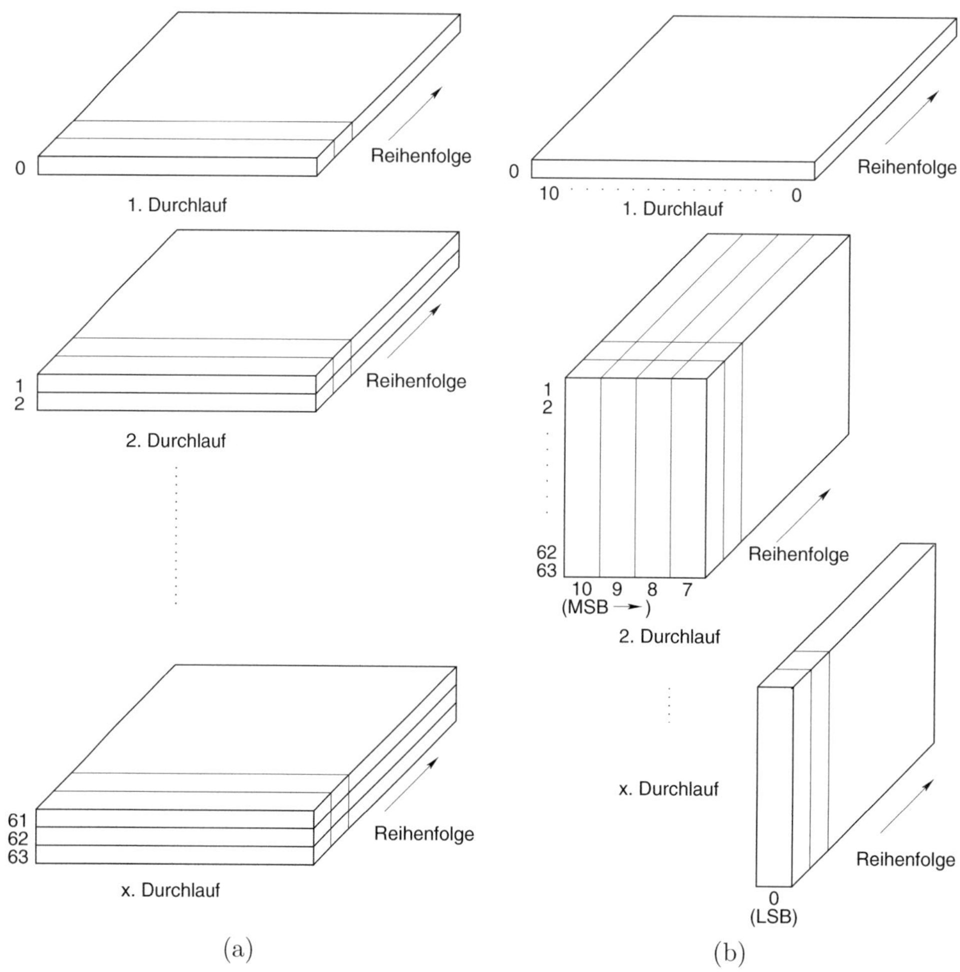

Abbildung 8.8: Progressive Codierung: (a) spektrale Selektion, (b) schrittweise
Verfeinerung

Auflösung von 2 bis 16 Bits pro Bildpunkt wurde deshalb ein separater Algorithmus
festgelegt, der mit einer prädiktiven Codierungstechnik arbeitet. Maximal drei direkte
Nachbarn des aktuellen Bildpunktes bilden die Prädiktionsumgebung (**Abb. 8.9** links).
In Abhängigkeit von den statistischen Bindungen zwischen den Bildpunkten in einer zu
codierenden Dateneinheit ist eine Prädiktionsvorschrift aus acht Möglichkeiten auszuwählen (**Abb. 8.9** rechts). Die Nummer des Prädiktionsmodus ist zu übertragen. In der
ersten Zeile ist immer der linke Nachbar (Modus 1) und in der ersten Spalte immer der
obere Nachbar (Modus 2) der Prädiktor. Der Prädiktionswert für den ersten Bildpunkt in
der ersten Zeile ist durch die Bitanzahl B pro Bildpunkt definiert und beträgt 2^{B-1}. Der
Prädiktionsfehler wird modulo 2^{16} berechnet und in Kategorien unterteilt (**Tab. 8.5**).
Das Codieren erfolgt mit Huffman-Codes, ähnlich der Codierung der DC-Koeffizienten
im DCT-basierten Verfahren. Die Leistungsfähigkeit dieses Verfahrens ist aus heutiger

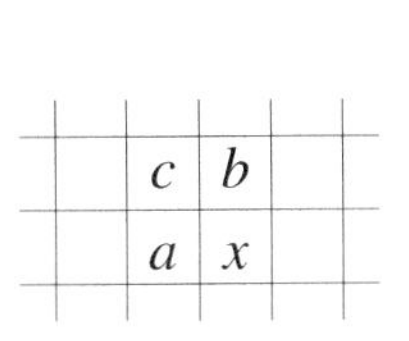

Modus	Prädiktor $\hat{x}$
0	keine
1	a
2	b
3	c
4	$a + b - c$
5	$a + (b - c)/2$
6	$b + (a - c)/2$
7	$(a + b)/2$

Abbildung 8.9: Nachbarschaft bei Prädiktion im verlustlosen Modus

Tabelle 8.5: Kategorien für das Codieren von Prädiktionsfehlern bei verlustloser Codierung

Kategorie	DIFF
0	0
1	-1, 1
2	-3, -2, 2, 3
3	$-7, \ldots, -4, 4, \ldots, 7$
4	$-15, \ldots, -8, 8, \ldots, 15$
5	$-31, \ldots, -16, 16, \ldots, 31$
6	$-63, \ldots, -32, 32, \ldots, 63$
$\vdots$	$\vdots$
15	$-32767, \ldots, -16384, 16384, \ldots, 32767$
16	32768

Sicht relativ gering. Deshalb wurde 1997 ein anderer Algorithmus standardisiert (JPEG-LS, siehe Kapitel 8.3). Ausgewählte Kompressionsergebnisse sind im Abschnitt 8.3.4 zu finden.

Als weiterer Parameter zum Beeinflussen der Kompression dient ein Punktoperator $0 \leq Pt \leq 15$, der die Genauigkeit der Originaldaten verringern kann. Alle Bildpunkte werden vor der Codierung durch 2^{Pt} dividiert. Das Kompressionsverhältnis wird dadurch vergrößert, aber die Operation wirkt wie eine Quantisierung und das decodierte Bild und das Original sind nicht mehr identisch. In Kombination mit einer hierarchischen Verarbeitung ist auf diese Weise auch für die verlustlose Kompression ein progressives Übertragen möglich.

8.2.2.5 Hierarchische Verarbeitung

Die hierarchische Verarbeitung ist eine Art der progressiven Codierung mit steigender örtlicher Auflösung des Bildes. Zum Erzeugen der Auflösungspyramide wird das Originalbild mehrfach mit $M = 2$ unterabgetastet. Der erste Durchlauf (niedrigste Auflösung) verwendet einen der beschriebenen sequentiellen oder progressiven Verarbeitungsmodi. Das Ergebnis dieser Codierung wird überabgetastet ($L = 2$), bilinear interpoliert und dient als Prädiktor für die nachfolgende Ebene. Der Prädiktionsfehler wird wiederum mit einer der beschriebenen Verfahren codiert.

Mit der hierarchischen Codierung können die besten Bildqualitäten bei niedrigen Bitraten erzielt werden. Allerdings wird die Arbeitsweise mit steigender Bitrate ineffektiv. Bei vollständiger Codierung kann die Bitrate bis zu 33 % größer sein als bei einer Progression mit schrittweiser Approximation [Pen93].

8.2.3   JPEG-1-Syntax und Organisation der Daten

8.2.3.1   Die Datenstruktur

Jeder Bitstrom eines JPEG-1-codierten Bildes setzt sich aus Segmenten zusammen, wobei zwischen zwei grundsätzlichen Segmentklassen unterschieden wird. Zum einen gibt es so genannte Markensegmente, in denen Zusatzinformationen, wie zum Beispiel Quantisierungs- oder Codetabellen, definiert sind, und zum anderen entropiecodierte Segmente, welche die eigentlichen komprimierten Daten enthalten.

Die Datenstruktur ist durch einen Rahmen (engl.: *frame*) festgelegt. Jeder Rahmen beginnt mit einem Rahmenkopf (engl.: *frame header*) und setzt sich aus einem oder mehreren Läufen (engl.: *scans*) durch die Daten zusammen. Diese Scans beginnen wiederum jeweils mit einem *Scan-Header* und können ein oder mehrere entropiecodierte Segmente umfassen. Der Rahmenkopf definiert globale Parameter für das Bild, wie zum Beispiel die Auflösung der Bildpunkte und das Bildformat. Die Scan-Header enthalten lokale Informationen.

Die kleinsten logischen Einheiten werden als Dateneinheiten (engl.: *data units*) bezeichnet. Im verlustlosen Modus ist dies ein einzelner Bildpunkt, bei der DCT-basierten Kompression ein Block von 8 mal 8 Bildpunkten. Für die Codierungsprozeduren werden Dateneinheiten zu MCU's (*minimum coded units*) zusammengefasst. Hat ein Scan nur eine Komponente (z. B. nur Grauwertdaten), so sind Dateneinheit und MCU identisch. Bei Scans mit mehreren Komponenten (z. B. Y, Cb und Cr) werden die Daten verschachtelt und eine MCU definiert eine Folge von Dateneinheiten. Die Entropiecodierung erfolgt jeweils für eine komplette MCU. Falls die Daten am rechten oder unteren Rand einer Komponente nicht reichen, um eine Einheit zu füllen, müssen virtuelle Zeilen oder Spalten hinzugefügt werden.

Ein Beispiel für das Verschachteln von Codierungseinheiten für das Unterabtastformat 4:2:2 ist in **Abbildung 8.10**(a) angegeben. Das Bild mit 32 Spalten und 16 Zeilen enthält drei Farbkomponenten Y, Cb und Cr, wobei die Chrominanzen horizontal unterabgetastet sind. Die Aufteilung in 8×8-Segmente führt zu 8 Luminanz- und je 4 Chrominanzblöcken. Für die Anordnung der Dateneinheiten gibt es verschiedene Möglichkeiten. **Tabelle 8.6** zeigt links eine Variante ohne Verschachtelung (engl.: *interleaving*). Alle Komponenten werden in separaten Scans verarbeitet. Die Spalte *PRED* gibt an, welcher Block als Referenz für die Prädiktion der DC-Koeffizienten verwendet wird. Dabei handelt es sich grundsätzlich um den DC-Wert aus dem vorangegangenen Block derselben Komponente. An der Nummerierung der MCU's ist zu erkennen, dass eine Dateneinheit (ein 8×8-Block) gleich einer MCU ist. Die Tabelle rechts zeigt die

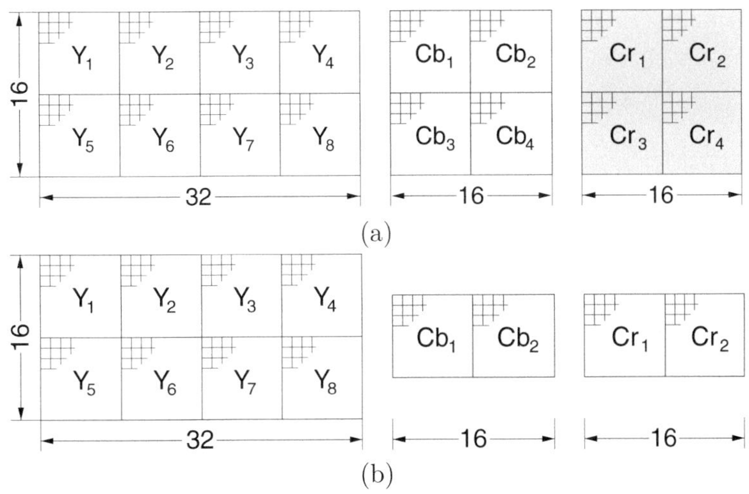

Abbildung 8.10: 3-Komponenten-Bild (32×16) mit unterabgetasteten Chrominanzen: (a) im 4:2:2-Format, (b) im 4:2:0-Format

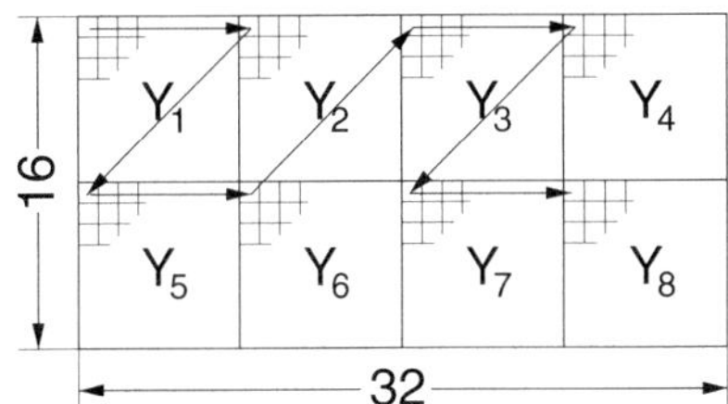

Abbildung 8.11: Schematische Darstellung der Reihenfolge der Prädiktion der DC-Werte in der Y-Komponente bei Verschachtelung der Komponenten und Verwenden des 4:2:0-Unterabtastformats

Anordnung bei einer horizontalen Verschachtelung. Örtlich zusammengehörende Dateneinheiten verschiedener Komponenten werden zu MCU's kombiniert.

Das Anordnen der einzelnen Komponenten wird durch die Abtastfaktoren (siehe Tabelle 8.9 auf Seite 284) gesteuert. Hat die erste Komponente (Y) die Abtastfaktoren $H_1 = 2$ und $V_1 = 2$ während die Chrominanzen Abtastfaktoren von $H_2 = H_3 = 1$ und $V_2 = V_3 = 1$ aufweisen, dann handelt es sich um ein 4:2:0-Unterabtastformat und es wird zuerst die Information von $H_1 \times V_1$ Y-Blöcken codiert, gefolgt von $H_2 \times V_2$ Cb-Blöcken und $H_3 \times V_3$ Cb-Blöcken, **Abbildung 8.10**(b) und **Tabelle 8.7**. Da nun jeweils 2×2 Y-Blöcke nacheinander verarbeitet werden, bevor die Codierung der Chrominanzen beginnt, ändert sich die Reihenfolge der Prädiktion der DC-Werte (**Abb. 8.11**).

8.2.3.2 Markensegmente

Jedes Markensegment beginnt mit einem Byte ‚0xFF' gefolgt von einem Marken-Code ungleich Null. Beide Bytes zusammen werden als Marke bezeichnet. Beim Codieren der Daten können zufällig 0xFF-Bytes auftreten. Um eine Fehlinterpretation beim Decodie-

Tabelle 8.6: Codierungsreihenfolge der Dateneinheiten im 4:2:2-Format, links: keine Verschachtelung; rechts: horizontale Verschachtelung

Komp.	$PRED$	MCU
Scan1		
Y_1	0	1
Y_2	DC_{Y_1}	2
Y_3	DC_{Y_2}	3
Y_4	DC_{Y_3}	4
Y_5	DC_{Y_4}	5
Y_6	DC_{Y_5}	6
Y_7	DC_{Y_6}	7
Y_8	DC_{Y_7}	8
Scan2		
Cb_1	0	1
Cb_2	DC_{Cb_1}	2
Cb_3	DC_{Cb_2}	3
Cb_4	DC_{Cb_3}	4
Scan3		
Cr_1	0	1
Cr_2	DC_{Cr_1}	2
Cr_3	DC_{Cr_2}	3
Cr_4	DC_{Cr_3}	4

Komp.	$PRED$	MCU
Scan1		
Y_1	0	1
Y_2	DC_{Y_1}	1
Cb_1	0	1
Cr_1	0	1
Y_3	DC_{Y_2}	2
Y_4	DC_{Y_3}	2
Cb_2	DC_{Cb_1}	2
Cr_2	DC_{Cr_1}	2
Y_5	DC_{Y_4}	3
Y_6	DC_{Y_5}	3
Cb_3	DC_{Cb_2}	3
Cr_3	DC_{Cr_2}	3
Y_7	DC_{Y_6}	4
Y_8	DC_{Y_7}	4
Cb_4	DC_{Cb_3}	4
Cr_4	DC_{Cr_3}	4

Tabelle 8.7: Codierungsreihenfolge der Dateneinheiten im 4:2:0-Format, links: keine Verschachtelung; rechts: horizontale Verschachtelung

Komp.	$PRED$	MCU
Scan1		
Y_1	0	1
Y_2	DC_{Y_1}	2
Y_3	DC_{Y_2}	3
Y_4	DC_{Y_3}	4
Y_5	DC_{Y_4}	5
Y_6	DC_{Y_5}	6
Y_7	DC_{Y_6}	7
Y_8	DC_{Y_7}	8
Scan2		
Cb_1	0	1
Cb_2	DC_{Cb_1}	2
Scan3		
Cr_1	0	1
Cr_2	DC_{Cr_1}	2

Komp.	$PRED$	MCU
Scan1		
Y_1	0	1
Y_2	DC_{Y_1}	1
Y_5	DC_{Y_2}	1
Y_6	DC_{Y_5}	1
Cb_1	0	1
Cr_1	0	1
Y_3	DC_{Y_6}	2
Y_4	DC_{Y_3}	2
Y_7	DC_{Y_4}	2
Y_8	DC_{Y_7}	2
Cb_2	DC_{Cb_1}	2
Cr_2	DC_{Cr_1}	2

```
SOI
    DQT, Länge, Quantisierungstabelle(n)
    DRI, Länge, Restart-Intervall
        SOF, Länge, Rahmenparameter
            DHT, Länge, Huffman-Code-Tabelle(n)
            SOS, Länge, Scan-Parameter
                codierte Daten, RST₀
                ... etc. ...
                codierte Daten, RSTₘ
                ... etc. ...
                codierte Daten
            DHT, Länge, Huffman-Code-Tabelle(n)
            SOS, Länge, Scan-Parameter
                ... etc. ...
EOI
```

Abbildung 8.12: Beispiel für eine JPEG-1-Datenstruktur

ren zu vermeiden, fügt der Encoder in einem solchen Fall ein Null-Byte ein. Damit ist klar, dass es sich um keinen Marken-Code handelt. Diese Prozedur wird als *Byte-Stuffing* bezeichnet. Auf Decoderseite wird dieses zusätzliche Byte vor der weiteren Verarbeitung der Daten wieder entfernt. In Markensegmenten ist das Byte-Stuffing nicht nötig, da sie eine feste Länge bzw. feste Struktur haben, und Missdeutungen somit ausgeschlossen sind.

Unter anderem sind folgende Marken definiert:

- SOI ... *Start Of Image*, Beginn eines Bildes (0xFFD8)
- EOI ... *End Of Image*, Ende eines Bildes (0xFFD9)
- APP ... *Application*, Anwendungsdaten (0xFFEn)
- SOF ... *Start Of Frame*, Beginn eines Rahmens (0xFFCn)
- SOS ... *Start Of Scan*, Beginn eines Scans (0xFFDA)
- DHT ... *Define Huffman Table*, Tabellen mit Huffman-Codes (0xFFC4)
- DAC ... *Define Arithmetic Coding Conditioning*, Definition von Tabellen für die bedingte arithmetische Codierung (0xFFCC))
- DQT ... *Define Quantization Table*, Quantisierungstabellen (0xFFDB)
- DRI ... *Define Restart Interval*, Definition von unabhängigen Codierungsabschnitten (0xFFDD)
- RST ... *Restart Marker*, Ende eines Codierungsabschnitts (0xFFDm)
- COM ... *Comment*, Kommentar (0xFFFE)

Die Datenstruktur eines JPEG-1-codierten Bildes könnte zum Beispiel so aussehen wie in **Abb. 8.12**. Im Folgenden werden die wichtigsten Markensegmente näher erläutert.

Der Frame-Header (SOF)

Wie alle Markensegmente beginnt der Rahmenkopf mit einem 0xFF-Byte. Das nachfolgende Byte ist nicht für jeden Rahmen identisch, sondern legt gleichzeitig den Kompressionsmodus fest. Insgesamt werden 12 verschiedene Modi unterschieden (**Tab. 8.8**).

Tabelle 8.8: Marken-Codes für den Rahmenkopf und den damit signalisierten Kompressionsmodus

SOF_n	Kategorie
Nicht-differentielle Huffman-codierte Rahmen	
0xC0	Baseline DCT
0xC1	erweitert, sequentiell, DCT
0xC2	progressiv, DCT
0xC3	verlustlos, sequentiell
Differentielle Huffman-codierte Rahmen	
0xC5	differentiell, sequentiell, DCT
0xC6	differentiell, progressiv, DCT
0xC7	differentiell, verlustlos
Nicht-differentielle arithmetisch-codierte Rahmen	
0xC8	reserviert für Erweiterungen
0xC9	erweitert, sequentiell, DCT
0xCA	progressiv, DCT
0xCB	verlustlos, sequentiell
Differentielle arithmetisch-codierte Rahmen	
0xCD	differentiell, sequentiell, DCT
0xCE	differentiell, progressiv, DCT
0xCF	differentiell, verlustlos

Tabelle 8.9: Struktur eines JPEG-1-Rahmenkopfes

Parameter	Symbol	Bits
Marke 0xFFCn	SOF_n	16
Länge des Rahmenkopfes	Lf	16
Genauigkeit der Abtastwerte	P	8
Anzahl der Zeilen	Y	16
Anzahl der Bildpunkte pro Zeile	X	16
Anzahl der Komponenten im Rahmen	Nf	8
Spezifikation der Komponenten ($i = 1, \ldots, Nf$)		
Komponentennummer	C_i	8
Abtastfaktor horizontal	H_i	4
Abtastfaktor vertikal	V_i	4
Selektor für Quantisierungstabelle	Tq_i	8

Dem Marken-Code folgen Felder, die den Rahmen näher spezifizieren. **Tabelle 8.9** zeigt die Struktur eines Rahmenkopfes. Als erstes wird die Länge des Rahmenkopfes in Bytes definiert. Sie schließt die 2 Bytes des Längenfeldes mit ein. Die höherwertigen Bytes stehen dabei immer vor den niederwertigen Bytes. Anschließend folgt die Genauigkeit der Bildpunkte. Bei einer DCT-basierten Kompression sind hier nur die Werte 8 und 12 erlaubt, bei der verlustlosen Kompression Werte von 2 bis 16. In den differentiellen Modi können auch andere Werte auftreten. Alle Komponenten eines Rahmens müssen die gleiche Auflösung der Abtastwerte haben. Die Komponentenanzahl ist für Farbbilder typischer Weise gleich 3 (eine Luminanz- und zwei Chrominanzkomponenten). Für jede

Tabelle 8.10: Struktur eines Scan-Kopfes

Parameter	Symbol	Bits
Marke 0xFFDA	SOS	16
Länge des Scan-Kopfes	Ls	16
Anzahl der Komponenten im Scan	Ns	8
Spezifikation der Komponenten ($i = 1, \ldots, Ns$)		
Komponentennummer	Cs_i	8
Selektor für DC-Codetabelle	Td_i	4
Selektor für AC-Codetabelle	Ta_i	4
Beginn der spektralen Selektion bzw.		
Auswahl des Prädiktors	Ss	8
Ende der spektralen Selektion	Se	8
obere Bitposition bei schrittweiser Approximation	Ah	4
untere Bitposition bei schrittweiser Approximation		
bzw. Punkttransformation	Al	4

Komponente werden Abtastfaktoren spezifiziert. $H_{\max}$ sei der größte horizontale und $V_{\max}$ der größte vertikale Abtastfaktor sowie X, Y die Dimensionen der Komponente mit den größten Faktoren. Dann ergeben sich Anzahl der Zeilen Y_i und Anzahl der Spalten X_i einer Komponente i aus ihren Abtastfaktoren H_i und V_i

$$X_i = \left\lceil X \cdot \frac{H_i}{H_{\max}} \right\rceil \qquad Y_i = \left\lceil Y \cdot \frac{V_i}{V_{\max}} \right\rceil .$$

Wenn die Codierung zum Beispiel im Format 4:2:0 erfolgt, dann würden die Komponenten Y, Cb und Cr die Faktoren $H_Y = V_Y = 2$, $H_{Cb} = V_{Cb} = 1$ und $H_{Cr} = V_{Cr} = 1$ aufweisen.

Abschließend wird jeder Komponente eine Quantisierungstabelle zugewiesen. Dadurch ist es möglich, die Komponenten unterschiedlich zu quantisieren. Insgesamt kann eine von vier Tabellen ausgewählt werden.

Der Scan-Header (SOS)

Der Inhalt eines Scan-Kopfes ist in **Tabelle 8.10** aufgelistet. In einem Rahmen können mehrere Scans vorkommen, insbesondere bei einer progressiven Codierung. Die Anzahl der Komponenten pro Scan legt den Typ der Datensortierung fest. Wenn nur eine Komponente vorhanden ist, sind die Daten nicht verschachtelt und jede MCU enthält nur eine Dateneinheit. Bei mehreren Komponenten erfolgt ein Verschachteln und die Anzahl der Dateneinheiten pro MCU wird durch die Abtastfaktoren determiniert. Die Komponenten werden dabei immer unabhängig voneinander codiert, nur die Reihenfolge der Verarbeitung ist verschachtelt.

Ein Scan enthält maximal vier Komponenten. Jeder Komponente wird je eine Codetabelle für die DC- und AC-Koeffizienten zugeordnet. Im progressiven Modus dürfen DC- und AC-Koeffizienten nicht im selben Scan codiert werden. Bei Verwenden der spektralen Progression beträgt der Bereich der Koeffizientenindizes (Anfang Ss bis Ende Se) 0

Tabelle 8.11: Struktur eines DHT-Markensegments

Parameter	Symbol	Bits
Marke 0xFFC4	DHT	16
Länge der Tabellendefinition	Lh	16
für jede Huffman-Tabelle		
Tabellenklasse	Tc	4
Tabellennummer	Th	4
Anzahl der Huffman-Codes der Länge l		
for $l = 1, \ldots, 16$	L_l	8
Symbolnummern		
for $l = 1, \ldots, 16;\ i = 1, \ldots, L_l$	V_{li}	8

bis 63. Im sequentiellen DCT-Modus ist Ss immer gleich Null und Se immer gleich 63. Ist Ss im progressiven Modus gleich Null, dann werden nur DC-Koeffizienten übertragen und Se muss auch Null sein. Falls durch den Rahmenkopf eine verlustlose Codierung signalisiert wurde, enthält das Feld Ss den ausgewählten Prädiktor. Die schrittweise Approximation wird durch die Variablen Ah und Al gesteuert. Ah ist im verlustlosen Modus, im sequentiellen Modus und für den ersten Durchlauf bei Progression immer gleich Null. Ansonsten bekommt Ah den Wert von Al des vorangegangenen Scans. Al selbst definiert eine Punkttransformation, d. h. alle Koeffizienten werden durch 2^{Al} dividiert. Im verlustlosen Modus entspricht Al der Punkttransformation Pt. Im sequenziellen Modus ist $Al = 0$.

Spezifikation der Huffman-Code-Tabellen (DHT)

Die Spezifikation der Huffman-Code-Tabellen unterscheidet zwei Klassen (Parameter Tc in **Tab. 8.11**). Klasse $Tc = 0$ definiert Codetabellen für DC- und $Tc = 1$ Codetabellen für AC-Koeffizienten. Für jede Klasse dürfen bis zu vier verschiedene Codetabellen übertragen werden. Im Baseline-System sind jedoch nur je zwei Tabellen erlaubt. Die eigentliche Definition der Huffman-Codes erfolgt in zwei Schritten. Zuerst wird angegeben, wie viele Codewörter mit einer bestimmten Codelänge auftreten. Die maximale Codelänge ist auf 16 begrenzt und die maximale Anzahl von Codewörtern mit der gleichen Codewortlänge beträgt 255. Anschließend werden alle Symbolnummern für jede Codewortlänge aufgelistet, wobei Symbolnummern mit gleicher Codelänge in aufsteigender Reihenfolge sortiert sind. Encoder und Decoder konstruieren sich die Codewörter aus den Codewortlängen mit dem in Abschnitt 3.6 beschriebenen Algorithmus. Tabellen für DC-Koeffizienten umfassen maximal 17 Symbole (vgl. Tab. 8.5) und im Baseline-Prozess bei Bilddaten mit acht Bits pro Bildpunkt sogar nur 12 Symbole (vgl. Tab. 8.2). Für die Codierung der AC-Koeffizienten ergibt sich die Anzahl von verschiedenen Symbolen aus der Zahl der möglichen Kombinationen von Lauflänge und Kategorie des Folgewertes. Die Symbolnummer berechnet sich aus Lauflänge mal 16 plus Kategoriennummer. Die Symbolnummer '0' ist für das EOB-Symbol reserviert und $15 \cdot 16 + 0 = 240$ für das ZRL-Symbol (siehe auch Tab. 8.4). Alle anderen Kombinationen mit der Kategorienummer '0' werden im sequentiellen Modus nicht verwendet. Im progressiven Modus, der hier nicht weiter besprochen werden soll, stehen diese Symbole für eine spezielle End-Of-Block-Codierung zur Verfügung.

Tabelle 8.12: Struktur eines DQT-Markensegments

Parameter	Symbol	Bits
Marke 0xFFDB	DQT	16
Länge der Tabellendefinition	Lq	16
für jede Quantisierungstabelle		
Genauigkeit der Quantisierungswerte	Pq	4
Tabellennummer	Tq	4
Quantisierungswerte $k = 0,\ldots,63$	Q_k	8 oder 16

Tabelle 8.13: Struktur eines DRI-Markensegments

Parameter	Symbol	Bits
Marke 0xFFDD	DRI	16
Länge des Segments	Lr	16
Restart-Intervall	Ri	16

Spezifikation der Quantisierungstabellen (DQT)

Mit Hilfe des DQT-Markensegments werden bis zu vier verschiedene Quantisierungstabellen spezifiziert (**Tab. 8.12**). Die Präzision der Quantisierungswerte darf entweder 8 Bits ($Pq = 0$) oder 16 Bits ($Pq = 1$) sein. Zur Identifikation der Tabellen werden die Werte 0 bis 3 verwendet. Anschließend folgen je 64 Quantisierungswerte in Zick-Zack-Reihenfolge. Die Zuordnung der Quantisierungstabellen zu den einzelnen Komponenten erfolgt im Rahmenkopf (siehe auch Abschnitt 8.2.3.2).

Restart-Intervalle

Restart-Intervalle bieten die Möglichkeit, den Datenstrom in unabhängig voneinander decodierbare Segmente zu unterteilen. Dies ist zum Beispiel von Interesse, wenn der JPEG-1-Bitstrom über einen mit Störungen behafteten Kanal gesendet wird. Der Decoder hat durch spezielle Marken zusätzliche Synchronisationspunkte, um im Fehlerfall die Decodierung fortsetzen zu können.

Mit einem DRI-Markensegment (*define restart interval*) wird festgelegt, wie viele MCU's zu einen Segment gehören (**Tab. 8.13**). Lediglich das letzte Segment eines Scans darf weniger MCU's umfassen. Mit $Ri = 0$ wird der Restart-Mechanismus abgeschaltet. Nach der Übertragung von jeweils Ri MCU's wird eine Restart-Marke (RST...0xFFD0 – 0xFFD7) eingefügt. 3 Bits der Markendefinition sind für eine Nummerierung der Intervalle modulo 8 vorgesehen. In den DCT-basierten Algorithmen wird der Prädiktor der DC-Koeffizienten nach jeder Restart-Marke auf Null gesetzt. Im verlustlosen Modus erfolgt das Reinitialisieren des Prädiktionswertes auf 2^{B-Pt-1}, wobei B die Genauigkeit der Bildpunkte in Bits und Pt der Parameter für die Punkttransformation sind.

Anwendungsbezogene Daten

Gibt es für die Interpretation der komprimierten Daten besondere Vereinbarungen, die von einer bestimmten Anwendung vorgegeben sind, so werden diese in einem speziellen Marker-Segment übermittelt, **Tabelle 8.14**. Es dürfen bis zu 16 Applikations-Segmente

Tabelle 8.14: Struktur eines Applikations-Segments

Parameter	Symbol	Bits
Marke 0xFFEn	APP	16
Länge des Segments	Lp	16
Applikationsdaten	AP_i	$(Lp - 2) \times 8$

Tabelle 8.15: Struktur eines Applikations-Segments mit JFIF-Daten

Parameter	Symbol	Bits	Interpretation
Marke 0xFFE0	APP	16	
Länge des Segments	Lp	16	
Identifikation		40	(4A 46 49 46 00)h = 'JFIF'
Version		16	(01 02)h = '1.02'
Einheit für		8	0 ... keine
Bildpunkt-			1 ... Punkte pro Zoll
dichte			2 ... Punkte pro cm
horiz. Dichte		16	
vert. Dichte		16	
Xth		8	Anzahl der Spalten im Thumbnail
Yth		8	Anzahl der Zeilen im Thumbnail
(RGB)n		$3 \times n$	Farbtripel für Thumbnail

(0xFFE0 –0xFFEF) eingebunden werden.

Der prominenteste Gebrauch liegt in der Identifizierung des *JPEG File Interchange Formats* (JFIF, [Ham92]). JFIF spezifiziert wichtige anwendungsbezogene Daten, die durch den JPEG-1-Standard selbst nicht abgedeckt sind, wie z. B. die Interpretation der drei Komponenten als Y-, Cb- und Cr-Komponente sowie Angaben über eine Versionsnummer, die Auflösung des Bildes (Punkte pro Zoll) und ein Vorschaubild (engl.: *thumbnail*). JFIF nutzt grundsätzlich die Marke 0xFFE0 und die ersten fünf Bytes der Anwendungsdaten enthalten die Null-terminierte Zeichenkette „JFIF", wobei das Segment direkt hinter der SOI-Marke folgen muss. **Tabelle 8.15** zeigt den Inhalt eines JFIF-Markensegments. Die in JFIF festgelegte Farbraumtransformation wurde schon auf Seite 243 in den Gleichungen (7.1) und (7.2) definiert. Der Wertebereich von Cb und Cr wird durch einen Offset von 128 in den nicht-negativen Bereich von 0 bis 255 verschoben.

Kommentare

Die Struktur von JPEG-1-Datenströmen erlaubt das Einfügen von Kommentaren. Der Aufbau eines Kommentar-Segments ist in **Tabelle 8.16** dargestellt. Die Interpretation dieser Bytes ist dem Decoder überlassen.

Definition der Tabellen zur arithmetischen Codierung (DAC)

Abgesehen vom Baseline-Modus können alle Verarbeitungsmodi mit einer arithmetischen Codierung anstelle einer Huffman-Codierung arbeiten. Die Kompression ist dadurch im

Tabelle 8.16: Struktur eines Kommentar-Segments

Parameter	Symbol	Bits
Marke 0xFFFE	COM	16
Länge des Segments	Lc	16
Kommentar	Cm_i	$(Lc - 2) \times 8$

Tabelle 8.17: Struktur des DAC-Segments, n ist die Anzahl der spezifizierten Tabellen

Parameter	Symbol	Bits	Werte		
Marke 0xFFCC	DAC	16	sequentiell DCT erweitert	progressiv DCT	verlustlos
Länge des Segments	La	16	$2 + 2 \cdot n$		
Tabellenklasse	Tc	4	0 (DC), 1(AC)		0
Tabellenspezifikation	Tb	4	0-3		
Konditionierungswert	Cs	8	$0 - 255(Tc = 0), 0 - 63(Tc = 1)$		$0 - 255$

Allgemeinen besser. Aufgrund von patentrechtlichen Limitierungen wurde die arithmetische Codierung ursprünglich nie benutzt. Und obwohl der Patentschutz für das jüngste Patent bereits im Jahr 2012 erlosch und aktuelle Software-Bibliotheken diese Option beinhalten, unterstützen viele Anwendungen (speziell die Internet-Browser) heute immer noch nicht das Speichern oder Lesen von JPEG-1-Bildern mit arithmetischer Codierung. Das Lesen von arithmetisch codierten JPEG-1-Bilder ist z. B. mit IrfanView [Ski] oder Windows-Paint möglich. Gimp [GIMP] kann Bilder auch in diesem Format exportieren, während Adobe Photoshop 2025 nicht einmal in der Lage ist, JPEG-1-Bilder mit arithmetische Codierung zu lesen.

JPEG-1 verwendet den so genannten QM-Coder, welcher das adaptive Codieren von binären Symbolen ermöglicht. Die wesentliche Arbeitsweise wurde bereits im Abschnitt 3.7.4 (Seite 54) beschrieben.

Tabelle 8.17 zeigt den Inhalt des DAC-Markensegmentes. Die Variable Tc legt fest, ob dieses Segment Informationen für die Codierung der DC- oder AC-Koeffizienten enthält. Insgesamt können vier Konditionierungstabellen verwendet werden. Tb adressiert, welche dieser vier Tabellen gerade gemeint ist. Der Konditionierungswert Cs steuert die Arbeitsweise der binären arithmetischen Codierung. Für weitere Details sei auf den Standard [ISO92] verwiesen.

8.2.3.3 Ein Beispiel

Zum besseren Verständnis der Syntax-Beschreibung und der Codierungsalgorithmen wird im Anhang D die Rekonstruktion eines Bildes aus einem JPEG-1-Bitstroms diskutiert. **Abbildung D.1** im Anhang zeigt die einzelnen Bytes dieser Datei in hexadezimaler Schreibweise.

8.2.4 Kompressionsergebnisse

Die Leistungsfähigkeit des JPEG-1-Algorithmus wurde mit Hilfe der Software der *Independent JPEG Group (IJG)* (www.ijg.org, Version 8d, 15-Jan-2012) getestet. Ein externer Qualitätsparameter $Q_s = 1 \ldots 100$ steuert die Skalierung der verwendeten Basistabelle für die Quantisierungswerte $Q_{k,l}$. Dadurch kann die Stärke der Kompression variiert werden. Es gilt

$$Q'_{k,l} = \begin{cases} (Q_{k,l} \cdot (5000/Q_s) + 50)/100 & \text{für} \quad Q_s < 50 \\ (Q_{k,l} \cdot (200 - 2 \cdot Q_s) + 50)/100 & \text{für} \quad Q_s \geq 50 \end{cases} \quad . \tag{8.4}$$

Ein Wert von $Q_s = 50$ verändert die Quantisierungswerte nicht ($Q'_{k,l} = Q_{k,l}$). $Q_s = 75$ bewirkt ein Halbieren der Quantisierungswerte und damit ein Verdoppeln der Koeffizientengenauigkeit. Die maximale Qualität wird mit $Q_s = 100$ erreicht. Dies führt formal zu Werten von $Q'_{k,l} = 0$, die aber explizit durch 1 ersetzt werden. Die Qualität des rekonstruierten Bildes hängt dann nur noch von der Genauigkeit der diskreten Kosinus-Transformation ab. Die Werte $Q'_{k,l}$ werden in einem DQT-Markensegment an den Decoder übertragen.

In **Abbildung 8.13** sind die Leistungskurven für die Kompression von zwei unterschiedlichen Bildern dargestellt. Die IJG-Software erlaubt den Einsatz von verschiedenen Optionen. Ohne Angabe von Parametern verwendet der Algorithmus die vom Standard vorgeschlagenen Quantisierungs- und Codetabellen. Verwendet man den progressiven Modus, wird automatisch eine Code-Optimierung aktiviert. Die Codes werden an die einzelnen Durchläufe durch das Bild angepasst und die erforderliche Bitrate verringert sich dadurch bei gleicher Bildqualität. Die objektive Qualität der rekonstruierten Bilder wird durch Verwenden einer konstanten Quantisierung für alle DCT-Koeffizienten erheblich gesteigert. Die beste objektive Qualität wird erzielt, wenn die konstante Quantisierung mit dem progressiven Modus kombiniert wird. Im Allgemeinen sollte jedoch mit den an die menschliche Wahrnehmung angepassten Quantisierungswerten die bessere subjektive Bildqualität bei einer festgelegten Bitrate erreicht werden. Verwendet man die arithmetische Codierung (AC) an Stelle der Huffman-Codierung, verbessert sich ebenfalls die Kompressionseffizienz noch etwas.

Die **Abbildungen 8.14** bis **8.17** zeigen die rekonstruierten Bilder nach der Kompression mit verschiedenen Qualitätsparametern Q_s bei Verwenden des progressiven Modus, Standard-Quantisierungstabellen und der arithmetischen Codierung. Deutlich ist der Abfall der subjektiven Qualität bei stärkerer Kompression infolge der Blockbildung zu erkennen. Sogar bei 1.342 bpp des Bildes ‚Hannes1' sind aufgrund der vergrößerten Darstellung in den dunklen Bereichen die Basisbilder der 2D-DCT sichtbar. Im Allgemeinen sollte keine Qualität unter $Q_s = 90$ verwendet werden, weil die Bildinformation ansonsten zu stark verändert wird. Die Originalbilder sind im Anhang A abgedruckt.

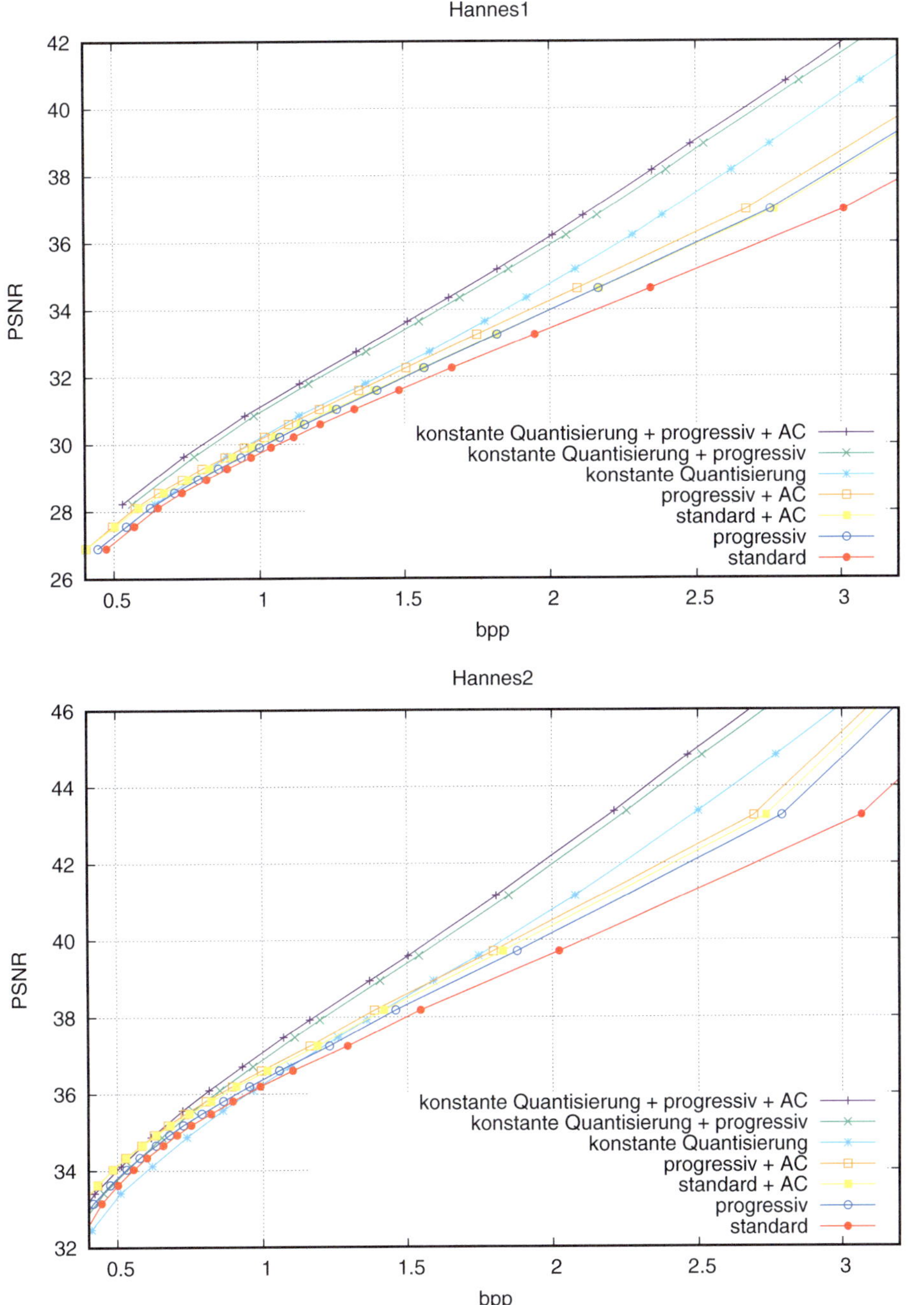

Abbildung 8.13: Leistungsfähigkeit der JPEG-1-Kompression für die Testbilder ‚Hannes1' und ‚Hannes2'

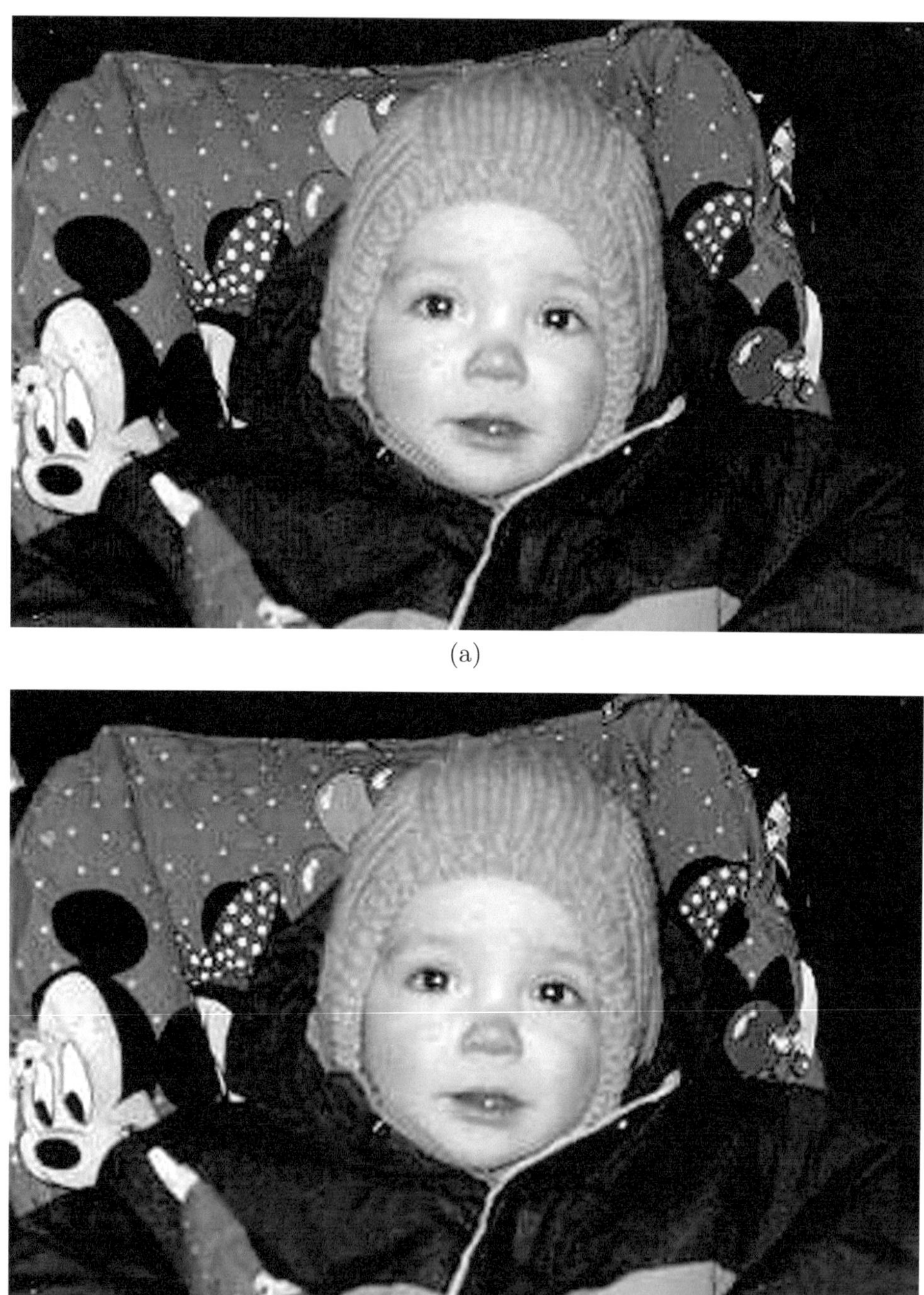

(a)

(b)

Abbildung 8.14: Rekonstruierte Bilder für Testbild ‚Hannes1' bei verschiedenen Bitraten: (a) $Q_s = 70$, 1.342 bpp, 31.59 dB; (b) $Q_s = 50$, 0.946 bpp, 29.91 dB

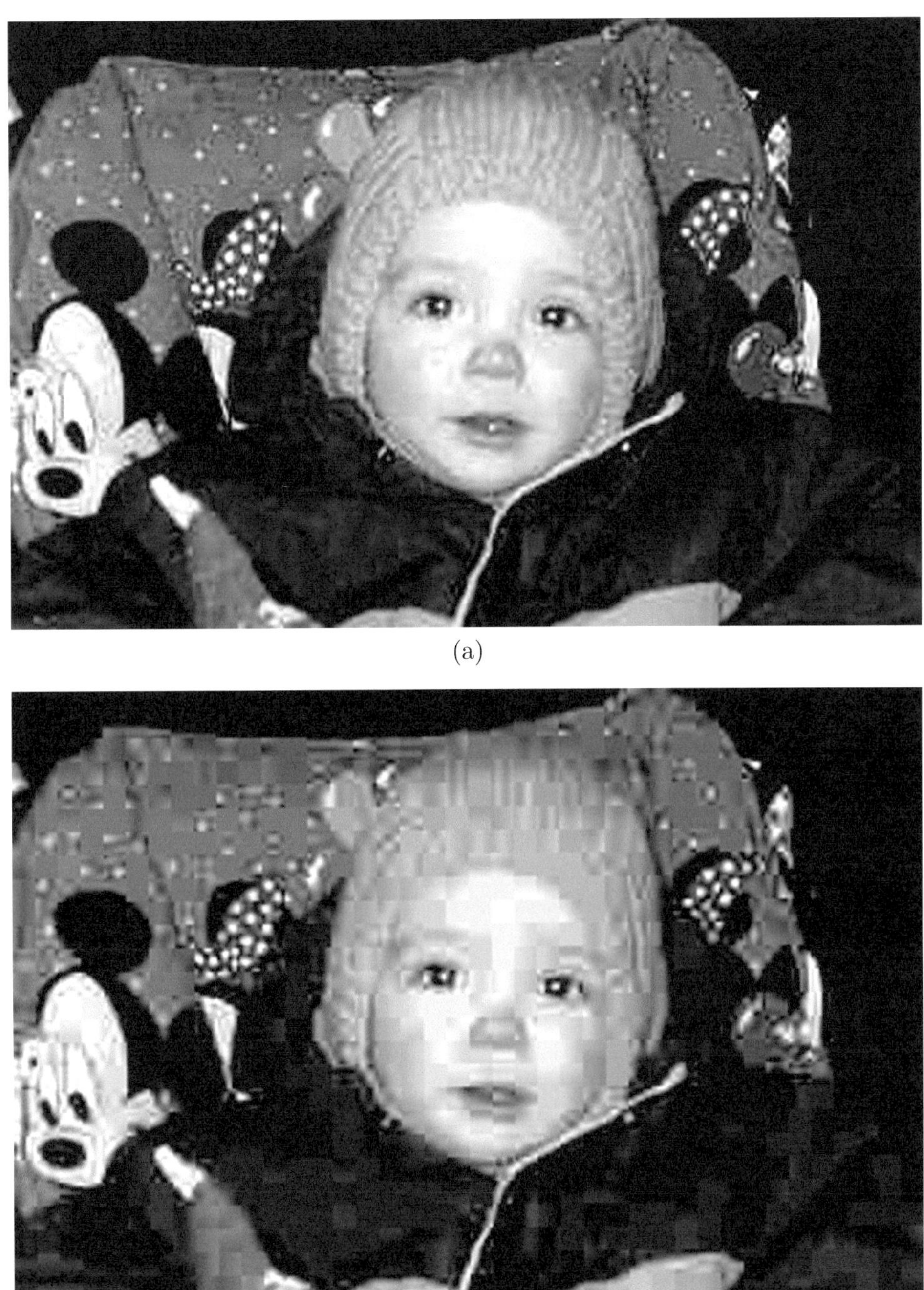

(a)

(b)

Abbildung 8.15: Rekonstruierte Bilder für Testbild ‚Hannes1' bei verschiedenen Bitraten: (a) $Q_s = 30$, 0.653 bpp, 28.56 dB; (b) $Q_s = 10$, 0.293 bpp, 25.85 dB

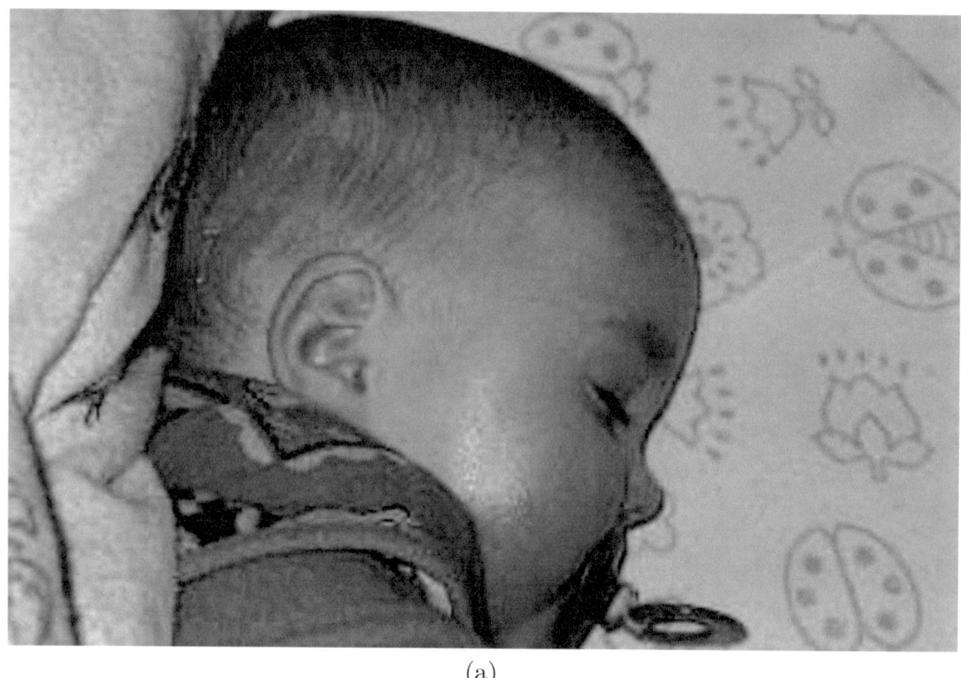

(a)

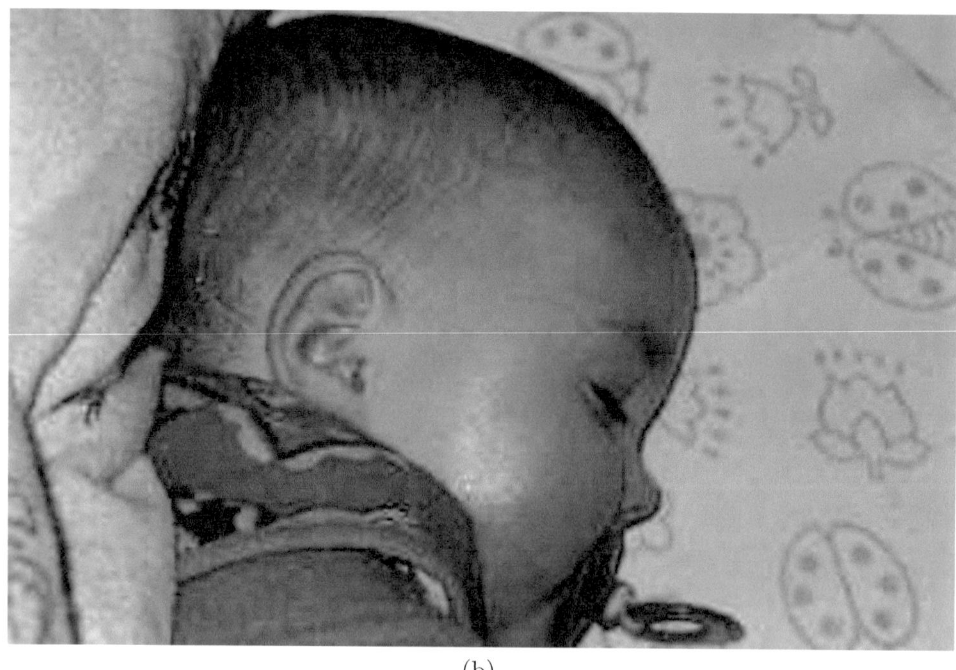

(b)

Abbildung 8.16: Rekonstruierte Bilder für Testbild ‚Hannes2' bei verschiedenen Bitraten: (a) $Q_s = 70$, 0.893 bpp, 36.19 dB; (b) $Q_s = 50$, 0.627 bpp, 34.94 dB

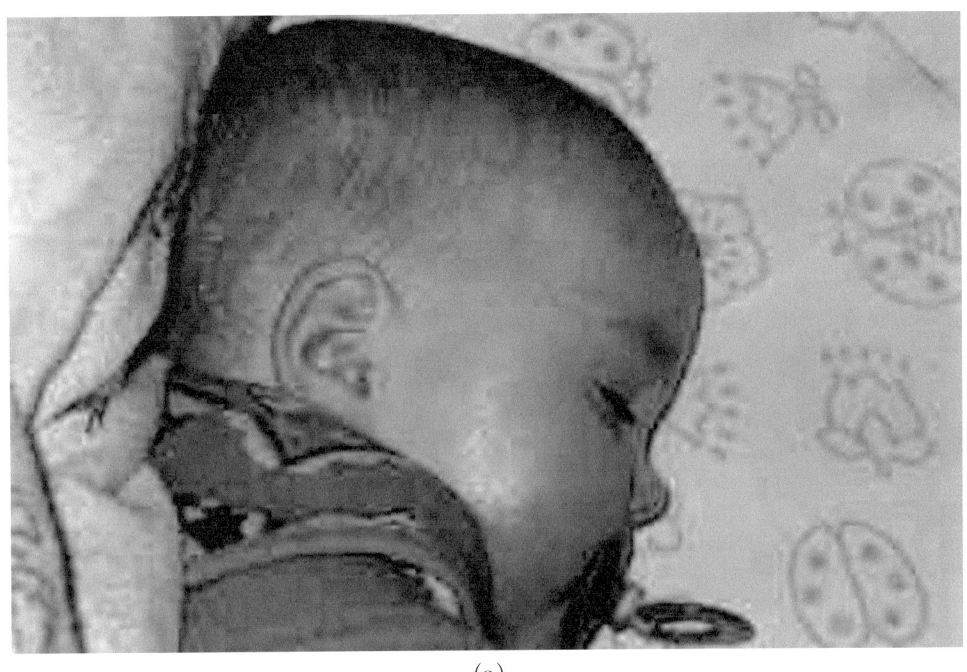

(a)

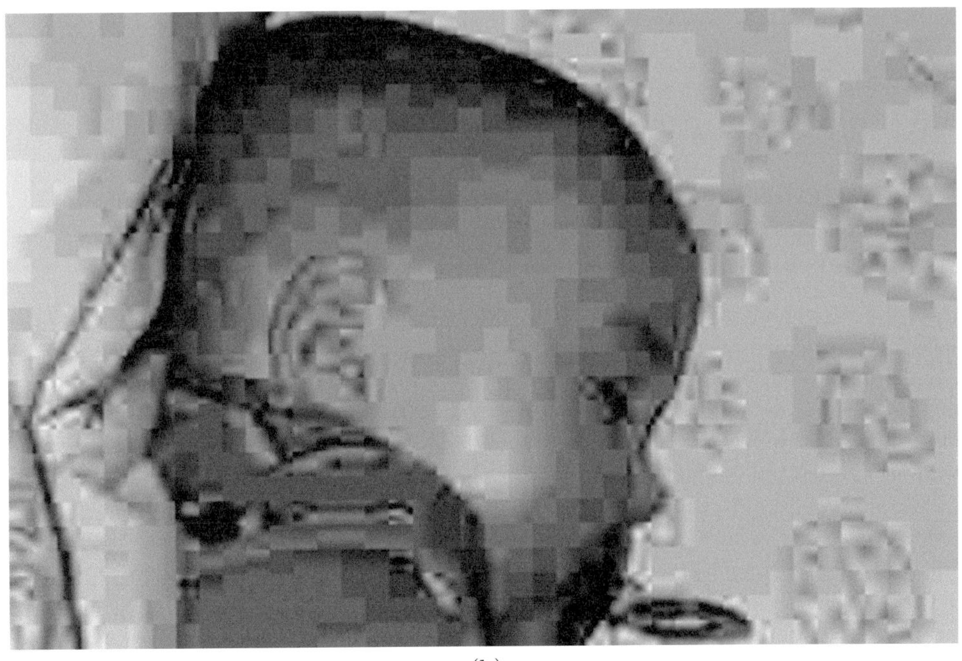

(b)

Abbildung 8.17: Rekonstruierte Bilder für Testbild ‚Hannes2' bei verschiedenen Bitraten: (a) $Q_s = 30$, 0.431 bpp, 33.63 dB; (b) $Q_s = 10$, 0.191 bpp, 30.18 dB

8.3 JPEG-LS – Verlustlose Kompression

Die reversible Kompression von Bildern schließt die Lücke zwischen der Codierung mittels universellen Pack-Programmen, welche für natürliche Bilder nur eine sehr geringe Kompression erzielen, und den verlustbehafteten Verfahren, bei denen man eine Veränderung der Bildinformation in Kauf nehmen muss. Sowohl der alte JPEG-Standard als auch JPEG 2000 beinhalten einen Modus zur verlustlosen Kompression. Diese Verfahren sind aber nicht sehr leistungsfähig (JPEG, siehe Abschnitt 8.2) bzw. sind relativ rechenintensiv (JPEG 2000, siehe Abschnitt 8.4).

Der Standard JPEG–LS (LS... *lossless*) zielt auf eine sehr hohe Kompression bei gleichzeitiger geringer Komplexität des Algorithmus. Das JBIG/JPEG-Komitee der ISO bat Anfang 1994 um Vorschläge zur *lossless* und *near-lossless* (fast verlustlosen) Kompression. Im Near-Lossless-Modus dürfen sich die Bildpunktwerte innerhalb eines bestimmten Wertebereiches verändern, z.B. ± 1, ± 2 usw. Von den neun eingereichten Algorithmen, basierten sieben auf prädiktiven Techniken, und es zeigte sich schnell, dass die beiden transformationsbasierten Vorschläge nicht an die Leistungsfähigkeit der prädiktiven heranreichten [Mem97]. Als Favoriten schälten sich das CALIC-Verfahren [Wu97b, Wu97a] sowie der von Hewlett-Packard-Mitarbeitern entwickelte Algorithmus LOCO-I (*LOw COmplexity*) [Wei96, Ser97, Wei00] heraus. Insbesondere letzterer war zum Teil inspiriert durch den FELICS-Algorithmus [How93]. Obwohl CALIC die etwas höhere Kompression erreicht, wurde LOCO-I aufgrund der geringeren Komplexität als Basis für den neuen Standard ausgewählt. Trotz der relativ einfachen Kompressionsmethode erreicht LOCO-I durch ausgefeilte Optimierungen außerordentlich hohe Kompressionsergebnisse, die neben CALIC nur von sehr wenigen anderen Verfahren wie zum Beispiel [Mey01, Mat05, Str16a] mit deutlich höherem Rechenaufwand übertroffen werden.

Die folgenden Abschnitte beziehen sich im Wesentlichen auf die Ausführungen im internationalen Standard ISO/IEC 14495-1 [ISO00a] sowie auf die Veröffentlichung [Wei00]. Es sei darauf hingewiesen, dass es eine Erweiterung des Standards gibt [ISO03a].

8.3.1 Der Kompressionsalgorithmus

JPEG–LS verwendet einen prädiktiven Codierungsalgorithmus (vgl. Abschnitt 6.2). Auf Basis bereits verarbeiteter Bildpunkte (Rasterscan-Reihenfolge) wird eine Voraussage über den nächsten Wert gemacht. Die Differenz zwischen dem Schätzwert und dem tatsächlichen Signalwert wird mit einem kontextbasierten Rice-Code entropiecodiert (**Abb. 8.18**). Ein Gradientendetektor analysiert die Umgebung des aktuellen Bildpunktes. Falls er einen konstanten Signalverlauf erkennt, ist die Wahrscheinlichkeit sehr hoch, dass der nächste Bildpunkt denselben Wert wie sein linker Nachbar hat und ein Lauflängenmodus (*run mode*) wird aktiviert. Anderenfalls wählt der Detektor anhand einer simplen Kantendetektion einen von drei verschiedenen Prädiktoren aus (regulärer Modus, *regular mode*). Diese nichtlineare Prädiktion wurde bereits auf den Seiten 157f. erläutert. Der Gradientendetektor legt gleichzeitig den Kontext für die Codierung fest. Abhängig vom Kontext wird ein Offset berechnet, der den Prädiktionswert korrigiert. Die Differenz zwischen korrigiertem Prädiktionswert und originaler Bildpunktamplitude wird anschließend codiert. Die Auswahl des zu verwendenden Rice-Codes wird dabei ebenfalls über die Kontextmodellierung gesteuert.

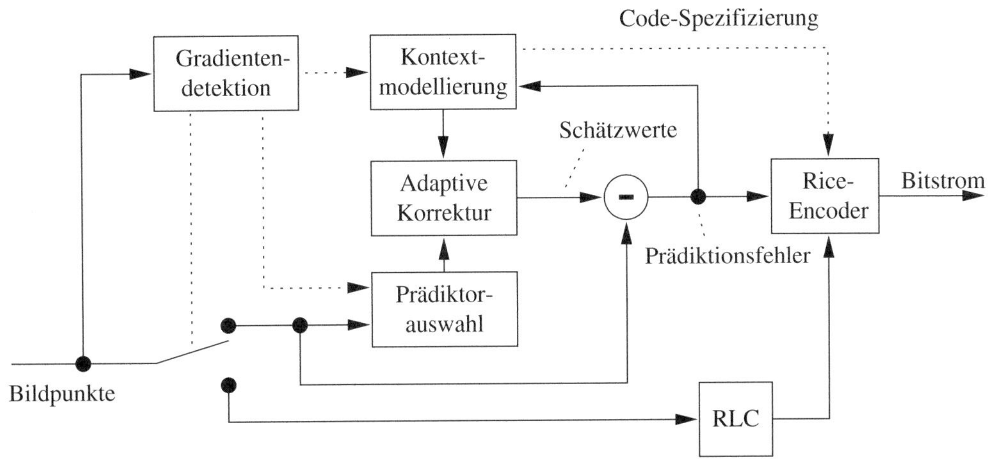

Abbildung 8.18: Blockschaltbild für den Signalfluss im JPEG–LS-Algorithmus

Der Standard erlaubt die Kompression von aus mehreren Komponenten (z. B. Farb-Kanäle) bestehenden Bildern. Eine Transformation zur Dekorrelation (wie z. B. die RCT in Abschnitt 7.2.6.3) ist im Baseline-Modus nicht vorgesehen, die Codierung kann jedoch mit verschiedenen Verschachtelungen erfolgen und die einzelnen Komponenten dürfen unterschiedliche Unterabtastformate haben. Die entsprechende Zuordnung erfolgt analog zum alten JPEG-Standard (siehe auch Abschnitt 8.2.3.2). In der Erweiterung von JPEG-LS [ISO03a] ist eine Farbraumtransformation gemäß Abbildung 7.16 (Seite 251) definiert. Allerdings wird der Wertebereich für die Farbdifferenzkomponenten durch Modulo-Operationen auf den originalen Bereich begrenzt (siehe auch Seite 250).

JPEG-LS unterstützt außerdem das Codieren von Index- bzw. Palettenbildern. Die codierten Daten werden als Index in eine Farbtabelle[3] (oder Tabelle mit beliebiger Bedeutung) interpretiert, wenn diese zusätzlich übertragen wird.

8.3.2 Encodierungsprozeduren

Die Kontextmodellierung erfolgt mit Hilfe der in **Abbildung 8.19** dargestellten Schablone (engl. *template*). Bei der Codierung von Bildpunkten der ersten Zeile bzw. der Spalten am Rand liegt die Schablone nicht vollständig im Bild, weshalb zusätzliche Vereinbarungen nötig sind. Die Werte b, c und d werden als null angenommen, wenn der aktuelle Bildpunkt der ersten Zeile angehört. Für die Randpositionen aller anderen Zeilen wird a und d jeweils der Wert von b zugewiesen; c enthält den Wert von a aus der vorangegangenen Zeile. Im Falle einer *near-lossless*-Codierung können die Rekonstruktionswerte von den originalen Signalwerten abweichen. Damit eine synchrone Verarbeitung zwischen Encoder und Decoder gewährleistet ist, wird die Kontextmodellierung und Codierungsadaptation immer mit den Rekonstruktionswerten durchgeführt. Zur Verdeutlichung werden im Folgenden die Bezeichner Rx, Ra, Rb, Rc und Rd benutzt.

---

[3]siehe Abschnitt 7.2.9

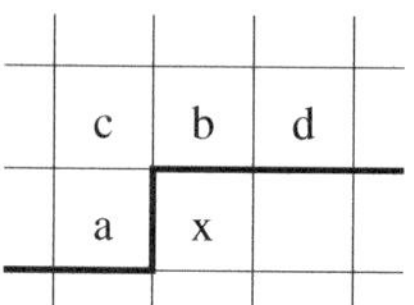

Abbildung 8.19: Schablone für die Kontextmodellierung

8.3.2.1 Initialisierungen

Die folgenden Initialisierungen sind immer zu Beginn der Codierung vorzunehmen. Der Parameter NEAR gibt an, ob es sich um eine verlustlose Codierung (NEAR $= 0$) oder um eine Kompression mit einer gewissen Toleranz ($\pm$NEAR, NEAR > 0) handelt. Hilfreich ist weiterhin eine Konstante NEARm2p1 $:=$ NEAR $\cdot 2 + 1$. RANGE enthält den Wertebereich der zu verarbeitenden Werte

$$\text{RANGE} := \left\lfloor \frac{\text{MAXVAL} + 2 \cdot \text{NEAR}}{\text{NEARm2p1}} \right\rfloor + 1 \, ,$$

wobei MAXVAL mindestens so groß ist wie der größte Signalwert im zu codierenden Bild. Die Variablen $qbpp := \lceil \log_2(\text{RANGE}) \rceil$ (Bittiefe von RANGE) und LIMIT $:= (2 \cdot (bpp + \max(8, bpp) - qbpp - 1)$ mit $bpp := \max(2, \lceil \log_2(\text{MAXVAL} + 1) \rceil)$ werden für eine Ausnahmebehandlung von sehr langen Rice-Codewörtern benötigt. Für das Modellieren von 365+2 verschiedenen Kontexten sind außerdem vier Arrays erforderlich. $N[0 \ldots 366]$ enthält die aktuelle Anzahl von Ereignissen pro Kontext, $A[0 \ldots 366]$ die Summe aller Prädiktionsfehlerbeträge (Absolutwerte), $B[0 \ldots 366]$ einen Wert für die Bias-Kompensation und $C[0 \ldots 366]$ die Korrekturwerte (Offsets) für die Prädiktionswertberechnung. Die Indizes $[0 \ldots 364]$ korrespondieren mit dem regulären Codierungsmodus[4], [365] und [366] sind für den Lauflängenmodus reserviert. Alle Einträge von A werden mit

$$A[\cdot] := \max \left(2, \lfloor (\text{RANGE} + 32)/64 \rfloor \right)$$

initialisiert. Die Elemente von N sind auf 1 sowie die Elemente von B und C auf null zu setzen. Das Anpassen der Kompression an die Signalstatistik erfolgt über das regelmäßige Skalieren der Summen $A[\cdot]$ und $B[\cdot]$. $N[\cdot]$ wird dafür nach jedem Codierschritt mit einer Konstanten RESET verglichen. Sobald RESET überschritten wird, erfolgt das Halbieren der Werte $A[\cdot]$, $B[\cdot]$ und $N[\cdot]$ (siehe auch weiter unten). RESET wird vom Encoder festgelegt und in den Bitstrom eingefügt. Der Default-Wert ist auf 64 gesetzt. Je kleiner der Wert von RESET ist, desto schneller ist die Adaptation, aber auch anfälliger gegenüber Ausreißern in der Statistik.

Die Kontextquantisierung erfordert drei Schwellwerte $T1 = 3$, $T2 = 7$ und $T3 = 21$. Diese Default-Werte können durch externe Programmparameter modifiziert werden. Das ist insbesondere für Daten mit mehr als 8 Bits pro Bildpunkt sinnvoll. Für die *near-lossless*-Codierung werden diese Schwellen automatisch erhöht.

---

[4]Index 0 kann nur bei einer bildpunktweisen Verschachtelung von Komponenten eines Bildes im regulären Modus auftauchen.

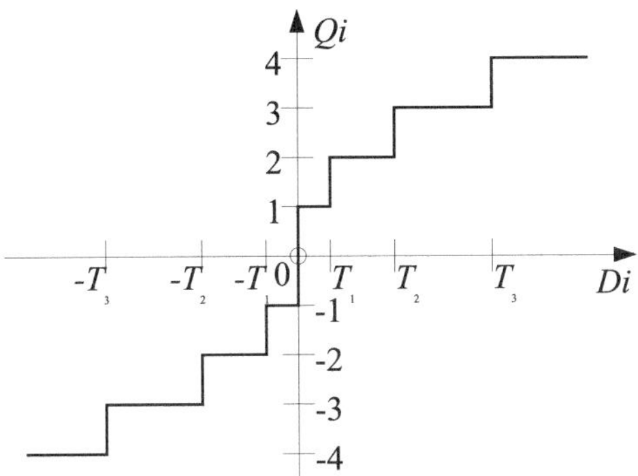

Abbildung 8.20: Kennlinie zum Quantisieren der Gradienten; $Di = 0 \mapsto Qi = 0$, wenn NEAR=0

8.3.2.2 Gradientendetektion

Der erste Verarbeitungsschritt ermittelt die lokalen Gradienten in der direkten Umgebung des aktuellen Bildpunktes

$$D1 := Rd - Rb, \qquad D2 := Rb - Rc, \qquad D3 := Rc - Ra \qquad (8.5)$$

Sind alle Differenzwerte gleich null (bei verlustloser Kompression) bzw. kleiner gleich NEAR springt der Coder in den Lauflängenmodus, anderenfalls wird im regulären Modus weitergearbeitet.

8.3.2.3 Encodieren im regulären Modus

Die Auswahl eines Kontextes ist von den Gradienten $D1$, $D2$ und $D3$ abhängig[5]. Da die Menge aller Kombinationen viel zu groß ist[6], werden die Gradienten mit Hilfe der Schwellen $T1$, $T2$ und $T3$ quantisiert und auf Werte $Q1$, $Q2$ und $Q3$ abgebildet (**Abb. 8.20**). Der Vektor $(Q1, Q2, Q3)$ bildet somit den Kontext für den aktuellen Bildpunkt. Alle drei Differenzwerte werden gleich behandelt, in **Algorithmus 8.1** (links) ist der Index deshalb durch i ersetzt. Insgesamt wird durch das Quantisieren die Anzahl verschiedener Kontexte auf $9 \cdot 9 \cdot 9 = 729$ reduziert. Eine Möglichkeit zum Berechnen der Kontextnummer wäre $cx' := 9 \cdot (9 \cdot Q1 + Q2) + Q3$.[7] Unter der Annahme, dass es für die Texturen im Bild keine Vorzugsrichtung gibt, ist eine Betrag-Vorzeichen-Darstellung ausreichend. Ist $cx' < 0$ gelten $cx = -cx'$ und $sign = -1$, im anderen Fall $cx = cx'$ und $sign = 1$. Die Zahl unterscheidbarer Kontexte verringert sich somit auf 365 ($[0 \ldots 364]$).

Für die Prädiktion des aktuellen Wertes x kommt der auf Seite 159 beschriebene nichtlineare Prädiktor (MED) zum Einsatz (**Alg. 8.1** rechts oben). In Abhängigkeit von Ra, Rb und Rc wird ein Prädiktor aus drei Möglichkeiten ausgewählt. Der resultierende

---

[5]Man kann die Kombination der Gradienten als Textur interpretieren. Bildpositionen mit ähnlicher Textur werden dem gleichen Kontext zugeordnet.
[6]Vergleiche hierzu auch Ausführungen zur Kontextquantisierung auf Seite 85.
[7]Diese Abbildung der quantisierten Gradienten auf einen skalaren Wert ist nicht im Standard vorgeschrieben, verlangt ist lediglich eine eineindeutige Zuordnung.

Algorithmus 8.1: Elemente des JPEG-LS-Algorithmus: Quantisierung der Gradienten (links), nichtlineare Prädiktion per Median-Edge-Detektor (rechts oben) und adaptive Korrektur des Schätzwertes (rechts unten)

1: $\triangleright$ *Quantisierung der Gradienten* $\triangleleft$	1: $\triangleright$ *kantensensitive Prädiktion* $\triangleleft$
2: **function** QuantiGrad(Di)	2: **procedure** GetPredictor
3: **if** ($Di \leq -T3$) $Qi \leftarrow -4$	3: **if** ($Rc \geq \max(Ra, Rb)$) $\hat{x} \leftarrow \min(Ra, Rb)$
4: **else if** ($Di \leq -T2$) $Qi \leftarrow -3$	4: **else if** ($Rc \geq \min(Ra, Rb)$) $\hat{x} \leftarrow \max(Ra, Rb)$
5: **else if** ($Di \leq -T1$) $Qi \leftarrow -2$	5: **else** $\hat{x} \leftarrow Ra + Rb - Rc$
6: **else if** ($Di < -$NEAR) $Qi \leftarrow -1$	6: **end procedure**
7: **else if** ($Di < T1$) $Qi \leftarrow 1$	1: $\triangleright$ *kontextabhängige Korrektur von $\hat{x}$* $\triangleleft$
8: **else if** ($Di < T2$) $Qi \leftarrow 2$	2: **procedure** BiasCorrection
9: **else if** ($Di < T3$) $Qi \leftarrow 3$	3: **if** ($sign == +1$) $\hat{x} \leftarrow \hat{x} + C[cx]$
10: **else** $Qi \leftarrow 4$	4: **else** $\hat{x} \leftarrow \hat{x} - C[cx]$
11: **return** Qi	5: CLAMP($\hat{x}$).
12: **end function**	6: **end procedure**

1: **function** CLAMP(v) $\triangleright$ *Begrenze den Wertebereich*
2:   **if** ($v > $ MAXVAL) $v \leftarrow$ MAXVAL **else if** ($v < 0$) $v \leftarrow 0$ **end if**; **return** v
3: **end function**

Algorithmus 8.2: Berechnen, Quantisieren und Zentrieren des Prädiktionsfehlers e sowie Rekonstruktion des Bildpunktes

1: $\triangleright$ *Berechnung des Prädiktionsfehlers* $\triangleleft$	1: $\triangleright$ *Rekonstruktion des Bildpunktes* $\triangleleft$
2: **if** ($sign < 0$) $e \leftarrow \hat{x} - x$	2: $Rx \leftarrow \hat{x} + sign \cdot e \cdot$ NEARm2p1
3: **else** $e \leftarrow \hat{x} + x$	3: CLAMP(Rx)
4: $\triangleright$ *Quantisierung des Prädiktionsfehlers* $\triangleleft$	4: $\triangleright$ *Wertebereich von e einschränken* $\triangleleft$
5: **if** ($e > 0$) $e \leftarrow$ (NEAR $+ e$)/NEARm2p1	5: **if** ($e < -$RANGE/2) $e \leftarrow e + $ RANGE
6: **else** $e \leftarrow -$(NEAR $- e$)/NEARm2p1	6: **else if** ($e > ($RANGE$ - 1)/2$)
	$e \leftarrow e - $ RANGE

Schätzwert $\hat{x}$ wird kontextabhängig korrigiert (**Alg. 8.1** rechts unten) und mit Hilfe der Funktion CLAMP() auf den gültigen Wertebereich begrenzt. Erläuterungen zu $C[cx]$ sind weiter unten angegeben.

Das Berechnen des Prädiktionsfehlers e hängt vom Vorzeichen des Kontexts ab. Bei einer *near-lossless*-Kompression ist außerdem der Fehler zu quantisieren (**Algorithmus 8.2**, vgl. auch Abb. 6.6 auf Seite 156). Da sich der im Decoder zu rekonstruierende Wert Rx vom Original x aufgrund der Quantisierung unterscheiden kann, muss der Encoder diesen Wert ebenfalls berechnen.

Formal gesehen sind Prädiktionsfehler e im Bereich von $-$MAXVAL bis $+$MAXVAL möglich. Da aber sowohl der Encoder als auch der Decoder den Schätzwert $\hat{x}$ kennen, ist bei genauerer Betrachtung der Prädiktionsfehler auf das Intervall $[-\hat{x}, $RANGE$ - \hat{x})$ beschränkt. Eine Modulo-Operation zentriert den Wertebereich von e auf einen Wert zwischen $-\lfloor$RANGE/2$\rfloor$ und $\lceil$RANGE/2$\rceil - 1$ (siehe auch Abschnitt 6.2.7).

Algorithmus 8.3: JPEG-LS: Vorbereiten der Rice-Codierung des Prädiktionsfehlers

```
 1: ▷ Schätzen des Codierungsparameters k                              ◁
 2: for (k = 0; (N[cx] << k) < A[cx]; k++);
 3: ▷ Abbilden des Schätzfehlers auf nicht-negativen Wert             ◁
 4: if ((k == 0) && (NEAR == 0) && (2 · B[cx] ≤ N[cx]) )  then
 5:     if (e < 0)  eM ← -2 · (e + 1)
 6:     else        eM ←   2 · e + 1
 7: else
 8:     if (e < 0)  eM ← -2 · e - 1
 9:     else        eM ←   2 · e
10: end if
```

Für das Codieren mit Rice-Codes sind zwei Dinge vorzubereiten. Erstens wird ein kontextabhängiger Codierungsparameter k für die Auswahl einer geeigneten Codetabelle benötigt und zweitens müssen die vorzeichenbehafteten Prädiktionsfehler auf einen nicht negativen Wertebereich abgebildet werden (**Alg. 8.3**). Das Bestimmen von k basiert auf der Annahme, dass für den mittleren absoluten Prädiktionsfehler $A[cx]/N[cx]$ genau k Bits zur Speicherung genügen

$$2^k \geq A[cx]/N[cx] \qquad \text{oder} \qquad N[cx] \cdot 2^k \geq A[cx] \quad \longrightarrow \quad (N[cx] << k) \geq A[cx] \,.$$

Dementsprechend wird k in der for-Schleife so lange erhöht, bis diese Bedingung erfüllt ist.[8]

Das Codieren von e_M folgt den in Abschnitt 3.5.2 beschriebenen Regeln. Zuerst wird festgestellt, welcher Restwert $y = e_M >> k$ nach Abschneiden der untersten k Bits übrig bleibt. Die y Bits werden als Nullen gefolgt von einem 1-Bit ausgegeben. Anschließend folgen die unteren k Bits von e_M. In ungünstigen Fällen ist y sehr groß und das Codewort entsprechend lang. Deshalb wird die Codierung von y auf LIMIT 0-Bits begrenzt und der tatsächliche Wert dann mit *qbpp* Bits übertragen.

Die bereits verwendeten Variablen $A[cx]$, $B[cx]$, $C[cx]$ und $N[cx]$ ermöglichen die adaptive Korrektur der Schätzwerte (siehe Abb. 8.1) und das adaptive kontextbasierte Bestimmen des Codierungsparameter k (Alg. 8.3). Die Variablen passen sich nach jedem Codierschritt der Statistik des Bildes an. Ihre Adaptation ist in **Algorithmus 8.4** dargestellt.

Die Annahme, dass die Prädiktionsfehler mittelwertfrei sind, gilt nur, wenn man sie in ihrer Gesamtheit betrachtet. Durch die kontextabhängige Unterteilung der Werte in Gruppen ist es durchaus möglich, dass sich innerhalb eines Kontexts ein Mittelwert ungleich null (Bias) einstellt. Mit Hilfe des Korrekturwertes $C[cx]$ soll dieser Bias kompensiert werden. Hierfür wird ein Quotient C aus aufsummierten Prädiktionsfehlern D und ihrer Anzahl N berechnet (aufgerundet auf eine ganze Zahl)

$$C = \lceil D/N \rceil \tag{8.6}$$

---

[8]Genau genommen müsste die Bedingung $2^k > A[cx]/N[cx]$ lauten („größer als' statt ‚größer gleich'), weil Werte, die exakt durch 2^k repräsentiert werden, schon ein Bit mehr benötigen. Der Quellcode müsste dann lauten: for (k = 0; (N[cx] << k) <= A[cx]; k++);. Allerdings ist zusätzlich noch eine Ausnahmebedingung erforderlich. Für $N[cx]$ == $A[cx]$ darf k nicht erhöht werden und muss gleich null sein.

Algorithmus 8.4: Adaptation der Variablen für die kontextbasierte Codierung

1: ▷ *Reskalieren von N, A und B* ◁	1: ▷ *Berechnung des Korrekturwertes C* ◁
2: $A[cx] \leftarrow A[cx] + \mathrm{abs}(e)$	2: **if** $(B[cx] \leq -N[cx])$ **then**
3: $B[cx] \leftarrow B[cx] + e$	3: **if** $(C[cx] > -128)$ $C[cx] \leftarrow C[cx] - 1$
4: **if** $(N[cx] ==$ RESET$)$ **then**	4: $B[cx] \leftarrow B[cx] + N[cx]$
5: $A[cx] \leftarrow A[cx] \gg 1$	5: **if** $(B[cx] \leq -N[cx])$ $B[cx] \leftarrow 1 - N[cx]$
6: $N[cx] \leftarrow N[cx] \gg 1$	6: **else if** $(B[cx] > 0)$ **then**
7: **if** $(B[cx] \geq 0)$ $B[cx] \leftarrow B[cx] \gg 1$	7: **if** $(C[cx] < 127)$ $C[cx] \leftarrow C[cx] + 1$
8: **else** $B[cx] \leftarrow -((1 - B[cx]) \gg 1)$	8: $B[cx] \leftarrow B[cx] - N[cx]$
9: **end if**	9: **if** $(B[cx] > 0)$ $B[cx] \leftarrow 0$
10: $N[cx] \leftarrow N[cx] + 1$	10: **end if**

---

und zum Schätzwert $\hat{x}$ addiert. Diese Berechnungsmethode hat jedoch zwei Nachteile. Erstens benötigt man eine Division, was im Gegensatz zu den Anforderungen an eine geringe Komplexität des Algorithmus steht, und zweitens ist diese Methode sehr empfindlich gegenüber Ausreißern. Um diese Probleme zu lösen, kann man Gleichung (8.6) zunächst umstellen nach

$$D = N \cdot C + B \, , \tag{8.7}$$

wobei die ganze Zahl B im Intervall $-N < B \leq 0$ liegt. Für jeden Kontext wird die Prädiktionsfehlersumme nachgeführt $B[cx] \leftarrow B[cx] + e$. Wenn $B[cx]$ größer null ist, dann muss $C[cx]$ inkrementiert werden, damit ein tendenziell größerer Schätzwert $\hat{x}$ berechnet wird (Alg. 8.4). $B[cx]$ wird dann um $N[cx]$ vermindert. Wenn $B[cx]$ die untere Grenze von $-N[cx]$ erreicht, dann sind die Schätzwerte tendenziell zu groß. In diesem Fall wird $C[cx]$ dekrementiert und $B[cx]$ um $N[cx]$ vergrößert. $C[cx]$ wird dadurch schrittweise an den richtigen Wert heran geführt. Das Anpassen von $C[cx]$ ist auf den Bereich $[-128 \ldots 127]$ begrenzt, um den Speicherbedarf klein zu halten.

8.3.2.4 Encodierung im Lauflängenmodus

Der Lauflängenmodus wird gewählt, wenn alle Gradienten $D1, D2, D3$ gleich null sind (*lossless*) bzw. ihre absoluten Werte kleiner gleich NEAR sind (*near-lossless*). Der Encoder zählt alle Bildpunkte, deren Signalwerte sich nicht um mehr als NEAR vom Startwert unterscheiden. Diese Lauflänge r wird segmentweise übertragen, wobei sich die Länge der Segmente $(m = 2^l)$ an die Statistik des Bildes anpasst. Die möglichen Werte für l sind in einer Tabelle gespeichert: $L = \{0, 0, 0, 0, 1, 1, 1, 1, 2, 2, 2, 2, 3, 3, 3, 3, 4, 4, 5, 5, 6, 6, 7, 7, 8, 9, 10, 11, 12, 13, 14, 15\}$. Der initiale Zeiger in diese Tabelle ist $id = 0$. Es wird zunächst also von einer Lauflänge $m = 2^0 = 1$ ausgegangen. Wenn gilt $r \geq m$ dann wird ein 1-Bit ausgegeben, die verbleibende Lauflänge bestimmt $(r := r - m)$, der Index inkrementiert $(id := \max(id + 1, 31))$ und $m := 2^{L[id]}$ gesetzt. Die angenommene Lauflänge m wird somit tendenziell größer. Wenn die verbleibende Lauflänge kleiner als die aktuelle Segmentlänge ist $(r < m)$, dann gibt es zwei Möglichkeiten. Falls r bis ans Zeilenende reicht, dann wird wieder ein 1-Bit ausgegeben. Anderenfalls wird ein 0-Bit codiert, der verbleibende Wert von r mit $L[id]$ Bits ausgegeben und der Index dekrementiert $(id := \min(id - 1, 0))$. Die Lauflängen-Codierung ist damit abgeschlossen. Der Algorithmus stellt sich damit automatisch auf typische Lauflängen ein.

Tabelle 8.18: Struktur eines Rahmenkopfes für JPEG-LS

Parameter	Symbol	Bits
Marke 0xFFF7	SOF	16
Länge des Rahmenkopfes	Lf	16
Genauigkeit der Abtastwerte	P	8
Anzahl der Zeilen	Y	16
Anzahl der Bildpunkte pro Zeile	X	16
Anzahl der Komponenten im Rahmen	Nf	8
Spezifikation der Komponenten ($i = 1, \ldots, Nf$)		
Komponentennummer	C_i	8
Abtastfaktor horizontal	H_i	4
Abtastfaktor vertikal	V_i	4
–	Tq_i	8

Wenn die Lauflänge nicht durch das Ende der Bildzeile beendet wurde, ist der Folgewert zu codieren, der die Unterbrechung verursacht hat (*run interruption sample coding*). Die Codierung erfolgt ungefähr nach den gleichen Prinzipien wie im regulären Modus. Es werden allerdings nur zwei Kontexte unterschieden ([365] und [366]). Wenn die absolute Differenz $|Ra - Rb|$ größer als NEAR ist, wird Rb als Schätzwert gewählt und mit dem Kontext 365 weitergearbeitet. Anderenfalls ist Ra der Prädiktionswert und Kontext 366 wird verwendet.

8.3.3 Das Datenformat

Die Syntax von JPEG-LS orientiert sich im Wesentlichen am Format des alten JPEG-Standards [ISO92] (siehe Abschnitte 8.2 bzw. 8.2.3.1). Zum Beispiel werden die Marken SOI, EOI, SOS, DNL, DRI, RST und COM wieder verwendet. Hinzu kommt eine neue SOF-Marke (0xFFF7), welche den Beginn eines neuen Rahmens für die JPEG-LS-Codierung anzeigt, und eine LSE-Marke (0xFFF8), die Markensegmente für das Einbetten von Parametern einleitet.

Alle durch den Encodierungsprozess erzeugten Bits werden in Bytes je 8 Bits zusammengefasst, wobei die Bitposition mit der größten Bedeutung (*most significant bit*) immer zuerst gesetzt wird. Bytes am Ende eines Segments mit codierten Daten sind bis zur nächsten Marke mit 0-Bits aufzufüllen. Zum Vermeiden der Detektion von Marken innerhalb der codierten Daten wird nach 0xFF-Bytes ein 0-Bit eingefügt (*bit stuffing*). Diese Nullen werden beim Empfänger vor der Decodierung wieder entfernt. Das Hinzufügen von ganzen 0-Bytes wie beim alten JPEG ist nicht erforderlich, da nach codierten Daten nur Marken folgen, deren zweites Byte mit einem 1-Bit beginnt.

8.3.3.1 Der Frame-Header (SOF)

Der Rahmenkopf der *Start-Of-Frame*-Marke hat genau die gleiche Syntax wie bei JPEG-1 (**Tab. 8.18**). Lediglich die Marke hat einen neuen Wert und die Angaben zum Bildformat werden zum Teil anders interpretiert. Falls die Zeilenanzahl Y auf null gesetzt ist, muss dieser Wert in einem anderen Segment (LSE oder DNL) definiert sein. Wenn

Tabelle 8.19: Struktur eines Scan-Kopfes

Parameter	Symbol	Bits
Marke 0xFFDA	SOS	16
Länge des Scan-Kopfes	Ls	16
Anzahl der Komponenten im Scan	Ns	8
Spezifikation der Komponenten ($i = 1, \ldots, Ns$)		
Komponentennummer	Cs_k	8
Selektor für Indextabellen	Tm_k	8
Toleranz für *near-lossless*	NEAR	8
Modus für die Verschachtelung der Komponenten	ILV	8
ungenutzt		4
Punkttransformation	Pt	4

die Zahl der Spalten gleich null ist, wird eine Angabe in einem LSE-Segment vor dem ersten SOS-Segment erwartet. Danach darf dieser Wert nicht mehr verändert werden. Über den letzten Parameter Tq_i einer Komponente (Selektor für die Quantisierungstabelle beim alten JPEG) wird im JPEG-LS-Standard keine Aussage gemacht. Das Byte bleibt ungenutzt.

8.3.3.2 Der Scan-Header (SOS)

Der Inhalt eines Scan-Kopfes ist in **Tabelle 8.19** aufgelistet. Die Bedeutung einiger Einträge hat sich im Vergleich zum alten JPEG-Standard verändert, da andere Parameter für die Codierung nötig sind. Der Parameter Ss wurde durch NEAR mit einem Wertebereich von

$$0 \leq \text{NEAR} \leq \min\left(255, \left\lceil \frac{\text{MAXVAL}}{2} \right\rceil\right)$$

ersetzt. Den Platz von Se nimmt ILV ein. Dieser Parameter signalisiert den Verschachtelungsmodus. 0 bedeutet keine Verschachtelung und wird grundsätzlich bei Bildern verwendet, die nur aus einer Komponente bestehen. ILV=1 besagt, dass die Komponenten zeilenweise verschachtelt werden, jeweils eine komplette Zeile einer Komponente wird codiert, bevor zur nächsten Komponente gewechselt wird. Alternativ dazu gibt es die Möglichkeit für eine bildpunktweise Verschachtelung (ILV=2). Des Weiteren legt Tm_k fest, welche Tabelle (z.B. Farbpalette bei Palettenbildern) für diesen Scan genutzt werden soll.

8.3.3.3 Das Markensegment für JPEG-LS-Erweiterungen (LSE)

Das LSE-Markensegment überträgt für das Decodieren notwendige Parameter oder Tabellen. Wenn diese Markensegmente mehrmals auftauchen, werden die alten Parameter von den neuen überschrieben. Die grundsätzliche Struktur ist in **Tabelle 8.20** angegeben. Die Längenangabe Ll schließt die Marke selbst nicht mit ein. Der Parameter ID signalisiert, welche Parameter im Segment enthalten sind.

Der Segmentinhalt für die *Preset*-Werte ist in **Tabelle 8.21** aufgelistet. MAXVAL gibt den größten Wert innerhalb des Scans an. Die obere Grenze ist durch die Anzahl von Bits pro Bildpunkt P gegeben, die im SOF-Markensegment definiert wird. $T1, T2$, und $T3$

Tabelle 8.20: Allgemeine Struktur des Kopfes eines LSE-Markensegments

Parameter	Symbol	Bits
Marke 0xFFF8	LSE	16
Länge des Segments	Ll	16
Spezifikation	ID	8
0x01: *Preset*-Werte		
0x02: Tabelle für Indexbilder		
0x03: Tabellenfortsetzung für Indexbilder		
0x04: X- und Y-Werte mit mehr als 16 Bits		

Tabelle 8.21: LSE-Struktur für *Preset*-Parameter

Parameter	Bits	Wert
Ll	16	13
ID	8	1
MAXVAL	16	0 oder $1 \leq \text{MAXVAL} < 2^P$
$T1$	16	0 oder $\text{NEAR} + 1 \leq T1 < \text{MAXVAL}$
$T2$	16	0 oder $T1 \leq T2 < \text{MAXVAL}$
$T3$	16	0 oder $T2 \leq T3 < \text{MAXVAL}$
RESET	16	0 oder $3 \leq \text{RESET} \leq \max(255, \text{MAXVAL})$

spezifizieren die drei Schwellen für die Quantisierung der Gradienten und RESET beeinflusst das Anpassungstempo an variierende Bildeigenschaften. Ist der Zähler $N[cx]$ gleich RESET, werden die Werte $A[cx]$, $B[cx]$ und $N[cx]$ halbiert. Falls für einen dieser Parameter eine Null übergeben wird, kommt sein Default-Wert zum Einsatz (MAXVAL $= 2^P - 1$, RESET $= 64$). Die Schwellen Ti werden in diesem Fall abhängig von NEAR und MAXVAL aus den Basiswerten 3, 7 und 21 abgeleitet.

Tabelle 8.22 zeigt die Struktur des LSE-Segments für die Indextabellen. TID ist die Identifikationsnummer der enthaltenen Tabelle und korrespondiert mit dem Tabellenselektor Tm_k aus dem SOS-Markenkopf (Tab. 8.19). Die Anzahl von Bytes pro Tabelleneintrag ist in Wt angegeben. Handelt es sich zum Beispiel um ein RGB-Farbpalettenbild, hätte die Tabelle drei Bytes pro Eintrag. Anschließend folgt die Tabelle selbst mit maximal $MAXTAB+1$ Einträgen, wobei gilt

$$MAXTAB := \begin{cases} \text{MAXVAL} & \text{für} \quad 5 + Wt \cdot (\text{MAXVAL} + 1) < 65535 \\ \left\lfloor \frac{65530}{Wt} \right\rfloor - 1 & \text{sonst} \end{cases}$$

Tabelle 8.22: LSE-Struktur für Tabellen

Parameter	Bits	Wert
Ll	16	$5 + Wt \cdot (MAXTAB + 1)$
ID	8	2
TID	8	$1 \dots 255$
Wt	8	$1 \dots 255$
$TABLE[i]$	$Wt \cdot 8$	$0 \dots 2^{Wt \cdot 8} - 1$

Tabelle 8.23: Struktur des LSE-Markensegments für übergroße Bilder

Parameter	Bits	Wert
Ll	16	$4 + 2 \cdot Wxy$
ID	8	4
Wxy	8	$2 \ldots 4$
Ye	$Wxy \cdot 8$	$0 \ldots 2^{Wxy \cdot 8} - 1$
Xe	$Wxy \cdot 8$	$1 \ldots 2^{Wxy \cdot 8} - 1$

Wenn der Bitstrom Indextabellen enthält, werden alle rekonstruierten Werte Rx als Zeiger (Indizes) in die entsprechende Tabelle interpretiert. Für $MAXTAB=$ MAXVAL hält das LSE-Segment für jeden Wert Rx genau einen Eintrag bereit. Der Decoder ersetzt die Werte Rx durch einen Wt Bytes langen Wert $TABLE[Rx]$. Die Interpretation dieser Wt Bytes ist nicht im Standard spezifiziert.

Falls das LSE-Segment seine maximale Länge von $Ll = 2^{16} - 1$ erreicht hat und $MAXTAB$ kleiner als MAXVAL ist, müssen sofort weitere LSE-Markensegmente mit der Identifikation $ID = 3$ folgen, bis alle MAXVAL $+ 1$ Einträge definiert sind. Diese Segmente haben im Prinzip die gleiche Struktur, außer dass der Wertebereich von $MAXTAB$ von der Zahl der noch nicht übertragenen Tabelleneinträge abhängt.

Die vierte Variante des LSE-Segments ist erforderlich, wenn das Bild so groß ist, dass 16 Bits nicht zur Beschreibung von Zeilen- oder/und Spaltenanzahl ausreichen (**Tab. 8.23**). Wxy enthält die Anzahl von Bytes mit der Ye (Anzahl der Zeilen) und Xe (Anzahl der Spalten) übertragen werden. Wenn Ye gleich null ist, muss diese Angabe in einem gesonderten Markensegment (DNL) gesendet werden.

8.3.4 Resultate der (nahezu-)verlustlosen Kompression

Zum Abschluss dieses Kapitels soll die Leistungsfähigkeit verschiedener verlustloser Kompressionsalgorithmen untersucht werden. Der Vergleich umfasst den JPEG-LS-Algorithmus, den reversiblen Codierungsmodus von JPEG-2000 [OpenJpg] (siehe Abschnitt 8.4), den verlustfreien Modus des alten JPEG-1-Standards (LJPEG), den Standard JPEG-XL [ISO22c] (siehe Abschnitt 8.5.4) sowie drei Verfahren, die nicht standardisiert sind. Auf CALIC wurde schon zu Beginn des Abschnitts 8.3 näher eingegangen. Glicbawls ist ein Verfahren, das den Prädiktionswert mit Hilfe eines Least-Squares-Ansatz relativ aufwendig berechnet [Mey01]. Bei CoBaLP2 (*Context Based Linear Prediction*) arbeiten drei Prädiktoren parallel und die Schätzwerte werden adaptiv gewichtet [Str16a]. Zwei der Prädiktoren verwenden das Least-Mean-Square-Verfahren, wobei die Prädiktionskoeffizienten kontextabhängig aktualisiert werden. Der dritte Prädiktor nutzt das Template-Matching (siehe Abschnitt 6.2.5.2).

Tabelle 8.24 enthält Angaben über die Größe der komprimierten Testbilder. Untersucht wurden zwei gescannte Fotos (Hannes1 und Hannes2), ein Computertomographie-Bild (CT-Bild) sowie ein gescannter Abschnitt aus einem Buch. Bis auf das CT-Bild (11 Bits pro Bildpunkt) haben die Bilder eine Auflösung von 8 Bits. Es ist zu erkennen, dass JPEG-LS stärker komprimiert als JPEG-2000 im reversiblen Modus. Das überrascht nicht, da JPEG-LS speziell für die verlustlose Codierung entworfen wurde,

Tabelle 8.24: Vergleich der reversiblen Kompression für verschiedene Graustufen-Testbilder (siehe Anhang A), Angaben in Bytes. Das beste Ergebnis ist fett gedruckt, das zweitbeste unterstrichen.

Testbild	Hannes1	Hannes2	CT-Bild	Dokument
LJPEG	47 563	39 709	138 600	105 217
JPEG-2000	47 431	38 824	114 539	92 903
JPEG-LS	45 339	37 453	111 643	70 553
JPEG-XL	44 383	36 354	<u>96 117</u>	**54 781**
CALIC	<u>44 008</u>	36 423	108 713	73 251
Glicbawls	44 043	**35 414**	105 935	93 920
CoBaLP2	**43 107**	<u>35 504</u>	**92 986**	<u>64 052</u>

während die reversible Kompression bei JPEG-2000 eigentlich nur ein Spezialfall der verlustbehafteten Codierung ist. LJPEG hat insgesamt die geringste Leistungsfähigkeit. Es wurde jeweils der Prädiktor mit dem besten Ergebnis ausgewählt (7 für Hannes1 und Hannes2 sowie 4 für die beiden anderen Bilder). JPEG-XL übertrifft JPEG-LS für alle vier getesteten Bilder bei etwas mehr Zeitaufwand. Genutzt wurde die Referenzsoftware von [JXL25] mit maximaler Kompression (‚-e 9‘).

CALIC und Glicbawls senken das Datenaufkommen für die Fotos noch stärker als JPEG-LS, dies aber deutlich auf Kosten der Rechenzeit insbesondere bei Glicbawls. CoBaLP2 erreicht auch für das Bild ‚Dokument‘ eine bessere Kompression als JPEG-LS, benötigt dafür aber die meiste Zeit im Vergleich der insgesamt fünf Verfahren. Bemerkenswert: der Quellcode von Glicbawls liegt in einer etwas „verschlüsselten“ Version vor, die nur 1795 Bytes (!) umfasst.

Einen weiteren Vergleich für Farbbilder findet man in Abschnitt 8.7.2.

Nun wird noch geklärt, wie der Vergleich von verlustbehafteten Verfahren und der *near-lossless*-Codierung ausfällt. Die **Abbildungen 8.21** und **8.22** zeigen die entsprechenden PSNR-Kurven in Abhängigkeit von der Dateigröße (Bits pro Bildpunkt) des komprimierten Bildes. Bei den Bildern ‚Hannes1‘ und ‚Hannes2‘ ist deutlich zu erkennen, dass bei geringer Veränderung der Bildinformation (bei hohen Bitraten) die *near-lossless*-Codierung höhere objektive Bildqualitäten erreicht als die verlustbehaftete Kompression mit JPEG-2000. Die Grauwerttoleranzen sind mit ± 1 bis ± 3 markiert. Glicbawls erlaubt ebenfalls die Angabe einer Toleranz und erreicht niedrigere Bitraten als JPEG-LS bei gleicher Bildqualität. JPEG-XT liegt knapp unter JPEG-2000. Es verwendet im wesentlichen die Kompressionsmethoden von JPEG-1. Für eine maximale objektive Qualität wurden konstante Quantisierungstabellen, progressive Verarbeitung und die arithmetische Codierung aktiviert. Auch JPEG-XL reicht nicht an die Ergebnisse von JPEG-2000 und JPEG-LS heran. Ein Grund könnte sein, dass JPEG-XL für eine gute subjektive Qualität optimiert ist und nicht für objektive Qualität (vgl. Abschnitt 2.5.2). JPEG-XS [ISO22b] ist ein auf geringe Latenz optimierter Kompressionsstandard und ermöglicht keine gute Kompression, siehe Abschnitt 8.5.3.

Der Vergleich bei der Kompression des CT-Bildes zeigt, dass es auch Fälle gibt, bei denen bereits eine Toleranz von ± 1 bei JPEG-LS zu einem geringeren PSNR-Wert führt

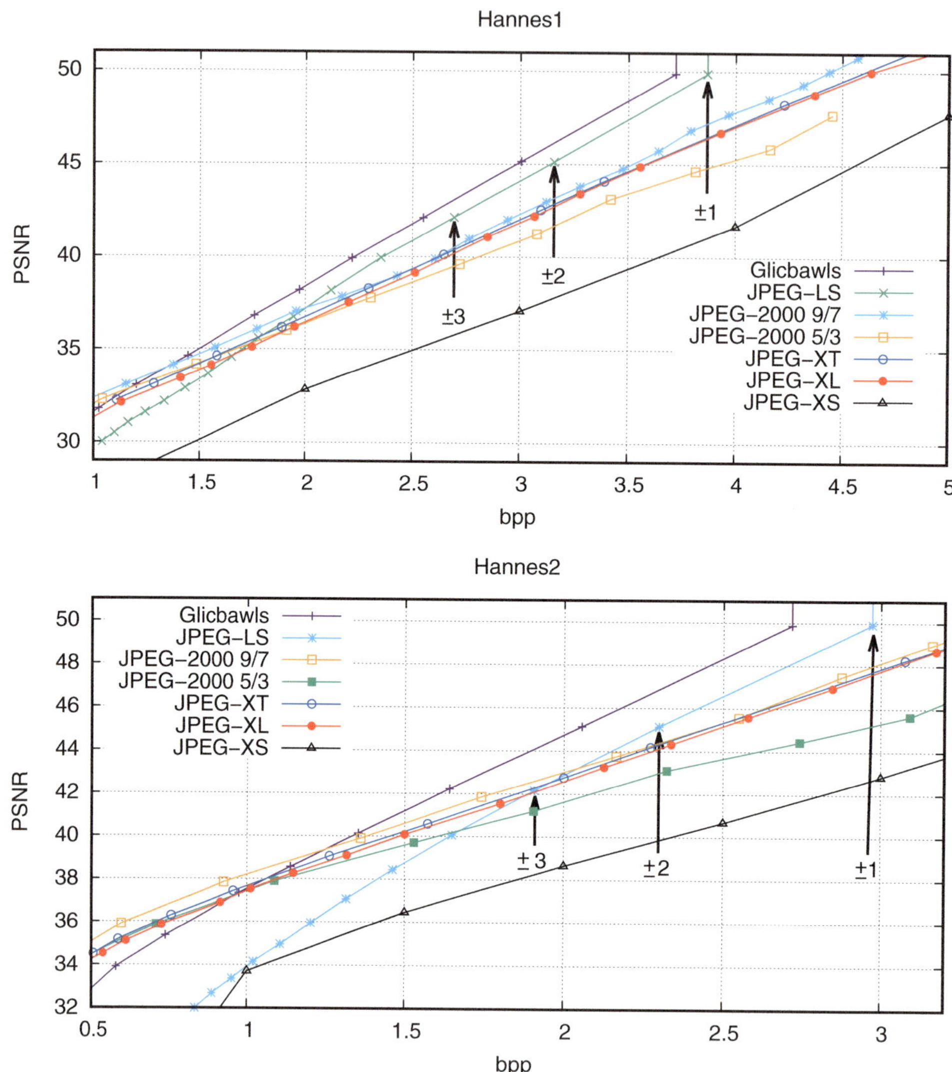

Abbildung 8.21: Vergleich der Leistungsfähigkeit bei *near-lossless*-Codierung für die
Bilder ‚Hannes1' und ‚Hannes2'

als eine JPEG-2000-Kompression mit dem 9/7-Wavelet. Bei der verlustbehafteten Kompression können jedoch einzelne rekonstruierte Bildpunkte eine größere Abweichung als 1 aufweisen. JPEG-XL erreicht eine ähnliche Kompression wie JPEG-2000.

Bei der Kompression des gescannten Dokuments ist der JPEG-LS-Algorithmus wieder deutlich im Vorteil. Die Einbrüche der Bildqualität sind auf die in diesem Fall ungünstige Prädiktionsfehler-Quantisierung zurückzuführen. Ein Wert von NEAR = 9 zum Beispiel bewirkt für den sehr häufig auftretenden Grauwert 255 einen Rekonstruktionswert von

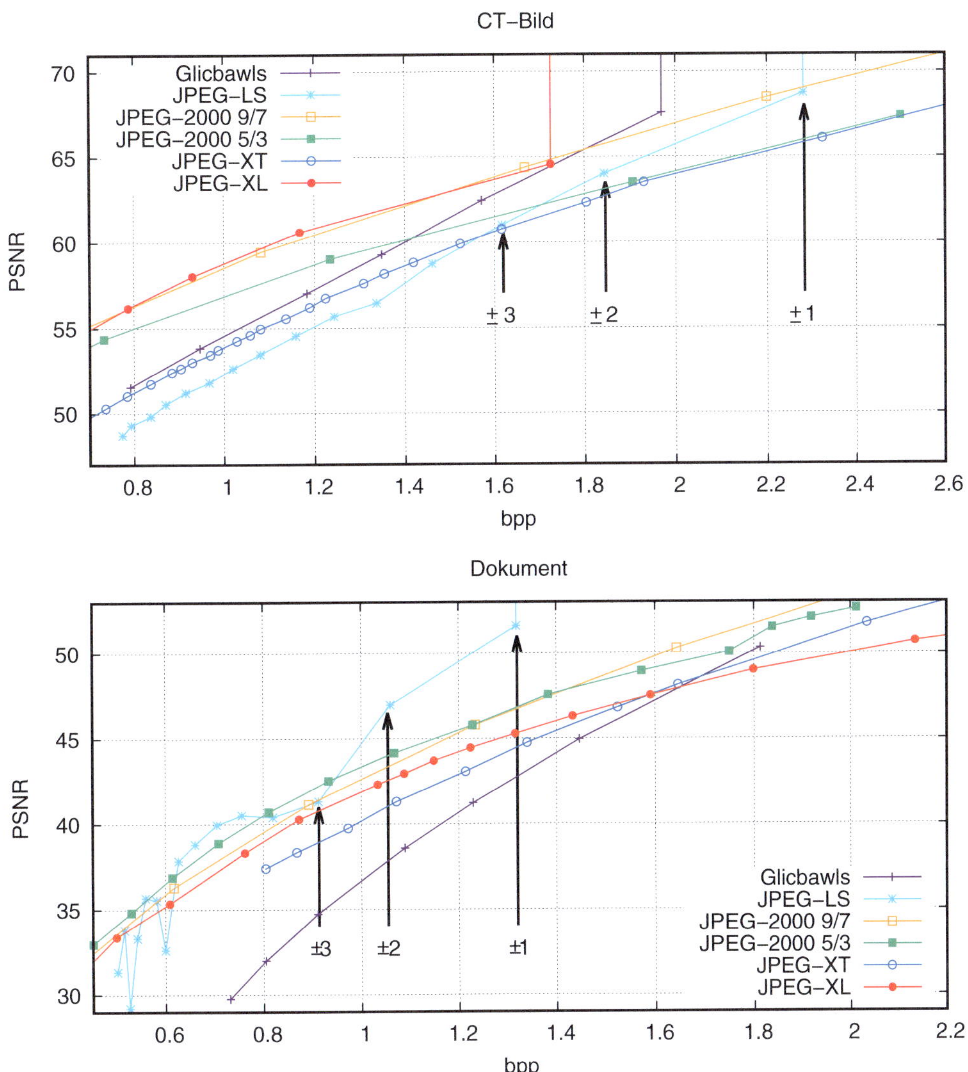

Abbildung 8.22: Vergleich der Leistungsfähigkeit bei *near-lossless*-Codierung für das CT-Bild und das gescannte Dokument

$\lfloor(9{+}255)/19\rfloor{\cdot}19 = 247$. Die benachbarten Toleranzen NEAR $= 8$ bzw. 10 führen dagegen zu den Rekonstruktionswerten $\lfloor(8{+}255)/17\rfloor{\cdot}17 = 255$ bzw. $\lfloor(10{+}255)/21\rfloor{\cdot}21 = 252$, die einen deutlich geringeren Abstand zum originalen Wert 255 haben. JPEG-XL benötigt im verlustlosen Modus für dieses Dokument-Bild lediglich 1.558 Bits pro Bildpunkt. Im verlustbehafteten Modus wird aber der Mehraufwand an Bits nicht adäquat in höhere Bildqualität umgesetzt, weil ein anderes Kompressionsprinzip zum Einsatz kommt.

8.4   JPEG-2000 – Waveletbasierte Kompression

Der Standard JPEG-2000 spezifiziert ein Kompressionssystem für die Kompression von Einzelbildern, welches sowohl eine große Flexibilität hinsichtlich der Codierung als auch in puncto des Datenzugriffs aufweist. Der Bitstrom (oder *codestream*) unterstützt Mechanismen, die eine Anpassung an Übertragungskanäle, Speichermedien oder Anzeigegeräte ermöglichen, unabhängig von der Größe des Bildes, der Anzahl der Bildkomponenten und der Auflösung der Abtastwerte des originalen Bildes. Der Bitstrom kann ohne Decodieren manipuliert und auf die Bedürfnisse der gewünschten Anwendungen zugeschnitten werden. Es ist möglich, Daten derart aus dem Bitstrom zu entnehmen, dass eine Rekonstruktion des Bildes mit niedriger Auflösung, geringerer Bitrate oder von bestimmten Bildregionen realisierbar ist. JPEG-2000 hat seine Anwendung gefunden insbesondere zur digitalen Bewahrung von Fotos und Dokumenten (z. B. [Des07, DigPres]) in Bildarchiven, für hochauflösende Videokameras und für das digitale Kino [DCI12].

Die folgenden Abschnitte geben einen groben Überblick über die Codierungsalgorithmen und Strukturen, wie sie in der Empfehlung ISO/IEC FCD15444-1, *Information technology – JPEG-2000 Image Coding System*, Final Committee Draft Version 1.0 [ISO00b][9] vorgeschlagen und im internationalen Standard [ISO04b] spezifiziert wurden. Die Dokumente erläutern die festgelegte Syntax des Bitstroms, die Anforderungen an den Decoder und machen Vorschläge, wie der Encoder realisiert werden könnte. Die Implementierung der Algorithmen ist weder für den Encoder noch für den Decoder vorgeschrieben. Des Weiteren werden die Anforderungen eines optionalen Dateiformates dargelegt, in welches JPEG-2000-Bitströme eingebettet und mit Zusatzinformationen versehen werden können, die nicht für die Decodierung erforderlich sind. Es existiert eine Open-Source-Implementierung für JPEG-2000 [OpenJpg].

Der JPEG-2000-Standard gliedert sich in zwölf Teile [ISO04a, ISO04b, ISO07b, ISO04c, ISO03b, ISO03c, ISO07c, ISO05b, ISO08a, ISO07a, ISO05a, ISO08b]:

- Part 1: Kern-Codierungssystem (2000-2008)
- Part 2: Erweiterungen (2004)
- Part 3: Motion JPEG-2000 (2007)
- Part 4: Konformitätstests (2004)
- Part 5: Referenz-Software (2003)
- Part 6: Bild-Dateiformat (2003)
- Part 7: verworfen
- Part 8: Sicherheitsaspekte (2007)
- Part 9: Interaktive Werkzeuge, Anwender-Schnittstellen und Protokolle (2005)
- Part 10: Erweiterungen für dreidimensionale Daten (2008)
- Part 11: Drahtlose Übertragung (2007)
- Part 12: ISO grundlegendes Medien-Dateiformat (2005)
- Part 13: Beschreibung eines Basis-Encoders für JPEG-2000 (2008)

Die folgenden Ausführungen beschränken sich auf den Part 1. Weiterführende Informationen hierzu sind auch in [Tau02] zu finden.

---

[9]siehe www.jpeg.org

Tabelle 8.25: Koeffizienten für das Analysetiefpassfilter $h_0[n]$ und das Synthesetiefpassfilter $g_0[n]$ des symmetrischen biorthogonalen 9/7-Wavelets

$|n|$	0	1	2	3	4
$h_0[n]$	0.602949018	0.266864118	-0.078223267	-0.016864118	0.026748757
$g_0[n]$	1.115087052	0.591271763	-0.057543526	-0.091271763	-

8.4.1 Das Kompressionsverfahren

Häufig bestehen Bilder aus mehreren Komponenten. JPEG-2000 ist in der Lage, Bilder mit bis zu 2^{14} Komponenten zu handhaben. Typische Anwendungen verwenden drei Komponenten zur Repräsentation von Farbbildern mit drei Farb-Kanälen. Die JPEG-2000-Spezifikation unterstützt zwei unterschiedliche Farbraumtransformationen zur Dekorrelation dieser Komponenten: YCbCr und YUV_r (siehe Seiten 243 und 248 und auch Abschnitt 8.4.2.4). Dies ist die einzige Funktion, welche die Komponenten in Beziehung zueinander bringt. Alle anderen Schritte verarbeiten grundsätzlich immer nur eine Komponente bzw. ein Ergebnis der Komponententransformation.

Damit sehr großformatige Bilder auch mit begrenzten technischen Ressourcen codiert werden können, ist das Segmentieren in rechteckige Teilbilder (Kacheln, engl.: *Tiles*) vorgesehen. Jede Kachel wird wie ein eigenständiges Bild betrachtet. Ihre Lage ist jedoch durch Koordinaten festgelegt, die auf ein Referenzgitter bezogenen sind. Da es möglich ist, Kacheln unabhängig voneinander zu decodieren, ergibt sich eine grobe Variante zur Extraktion einer bestimmten Bildregion (*Region of Interest ... ROI*).

Handelt es sich bei den Bildern um vorzeichenlose Daten, wird der Wertebereich der Komponenten durch Subtraktion von 2^{B-1} verschoben, wobei B die Anzahl der Bits pro Bildpunkt ist.

Die Wavelet-Transformation erfolgt für jede Kachel separat. Die entstehenden Teilbänder werden wiederum in unabhängig codierbare, rechteckige Segmente (Code-Blöcke) aufgeteilt.

Die codierte Bildinformation ist in Schichten (*layers*) strukturiert. Jede Schicht fasst die Ergebnisse eines oder mehrerer Codierungsdurchläufe (Codierungsphasen) zusammen. Die Reihenfolge der Schichten ist so festgelegt, dass mit jeder Schicht die Qualität des rekonstruierten Bildes verbessert wird.

8.4.1.1 Transformation

Die Auswahl der Transformation ist im lizenzfreien Part 1 von JPEG-2000 auf zwei Varianten beschränkt. Für die verlustbehaftete Kompression wird eine biorthogonale Wavelet-Transformation mit den in **Tabelle 8.25** angegebenen Filterkoeffizienten vorgeschrieben. Dieses 9/7-Filterpaar wurde erstmal in [Ant92] vorgeschlagen und hat sich als vorteilhaft für die Kompression von fotorealistischen Bildern erwiesen (u. a. in [Str98]). Aufgrund einer anderen Skalierung der Hochpassfilter ($P(z) = z^{-1}$ statt $P(z) = 2 \cdot z^{-1}$ in Gl.(6.74)) weichen die Hochpassfilter vom Filterentwurf in Abschnitt 6.4.1.2 ab

$$g_1[n] = (-1)^{n-m} \cdot h_0[n - m] \qquad \text{und} \qquad h_1[n] = -(-1)^n \cdot g_0[n + m] \, .$$

Variable $m = 2 \cdot k + 1$, $k \in \mathbb{N}$ definiert die Gesamtverzögerung der Filterbank. Die Verstärkung der Tiefpassfilter bleibt bei

$$\sum_n h_0[n] = 1.0 \qquad \text{und} \qquad \sum_n g_0[n] = 2.0 \; . \tag{8.8}$$

Der Standard favorisiert eine Implementierung der 9/7-Transformation mit Hilfe des Lifting-Schemas, wie es in Abschnitt 6.4.6.2 beschrieben ist. Da diese Transformation mit Gleitkomma-Zahlen arbeitet, gehört sie zur Klasse der *irreversiblen Transformationen.*

Für die verlustlose Codierung kommt die in Abschnitt 6.4.6.3 beschriebene Ganzzahl-5/3-Wavelet-Transformation zum Einsatz. Sie bildet ganzzahlige Signalwerte immer auf ganzzahlige Detail- und Approximationskoeffizienten ab (Festkomma- oder *Integer Wavelet Transformation*). Sie gehört damit zur Klasse der *reversiblen Transformationen.* Die entsprechenden Berechnungsvorschriften wurden bereits auf Seite 227 mit den Gleichungen (6.94) und (6.95) angegeben.

In der Erweiterung des JPEG-2000-Standards (Part 2) sind auch andere Wavelets und wavelet-paket-ähnliche Zerlegungsstrukturen (vgl. Abschnitt 6.4.4) vorgesehen.

8.4.1.2 Quantisierung

Ob eine Quantisierungsstufe durchlaufen wird, hängt von der verwendeten Transformation ab. Bei einer ganzzahligen 5/3-Wavelet-Transformation ist von einer verlustfreien Kompression auszugehen und die Quantisierung wird übersprungen. Durch unvollständiges Codieren der Koeffizienten-Bits ist aber auch hierbei eine verlustbehaftete Kompression in Verbindung mit höheren Kompressionsverhältnissen durchführbar.

Wird die 9/7-Wavelet-Transformation eingesetzt, verarbeitet die Quantisierungsstufe die Transformationskoeffizienten gemäß den Gleichungen (5.10). Die Intervallbreite Δ_b des Teilbandes b berechnet sich aus dem Dynamikbereich R_b, einem Exponenten ε_b und einer Mantisse μ_b

$$\Delta_b = 2^{R_b - \varepsilon_b} \cdot \left(1 + \frac{\mu_b}{2^{11}}\right) \; . \tag{8.9}$$

ε_b und μ_b werden vom Encoder in den Bitstrom eingefügt und sollten so gewählt werden, dass sich Δ_b ausgehend von einer Basisintervallbreite $\Delta_{\text{AA}}[0]$ nach folgendem rekursivem Schema ergibt

$$
\begin{aligned}
\Delta_{\text{DD}}[i] &= \Delta_{\text{AA}}[i-1] \cdot \frac{\nu_{\text{H}_1}}{\sqrt{2}} \cdot \frac{\nu_{\text{H}_1}}{\sqrt{2}} = \Delta_{\text{AA}}[i-1] \cdot \frac{\nu_{\text{H}_1}^2}{2} \\[2mm]
\Delta_{\text{AD}}[i] &= \Delta_{\text{AA}}[i-1] \cdot \frac{\nu_{\text{H}_0}}{\sqrt{2}} \cdot \frac{\nu_{\text{H}_1}}{\sqrt{2}} = \Delta_{\text{AA}}[i-1] \\[2mm]
\Delta_{\text{DA}}[i] &= \Delta_{\text{AA}}[i-1] \cdot \frac{\nu_{\text{H}_0}}{\sqrt{2}} \cdot \frac{\nu_{\text{H}_1}}{\sqrt{2}} = \Delta_{\text{AA}}[i-1] \\[2mm]
\Delta_{\text{AA}}[i] &= \Delta_{\text{AA}}[i-1] \cdot \frac{\nu_{\text{H}_0}}{\sqrt{2}} \cdot \frac{\nu_{\text{H}_0}}{\sqrt{2}} = \Delta_{\text{AA}}[i-1] \cdot \frac{\nu_{\text{H}_0}^2}{2}
\end{aligned}
\tag{8.10}
$$

$$\forall i = 1, 2, \ldots, (\text{Anzahl der Zerlegungsstufen}) \; .$$

Die Nummerierung der Teilbänder mit i entspricht der Beschriftung in Abbildung 6.43(a) auf Seite 215. Der Wert von ν_{H_0} ist gleich der Verstärkung des Gleichanteils durch das

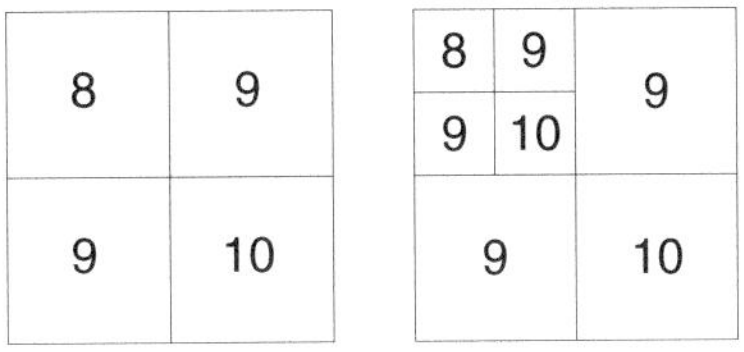

Abbildung 8.23: Dynamikbereiche R_b in Bits für die Teilbänder, wenn der originale Bereich durch acht Bits gekennzeichnet ist

Analyse-Tiefpassfilters; im z-Bereich ausgedrückt: der Wert von $|H_0(z)|_{z=1}$; ν_{H_1} ist die Verstärkung des Analyse-Hochpassfilters an der halben Abtastfrequenz, d. h. der Wert von $|H_1(z)|_{z=-1}$. Das Normieren mit $\sqrt{2}$ drückt die Relation zu orthonormalen Filtern aus. Die Berechnungen von $\Delta_{AD}[i]$ und $\Delta_{AD}[i]$ vereinfachen sich, da aufgrund des (bi)orthogonalen Filterentwurfs immer $\nu_{H_0} \cdot \nu_{H_1} = 2$ gilt. Die Wavelet-Koeffizienten in den DD-Teilbändern entstehen durch zweimalige (horizontal und vertikal) Hochpassfilterung. Die Charakteristik des Hochpassfilters wirkt sich also zweimal aus. Die AD- und DA-Teilbänder ergeben sich durch jeweils eine Hochpass- und eine Tiefpassfilterung; dementsprechend wirken sich beide Filter einfach aus. Analog hat das Tiefpassfilter zweifachen Einfluss auf die AA-Bänder, wobei lediglich der letzte Wert von $\Delta_{AA}[i_{max}]$ von Interesse ist und die anderen $\Delta_{AA}[i-1]$ nur als temporäre Referenzwerte zu betrachten sind. Sind die Filter orthonormal, d. h. $|H_0(z)|_{z=1} = |H_1(z)|_{z=-1} = \sqrt{2}$, dann sind alle Intervallbreiten identisch.

Die Variable R_b in (8.9) beschreibt die maximale Anzahl von Bits zur Repräsentation eines Transformationskoeffizienten. Der Wert hängt von der Bittiefe der Bildkomponente und von der Verstärkung der Analyse-Wavelet-Filter ab. Für die Tiefpassfilter in Tabelle 8.25 beträgt die Verstärkung Eins. Die Detailpfade weisen dagegen eine Verstärkung von 2 auf, sodass für jedes hochpassgefilterte Teilband ein Bit an Dynamikbereich hinzukommt. **Abbildung 8.23** zeigt die Werte von R_b unter der Annahme, dass die Komponente mit 8 Bits pro Bildpunkt vorlag. Abschnitt 8.4.2.4 macht dazu ab Seite 324 nähere Aussagen.

Die gleichmäßige Quantisierung mit Totzone kann durch die variable Gestaltung der Intervallbreiten mit einer wahrnehmungsangepassten Gewichtung der Transformationskoeffizienten kombiniert werden. Allerdings sind Verluste in der subjektiven Qualität möglich, wenn die Bildinformation progressiv übertragen wird und der Decoder den Bitstrom nicht vollständig auswertet. Als Alternative wird im Standard eine visuell-progressive Codierung (engl.: *visual progressive coding*) vorgeschlagen, bei der im Encodierungsprozess die zu übertragenden Code-Block-Ebenen so sortiert sind, dass für alle Bitraten eine gute subjektive Bildqualität gewährleistet ist.

8.4.1.3 Codierung

Die allgemeine Reihenfolge der Teilbänder bei der Codierung ist mit
$$AA_0, DA_1, AD_1, DD_1, \ldots, DA_r, AD_r, DD_r$$
entsprechend Abbildung 6.43 b) festgelegt. Jedes Teilband wird in Code-Blöcke segmentiert, die im Codierungsprozess unabhängig voneinander betrachtet werden. Es be-

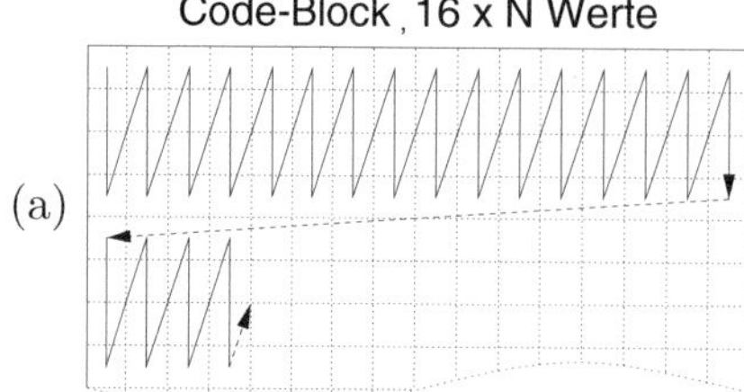

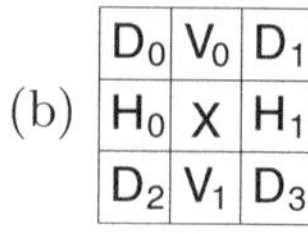

Abbildung 8.24: Codierung der Quantisierungssymbole/Koeffizienten eines Code-Blocks: (a) Reihenfolge, (b) Einbeziehen von Nachbarn zum Festlegen des Kontexts des aktuellen Koeffizienten X

steht die Möglichkeit, Code-Blöcke, die einen Beitrag zum selben Bildausschnitt leisten (also auch aus verschiedenen Zerlegungsstufen), zu so genannten Bezirken (*precincts*) zusammenzufassen. Für die weitere Verarbeitung ist das Überführen der vorzeichenbehafteten Quantisierungssymbole in eine Betrag-Vorzeichen-Darstellung vorteilhaft. Die Beträge werden Bitebene für Bitebene codiert, angefangen mit dem obersten Bit (engl.: *MSB... Most Significant Bit*).

Im Folgenden werden die Quantisierungssymbole auch als Koeffizienten bezeichnet, da im Text des zugrunde liegenden Standards die Bezeichnung *coefficients* gewählt wurde. Bei Verwenden der Ganzzahl-5/3-Transformation sind Koeffizienten und Quantisierungssymbole wegen der übersprungenen Quantisierungsstufe sogar identisch.

Eine Präcodierungsstufe ist nur in rudimentärer Form vorhanden. Sie gibt für bestimmte Regionen an, wie viele Bitebenen keine signifikanten Bits enthalten. Diese und andere Zusatzinformationen werden durch Minimalwert-Bäume (siehe Abschnitt 4.9) komprimiert. Die Entropiecodierung erfolgt mittels eines binären arithmetischen Coders (MQ-Coder) und einer komplexen Kontext-Modellierung.

Die Kompression der einzelnen Koeffizienten innerhalb eines Code-Blocks untergliedert sich in drei Phasen. Sie werden als Signifikanz-, Verfeinerungs- und Cleanup-Phase (engl.: *significance propagation, magnitude refinement pass, cleanup pass*) bezeichnet.

Die Codierungsreihenfolge ist so festgelegt, dass, beginnend am linken Rand, jeweils vier Koeffizienten einer Spalte verarbeitet werden. Wenn die ersten vier Zeilen des Code-Blocks vollständig abgearbeitet sind, folgen die nächsten vier Zeilen usw. (**Abb. 8.24** a).

Der Decoder erfährt aus dem Bitstrom, in welcher Bitebene sich das höchstwertige Bit ungleich Null im jeweiligen Code-Block befindet. Dadurch können alle darüber liegenden Bitebenen bei der Codierung ausgelassen werden. Außerdem erhält jeder Koeffizient einen Signifikanz-Status. Zu Beginn der Codierung sind alle Symbole insignifikant. In dem Moment, wenn ein Koeffizient erstmalig in einer Bitebene berücksichtigt werden muss, wechselt sein Status auf „signifikant". Dies entspricht in etwa der schrittweisen Approximation aus Abschnitt 5.3.1.2.

In Abhängigkeit vom eigenen Status und den Zuständen seiner Nachbarn wird jeder Koeffizient genau einer der drei Codierungsphasen zugeordnet und ein entsprechender Kontext für die arithmetische Codierung ausgewählt. Bei acht Bildpunktnachbarn und

Tabelle 8.26: Kontexte für die Signifikanz- und Cleanup-Phase für die unterschiedlichen Teilbandkomponenten. Die Zahlen geben die Anzahl von signifikanten Nachbarn an.

AA, AD_n			DA_n			DD_n		
$\sum H$	$\sum V$	$\sum D$	$\sum H$	$\sum V$	$\sum D$	$\sum (H+V)$	$\sum D$	Kontext-Nr.
2	–	–	–	2	–	–	≥ 3	8
1	≥ 1	–	≥ 1	1	–	≥ 1	2	7
1	0	≥ 1	0	1	≥ 1	0	2	6
1	0	0	0	1	0	≥ 2	1	5
0	2	–	2	0	–	1	1	4
0	1	–	1	0	–	0	1	3
0	0	≥ 2	0	0	≥ 2	≥ 2	0	2
0	0	1	0	0	1	1	0	1
0	0	0	0	0	0	0	0	0

einem Signifikanzstatus von entweder Null oder Eins wäre insgesamt eine Unterscheidung von $2^8 = 256$ Kontexten möglich. Aus Gründen der schnellen Codierungsadaptation werden bestimmte Kontexte zusammengefasst (siehe auch Abschnitt 3.11).

Signifikanz-Phase: Man unterteilt die Koeffizienten zunächst in Abhängigkeit von ihrem Signifikanz-Status in zwei Gruppen. Für alle noch insignifikanten Koeffizienten ist die Anzahl der signifikanten Nachbarn zu ermitteln. Es werden jeweils zwei horizontale (H) und vertikale (V) sowie vier diagonale Nachbarkoeffizienten (D) einbezogen (**Abb. 8.24** b). Dabei ist jeweils der aktuelle Stand der Koeffizienten zu berücksichtigen. Die Kontexte sind in **Tabelle 8.26** aufgelistet. Ihre Nummerierung ist willkürlich gewählt[10], denn der Standard legt keine bestimmten Werte fest. Aus dem Tabellenkopf ist zu entnehmen, dass das Approximationssignal AA nach dem gleichen Algorithmus wie die AD_n-Teilbandkomponenten codiert wird. Eine gesonderte Behandlung ist nicht vorgesehen. Wenn alle Nachbarn insignifikant sind (Kontext 0), so ist die Wahrscheinlichkeit sehr gering, dass der aktuelle Koeffizient in dieser Ebene ein signifikantes Bit besitzt, und er wird für die Cleanup-Phase aufgehoben. In der ersten zu codierenden Bitebene weisen alle Koeffizienten einen Kontext von Null auf, deshalb beginnt man hier gleich mit der Cleanup-Phase.

Für alle anderen Koeffizienten wird das aktuelle Bit in Abhängigkeit des ermittelten Kontexts in der Signifikanz-Phase codiert. Ist das Bit tatsächlich gleich Eins, wechselt der Status auf „signifikant". Weiterhin muss dem Decoder in dieser Phase mitgeteilt werden, ob es sich um einen positiven oder einen negativen Wert handelt. Da auch die Vorzeichen benachbarter Koeffizienten miteinander korreliert sind, berücksichtigt man für die Codierung (*sign bit coding*) die Vorzeichen der horizontalen und vertikalen Nachbarkoeffizienten. Insignifikante Nachbarn haben einen Signalwert von Null und somit ist das Vorzeichen noch nicht bekannt ($\mathrm{sgn}(\cdot) = 0$). Die Gleichungen

$$hor = \mathrm{sgn}\left[\mathrm{sgn}(H_0) + \mathrm{sgn}(H_1)\right], \quad ver = \mathrm{sgn}\left[\mathrm{sgn}(V_0) + \mathrm{sgn}(V_1)\right]$$

---

[10]Dies betrifft auch die Kontextnummern in den Tabellen 8.27 a) und b).

Tabelle 8.27: Kontexte: (a) für die Vorzeichen-Codierung, (b) für die Verfeinerung der Koeffizientenbeträge

(a)

hor	*ver*	XOR-Bit	Kontext
1	1	0	13
1	0	0	12
1	-1	0	11
0	1	0	10
0	0	0	9
0	-1	1	10
-1	1	1	11
-1	0	1	12
-1	-1	1	13

(b)

$\sum H + \sum V$	erste Verfeinerung?	Kontext
–	nein	16
≥ 1	ja	15
0	ja	14

klassifizieren zunächst die horizontalen und vertikalen Beiträge. Nachbarn, die außerhalb des aktuellen Code-Blocks liegen, werden als insignifikant betrachtet. Die Kombination von *hor* und *ver* wird entsprechend **Tabelle 8.27**(a) in einen von fünf Kontexten umgewandelt. Da die Kontexte nur die Beträge von *hor* und *ver* berücksichtigen, ist ein Entscheidungsbit erforderlich, mit dem das Vorzeichenbit vor der En- und nach der Decodierung XOR-verknüpft und dadurch gegebenenfalls umgekehrt wird.

Verfeinerungs-Phase: Für alle Koeffizienten, die schon in einer früheren Bitebene den Signifikanz-Status erreicht hatten, ist das Vorzeichen bereits bekannt und die Codierung beschränkt sich auf die Verfeinerung des Betrages. Das erste Verfeinerungsbit (nach dem Signifikanz- und Vorzeichenbit) ist mit den Amplituden der benachbarten Koeffizienten korreliert. Deshalb wird der Signifikanz-Status der horizontalen und vertikalen Nachbarn überprüft. Die Verteilung der weiteren Verfeinerungsbits kann als zufällig angenommen werden. Die Codierung unterscheidet insgesamt zwischen drei Kontexten, **Tab. 8.27**(b).

Cleanup-Phase: Alle verbliebenen Koeffizienten sind insignifikant und wiesen in der Signifikanz-Phase einen Kontext gleich Null auf. Sie müssen nun in der Cleanup-Phase codiert werden. Dafür ist nicht nur der Status der Nachbarn auszuwerten, sondern es kommt auch eine Lauflängencodierung zum Einsatz.

Als erstes werden die Kontexte gemäß Tabelle 8.26 neu bestimmt. Dies ist erforderlich, weil in der Signifikanz-Phase neue signifikante Koeffizienten hinzugekommen sein können. Die Lauflängencodierung erfolgt in Form einer Bit-Markierung (siehe Abschnitt 4.6). Wenn alle vier Koeffizienten einer Spalte (vgl. Abb. 8.24 a) noch nicht in dieser Bitebene verarbeitet wurden und einen Kontext von Null aufweisen, signalisiert ein zu übertragendes Bit, ob alle vier Koeffizienten insignifikant bleiben (0-Bit) oder mindestens einer seinen Signifikanz-Status wechselt (1-Bit). Im zweiten Fall verkünden zwei weitere Bits, an welcher Spaltenposition von oben sich der erste signifikante Wert befindet. Anschließend wird sein Vorzeichen wie in der Signifikanz-Phase codiert.

Die Verarbeitung der restlichen Koeffizienten erfolgt ebenfalls analog zur Signifikanz-Phase. Der Programmablaufplan ist in **Abbildung 8.25** dargestellt. Die **Tabellen 8.28**

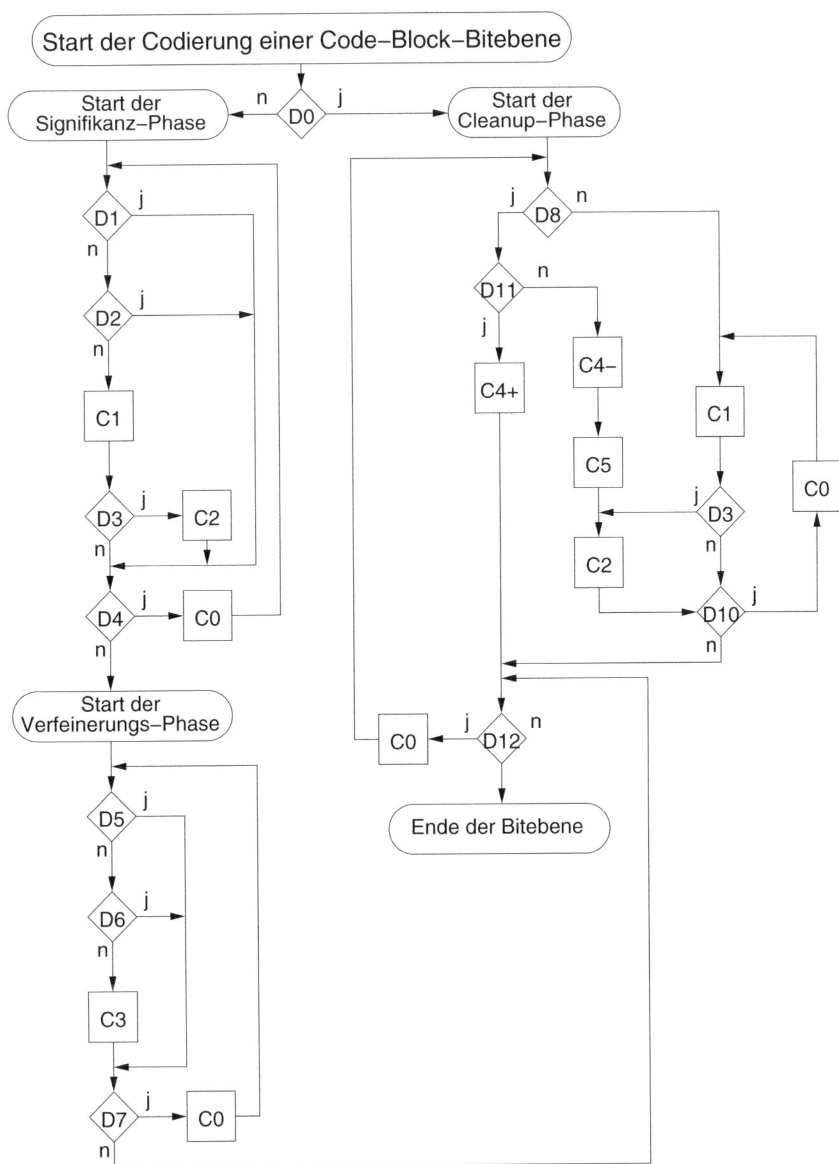

Abbildung 8.25: Programmablaufplan für die drei Phasen der Codierung einer Bitebene

und **8.29** erläutern die Ausführungsmodule sowie die zu treffenden Entscheidungen. Anhang E enthält ein Codierungsbeispiel.

Tabelle 8.28: Verarbeitungsmodule für die Codierung einer Code-Block-Bitebene gemäß Abbildung 8.25

	Erläuterung
C0	gehe zum nächsten Koeffizienten (oder Spalte)
C1	codiere Signifikanz-Bit des aktuellen Koeffizienten
C2	codiere Vorzeichen-Bit des aktuellen Koeffizienten
C3	codiere Verfeinerung-Bit des aktuellen Koeffizienten
C4+	codiere eine Lauflänge von 4 Nullen (0-Bit)
C4−	codiere keine Lauflänge von 4 Nullen (1-Bit)
C5	codiere Position des ersten Koeffizienten, der signifikant wird

Tabelle 8.29: Entscheidungen für die Codierung einer Code-Block-Bitebene gemäß Abbildung 8.25

	Frage
D0	Handelt es sich um die erste zu codierende (signifikante) Bitebene im Code-Block?
D1	Ist der aktuelle Koeffizient signifikant?
D2	Ist der Kontext gleich Null? (**Tab. 8.26**)
D3	Ist der aktuelle Koeffizient soeben signifikant geworden?
D4	Gibt es noch weitere Koeffizienten in der Signifikanz-Phase?
D5	Ist der aktuelle Koeffizient insignifikant?
D6	Wurde der Koeffizient in der letzten Signifikanz-Phase codiert?
D7	Gibt es noch weitere Koeffizienten in der Verfeinerung-Phase?
D8	Gibt es 4 uncodierte Koeffizienten in der Spalte, jeder mit einem Kontext gleich 0?
D10	Gibt es noch verbliebene Koeffizienten in dieser 4er-Spalte?
D11	Bleiben die vier benachbarten Koeffizienten insignifikant?
D12	Gibt es noch weitere Koeffizienten in der Cleanup-Phase?

8.4.1.4 Codierungsreihenfolge

Die Amplitudeninformation sämtlicher quantisierter Transformationskoeffizienten (Quantisierungssymbole) unterliegt einer Hierarchie

$$\text{Bild} \rightarrow \text{Kachel} \rightarrow \text{Teilband} \rightarrow \text{Code-Block} \rightarrow \text{Bitebene} \rightarrow \text{Amplituden-Bit} \ .$$

Wann welches Bit übertragen wird, hängt vom gewählten Modus der Progression ab. Die physikalische Strukturierung ist im Bitstrom durch so genannte *Tile-Parts* geregelt. Sie beinhalten ausschließlich Informationen aus einer Kachel und legen auch die Art und Weise der Progression fest. Dabei sind fünf Modi zu unterscheiden. Grundsätzlich sind die Daten von den oben beschriebenen Codierungsphasen in einer oder mehreren Schichten (*layers*) angeordnet. Jede Schicht besteht aus Daten von aufeinander folgenden Codierungsphasen aller Code-Blöcke einer Kachel. Die Anzahl der eingeschlossenen Phasen kann dabei für jeden Code-Block unterschiedlich sein. Nacheinander folgende Schichten sollten die Qualität des rekonstruierten Bildes schrittweise erhöhen.

Schicht-Auflösung-Komponente-Position-progressiv: Eine Schicht wird nach der anderen durchlaufen. In jeder Schicht werden alle Auflösungsstufen der Wavelet-Transformierten abgearbeitet und innerhalb einer Stufe alle Komponenten (Farbebenen). Dies entspricht in etwa der Progression durch schrittweise Approximation beim DCT-basierten JPEG-1-Verfahren (vgl. Seite 276). Die MSB aller Koeffizienten haben somit die größte Bedeutung und werden zu Beginn übertragen.

Auflösung-Schicht-Komponente-Position-progressiv: Jede Auflösungsstufe wird komplett verarbeitet, bevor die nächste Stufe an der Reihe ist. Dies entspricht ungefähr der spektralen Progression beim DCT-basierten JPEG-Verfahren, erlaubt hier aber die Rekonstruktion von kleineren scharfen Vorschaubildern.

Auflösung-Position-Komponente-Schicht-progressiv: Die Bitebenen eines Koeffizienten spielen eine untergeordnete Rolle, die Information eines Koeffizienten wird zusammenhängend übertragen. Innerhalb der Auflösungsstufen erfolgt die Codierung zusammenhängend für solche Koeffizienten, deren Beitrag auf die gleiche Bildposition im Ortsbereich zielt.

Position-Komponente-Auflösung-Schicht-progressiv: Die Ortszugehörigkeit der Koeffizienten hat nun oberste Priorität. Die Bitebenen eines Koeffizienten spielen wie im vorangegangenen Modus eine untergeordnete Rolle.

Komponente-Position-Auflösung-Schicht-progressiv: Diese Progression ist zum Beispiel für Applikationen geeignet, bei denen die erste Komponente von höchstem Interesse für den Empfänger ist und deshalb zuerst komplett übertragen wird. Innerhalb der Komponenten ist die örtliche Position von größter Wichtigkeit.

8.4.2   Die Datenstruktur

8.4.2.1   Marken und Markensegmente

Die Bitströme des JPEG-2000-Standards sind ähnlich strukturiert wie beim JPEG-1-Standard (vgl. Abschnitt 8.2.3.1). Mit Hilfe von 2-Byte-Marken wird der Decodierungsvorgang gesteuert. Das erste Byte ist immer 0xFF (255 hexadezimal), während das zweite im Bereich von 0x01 bis 0xFE liegt und die Funktion der Marke signalisiert. Die meisten Marken werden von zugeordneten Parametern begleitet. In diesen Fällen folgt direkt auf die Marke eine Angabe über die Länge des gesamten Markensegments. Sie beinhaltet auch die Bytes für diese Längenangabe aber nicht die Bytes für die Marke.

Insgesamt wird zwischen sechs Typen von Markensegmenten unterschieden (begrenzend (*delimiting*), parametrisch (*fixed information*), funktional (*functional*), eingebettet (*in bit stream*), Zeiger (*pointer*), informativ (*informational*)). Begrenzungsmarken rahmen die codierten Daten und die Kopfinformationen (*Header*) ein. Parametrische Marken übermitteln Informationen über das Bild. Die Positionen dieser beiden Markentypen im Bitstrom ist festgelegt. Funktionale Marken beschreiben, wie die Codierungsfunktionen zu verwenden sind. Die eingebetteten Marken dienen dem Fehlerschutz und die Zeiger-Markensegmente adressieren bestimmte Punkte im Bitstrom. Für diese beiden Typen existieren nur optionale Marken. Sie werden hier nicht behandelt. Die informativen Markensegmente stellen dem Decoder optionale Informationen über die Bilddaten zur Verfügung.

Tabelle 8.30: Parameterwerte für die Start-Of-Tile-Part-Marke

Parameter	Größe [Bits]	Wert	Inhalt
SOT	16	0xFF90	Marke
Lsot	16	10	Länge dieses Markensegments
Isot	16	0 − 65534	Kachel-Index
Psot	32	0, 12 − $(2^{32}-1)$	Länge des Tile-Part-Segments
TPsot	8	0 − 254	Position beim Decodieren
TNsot	8	0 − 255	Anzahl der Tile-Parts in der Kachel

8.4.2.2 Begrenzungsmarken

Begrenzungsmarken sind unbedingter Bestandteil des Datenstroms. Jeder Bitstrom hat immer nur eine SOC-Marke, eine EOC-Marke und mindestens ein Tile-Part-Segment. Jedes Tile-Part-Segment hat genau eine SOT- und eine SOD-Marke.

Start Of Codestream (SOC)   markiert den Beginn eines JPEG-2000-Bitstroms mit der Bytefolge ‚0xFF4F' und sollte immer die erste Marke sein. Die Länge ist mit zwei Bytes festgelegt.

Start Of Tile-Part (SOT)   markiert den Beginn eines *Tile-Part*-Segments. Des Weiteren gehören zu dieser Marke einige Parameter (**Tab. 8.30**). Lsot gibt die Länge der Marke an. Da keine variablen Parameterlängen vorhanden sind, beträgt die Länge immer 10. Isot enthält den Index der Kachel, zu der das aktuelle Tile-Part-Segment gehört. Gezählt wird von links nach rechts und von oben nach unten (Raster-Scan), beginnend mit Null. Die Länge des gesamten Tile-Part-Segments vom ersten Byte dieser Marke bis zum letzten Byte der codierten Daten wird in Psot angegeben. Damit ist ein Überspringen von Tile-Part-Segmenten ohne Decodieren des Bitstroms möglich. Das letzte Tile-Part-Segment darf hier einen Wert von Null haben. Damit wird angezeigt, dass das Segment bis zur EOC-Marke reicht. In TPsot wird die Position des aktuellen Tile-Parts in der Decodierungsreihenfolge aller Tile-Parts der durch Isot spezifizierten Kachel festgelegt. TNsot gibt Auskunft über die Anzahl von Tile-Parts innerhalb dieser Kachel.

Start Of Data (SOD)   markiert den Abschluss des Tile-Part-Headers und gleichzeitig den Beginn der codierten Daten in dem betreffenden Tile-Part mit ‚0xFF93'.

End Of Codestream (EOC)   schließt den Bitstrom des gesamten Bildes ab und sollte deshalb immer die letzte Marke in einem Datenstrom sein. Die Marke lautet ‚0xFFD9'.

8.4.2.3 Parametrische Marken

Zu diesem Markentyp ist nur eine Marke definiert worden, welche die Parameter des uncodierten Bildes übermittelt. Sie darf nur einmal im Bitstrom direkt hinter der SOC-Marke auftauchen.

SIZ   enthält Breite und Höhe des Bildes, die Größe der Kacheln, Anzahl der Komponenten (z. B. Farb-Kanäle) sowie die Positionen der einzelnen Komponenten in Bezug zum virtuellen Referenzgitter. Aufgrund der variierenden Zahl von Komponenten ist die

Tabelle 8.31: Parameterwerte für die SIZ-Marke

Parameter	Größe [Bits]	Wert
SIZ	16	0xFF51
Lsiz	16	$41 - 49190$
Rsiz	16	$0 - 2$
Xsiz	32	$1 - (2^{32}\text{-}1)$
Ysiz	32	$1 - (2^{32}\text{-}1)$
XOsiz	32	$0 - (2^{32}\text{-}2)$
YOsiz	32	$0 - (2^{32}\text{-}2)$
XTsiz	32	$1 - (2^{32}\text{-}1)$
YTsiz	32	$1 - (2^{32}\text{-}1)$
XTOsiz	32	$0 - (2^{32}\text{-}2)$
YTOsiz	32	$0 - (2^{32}\text{-}2)$
Csiz	16	$1 - 16384$
Ssiz^i	8	siehe Text
XRsiz^i	8	$1 - 255$
YRsiz^i	8	$1 - 255$

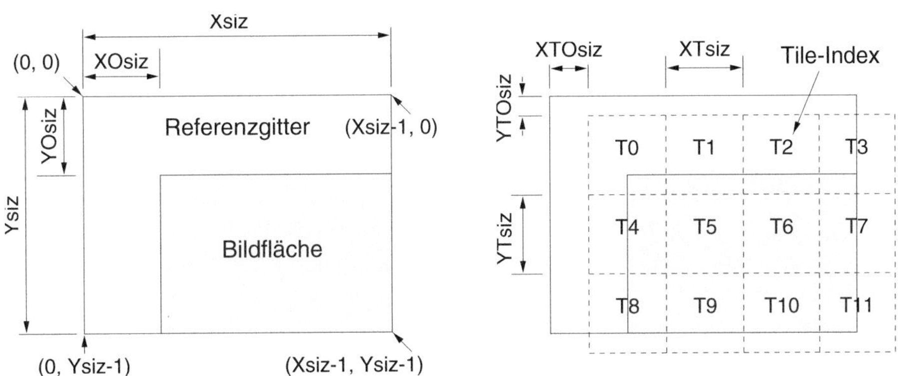

Abbildung 8.26: Beziehungen zwischen Referenzgitter, Bildfläche und Kachel-Anordnung

Länge dieses Markensegments variabel gemäß $\text{Lsiz} = 38 + 3 \cdot \text{Csiz}$ (**Tab. 8.31**). Rsiz beschreibt die Fähigkeiten des vorliegenden Bitstroms. Der Wert Null definiert eine volle Funktionalität entsprechend Part 1 des Standards. Werte gleich 1 oder 2 schränken die Verarbeitungsparameter in gewisser Weise ein. Zum Beispiel ist für Rsiz = 1 die Größe der Code-Blöcke auf 32x32 oder 64x64 beschränkt.

Xsiz und Ysiz legen die Breite und die Höhe des Referenzgitters fest. Das Bildformat kann kleiner sein als das Referenzgitter und wird am rechten sowie am unteren Rand des Gitters ausgerichtet. Der sich dadurch ergebende Offset für die linke obere Ecke des Bildes wird in XOsiz und YOsiz gespeichert (**Abb. 8.26**). Das Bild ist in ein oder mehrere Kacheln untergliedert. Die Größe der Kacheln ist in XTsiz, YTsiz und der Offset der ersten Kachel in XTOsiz, YTOsiz definiert. Csiz enthält die Anzahl der Bildkomponenten. Anschließend folgen für alle Komponenten i je drei Werte für die Genauigkeit (Ssiz^i,

Tabelle 8.32: Parameterwerte für die Codierung aller Komponenten

Parameter	Größe [Bits]	Wert	Inhalt
COD	16	0xFF52	Marke
Lcod	16	12 − 45	Länge
Scod	8	siehe Text	Codierungsstil
SGcod	8	siehe Tab. 8.33	Progressionsreihenfolge
	16	1 − 65535	Anzahl der Schichten
	8	0, 1	Komponenten-Transformation j/n
SPcod^i	8	0 − 32	Anzahl der Zerlegungsstufen
	8	0 − 8 $(xcb − 2)$	Exponent für Code-Block-Breite
	8	0 − 8 $(ycb − 2)$	Exponent für Code-Block-Höhe
	8	siehe Text	Code-Block-Stil
	8	0 (9/7), 1 (5/3)	Wavelet-Transformation
	variabel	siehe Text	*Precinct*-Größe

Bittiefe vor jeglicher Verarbeitung) und die horizontalen und vertikalen Unterabtastfaktoren ($XRsiz^i$, $YRsiz^i$). Die Bittiefe der Komponenten ist in einer Betrag-Vorzeichen-Darstellung spezifiziert. Das oberste Bit signalisiert mit ‚1' eine vorzeichenbehaftete Komponente. Die restlichen sieben Bits geben die Anzahl der relevanten Bits minus 1 pro Bildpunkt an. Maximal sind 38 Bits pro Bildpunkt erlaubt. Ein Wert von 7 signalisiert z. B. eine Komponentenauflösung von 8 Bits pro Bildpunkt.

8.4.2.4 Funktionale Marken

Funktionale Marken beschreiben die Art und Weise der Codierung. Der Gültigkeitsbereich erstreckt sich über das gesamte Bild, wenn die Marke im Hauptkopf (*main header*) platziert ist bzw. nur innerhalb der aktuellen Kachel, wenn sich die Marke in einem Tile-Part-Kopf befindet. Wenn die Bildinformation einer Kachel in mehreren Tile-Parts übertragen wird, dürfen die lokalen Marken nur im ersten Tile-Part einer Kachel verwendet werden.

Codierungsstil (COD) Die *Coding-Style-Default*-Marke beschreibt die Zerlegung, die Codierung und die Verschachtelung aller Komponenten eines Bildes bzw. einer Kachel in Abhängigkeit von der Position der Marke im Bitstrom. Die COC-Marke darf die Parameterwerte für eine einzelne Komponente überschreiben. Die Prioritäten sind wie folgt festgelegt:

Tile-Part-Kopf-COC > Tile-Part-Kopf-COD > Hauptkopf-COC > Hauptkopf-COD.

Die Länge des COD-Markensegments hängt von der Anzahl der Komponenten im Bild ab (**Tab. 8.32**). Scod entscheidet im untersten Bit, ob die Transformationskoeffizienten in jeder Zerlegungsstufe in Bezirke (*precincts*) aufgeteilt werden (1) oder nicht (0). Die anderen Bits steuern das Verwenden von eingebetteten Marken zum Fehlerschutz.

Danach folgen drei Parameter, die für alle Komponenten des Bildes gelten. Die Zuordnung der verschiedenen Progressionsvarianten ist in **Tabelle 8.33** angegeben. Anschlie-

Tabelle 8.33: Parameterwerte für die verschiedenen Progressionsarten

Wert	Beschreibung
0000 0000	Schicht-Auflösung-Komponente-Position-progressiv
0000 0001	Auflösung-Schicht-Komponente-Position-progressiv
0000 0010	Auflösung-Position-Komponente-Schicht-progressiv
0000 0011	Position-Komponente-Auflösung-Schicht-progressiv
0000 0100	Komponente-Position-Auflösung-Schicht-progressiv

ßend folgt eine Angabe, in wie vielen Schichten der Encoder die codierten Daten in den Bitstrom eingefügt hat. Ob alle Schichten verwertet werden, hängt von den Einstellungen des Decoders ab.

Der Parameter zur Komponenten-Transformation signalisiert lediglich, ob eine Farbraumtransformation der ersten drei Komponenten durchgeführt wird oder nicht. Wenn ja (Wert gleich 1), dann hängt die Art der Farbraumtransformation von der verwendeten Wavelet-Transformation ab. Die reversible Transformation (YUV_r, Abschnitt 7.2.6.3) korrespondiert mit einer reversiblen Wavelet-Transformation (z. B. Ganzzahl-5/3-Wavelet). Die YCbCr-Farbraumtransformation (Abschnitt 7.2.6.1) wird zusammen mit einer irreversiblen Wavelet-Transformation (z. B. 9/7-Wavelet) eingesetzt. Allerdings ist im JPEG-2000-Standard die Transformationsmatrix etwas präziser definiert als im JFIF-Format:

$$\begin{pmatrix} Y \\ Cb \\ Cr \end{pmatrix} = \begin{pmatrix} 0.29900 & 0.58700 & 0.11400 \\ -0.16875 & -0.33126 & 0.50000 \\ 0.50000 & -0.41869 & -0.08131 \end{pmatrix} \cdot \begin{pmatrix} R \\ G \\ B \end{pmatrix}. \tag{8.11}$$

Das Unterabtasten von Komponenten wird grundsätzlich unterstützt (in der Marke SIZ). Die Auflösung kann aber auch durch das Weglassen der hochfrequentesten Teilbänder einer Komponente verringert werden.

$SPcod^i$ enthält die Parameter für jede einzelne Komponente i. Die Anzahl der Zerlegungsstufen bezieht sich auf die Wavelet-Transformation. Breite und Höhe der Code-Blöcke betragen $w = 2^{xcb}$ bzw. $h = 2^{ycb}$. Ein Code-Block umfasst demnach mindestens 4×4 Koeffizienten. Die Gesamtgröße eines Code-Blocks ist durch $xcb+ycb \leq 12$ begrenzt. Die Lage der Code-Blöcke innerhalb eines Teilbandes ist so festgelegt, dass die linke obere Ecke jedes Code-Blocks auf einem Punkt

$$(x,y) = (n \cdot 2^{xcb}, m \cdot 2^{ycb}), \qquad n,m = 0,1,2,\dots$$

liegt (**Abb. 8.27**).

Der Code-Block-Stil regelt in den unteren sechs der acht Bits das Zurücksetzen der adaptiven Verteilungsmodelle und andere Optionen der arithmetischen Codierung. Dies soll insbesondere die Robustheit gegenüber Fehlern bei der Übertragung erhöhen.

Der Eintrag für die *Precinct*-Größe ist nur präsent, wenn dies durch eine Eins im untersten Bit von Scod (bzw. Scoc) signalisiert wurde. Er umfasst dann ein Byte pro Auflösungsstufe. Die oberen vier Bits jedes Parameterbytes enthalten einen Exponenten PPy und die unteren vier einen Exponenten PPx, mit denen die Größe der Bezirke

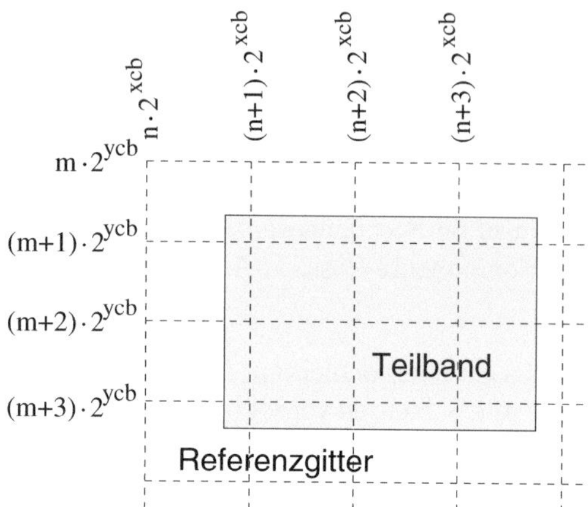

Abbildung 8.27: Positionierung der Code-Blöcke auf dem Referenzgitter

(*precincts*) mit 2^{PPx} und 2^{PPy} berechnet werden. Die ersten 8 Bits korrespondieren mit dem Approximationssignal, jedes weitere Byte mit den Auflösungsstufen in steigender Reihenfolge. Bei entsprechender Progressionsart ist es hiermit möglich, solche Koeffizienten vorrangig zusammenzufassen, die einen Beitrag zum selben Ortsbereich des Bildes liefern. Wenn mit Scod keine Partitionierung signalisiert wurde, entfällt der Eintrag für die *Precinct*-Größe und es gilt $PPx = PPy = 15$.

Unter Umständen verringert sich durch die *Precinct*-Angaben die Größe der Code-Blöcke entsprechend der Formeln

$$
xcb' = \begin{cases} \min(xcb, PPx - 1) & \text{für} \quad r > 0 \\ \min(xcb, PPx) & \text{für} \quad r = 0 \end{cases} \quad \text{und}
$$

$$
ycb' = \begin{cases} \min(ycb, PPy - 1) & \text{für} \quad r > 0 \\ \min(ycb, PPy) & \text{für} \quad r = 0 \end{cases} .
$$

Ein *Precinct* umfasst für alle Auflösungsstufen $r > 0$ mindestens 2×2 Code-Blöcke.

Codierungsstil einer Komponente (COC) Die *Coding-Style-Component*-Marke überschreibt die Parameter der COD-Marke (siehe auch dort) für eine bestimmte Bildkomponente. Die Nummer dieser Komponente steht in Ccoc (**Tab. 8.34**). Wenn das Bild weniger als 256 Komponenten hat (Parameter Csiz aus Marke SIZ), dann reichen 8 Bits zur Identifikation aus. Ansonsten müssen zwei Bytes für die Nummer eingesetzt werden. Scoc signalisiert im Gegensatz zu Scod lediglich, ob eine Partitionierung (=1) oder keine (=0) vorgesehen ist, wenn nein, dann gilt $PPx = PPy = 15$. SPcoc^i hat dieselbe Funktionen wie SPcod^i in der COD-Marke.

Quantisierung (QCD) Analog zu den COD- und COC-Marken entfaltet die *Quantization-Default*-Marke ihre Wirksamkeit abhängig von ihrer Position entweder im ganzen Bild oder in der aktuellen Kachel. Sie beschreibt die Quantisierung für alle Komponenten des Bildes. Für einzelne Komponenten kann diese Vorschrift mit Hilfe der QCC-Marke verändert werden (siehe S. 326). Die Hierarchie ist wie folgt festgelegt:

Tabelle 8.34: Parameterwerte für die Codierung einer Komponente

Parameter	Größe [Bits]	Wert	Inhalt
COC	16	0xFF53	Marke
Lcoc	16	9 – 43	Länge
Ccoc	8	0 – 255, Csiz $\leq$ 256	Nummer der Komponente
	16	0 – 16383, Csiz $>$ 256	
Scoc	8	0, 1	Codierungsstil
SPcoc^i	8	0 – 32	Anzahl der Zerlegungsstufen
	8	0 – 8 $(xcb - 2)$	Exponent für Code-Block-Breite
	8	0 – 8 $(ycb - 2)$	Exponent für Code-Block-Höhe
	8	siehe Text	Code-Block-Stil
	8	0 (9/7), 1 (5/3)	Wavelet-Transformation
	variabel	siehe Text	*Precinct*-Größe

Tabelle 8.35: Parameterwerte für die Quantisierung aller Komponenten

Parameter	Größe [Bits]	Wert
QCD	16	0xFF5C
Lqcd	16	4 – 197
Sqcd	8	$\boxed{g\ g\ g\ \vert\ 0\ 0\ 0\ q\ q}$ siehe Text
SPqcd^i	variable	siehe Text

$$\text{Tile-Part-Kopf-QCC} > \text{Tile-Part-Kopf-QCD} > \text{Hauptkopf-QCC} > \text{Hauptkopf-QCD}.$$

Tabelle 8.35 zeigt die Bestandteile dieses Markensegments. Der Parameter Sqcd legt in den unteren fünf Bits die Art der Quantisierung fest.

Null bedeutet keine Quantisierung (nur reversible Codierung). Die Parameter SPqcd^i beinhalten in diesem Fall für jedes Teilband einen 1-Byte-Wert, der in den oberen fünf Bits den Exponenten ε_b der Quantisierungsintervallbreite nach Gleichung (8.9) auf Seite 312 beschreibt. Die Reihenfolge der Teilbänder ist in zunehmender Auflösung mit AA_0, DA_1, AD_1, DD_1, DA_2, ... festgelegt (Abb. 6.43b, S. 215). Wenn der Decoder die Daten ohne Verluste rekonstruieren soll, muss $\varepsilon_b = R_b \rightsquigarrow \Delta_b = 1$ gelten.

Falls Sqcd in den unteren fünf Bits gleich Eins ist, folgt in SPqcd^i ein 2-Byte-Parameter, der den Exponenten ε_0 (die oberen fünf Bits) und die Mantisse μ_0 (die unteren elf Bits) des AA-Bandes enthält (für verlustbehaftete Kompression). Die Paare (ε_b, μ_b) der anderen Teilbänder b werden entsprechend

$$(\varepsilon_b, \mu_b) = (\varepsilon_0 + n_b - N_L, \mu_0)$$

abgeleitet, wobei n_b gleich der Anzahl von Zerlegungen ist, die zum Teilband b geführt hat. N_L ist die Anzahl der Zerlegungsstufen bis zum AA-Teilband. Dies bezeichnet man als abgeleitete (engl.: *derived*) Quantisierung, **Beispiel 8.3**. Alternativ ist es auch möglich, Exponent und Mantisse für jedes Teilband anzugeben (explizite Quantisierung). Die unteren fünf Bits von Sqcd haben dann den Wert 2. Es folgen in SPqcd^i für jedes

Beispiel 8.3: Quantisierungsintervalle abhängig von Kompressionsparametern im JPEG-2000-Standard

Angenommen, die Bildpunkte haben eine Auflösung von 12 Bits und das Bild wird mit der Ganzzahl-5/3-Wavelet-Transformation und $N_L = 2$ Zerlegungsstufen transformiert. Der Basis-Exponent sei $\varepsilon_0 = 6$ und die Mantisse $\mu_0 = 0$. Dann ergeben sich folgende Werte und Quantisierungsintervalle

Teilband b	AA$_0$	AD$_1$	DA$_1$	DD$_1$	DA$_2$	AD$_2$	DD$_2$
R_b	12	13	13	14	13	13	14
n_b	2	2	2	2	1	1	1
$\varepsilon_b = \varepsilon_0 + n_b - N_L$	6	6	6	6	5	5	5
$\Delta_b = 2^{R_b - \varepsilon_b} \cdot \left(1 + \frac{\mu_b}{2^{11}}\right)$	64	128	128	256	128	128	256

Tabelle 8.36: Parameterwerte für die Quantisierung einer ausgewählten Komponente

Parameter	Größe [Bits]	Wert
QCC	16	0xFF5D
Lqcc	16	5 – 199
Cqcc	8	0 – 255, wenn Csiz $\leq$ 256
	16	0 – 16383, wenn Csiz $>$ 256
Sqcc	8	siehe Text
SPqcc^i	variable	siehe Text

Teilband 16 Bits mit Werten für ε_b (die oberen fünf Bits) und die Mantisse μ_b (die unteren 11 Bits).

Die oberen drei Bits von Sqcd enthalten in allen drei Quantisierungsvarianten die Anzahl der so genannten *Guard*-Bits $0 \leq G \leq 7$. Unter Umständen führt die Wavelet-Transformation zu Transformationskoeffizienten, deren Beträge größer sind als der durch R_b definierte Dynamikbereich (siehe auch Abschnitt 8.4.1.2). Die tatsächlich für die Festkomma-Darstellung verwendete Anzahl von Bits beträgt im Encoder

$$M_b = G + \varepsilon_b - 1 \,.$$

Typische Werte für G sind 1 oder 2. M_b ist die maximale Anzahl von Bitebenen, die für das Teilband b codiert werden muss.

Quantisierung einer Komponente (QCC) In **Tabelle 8.36** sind die Bestandteile des QCC-Markensegments aufgelistet. Bis auf die zusätzliche Angabe der Komponentennummer in Cqcc stimmen alle Parameter mit der QCD-Marke überein. Deshalb sei auf den vorangegangenen Abschnitt verwiesen.

8.4.2.5 Informative Marken

Informative Marken sind optional und für den Decodierungsprozess nicht notwendig.

Tabelle 8.37: Struktur eines Kommentar-Segments

Parameter	Größe [Bits]	Wert
COM	16	0xFF64
Lcom	16	5 – 65535
Rcom	16	siehe Tab. 8.38
Ccom^i	8	0 – 255

Tabelle 8.38: Erläuterungen zum Kommentar-Segment

Wert	Bedeutung
0	allgemeine Verwendung (binäre Werte)
1	allgemeine Verwendung (ISO 8859-1 (latin-1) Werte)
2 – 65535	reserviert

Kommentar (COM) Die *Comment-and-Extension*-Marke ermöglicht das Einfügen von unstrukturierten Daten in den Bitstrom. Diese Marke darf beliebig oft innerhalb des Hauptkopfes und der Tile-Part-Köpfe verwendet werden. Die Länge dieses Markensegments ist variabel (**Tab. 8.37** und **Tab. 8.38**).

8.4.2.6 Beispiel für eine Datenstruktur

Die Datenstruktur eines JPEG-2000-codierten Bildes könnte zum Beispiel so aussehen wie in **Abb. 8.28**. Die SOC-Marke signalisiert den Anfang des JPEG-2000-Bitstroms, der durch die EOC-Marke wieder abgeschlossen wird. Direkt hinter der SOC-Marke muss das SIZ-Markensegment folgen. Es informiert den Decoder über Parameter des uncodierten Bildes, die zur Decodierung nötig sind. Die Art und Weise der Codierung wird im COD-Markensegment für alle Komponenten festgelegt. Für ausgewählte Komponenten überschreiben COC-Marken diese Einstellungen. Die Quantisierungsstrategie wird im QCD-Markensegment mitgeteilt. Für einzelne Komponenten kann die Quantisie-

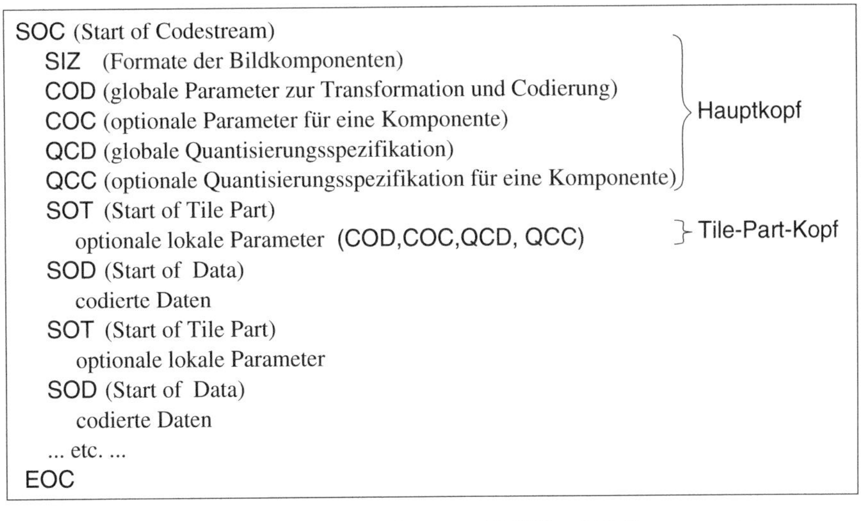

Abbildung 8.28: Beispiel für eine JPEG-2000-Datenstruktur

rung durch QCC-Marken verändert werden. Der Bitstrom muss mindestens eine Kachel enthalten. Im ersten Tile-Part-Kopf ist es möglich, die globalen Einstellungen durch lokal wirkende Parameter zu modifizieren. Die SOD-Marken schließen die Tile-Part-Köpfe ab und markieren den Beginn der codierten Daten.

8.4.2.7 Gültigkeit von Marken und Regeln

Der Gültigkeitsbereich von Parametern, die durch Markensegmente festgelegt wurden, hängt von der Marke selbst und der Position der Marke im Bitstrom ab. Markensegmente in einem Tile-Part-Header wirken nur in der Kachel, zu der sie gehören. Markensegmente im Hauptkopf (*main header*) gelten für das gesamte Bild, können aber lokal in einem Tile-Part-Header überschrieben werden. Markensegmente, Header und Pakete beginnen und enden immer an einer Bytegrenze und von allen Parametern in einem Segment wird zuerst das höherwertige Byte übertragen (*big endian*). Begrenzungsmarken und parametrische Markensegmente müssen an festgelegten Positionen im Bitstrom erscheinen. Alle Markensegmente sollten das Bild immer korrekt beschreiben, so wie es im Bitstrom repräsentiert wird. Falls der Bitstrom durch Editieren, Abschneiden oder andere Verarbeitungsschritte verändert wurde, müssen die Markensegmente sofort aktualisiert werden. Bis auf einige Begrenzungsmarken beinhalten alle Markensegmente einen Längenparameter, der die Länge des Segments (ohne die zwei Bytes für die Marke selbst) angibt. Dies ermöglicht dem Decoder, bestimmte Marken zu überspringen.

8.4.3 Dateiformat-Syntax (JP2)

Der Final Draft International Standard definiert ein optionales Dateiformat (JP2), welches Applikationen zur Einbettung von JPEG-2000-Bitströmen verwenden können. Es ergänzt den Bitstrom durch zusätzliche, anwendungsspezifische Daten (Metadaten), die zum Beispiel für die korrekte Anzeige auf Bildschirmen erforderlich sind. Zur Kennzeichnung wird die Dateinamenerweiterung ‚*.jp2' vorgeschlagen.

Insbesondere für die Handhabung von Farbbildern sind häufig begleitende Informationen über den verwendeten Farbraum oder die benutzte Farbpalette nötig. Des Weiteren sollte die Bedeutung der einzelnen Komponenten (z. B. bei Multispektralbildern) beschrieben sein. Das Dateiformat enthält außerdem Daten über die Bildentstehung (z. B. Auflösung in [Abtastwerte pro Längeneinheit]), Urheberrechte usw.

Die Metadaten sind so strukturiert, dass jeder Empfänger nur die Informationen aus der Datei extrahieren muss, die er auch benötigt und verwerten kann.

8.4.4 Erweiterungen im Part 2

Part 2 bietet dem Anwender im Vergleich zu Part 1 flexiblere Optionen in verschiedener Hinsicht.

Variabler DC-Offset. Das Zentrieren des Wertebereiches der Bilddaten muss nicht mit einem festen Wert 2^{B-1} (B ... Bittiefe der Bildpunkte) erfolgen, sondern darf beliebig gewählt werden. Das kann vorteilhaft für Daten sein, deren Verteilung sehr unsymmetrisch ist.

Variable skalare Quantisierung Die Totzone der skalaren Quantisierung ist wählbar, was die subjektive Qualität in Bildbereichen mit schwacher Textur verbessern kann.

Trellis-codierte Quantisierung ist eine spezielle Form der Quantisierung mit örtlich variierenden Quantisierungsintervallen [Mar90a].

Visuelle Maskierung Durch spezielle Verfahren soll die subjektive Qualität von dargestellten Bildern verbessert werden [Dal00].

Beliebige Zerlegung Während im Part 1 des JPEG-2000-Standards nur die Oktavbandzerlegung der Bilddaten vorgesehen ist, sind in Bitströmen gemäß Part 2 auch Wavelet-Paket-Zerlegungen zulässig. Auch das ausschließliche Filtern in horizontaler oder vertikaler Richtung ist möglich (vgl. Abbildungen 6.45 und 6.46 auf Seite 216f.).

Beliebige Wavelet-Filter Es gibt ein spezielles Marken-Segment, in dem die verwendeten Wavelet-Koeffizienten zum Decoder übertragen werden.

Blockbasierte Wavelet-Transformation Diese Variante der Transformation ist für Architekturen mit geringer Komplexität vorgesehen. Blockartefakte werden durch eine Überlappung von einem Abtastwert vermieden.

Dekorrelation für Multi-Komponenten-Daten In Ergänzung zu den Farbraumtransformationen gibt es zwei neue Möglichkeiten zur Dekorrelation. Entweder es wird eine Komponententransformation vergleichbar mit den bisherigen festgelegt, die auf mehr als drei Komponenten anwendbar ist, oder die Wavelet-Transformation wird zusätzlich entlang der Komponenten durchgeführt.

Nichtlineare Transformation Es wird die Möglichkeit gegeben, die Daten vor der Komponententransformation nichtlinear zu skalieren, um die Kompressionseffizienz zu steigern. Der Decoder kehrt die Skalierung wieder um. Eine mögliche Anwendung liegt in der Kompression von Scanner-Daten, welche vor der Kompression von 12 auf 8 Bit reduziert werden können.

Regionen von Interesse (ROI) Das Prinzip, bestimmte Bildbereiche mit höherer Qualität zu übertragen, wird derart erweitert, dass verschiedene Regionen mit verschiedenen Qualitäten und beliebiger Formen definierbar sind.

8.4.5 Kompressionsergebnisse im Vergleich

In **Abbildung 8.29** sind die Leistungskurven der Standards JPEG-1 und JPEG-2000 im Vergleich dargestellt. Es ist deutlich zu erkennen, dass mit den waveletbasierten Verfahren eine höhere objektive Bildqualität bei gleicher Bitrate als mit dem JPEG-Verfahren zu erreichen ist, wenn die biorthogonale 9/7-Wavelet-Filterbank verwendet wird.

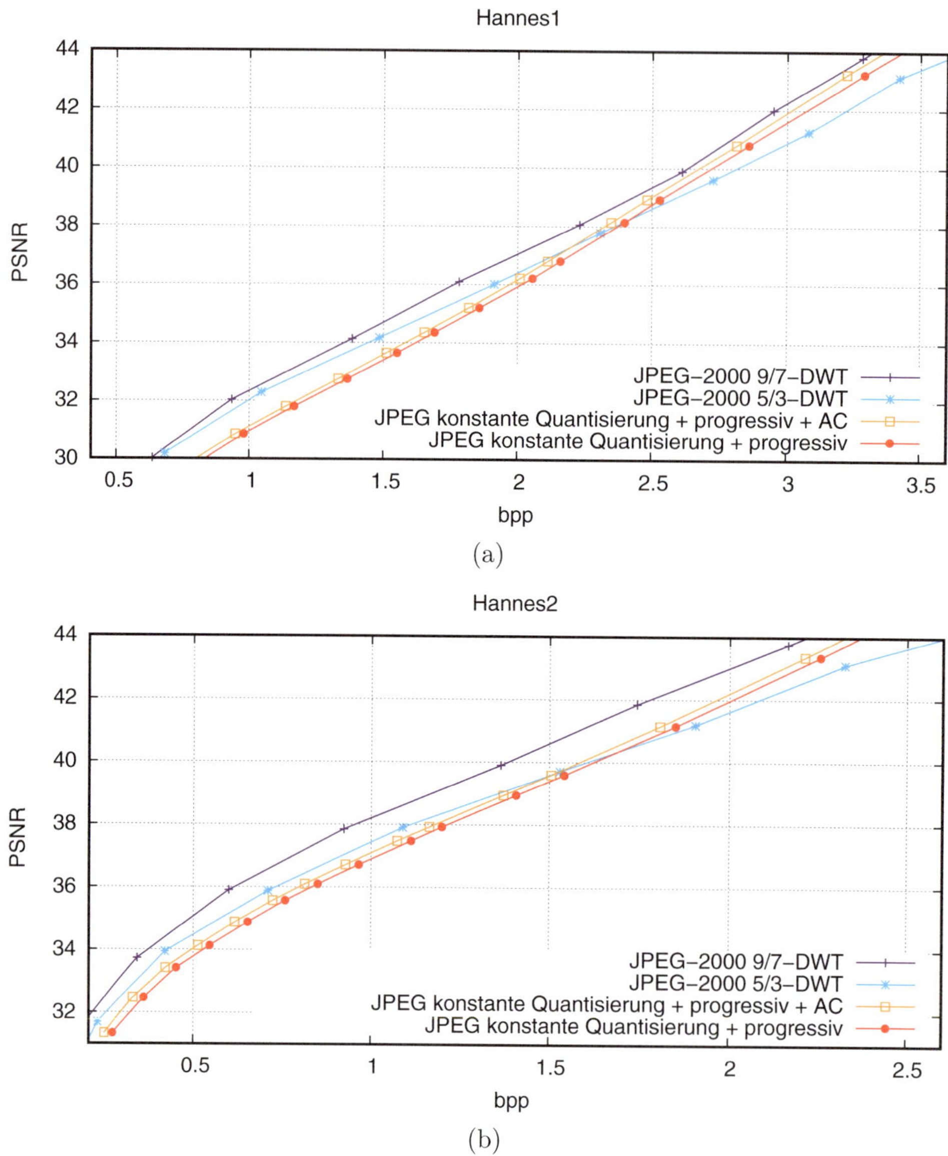

Abbildung 8.29: Leistungsfähigkeit der JPEG-2000-Kompression im Vergleich: (a) ‚Hannes1‘, (b) Testbild ‚Hannes2‘

8.5   Überblick zu JPEG-Aktivitäten

8.5.1   JPEG-XR

JPEG-XR ist ein internationaler Standard für die Kompression von fotografischen Bilder oder Bildern mit ähnlichem Inhalt. Er basiert auf einer Technologie, die ursprünglich

von Microsoft unter dem Namen HD Photo (früher Windows Media Photo) entwickelt
und der Joint Photographic Experts Group (JPEG) im Juli 2007 zur Standardisierung
vorgelegt wurde. Die Bezeichnung ‚XR' steht für *eXtended Range* und bezieht sich auf
die Möglichkeit, Bilddaten mit erhöhtem Dynamikumfang zu verarbeiten. Im Jahr 2009
wurde die JPEG-XR-Kodierung als ITU-T T.832 und ISO/IEC IS 29199-2:2009 standardisiert [ISO20c]. Ein allgemeiner Überblick ist unter https://jpeg.org/jpegxr/ zu finden.
[Duf09] gibt eine etwas detailliertere Beschreibung und Referenzen auf alle wichtigen
Artikel zu den Details des Kompressionssystems.

Gegenüber dem ersten JPEG-Standard (JPEG-1) komprimiert JPEG-XR stärker bei
gleicher Qualität und Kompressionsartefakte sind weniger sichtbar. An die Kompressionseffizienz von JPEG-2000 reicht JPEG-XR nicht ganz heran. Neben der verlustlosen
Kompression gibt es eine visuell-verlustlosen und einen digital-verlustlosen Modus. Abgesehen von der Quantisierungsstufe sind alle Verarbeitungsschritte reversibel.

Pro Farbkomponente dürfen die Signalwerte mit acht, zehn, 16 oder 32 Bits aufgelöst
sein, wodurch ein größerer Farbumfang (*wide gamut colour*) realisierbar ist. Es können
aber auch Datenformate verarbeitet werden, welche die Signalwerte mit Gleitkommazahlen repräsentieren oder eine geringere Farbtiefe haben wie zum Beispiel ein Format mit
5, 6 und 5 Bits für Rot, Grün und Blau. Das Speichern von Transparenz (Alpha-Kanal)
wird unterstützt.

Bewährte Funktionalitäten wurden implementiert, wie zum Beispiel das progressive Decodieren, das Beschneiden, Rotieren und Spiegeln ohne das Bild zu entpacken und neu
zu codieren, letzteres ohne Verlust an Bildqualität. Weitere Vorzüge bestehen im geringen Speicherbedarf während der Kompression, ausschließlich Ganzzahlarithmetik ohne
Division und der Möglichkeit der parallelen Verarbeitung. Das Verarbeiten von großen
Bildern wird durch eine Unterteilung in Kacheln unterstützt.

JPEG-XR arbeitet nach dem üblichen, in Abbildung 6.53 auf Seite 228 dargestellten
Prinzip. Für die Dekorrelation wird eine reversible, biorthogonale Transformation auf
Basis des Lifting-Schemas (siehe Abschnitt 6.4.6) eingesetzt. Sie wird grundlegend auf
4×4-Blöcken angewendet. Die DC-Werte von 4×4 dieser Blöcke werden in einer zweiten
Ebene transformiert. Dadurch entstehen Verarbeitungsstrukturen (Makroblöcke) von
16×16 Bildpunkten. Dies verleiht der Transformation eine wavelet-artige Mehrfach-
auflösung (siehe auch Abschnitt 6.3.11) und verbessert die Kompressionsfähigkeit. So-
wohl die finalen DC-Werte als auch ausgewählte AC-Werte werden zwischen den Blöcken
einer Prädiktion unterzogen.

Die quantisierten Transformationskoeffizienten eines Blocks werden wie bei JPEG-1 in
einen Vektor überführt, wobei die Abtastreihenfolge adaptiv gewählt wird auf Basis
der lokalen Statistik der Koeffizienten. Die entstehenden Symbole werden mit Codewörtern variabler Länge codiert. Es gibt mehrere vordefinierte Codetabellen zwischen
denen der Codec signaladaptiv umschaltet. Als interner Farbraum kommt YCgCo-R zum
Einsatz (siehe Abschnitt 7.2.6.3) und die Chrominanzen können optional unterabgetastet
werden.

Der Standardisierungsprozess hat verschiedene Dokumente hervorgebracht, welche die
einzelnen Teile des Standards definieren:

1. System architecture, ITU-T T Suppl. 2 (2011) bzw. ISO/IEC TR 29199-1:2011 bietet einen technischen Überblick und informative Richtlinien für Anwendungen des JPEG-XR-Bildcodierungsformats.

2. Image coding specification, ITU-T T.832 (2019) bzw. ISO/IEC 29199-2:2020 ist die zentrale Codierungsspezifikation für JPEG-XR. Sie spezifiziert die Syntax und Semantik von JPEG-XR-codierten Bildern und den zugehörigen Decodierungsprozess.

3. Motion JPEG XR, ITU-T T.833 (2010) bzw. ISO/IEC 29199-3:2010 ist die Spezifikation des Motion-JPEG-XR-Dateiformats. Dieses Format wurde entwickelt, um eine oder mehrere Bewegungssequenzen von JPEG-XR-Bildern zu speichern. Das Format basiert auf dem ISO-Basismediendateiformat [ISO22a].

4. Conformance testing, ITU-T T.834 (2010) bzw. ISO/IEC 29199-4:2010, ist die Spezifikation für JPEG-XR-Konformitätstests. Sie definiert Tests, mit denen überprüft wird, ob Bitströme, sowie Encoder und Decoder die normativen Anforderungen der JPEG-XR-Spezifikationen erfüllen.

5. Reference software, ITU-T T.835 (2012) bzw. ISO/IEC 29199-5:2012, stellt Quellcode für das JPEG-XR-Bildcodierungsformat zur Verfügung. Eine solche Referenzsoftware ist nützlich, um den Benutzern eines Bildkodierungsstandards zu helfen, Konformität und Interoperabilität herzustellen und zu testen, und um die Fähigkeiten des Standards zu demonstrieren. Die Referenzsoftware umfasst sowohl Encoder- als auch Decoderfunktionen [JXR09].

Als Dateiendung wird ‚*.jxr' vorgeschlagen.

8.5.2 JPEG-XT

JPEG-XT (ISO/IEC 18477) spezifiziert eine Reihe von rückwärtskompatiblen Erweiterungen des alten JPEG-1-Standards (vgl. Abschnitt 8.2).

JPEG-1 ist zwar immer noch die vorherrschende Technologie für die Speicherung digitaler Bilder (Stand 2025), erfüllt aber nicht verschiedene Anforderungen, die in den letzten Jahren wichtig geworden sind, wie zum Beispiel das Komprimieren von Bildern mit hohem Dynamikbereich oder die verlustfreie Kompression und Interpretation von Alphakanälen. Diese Aspekte wurden zwar bereits in der von Microsoft getriebenen Standardisierung von JPEG-XR adressiert, aber JPEG-XT erweitert die JPEG-Spezifikation in einer vollständig rückwärts kompatiblen Weise. Damit war die Hoffnung verbunden, die Hemmschwelle für den Umstieg auf ein neues Bildspeicherformat zu verringern, weil die Veränderung vom alten JPEG-1 auf das neue JPEG-XT weniger Aufwand und Kosten bedeutet als der Wechsel auf ein komplett neues Format [Art16]. Bestehende Werkzeuge und Software funktionieren weiterhin mit den neuen Bitströmen und „neue Funktionen tragen JPEG in das 21. Jahrhundert", wie es auf den JPEG-Webseiten heißt[11].

---

[11]https://jpeg.org/jpegxt/

JPEG-XT ist, wie die meisten anderen JPEG-Standards, eine mehrteilige Spezifikation und umfasst derzeit die folgenden Teile, welche zwischen 2015 und 2020 verabschiedet wurden:

1. Part 1: Core coding system, ISO/IEC 18477-1:2020, spezifiziert die Basistechnologie und als solche den Kern von JPEG, wie er heute verwendet wird, nämlich als eine Auswahl von Merkmalen aus ISO/IEC 10918-1, 10918-5 und 10918-6. Part 1 definiert das, was heute gemeinhin als JPEG-1 verstanden wird [ISO20a].[12]

2. Part 2: Coding of high dynamic range images, ISO/IEC 18477-2:2016, ist eine rückwärtskompatible Erweiterung von JPEG-1 für die Fotografie mit hohem Dynamikbereich.

3. Part 3: Box file format, ISO/IEC 18477-3:2015, spezifiziert ein erweiterbares, auf Boxen basierendes Dateiformat, auf dem alle folgenden und zukünftigen Erweiterungen von JPEG basieren werden. Das Format ist selbst kompatibel zu JFIF, ISO/IEC 10918-5, und kann daher von allen bestehenden Implementierungen gelesen werden.

4. Part 4: Conformance testing, ISO/IEC 18477-4:2017, definiert die Konformitätsprüfung von JPEG-XT.

5. Part 5: Reference software, ISO/IEC 18477-5:2018 [JXT18]

6. Part 6: IDR Integer coding, ISO/IEC 18477-6:2016, definiert Erweiterungen von JPEG-1 zur rückwärtskompatiblen Codierung von ganzzahligen Abtastwerten mit 9 bis 16 Bits Genauigkeit. Es verwendet das in Part 3 spezifizierte Dateiformat.

7. Part 7: HDR floating-point coding, ISO/IEC 18477-7:2017, nutzt den Mechanismus von Part 3, um JPEG-1 für das Codieren von HDR-Bildern zu erweitern sowie das Verarbeiten von Gleitkommazahlen zu unterstützen. Es handelt sich um eine Übermenge von Part 2 und Part 3 und bietet zusätzliche Codierwerkzeuge, welche Implementierungen mit geringer Komplexität ermöglichen.

8. Part 8: Lossless and near-lossless coding, ISO/IEC 18477-8:2020, definiert verlustfreie Codierungsmechanismen für Ganzzahl- und Gleitkomma-Abtastwerte. Es handelt sich um eine Erweiterung von Part 6 und Part 7 und beschreibt eine skalierbare verlustbehaftete bis verlustfreie Kompression.

9. Part 9: Alpha channel coding, ISO/IEC 18477-9:2016, erlaubt die verlustbehaftete und verlustfreie Darstellung von Alphakanälen und ermöglicht so das Codieren von Transparenzinformation und das Einbetten von beliebig geformten Bildern.

Für Bilddaten mit hohen Dynamikumfang codiert JPEG-XT zunächst eine 8-Bit-Version des Eingabebild mit einem JPEG-1-konformen Codierer. Dies wird auch Basisschicht (*base layer*) genannt. In einem zweiten Bitstrom, der sogenannten Erweiterungsschicht

---

[12]Genau genommen beinhaltet es also nur die JFIF-Spezifikation, d. h. die DCT-basierte Kompression im YCbCr-Farbraum mit 4:2:0-Unterabtastung, siehe auch Seite 8.2.3.2.

(*enhancement layer*), wird die Information eingebettet, welche zum Beispiel die Genauigkeit auf einen größeren Dynamikumfang erweitert; bis zu 16 Bit pro Komponente oder 48 Bits insgesamt. Zusätzliche Metadaten, die ebenfalls in den Basis-Bitstrom eingebettet sind, teilen einem JPEG-XT-Decoder mit, wie er die Basisschicht und die Erweiterungsschicht zu einem einzigen Bild mit höherer Präzision zu kombinieren hat. Die Erweiterungsschicht kann aber auch Informationen anderer Art enthalten, wie zum Beispiel einen Alpha-Kanal, welcher für jeden Bildpunkt eine Transparenzinformation beinhaltet. Andere mögliche Anwendungen umfassen die verlustlose Kompression durch zusätzliches Speichern der Differenz zum Originalbild, omnidirektionale Fotografie, Animationen, Speichern der Historie bei Editiervorgängen u. a. [Ric16].

Die Referenz-Software [JXT18] ermöglicht auch das verlustlose Codieren ohne die Erweiterungsschicht zu nutzen. Optional wird dafür eine Ganzzahl-DCT verwendet, welche durch Lifting[13]-Schritte realisiert ist [Ric16].

Der in JPEG-XT verwendete Einbettungsmechanismus ist möglich dank sogenannter Applikations-Segmente, welche schon durch die JPEG-1-Syntax unterstützt wurden (vgl. Abschnitt „Anwendungsbezogene Daten", Seite 287). Bei der Entwicklung dieses Standards bestand von Anfang an die Absicht, Anwendungen die Möglichkeit zu geben, herstellerspezifische Informationen in den Bitstrom einzufügen, ohne die Kompatibilität zum JPEG-1-Standard zu gefährden. Ältere JPEG-1-Decodern haben also immer die Möglichkeit, einen Teil der gespeicherten Information (die Basisschicht) in ein Bild zu rekonstruieren. Die Zusatzinformation der Erweiterungsschicht wird dann einfach ignoriert.

Die Anwendungsvielfalt von JPEG-XT ist damit sehr vielfältig. Weil aber prinzipiell keine neuen Kompressionsmethoden verwendet werden (auch die Erweiterungsschicht verwendet die Verfahren von JPEG-1), bleibt die Kompressionsperformanz etwas hinter JPEG-XR zurück [Art15].

8.5.3 JPEG-XS

8.5.3.1 Überblick

Wie für alle JPEG-Standards findet man unter https://jpeg.org/ eine Überblicksinformation zu den wichtigen Zielstellungen und Eigenschaften des standardisierten Systems.

JPEG-XS steht für *eXtra Speed* und *eXtra Small*. Der Hauptfokus bei der Entwicklung lag nicht auf hoher Kompressionsperformanz, sondern auf möglichst schneller Kompression mit geringen Anforderungen an die Hardware. Dieser Standard spezifiziert eine Kompressionstechnologie mit einer End-to-End-Latenzzeit von wenigen Zeilen und einer geringen Komplexität. Dies ermöglicht zum Beispiel Hardware-Implementierungen, die keinen externen Speicher benötigen. Das Design bietet verschiedene Grade der Parallelität, wodurch eine effiziente Implementierung auf verschiedenen Plattformen wie FPGAs, ASICs, CPUs und GPUs ermöglicht wird. Darüber hinaus zeichnet sich JPEG-XS durch eine hohe Robustheit aus gegenüber der wiederholten Kompression und Rekonstruktion. Das heißt, in Gegensatz zu anderen Kompressionsverfahren verschlechtert sich die Bildqualität nicht mit jeden Zyklus. Damit ist JPEG-XS besonders für die visuell verlustfreie

---

[13]siehe Abschnitt 6.4.6

Kompression gemäß [ISO15] sowohl für natürliche als auch für synthetische Bilder geeignet. In Abschnitt 8.3.4 wurde JPEG-XS bereits mit anderen Verfahren verglichen, welche ebenfalls eine nahezu-verlustlose Kompression ermöglichen.

JPEG-XS unterstützt Bilpunktauflösungen von bis zu 16 Bits pro Komponente und erlaubt eine sehr genaue Wahl der Bitrate, wodurch verfügbare Übertragungsbandbreiten bestmöglich ausgenutzt werden können. Die verlustfreie Kompression wird unterstützt für Auflösungen bis zu 12 Bits pro Komponente.

8.5.3.2 Anwendungen

Aufgrund der oben beschriebenen Eigenschaften ist JPEG-XS einsetzbar in Anwendungen, wie zum Beispiel professionelle Videoverbindungen, Audio-Video über Internetprotokoll (IP), kostengünstige visuelle Sensoren für das Internet der Dinge, Echtzeit-Videospeicher, omnidirektionale Videoerfassungssysteme, professionelle High-End-Fotografie, Gaming, Head-Mounted Displays für virtuelle oder erweiterte Realität, Video-Produktion, digitales Kino, medizinische Bildgebung, Infotainment im Auto oder im Bereich es autonomen Fahrens. JPEG-XS kann überall dort eingesetzt werden, wo bisher Videos aufgrund von hohen Echtzeitanforderungen unkomprimiert transportiert werden mussten.

8.5.3.3 Teile des Standards

JPEG-XS wurde erstmals 2019 standardisiert und eine überarbeitete zweite Version wurde 2022 veröffentlicht. Diese zweite Version bringt weitere Verbesserungen von JPEG-XS, wie z. B. die Unterstützung neuer Codierwerkzeuge für eine effiziente, qualitativ hochwertige Komprimierung von rohen Bayer-Standbildern (siehe Abschnitt 7.2.8) und Videoinhalten. Es wurden fünf Teile verabschiedet:

1. Part 1: Core coding system (ISO/IEC 21122-1:2022) 2nd edition, definiert normativ, wie ein komprimierter JPEG-XS-Bitstrom bitgenau in ein dekodiertes Bild umgewandelt werden kann. Außerdem werden die wichtigsten Algorithmen für einen JPEG-XS-Encoder erläutert [ISO22b].

2. Part 2: Profiles and buffer models (ISO/IEC 21122-2:2022) 2nd edition, gewährleistet die Interoperabilität zwischen verschiedenen Implementierungen, indem es typische Bitstrom-Parametrisierungen und -Eigenschaften festlegt. Daraus lassen sich die Hardware- und Softwareanforderungen für verschiedene Zwecke ableiten. Darüber hinaus geben Implementierungsrichtlinien Auskunft darüber, wie Implementierungen mit geringer Latenz erreicht werden können.

3. Part 3: Transport and container (ISO/IEC 21122-3:2022) 2nd edition, definiert, wie ein JPEG-XS-Bitstrom in ein Dateiformat eingebettet werden kann, und alles was für den Transport eines JPEG-XS-Bitstrom über einen Übertragungskanal unter Verwendung bestehender, von verschiedenen Normierungsgremien definierter Übertragungsprotokolle erforderlich ist.

4. Part 4: Conformance testing, (ISO/IEC 21122-4:2022) definiert die Konformitätsprüfung von JPEG-XS.

5. Part 5: Reference software, (ISO/IEC 21122-5:2022) [JXS22]

Als Dateiendung wird ,*.jxs' verwendet.

8.5.3.4 Patentsituation

Mit Unterstützung des britischen Unternehmens Vectis IP, des Fraunhofer-Institut für Integrierte Schaltungen IIS und des belgischen Technologieanbieters intoPIX haben die wichtigsten Inhaber von Patenten, die für den JPEG-XS-Standard wesentlich sind, einen Patentpool (www.jpegxspool.com) gegründet und zur Verfügung gestellt. Dieser Patentpool soll es Herstellern, Entwicklern und Implementierern ermöglichen, die JPEG-XS-Standardpatente zu fairen, angemessenen und nicht diskriminierenden Bedingungen zu lizenzieren und den neuen JPEG-XS-Codec zu nutzen.

8.5.4 JPEG-XL

8.5.4.1 Zielstellung und Anwendungen

Das große Ziel des JPEG-XL-Standards ist genau dasselbe, wie es bei JPEG-XR und JPEG-XT war: ablösen des alten JPEG-1-Formats. Neben der Kompatibilität zu JPEG-1 (wie JPEG-XT) wird eine große Farbskala (*wide colour gamut*) sowie Bilder mit hohem Dynamikumfang und hoher Bittiefe unterstützt. Letzteres war auch schon bei JPEG-XR und JPEG-XT vorgesehen. Darüber hinaus fokussiert JPEG-XL insbesondere auf Anwendungen im responsiven Web-Design. Das Kompressionssystem ist so optimiert, dass die Bildinhalte auf möglichst vielen Geräten gut dargestellt werden. Es enthält auch verschiedene Eigenschaften, welche den Wechsel vom alten JPEG-1 auf das neue Format unterstützen [ISO22c]. Server können eine einzelne JPEG-XL-Datei speichern, welche sowohl von JPEG-1- als auch JPEG-XL-Clients lesbar sind. Auch das verlustlose Konvertieren von vorhandenen JPEG-1-Bildern in JPEG-XL-Dateien ist möglich, wobei die Dateigröße signifikant reduziert wird.

JPEG-XL wurde entwickelt, um die Anforderungen an das Bereitstellen von Bildern im Internet und in der professionellen Fotografie zu erfüllen. JPEG-XL bietet darüber hinaus Funktionen wie Animation, Alphakanäle, Ebenen, Thumbnails, verlustfreie und progressive Codierung. Damit wird eine breite Palette von Anwendungsfällen unterstützt, wie zum Beispiel Fotogalerien, E-Commerce, soziale Medien, Benutzeroberflächen und Cloud-Speicher. Um neue Anwendungen zu ermöglichen, werden auch 360-Grad-Bilder, Bildserien und große Panoramen/Mosaike unterstützt.

Besonderer Fokus liegt bei JPEG-XL auf einer hohen subjektiven Qualität. Es ist außerdem für eine recheneffiziente Codierung und Dekodierung mit Software-Implementierungen ausgelegt, ohne dass zusätzliche Hardware-Beschleunigung erforderlich ist, selbst auf mobilen Geräten.

8.5.4.2 Teile des Standards

Folgende Teile des Standards wurden bisher veröffentlicht:

1. Part 1: Core coding system (ISO/IEC 18181-1) definiert den JPEG-XL-Bitstrom und den Decoder für die verlustbehaftete und verlustlose Kompression und die verlustlose Neukompression von JPEG-1-Bilder [Ala19, ISO22c].

2. Part 2: File format (ISO/IEC 18181-2) Spezifiziert ein erweiterbares, boxbasiertes Dateiformat, das Metadaten (z. B. EXIF und JUMBF) und ältere JPEG-Bitstream-Rekonstruktionsdaten unterstützt.

3. Part 3: Conformance testing, (ISO/IEC 18181-3) stellt Testmaterial und -verfahren zur Verfügung, um proprietäre Lösungen gegenüber der Standardspezifikation zu validieren.

4. Part 4: Reference software, (ISO/IEC 18181-4) bietet eine kostenlose und quelloffene, lizenzfreie JPEG-XL-Referenzimplementierung, die auch auf Gitlab verfügbar ist [JXL25].

Als Dateiendung wird ‚*.jxl' verwendet.

8.5.4.3 Kompressionsverfahren

Grundsätzlich beinhaltet JPEG-XL zwei verschiedene Kompressionsmodi: VarDCT und Modular. Der VarDCT-Modus ist für die verlustbehaftete Kompression von Bilddaten vorgesehen und der Modular-Modus für die verlustlose Kompression von Bild- oder Metadaten [ISO23]. **Abbildung 8.30** zeigt die wesentlichen Elemente des Kompressionssystems ohne die Konstrukte zur Transcodierung von und nach JPEG-1-konformen Bitströmen.

VarDCT-Modus

Der VarDCT-Modus nutzt eine spezielle, nicht-reversible Farbraumkonvertierung, welche besonders auf das menschliche Wahrnehmungssystem zugeschnitten ist. Anschließend wird das Bild analysiert, um die günstigsten Parametereinstellungen für die weitere Verarbeitung zu finden und Anleitungen für die optimale Rekonstruktion beim Decoder zu extrahieren. Letzteres betrifft das Überabtasten und Interpolieren der beim Encoder unterabgetasteten Chrominanzen, kantenerhaltende Filter, das Hinzufügen von synthetischem Rauschen (statt originale Rausch-Texturen zu codieren) u. a.

Namensgebend für diesen Modus ist die diskrete Kosinus-Transformation, welche für variable Blockgrößen $N \times M$ von 2×2 bis 256×256 eingesetzt werden kann. Dabei gilt entweder $N = M$, $N = 2 \cdot M$ oder $M = 2 \cdot N$. Die DCT-Koeffizienten werden adaptive quantisiert und verlustlos codiert.

Die DC-Koeffizienten werden ähnlich wie in JPEG-1 einer Prädiktion unterzogen. Aber statt immer nur den direkten Vorgänger als Schätzwert zu verwenden, kommen insgesamt acht verschiedene Prädiktoren zum Einsatz, welche zweidimensional arbeiten. Für jeden DC-Wert werden (nachträglich) alle Prädiktoren ausprobiert. Tatsächlich verwendet wird derjenige, welcher in den Nachbarpositionen $x[n-1, m], x[n, m-1], x[n-1, m-1]$ die besten Ergebnisse erzielte [Ala19]. Die zu erwartenden Prädiktionsfehler steuern eine adaptive Auswahl von Symbolverteilungen für das Codieren.

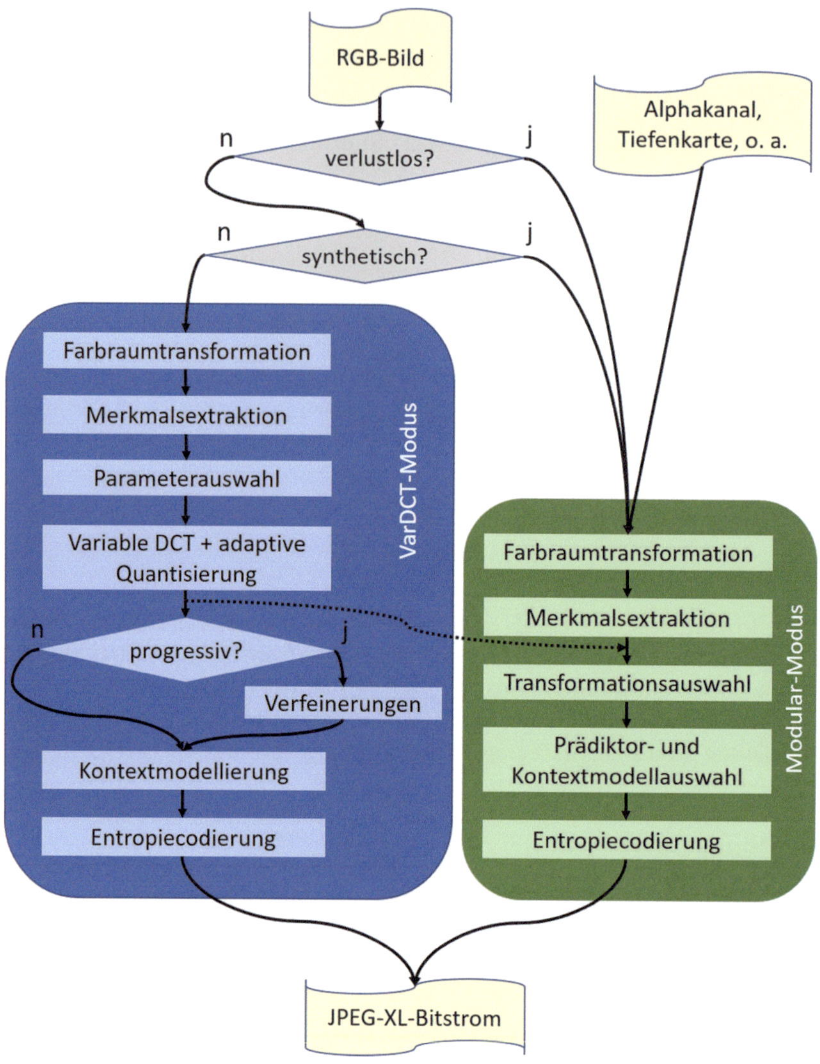

Abbildung 8.30: Übersicht des JPEG-XL-Kompressionsverfahrens

Die bei JPEG-1 verwendete Zick-Zack-Abtastung der AC-Koeffizienten wird ersetzt durch eine flexible, durch den Encoder festgelegte Reihenfolge.

Der VarDCT-Modus nutzt den Modular-Modus zum Speichern von Zusatzdaten wie zum Beispiel Transparenzinformation oder Gewichte für die adaptive Quantisierung. Auch die DC-Werte aller Blöcke und die tieffrequenten AC-Werte von Blöcken größer als 8×8 werden zusammengefasst und gesondert im Modular-Modus codiert.

Modular-Modus

Der Modular-Modus nutzt ausschließlich Ganzzahl-Operation, damit die Verarbeitung garantiert verlustlos erfolgt. Durch Weglassen von Informationbits ist aber auch in diesem Modus eine verlustbehaftete Kompression möglich. Für die Dekorrelation der Komponenten stehen verschiedene reversible Farbraumtransformationen zur Verfügung. Neben YCgCo-R sind das Transformationen, die entweder eine oder zwei Komponenten unverändert übernehmen. Für die erste Chrominanz wird entweder eine einfache Differenzen $C_1 = X_2 - X_1$ zwischen zwei der Komponenten berechnet oder eine Differenz der Form $C_1 = X_2 - (X_1 - X_3) >> 1$ (siehe auch Abschnitt 7.2.6.3), wobei sich die Komponenten X_1, X_2, X_3 aus einer Permutation von RGB ergeben. Die zweite Chrominanzkomponente könnte dann eine komplementäre Differenz $C_2 = X_3 - X_1$ sein.

Die Codierungsstufe nutzt optional eine LZ77-Codierung als Vorverarbeitung.

Entropiecodierung

Um Geschwindigkeit mit starker Kompression zu kombinieren setzt JPEG-XL teilweise auf asymmetrische Zahlensysteme zur Codierung [Ala19], siehe auch Abschnitt 3.9. Es wird ein ANS-Bitsrom generiert, welcher Symbole aus verschiedenen Alphabeten enthalten kann. Da eine statische Codierung eingesetzt wird, müsste für jedes Alphabet die entsprechende Wahrscheinlichkeitsverteilung übertragen werden. Alphabete mit ähnlichen Verteilungen werden zu Clustern zusammengefasst, damit der Aufwand dafür nicht zu groß wird. Die Cluster-Information wird mit Move-to-Front- und Lauflängencodierung codiert, siehe Abschnitte 4.4 und 4.2. Für bestimmte Elemente im Datenstrom werden auch Varianten der binären arithmetischen Codierung eingesetzt. Auch das uncodierte Übertragen von Bits ist vorgesehen, wenn die Verteilung flach ist.

Bildrekonstruktion

Beide oben genannten Modi können zusätzliche Bildmerkmale codieren, welche das decodierte Bild nachträglich verändern. Diese Methoden sollen die subjektive Qualität der rekonstruierten Bilder optimieren, wodurch insbesondere synthetische Bildinhalte wie Text oder Grafik eine bessere Bildqualität bei verlustbehafteter Kompression erhalten. Die objektive Qualität, zum Beispiel im Sinne von PSNR, kann dadurch unter Umständen aber noch schlechter werden.

Patches sind Rechtecke aus bereits decodierten Bilddaten. Gegebenenfalls wurden diese Daten noch nicht angezeigt und nur als Referenz für den späteren Gebrauch gespeichert. Die Patches können mit verschiedenen Überblendungsmodi über das aktuelle Bild geblendet werden. Der Encoder erkennt eventuell bei der Bildanalyse sich wiederholende Muster (z. B. Buchstaben eines Textes) und codiert diese nur einmal. Es wird eine Zusatzinformation übertragen, an welchen Positionen dieses Patch vom Decoder in das decodierte Bild eingefügt werden muss.

Splines dienen zur Rekonstruktion von feinen, linienartigen Strukturen, die bei einer DCT-basierte Kompression nur schlecht repräsentiert werden können und typischer Weise verloren gehen. Genutzt werden zentripetale Catmull-Rom-Splines, für welche Lage, Farbe und eine (variierende) Linienbreite übertragen werden.

Noise: Transformationsbasierte verlustbehaftete Kompressionsverfahren wirken meist auch als Rauschunterdrücker. Wenn ein Bild rauschartige Texturen enthält, ist es für realistische Ansichten hilfreich, diesen Rausch-Eindruck zu erhalten. Der Encoder generiert die dafür erforderliche Information, sodass der Decoder helligkeitsmoduliertes synthetisches Rauschen dem decodieren Bild hinzufügen kann.

Bildverbesserungen

Wie bei allen blockbasierten verlustlosen Kompressionsverfahren führt zu starkes Quantisieren zu Blockartefakten. In beiden Modi gibt es zwei Werkzeuge, um diese Kanten zu filtern.

Glättungsfilter: Der Decoder glättet die Blockkanten mit einer 3×3-Filtermaske. Der Encoder schärft die Kanten im Gegenzug mit einem inversen Filter vor der eigentlichen Kompression.

Kanten-erhaltendes Filter: Dieses Filter arbeitet ähnlich wie ein bilaterales Filter und die Stärke der Wirkungsweise wird vom Encoder lokal-adaptiv festgelegt und übertragen [JXL24].

8.5.4.4 Historie

Die Entwicklung von JPEG-XL begann 2018 mit einem Aufruf für Vorschläge für einen neuen Bildkompressionsstandard durch das JPEG-Komitee. Dieser neue Standard sollte die alten, über 20 Jahre alten Bildformate JPEG-1, GIF und PNG ersetzen. Aus den sieben Einreichungen stachen zwei besonders heraus: das PIK-Verfahren von Google und FUIF (Free Universal Image Format) der Firma Cloudinary. Die Zutaten von beiden Vorschlägen wurden zu einem noch besseren Verfahren kombiniert.

Ende 2020 wurde die Spezifikation des Decoders eingefroren. Im April 2021 wurde dem Chrome-Browser eine Option zum Decodieren und Anzeigen von JPEG-XL-Bildern hinzugefügt. Kurze Zeit später startete auch Firefox den experimentellen Support für JPEG-XL. Im Oktober 2022 kündigten die Chrome-Entwickler plötzlich an, dass JPEG-XL nicht weiter unterstützt wird, was zu kontroversen Diskussionen führte. Auch Firefox zog darauf sein Interesse zurück. Ein Grund könnte sein, dass die Raten-Verzerrungs-Effizienz von JPEG-XL deutlich schlechter ist als bei anderen aktuellen Kompressionsverfahren, siehe Abschnitt 8.7. Außerhalb der Browser-Welt wurde JPEG-XL aber in viele Bild-verarbeitende Programme integriert. Im Juni 2022 präsentiert Apple die JPEG-XL-Kompression als eines von neuen Merkmalen des Safari-Browsers an, wodurch JPEG-XL wieder etwas Rückenwind erhält. Zur Zeit scheint es aber, dass auch dieser dritte Anlauf (nach JPEG-XT und JPEG-XR), den alten JPEG-1-Standard abzulösen, nicht erfolgreich sein wird.

8.5.5 JPEG-AI

JPEG-AI ist ein lern-basierter Bildkompressionsstandard mit dem Ziel, Bilder in einem einzelnen Bitstrom effizienter zu speichern als es mit anderen Verfahren möglich ist [ISO25]. Die Qualität der Bilder soll dabei sowohl das menschliche Auge ansprechen als auch für Bildverarbeitungs- und Computer-Vision-Aufgaben unterstützen. Die Bestrebungen, einen Kompressionsstandard basierend auf einem tiefen neuronalen Netz zu etablieren, gehen auf das Jahr 2019 zurück [ISO19]. Wichtige Anforderungen waren Hardware- und Software-implementierungsfreundliche Verfahren, die Unterstützung von 8- und 10-Bit-Tiefe, eine effiziente Codierung von Bildern mit Text und Grafiken sowie eine progressive Dekodierung. Bis 2022 gab es mehrere Vorschlagsrunden [JAI25]. Eine Referenzimplementierung ist seit Januar 2025 auf GitLab verfügbar [JAI25b]. Decoderseitig wird nicht nur das Rekonstruieren des Bildes unterstützt, sondern auch Computer-Vision-Aufgaben wie Bildklassifikation, Bildsegmentierung oder Erhöhen der örtlichen Auflösung (super resolution). Der Vorteil besteht darin, dass das Bild nicht erst rekonstruiert werden muss, sondern die entsprechenden neuronalen Netzwerke direkt an die decodierten latenten Daten $\hat{y}$ andocken können.

Andere Kompressionsverfahren wie HEVC/HEIF oder VVC betreiben beim Encoder immer mehr Aufwand, um die günstige Codierungsvariante auszuwählen. Im Prinzip müssen hierbei on-line die Merkmale und Statistiken der Bilder erlernt werden, was sehr zeitaufwändig werden kann. Bei JPEG-AI erfolgt das Lernen quasi off-line beim Trainieren der neuronalen Netze, wodurch sich die Zeit für das Encodieren verringert [Asc23].

Wie bei anderen Kompressionsverfahren wird das zu codierende Bild zunächst vom RGB-Farbraum in einen YUV-Farbraum transformiert [Als24b]. Eine Unterabtastung der Chrominanzen ist optional möglich. Die Luminanz und die Chrominanzen werden separat mit der in **Abbildung 8.31** dargestellten Struktur verarbeitet [Als24a]. Ein Hauptgrund für das Trennen der Farbkomponenten liegt in der Reduktion des Speicheraufwandes.

Ein neuronales Netz transformiert die Originaldaten in den sogenannten latenten Raum y. Für die Luminanz umfasst y 160 Kanäle (Merkmalskarten), welche verschiedene Details des Bildes repräsentieren. Höhe und Breite der Merkmalskarten betragen ein Sechszehntel der örtlichen Auflösung des Originalbildes. Beim Netz für die Chrominanzen reichen 96 Merkmalskarten aus für eine visuell ansprechende Qualität.

Ein Hyper-Encoder-Netzwerk wandelt die latenten Daten y in ein so genanntes Hyper-Signal $\hat{z}$ um. Aus diesem kann ein Vorschaubild mit geringerer örtliche Auflösung generiert werden. Dieses Hyper-Signal enthält einen Tensor, mit welchem der Tensor der latenten Daten y vorausgesagt und ein Residuen-Signal $\hat{r}$ erzeugt wird. Deshalb muss das decoderseitig eingezeichnete Hyper-Decoder-Netzwerk auch im Encoder vorhanden sein.

Sowohl $\hat{r}$ als auch $\hat{z}$ werden arithmetisch encodiert (AE), wobei der z-Bitstrom nur einen Bruchteil der komprimierten Datei ausmacht. Für beide Signale wird eine Normalverteilung der Symbole unterstellt. Für $\hat{z}$ gibt es fest eingestellte Parameter für Mittelwert μ und Streuung σ, separat für jeden Kanal des Tensors y. Für $\hat{r}$ ergibt sich aufgrund der Prädiktion einen Mittelwert von Null und die Streuung wird durch das Hyper-Decoder-Netz aus den Daten $\hat{z}$ geschätzt.

Wenn entweder Höhe oder Breite des Originalbildes den Wert 1024 überschreiten, wird das Bild in sich leicht überlappende Kacheln geteilt. Die Daten sind im Bitstrom au-

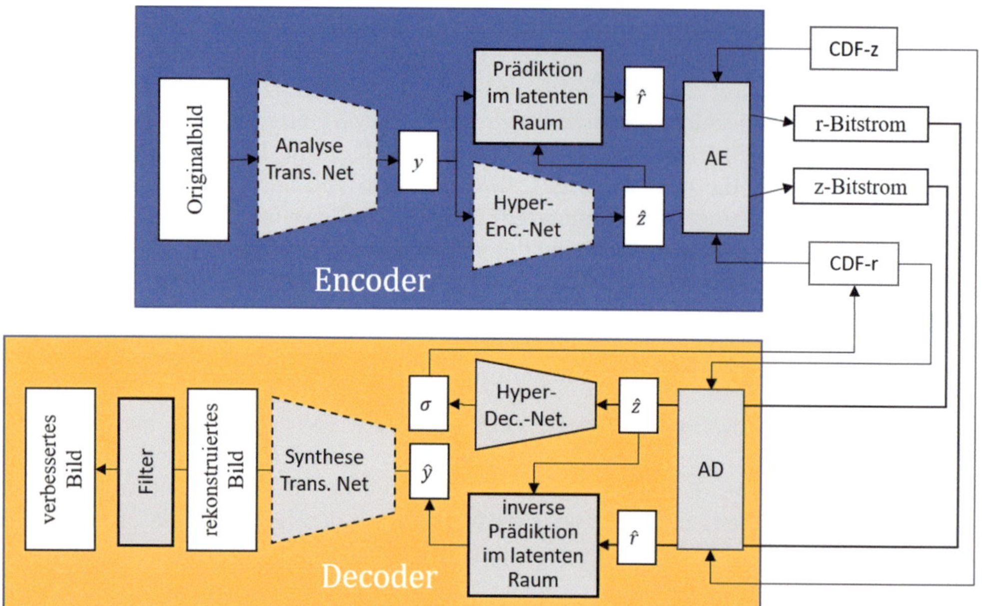

Abbildung 8.31: Übersicht des JPEG-AI-Kompressionsverfahrens für eine Farbkomponente, CDF... Parameter zur Modellierung der Symbole, σ... Streuung der Wahrscheinlichkeitsdichte

ßerdem so organisiert, dass sowohl eine progressive Codierung als auch ein Decodieren von nur bestimmten Bildbereichen möglich sind. Die Referenzsoftware beinhaltet zwei Analyse-Netzwerke und drei Synthese-Netzwerke, welche unterschiedliche Komplexitäten hinsichtlich Rechen- und Speicheraufwand abbilden und damit auch verschiedene Kompressionsergebnisse.

Der gesamte Bitstrom enthält weitere Daten, wie zum Beispiel Parameter für die Filter, welche beim Decoder nach der initialen Bildrekonstruktion die Qualität verbessern (Farbkorrekturen, Verschärfung der Luminanzkomponente). Dazu gehört auch eine optionale Qualitätskarte, welche das Codieren von Regionen mit unterschiedlicher Qualität ermöglicht. Für das Verarbeiten von High-Dynamic-Range-Daten (HDR) können ebenfalls Metadaten in den Bitstrom eingebettet werden.

Das Trainieren der neuronalen Netze und die gesamte Codierungsstruktur sind auf eine möglichst hohe subjektive Bildqualität ausgelegt. Entsprechend wurden Qualitätsmetriken verwendet, welche das menschliche Wahrnehmungssystem gut nachempfinden. In Bezug auf die objektive Qualität, z. B. gemessen mit dem Spitzen-Signal-Rausch-Verhältnis (PSNR) kann JPEG-AI mit anderen modernen Standards nicht mithalten, siehe auch Abschnitt 8.7.3.

Ein großer Vorteil von JPEG-AI gegenüber konkurrierenden Kompressionsverfahren wie H.266/VVC ist die deutlich geringere Encodierungszeit. Die Berechnungen in den neuronalen Netzen sind hochgradig parallelisierbar. Wenn die Verarbeitung durch graphische

Prozessoreinheiten (GPUs) unterstützt wird, dann ist das Komprimieren in einer für Smartphone geeigneten Konfiguration bis zu 2000 mal schneller und das Decodieren ca. zweimal schneller. Ohne GPU-Unterstützung benötigt die Bildrekonstruktion allerdings doppelt soviel Zeit wie ein VVC-Decoder [Als24b].

Eine verlustlose oder nahezu verlustlose Kompression, welche zum Beispiel wichtig für professionelle Photographen ist, wird Stand 2025 noch nicht unterstützt und als zukünftige Herausforderung angesehen [Asc23].

8.6 High Efficiency Image Coding (HEIC)

8.6.1 Historie

Das *Joint Collaborative Team on Video Coding* (JCT-VC), ein Zusammenschluss der Standardisierungsorganisationen ITU-T VCEG und ISO/IEC MPEG, hatte bis 2013 einen Standard zur Bildsequenzkompression namens „High Efficiency Video Coding" (HEVC) entwickelt. Der HEVC-Standard ist Part 2 von MPEG-H und ist auch als ITU-T Empfehlung H.265 bekannt [ITU15c, ISO15]. HEVC ist der Nachfolger von H.264/AVC (Advanced Video Coding) und ist besonders geeignet für die Kompression von großformatigen Bildern von 4000×2000 Bildpunkten (*High Definition TV...* HDTV) bis zu Auflösungen von 8000×4000 Bildpunkten (*Ultra High Definition...* UHD). H.264/AVC war optimiert für eine Standardauflösung von nur 720×576 Bildpunkten.

Die Kompression von Bildsequenzen benötigt allerdings immer auch Verfahren zur Kompression von einzelnen Bilder, und zwar genau dann, wenn entweder keine nutzbare Information von anderen, vorangegangenen Bilder verfügbar ist oder innerhalb der Sequenz ein Einstiegspunkt erforderlich ist, welcher ohne Abhängigkeiten von vorangegangenen Bilder decodierbar sein muss. Die Kompression von solchen Einzelbildern nennt man auch „Intra-Kompression".

Da die für HEVC implementierte Intra-Kompression effizienter arbeitet als die von älteren JPEG-Standards [Lai12, Lai16], hat die Moving Picture Experts Group (MPEG) 2015 ein Dateiformat namens „High Efficiency Image Format" (HEIF) standardisiert, welches unter anderem Bilder und Bildsequenzen einbetten kann, die nach dem HEVC-Standard kodiert sind [Han15]. In Koordination mit der „Joint Photographic Experts Group" (JPEG) war das Ziel dieses Projektes, ein Bilddatei-Format zu spezifizieren, das ein oder mehrere mit HEVC codierte Einzelbilder oder Bildsequenzen sowie assoziierte fotografische Metadaten in einer Datei speichern kann.

Dieses Format ist seit 2017 in allen Geräten eines großen amerikanischen Herstellers für Smartphones und Computer voreingestellt. Als Bezeichnung wird „High Efficiency Image Coding" (HEIC) verwendet und die Dateiendung ist entsprechend ‚*.heic'. Damit ist HEIC das jüngste Speicherformat für Fotos, welches nach JPEG-1 eine breitere Anwendung gefunden hat.

Die folgenden Abschnitte beschreiben die wesentlichen Merkmale dieses Bildspeicherformats. Für den Leser mit vertieftem Interesse sei hier auf zwei Bücher verwiesen, die sich detailliert mit HEVC befassen: [Sze14, Wie14]. Außerdem gibt es gute Überblicksartikel [Lai12, Sul12, Bro13].

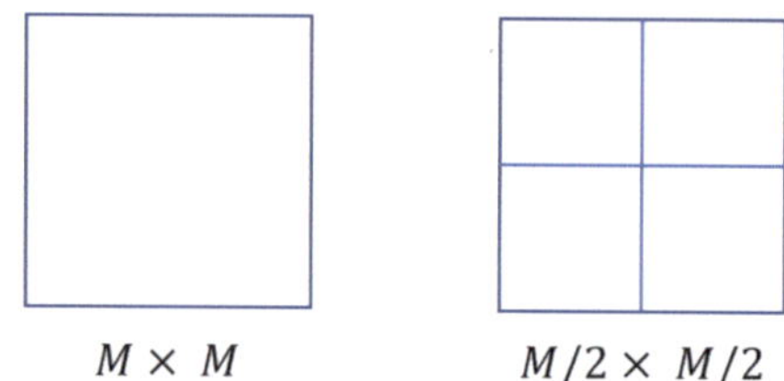

Abbildung 8.32: Möglichkeiten zum Zerlegen eines Coding-Blocks in Prediction-Blocks bei der Einzelbildkompression. M ist die Kantenlänge eines Coding-Blocks.

8.6.2 HEIC-Bildstruktur

Um großformatigen Bildern Rechnung zu tragen und speicher-effiziente Implementierungen zu ermöglichen, werden die Bilder in Blöcke aufgeteilt. Die Kerneinheit der Verarbeitung sind so genannte *Coding-Tree-Blocks* (CTB). Ein CTB aus einer Luminanzkomponente kann eine Größe von 64×64, 32×32 oder 16×16 Bildpunkten haben, welche mit Hilfe einer Quadtree-Struktur (vgl. Abschnitt 4.7) gegebenenfalls weiter in kleinere Blöcke zerlegt werden [Ngu13]. Das Signalisieren der Quadtree-Zerlegung erfolgt gemeinsam für die Luminanz- und Chrominanzkomponenten. Die untersten Elemente dieser Zerlegung nennt man *Coding-Blocks* (CB). Ein Coding-Block ist in der Luminanzkomponente mindestens 8×8 Bildpunkte groß.

Breite und Höhe der Bilder, die in HEVC verarbeitet werden können, betragen immer ein Vielfaches der Coding-Block-Größe. Ein Coding-Tree-Block am rechten oder unteren Rand eines Bildes wird entsprechend so weit zerlegt, dass seine Coding-Blocks vollständig ins Bild passen. Der Decoder kann diese Fälle automatisch erkennen und es muss keine zusätzliche Information für diesen Teil der Quadtree-Struktur übertragen werden.

Jeder CB wird mit Hilfe von bereits übertragenen Bildpunkten vorausgesagt. Entweder der gesamte Block wird prädiziert (*Prediction Block*, PB) oder der CB wird in vier quadratische PBs aufgeteilt, **Abbildung 8.32**. Eine mögliche Aufteilung eines Coding-Tree-Blocks ist in **Abbildung 8.33** zu sehen.

Prediction-Blocks sind maximal so groß wie der Coding-Block, zu dem sie gehören (also maximal 64×64) und mindestens 4×4. Die nach der Prädiktion verbleibenden Prädiktionsfehler werden noch transformiert. Da nur 4×4-, 8×8-, 16×16- und 32×32-Transformationen vorgesehen sind und die Transformation eine eigene Quadtree-Zerlegung verwendet, ist auch die Definition von *Transform-Blocks* (TB) erforderlich.

Für die mehr codierungs-orientierte Betrachtungsweise werden die Coding-Tree-Blocks aus allen drei Komponenten (Luminanz und Chrominanzen), welche Information zur selben Bildregion enthalten, zu *Coding-Tree-Units* (CTU) zusammengefasst. *Coding-Units* (CU) korrespondieren dementsprechend mit den Coding-Blocks aus allen drei Komponenten. Analog spricht man auch von *Prediction-Units* (PU) und *Transform-Units* (TU).

Aufeinanderfolgende Coding-Tree-Units werden in Raster-Scan-Reihenfolge zu Slices vereint. Der Hauptgrund für das Verwenden von Slices ist die Möglichkeit zur Resynchronisation nach einem Datenverlust, z. B. durch Übertragungsfehler. Aber auch die

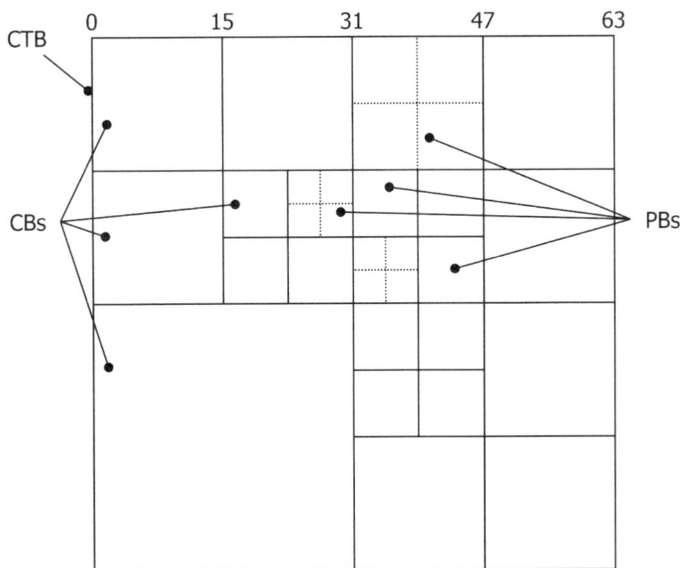

Abbildung 8.33: Beispiel für die Quadtree-Aufteilung eines 64×64-Coding-Tree-Blocks in Coding-Blocks (durchgezogene Linien) und Prediction-Blocks (gepunktete Linien) bei der Intra-Codierung

parallele Verarbeitung wird dadurch unterstützt. Die Prädiktion über Slice-Grenzen hinweg ist nicht möglich, da die Slices unabhängig voneinander decodierbar sein müssen.

Wie die meisten Kompressionsstandards verarbeitet HEVC die Bilder typischer Weise im YCbCr-Farbraum mit einer 4:2:0-Unterabtastung. Die Abtastwerte dürfen eine Auflösung von acht oder zehn Bits haben. Die Quadtree-Aufteilung erfolgt prinzipiell simultan für Luminanz- und Chrominanz-Blöcke. Ausnahmen sind nur dann möglich, wenn die kleinste Blockgröße von 4×4 für die Chrominanzblöcke erreicht ist. Das Verarbeiten von Daten ohne Unterabtastung (4:4:4) wird ebenso unterstützt wie auch RGB-Eingabedaten. Letztere sollten nach GBR umsortiert werden für eine höhere Kompressionseffizienz.

8.6.3 Dekorrelation

Jeder Bildbereich wird im Allgemeinen zweifach dekorreliert, zuerst durch eine örtliche Prädiktion (*intra prediction*) und anschließend durch eine Transformation. Da die Prädiktion blockbasiert erfolgt (vgl. Abschnitt 6.2.6), verbleiben typischer Weise noch einige Abhängigkeiten zwischen den Signalwerten. Die Transformation löst diese dann idealerweise auf und verteilt außerdem bei der Rücktransformation die Quantisierungsfehler.

8.6.3.1 Prädiktion

Die Größe der Prediction-Blocks (PB) ist immer so groß wie die Coding-Block-Größe. Ausgenommen hiervon ist die kleinste im Bitstrom erlaubte CB-Größe. Hier darf der CB für die Prädiktion weiter in vier Quadranten unterteilt werden (siehe auch Abb. 8.32).

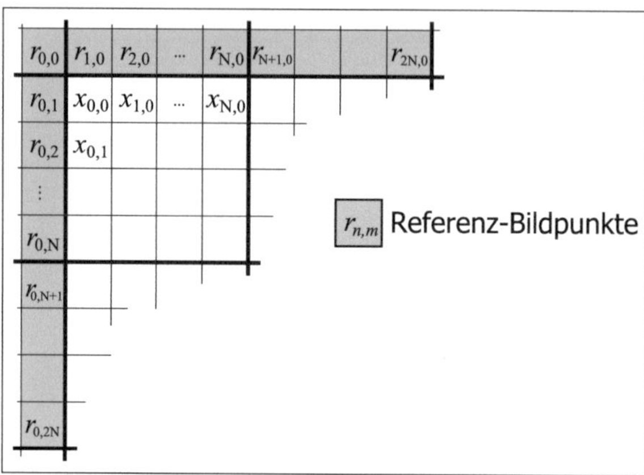

Abbildung 8.34: Für die Prädiktion von $x_{n,m}$ zur Verfügung stehenden Referenz-Bildpunkte

Dafür wird ein entsprechendes Flag gesendet und jeder der vier Quadranten darf einen eigenen Prädiktionsmodus verwenden. Damit reicht die Größe eines örtliche vorherzusagenden Blockes von 4×4 bis 32×32 Bildpunkten. Speziell für die größeren Blöcke benötigt man eine fein abgestufte Auflösung der Prädiktionsrichtung. Deshalb gibt es 33 richtungsabhängige Prädiktionsmodi. Das zugehörige Prädiktionsverfahren wird in Abschnitt 6.2.6 beschrieben. Dieser Prädiktionsprozess ist konsistent über alle Prediction-Block-Größen und Prädiktionsrichtungen. Die für die Prädiktion als Input verfügbaren Bildpunkte werden als Referenz-Bildpunkte bezeichnet und sind in **Abbildung 8.34** markiert.

Manipulation von Referenz-Bildpunkten:

Wie in Abschnitt 6.2.6 bereits erwähnt, hat die blockbasierte Verarbeitung zwei signifikante Probleme. Erstens nimmt die Vorhersagegenauigkeit meist mit der Distanz zu den verwendeten Referenzpunkten ab. Und zweitens führt sie zu sichtbaren Kanten an den Blockgrenzen. Deshalb werden die Referenz-Bildpunkte und auch Schätzwerte in verschiedener Weise manipuliert.

Für PBs mit mindestens 8×8 Punkten werden die Referenz-Bildpunkte (ausgenommen: $r_{0,2N}$ und $r_{2N,0}$) adaptiv mit einem Filter der Länge drei geglättet (Impulsantwort: $(1\ 2\ 1)/4$). Die Neuberechnung wäre dann :

$$r'_{n,0} := (r_{n-1,0} + 2 \cdot r_{n,0} + r_{n+1,0} + 2) >> 2 \qquad n = 1, 2, \ldots, 2N - 1$$

$$r'_{0,m} := (r_{0,m-1} + 2 \cdot r_{0,m} + r_{0,m+1} + 2) >> 2 \qquad m = 1, 2, \ldots, 2N - 1$$

$$r'_{0,0} := (r_{0,1} + 2 \cdot r_{0,0} + r_{1,0} + 2) >> 2 \tag{8.12}$$

Die Operation „$>> 2$" bewirkt eine Bitverschiebung um zwei Bits nach rechts, was einer Ganzzahldivision durch 4 entspricht.

Bei einer Blockgröße von 8×8 erfolgt das Glätten nur für die diagonalen Richtungen (Modi 2, 18 und 34, vgl. Abb. 6.13). Bei 16×16-Blöcken sind alle Richtungen außer

	190	200	150	200	230
(a)	200	204	204	204	204
	130	204	204	204	204
	190	204	204	204	204
	230	204	204	204	204

	190	200	150	200	230
(b)	200	202	191	203	211
	130	186	204	204	204
	190	201	204	204	204
	230	211	204	204	204

Abbildung 8.35: DC-Modus: Nachträgliche Korrektur der Signalwerte in einem 4×4-Block um Diskontinuitäten zu unterdrücken: (a) ohne Korrektur: $\hat{x}_{\mathrm{DC}} = 200 + 150 + 200 + 230 + 200 + 130 + 190 + 230 + 8) >> 4 = 204$; (b) mit Korrektur an den Blockrändern oben und links, z. B.: $\hat{x}_{1,0} = (3 \cdot \hat{x}_{\mathrm{DC}} + r_{2,0} + 2) >> 2 = (3 \cdot 204 + 150 + 2) >> 2 = 191$

den nahezu vertikalen oder horizontalen Richtungen (Modi 9...11 und 25...27) von der Filterung betroffen; bei 32×32-Blöcken sind die Modi 10 und 26 von der Filterung ausgeschlossen. Die planare Prädiktion (siehe Seite 166) verwendet die Filterung ebenfalls, wenn die Blöcke mindestens 8×8 groß sind. Im DC-Modus ist das Filtern nicht sinnvoll. Für 32×32-Blöcke gibt es zusätzlich noch die Option einer starken Glättung der Referenzwerte. Wenn diese Werte sowohl horizontal (entlang von n) als auch vertikal (entlang von m) ungefähr auf einer Geraden liegen, dann werden sie ersetzt durch Werte, die auf den durch die Randpunkte $r_{2N,0}$, $r_{0,0}$ und $r_{0,2N}$ bestimmten Geraden liegen [Sze14].

Manipulation von initialen Schätzwerten:

Auch für die erzeugten Schätzwerte gibt es Tricks, welche Diskontinuitäten an den Blockgrenzen vermindern können. In den drei Modi 1 (DC-Modus), 10 und 26 (horizontal und vertikal) werden die Randbildpunkte (obere Zeile und linke Spalte) innerhalb des Prediction-Blocks nachträglich behandelt.

Im DC-Modus wird der vorausgesagte Wert $\hat{x}_{\mathrm{DC}}$ an den Blockrändern durch einen Wert

$$\hat{x}_{n,0} := (3 \cdot \hat{x}_{\mathrm{DC}} + r_{n+1,0} + 2) >> 2 \qquad m = 0; n = 1, 2, \ldots, N - 1$$
$$\hat{x}_{0,m} := (3 \cdot \hat{x}_{\mathrm{DC}} + r_{0,m+1} + 2) >> 2 \qquad n = 0; m = 1, 2, \ldots, N - 1 \qquad (8.13)$$
$$\hat{x}_{0,0} := (2 \cdot \hat{x}_{\mathrm{DC}} + r_{0,1} + r_{1,0} + 2) >> 2$$

ersetzt, **Abbildung 8.35**.

Im Modus 10 (exakt horizontale Prädiktion) werden die Schätzwerte der Luminanzkomponente in der obersten Blockzeile gemäß

$$\hat{x}_{n,0} = r_{0,1} + (r_{n+1,0} - r_{0,0}) >> 1 \qquad (8.14)$$

korrigiert. Die halbe Differenz zwischen dem direkten Nachbarn und dem Eck-Referenzwert wird auf den ursprünglichen Schätzwert addiert. Dadurch wird das Signal an der oberen Blockkante etwas glatter, insbesondere wenn der obere Referenz-PB große Signaländerungen in horizontaler Richtung aufweist, siehe **Abbildung 8.36**. Im Modus 26

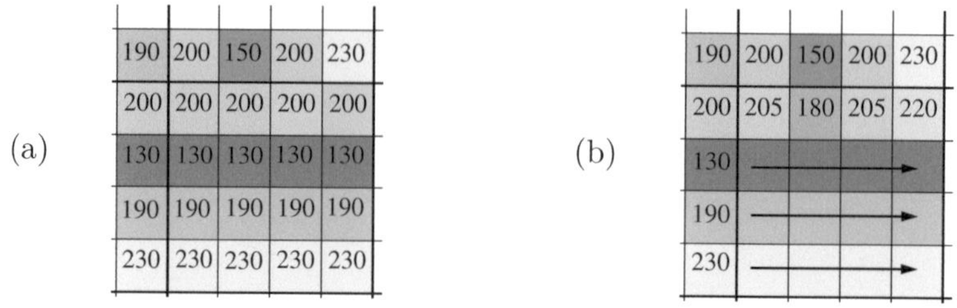

190	200	150	200	230
200	200	200	200	200
130	130	130	130	130
190	190	190	190	190
230	230	230	230	230

(a)

190	200	150	200	230
200	205	180	205	220
130				
190				
230				

(b)

Abbildung 8.36: Horizontale Prädiktion (Modus 10): (a) ohne Korrektur; (b) mit Modifikation in der obersten Blockzeile, z. B. $\hat{x}_{1,0} = r_{0,1} + (r_{2,0} - r_{0,0}) >> 1 = 200 + (150 - 190) >> 1 = 180$

(exakt vertikale Prädiktion) erfolgt das Filtern der ersten Spalte des aktuellen PBs in analoger Weise.

Da die Chrominanzsignale im Allgemeinen glatter sind als das Luminanzsignal, lohnen sich dort diese Korrekturen nicht.

Falls ein Coding-Block in Transform-Blocks (TB) unterteilt wird, die kleiner als der Prediction-Block (PB) sind, dann erfolgt die örtliche Prädiktion sequentiell für jeden TB. Dies hat den Vorteil, dass dichter gelegene Referenz-Bildpunkte genutzt werden und dadurch eine bessere Voraussage möglich ist. Der Prädiktionsmodus ist aber für alle TBs innerhalb des PBs derselbe und die Seiteninformation wird nur einmal übertragen.

Signalisieren des Prädiktionsmodus in der Luminanzkomponente

Die große Anzahl der Prädiktionsmodi erfordert einen speziellen Kniff zur effizienten Codierung der Auswahl. In Abhängigkeit der genutzten Modi in den benachbarten PBs werden die drei wahrscheinlichsten Modi (*most probable modes*, MPM) vorausgesagt. Zu diesen drei gehören die Modi aus den PBs über und links vom aktuellen PB, wenn diese verfügbar sind. Ist ein Nachbar-Modus nicht verfügbar[14], wird der DC-Modus angenommen.

Wenn die beiden verfügbaren oder angenommenen Prädiktionsmodi nicht identisch sind, wird der dritte wahrscheinlichste Modus auf 0 (planar), 1 (DC) oder 26 (vertikal) gesetzt, je nachdem welcher dieser drei (in dieser Reihenfolge) noch nicht vorhanden ist.

Wenn dagegen die beiden Nachbar-Modi identisch sind, gibt es zwei Fälle zu unterscheiden. Sind beide nicht 0 und nicht 1 (es handelt sich also um eine richtungsabhängige Prädiktion), dann wird angenommen, dass dieser und die beiden ähnlichsten Prädiktionsrichtungen am wahrscheinlichsten sind. Anderenfalls werden 0, 1 und 26 als die wahrscheinlichsten Modi angenommen.

Eine binäre Entscheidung signalisiert dem Decoder, ob der verwendete Modus tatsächlich einer der drei wahrscheinlichsten ist. Wenn ja, dann wird entsprechend ein Index 0, 1 oder 2 codiert übertragen. Handelt es sich um einen anderen Modus, wird ein 5-Bit-Code

---

[14]Ein Nachbar-Modus ist nicht verfügbar, wenn zum Beispiel der Nachbarblock nicht örtlich, sondern zeitlich prädiziert wurde, der aktuelle Block am oberen oder linken Bildrand liegt oder eine andere Grenze (Slice, CTB) existiert, über die hinweg keine Information ausgetauscht werden darf.

gesendet, welcher über die verbliebenen $35 - 3 = 32$ Prädiktionsmodi entscheidet. Solch ein Code fester Länge ist hier sinnvoll, weil in typischen Szenarien die Modi relativ gleich verteilt sind.

Signalisieren des Prädiktionsmodus in der Chrominanzkomponente

Für die Chrominanzkomponenten sind nur fünf Modi erlaubt 0, 1, 10, 26 und ein spezieller Modus (*Intra_derived*). Letzter übernimmt einfach die Auswahl aus der Luminanzkomponente, wenn es sich dort um eine richtungsabhängige Prädiktion handelt. Diese 1-aus-5-Auswahl wird direkt ohne den für die Helligkeitskomponente genutzten MPM-Mechanismus übertragen. Ein sechster Modus (34) wird indirekt signalisiert. Wenn der Encoder einen der vier Modi 0, 1, 10 oder 26 überträgt, obwohl dieser dem Luminanz-Modus entspricht, dann interpretiert der Decoder das als Modus 34 (diagonal von rechts oben).

8.6.3.2 Transformation

Der nach der Prädiktion verbliebene Prädiktionsfehler wird transformiert. Dazu werden die PBs in geeigneter Weise in Transform-Blocks (TB) der Größe 4×4, 8×8, 16×16 oder 32×32 unterteilt [Bud13]. Im Standard ist lediglich eine aus der DCT abgeleitete 32×32-Matrix spezifiziert, welche eine eindimensionale Ganzzahl-Transformation ermöglicht. Diese Transformation ist in Abschnitt 6.3.8 ab Seite 181 erläutert.

Bei der blockbasierten Prädiktion hat man oft den Effekt, dass der Betrag des Prädiktionsfehlers mit zunehmendem Abstand zu den Referenz-Bildpunkten größer wird. Deshalb kommt bei HEVC für Prediction-Blocks der Größe 4×4 alternativ eine 4×4-Ganzzahl-DST zur Anwendung (siehe auch Abschnitt 6.3.9, Seite 184):

$$H_{\mathrm{iDST}} = \begin{pmatrix} 29 & 55 & 74 & 84 \\ 74 & 74 & 0 & -74 \\ 84 & -29 & -74 & 55 \\ 55 & -84 & 74 & -29 \end{pmatrix}.$$

Während die DCT mit der ersten Basisfunktion ein konstantes Signal modelliert (siehe Matrix (6.46), Seite 184), kann die erste Basisfunktion der DST bereits einen graduellen Verlauf der Signalwerte repräsentieren. Dadurch wird eine stärkere Dekorrelation erzielt.

8.6.4 Quantisierung

Das Quantisieren der Transformationskoeffizienten wird durch einen ganzzahligen Parameter $QP = 0, 1, 2, \ldots, 51$ gesteuert, welcher die Breite der Quantisierungsintervalle Δ_{q} festlegt. Die Abbildungsvorschrift ist so gestaltet, dass ein Erhöhen von QP um 6 eine Verdopplung der Intervallbreite zur Folge hat. Der relative Zusammenhang zwischen den Quantisierungsschritten lässt sich mit

$$\Delta_{\mathrm{q}}(QP + 1) = \sqrt[6]{2} \cdot \Delta_{\mathrm{q}}(QP) \tag{8.15}$$

beschreiben. Der absolute Zusammenhang ist mit

$$\Delta_{\mathrm{q}}(QP = 4) = 1 \tag{8.16}$$

16	16	16	16	17	18	21	24
16	16	16	16	17	19	22	25
16	16	17	18	20	22	25	29
16	16	18	21	24	27	31	36
17	17	20	24	30	35	41	47
18	19	22	27	35	44	54	65
21	22	25	31	41	54	70	88
24	25	29	36	47	65	88	115

16	16	16	16
16	16	16	16
16	16	16	16
16	16	16	16

Abbildung 8.37: Voreingestellte Quantisierungstabellen für 4×4- und 8×8-Blöcke

festgelegt und man erhält für die ersten sechs Quantisierungsintervallbreiten:

$$\Delta_{\mathrm{q}}(0 \ldots 5) = \{2^{-4/6}, 2^{-3/6}, 2^{-2/6}, 2^{-1/6}, \mathbf{1}, 2^{1/6}\} \, . \tag{8.17}$$

Die weiteren Intervallbreiten ergeben sich durch eine entsprechende Skalierung der Werte von (8.17) :

$$\Delta_{\mathrm{q}}(QP)|_{QP>5} = \Delta_{\mathrm{q}}(QP \bmod 6) \cdot 2^{\lfloor QP/6 \rfloor} \, . \tag{8.18}$$

Insgesamt können damit Intervallbreiten von $0.630 \leq \Delta_{\mathrm{q}} \leq 228.1$ realisiert werden. Da in der praktischen Implementierung von HEVC nur mit ganzen Zahlen operiert wird, werden die Intervallbreiten und auch die zu quantisierenden Transformationskoeffizienten mit einer Potenz von 2 skaliert.

Wie bei anderen Kompressionsverfahren, siehe zum Beispiel Abschnitt 8.2.1.3, ist es möglich, die Intervallbreiten an die visuellen Wahrnehmung des Menschen anzupassen. Transformationskoeffizienten, welche mit größeren Ortsfrequenzen korrespondieren, werden dann stärker quantisiert. Das nennt man frequenz-abhängige Gewichtung der Koeffizienten. Dieses Prinzip wird für Blöcke größer gleich 8×8 genutzt, während die Koeffizienten in einem 4×4-Block immer gleich quantisiert werden, siehe **Abbildung 8.37**. Die Quantisierungstabellen enthalten (mit 16 skalierte) Faktoren, um welche die mit QP eingestellten Intevalbreiten vergrößert werden. Ein Eintrag von zum Beispiel 17 entspricht einem Faktor von 17/16. Die voreingestellten Quantisierungstabellen für 16×16- und 32×32-Blöcke werden einfach durch Duplizieren der Werte (Abbildung von 1 auf 2×2 bzw. auf 4×4) aus dem 8×8-Block erzeugt.

Die Auswahl des Modus „frequenz-abhängige Gewichtung: ja/nein" und „anwendungsspezifische Quantisierungstabellen: ja/nein" wird im Bitstrom signalisiert. Bei Verwenden von anwendungsspezifischen Quantisierungstabellen ist es auch möglich, unterschiedliche Tabellen für die Luminanz- und Chrominanzkomponenten des Bildsignale zu definieren. Bei 32×32-Chrominanzblöcken wird die frequenz-abhängige Gewichtung generell nicht genutzt.

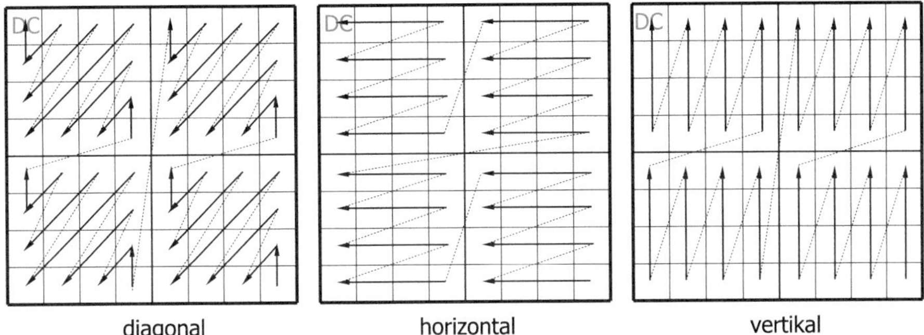

Abbildung 8.38: Abtastmuster am Beispiel von 8×8-Blöcken

8.6.5 Codierung

HEVC und somit auch HEIC verwenden ausschließlich CABAC (*context adaptive binary arithmetic coding*) zur Codierung der Syntax-Elemente und der verarbeiteten Bilddaten. Das Schlüsselelement eines Entropiecodierers ist das möglichst genaue Schätzen der Wahrscheinlichkeiten der Symbole (in diesem Fall der Bits 0 und 1). Dazu werden die bereits übertragenen Symbole aus den Nachbarblöcken statistisch analysiert und entsprechende Wahrscheinlichkeitsverteilungen abgeleitet. Wenn es keine Präferenz für Null oder Eins gibt, dann wird ein Bypass-Modus genutzt, welcher die Bits direkt sendet ohne erforderliche Berechnungen im arithmetischen Codierer. Das führt zu einem erhöhten Datendurchsatz und beschleunigt die Verarbeitung.

Die transformierten und quantisierten Bilddaten werden in 4×4-Teilblöcken abgetastet, wobei das Abtast-Muster (siehe **Abbildung 8.38**) von dem verwendeten Prädiktionsmodus abhängt. Generell wird diagonal abgetastet. Nur bei Blockgrößen von 4×4- und 8×8 kommen die beiden anderen Abtastmuster zur Anwendung. Die horizontalen Prädiktionsmodi[15] 22 bis 30 nutzen das vertikale Abtastmuster und die vertikalen Prädiktionsmodi 6 bis 14 nutzen das horizontale Abtastmuster.

Wie bei allen in diesem Buch besprochenen Transformationen befindet sich der Gleichanteil links oben im Block, während nach rechts unten die korrespondierenden örtlichen Frequenzen steigen und die Beträge der Transformationskoeffizienten tendenziell kleiner werden. Das Rückwärts-Abtasten (von rechts-unten nach links-oben) ist für die Kontextmodellierung in CABAC günstig. Damit aber die Nullen, welche sich typischer Weise rechts unten im Block konzentrieren, nicht alle codiert werden müssen, sendet der Encoder die Position des ersten Koeffizienten ungleich Null bezogen auf die linke obere Ecke des jeweiligen 4×4-Teilblocks. Ausgenommen davon ist der letzte Teilblock, der den Gleichanteil (DC) enthält, weil dort die Anzahl von Nullen meist eher klein ist.

Es sind drei spezielle Codierungsmodi vorgesehen, welche auf CU- oder TU-Ebene wirksam werden. Im so genannten I_PCM-Modus werden Prädiktion, Transformation und Entropiecodierung übersprungen und die Bildpunktwerte direkt mit einer bestimmten

---

[15]siehe Abbildung 6.13 auf Seite 164

Anzahl von Bits gesendet. Das ist insbesondere dann sinnvoll, wenn die Bilddaten nicht dem angenommen Signalmodell entsprechen, wie zum Beispiel rausch-ähnliche Signale.

Im verlustlosen Modus müssen alle Verarbeitungsschritte ausgelassen werden, welche die Bildinformation ändern können, also das Quantisieren. Auch das Transformieren ist nicht möglich, weil die eingesetzte Ganzzahl-Transformation das Signal enorm verstärkt. Das Prädiktionsfehlersignal wird demzufolge direkt codiert.

Das Transformieren ist auch dann ungünstig, wenn synthetische Bilddaten (Text, Grafiken) verarbeitet werden, weil die Basisfunktionen der DCT (oder DST) nicht für die Repräsentation solcher Signale geeignet sind. Dieser *Transform-Skipping*-Modus wird nur für 4×4-TBs verwendet.

Für eine detaillierte Diskussion der Kontextmodellierung und der Codierungsmodi sei auf Kapitel acht in [Sze14] verwiesen.

8.6.6　Screen-Content-Codierung (SCC)

Die bis hier diskutierten Kompressionsmethoden sind angepasst an Bilddaten, welche mit einer Kamera aufgezeichnet wurden. Man spricht dabei auch von natürlichen Bildern. Es gibt aber auch sogenannte synthetische Bilder, die durch große einfarbige Regionen, das Fehlen von Rauschen (durch Kamerasensor) und eine begrenzte Anzahl von meist gesättigten Farben und Muster charakterisiert sind, welche sich innerhalb eines Bildes wiederholen. Die typischsten Beispiele sind dafür Text und Grafiken. Solche synthetische Bildinhalte findet man sehr häufig auf Computer-Bildschirmen bei Bürotätigkeiten. Deshalb spricht man in diesem Zusammenhang von *Screen-Content*-Daten (siehe auch Abschnitt 7.3.3.3).

Bereits in HEVC Version 1 ermöglichte das Überspringen der Transformation von 4×4-Blöcken eine verbesserte Kompression von Screen-Content. In einer Erweiterung von HEVC namens *fidelity range extension* (RExt) wurde dieses Überspringen für Transformationen aller Blockgrößen ermöglicht. Auch die komponentenübergreifende Prädiktion (siehe Abschnitt 7.2.7) wirkt sich positiv auf das Komprimieren solcher Daten aus.

Die Erweiterung HEVC-SCC enthält vier weitere Verarbeitungsmöglichkeiten, um die Kompression solcher Bilder deutlich zu verbessern [Xu16]. Diese werden im Folgenden erläutert.

8.6.6.1　Intra-Block-Copy (IBC)

Der IBC-Modus sucht im bereits verarbeitetem Teil des Bildes nach einem Block, der dem aktuellen Block möglichst ähnlich und somit für die Prädiktion gut geeignet ist [Pan15]. Dabei gelten folgende Einschränkungen:

- Es darf nur auf bereits verarbeitete Coding-Tree-Units des aktuellen Bildes zugegriffen werden.

- Der Referenz-Coding-Block darf nicht mit dem aktuellen Coding-Block überlappen.

- Der Referenz-Coding-Block und der aktuelle Coding-Block müssen sich in derselben Kachel und demselben Slice befinden, damit die parallele Verarbeitung weiterhin möglich ist (siehe Abschnitt 8.6.7).

- Der Referenz-Coding-Block muss sich in einem Suchraum befinden, der die Wellenfront-Verarbeitung weiterhin ermöglicht (siehe Abschnitt 8.6.7).

Dem Decoder wird die Position dieses Blocks in Form eines Vektors $(\Delta x, \Delta y)$ mitgeteilt. Falls der Block ein Muster enthält, das sich im Bild wiederholt, ist der Prädiktionsfehler gleich null und es muss nichts weiter übertragen werden.

8.6.6.2 Paletten-Modus

Um Blöcke mit sehr wenigen Farben effizient zu übertragen, kommt ein Paletten-Modus zum Einsatz. Anstelle der Dekorrelationsschritte werden nur die Indizes der Farben aus einer Palette signalisiert. Die Mindestblockgröße ist 8×8. Die verwendete Palette setzt sich aus zwei Komponenten zusammen. Zunächst wird angenommen, dass die Farben, die schon in den Nachbarblöcken vorhanden waren, auch im aktuellen Block vorkommen. Ob das tatsächlich der Fall ist, wird mit einem 1-Bit-Flag für jedes Element der alten Palette signalisiert. Diese Farben werden in die neue Palette übertragen. Ob der aktuelle Block weitere, noch nicht in der Palette enthaltene Farben aufweist, wird auf CU-Ebene mit einem Flag signalisiert. Gibt es weitere Farben, dann wird die Tabelle der Farb-Indices um einen Escape-Index ergänzt. Taucht dieser im Bitstrom auf, folgt eine Information zu dem entsprechenden Farbtripel [Pu16].

Für die erste Coding-Tree-Unit (CTU) in jedem Slice, jeder Kachel oder jeder CTU-Zeile (wenn Wellenfront-Verarbeitung aktiv ist) wird die alte Palette mit Farben initialisiert, welche in einem *Picture-Parameter-Set* (PPS) gesendet wurden. Ansonsten ist die Palette leer. Ein PPS enthält Angaben für mehrere aufeinanderfolgende Bilder.

Nachdem die aktuelle Palette identifiziert wurde, erfolgt das Übertragen der Farb-Indizes. Die Positionen des Blocks werden in Schlangenlinie von links-oben nach rechts-unten horizontal durchlaufen. Gegebenenfalls wird der Block vorher transponiert, was einem vertikalen Abtasten gleich kommt. Die Richtung wird mit einem Flag auf CU-Ebene signalisiert. Grundsätzlich wird davon ausgegangen, dass benachbarte Positionen identische Farben haben. Zwei verschiedene Varianten der Lauflängencodierungen werden deshalb eingesetzt, wobei die Variante für jede Lauflängenangabe neu gewählt wird.

Variante 1 (*copy index*) sendet den Paletten-Index der aktuellen Farbe gefolgt von einer Angabe, wie oft sich diese Farbe entlang der Schlangenlinie wiederholt. Das Codieren der Indizes erfolgt mit einem Huffman-Code auf Basis einer angenommenen Gleichverteilung der Symbole. Die kleinsten Indizes erhalten die kürzeren Codewörter. In den Standardisierungsdokumenten wird das als *Truncated Binary Code* (TBC) bezeichnet. Die Lauflänge wird mit einer Variante der exponentiellen Golomb-Codes (vgl. Abschnitt 3.5.3) übertragen, bei der Gruppen von Symbolen zusammengefasst, die Gruppennummer unär und die die Auswahl innerhalb der Gruppe mit einem FLC gesendet werden, siehe **Tabelle 8.39**. Taucht eine Farbe auf, die nicht in der Palette ist, so wird der Escape-Index gesendet, gefolgt von den quantisierten Komponenten der neuen Farbe.

Tabelle 8.39: Code-Tabelle für die Lauflängen im Palette-Modus

Gruppe	Run-Bereich	Unär	FLC
0	0	0	-
1	1	10	-
2	2-3	110	x
3	4-7	1110	xx
4	8-15	11110	xxx
5	16-31	111110	xxxx
⋮	⋮	⋮	⋮

Beispiel 8.4 Lauflängencodierung einer 8 × 8-Coding-Unit im Palette-Modus

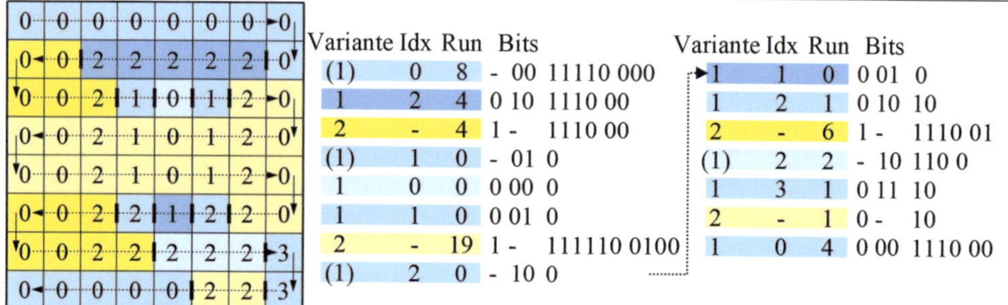

Insgesamt gibt es im dargestellten 8 × 8-Block 15 Lauflängen, wobei vier davon das Kopieren des oberen Wertes verwenden. Dies ist mit blauen Tönen für Variante 1 und mit gelben für Variante 2 visualisiert. Die Auswahl der Variante wird mit einem Bit übertragen. In Variante 1 folgt anschließend der Index mit 2 Bits, weil im Beispiel insgesamt nur vier Indices unterschieden werden müssen. Die Lauflänge setzt sich gemäß Tabelle 8.39 aus einem unären Code für den Wertebereich und einem FLC zusammen. Die erste Lauflänge gleich 8 wird deshalb mit 11110 000 übertragen. Die zweite Lauflänge signalisiert den Index 2 mit 10 und die Länge von vier mit 1110 00. Für die dritte Lauflänge kommt Variante 2 zum Einsatz. Die Farb-Indices ergeben sich nun jeweils aus den Positionen darüber und es muss nichts dafür gesendet werden. Die Lauflänge selbst wird wie vorher codiert.

Die Variantenangaben in den runden Klammern müssen nicht signalisiert werden, weil in der ersten Blockzeile das Kopieren des oberen Indexes (d. h. Variante 2) nicht möglich ist. Außerdem folgt nach jeder Lauflänge gemäß Variante 2 automatisch wieder Variante 1.

In Variante 2 (*copy above*) wird immer der Farb-Index des oberen Nachbarn kopiert. Die nachfolgende Lauflängenangabe signalisiert, wie oft der jeweilige obere Index noch kopiert werden kann. **Beispiel 8.4** zeigt die prinzipielle Arbeitsweise.

Der Encoder darf die Variante der Lauflänge nicht beliebig wählen. Zum Beispiel sind zwei aufeinanderfolgende Lauflängen mit demselben Index nicht erlaubt. Das maximiert zum einen eine maximale Lauflänge und ermöglicht zum zweiten das Ausschließen des vorangegangenen Indices bei der Codierung des nächsten, weil der vorangegange nicht mehr auftauchen kann. Diese Verringerung des Wertebereiches wird bei der Entropiecodierung ausgenutzt, ist aber im Beispiel 8.4 zur Vereinfachung nicht berücksichtigt.

Nach der Verarbeitung der CU wird die aktuelle Palette ergänzt mit den neuen quantisierten Farben des aktuellen Blocks, gefolgt von den restlichen Farben der alten Palette. Die Palette wächst bis die festgelegte maximale Größe erreicht ist.

8.6.6.3 Adaptive Farb-Transformation

Die *Adaptive Colour Transform* (ACT) ist ein Mechanismus, der für jeden Block entscheidet, ob eine Konvertierung in einen anderen Farbraum stattfindet oder nicht. Screen-Content-Daten werden im Allgemeinen im RGB-Format verarbeitet, weil die Korrelation zwischen den drei Farbkomponenten relativ gering ist durch die meist hohe Farbsättigung. Enthält das Bild jedoch auch eingebettete Fotos oder Ähnliches, so wäre in diesem Bildbereich einen Dekorrelation durch eine Farbraumtransformation von Vorteil. Die Rate-Distortion-Optimierung von HEVC-SCC prüft deshalb für jede Coding-Unit, ob ein Wechsel des Farbraumes von Vorteil ist oder nicht. Dabei wird die Farbraumtransformation auf den Prädiktionsfehler angewendet. Unter der vereinfachenden Annahme, dass Prädiktion und Transformation lineare Operationen sind, ist die Reihenfolge ihrer Ausführung egal.

Der einzige Farbraum, der zur Option steht, ist YCgCo-R (siehe Abschnitte 7.2.6.2 und 7.2.6.3). Wird im verlustbehafteten Modus komprimiert, so wird der Wertebereich von Cg und Co durch eine Bitverschiebung nach rechts an den originalen Wertebereich angepasst.

Wie aus der Transformationsmatrix in Gleichung (7.4) auf Seite 244, abzuleiten ist, beträgt die Norm der Matrixzeilen $\sqrt{0.25^2 + 0.5^2 + 0.25^2} \approx 0.612$ bei Y und Cg sowie $\sqrt{0.5^2 + 0 + 0.5^2} \approx 0.707$ bei Co. Damit die Vergleichbarkeit zu nicht transformierten Blöcken bestehen bleibt, muss die Quantisierung entsprechend verringert werden.

Untersuchungen haben gezeigt, dass die ACT auch für YCbCr-Daten leichte Verbesserungen erzielt. Generell ist eine Kombination von ACT und komponentenübergreifender Prädiktion (CCP, siehe Abschnitt 7.2.7) vorteilhaft.

8.6.6.4 Adaptive Auflösung der IBC-Vektoren

Die *Adaptive Motion Vector Resolution Transform* (AMVR) reduziert den Aufwand zur Codierung von Vektoren, welche für den Intra-Block-Copy-Modus zu übertragen sind. Bei normalen Kameraaufnahmen ist die Verschiebung in Bezug auf das Bildpunktraster im Allgemeinen beliebig groß, d. h. sie kann auch Bruchteile eines Bildpunktes betragen. Die Verschiebung von synthetischen Bildschirminhalten ist dagegen typischer Weise an das Bildpunktraster angepasst. Auf Slice-Ebene wird dann gegebenenfalls mit einem Flag signalisiert, dass die Vektoren nur mit einer Genauigkeit von ganzen Zahlen übertragen werden müssen.

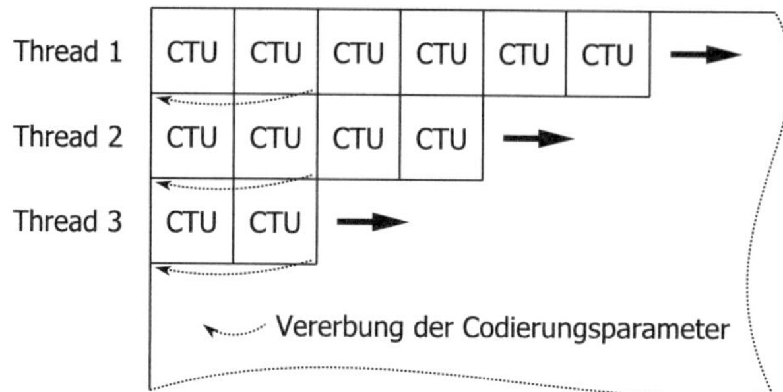

Abbildung 8.39: Parallele Verarbeitung von Coding-Tree-Units (CTU) im Modus „Wellenfront-Verarbeitung"

8.6.7 Werkzeuge zur parallelen Verarbeitung

Im Wesentlichen gibt es zwei Methoden zum Aufteilen der Verarbeitung eines Bildes in mehrere, parallel laufende Prozesse (*Threads*).

Prinzipiell können die Bilder (wie bei JPEG-2000 und anderen Verfahren) in rechteckige Kacheln unterteilt werden. Diese sind unabhängig voneinander decodierbar, teilen sich aber einen Teil der Header-Information.

Bei der parallelen Wellenfront-Verarbeitung (*wavefront parallel processing*, WPP) teilt man die Slices in Zeilen von Coding-Tree-Units auf. Die erste Zeile wird normal bearbeitet. Die Verarbeitung der zweiten Zeile beginnt aber nicht erst, wenn die Information der ersten Zeile vollständig übertragen wurde, sondern sofort, wenn alle aus der ersten Zeile erforderlichen Dinge (benachbarte Blöcke, die z. B. zur örtlichen Prädiktion oder zur Ableitung von Bewegungsvektoren nötig sind) verarbeitet wurden (**Abbildung 8.39**). Wenn eine neue CTU-Reihe startet, dann werden die aktuellen, im Entropiecodierer verwendeten Kontextvariablen von der darüber liegenden CTU-Zeile übernommen.

Typischer Weise führt die parallele Wellenfront-Verarbeitung zu einer besseren Kompressionsperformanz als die Kachelung und vermeidet auch eventuelle sichtbare Kanten an den Kachelgrenzen.

8.7 Vergleich von Verfahren zur Einzelbildkompression

Zum Abschluss diese Kapitels werden die beschriebenen Standards anhand von verschiedenen Farb- und Graustufenbildern verglichen.

8.7.1 Verwendete Einstellungen und Bilddaten

JPEG-2000

Es wurde die Referenz-Software von [J2KRS] mit folgenden Parameter genutzt (Version 2.5.0):

-i input.ppm -o output.jp2 -q 30..55,0 -I -mct 1 .

Parameter ‚-q' legt den ungefähren PSNR-Wert für das rekonstruierte Bild fest. Ein Wert gleich null aktiviert die verlustlose Kompression. Das 9/7-Wavelet-Filter wird mit ‚-I' ausgewählt, ansonsten wird das 5/3-Wavelet-Filter verwendet. Option ‚-mct 1' forciert das Konvertieren in den YUV_r-Farbraum, vgl. Gleichung (7.7).

JPEG-XR

Die Referenz-Software [JXR09] erfordert neben den Dateinamen zwei Parameter:
-i input.bmp -o output.jxr -c 0|2 -q 0..1.0 .

Die Bildqualität kann mit ‚-q' variiert werden, wobei ein Wert von 1.0 zur verlustlosen Kompression führt. Option ‚-c 0' informiert über das Eingabebildformat (0 $\mapsto$ 24bppRGB, 2 $\mapsto$ 8bppGray). Allerdings war es nicht möglich, mit dieser Software Graustufenbilder zu komprimieren. Der Encoder brach die Verarbeitung ohne Fehlermeldung einfach ab.

JPEG-XT

Die Qualität wird bei der JPEG-XT-Referenz-Software ebenfalls mit Option ‚-q' eingestellt [JXT18]:
-q 35..100 -qt 1 -a -v -dz input.ppm output.jxt .

Für ein maximales PSNR werden mit ‚-qt 1' Quantisierungstabellen mit konstanten $Q_{l,k}$-Werten ausgewählt. Die arithmetische Codierung wird mit ‚-a' und das progressive Verarbeiten mit ‚-v' aktiviert. Option ‚-dz' optimiert die Totzone des Quantisierers und verbessert gegebenenfalls die Raten-Verzerrungs-Performanz. Für die verlustlose Verarbeitung sind folgende Parameter erforderlich:
-ls 0 -cls input.ppm output.jxt .

Option ‚-ls 0' wählt den *Scan-Interleaved*-Modus und ‚-cls ' aktiviert eine verlustlose Farbraumtransformation, welche allerdings die Chrominanzen durch eine Modulo-Operation auf acht Bits pro Bildpunkt begrenzt und dadurch Diskontinuitäten im Bildsignal erzeugt, siehe Ausführrungn zu Abb. 7.16 auf Seite 251.

JPEG-XL

Die Referenz-Software für JPEG-XL verwendet Parameter ‚-d' zum Variieren der Bildqualität [JXL25]:
input.ppm output.jxl -e 9 -d 0..8

Ein Wert von null forciert die verlustlose Kompression, größere Werte ≤ 15 führen zur stärkeren Kompression. Die Option ‚-e' justiert den Kompromiss zwischen schneller Verarbeitung und besserem Raten-Verzerrungs-Verhalten. Der Wert neun führt zu maximaler Kompression laut Dokumentation. Zum Beispiel werden verschiedene Farbräume ausprobiert und der günstigste ausgewählt.

Die Daten auf Github sind für Installationen auf Linux vorgesehen, ein Compilieren unter Windows war nicht problemlos möglich, deshalb wurde auf vorgefertigte ausführbare Programme zurückgegriffen [JXL25b]. An der Software wurde bis zum Fertigstellen des

Buchmanuskriptes gearbeitet. Es werden im Folgenden deshalb Ergebnisse für verschieden Versionen (0.3.7, 0.9.1 und 0.11.1) dokumentiert. Erstaunlicher Weise führten die Änderungen nicht generell zu Verbesserungen in der Kompressionsperformanz.

JPEG-AI

Die Referenz-Software [JAI25b] ist in ein Python-Framework eingebettet, welche per PyTorch das erforderliche trainierte neuronale Netz bereitstellt. Der Encoder-Aufruf erfordert neben den Dateinamen für Originalbild und Bitstrom einen Parameter für die angestrebte Bitrate in $100 \cdot bpp$:

input.png -o output.jai --set_target_bpp 012 ... 800 .

Die Input-Daten müssen im PNG-Format [PNG] vorliegen. Außerdem ist es mit der Option ‚–cfg' möglich entweder alle Codierungswerkzeuge auszuwählen oder auszuschließen:

--cfg cfg/tools_off.json cfg/profiles/<PROFILE>.json oder

--cfg cfg/tools_on.json cfg/profiles/<PROFILE>.json .

Die Angabe <PROFILE> ist entweder `simple, main` oder `high`. Das Auswählen von einzelnen Tools ist ebenfalls möglich. Bei den nachfolgenden Tests wurde auf die Option ‚–cfg' verzichtet, wodurch per Default alle Tools eingebunden werden.

HEVC/HEIC

Die HEIC-Kompression wurde mit zwei Varianten getestet. Variante 1 nutzt die Referenzsoftware des Videokompressionsstandards HEVC (HM software: Encoder Version [16.20_SCM8.8], including RExt, [HevcHM]) mit:

    -c encoder_intra_main_scc.cfg --InputChromaFormat=444
    --InputBitDepth=8 --InputColourSpaceConvert=RGBtoGBR
    --FrameSkip=0 --FrameRate=30 --FramesToBeEncoded=1
    -i input.raw --BitstreamFile=output.str -q 0..51
    --SourceWidth=xxx --SourceHeight=yyy

Die meisten Einstellungen werden über eine standardisiertes Konfigurationsdatei vorgenommen (Option ‚-c encoder_intra_main_scc.cfg'). Diese Konfiguration aktiviert die Einzelbildkompression (Intra-Codierung) und alle Optionen, welche die Kompression von Screen-Content-Daten verbessern können. Höhe und Breite der Rohdateneingabe müssen spezifiziert werden; die Anzahl der zu codierenden Bilder wird auf eins gesetzt. Das Einlesen von Bildern in üblichen Formaten wird nicht unterstützt. Option ‚-q' gibt die Stärke des Quantisierens vor. Je größer der Wert desto stärker die Kompression und desto schlechter die Bildqualität. Mit weiteren Parametern wird dem Encoder mitgeteilt, dass die Eingabedaten im Farbraum RGB vorliegen, nicht unterabgetastet sind und nur ein Bild verarbeitet werden soll. Außerdem wird die Reihenfolge der Farbkomponenten vertauscht. Der üblicher Weise genutzte Farbraum ist YUV mit der Helligkeitskomponente als erste Komponente und die Chrominanzen Cb und Cr danach. Das Kompressionsverfahren behandelt die Komponenten unterschiedlich und es ist sinnvoll, die Grün-Komponente nach vorn zu setzen, weil Grün einen größeren Beitrag zur Helligkeitsinformation liefert als Rot oder Blau, siehe auch Abschnitt 7.2.6. Die weiteren Optionen überschreiben voreingestellte Werte, welche die Einzelbildkompression verhindern würden.

Für die verlustlose Kompression wird zusätzlich die Konfigurationsdatei
    -c lossless.cfg
angegeben. Bei der Verarbeitung von Graustufenbilder sind abweichend folgende Optionen zu verwenden:
    --InputChromaFormat=400 --InputColourSpaceConvert=UNCHANGED .

Variante 2 verwendet eine HEIF-Implementierung [HEIF], welche die Funktionen der Bibliothek libx265 [x265] aufruft (heif_compression_HEVC) und reguläre ,*.heic'-Dateien erzeugt. Für Farbbilder wurden folgende Optionen genutzt:
    heif_colorspace_RGB,
    heif_chroma_444 und
    nclx.matrix_coefficients = heif_matrix_coefficients_RGB_GBR.

Letzteres übergibt die Komponenten G, B und R direkt ohne Farbraumtransformation. Für Graustufenbilder galt:
    heif_colorspace_monochrome und
    heif_chroma_monochrome

Die Kompression wurde für beide mit:
    tune: ,psnr'und
    preset: ,placebo'

parametrisiert. Das schaltet alle vorhandenen Werkzeuge zur maximalen Kompression ein. Das Verwenden von SCC-Werkzeugen war in dieser Implementierung nicht möglich.

VVC

Für die Kompression mit dem VVC-Standard kam die Referenzsoftware ,VTM Encoder Version 9.3' [VVCvtm] zum Einsatz. Die Konfigurationseinstellungen sind ähnlich wie bei HEVC:
    -c encoder_intra_vtm.cfg -c classSCC.cfg -c formatRGB.cfg
    -i input.raw --BitstreamFile=output.str
    --FramesToBeEncoded=1 -q 0..51 --SourceWidth=xxx --SourceHeight=yyy
    --InputBitDepth=8 --InputChromaFormat=444
    --OutputBitDepth=8 --InternalBitDepth=10
    --InputColourSpaceConvert=RGBtoGBR --SNRInternalColourSpace=1

Die meisten Einstellungen werden über mehrere standardisierte Konfigurationsdateien vorgenommen und entsprechen den allgemeine Konditionen für Tests zur Einzelbildkompression. Die zusätzlichen Angaben entsprechen der Konfiguration bei HEVC (siehe oben) oder sind einfach zur fehlerfreien Abarbeitung erforderlich. Der verlustlose Modus erfordert die zusätzlich Angabe von ,-c lossless.cfg'.

Für den VVC-Codec war es nicht möglich, im 4:0:0-Format zu arbeiten. Stattdessen wurden die Graustufenbilder mit zwei leeren Komponenten (alle Werte auf null gesetzt) ergänzt. Diese Verfahrensweise wurde auch schon in früheren Vergleichen verwendet, z. B. [Ngu15].

Portable Network Graphics (PNG)

PNG ist ein übliches Bildspeicherformat für die verlustlose Speicherung von Bilddaten [PNG], und hat vermutlich seine größte Verbreitung für Anwendungen im World-Wide-Web. Es dient in diesem Vergleich als Referenz. Für die maximale Kompression kam das PlugIn ‚OptiPNG' (Level 7) in Kombination mit dem Programm IrfanView zum Einsatz.

Proprietäre Kompressionsmethoden

Der Vergleich wird ergänzt durch zwei Verfahren, welche dediziert für die verlustlose Kompression entwickelt wurden. CoBaLP2 (*Context Based Linear Prediction*) nutzt eine adaptive Gewichtung von drei Prädiktoren [Str16a]. Zwei der Prädiktoren verwenden das Least-Mean-Square-Verfahren, wobei die Prädiktionskoeffizienten kontextabhängig aktualisiert werden. Der dritte Prädiktor nutzt das Template-Matching (vgl. Abschnitt 6.2.5.2).

Das SCF-Verfahren (*Soft Context Formation*) schätzt direkt die Wahrscheinlichkeit von Farbtripeln und arbeitet nach dem Prinzip der idealen Codierung (siehe Abb. 4.3, Seite 97). Es wurde im Gegensatz zu CoBaLP2 für die Kompression von synthetischen Bilddaten entwickelt [Och24a].

Testdaten

Alle untersuchten Bilder sind in diesem Buch (teilweise in verschiedenen Kapiteln) abgebildet. Die Farbbilder sind:

- ‚kodim03', Abbildung 7.10(a), Seite 245,
- ‚bridge', Abbildung A.7(a), Seite 415,
- ‚composition', Abbildung 7.17(c), Seite 251,
- ‚Acid3detail', Abbildung A.6, Seite 414,
- ‚circle_fit', Abbildung 7.22(a) Seite 260,

und die Graustufenbilder:

- ‚kodim07_G', Abbildung A.4(a), Seite 413,
- ‚kodim08_G', Abbildung A.4(b), Seite 413,
- ‚kodim09_G', Abbildung A.3(b), Seite 413.
- ‚Acid3detail_G',
- ‚circle_fit_G'.

Die Graustufenbilder entsprechen jeweils der Grün-Komponente des originalen Farbbildes. Das verwendete Bild ‚composition' hat eine originale Auflösung von 2049×1537 Bildpunkten. Für den Vergleich der Kompressionsverfahren wurden daraus zwei kleinere Format abgeleitet: 1440×1080 und 960×720.

8.7.2 Verlustlose Kompression

In **Tabelle 8.40** sind Kompressionsergebnisse für fünf unterschiedliche Farbbilder aufgelistet. JPEG-LS wurden mit einer adaptiven reversiblen Farbraumtransformation gemäß [Str13] kombiniert. Bei HEVC und VVC wurden die Kompressionswerkzeuge für die

Tabelle 8.40: Vergleich der reversiblen Kompression für verschiedene Farbbilder mit Angaben in Bytes. Die besten Ergebnisse sind fett dargestellt, die zweitbesten unterstrichen und die schlechtesten Werte sind kursiv gedruckt.

Testbild	bridge	composition		kodim03	Acid3-detail	circle_fit
		720	1080			
JPEG 2000	1 219 662	949 981	1 867 922	397 765	165 831	140 326
JPEG-LS	1 189 458	911 108	1 785 510	374 953	102 926	48 038
JPEG-XT	1 196 503	948 440	1 864 090	381 389	104 914	64 996
JPEG-XR	1 251 950	1 010 388	2 050 301	472 260	*322 972*	*281 560*
JPEG-XL111	1 164 661	838 109	1 635 481	330 589	45 839	18 496
JPEG-XL091	<u>1 154 177</u>	<u>837 344</u>	<u>1 632 574</u>	329 485	43 489	16 487
JPEG-XL037	1 156 835	838 685	1 635 105	<u>327 039</u>	47 012	19 735
HEVC-SCC	1 212 793	1 004 585	2 038 290	361 373	<u>37 091</u>	<u>15 943</u>
HEICx265	*1 370 211*	*1 254 453*	*2 617 716*	*546 098*	155 997	135 109
VVC-SCC	1 216 364	1 043 864	2 249 054	371 355	38 386	21 577
CoBaLP2	**1 136 794**	**811 849**	**1 585 238**	339 831	117 050	45 303
SCF	1 285 402	995 983	2 042 924	**292 719**	**28 972**	**12 313**
PNG	1 346 858	1 203 503	2 492 705	503 345	54 248	35 799

Verarbeitung von synthetischen Bilddaten (*screen content*) aktiviert, wenn es sinnvoll erschien. Dazu gehört unter anderem das adaptive An- oder Abschalten der reversiblen Farbraumtransformation YCgCo-R. Bei CoBaLP2 und SCF ist die adaptive Auswahl einer günstigen reversiblen Farbraumtransformation fester Bestandteil des Kompressionsverfahrens. Da SCF für die verlustlose Kompression von synthetische Bilddaten entwickelt wurde, erreicht dieses Kompressionsverfahren für den Screenshot ‚Acid3detail' und die Computergrafik ‚circle_fit' mit Abstand die besten Ergebnisse. Aber auch für das Foto ‚kodim03' ist es in diesem Vergleich Sieger. Bei den anderen drei Fotos liegt CoBaLP2 vorn. JPEG-XL erreicht für alle Fotos die zweitbeste Kompression, wobei die Ergebnisse zwischen den verschiedenen Software-Versionen zum Teil erheblich voneinander abweichen. HEVC-SCC liegt bei den Screen-Content-Bildern auf dem zweiten Platz. JPEG-XR kann synthetische Bilddaten nicht sinnvoll komprimieren und liegt auch bei den Fotos weit hinten im Vergleich. In Gegensatz dazu ist PNG für Fotos relativ ungeeignet aber erreicht bei den synthetischen Daten noch einen Platz in der vorderen Hälfte des Feldes. HEICx265 liegt abgeschlagen am Ende. Es gibt offensichtlich keinen Verarbeitungsschritt, welcher die Korrelationen zwischen den Farbkomponenten ausnutzt. Das Fehlen von Screen-Content-Werkzeugen macht sich bei den beiden synthetischen Bildern bemerkbar.

Da der Einfluss der verwendeten Farbraumtransformation nicht unerheblich ist, wird nun die Kompressionseffizienz für Graustufenbilder untersucht. In **Tabelle 8.41** sind Kompressionsergebnisse für sechs unterschiedliche Graustufenbilder aufgelistet. Für drei von vier Fotos erzielt CoBaLP2 die beste Kompression und JPEG-XL ist an zweiter Stelle. Lediglich für ‚kodim08_G' tauschen sie die Plätze. Während SCF das Farbbild ‚kodim03' am stärksten komprimieren konnte, landet es für die Grünkomponente auf

Tabelle 8.41: Vergleich der reversiblen Kompression für verschiedene Graustufenbilder mit Angaben in Bytes. Die besten Ergebnisse sind fett dargestellt, die zweitbesten unterstrichen und die schlechtesten Werte sind kursiv gedruckt.

Testbild	kodim07_G	kodim08_G	kodim09_G	kodim03_G	Acid3-detail_G	circle_fit_G
JPEG 2000	185 905	272 141	198 499	175 704	*94 142*	*90 832*
JPEG-LS	178 673	259 287	193 702	171 098	50 383	37 756
JPEG-XT	178 818	259 420	193 758	171 191	50 459	37 633
JPEG-XL111	168 044	248 891	188 516	160 197	20 091	11 853
JPEG-XL091	<u>166 620</u>	**247 048**	<u>186 711</u>	<u>157 802</u>	18 751	9 837
JPEG-XL037	166 797	247 390	186 853	157 986	21 141	12 566
HEVC-SCC	182 437	258 881	196 945	172 186	18 550	<u>10 172</u>
HEICx265	196 361	*287 652*	*208 993*	184 688	64 583	49 543
VVC-SCC	178 138	256 014	193 646	168 337	<u>18 380</u>	14 360
CoBaLP2	**164 547**	<u>250 102</u>	**183 497**	**156 445**	69 264	24 236
SCF	186 738	274 562	203 070	176 705	**15 708**	**8 937**
PNG	*202 276*	270 906	207 622	*193 632*	26 383	17 970

dem vorletzten Platz. Bei den Screen-Content-Bilder liegt SCF weiterhin vorn, gefolgt von VVC bzw. HEVC. Da die verwendete Software für JPEG-XR keine Graustufenbilder verarbeiten kann, liegt JPEG-2000 nun in dieser Kategorie ganz hinten.

Der Abstand von JPEG-LS und JPEG-XT hat sich im Vergleich zu den Farbbildern stark verringert, weil beide prinzipiell dieselbe Kompressionsmethode für die verlustlose Kompression einsetzen. Der Unterschied bei den Farbbildern ergab sich durch die Kombination von JPEG-LS mit einer adaptiven Auswahl der Farbraumtransformation und neun Bits pro Bildpunkt in den Chrominanzkomponenten. Auch für die Graustufenbilder erreicht HEICx265 nur schlechte Ergebnisse. Bei der Entwicklung von x265 wurde eventuell kein Wert auf die Option der verlustlosen Kompression gelegt.

8.7.3 Verlustbehaftete Kompression

Zur Beurteilung der objektiven Bildqualität wird das PSNR über der Bitrate aufgetragen. Für eine PSNR-optimierte Kompression sind im Allgemeinen Quantisierungstabellen erforderlich, die alle Transformationskoeffizienten gleichstark verändern. Für JPEG-2000 und JPEG-XT wurde diese Option gewählt. Für alle anderen Verfahren bietet die genutzte Software keine Parameter dafür. Stattdessen werden Quantisierungstabellen verwendet, bei denen die Quantisierungsintervalle typischer Weise mit der örtlichen Frequenzen des Koeffizienten breiter werden bzw. adaptiv auf Basis der Raten-Verzerrung-Optimierung gewählt sind. Bei Farbbildern wurden die PSNR-Werte separat für die drei RGB-Kanäle berechnet und dann arithmetisch gemittelt.

8.7.3.1 Ergebnisse der Farbbild-Kompression

Abbildung 8.40 zeigt die Ergebnisse für das Bild ‚kodim03'. Bei ‚kodim03' wird JPEG-

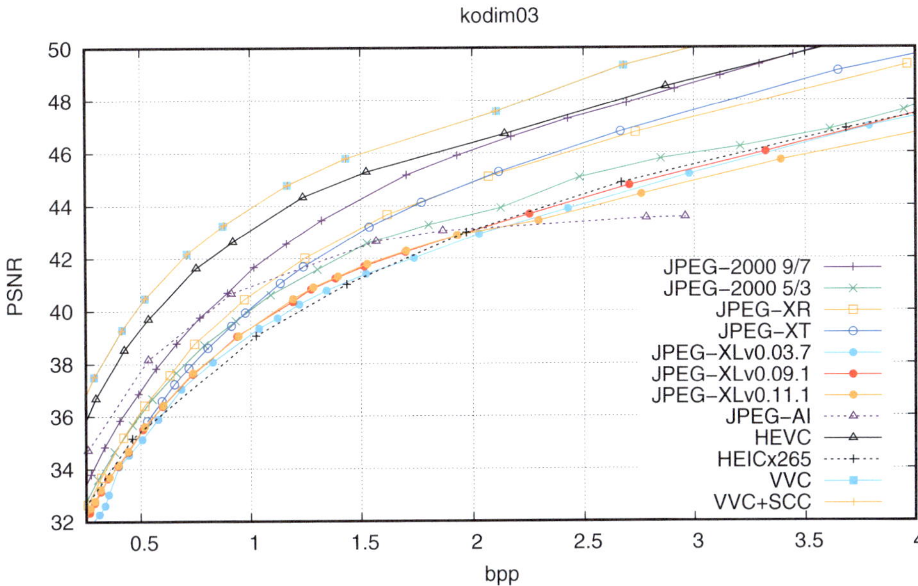

Abbildung 8.40: Vergleich der Leistungsfähigkeit verschiedener Standards für das Testbild ‚kodim03' (768 × 512)

2000 in Kombination mit dem 9/7-Waveletfilter von keinem anderen JPEG-Standard übertroffen. Lediglich HEIC und VVC erzielen zum Teil deutlich bessere Ergebnisse (+2dB), allerdings ist der Aufwand zur Kompression auch wesentlich höher Bei VVC wurden zusätzlich die Codierwerkzeuge für Screen-Content (SCC) aktiviert, weil ‚kodim03' bei der verlustlosen Kompression mit SCF am besten komprimiert wurde, obwohl SCF für synthetische Daten optimiert ist. Die SCC-Werkzeuge führen jedoch zu keiner erkennbaren Verbesserung (Kurven VVC und VVC-SCC). JPEG-XL schneidet in allen drei Versionen am schlechtesten ab. Das liegt vermutlich zu einem gewissen Teil daran, dass es mehr auf subjektive Bildqualität optimiert wurde und weniger auf hohe PSNR-Werte. Ähnliches gilt für JPEG-AI. Die Bildrekonstruktion basierend auf einem neuronalen Netzwerk ist nicht in der Lage, beliebige Bilddetails zu erzeugen. Oberhalb von 1.5 bpp geht der Prozess in die Sättigung, das heißt, die Qualität wird kaum noch verbessert durch den erhöhten Codierungsaufwand. HEICx265 liegt ebenfalls weit hinten im Feld aufgrund der fehlenden Dekorrelation der Farbkomponenten.

Für ‚bridge' zeigt sich ein ähnliches Bild, **Abbildung 8.41**. Insgesamt sind zum Erreichen derselben objektiven Qualität wesentlich mehr Bits pro Bildpunkt erforderlich als bei ‚kodim03', weil ‚bridge' viel mehr Details und feine Strukturen enthält. Das führt auch zu dem Effekt, dass JPEG-2000 ab ca. 5 bpp von JPEG-XT überholt wird, weil JPEG-XT offensichtlich diese Details besser modellieren kann. Interessanter Weise gelingt das auch HEICx265 bei höheren Bitraten.

JPEG-AI hat ab ca. 1.3 bpp Probleme auch bei diesem Bild, die objektive Bildqualität zu verbessern. Deshalb soll an dieser Stelle die subjektive Qualität durch ein Bild-

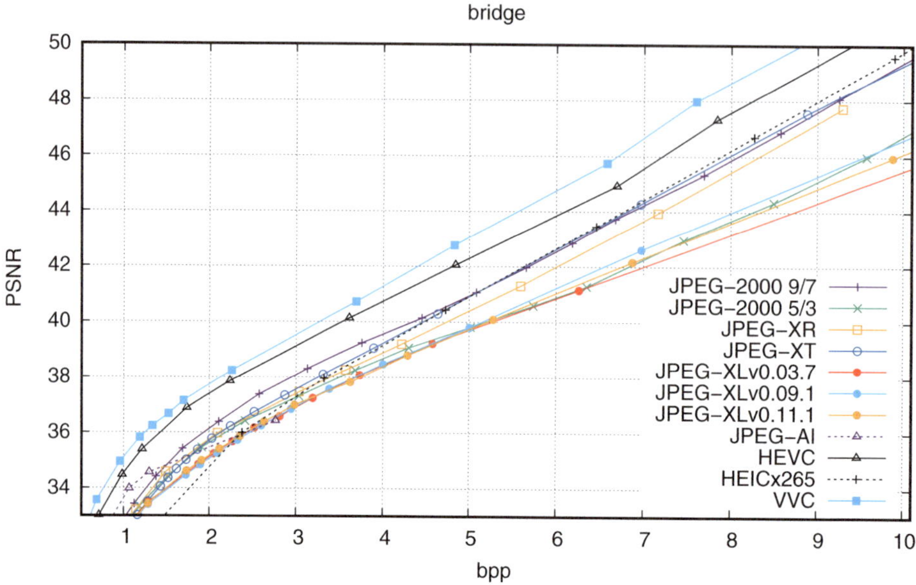

Abbildung 8.41: Vergleich der Leistungsfähigkeit verschiedener Standards für das Testbild ‚bridge' (688 × 1008)

beispiel verdeutlicht werden. In **Abbildung 8.42** ist ein Ausschnitt aus dem oberen Teil von ‚bridge' zu sehen. Verglichen werden das originale Bildsignal mit den Rekonstruktionen aus einer VVC-Kompression (`-q 30`) und einer JPEG-AI-Kompression (`--set_target_bpp 100`). Die Ausschnitte wurden mit dem Faktor 20 vergrößert, damit einzelne Bildpunkte erkennbar sind. Das Bild wurde mit beiden Verfahren mit ca. 1.3 Bits pro Bildpunkt gespeichert. Die Helligkeitskanten sind in beiden Rekonstruktionen gut erhalten, aber die rauschartige Textur wurde geglättet. Auch andere feine Strukturen wurden leicht verändert. Ein subjektiver Vorteil für eines der beiden Verfahren ist hierbei kaum auszumachen. In der zentralen Region sind bei der JPEG-AI-Rekonstruktion evtl. die Kanten etwas besser erhalten (schärfer) als bei der VVC-Rekonstruktion. Die VVC-Rekonstruktion hat aber eine um 1.2 dB bessere objektive Qualität (PSNR).

Ein zweiter, etwas größerer Ausschnitt aus ‚bridge' unten links ist in **Abbildung 8.43** vergleichend dargestellt. Der Vergrößerungsfaktor ist hier nur 10. Im Original sieht man das Farbrauschen im Himmel. Diese wurde mit VVC komplett entfernt während die Rekonstruktion mit JPEG-AI noch ein gewisses Rauschen aufweist. Die Rekonstruktion des linken Dachbereiches scheint bei JPEG-AI auch subtil besser gelungen zu sein. Allerdings ist die JPEG-AI-Datei auch um ca. 10% größer.

Die Abbildungen 8.43(d) und (e) zeigen die absoluten Differenzen zwischen dem Original-Ausschnitt und den beiden Rekonstruktionen. Sie sind in den Bereichen der beiden Gebäude tendenziell größer als im Himmel-Bereich, wobei ein quantitativer Unterschied zwischen VVC und JPEG-AI visuell nicht zu erkennen ist.

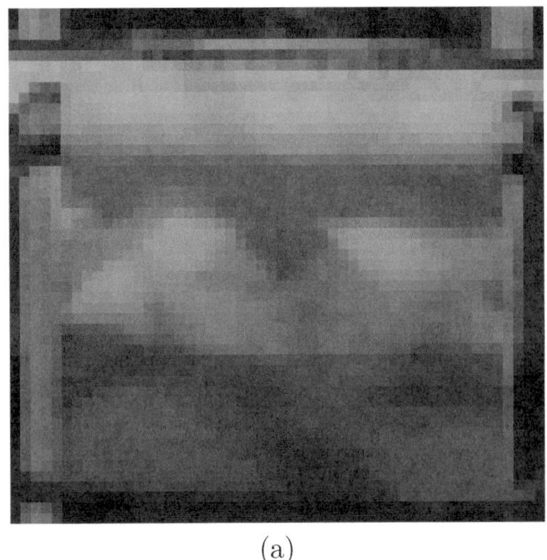

(a)

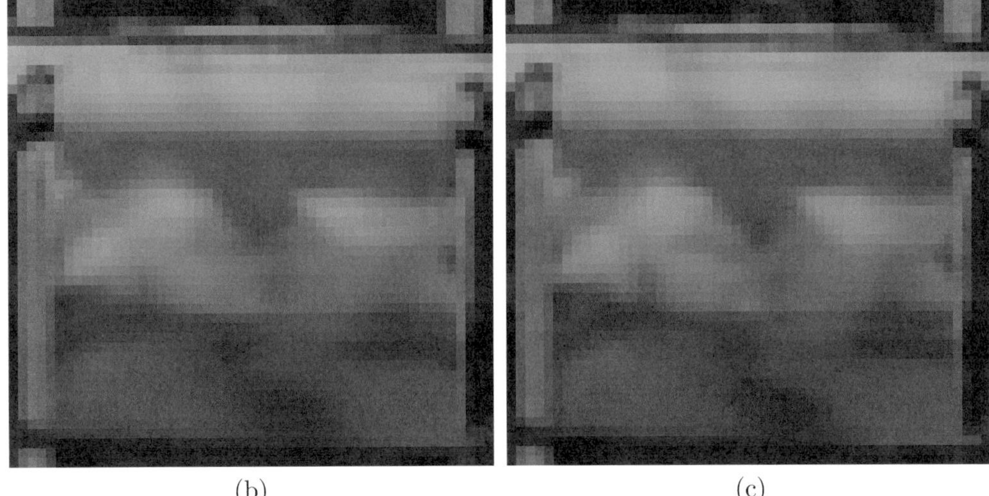

(b)   (c)

Abbildung 8.42: Detailansicht aus dem Bild ‚bridge': (a) Original (52 × 49 Bildpunkte), (b) VVC: 102843 Bytes, 35.8 dB, (c) JPEG-AI: 112 517 Bytes, 34.6 dB

Bei der Kompression der Bilder ‚composition_720' und ‚composition_1080' zeigt sich, dass eine höhere örtliche Auflösung nicht automatisch bedeutet, dass das Bild mehr Details enthält. In der 1080-Version werden bei gleicher Bildqualität pro Bildpunkt weniger Bits benötigt, **Abbildung 8.44**. Das weist daraufhin, dass die zusätzlichen Bildpunkte das Bild eher auffüllen (interpolieren) als neue Information hinzufügen. Im Wesentlichen verhalten sich die untersuchten Kompressionsverfahren ähnlich wie bei den bereits diskutierten Bildern. Überraschend ist, das HEVC für hohe Bildqualitäten beim Bild ‚composition_1080' hinter JPEG-2000 zurückfällt.

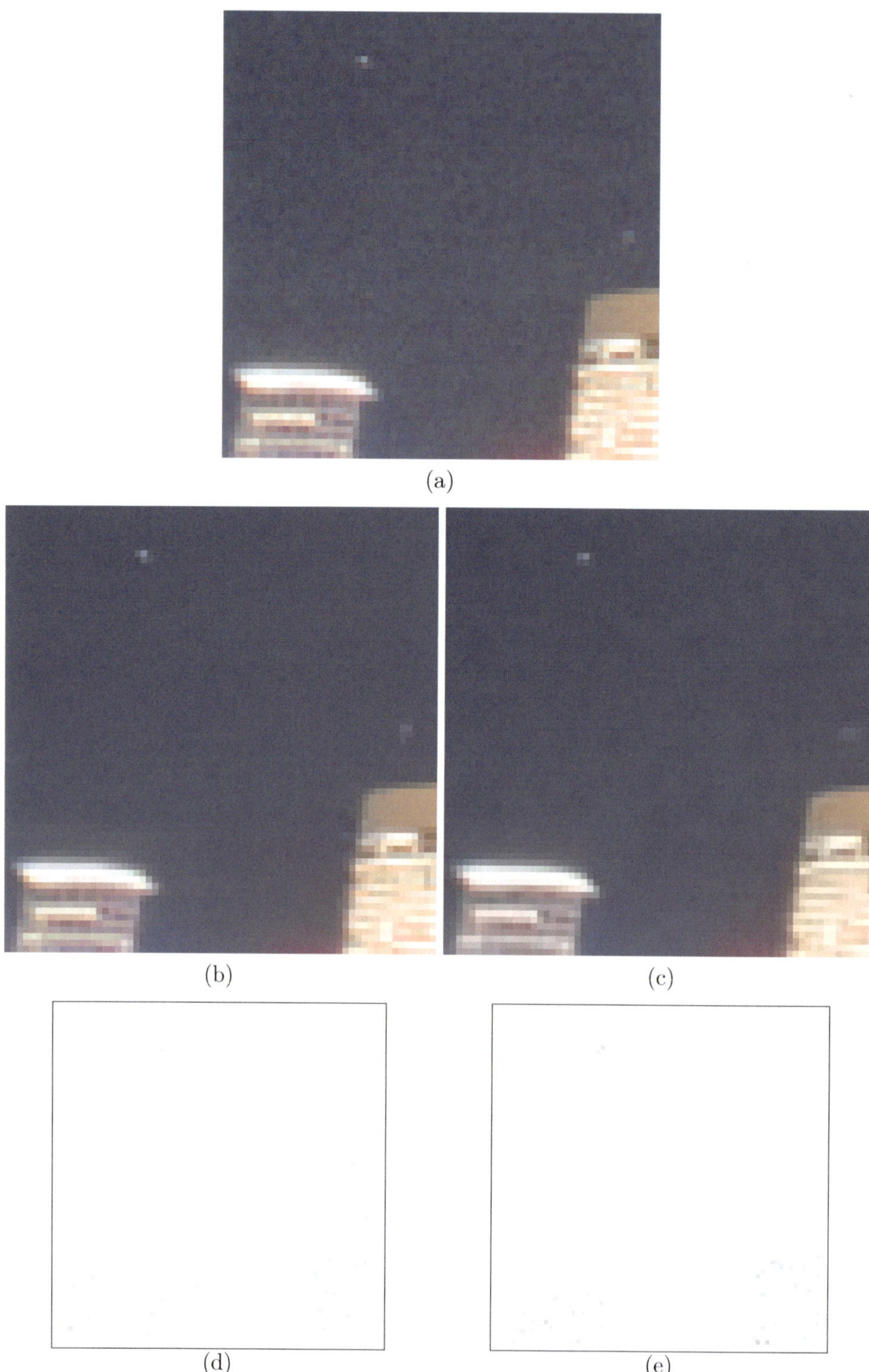

Abbildung 8.43: Detailansicht 2 aus dem Bild ‚bridge': (a) Original (70×70 Bildpunkte), (b) VVC: 102843 Bytes, 35.8 dB, (c) JPEG-AI: 112 517 Bytes, 34.6 dB, (d) absolute Differenz zwischen (a) und (b), (e) absolute Differenz zwischen (a) und (c)

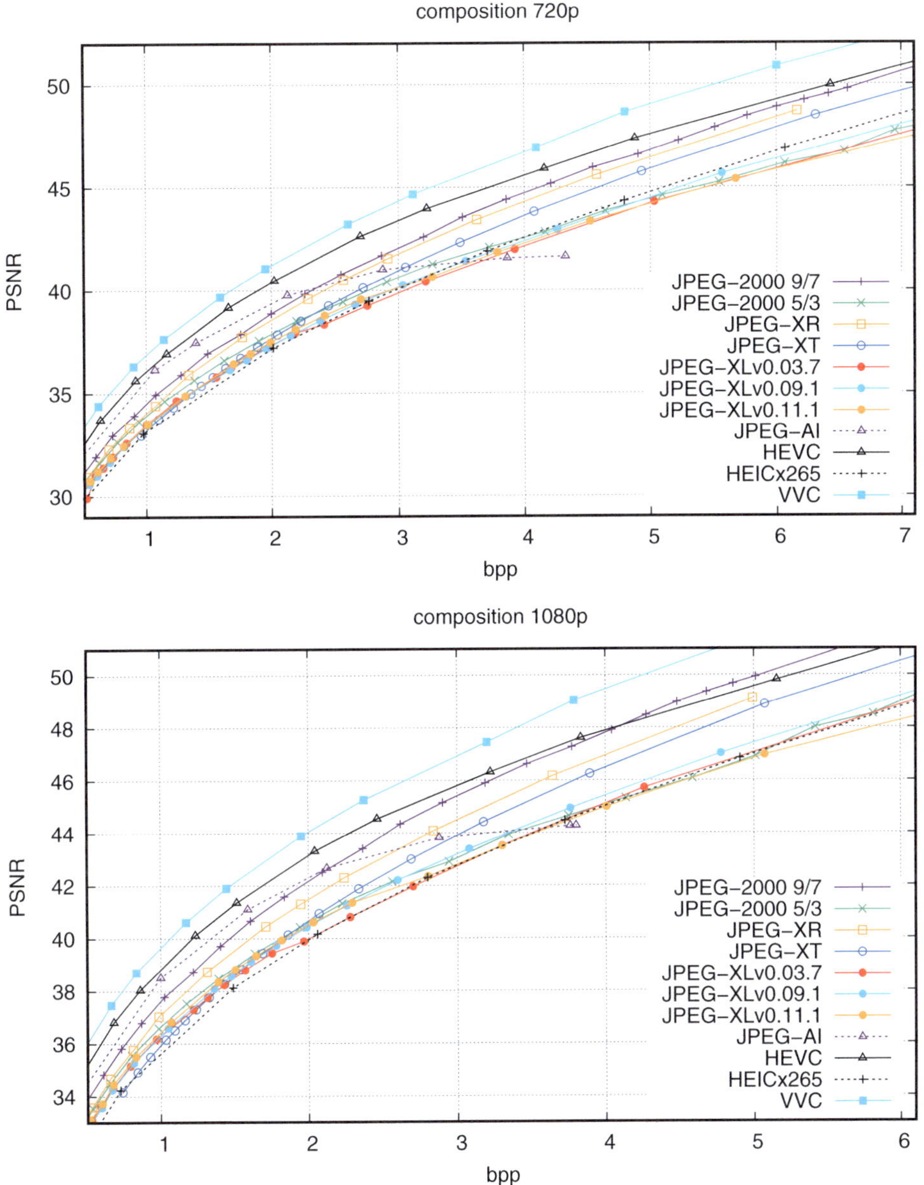

Abbildung 8.44: Vergleich der Leistungsfähigkeit verschiedener Standards für das Testbild ‚composition' in den Auflösungen 960×720 und 1440×1080

Die nächsten beiden Farbbilder ‚Acid3detail' und ‚circle_fit' gehören zur Kategorie der Screen-Content-Daten. **Abbildung 8.45** zeigt die entsprechenden PSNR-Kurven in Abhängigkeit der benötigten Bitrate. Da die meisten Kompressionsverfahren nicht für solche Bildinhalte entwickelt wurden, ergibt sich nun ein ganz anderes Bild im Leistungsvergleich. JPEG-2000 komprimiert nun mit dem 5/3-Waveletfilter besser als mit dem 9/7-Waveletfilter. Die Kurve von JPEG-XR weist einen Sprung auf. Vermutlich wurde intern auf eine andere Parametrisierung des Kompressionsverfahrens umgeschaltet. JPEG-XL schneidet jetzt deutlich besser ab im Vergleich zu den anderen JPEG-Standards, speziell in der Version 0.11.1. Die mit Abstand besten Resultate werden jedoch wieder von HEVC und VVC erreicht. Selbst ohne die SCC-Werkzeuge (siehe Kurve für ‚VVC') werden die anderen Verfahren deutlich übertroffen.

Die senkrechte blaue Linie zeigt jeweils an, wie viele Bits pro Bildpunkt maximal erforderlich sind, um diese Bilder verlustlos zu speichern. Diese Bitrate wird mit dem SCF-Verfahren [Str20a] erreicht. Die anderen beiden senkrechten Linie zeigen die verlustlose Kompression von HEVC und JPEG-XL. Es ist überraschend, dass JPEG-XL nicht gleich früher auf den verlustlosen Modus umschaltet und stattdessen mit mehr Bits pro Bildpunkt Qualitätsverluste in Kauf nimmt.

8.7.3.2 Ergebnisse der Kompression von Graustufenbildern

Die Ergebnisse für die verlustbehaftete Kompression der Graustufenbilder sind in den **Abbildungen 8.46** bis **8.48** veranschaulicht. Bei den Fotos wurde auf JPEG-2000 in Kombination mit dem 5/3-Waveletfilter verzichtet, weil die Performanz immer geringer als mit dem 9/7-Filter ist. Bei den beiden Screen-Content-Bildern kehrt sich das allerdings wieder um. Für die HEVC-Kurven konnten für höhere Qualitäten keine Messpunkte erhoben werden. Der Encoder der verwendete Referenz-Software öffnet bei den gewählten Arbeitspunkten zwar eine Ausgabedatei, stoppt jedoch die Bearbeitung ohne Fehlermeldung. HEICx265 hatte damit keine Probleme und kommt fast an die Leistungsfähigkeit der HEVC-Referenzsoftware heran.

Der Vergleich mit JPEG-XR war nicht möglich, weil der Encoder ebenfalls ohne Fehlermeldung die Verarbeitung abbrach, unabhängig vom Arbeitspunkt.

Interessant ist der Vergleich von JPEG-XT und JPEG-XL, welche für das Bild ‚kodim03_G' ungefähr dieselbe Kompressionsperformanz aufweisen. Das war für die Farbversion dieses Bildes nicht der Fall (vgl. Abb. 8.40 und 8.46). Offenbar ist die Dekorrelation der Farbkomponenten in JPEG-XL weniger effizient als bei JPEG-XT. Generell liegt VVC vor HEVC/HEICx265 gefolgt von JPEG-2000 wie auch schon bei den Farbbildern.

Bei der Kompression der Graustufenvarianten der beiden Screen-Content-Bilder ‚Acid_G' und ‚circle_fit_G' ergibt sich ebenfalls kein grundsätzlich neues Bild. Lediglich JPEG-XL ist wieder im Vergleich etwas besser als für die farbigen Versionen der Bilder. Die Kurven zeigen allerdings merkwürdige Knicke (Abb. 8.48). Offenbar ist es schwierig bei JPEG-XL, die Arbeitsweise des Verfahrens sinnvoll zu parametrisieren.

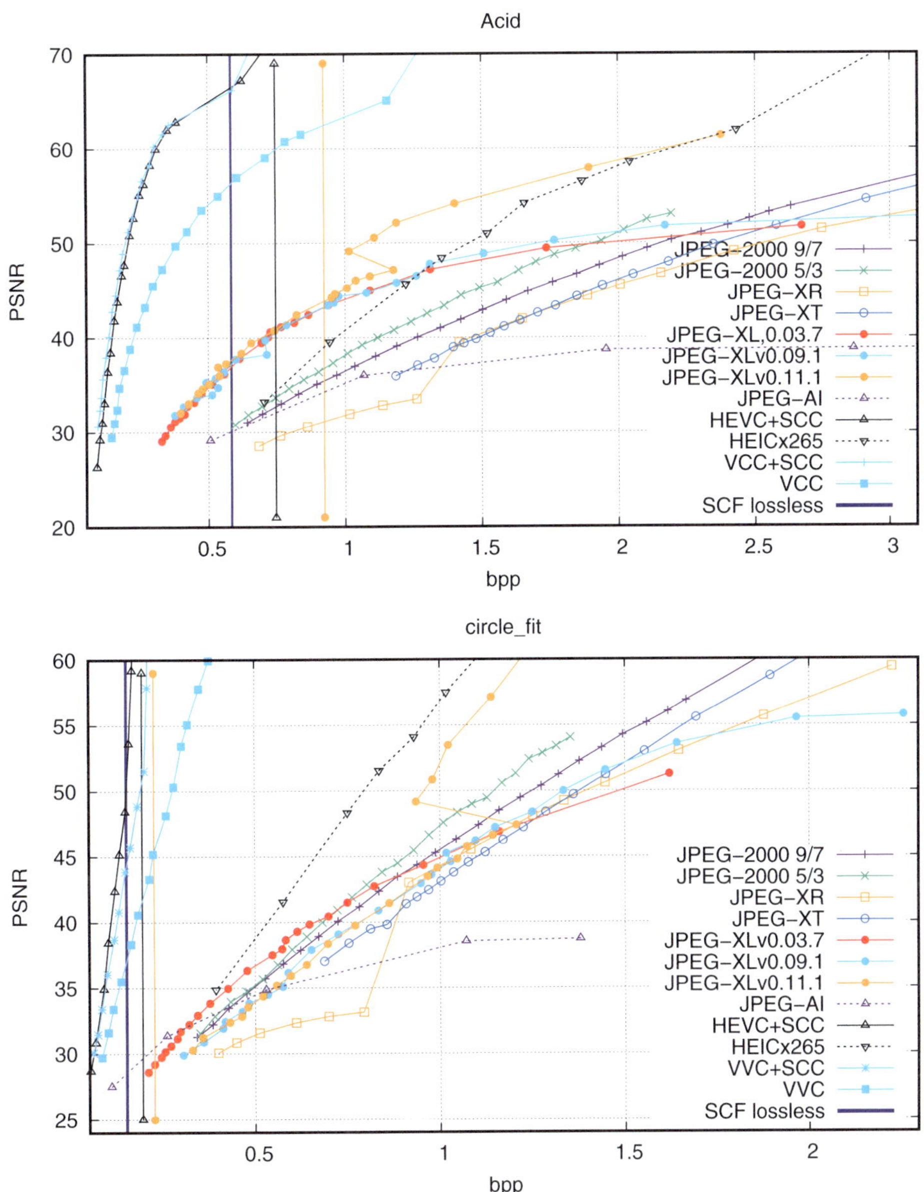

Abbildung 8.45: Vergleich der Leistungsfähigkeit verschiedener Standards für die Testbilder ‚Acid3detail' (680 × 584) und ‚circle_fit' (842 × 792)

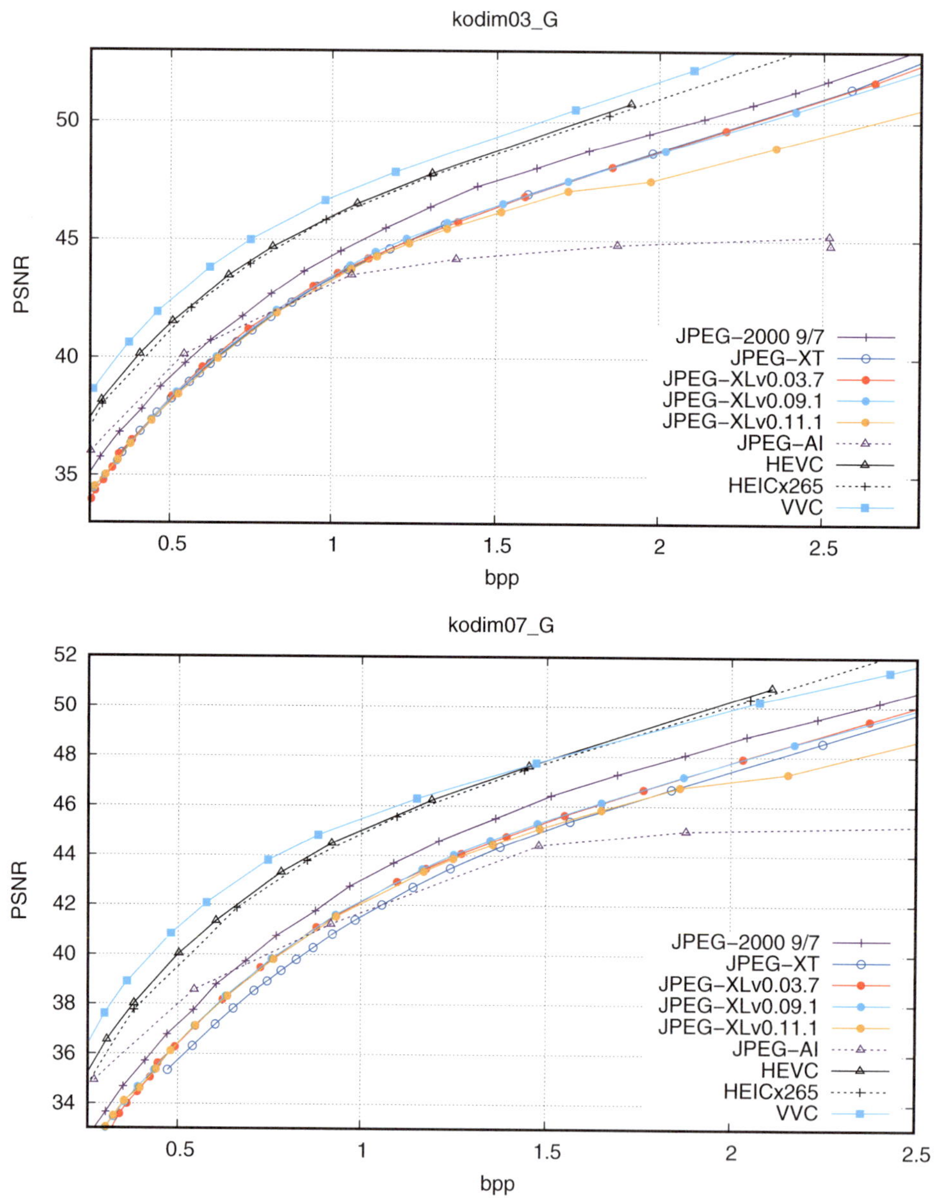

Abbildung 8.46: Vergleich der Leistungsfähigkeit verschiedener Standards für die Graustufenbilder ‚kodim03_G' und ‚kodim07_G'

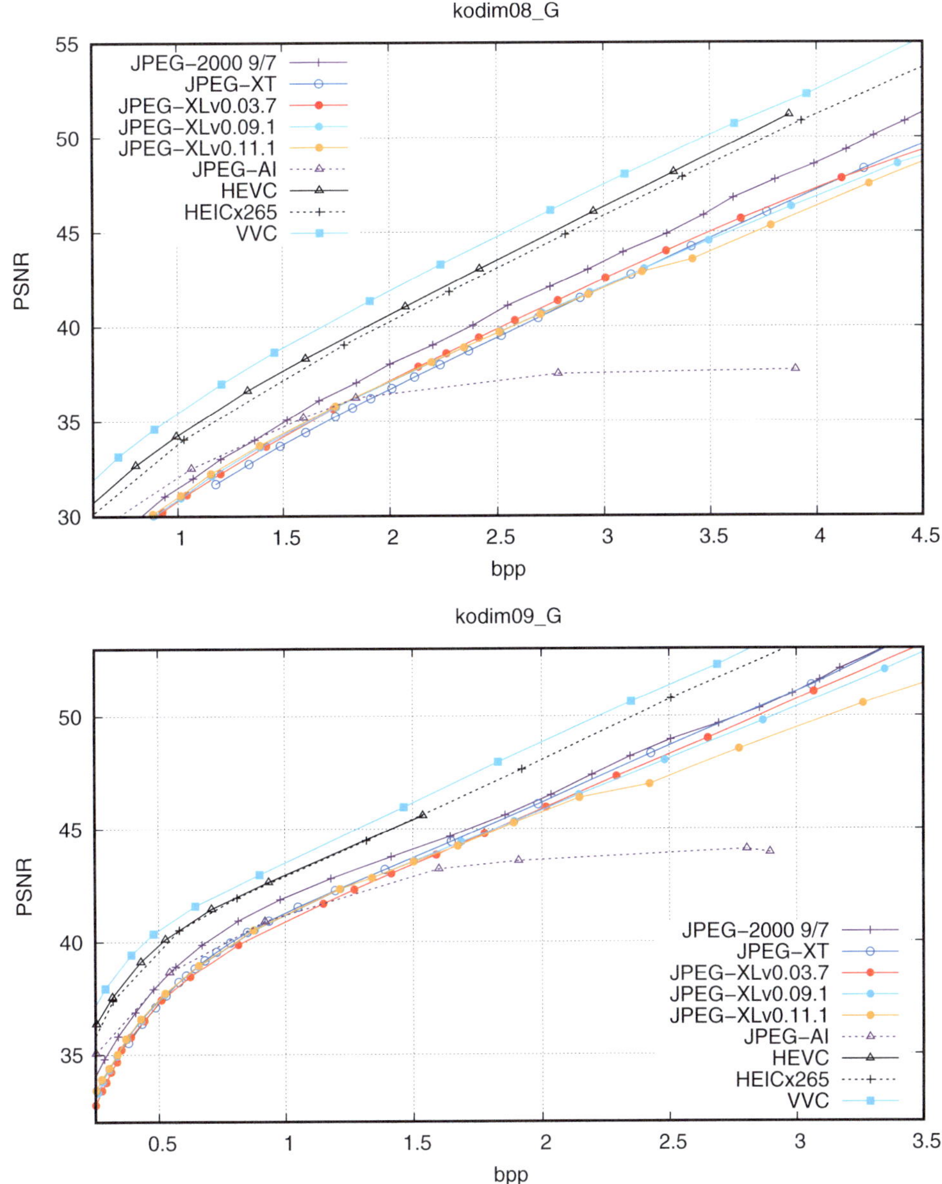

Abbildung 8.47: Vergleich der Leistungsfähigkeit verschiedener Standards für die Graustufenbilder ‚kodim08_G' und ‚kodim09_G'

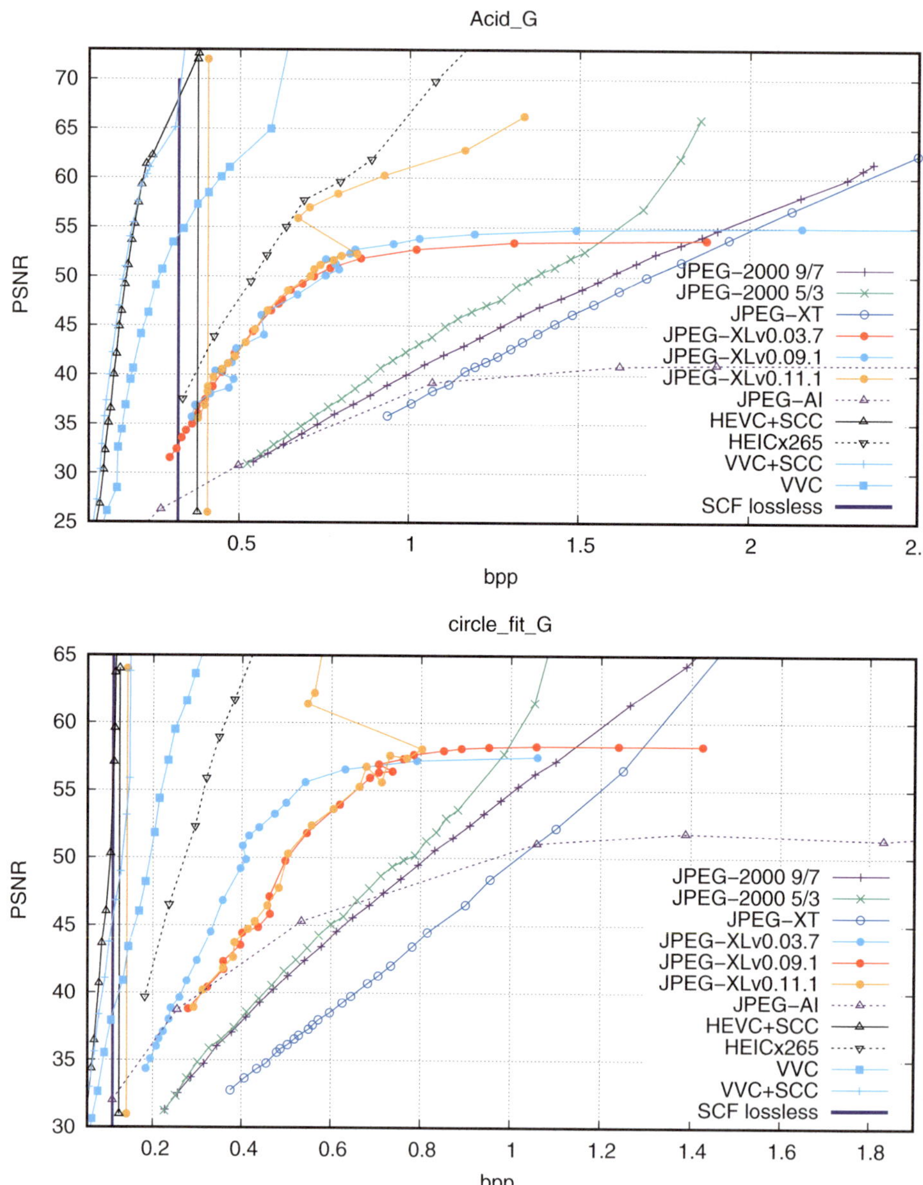

Abbildung 8.48: Vergleich der Leistungsfähigkeit verschiedener Standards für die Testbilder ‚Acid3detail_G' und ‚circle_fit_G'

8.7.4 Fazit

Für Anwendungen, bei denen ein Bild üblicher Weise nur einmal komprimiert aber viele Male übertragen und decodiert werden muss, sollte ein Kompressionsverfahren wie VVC eingesetzt werden. Das Encodieren ist zwar sehr zeitaufwändig, die Decodier-Dauer ist aber akzeptabel. Insbesondere bei Web-Anwendungen würde das den Speicherbedarf und die erforderliche Übertragungsbandbreite deutlich reduzieren im Vergleich zu den aktuell dominierenden Formaten JPEG-1 und PNG. JPEG-AI ist als neuester Standard eine sehr gute Wahl für Social-Media-Anwendungen. Das Encodieren ist deutlich schneller als bei HEVC oder VVC, insbesondere wenn die verfügbare Hardware parallele Berechnungen unterstützt, wie zum Beispiel graphische oder neurale Prozessor-Einheiten (GPU ... Graphical Processor Unit, NPU ... Neural Processing Units). In dem für solche Anwendungen typischen mittleren Bildqualitätsbereich sind zwar die PSNR-Werte geringer als bei VVC oder HEVC aber beim Verwenden von Metriken, die das visuelle Wahrnehmungssystem das Menschen besser abbilden, erreicht JPEG-AI bessere Ergebnisse bei gleicher Bitrate [Als24b].

8.8 Testfragen

8.1 Welche Farbraumtransformation ist im JPEG-1-Standard festgelegt?

8.2 Was versteht man unter einem ‚Basisbild'?

8.3 Warum werden AC- und DC-Koeffizienten im JPEG-1-Standard unterschiedlich verarbeitet?

8.4 Nennen Sie fünf Funktionsblöcke (Verarbeitungsschritte) der verlustbehafteten JPEG-1-Encodierung in der Reihenfolge ihrer Anwendung.

8.5 Im DCT-basierten Algorithmus von JPEG-1 werden die 63 quantisierten AC-Koeffizienten vor der Codierung zick-zack-weise sortiert. Warum wird diese Zick-Zack-Reihenfolge anstelle der einfacheren, zeilenweisen Abtastung verwendet?

8.6 Die Quantisierung eines 8x8-Blocks (JPEG-1) liefert nebenstehende Werte. Welches Kompressionsverhältnis wird für diesen Block erreicht, wenn die Originaldaten mit 8 Bit pro Bildpunkt abgelegt waren? (Benutzen Sie die Codetabellen aus dem Buchtext.)

$$\begin{bmatrix} 30 & 4 & 0 & 0 & 0 & 0 & 0 & 0 \\ 2 & -1 & 2 & 0 & 0 & 0 & 0 & 0 \\ 0 & 0 & 0 & 0 & 0 & 0 & 0 & 0 \\ 1 & 0 & 0 & 0 & 0 & 0 & 0 & 0 \\ 0 & 0 & 0 & 0 & 0 & 0 & 0 & 0 \\ 0 & 0 & 0 & 0 & 0 & 0 & 0 & 0 \\ 0 & 0 & 0 & 0 & 0 & 0 & 0 & 0 \\ 0 & 0 & 0 & 0 & 0 & 0 & 0 & 0 \end{bmatrix}$$

8.7 Was ist bei der DCT-basierten JPEG-1-Kompression der grundlegende Unterschied zwischen dem progressiven und dem sequenziellen Modus?

8.8 Welche Verarbeitungsschritte durchlaufen die AC-Koeffizienten im DCT-basierten Modus des JPEG-1-Standards? Wie tragen diese Schritte zur erfolgreichen Kompression bei?

8.9 Erläutern Sie, wie bei JPEG-1 die Informationen zum verwendeten Huffman-Code übertragen werden!

8.10 Erläutern Sie anhand eines allgemeinen Blockschaltbildes für Kompressionssysteme knapp die Module des JPEG-LS-Algorithmus und nennen Sie deren besondere Merkmale!

8.11 Was versteht man bei der JPEG-LS-Kompression unter ‚Kontextquantisierung'?

8.12 Warum kann bei der JPEG-LS-Kompression der theoretische Wertebereich der Prädiktionsfehler von $[-x_{max}, +x_{max}]$ auf praktisch $[-\hat{x}, x_{max} - \hat{x}]$ reduziert werden? Erläutern Sie den mathematischen Zusammenhang!

8.13 Wie werden bei der JPEG-LS-Kompression negative Prädiktionsfehler verarbeitet?

8.14 Welchen Effekt soll die Biaskorrektur bei der nichtlinearen Prädiktion (JPEG-LS) ausgleichen? Erläutern Sie!

8.15 Wie ist die Leistungsfähigkeit der JPEG-LS-Kompression im Vergleich zu anderen verlustlosen Verfahren einzuschätzen?

8.16 Schätzen Sie die Leistungsfähigkeit der JPEG-LS-Kompression im Vergleich zur Phrasencodierung ein, wenn a) natürliche Bilder (Fotos) oder b) Computergrafiken komprimiert werden sollen!

8.17 Erläutern Sie die Besonderheiten der Kompression im JPEG-2000-Standard!

8.18 Wie werden die Bilddaten im JPEG-2000-Standard dekorreliert?

8.19 Welche Unterschiede gibt es im JPEG-2000-Standard zwischen verlustloser und verlustbehafteter Kompression?

8.20 Was versteht man unter Signifikanz-Phase?

8.21 Welche drei Quantisierungsmodi sind im JPEG-2000-Standard (Part 1) vorgesehen? Worin unterscheiden sie sich?

8.22 Welche Farbraumtransformation ist im JPEG-2000-Standard festgelegt?

8.23 Skizzieren Sie die Verarbeitungsreihenfolge der (quantisierten) Transformationskoeffizienten innerhalb eines Code-blocks im JPEG-2000-Standard!

8.24 Warum wird im JPEG-2000-Standard bei der Codierung zwischen verschiedenen Kontexten unterschieden?

8.25 Konvertieren Sie eine Computergrafik in verschiedene Speicherformate (JPEG-1, JPEG-LS, PNG, TIFF, GIF, BMP) und wählen Sie für diese Formate zusätzlich auch verschiedene Kompressionseinstellungen (Qualität, Kompressionsparameter etc.)! Vergleichen Sie die subjektive Bildqualität und die Dateigröße der komprimierten Bilder. Wiederholen Sie diese Untersuchung für ein Foto und für ein Bild mit gemischtem Inhalt (z. B. Screenshot). Welche Aussagen für den sinnvollen Einsatz von Bildformaten (Kompressionsmethoden) lassen sich ableiten?

8.26 Ordnen Sie die in diesem Buch angesprochenen JPEG-Standards chronologisch!

8.27 Erläutern Sie die Bildzerlegung im HEVC-Standard. Was ist der Unterschied zwischen einen Coding-Block und einer Coding-Unit?

8.28 Erläutern Sie zwei Methoden, mit denen bei der Intra-Codierung von HEVC Blockartefakte an den Grenzen der Prädiktionsblöcke (PB) verringert werden.

Kapitel 9

Methoden der Bildsequenzkompression

Die Kompression von Bildsequenzen unterscheidet sich nicht wesentlich von der Einzelbildkompression, da Sequenzen aus einer Abfolge von einzelnen Bildern bestehen. Grundsätzlich sind die gleichen Problemstellungen vorhanden. Neben der örtlichen Korrelation (innerhalb eines Bildes) treten nun allerdings auch zeitliche Abhängigkeiten auf (zwischen aufeinander folgenden Bildern), für deren Reduktion zusätzliche Module in das Kompressionssystem eingebaut werden müssen. Dieses Kapitel erläutert die allgemeine Struktur der Bildsequenzkompression, beschreibt die Änderungen des Inhaltes von Bild zu Bild als Bewegungen und stellt Verfahren zur Kompensation dieser Bewegungen vor. Dabei wird Bezug auf wesentliche Komponenten von Standards der Videokompression genommen.

9.1 Allgemeine Struktur eines Video-Codecs

Die Kompression von Bildsequenzen basiert auf den gleichen Prinzipien wie die Kompression von einzelnen Bildern. Irrelevanzen, Intersymbol- und Codierungsredundanz müssen aus den Daten entfernt werden. Die aus der Einzelbildkompression bekannten Verfahren werden jedoch durch Methoden ergänzt, die auch die zeitliche Korrelation vermindern. Aufeinanderfolgende Bilder einer Videosequenz ähneln sich in der Regel sehr. Lediglich bei einem Szenenwechsel, Kameraschwenks oder starken Bewegungen ändert sich der Inhalt von Bild zu Bild wesentlich. Zeitlich benachbarte Bilder enthalten deshalb oft eine fast identische Information, die eigentlich nur einmal übertragen werden muss.

Das Blockschaltbild für den typischen Ablauf einer Bildsequenzkompression ist in **Abbildung 9.1** dargestellt. Ein Transformationscoder bildet den Kern der Kompression. Das aktuelle Bild wird blockweise[1] dekorreliert. Wenn keine oder keine geeignete zeitliche Information vorhanden ist, besteht der Dekorrelationsschritt aus einer örtliche Prädiktion und/oder einer Transformation. Die blockbasierte örtliche Prädiktion wurde ab H.264/AVC (siehe auch Abschnitt 6.2.6) eingeführt, erfolgt aber nur, wenn vorher keine zeitliche Prädiktion durchgeführt wurde. Die Transformationskoeffizienten werden quantisiert (Q) und codiert (C).

---

[1]Die blockweise Verarbeitung ist typisch für alle derzeit existierenden Standards zur Kompression von Bildsequenzen. Es sind selbstverständlich auch Kompressionssysteme denkbar, welche die Bildinformation in einer anderen Weise erfassen.

© Der/die Autor(en), exklusiv lizenziert an
Springer Fachmedien Wiesbaden GmbH, ein Teil von Springer Nature 2025
T. Strutz, *Bilddatenkompression*, https://doi.org/10.1007/978-3-658-49923-5_9

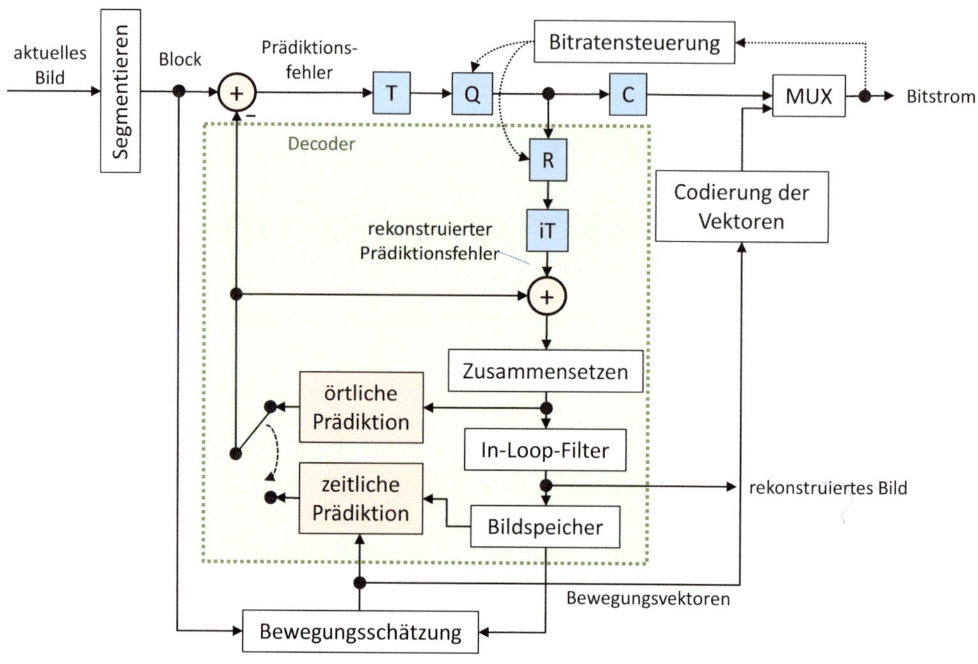

Abbildung 9.1: Blockschaltbild eines typischen Videokompressionssystems (T … Transformation, iT … inverse Transformation, Q … Quantisierung, R … Rekonstruktion, C … Codierung)

Die quantisierten Koeffizienten werden anschließend wieder rekonstruiert (R) und rücktransformiert (iT). Nach der inversen Prädiktion werden die Blöche wieder zu Bildern zusammengesetzt und verschiedene Verfahren der In-Loop-Filterung[2] versuchen, aufgetretene Kompressionsartefakte zu kaschieren, bevor das rekonstruierte Bild gespeichert bzw. beim Decoder ausgegeben wird. Der Bildspeicher hält alle Bilder vor, welche für die zeitliche Prädiktion eingesetzt werden könnten. Der Encoder hat somit Bilder zur Verfügung, wie sie auch der Empfänger durch den Prozess der Decodierung erhält. Diese Bilder werden einen oder mehrere Zeitschritte aufgehoben und stehen als Referenz für später zu codierende Bilder zur Verfügung. Ein Modul zur sogenannten Bewegungsschätzung[3] (engl.: *motion estimation*) vergleicht den aktuellen Bildblock mit den Referenzbildern und sucht dort nach einem Block, der dem aktuellen Block möglichst ähnlich sieht. Das Resultat dieses Vergleichs ist ein Bewegungsvektor (auch Verschiebungs- oder Displacement-Vektor), welcher codiert in den Bitstrom eingefügt wird. Das Modul zur zeitlichen Prädiktion adressiert mit Hilfe dieses Bewegungsvektors und des korrespondierenden Bildindex den gefundenen Prädiktionsblock und führt damit eine Bewegungskompensation (engl.: *motion compensation*) durch. Die Differenz zwischen Originalblock und vorausgesagtem Block ergibt einen Prädiktionsfehler, der bei erfolgreicher Prädiktion einen deutlich geringeren Informationsgehalt aufweist als der originale Block oder

---

[2] siehe Abschnitt 9.5
[3] siehe Abschnitt 9.3

ein örtlich vorausgesagter Block.

Die Entscheidung, ob ein Block zeitlich oder örtlich vorausgesagt wird, hängt vom voraussichtlichen Kompressionsverhältnis und von systembedingten Faktoren ab. Zum Beispiel sollte die zeitliche Prädiktionsschleife regelmäßig unterbrochen werden, um eine Fehlerfortpflanzung bei Übertragungsfehlern einzudämmen. Bilder, welche komplett ohne zeitliche Prädiktion, also ohne Bezug zu anderen Bildern verarbeitet werden, nennt man intracodierte Bilder oder einfach I-Bilder. Sobald mindestens ein Bildblock eines Bildes zeitlich vorausgesagt wurde, handelt es sich um ein intercodiertes Bild oder P-Bild. In Abschnitt 9.3.3.4 wird noch eine weitere Bildart eingeführt.

Es sei darauf hingewiesen, dass als Referenz ein rekonstruiertes, also ein verändertes Bild zum Einsatz kommt. Die Prädiktion des aktuellen Bildes kann nur dann gut funktionieren, wenn die Qualität des Referenzbildes durch den Quantisierungsprozess im Encoder nicht zu stark vermindert wurde. Die in Abbildung 9.1 hellgrün hinterlegten Komponenten sind identisch beim Decoder anzutreffen. Die rekonstruierten Bilder werden direkt nach der In-loop-Filterung ausgegeben.

Die Codierung der einzelnen Blöcke führt je nach Bildinhalt zu einem schwankenden Datenaufkommen. Wenn eine Übertragung der Bildsequenz mit konstanter Bitrate erforderlich ist, nimmt ein FIFO-Puffer am Ausgang des Encoders die Daten auf und gibt sie mit konstanter Bitrate weiter. Droht der Puffer überzulaufen, wird durch eine Regelschleife die Quantisierung der Transformationskoeffizienten verstärkt. Dies bewirkt eine höhere Kompression und damit eine Verringerung der Datenmenge pro Bild. Wenn sich der Puffer zu stark leert, wird die Stärke des Quantisierens verringert.

9.2 Bildsequenzkompression in der Standardisierung

1988 formierte sich die „Moving Pictures Experts Group" (MPEG). Als Ziel wurde die Definition eines Standards für die Wiedergabe von digitalen Videodaten in Echtzeit für CD-ROM-Applikationen bei einer Datenrate von etwa 1.5 Mbit/s festgelegt. Bestandteil der Arbeit war neben der Bildsequenzkompression auch die Kompression von Audiodaten. Die Algorithmenauswahl wurde wesentlich von der JPEG-Entwicklung und von einer parallelen Standardisierung von Verfahren für Telekonferenzsysteme (H.261) [ITU93] beeinflusst. 1993 konnte MPEG-1 als internationaler Standard ISO/IEC 11172-2 verabschiedet werden [ISO93a]. Einen Überblick über bisherige Standards für die Bildsequenzkompression zeigt **Abbildung 9.2**.

Ende 1990 wurde die Videospezifikation für MPEG-1 eingefroren und ein neuer Standard (MPEG-2) für Video mit höherer Auflösung und Qualität vorgeschlagen, welcher aufwändigere Methoden zur Kompression erlaubte. MPEG-2 liegt seit November 1996 als internationaler Standard ISO/IEC 13818 vor [ISO96a, ISO96b, ISO96c]. Hauptanwendungen waren das digitale Fernsehen (*television broadcasting*) bei Bitraten von 4–9 Mbit/s und diverse andere Applikationen, wie digitale Archivierung (Video-DVD), oder digitales HDTV bei Raten bis zu 80 Mbit/s.

Die International Telecommunications Union (ITU) betrieb lange Zeit eigenständige Entwicklungen für neue Standards der Bildtelefonie und für Videokonferenzsysteme. Als Ergebnis entstanden die Standards H.263 [ITU95], H.263+ [ITU98] und H.263++ [ITU00].

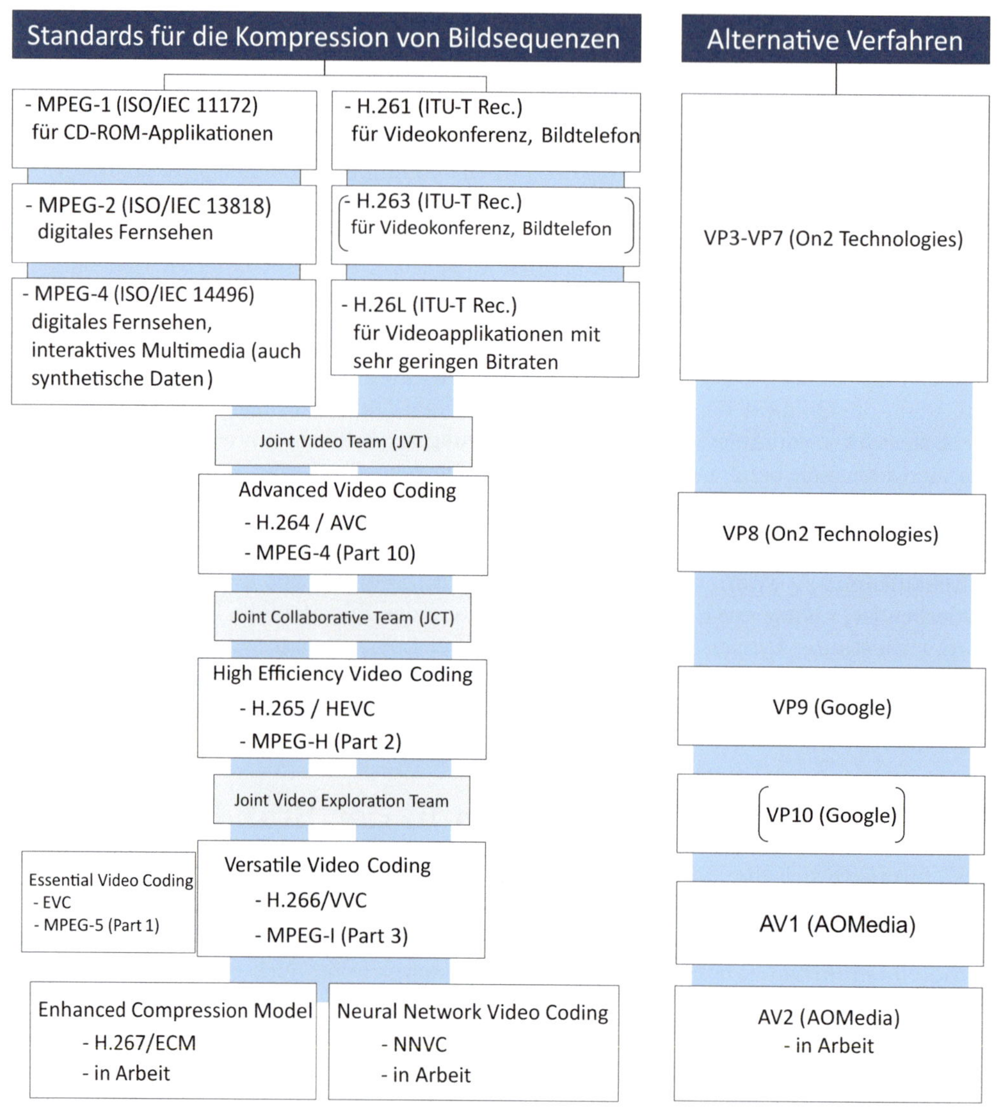

Abbildung 9.2: Standards und konkurrierende, offene Verfahren zur Kompression von Bildsequenzen (Stand 2025)

Diese Arbeiten befruchteten wiederum die Standardisierung von MPEG-4 [ISO00c]. Die Entwicklung von MPEG-4 war darauf gerichtet, nicht eine bloße Übersetzung der analogen Welt in eine digitale vorzunehmen, sondern alle Möglichkeiten der digitalen Technologie auszuschöpfen, auf der Basis eines objektbasierten audiovisuellen Repräsentationsmodells [ISO01b].

H.262 ist in Abbildung 9.2 nicht separat aufgeführt, weil dieses System mit MPEG-2 identisch ist. Der anvisierte Leistungsumfang des ursprünglich geplanten Standards

MPEG-3 wurde bereits durch die Algorithmen von MPEG-2 abgedeckt. Deshalb wurde diese Bezeichnung übersprungen. Etwas ausführlichere Ausführungen zu MPEG-1/2/4 sind in [Str17] zu finden.

Für die Arbeit am Standard H.26L bündelten die ITU und die MPEG-Gruppe ihre Bemühungen unter dem Namen JVT (*Joint Video Team*), um weitere Parallelentwicklungen zu vermeiden. Als Ergebnis entstand der Standard H.264/AVC [ITU03], der eine weitere deutliche Senkung der Bitraten bei gleicher Videoqualität erzielt. Dieses Kompressionsverfahren wurde gleichzeitig Bestandteil von MPEG-4 [ISO02] und hat schnell eine große Verbreitung gefunden speziell auch für das Video-Streaming. Dieselben Partner trieben auch den Standard H.265/HEVC voran, diesmal aber als JCT-VC (*Joint Collaborative Team on Video Coding*) [ITU15c]. HEVC wird für die Fernsehübertragung im terrestrischen *Digital Video Broadcast* (DVB-T2, in Deutschland seit 2017), im Satelliten-Fernsehen (DVB-S2X) für UHD-TV und auch für Blu-Ray-Disc-Player mit 4K-Auflösung verwendet.

Ab Herbst 2015 wurde unter dem Namen JVET (*Joint Video Exploration Team*) die Arbeit an der Weiterentwicklung der Bildsequenzkompression fortgesetzt mit dem neuesten Standard H.266/VVC als Ergebnis [ITU20, ISO22d]. Wie schon in den Erläuterungen zu Abbildung 9.1 erwähnt, arbeiten die standardisierten Kompressionsverfahren alle blockbasiert. Von MPEG-1 bis H.264/AVC war die Größe eines sogenannten Makroblocks 16×16 Bildpunkte. Pro Block wird im Allgemeinen auch Zusatzinformation an den Decoder gesendet. Da die Bildformate immer größer werden (vgl. Abschnitt 7.3.2), sollte die Anzahl der Blöcke nicht im gleichen Maße wachsen. Die nachfolgenden Standards unterstützen deshalb größere Einheiten. Bei HEVC sind es Coding-Tree-Blöcke (CTB) der Größen 64×64, 32×32 oder 16×16 und bei VVC CTBs mit 128×128, 64×64 oder 32×32 Bildpunkten. Die Bezeichnung ‚Tree' deuten an, dass diese CTBs mit einer Baumstruktur weiter unterteilt werden. Die tatsächliche Größe für die Transformation von Blöcken ist maximal 32×32 [Hua21, Zha21] (siehe auch Abschnitt 8.6.2).

Aus H.266 gehen zwei Richtungen der Weiterentwicklung hervor. H.267/ECM bleibt in der Tradition der Evolution durch verbesserte Prädiktion der Bilddaten. Die erste Version dieses Standards soll 2028 vorliegen [Ye24]. Unter dem Namen *Neural Network-based Video Coding* (NNVC) werden Verfahren untersucht, welche auf Basis von neuronalen Netzwerken einzelne Komponenten von VVC verbessern können, wie zum Beispiel die örtliche Prädiktion oder die In-Loop-Filter [Aho24] (Stand 2025).

Die Standards zur Videokompression legen grundsätzlich nur die Bitstrom-Syntax und die Anforderungen an die Decoder vor. Die Implementierung der Encoder ist nicht vorgeschrieben und damit flexibel. Diese Prinzip erscheint auf den ersten Blick unverständlich. Aber die Entwicklung der Encoder hat gezeigt, dass das Kompressionsverhältnis unter Ausnutzen der sich mit der Zeit verbessernden Hardware und mehr Aufwand bei der Rate-Distortion-Optimierung (RDO) deutlich gesteigert werden können, ohne zusätzliche Methoden oder Syntaxelemente einzufügen.

Neben den Standardisierungsbestrebungen von ISO/IEC und ITU-T, die spätestens nach H.264 von großen Firmen dominiert wurden, gab es auch parallele Aktivitäten. Die Firma On2 Technologies entwickelte unter den Bezeichnungen VP3-VP8 konkurrierende Verfahren zur Videokompression. Im Jahr 2010 kaufte Google diese Firma, entwickelte die Software weiter und veröffentlichte die Version VP9, welche explizit für das Abspielen von Videos über das Internet und Streamingdienste gedacht war und auch von den wichtigsten Web-Browsern unterstützt wird. Google hält zwar selbst einige Patente an diesen Verfahren, bot die Software aber gebührenfrei an[4]. Das wurde als wichtiger Vorteil gegenüber den ISO-standardisierten Verfahren H.26x angepriesen. Die Leistungsfähigkeit von HEVC und VP9 ist vergleichbar, mit Vorteilen für HEVC, welches auch etwas schneller codiert als VP9 [Gro13, Rer15, Her16].

Die Arbeiten an VP10 wurden innerhalb der 2015 gegründeten Allianz für offene Medien (*AOMedia ... Alliance for Open Media*; Amazon, Cisco, Google, Intel, Microsoft, Mozilla und Netflix) weitergeführt und als AV1 (AOMedia Video 1) veröffentlicht. Einen Überblick über die technischen Details von AV1 findet man in [Che20, Han21]. Auch hier gibt es bereits Aktivitäten zur weiteren Verbesserung unter dem Namen AV2 bzw. AVM (AOM Video Model). AV1 wurde ebenso wie VP9 als ‚gebührenfrei' beworben und der Quellcode soll frei nutzbar sein für Open-Source-Projekte. Allerdings existiert auch für AV1 ein Patentpool und jede Firma, welche AV1 in ihren Produkten nutzen möchte, muss den Mitgliedern der AOMedia im Gegenzug die kostenfrei Nutzung ihrer eigenen Patente erlauben [IPE25].

Aufgrund der etwas unübersichtlichen Lage zu den Lizensierungsmodellen von VVC, welche es auch schon bei HEVC gab, und wegen des konkurrierenden Verfahrens AV1 forcierte die MPEG-Gruppe ISO/IEC JTC 1/SC 29/AG3 eine Parallentwicklung namens EVC (*Essential Video Coding*), welche jedoch keine Unterstützung durch die ITU-T Video-Coding-Experts-Group (VCEG) fand [Cho20]. Der Basismodus (*baseline profile*) von EVC verwendet nur patentfreie Werkzeuge, also Verfahren, welche zum Zeitpunkt der Veröffentlichung schon mindestens 20 Jahre alt waren [ISO20b, ISO21]. Die Leistungsfähigkeit von EVC reicht im Basismodus knapp an HEVC heran. In einem Hauptmodus (*main profile*) können weitere Codierungswerkzeuge zugeschaltet werden, welche dann aber wieder kostenpflichtig sind. Auch wenn alle Werkzeuge des Hauptmodus aktiviert sind, bleibt EVC etwas hinter VVC zurück in der Rate-Distortion-Betrachtung.

Seit 2002 entwickelt eine chinesische Standardisierungsgruppe eigene Video-Codecs unter dem Namen AVS (*Audio Video Coding Standard*). Nach AVS1 und AVS2 gibt es inzwischen eine dritte Version AVS3, welche als IEEE-Standard publiziert wurde [AVS21, Ma22].

9.3   Bewegungsschätzung und -kompensation

Die Effizienz der Bildsequenzkompression hängt maßgeblich davon ab, wie gut sich der Inhalt des aktuellen Bildes aus Inhalten bereits bekannter (decodierter) Bilder voraussagen lässt. Diese Bilder werden auch als ‚Referenzbilder' bezeichnet. Ist der Bildinhalt statisch, so ist, abgesehen von zufälligem Bildrauschen, eine perfekte Voraussage möglich. Man muss lediglich eine Differenz zwischen aktuellem und Referenzbild berechnen.

Im Allgemeinen verändern sich jedoch die Bildinhalte, was unter dem Begriff ‚Bewegung' zusammengefasst wird. Für eine gute Prädiktion ist es erforderlich zu bestimmen,

---

[4]https://www.webmproject.org/vp9/

wo sich die Bildinhalte in einem Referenzbild befanden. Diese Bewegung wird ermittelt („geschätzt") und durch geeignete Maßnahmen kompensiert. Dadurch entsteht ein Prädiktionsbild, welches dem aktuellen Bild möglichst ähnlich sieht.

9.3.1 Arten von ‚Bewegung'

Das Entwickeln eines erfolgreichen Verfahrens zur Bewegungsprädiktion erfordert eine Analyse der Bewegungen und ihrer Ursachen. Ganz allgemein kann man Bewegungen als Signalwertänderungen oder Veränderung der Position von Bildpunkten definieren. Bei fester Kameraeinstellung ändert sich der Bildinhalt zum Beispiel durch Bewegungen der Objekte in der Szene. Zu unterscheiden ist zwischen translatorischen Bewegungen in der Bildebene, Rotationen und Verformungen sowie Skalierungen durch Bewegungen parallel zur optischen Achse. Hinzu kommen Veränderungen der Beleuchtungsverhältnisse, z. B. durch Dämmerung, Ein-/Ausschalten von Lichtquellen oder Positionsänderung der Lichtquellen. Letzteres bewirkt außerdem wandernde Reflexionen und Schatten. Zu den Bewegungen der Kamera gehören Bewegungen entlang der Raumachsen und Rotation:

- *pan* (Schwenk links/rechts),
- *tilt* (Schwenk hoch/runter) und
- *roll* (Rotation um optische Achse).

Diese Bewegungen können zur Skalierung der Bildinhalte führen und das Verschwinden bzw. Neuauftauchen von Inhalten am Bildrand bewirken. Aber auch die Bewegung von Objekten in der Szene verdeckt Bildinhalte im Hintergrund oder gibt sie wieder frei. Das Verändern von Kameraparametern wie Blende, Zoom und Fokus bewirken im Allgemeinen Änderungen im gesamten Bild.

Das Schätzen von komplexen Bewegungen ist sehr aufwändig und auch schwierig, wenn z. B. neue Bildinhalte auftauchen. Deshalb beschränkte man sich in den Anfängen der Videokompression auf die Kompensation von translatorischen Bewegungen.

9.3.2 Verfahren der Bewegungsschätzung

Die Verfahren zur Prädiktion von Bildinhalten lassen sich im Wesentlichen in drei Gruppen unterteilen und werden im Folgenden kurz vorgestellt.

9.3.2.1 Bildpunkt-basierte Vorhersage

Die erste Gruppe orientiert sich an Bildpunkten und versucht, die Signalwerte einzelner Bildpunkte oder von Bildpunktblöcken vorauszusagen. Die Bildpunkte werden dabei ohne Berücksichtigung eines semantischen Kontexts verarbeitet. Die Prädiktion wird höchstens durch Nachbarschaftsbeziehungen von Bildinhalten beeinflusst.

9.3.2.2 Modell-basierte Vorhersage

Die Verfahren der zweiten Gruppe basieren auf Annahmen über den Bildinhalt, wie zum Beispiel die typischen Kopf-Schulter-Sequenzen in der Bildtelefonie [Aiz95]. Der Bildinhalt wird mit einer angepassten Gitterstruktur modelliert und die Bewegung durch geeignete Modellparameter beschrieben. Man bezeichnet diese Methoden deshalb auch

(a)   (b)

Abbildung 9.3: Objekt-basierte Kompression: (a) Ebene eines Video-Objekts, (b) zugehörige Form-Information (Alpha-Ebene)

als modellbasiert. Nachteilig ist allerdings die Beschränkung auf bestimmte Bildinhalte und die relativ aufwendige Modellierung komplexer Bildbestandteile. Diese Verfahren werden heutzutage eher in der Animation von Avataren eingesetzt und nicht mehr in der Kompression von Bildsequenzen.

9.3.2.3 Objekt-basierte Vorhersage

Zur dritten Gruppe gehören objekt- oder regionbasierte Methoden. Sie segmentieren das Bild zuerst mit dem Ziel der Extraktion von Objekten. Diese Objekte werden dann getrennt voneinander und getrennt vom Hintergrund verarbeitet, wobei die geometrische Information (Kontur) eine höhere Bedeutung hat als die Textur der Objekte [Mus89, Klo97, Sal97a]. Wenn es gelingt, durch eine geeignete Bildanalyse diese Objekte zu trennen, dann ergeben sich neue Möglichkeiten der Bildverarbeitung.

Verarbeitung von Video-Objekten beliebiger Form

Im Allgemeinen sind Video- oder Bildobjekte nicht rechteckig, sondern weisen eine beliebige Form auf. Solche Video-Objekte könnten beliebig mit anderen Objekten oder Hintergrundbildern kombiniert werden. Sie setzen sich dann nicht nur aus drei Farbkomponenten zusammen, sondern enthalten auch eine so genannte Alpha-Ebene, welche die Forminformation enthält (**Abb. 9.3**).

Zu den in Abbildung 9.3 rechts angedeuteten binären Alpha-Ebenen (oder Alpha-Masken) gibt es auch eine Alternative mit einer Auflösung von 8 Bits pro Bildpunkt. Diese 256 Graustufen werden als Deckkraft (*opacity*) interpretiert. Ein Wert von Null entspricht dabei völliger Transparenz.

Hintergrund-Objekte

Video-Objekte für Inhalte aus dem Bildhintergrund (*sprites*) sind typischer Weise größer als das Bildformat selbst. Sie enthalten statische Informationen einer Bildszene, die entweder vorab übertragen oder über einen gewissen Zeitraum beim Encoder und beim Decoder synchron gesammelt und gespeichert werden [Duf96]. Solche Sprites sind zum Beispiel in Sportsendungen hilfreich, bei denen die Kamera häufig hin und her schwenkt, wie zum Beispiel beim Fußball. Die Spieler und der Ball sind die wirklich interessante Bildinformation[5]; der Rasen, die Tore und auch die Zuschauer können im Prinzip als unveränderlich angenommen werden. Ist der Hintergrund einmal lückenlos aufgezeichnet und übertragen, ist eine beliebige Kombination mit Video-Objekten des Vordergrundes realisierbar. Lediglich der momentane Ausschnitt des Hintergrundes und seine perspektivische Verzerrung müssen dem Empfänger signalisiert werden.

Problematisch bei diesen Verfahren ist das Finden einer geeigneten Segmentierung. Ein leistungsfähiges Verfahren zum Trennen sich unterschiedlich bewegender Bildbestandteile wurde z. B. in [Sch99, Sch00] entwickelt. Bildpunkte, welche ähnliche affine Bewegungen ausführen, werden zu Segmenten vereint. Dadurch kann die Bewegungskompensation objektbasiert realisiert werden, auch wenn diese Objekte nicht immer mit den realen Objekten identisch sind.

Der Zugriff auf einzelne Objekte ist für bestimmte Anwendungen von Vorteil. Er erlaubt die unabhängige Manipulation von Elementen einer Videoszene. So ist es zum Beispiel möglich, verschiedene Personen in beliebige, eventuell sogar künstlich erzeugte Landschaften oder Räume zu positionieren und somit virtuelle Welten mit realen Objekten bzw. Subjekten zu kombinieren. Die Verarbeitung von Video-Objekten ist im Standard MPEG-4 definiert [ISO01a].

9.3.3 Block-Matching

9.3.3.1 Prinzip der Bewegungsschätzung

Ein einfaches, robustes und trotzdem relativ leistungsfähiges Verfahren zur Bewegungsschätzung ist das so genannte Block-Matching. Es gehört zur Gruppe der Verfahren mit Prädiktion von Signalwerten und basiert auf einem Vorschlag von Rocca und Zanoletti [Roc72].

Unter der Annahme, dass benachbarte Bildpunkte die gleiche Bewegung ausführen, wird für Bildpunkte eines rechteckigen Blocks ein gemeinsamer Bewegungsvektor ermittelt. Das vorauszusagende Bild I_n wird vollständig in Blöcke von zum Beispiel 16 mal 16 Bildpunkten segmentiert (**Abb. 9.4**). Die Größe der Blöcke ist durch den Kompromiss von möglichst genauer Bewegungsschätzung (kleine Blöcke) und geringem Aufwand zur Codierung der Bewegungsvektoren (wenige Blöcke) diktiert. Für jedes Segment wird im Referenzbild I_{n-k}^{R} ein Block mit möglichst gleichem Inhalt gesucht. Dazu wird das Originalsegment über das Referenzbild geschoben, bis eine optimale Übereinstimmung gefunden wurde. Als Abstandsmaß können zum Beispiel der mittlere quadratische Fehler (MSE), die mittlere absolute Differenz (MAD) oder die Summe der absoluten Fehler (SAD) verwendet werden. Idealer Weise berücksichtigen die Schätzverfahren auch den Erfolg der nachfolgenden Verarbeitung im Sinne einer optimalen Raten-Verzerrungs-Optimierung (engl.: *rate-distortion optimization*). Die Suche nach einem passenden Referenzblock orientiert sich dadurch besser an der Komprimierbarkeit des Prädiktionsfehlers

---

[5]manchmal auch der Schiedsrichter 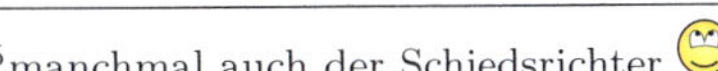

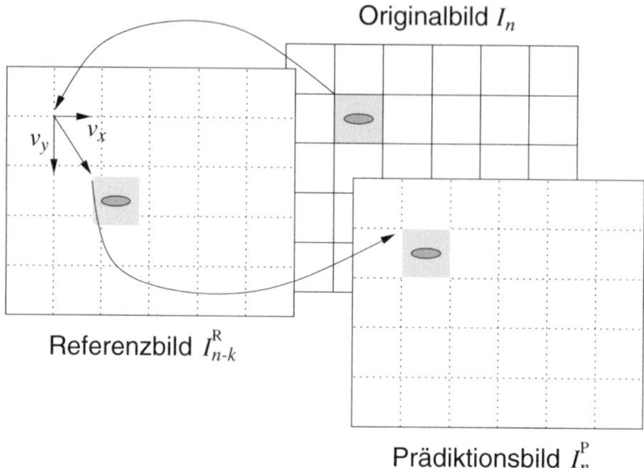

Abbildung 9.4: Prinzip des Block-Matchings

(z. B. [ITU01]). Die gefundene Position wird durch den entsprechenden Verschiebungsvektor $\underline{v} = (v_x v_y)$ und den Index des verwendeten Referenzbildes dokumentiert. Für jeden Block muss ein passendes Segment in einem Referenzbild gefunden werden, sonst ist keine vollständige (zeitliche) Prädiktion möglich. Das Prädiktionsbild I_n^{P} wird wie eine Collage aus den gefundenen Segmenten zusammengesetzt und sieht bei erfolgreicher Prädiktion dem zu codierenden Bild sehr ähnlich. Die Differenz zwischen Originalbild und Prädiktionsbild ist das Prädiktionsfehlerbild.

Diese Art von Bewegungsschätzung wird als Vorwärtsprädiktion bezeichnet, weil die Prädiktion in der Zeit vorwärts, vom früheren zum späteren Bild, gerichtet ist. Die Matrix aller Bewegungsvektoren bildet ein Vektorfeld. Das Ermitteln der Vektoren stützt sich auch bei farbigen Videosequenzen ausschließlich auf die Bewegungen in der Luminanzkomponente (Y). Die Chrominanzen enthalten im Allgemeinen keine Informationen, welche die Bewegungsschätzung wesentlich verbessern würden. Die Verschiebungsvektoren für die beiden Chrominanzkomponenten lassen sich unter Berücksichtigung der Farbunterabtastung aus den Vektoren der Luminanzkomponente ableiten.

Der Vorteil des Block-Matchings besteht in der relativ einfachen Implementierbarkeit. Allerdings entspricht die Blockstruktur nicht der Struktur der Bildinhalte und es können nur translatorische Bewegungen kompensiert werden. Probleme gibt es vor allem bei Veränderung der Lichtverhältnisse. Neu auftauchende Bildinhalte sind im Prinzip nicht vorhersagbar, falls nicht zufällig ähnliche Inhalte im Referenzbild zu finden sind. Der letztendlich ausgewählte Block muss auch nicht zwangsläufig mit dem Block des aktuellen Bildes korrespondieren; mit anderen Worten: die Verschiebungsvektoren repräsentieren nicht immer die tatsächliche Bewegung im Bild.

9.3.3.2 Suchstrategien

Der Vergleich des aktuellen Bildblocks mit allen möglichen Positionen im Referenzbild ist viel zu rechenintensiv für praktische Anwendungen. Grundsätzlich gibt es zwei Strategien den Aufwand zu verringern. Da Bildinhalte nicht beliebig hin und her springen,

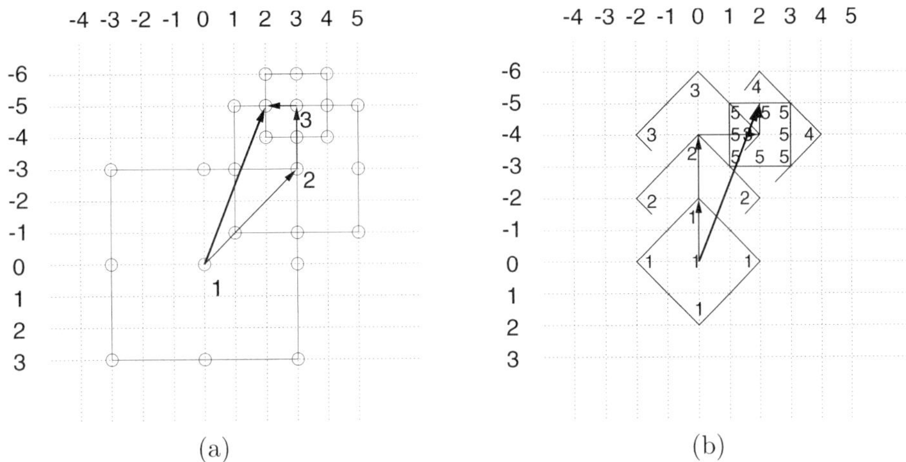

Abbildung 9.5: Schnelle Suchalgorithmen für Bewegungsschätzung mit Block-Matching: (a) 3-Schritt-Suche, (b) Rhombus-Suche

beschränkt man die Vergleiche auf einen begrenzten Suchraum, dessen Größe sich im Allgemeinen aus der maximal zu erwartenden Bewegungsdistanz ergibt. Dies schränkt außerdem den Wertebereich der Bewegungsvektoren ein, was den Aufwand zur Codierung der Vektoren vermindert.

Zum Beschleunigen der Bewegungsschätzung verzichtet man zusätzlich auf eine systematische Untersuchung aller Verschiebungsvarianten (Vollsuche, engl.: *full search*) innerhalb des Suchraums. Stattdessen kommen Algorithmen zum Einsatz, die mit Hilfe einer bestimmten Strategie nach der besten Übereinstimmung von originalem und Referenzblock suchen. Prinzipiell nutzt man dafür zweidimensionale Gradientenabstiegsverfahren, welche ausgehend von einer Startposition testen, in welche Richtung man die Suche fortsetzen muss, um die Kosten des Fehlers zu minimieren bzw. die Ähnlichkeit der Blöcke zu maximieren. Die verschiedenen Verfahren unterscheiden sich im Wesentlichen in der Schrittweite bei der Suche, also in welchem Bildpunktabstand (horizontal, vertikal und ggf. diagonal) wird der nächste Vergleich durchgeführt. Ein grundsätzliches Problem bei diesen Gradientenabstiegsverfahren ist der Abbruch der Suche bei Erreichen eines lokalen Minimums, d. h. es ist nicht garantiert, dass der Algorithmus die beste Übereinstimmung findet.

Abbildung 9.5 zeigt exemplarisch zwei Varianten Die Mehrschritt-Suche (**Abb. 9.5** a) absolviert die Bewegungsschätzung mit einer festgelegten Anzahl von Operationen [Kog81]. Zuerst werden neun Positionen in der 8er-Nachbarschaft mit erhöhter Schrittweite untersucht. Anschließend wird die Schrittweite verringert und an der Position des gefundenen Vektors die Untersuchung von 8 Positionen in der 8er-Nachbarschaft solange fortgesetzt, bis eine minimale Schrittweite erreicht ist. Die beste Position im letzten Schritt liefert den Bewegungsvektor.

Der Ablauf bei der Rhombus-Suche (siehe **Abb. 9.5** b) ist wie folgt

1. Im ersten Schritt werden fünf Positionen in der 4er-Nachbarschaft (horizontale und vertikale Nachbarn) untersucht.

2. Ist die beste Übereinstimmung in der Mitte, dann setze bei 4. fort.

3. Suche in Richtung des gefundenen Vektors weiter. Überprüft werden müssen je nach Richtung 3 bzw. 2 neue Positionen. Setze fort bei 2.

4. Wurde die beste Übereinstimmung an der zentralen Position gefunden, gehe zu einer Suche in 8er-Nachbarschaft (inklusive diagonale Nachbarn) über. Die beste Position liefert nun den Bewegungsvektor.

Nachteilig bei dieser Suchmethode ist der unbegrenzte Suchraum. Da der Wertebereich der Bewegungsvektoren jedoch meistens eingeschränkt ist, muss für die Suche eine zusätzliche Abbruchbedingung eingeführt werden. Auch ist die Anzahl der Suchschritte von den Ergebnissen der Suche abhängig. Diese Strategie wurde in [Jai81] als *2-D logarithmic search* vorgeschlagen. Heute versteht man unter logarithmischer Suche allerdings Verfahren, bei denen die Schrittweite nach jedem Schritt halbiert wird.

In Abbildung 9.5 ist für beide Suchstrategien ein Zielvektor von $\underline{v} = (2; -5)$ angegeben. Die Rhombus-Suche benötigt bis zum Erreichen dieses Vektors $5+3+3+2+8 = 21$ Block-Vergleiche, die 3-Schritt-Suche muss $9+8+8 = 25$ Positionen untersuchen. Eine Vollsuche müsste für einen Suchraum von $(\pm 6; \pm 6)$ bereits 169 Block-Vergleiche durchführen.

Generell ist anzumerken, dass es vollständig dem Encoder überlassen ist, wie er zu geeigneten Verschiebungsvektoren kommt. Die Entwickler der Algorithmen habe freien Spielraum, bewegen sich aber im Spannungsfeld zwischen möglichst guter Voraussage aller Blöcke und einer schnellen Implementierung. Letzte ist insbesondere bei Echtzeit-Anwendungen unabdingbar.

9.3.3.3 Subpixelschätzung

Eine wesentliche Verbesserung der Prädiktion beim Block-Matching ist durch eine so genannte Subpixelschätzung möglich. Hierbei betrachtet man nicht nur Blockverschiebungen um ganze Bildpunkte (*pixel*), sondern auch Verschiebungen um halbe, Viertel- oder sogar Achtelpixel. Die Subpixelschätzung ist dann von Vorteil, wenn die Bewegung im Bild nur einen Bruchteil vom Bildpunktraster ausmacht (**Abb. 9.6**). Liegt zum Beispiel eine Grauwertkante durch eine Verschiebung nicht mehr genau auf dem Bildpunktraster, so erscheint die Kante nicht mehr vollständig scharf, sondern die Lichtintensitäten verteilen sich auf benachbarte Bildpunkte. Diese unscharfe Kante ist aber nicht im Referenzbild zu finden, wenn ihre Entsprechung dort genau auf dem Raster liegt (Abb. 9.6 links). Eine Subpixelschätzung interpoliert zwischen den vorhandenen Bildpunkten neue Werte, so dass bei einer Verschiebung um einen halben Bildpunkt auch im Referenzbild eine unscharfe Kante zu finden ist.

Untersuchungen haben gezeigt, dass durch das Abtasten bei der Digitalisierung von Videosequenzen Aliasing-Fehler auftreten können, die eine perfekte Prädiktion von Bildinhalten verhindert, wenn die Translationen keine ganzen Vielfachen des Bildpunktrasters betragen. Zur Kompensation dieser Effekte wurden deshalb Interpolationsfilter

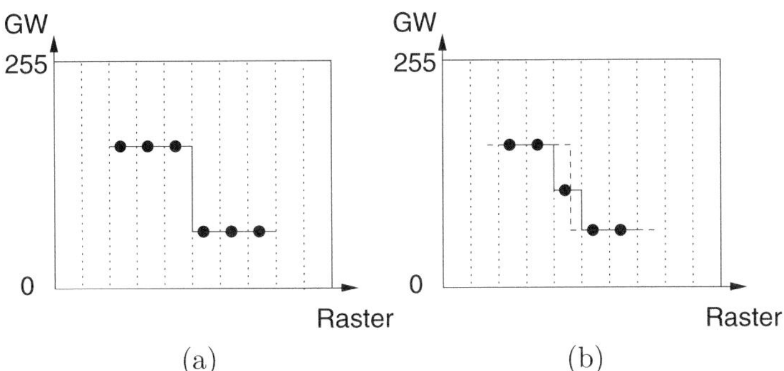

Abbildung 9.6: Beispiel für die Erfassung einer Grauwertkante auf einem Bildraster: (a) Abtastpunkte liegen entweder links oder rechts von der Helligkeitskante, (b) ein Abtastpunkt liegt genau auf einer Kante

Tabelle 9.1: Impulsantworten für die Signalwert-Interpolation in der Luminanzkomponente (HEVC)

n	-3	-2	-1	0	1	2	3	4	
$h[n]$	-1	4	-11	40	40	-11	4	-1	Halbpixel
$q[n]$	-1	4	-10	58	17	-5	1	0	Viertelpixel

entwickelt, die eine deutlich bessere Prädiktion ermöglichen als einfache bilineare Interpolationsfilter [Wed99, Wed03] und deshalb in neuen Standards zur Videokompression eingesetzt werden [Agb92, Wie03, Ugu13]. Beim Standard H.265/HEVC beträgt die Genauigkeit der Bewegungsvektoren zum Beispiel ein Viertel des Bildpunktrasters.

Nur wenn ein Vektor genau auf einen Bildpunkt des Referenzbildes verweist, werden die korrespondierenden Bildpunkte direkt als Prädiktionswert verwendet. Werte zwischen dem Raster müssen durch Interpolation berechnet werden. **Tabelle 9.1** zeigt die Impulsantworten der verwendeten Interpolationsfilter von HEVC [Sul12, Ugu13]. Die Werte an den fraktionalen Positionen in der Luminanzkomponente werden mit Bezug auf **Abbildung 9.7** horizontal wie folgt berechnet:

$$a_{0,0} = \left(\sum_{n=-3}^{3} q[n] \cdot A_{n,0} \right) >> (B-8) \qquad b_{0,0} = \left(\sum_{n=-3}^{4} h[n] \cdot A_{n,0} \right) >> (B-8)$$

$$c_{0,0} = \left(\sum_{n=-2}^{4} q[1-n] \cdot A_{n,0} \right) >> (B-8) \, . \tag{9.1}$$

Analog erfolgt das vertikale Berechnen:

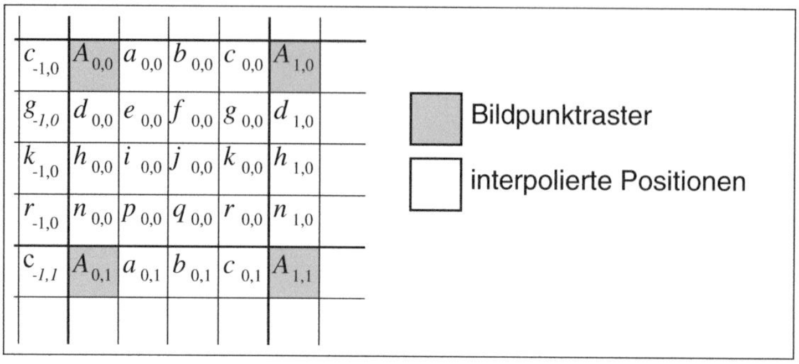

Abbildung 9.7: Positionskennzeichnung für die Interpolation von Bildpunkten an Halbpixel- und Viertelpixel-Positionen in der Luminanzkomponente

$$d_{0,0} = \left(\sum_{m=-3}^{3} q[m] \cdot A_{0,m} \right) >> (B-8) \qquad h_{0,0} = \left(\sum_{m=-3}^{4} h[m] \cdot A_{0,m} \right) >> (B-8)$$

$$n_{0,0} = \left(\sum_{m=-2}^{4} q[1-m] \cdot A_{0,m} \right) >> (B-8) \, . \tag{9.2}$$

Die Konstante $B \geq 8$ ist die Bittiefe der originalen Bildpunktwerte. Für $c_{0,0}$ und $n_{0,0}$ ist die Impulsantwort $q[n]$ gespiegelt im Vergleich zur Berechnung von $a_{0,0}$ und $d_{0,0}$.

Die Werte an den restlichen Positionen ermittelt man auf Basis der Zwischenwerte:

$$e_{0,0} = \left(\sum\nolimits_{m=-3}^{3} q[m] \cdot a_{0,m} \right) >> 6 \qquad f_{0,0} = \left(\sum\nolimits_{m=-3}^{3} q[m] \cdot b_{0,m} \right) >> 6$$

$$g_{0,0} = \left(\sum\nolimits_{m=-3}^{3} q[m] \cdot c_{0,m} \right) >> 6 \, ,$$

$$i_{0,0} = \left(\sum\nolimits_{m=-3}^{4} h[m] \cdot a_{0,m} \right) >> 6 \qquad j_{0,0} = \left(\sum\nolimits_{m=-3}^{4} h[m] \cdot b_{0,m} \right) >> 6$$

$$k_{0,0} = \left(\sum\nolimits_{m=-3}^{4} h[m] \cdot c_{0,m} \right) >> 6 \, ,$$

sowie

$$p_{0,0} = \left(\sum\nolimits_{m=-2}^{4} q[1-m] \cdot a_{0,m} \right) >> 6 \qquad q_{0,0} = \left(\sum\nolimits_{m=-2}^{4} q[1-m] \cdot b_{0,m} \right) >> 6$$

$$r_{0,0} = \left(\sum\nolimits_{m=-2}^{4} q[1-m] \cdot c_{0,m} \right) >> 6 \, .$$

Mit einer Shift-Operation $x := x >> (14-B)$ werden die interpolierten Werte abschließend auf die richtige Größenordnung skaliert.

Die Interpolation der Zwischenwerte in den Chrominanzkomponenten erfolgt ähnlich; allerdings haben die Impulsantworten der Filter nur eine Länge von vier (**Tabelle 9.2**

Tabelle 9.2: Impulsantworten für die Signalwert-Interpolation in der Chrominanzkomponente

n	-1	0	1	2
$g_1[n]$	-2	58	10	-2
$g_2[n]$	-4	54	16	-2
$g_3[n]$	-6	46	28	-4
$g_4[n]$	-4	36	36	-4

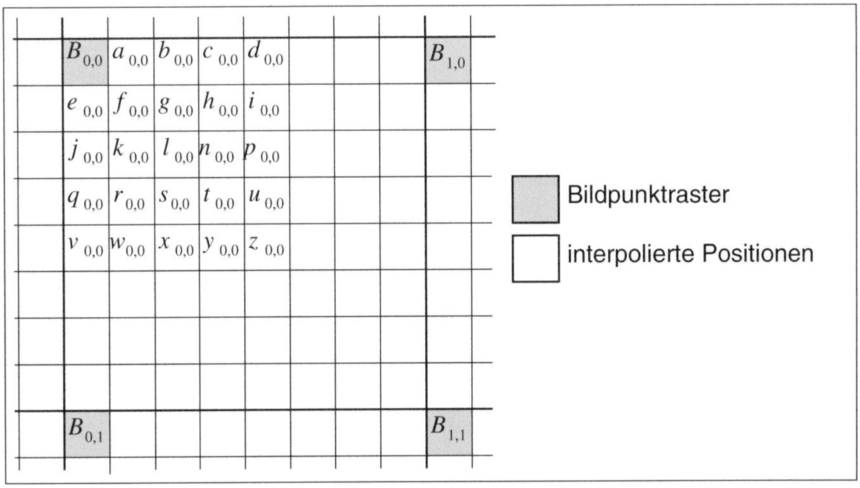

Abbildung 9.8: Positionskennzeichnung für die Interpolation von Bildpunkten an Zwischenpositionen in den Chrominanzkomponenten bei Verwendung des Unterabtastformats 4:2:0

[Sul12, Ugu13]). Aufgrund des typischer Weise verwendeten Unterabtastformates 4:2:0 ist der Abstand zwischen vorhandenen Bildpunkten hier doppelt so groß wie in der Luminanzkomponente. Mit der Positionskennzeichnung aus **Abbildung 9.8** berechnen sich die Werte an den fraktionalen Positionen mit

$$a_{0,0} = \left(\sum_{n=-1}^{2} g_1[n] \cdot B_{n,0} \right) >> (B - 8) \qquad b_{0,0} = \left(\sum_{n=-1}^{2} g_2[n] \cdot B_{n,0} \right) >> (B - 8)$$

$$c_{0,0} = \left(\sum_{n=-1}^{2} g_3[n] \cdot B_{n,0} \right) >> (B - 8) \qquad d_{0,0} = \left(\sum_{n=-1}^{2} g_4[n] \cdot B_{n,0} \right) >> (B - 8) .$$

Die anderen Werte zwischen den ganzzahligen Positionen ergeben sich durch vertikale Filterung und/oder Spiegelung der Impulsantworten. Für die Werte innerhalb des von $B_{0,0}$, $B_{1,0}$, $B_{0,1}$ und $B_{1,1}$ aufgespannten Quadrates ($f_{0,0}$, $g_{0,0}$ usw.) gelten dieselben Regeln, wobei jetzt nicht die Signalwerte $B_{n,m}$ an den ganzzahligen Positionen verwendet werden, sondern die Werte dazwischen ($a_{0,0}$, $b_{0,0}$ ... bzw. $e_{0,0}$, $j_{0,0}$ usw.)

Damit auch Referenzblöcke möglich sind, die teilweise außerhalb des Bildes liegen, wird das Bild durch Duplizieren der Rand-Bildpunkte virtuell erweitert.

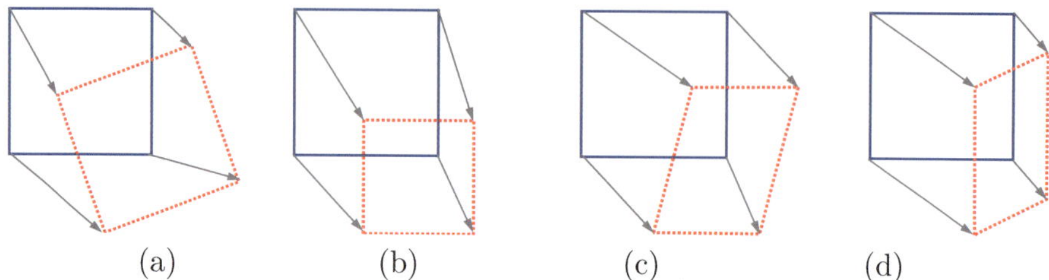

Abbildung 9.9: Affine Bewegungskompensation in VVC: (a) Rotation in der Bildebene, (b) Skalierung, (c) Scherung, (d) Rotation mit vertikaler Achse

H.266/VVC signalisiert im *Adaptive-Motion-Vector-Resolution*-Modus (AMVR) die verwendete Genauigkeit (bis zu Viertelpixel) auf Coding-Block-Ebene[6], welche durch unterschiedliche Interpolationsfilter berechnet werden [Hen20, Bro21, Chi21]. Das präzise HEVC-Filter für Halbpixelpositionen kann optional durch zwei andere Filter mit Tiefpass-Charakteristik ersetzt werden, um hochfrequentes Rauschen besser zu unterdrücken.

Eine weitere Neuerung gegenüber HEVC ist die affine Bewegungskompensation, bei der es basierend auf vier Vektoren möglich ist, Coding-Blöcke zu skalieren, zu rotieren und zu scheren [Fed21]. **Abbildung 9.9** zeigt die einzelnen Möglichkeiten, welche selbstverständlich auch miteinander kombinierbar sind in Abhängigkeit von den verwendeten Vektoren. Die Genauigkeit der Bewegungsvektoren darf entweder ganze, Viertel- oder Sechzehntel-Bildpunkte betragen [Bro21]. Es sei hier anzumerken, dass diese Idee der geometrischen Blockverzerrung nicht komplett neu ist, sondern bereits in früheren Studien untersucht wurde [Sul91, Hua94, Hei96, Hei98, Hei01, Hei02].

9.3.3.4 Bidirektionale Prädiktion

Infolge sich bewegender Objekte ist es manchmal unmöglich, den Inhalt eines Blocks vorauszusagen, weil der betreffende Bildinhalt im Referenzbild verdeckt war und erst im aktuellen Bild zu sehen ist. Häufig ist dieser Bereich aber auch in den nachfolgenden Bildern sichtbar. Zur Erweiterung der Prädiktionsmöglichkeiten kann man die Vorwärtsprädiktion durch eine Rückwärtsprädiktion ergänzen. Der Block-Matching-Algorithmus sucht sowohl in einem Vorgänger- als auch in einem Nachfolgerbild nach der besten Übereinstimmung (**Abb. 9.10**). Als Ergebnis liegen zwei Vektoren vor. Der aktuelle Block wird nun entweder durch den gefundenen Referenzblock aus dem vorangegangenen, durch den Block aus dem nachfolgenden Referenzbild oder aus dem arithmetischen Mittel beider Referenzblöcke vorausgesagt. Die Variante mit dem kleinsten Prädiktionsfehler wird ausgewählt. Die betreffenden Bilder nennt man auch B-Bilder. Voraussetzung für die Rückwärtsprädiktion ist ein Referenzbild, dass zeitlich vor dem aktuellen Bild codiert und übertragen wurde. Es kann ein I-Bild oder ein, durch ausschließliche Vorwärtsprädiktion verarbeitetes, P-Bild sein.

---

[6]siehe Abschnitt 8.6.2

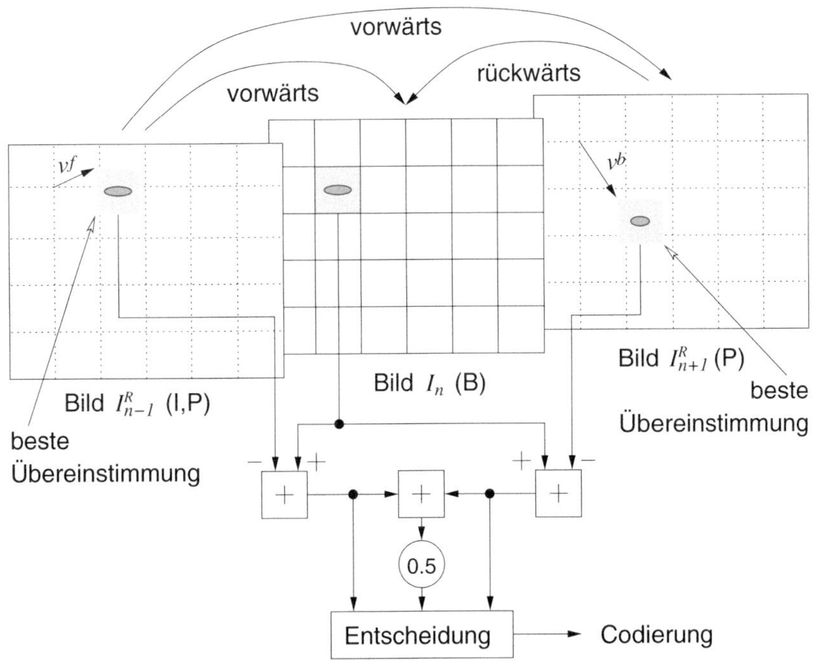

Abbildung 9.10: Bidirektionale Prädiktion von Blöcken

9.3.3.5 Weitere Modifikationsmöglichkeiten des Block-Matchings

Eine Verbesserung der Bewegungskompensation ist durch eine so genannte Lang-Zeit-Speicher-Prädiktion zu erreichen [Wie97], wie sie in den Standards zur Bildsequenzkompression seit H.264/AVC verwendet wird [ITU01, ITU03, ISO02, ITU15c]. Als Referenzbild kommt hierbei nicht nur ein vorangegangenes Bild zum Einsatz, sondern es werden mehrere rekonstruierte Bilder für die Bewegungsschätzung aufgehoben. Die Wahrscheinlichkeit, einen passenden Block zu finden, erhöht sich hierdurch insbesondere dann, wenn sich die Objekte oder auch die Kamera hin und her bewegen und somit an eine alte Position zurückkehren (z. B. Drehen eines Kopfes in einer Kopf-Schulter-Sequenz). Entsprechend wurde bereits in H.264 das Konzept der B-Bilder stark verallgemeinert. Die beiden Referenzbilder müssen nicht zwangsläufig entgegengesetzt auf der Zeitachse liegen, sondern es kann im Prinzip jedes beliebige, bereits übertragene Bild als Referenz dienen. Diese Funktion ist lediglich durch den Speicherplatz begrenzt, da alle potentiellen, vom Encoder im Bitstrom signalisierten Referenzbilder für die zeitliche Prädiktion verfügbar sein müssen. Wenn die Länge des so genannten Multi-Bild-Speichers einen Wert größer Eins hat, ist deshalb für jeden zeitlich vorausgesagten Block ein zusätzlicher Referenzparameter d zur Signalisierung des jeweils verwendeten Referenzbildes nötig (**Abb. 9.11**). Ein Referenzbild-Management verwaltet potentielle Referenzbilder in zwei Listen, jeweils eine für die direkten Vorgänger und eine als Langzeitspeicher [Ric03].

Bei der bidirektionalen zeitlichen Prädiktion ergibt sich der Inhalt des vorausgesagten

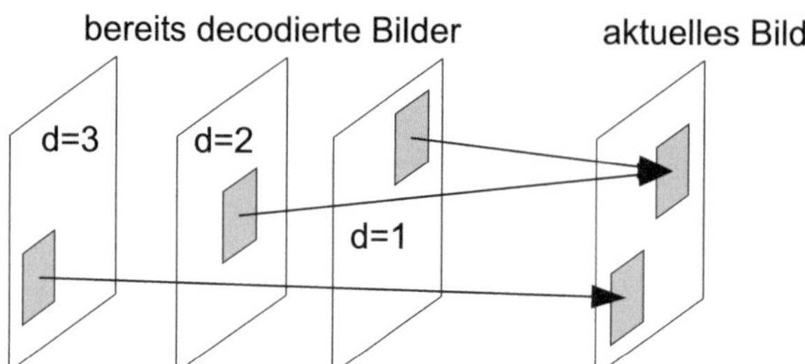

Abbildung 9.11: Zeitliche Prädiktion unter Verwendung von multiplen Referenzbildern

Blocks aus einer linearen Kombination zweier Referenzblöcke mit beliebigen Gewichten. Bereits bei H.264 gab es dafür zwei alternative Modi. Entweder der Encoder fügt die Wichtungsfaktoren in den Slice-Header (P- und B-Slices)[7] ein (explizite Gewichtung) oder die Gewichte ergeben sich automatisch aus der Distanz der Referenzbilder zum aktuellen Bild (impliziten Gewichtung, nur B-Slices). Die gewichtete Prädiktion ist äußerst effizient, wenn Szenen aus- oder eingeblendet werden, wie es zum Beispiel häufig bei Musikvideos der Fall ist. Detailliertere Informationen hierzu sind in [Gir99, Fli03] nachzulesen.

Es ist immer zwischen der Genauigkeit der Bewegungsschätzung und dem Aufwand für die Kompression des verbleibenden Prädiktionsfehlers abzuwägen. Insbesondere bei der Kompression mit sehr niedrigen Bitraten ist eine sehr gute Bewegungsprädiktion von Vorteil. Eine Festlegung auf eine bestimmte Blockgröße für das gesamte Bild ist daher zum Beispiel ungünstig. Bessere Prädiktionsergebnisse sind ohne wesentliche Vergrößerung des Codierungsaufwands zu erreichen, wenn für homogene Bereiche große Blöcke und damit weniger Vektoren zum Einsatz kommen. In Bildregionen mit differenzierter Bewegung werden dafür kleinere Blöcke benutzt. Die Anzahl der Vektoren ist dann größer und die Beschreibung der Bewegung genauer. Praktisch könnte dies so aussehen, dass man in einem ersten Durchlauf die Bewegung mit großen Blöcken schätzt. In einem zweiten Schritt wird jeder Block in vier gleich große Teilblöcke zerlegt, für die jeweils ein eigener Bewegungsvektor ermittelt wird. Wenn sich durch diese separate Bewegungskompensation der Prädiktionsfehler um einen bestimmten Wert verringert, wird die Unterteilung beibehalten. Für diesen Bildbereich sind dann vier anstelle eines Vektors zu übertragen. Ein weiteres Kaskadieren dieser Blockzerlegung ist durchaus denkbar [Str98]. Des Weiteren erlauben neuere Strategien das Verwenden von Blöcken nicht nur unterschiedlicher Größe, sondern auch unterschiedlicher Form. Bei AVC beträgt die maximale Blockgröße für die zeitliche Prädiktion lediglich 16×16 und es ist eine relativ einfache Unterteilung möglich ([ITU01, ITU03, ISO02], **Abb. 9.12**). Für HEVC darf ein Prediction-Block so groß sein wie ein Coding-Block, also 64×64, und es sind auch asymmetrische Zerlegungsvarianten vorgesehen ([ITU15c], **Abb. 9.13**). Bei VVC beträgt die maximale Blockgröße bereits 128×128.

---

[7]Ein Slice (Scheibe) ist eine Folge von Blöcken, siehe Abschnitt 9.4.

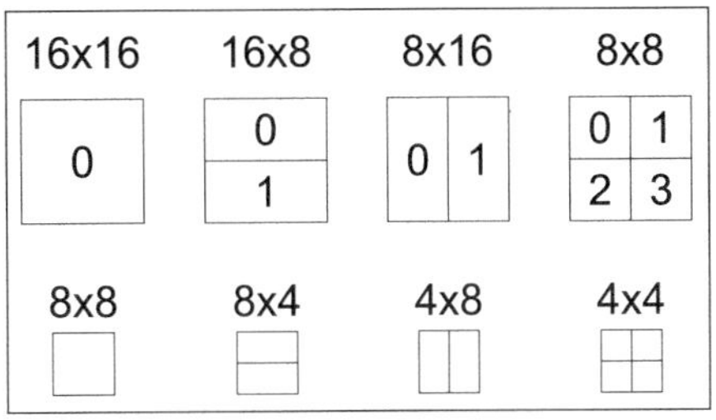

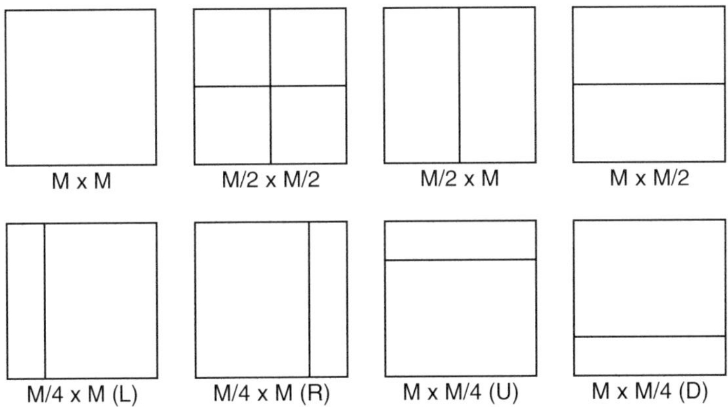

Abbildung 9.12: H.264/AVC: Variable Blockgrößen für die zeitliche Prädiktion von Bildinhalten

Abbildung 9.13: H.265/HEVC: Möglichkeiten zum Zerlegen eines Coding-Blocks in Prediction-Blocks, wobei die örtliche Prädiktion nur die quadratischen Aufteilungen verwendet. M ist die Kantenlänge eines Coding-Blocks (asymmetrische Aufteilungen: L*eft*, R*ight*, U*p*, D*own)*

Den Aufwand zur Kombination von Inhalten aus verschiedenen Blöcken kann man beliebig weit treiben. Im VVC-Standard gibt es zum Beispiel auch einen *Geometric Partition Mode* (GPM), welcher den vorherzusagenden Block durch einen geraden Schnitt in zwei Teile zerlegt, **Abbildung 9.14**. Die Trennlinie wird mit der Hesse-Normalform einer Geraden beschrieben:

$$0 = x \cdot \cos(\varphi) - y \cdot \cos(\varphi) + \rho \; .$$

Man unterscheidet 20 verschiedene Winkel φ und vier Offsets ρ, wobei einige Kombinationen davon entweder identisch sind oder schon durch die rechteckige Zerlegung in Abbildung 9.13 abgedeckt sind.

Jeder der beiden Blockteile wird durch einen anderen Referenzblock prädiziert [Gao21]. Das ist hilfreich an den Grenzen eines sich bewegenden Vordergrundobjekts, wenn die Vordergrundinformation mit Bildinhalten aus dem Hintergrund kombiniert werden muss. Damit der Übergang zwischen den Teilen realistisch erscheint, werden sie nahe der Trennlinie gewichtet überlagert, d. h. die Kante wird geglättet.

Abbildung 9.14: Unterteilungsmöglichkeiten im Geometric Partioning-Mode mit verschiedenen Winkeln und Abständen. Die gestrichelt gezeichneten Trennlinien sind redundant. Insgesamt gibt es $4 \times 2 + 8 \times 4 + 8 \times 3 = 64$ verschiedene Zerlegungen.

Abbildung 9.15 zeigt ein Beispiel, wie eine feinere rechteckige Unterteilung der Blöcke vermieden bzw. die Unterteilung besser an die tatsächliche Objektgrenze angepasst werden kann.

9.3.4 Signalisieren der Bewegung

Alle durch die Bewegungsschätzung gefundenen Bewegungsvektoren sind an den Empfänger zu übermitteln. Deshalb ist eine effektive verlustlose Codierung der Vektoren von großer Bedeutung. Da benachbarte Blöcke häufig eine ähnliche Bewegung ausführen, können die Korrelationen zwischen ihren Vektoren mit prädiktiven Techniken vermindert werden. Aus bereits übertragenen Vektoren wird für den aktuellen Vektor ein Prädiktionswert berechnet. Die Differenz zwischen diesem Schätzwert und dem tatsächlichen Vektor wird entropiecodiert.

Ein Beispiel dafür ist der sogenannte Direkt-Modus (H.263 [ITU95]), welcher für B-Bilder die Bewegungsvektoren aus einem bereits bekannten Vektor ableitet (**Abb. 9.16**). Die beiden Vektoren MVf und MVb des aktuellen Blocks aus dem B-Bild zum Zeitpunkt n werden hierbei aus dem Vektor MV des korrespondierenden Blocks im zeitlich nachfolgenden Referenzbild unter Berücksichtigung der zeitlichen Distanz vorausgesagt. Die

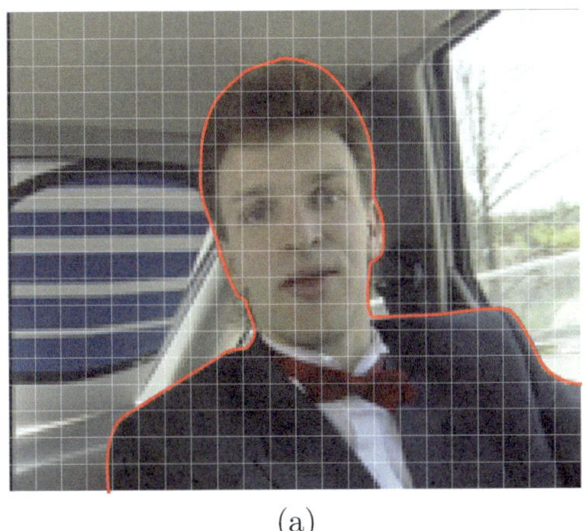

(a)

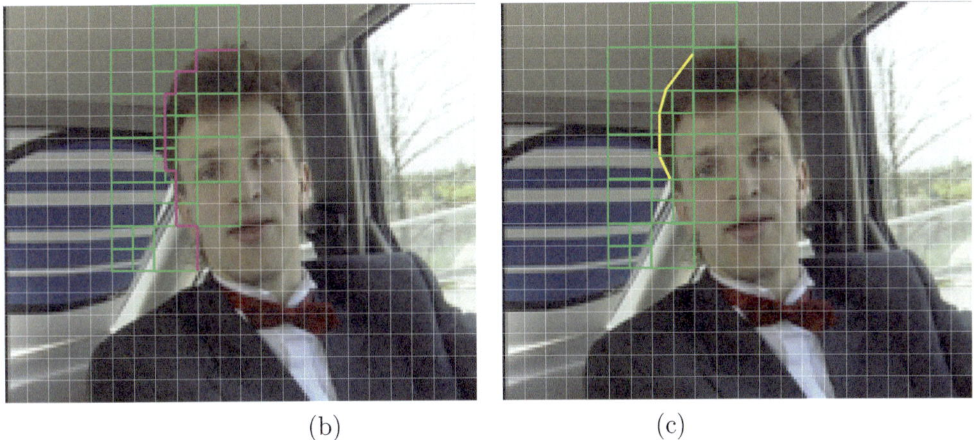

(b)   (c)

Abbildung 9.15: Beispiel für den Vorteil einer Blockzerlegung im Geometric-Partition-Mode: (a) tatsächliche Objektgrenze in Rot, (b) Annäherung der Objektgrenze durch rechteckige Blöcke in Pink, (c)verbesserte Annäherung der Objektgrenze durch GPM in Gelb; in Grün ist eine mögliche Blockzerlegung angedeutet

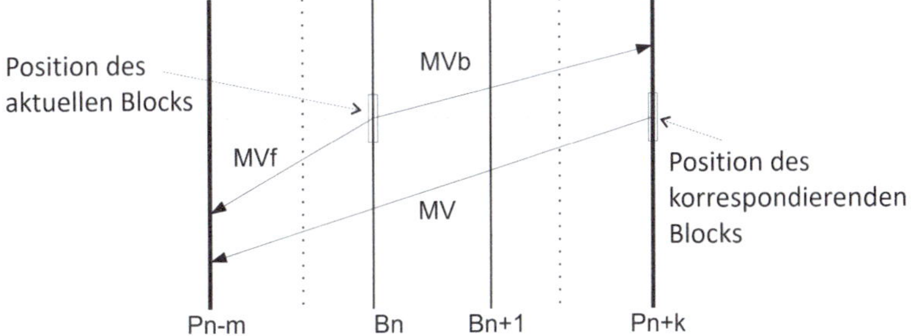

Abbildung 9.16: Zeitliche Prädiktion im Direkt-Modus für B-Bilder; die Referenzbilder befinden sich m Schritte in der Vergangenheit beziehungsweise k Schritte in der Zukunft

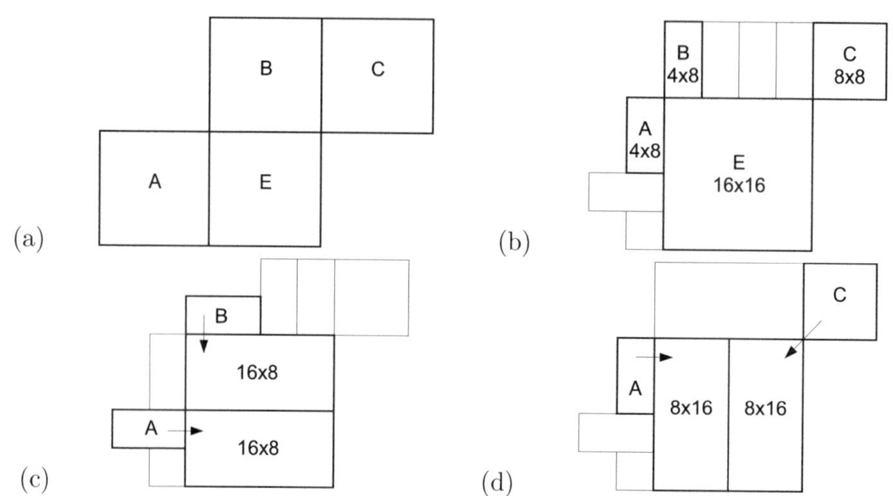

Abbildung 9.17: Auswahl der Nachbarvektoren abhängig von der Zerlegung der Blöcke in H.264/AVC

Schätzwerte für die Vektoren lauten

$$\mathsf{MVf'} = \frac{m}{k+m} \cdot \mathsf{MV} \qquad \text{und} \qquad \mathsf{MVb'} = \frac{-k}{k+m} \cdot \mathsf{MV}$$

und man codiert und überträgt nur die Differenzen

$$\Delta\mathsf{MVf} = \mathsf{MVf} - \mathsf{MVf'} \qquad \text{und} \qquad \Delta\mathsf{MVb} = \mathsf{MVb} - \mathsf{MVb'} \, .$$

9.3.4.1 Prädiktion der Bewegungsvektoren in H.264/AVC

Das Übertragen der Bewegungsvektoren beansprucht einen relativ großen Teil der Gesamtinformation, insbesondere wenn aufgrund von differenzierten Bewegungen die Zerlegungstiefe der Blöcke sehr hoch gewählt werden muss. Da benachbarte Blöcke im Allgemeinen ähnliche Bewegungen ausführen, werden die Vektoren bei H.264/AVC mit Hilfe von drei Nachbarblöcken vorausgesagt (**Abb. 9.17**). E sei der aktuelle Block oder eine Block-Partition. Als Nachbarn dienen links die oberste Partition (A), oben die am weitesten links liegende Partition (B) und ein Block rechts-oben (C) von der aktuellen Position. Die Abbildungen 9.17(a) und 9.17(b) zeigen die Zuordnung der Nachbarblöcke bei identischer bzw. unterschiedlicher Partitionierung der Blöcke A, B, C und E. Als Prädiktionsvektor wird genutzt

- der Vektor von A für den linken Teil einer 8x16-Partition oder den unteren Teil einer 16x8-Partition (Abb. 9.17 c+d),
- der Vektor von B für den oberen Teil einer 16x8-Partition (Abb. 9.17 c),
- der Vektor von C für den rechten Teil einer 8x16-Partition (Abb. 9.17 d) oder
- der Medianwert von A, B, C (separat für x- und y-Komponente) für alle anderen Varianten.

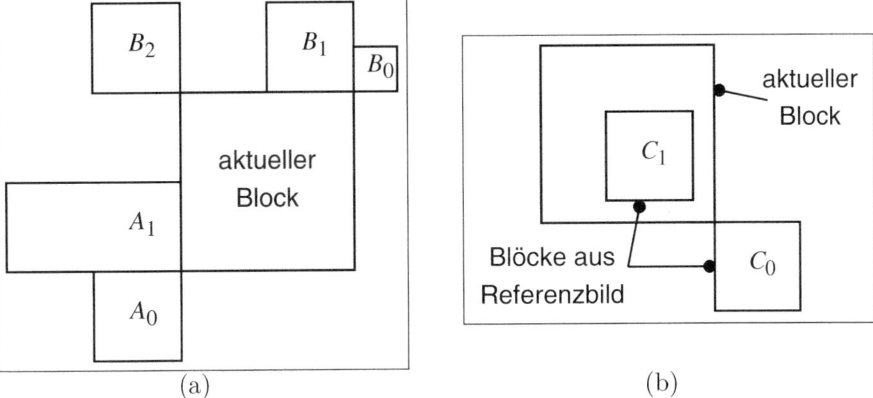

Abbildung 9.18: Ableiten der Bewegungsinformation in H.265/HEVC: (a) aus fünf örtlich benachbarten Blöcken; (b) aus zwei zeitlich benachbarten Blöcken

Falls einer oder mehrere Nachbarn nicht verfügbar sind (z. B. Bildrand oder Slice-Grenze) wird die Prädiktion entsprechend angepasst. Die Differenz zum tatsächlichen Vektor wird codiert übertragen und der Decoder rekonstruiert den Vektor durch Summation von Differenz und Prädiktionsvektor. Lediglich bei übersprungenen Blöcken gibt es kein Differenzsignal und der vorausgesagte Vektor wird direkt für die Bewegungskompensation genutzt.

9.3.4.2 Verarbeitung der Vektoren in H.265/HEVC

Die Voraussage der Bewegungsvektoren bei H.265 ist noch deutlich komplexer, insbesondere wegen der flexiblen Quadtree-Zerlegung der Coding-Tree-Blocks [Lin13]. Im schlimmsten Fall kann eine nicht zerlegte CTU zu einer Seite sechzehn Nachbarn haben, wenn dort die CTU vollständig zerlegt ist. Im Prinzip werden nach bestimmten Regel aus örtlich benachbarten Blöcken zwei voraussichtlich günstige Vektor-Kandidaten als Prädiktor identifiziert, **Abbildung 9.18**. Dies erfolgt synchron auch beim Decoder. Der Encoder sendet dann ein Bit zum Signalisieren, welcher Kandidat genommen wird (*Advanced-Motion-Vector-Prediction* ... AMVP).

Aus den möglichen Nachbarblöcken werden zunächst fünf Kandidaten gemäß Abbildung 9.18(a) identifiziert. AMVP generiert daraus zwei Vektor-Kandidaten für die Voraussage des aktuellen Vektors, wobei die letztendliche Auswahl von einem dieser beiden Kandidaten binär an den Decoder übermittelt wird. In einem ersten Schritt wird untersucht, ob mindestens ein Vektor von A_0 oder A_1 denselben Referenz-Index wie der aktuelle Block hat. Wenn ja, also der Vektor verweist auf dasselbe Referenzbild wie der aktuelle Vektor, dann wird der erste verfügbare als Vektor-Kandidat A verwendet. Anderenfalls sind die Bewegungsvektoren nicht direkt für die Voraussage geeignet und müssen in einem zweiten Schritt entsprechend des unterschiedlichen zeitlichen Abstands zu den verschiedenen Referenzbildern skaliert werden.

Der Vektor-Kandidat B wird im ersten Schritt nach gleicher Manier aus der Information von B_0, B_1 und B_2 abgeleitet. Der zweite Schritt wird jedoch nur ausgeführt, wenn A_0

und A_1 keine Bewegungsinformation enthalten (nicht verfügbar oder örtlich prädiziert). In diesem Fall wird A auf B gesetzt. Nun muss ein neuer Kandidat B gefunden werden. Hierfür wird der erste verfügbare nicht-skalierte oder skalierte Vektor aus B_i genutzt.

Wenn die örtliche Analyse nur zu einem verfügbaren Kandidaten führte, dann wird ein Vektor-Kandidat C mit Hilfe von Blöcken generiert, welche in einem zeitlich benachbarten Referenzbild aber an ungefähr derselben Position wie der aktuelle Block liegen, Abbildung 9.18(b). Dieses Referenzbild wird auf Slice-Ebene[8] signalisiert. Block C_0 ist immer der Positions-Nachbar rechts unten und C_1 repräsentiert einen Block der zentral in Bezug auf den aktuellen Block liegt. Auch hier wird C_0 zuerst inspiziert. Nur wenn dort keine Bewegungsinformation verfügbar ist, wird C_1 berücksichtigt. Zum Begrenzen des erforderlichen Speicherbedarfs wird C_0 auch dann ignoriert, wenn er zu einem CTB gehört, der unter der aktuellen CTB-Zeile liegt. Notfalls wird die Kandidatenliste mit Nullvektoren aufgefüllt.

Alternativ zu AMVP gibt es einen Merge-Modus, der sich auf dieselben fünf Nachbarblöcke wie der AMVP-Modus gemäß Abbildung 9.18(a) stützt. Die Verfügbarkeit der Vektoren wird in der Reihenfolge A_1, B_1, B_0, A_0, B_2, C_0 und C_1 geprüft. Anschließend werden identische Vektoren eliminiert und es wird nur ein zeitlich benachbarter Block behalten. Im Slice-Header wird die maximal erlaubte Anzahl (vier) von örtlich benachbarten Kandidaten übertragen. Notfalls wird die Liste entsprechend gekürzt. Gibt es dagegen zu wenige Kandidaten, wird die Liste aufgefüllt. Dafür gibt es zwei Möglichkeiten. Erstens, ein Kandidat mit Bezug zur Referenzbild-Liste 0 wird mit einem Kandidaten mit Bezug zur Referenzbild-Liste 1 (bidirektional) kombiniert. Zweitens, wenn das erste Verfahren nicht ausreichend viele neue Kandidaten erzeugen kann oder es sich aktuell um ein P-Slice handelt, werden Nullvektoren aufgefüllt. Eine feste Anzahl von Kandidaten erhöht die Robustheit der Bewegungskompensation gegenüber Übertragungsfehlern.

Der Index, der tatsächlich verwendeten Bewegungsinformation wird übertragen. Ein wesentlicher Unterschied zum AMVP-Modus besteht nicht nur darin, dass es mehr als zwei Kandidaten gibt, sondern zusätzlich zu den reinen Vektor-Daten werden weitere erforderliche Angaben von dem ausgewählten benachbarten Block geerbt, wie zum Beispiel ob eine oder zwei Referenzbild-Listen verwendet werden, die Referenz-Indizes und die Bewegungsvektoren für beide Listen.

9.3.4.3 Beispiel für die Bewegungskompensation

Die Wirkung der zeitlichen Prädiktion soll am Beispiel zweier Bilder aus der Testbildsequenz „Foreman" demonstriert werden. In **Abbildung 9.19** ist links oben das aktuelle, vorauszusagende Bild dargestellt. Daneben ist das zu verwendende Referenzbild zu sehen. Es liegt zeitlich vor dem aktuellen Bild und wurde durch den Kompressionsprozess verändert. Das Spitzen-Signal-Rausch-Verhältnis (PSNR) beträgt 32.7dB. Eine direkte Prädiktion ohne Bewegungskompensation führt zu einem Prädiktionsfehler sehr hoher Varianz (c). Durch ein einfaches Block-Matching mit Blöcken der Größe 16 mal 16 Bildpunkte wird die Prädiktionsgüte deutlich verbessert (d). Durch eine hierarchische Bewegungsschätzung, wie sie im Abschnitt 9.3.3.5 beschrieben wurde, ist der Prädiktionsfehler

---

[8]Ein Slice (Scheibe) ist eine Folge von Blöcken, siehe Abschnitt 9.4.

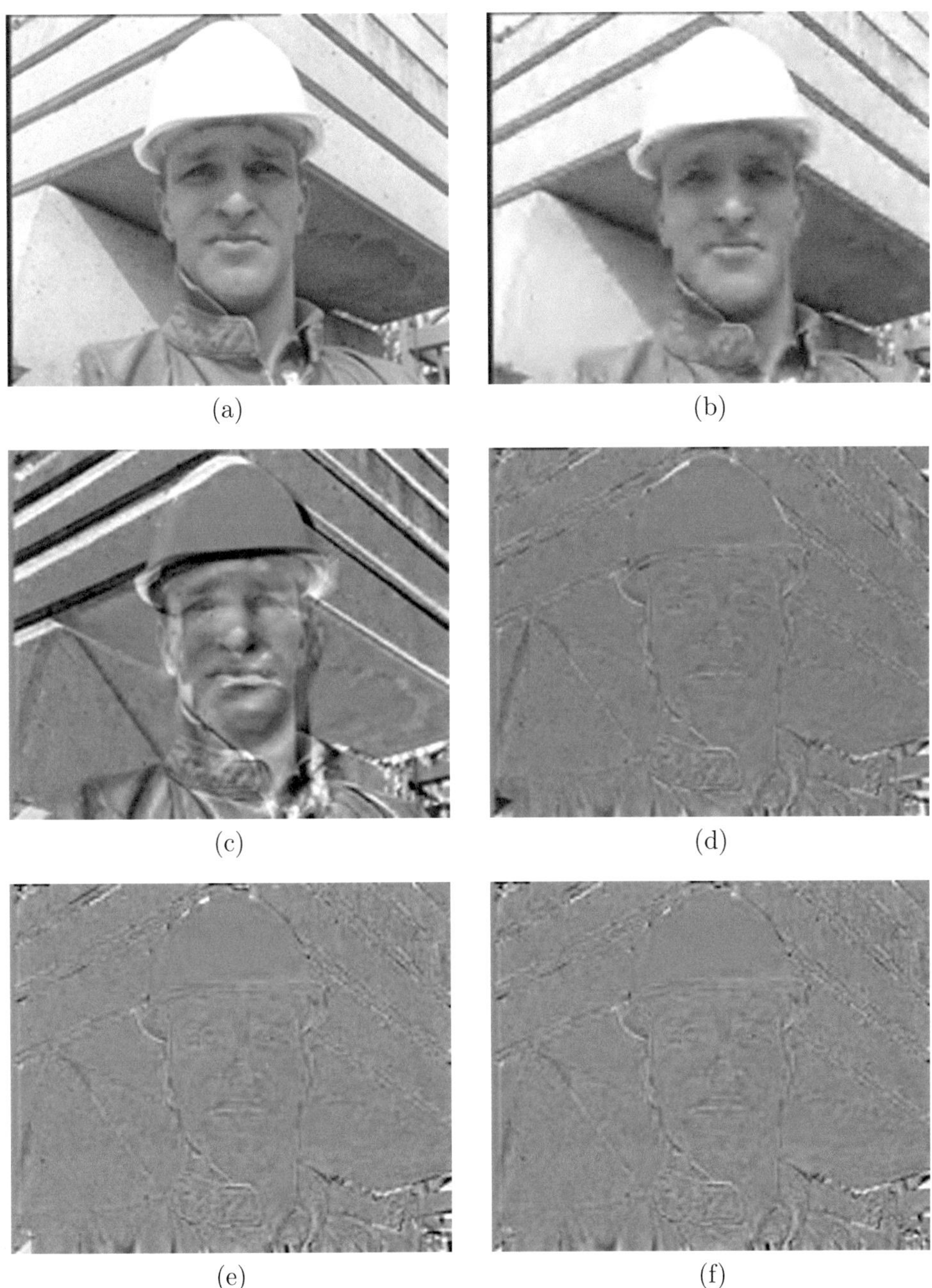

Abbildung 9.19: Prädiktionsfehler beim Block-Matching: (a) aktuelles Bild, (b) rekonstruiertes Referenzbild ($PSNR = 32.7$ dB), (c) Differenz ohne Bewegungskompensation ($\sigma_e^2 = 1394.3$), (d) einfaches Matching mit 16×16-Blöcken ($\sigma_e^2 = 153.1$), (e) hierarchisches Matching mit 82 16×16- und 68 8×8-Blöcken ($\sigma_e^2 = 122.9$), (f) hierarchisches Matching mit 82 16×16-, 61 8×8- und 28 4×4-Blöcken ($\sigma_e^2 = 107.3$)

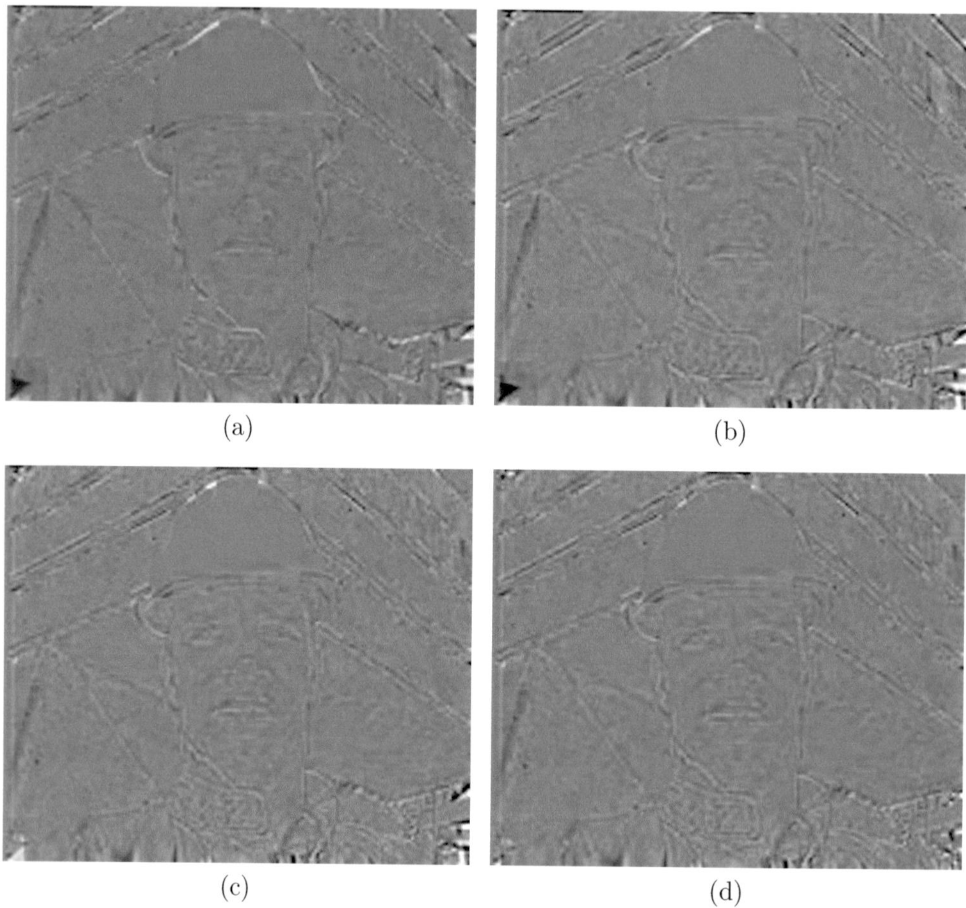

Abbildung 9.20: Prädiktionsfehler beim Block-Matching: (a) einfaches Matching mit
16×16-Blöcken ($\sigma_e^2 = 153.1$), (b) einfaches Matching mit 16×16-Blöcken und Halbpixelgenauigkeit ($\sigma_e^2 = 142.3$), (c) hierarchisches Matching mit 79 16×16- und 80 8×8-Blöcken
und Halbpixelgenauigkeit ($\sigma_e^2 = 108.1$), (d) hierarchisches Matching mit 79 16×16-, 73
8×8- und 28 4×4-Blöcken und Halbpixelgenauigkeit ($\sigma_e^2 = 87.6$)

noch geringer. Allerdings wächst der Aufwand zur Codierung der Bewegungsinformation
an, da die Zahl der Vektoren bei Verwendung kleinerer Blöcke steigt (e+f).

Abbildung 9.20 zeigt die Prädiktionsverbesserung, wenn mit einer Halbpixelschätzung
gearbeitet wird. Die Varianz des Prädiktionsfehlers kann dadurch gesenkt werden. Allerdings verdoppelt sich der Wertebereich der Vektoren bei gleich großem Suchraum und
der Aufwand zu Codierung der Vektoren wird etwas größer. Der verbleibende Prädiktionsfehler ist hauptsächlich durch die verminderte Qualität des Referenzbildes verursacht.

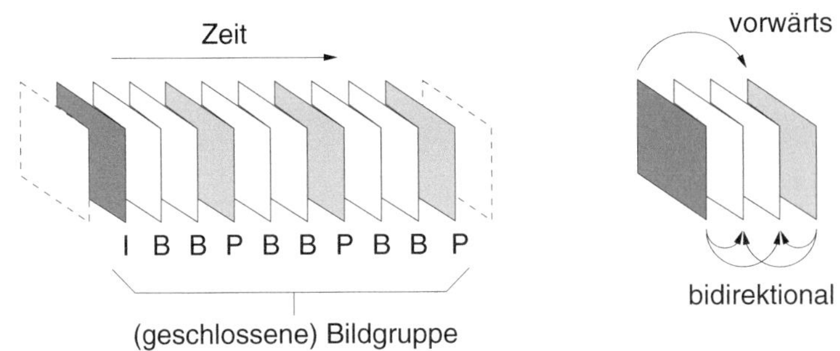

Abbildung 9.21: Bildgruppe (GOP) in Reihenfolge der Anzeige

9.4 Hierarchie der Bildinformation bei Bildsequenzkompression

Im Abschnitt 9.3.3 zur Bewegungsschätzung wurde bereits auf drei Bildtypen (I, P und B) hingewiesen, welche von der Art der verwendeten Prädiktion abhängen. Eine Bildsequenz gliedert sich entsprechend in eine oder mehrere Bildgruppen (GOP... *Group Of Pictures*). Jede Bildgruppe setzt sich aus einer Abfolge von Bildern dieser Typen zusammen. Das erste ist immer ein intra-codiertes Bild (I-Bild, **Abb. 9.21**). Es wird wie ein Einzelbild ohne Informationen von anderen Bildern verarbeitet. Beim Editieren von Videos sind sie somit als Einsprungspunkte geeignet. P-Bilder enthalten zeitlich vorausgesagte Bestandteile. Für ihre Verarbeitung wird ein vorangegangenes I- oder P-Bild derselben Gruppe zur Verminderung der zeitlichen Redundanz als Referenzbild herangezogen. Bei B-Bilder kommt eine Prädiktion zum Einsatz, die Information aus mindestens zwei Referenzbildern oder -blöcken miteinander kombiniert (vgl. Abschnitt 9.3.3.4).

Durch die Prädiktion von Bildinhalten kann die zur Übertragung eines Bildes erforderliche Bitrate stark gesenkt werden, wobei das Kompressionsverhältnis für B-Bilder im Allgemeinen am größten ist. Allerdings ist der Aufwand zur Bewegungsschätzung durch Zugriff auf zwei Referenzbilder etwa doppelt so hoch wie bei P-Bildern.

Die Anzahl der Bilder pro Gruppe und der Abstand von I- und P-Bildern können im Allgemeinen frei gewählt werden. Für den Zugriff auf einzelne Bilder sind kurze Bildgruppen natürlich günstiger. Bei der Festlegung der Zahl der B-Bilder ist zu beachten, dass sie alle zwischengespeichert werden müssen, bis das nachfolgende P-Bild übertragen wurde. Neben dem Speicheraufwand bedeutet dies auch eine Zeitverzögerung. Des Weiteren verschlechtern sich die Prädiktionsmöglichkeiten für die P-Bilder, weil bei mehr B-Bildern ihr zeitlicher Abstand und damit die Unterschiede zum Referenzbild größer sind.

Angenommen, eine Bildgruppe besteht aus 12 Bildern in der Abfolge

I	B	B	P	B	B	P	B	B	P	B	B	P
1	2	3	4	5	6	7	8	9	10	11	12	13

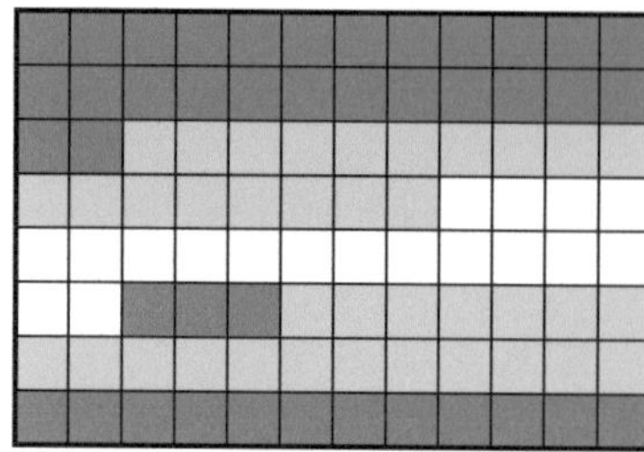

Abbildung 9.22: Beispiel für die Gruppierung von Bildblöcken (Coding-Tree-Units) zu Scheiben (*Slices*) innerhalb eines Bildes

dann ist die Reihenfolge der Übertragung

$$
\begin{array}{ccccccccccccc}
\text{I} & \text{P} & \text{B} & \text{B} & \text{P} & \text{B} & \text{B} & \text{P} & \text{B} & \text{B} & \text{P} & \text{B} & \text{B} \\
1 & 4 & 2 & 3 & 7 & 5 & 6 & 10 & 8 & 9 & 13 & 11 & 12
\end{array}
$$

Ab H.264/AVC wurde das Prinzip dahingehend verallgemeinert, dass nicht mehr grundsätzlich zwischen P- und B-Bilder unterschieden wird und es auch bei der bidirektionalen Prädiktion egal ist, ob die referenzierten Bilder in der Sequenz zeitlich vor oder nach dem aktuell zu codierenden Bild liegen. Diese Bilder müssen lediglich vor dem aktuellen Bild verarbeitet, übertragen und in einem dafür vorgesehenen Bildspeicher abgelegt sein.

Seit HEVC ist die Kerneinheit bei der Verarbeitung eines Bildes ein so genannter *Coding-Tree-Blocks* (CTB). Diese Struktur wurde schon in Abschnitt 8.6.2 vorgestellt. Aufeinander folgende Coding-Tree-Units werden in Raster-Scan-Reihenfolge zu Scheiben (Slices) zusammengefasst. **Abbildung 9.22** zeigt eine mögliche Anordnung der Slices innerhalb eines Bildes. Jedes Kästchen symbolisiert einen Bildblock. Benachbarte Blöcke gleichen Grautons gehören zur selben Scheibe.

Der Hauptgrund für das Verwenden von Slices ist die Möglichkeit zur Resynchronisation nach einem Datenverlust, z. B. durch Übertragungsfehler. Aber auch die parallele Verarbeitung wird dadurch unterstützt. Örtliche Prädiktion über Slice-Grenzen hinweg ist nicht möglich, da die Slices unabhängig voneinander decodierbar sein müssen. In HEVC kann jedes Slice in einem von drei Modi verarbeitet werden:

I-Slice: Alle CUs dieses Slices werden nur mit örtlicher Prädiktion (*intra-picture prediction*) und nicht mit zeitlicher Prädiktion codiert.

P-Slice: Zusätzlich zu den Codierungsvarianten eines I-Slices dürfen die CUs auch mit unidirektionaler zeitlicher Prädiktion verarbeitet werden.

B-Slice: Zusätzlich zu den Codierungsvarianten eines P-Slices dürfen die CUs auch mit bidirektionaler zeitlicher Prädiktion verarbeitet werden.

9.5   Reduktion von Kompressionsartefakten

Ein Problem von blockbasierten Videokompressionsverfahren mit zeitlicher Prädiktion besteht in der Fortpflanzung von Blockartefakten. Diese in den rekonstruierten Bildern sichtbaren Blockstrukturen haben zwei Ursachen. Eine genügend starke Quantisierung der Transformationskoeffizienten erzeugt Rekonstruktionsfehler, die sich als Diskontinuitäten an den Blockgrenzen manifestieren. Eine zweite, wenn auch weniger signifikante Quelle von Blockartefakten ist die blockbasierte Bewegungskompensation. Das Kopieren von Blöcken aus verschiedenen Bereichen der Referenzbilder oder sogar aus verschiedenen Referenzbildern erzeugt künstliche Kanten im prädizierten Bild und damit auch im Prädiktionsfehlerbild, welche nicht immer vollständig durch die weiterführende Verarbeitung ausgeglichen werden können. Wird ein rekonstruiertes Bild als Referenz für die zeitliche Prädiktion eingesetzt, tauchen diese Strukturen auch im nächsten Bild wieder auf. Abgesehen von der verminderten subjektiven Qualität, verringert sich auch die Güte der Prädiktion und der Aufwand zur Codierung des Prädiktionsfehlers steigt.

Um diesen Problemen entgegenzuwirken wurden spezielle In-Loop-Filter entwickelt (siehe auch Abb. 9.1). Diese Filter manipulieren die rekonstruieren Bilder in zweifacher Hinsicht. Zum einen kommt ein so genanntes Deblocking-Filter zum Einsatz, welches versucht, Diskontinuitäten an den Blockgrenzen zu reduzieren. Zum anderen gibt es Mechanismen, die das gesamte Bild nach bestimmten Merkmalen durchsuchen, um gegebenenfalls einzelne rekonstruierte Werte zu korrigieren.

Der Begriff *in-loop* zeigt an, dass diese Operationen auf die rekonstruierten Bilder angewendet werden, bevor sie als Referenzbilder zur Verfügung stehen. Diese Operationen müssen demnach auch beim Encoder durchgeführt werden. Dieser zusätzliche Aufwand ist sinnvoll, wenn dadurch nicht nur die Bildqualität steigt, sondern auch die zeitliche Prädiktion bessere Ergebnisse liefert und damit den Codierungsaufwand senkt. Neben der In-Loop-Filterung ist es prinzipiell auch möglich, nur beim Decoder die rekonstruierten Bilder zu bearbeiten.

Auch mit der Vielzahl von verschiedenen Methoden, die zum Beispiel im Standard H.266/VVC zur Verfügung stehen, ist es nicht immer möglich, die Kompressionsartefakte ausreichend zu entfernen. Im Rahmen der Untersuchungen zum Neural-Network-Video-Coding (NNVC) werden In-Loop-Filter basierend auf neuronalen Netzen vorgeschlagen [Fen24], welche die Qualität der Referenzbilder noch weiter steigern können.

9.5.1   Deblocking-Filter

Bevor ein Bild als Referenz benutzt wird, sollten eventuell vorhandene Blockkanten geglättet werden. Wichtig ist hierbei das Unterscheiden von tatsächlichen Signalsprüngen und durch Quantisierung erzeugten Artefakten.

9.5.1.1   H.264/AVC-Deblocking

Abbildung 9.23 illustriert das Prinzip des Filterprozesses entlang einer Bildzeile (oder Bildspalte). Ob die Bildpunkte p_0 und q_0 und/oder die Punkte p_1 und q_1 modifiziert werden, wird durch zwei Schwellwerte $\alpha(QP)$ und $\beta(QP)$ bestimmt. QP ist der mittlere Quantisierungsparameter, der für die Kompression der beteiligten Blöcke verwendet

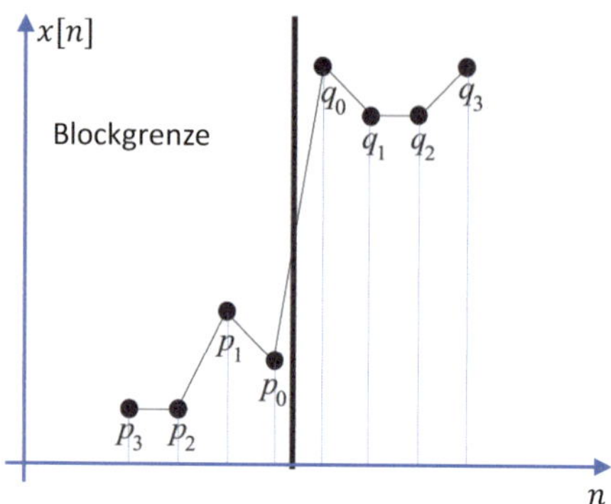

Abbildung 9.23: 1D-Ausschnitt eines Bildsignals an einer 4×4-Blockgrenze

wurde. Die Werte p_0 und q_0 werden nur dann gefiltert, wenn jede der folgenden Bedingungen erfüllt ist

$$|p_0 - q_0| < \alpha(QP)$$
$$|p_1 - p_0| < \beta(QP)$$
$$|q_1 - q_0| < \beta(QP),$$

wobei $\beta(QP)$ wesentlich kleiner ist als $\alpha(QP)$. Entsprechend erfolgt das Filtern von p_1 oder q_1, wenn die Bedingungen

$$|p_2 - p_0| < \beta(QP) \qquad \text{oder} \qquad |q_2 - q_0| < \beta(QP)$$

erfüllt sind.

Die grundlegende Idee besteht in der Annahme, dass eine künstliche Blockkante vorhanden ist, wenn eine Differenz der Bildpunkte im Bereich der Blockgrenze beobachtet wird. Ist der Betrag dieser Differenz jedoch so groß, dass sie nicht durch Quantisierungseffekte erklärt werden kann, dann scheint es ein Merkmal des Bildsignals zu sein und die Bildpunkte bleiben unverändert.

Das Filtern selbst erfolgt *in-place* auf Block-Basis, d. h. die modifizierten Bildpunkte dienen sofort als Input für die weitere Verarbeitung. Vertikale Kanten eines Blocks werden zuerst betrachtet, dann die horizontalen, bevor beim nächsten Block fortgesetzt wird. Die Stärke der Modifikation der Bildpunktwerte hängt von verschiedenen Syntaxelementen ab. Auf Slice-Ebene wird die Filterung global den individuellen Charakteristika der Videosequenz angepasst. Auf Block-Ebene hängt die Filterstärke von der Entscheidung über Intra- oder Inter-Prädiktion, von Bewegungsunterschieden und von der Präsenz der zu codierenden Prädiktionsfehlern ab. Entsprechend wird eine Stärke von 0 (keine Filterung) bis 4 eingestellt.

Durch den Einsatz des Deblocking-Filters wird eine Reduktion der Bitrate um zirka 5% – 10% bei gleicher objektiver Qualität (PSNR) erreicht, während gleichzeitig die subjektive Qualität ebenfalls steigt. Ein Nachteil der Filterung besteht in dem hohen Rechenaufwand. Während der Einfluss auf die Encodierungszeit in Relation zu den anderen Verarbeitungsschritten vernachlässigbar ist, kann die Filterung unter Umständen

ein Drittel der Komplexität eines H.264-Decoders ausmachen, obwohl sie ohne Divisionen und ohne Multiplikationen auskommt [Lis03]. Der Aufwand besteht hauptsächlich in den adaptiven Entscheidungen und der konditionalen Verarbeitung der Bildpunkte entlang der Blockgrenzen. Aufgrund der kleinen Blockgröße muss außerdem nahezu jeder Bildpunkt aus dem Speicher geladen werden.
Eine ausführliche Beschreibung der Deblocking-Filterung ist in [Lis03] zu finden.

9.5.1.2 H.265/HEVC-Deblocking

Das HEVC-Deblocking-Filter arbeitet in ähnlicher Weise wie bei H.264 (siehe Abschnitt 9.5.1.1). Alle Bildpunkte an Prediction- oder Transform-Block-Grenzen werden inspiziert, ausgenommen natürlich die Punkte am Bildrand. Der Encoder kann auch signalisieren, dass das Filter nicht über Slice- oder Kachelgrenzen[9] hinweg arbeiten soll.

Während das Deblocking bei H.264 auf ein 4×4-Gitter angewendet wird. Beschränkt sich HEVC auf ein 8×8-Raster, sowohl für die Luminanz- als auch für die Chrominanzkomponenten. Dadurch wird der Rechenaufwand deutlich vermindert.

Seien B1 und B2 zwei Blöcke, die eine gemeinsame Grenze auf dem 8×8-Raster haben. Wenn einer der beiden Blöcke örtlich prädiziert wurde, erfolgt eine starke Glättungsoperation. Ein schwaches Glätten wird durchgeführt, wenn eine der folgenden Bedingungen erfüllt ist:

- B1 und B2 liegen an einer TB-Grenze und mindestens ein Block hat einen Transformationskoeffizienten ungleich Null.

- B1 und B2 wurden aus verschiedenen Referenzbildern vorausgesagt.

- Die absolute Differenz zwischen den Bewegungsvektoren ist gleich oder größer als ein ganzer Bildpunkt.

Anderenfalls bleiben die Signalwerte unverändert. Die tatsächlichen Änderungen hängen von der Differenz der Signalwerte an der Blockgrenze und vom aktuellen Quantisierungsparameter ab. Ähnlich wie bei H.264 (siehe Abb. 9.23, Seite 404) wird auf beiden Seiten der Blockgrenze untersucht, ob es sich um relativ glatte Regionen handelt. Dies wird mit einer Kombination aus Laplace-Filtern (zweite Ableitung) geprüft. Für eine vertikale Blockgrenze lautet die Impulsantwort

$$
g[n,m] = \left(\begin{array}{rrr|rrr}
1 & -2 & 1 & 1 & -2 & 1 \\
0 & 0 & 0 & 0 & 0 & 0 \\
0 & 0 & 0 & 0 & 0 & 0 \\
1 & -2 & 1 & 1 & -2 & 1
\end{array} \right) .
$$

Die Position der Blockgrenze ist eingezeichnet. Das Filter wird jeweils für Segmente mit vier Bildpunkten (entlang der Grenze) angewendet. Falls für das Filterergebnis $x[n,m] * g[n,m] < \beta$ gilt, dann wäre ein Sprung des Signals über die Grenze hinweg unwahrscheinlich und diese Kante sollte geglättet werden. Der Parameter β hängt vom

---

[9]siehe auch Abschnitt 8.6.7

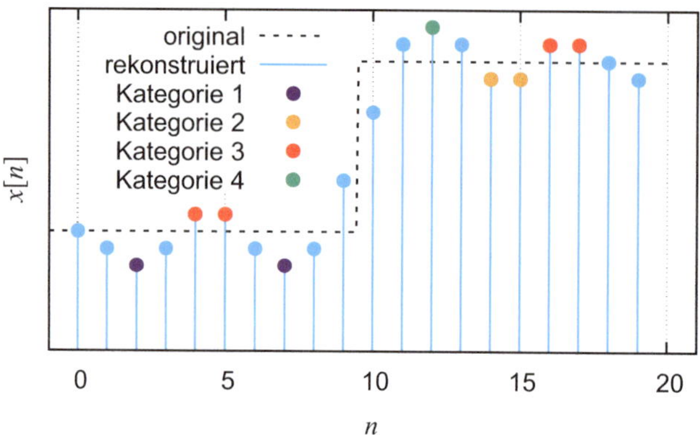

Abbildung 9.24: Gibbssches Phänomen an einer Signalkante, siehe Text für Details

Quantisierungsparameter QP ab. Je stärker die Daten quantisiert werden, desto größer ist auch β. In den Chrominanzkomponenten gibt es dieselben Bedingungen, es wird aber nur zwischen schwachem und keinem Glätten unterschieden. Die Art und Weise, wie die Randpunkte an den Blockgrenzen verändert werden, ist relativ komplex und hängt von unterschiedlichen Dingen ab. Detailliertere Aussagen findet man z. B. in [Nor12].

9.5.2 Sample-Adaptive-Offset (SAO)

Die SAO-Technik wird bei HEVC nach dem Deblocking-Filter angewendet. Es handelt sich um eine nichtlineare Operation, welche den Rekonstruktionsfehler minimiert und insbesondere quantisierungstypische Fehler wie Überschwinger (*ringing artifacts*) reduziert [Fu12].

Für jeden Coding-Tree-Block wird signalisiert, ob SAO zum Einsatz kommen soll. Falls ja, dann wird zwischen einem Kanten- und einem Band-Offset unterschieden.

Kanten-Offset:

Der Kanten-Offset soll Abweichungen der rekonstruierten Signalwerte kompensieren, welche durch das Gibbsche Phänomen entstehen [Wik25]. Durch quantisierungsbedingtes Verändern oder komplettes Unterdrücken von Frequenzanteilen erscheint eine Kante in der Signalrekonstruktion nicht nur unscharf, sondern es treten auch Überschwinger auf, **Abbildung 9.24**.

Je nach Orientierung der Kante im Bild wird eine aus vier Kantenrichtungen ausgewählt (0°, 45°, 90°, 135°). **Abbildung 9.25** zeigt die vier Gradienten-Masken. Jedem Signalwert $x[n, m]$ wird im aktuellen CTB eine von fünf Kanten-Kategorien gemäß **Tabelle 9.3** zugeordnet. Diese Zuordnung erfolgt synchron in Encoder und Decoder, sodass keine Signalisierung nötig ist. Die Varianten sind in **Abbildung 9.26** veranschaulicht. Für die Kanten-Kategorien 1 bis 4 legt der Encoder je einen Offset fest und überträgt diese zum Decoder. Damit der Signalisierungsaufwand moderat bleibt, sind für die Kategorien 1 und 2 nur positive und für die beiden anderen nur negative Offset gestattet. Dadurch

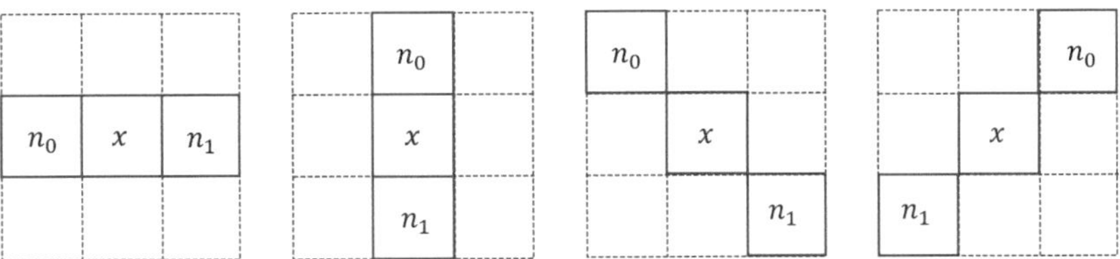

Abbildung 9.25: Gradienden-Masken für den Sample-Adaptive-Offset-Mechanismus. Von links nach rechts: horizontal, vertikal, 135° und 45°.

Tabelle 9.3: Sample-Adaptive-Offset: Unterscheidung von Kategorien im Kanten-Modus

Kategorie	Bedingung	Interpretation
0	$x = n_0$ und $x = n_1$	flache Region
1	$x < n_0$ und $x < n_1$	lokales Minimum
2	$(x < n_0$ und $x = n_1)$ oder $(x = n_0$ und $x < n_1)$	Kante
3	$(x > n_0$ und $x = n_1)$ oder $(x = n_0$ und $x > n_1)$	Kante
4	$x > n_0$ und $x > n_1$	lokales Maximum

wirkt die Addition der Offsets in jedem Fall glättend. In Abbildung 9.24 sind die rekonstruierten Signalwerte entsprechend ihrer Kategorie-Zugehörigkeit farblich markiert. Die roten Punkte gehören zum Beispiel zu Bildpunkten der Kategorie 3. Sie erhalten einen negativen Offset, der sie näher an den originalen Signalwert heranzieht.

Band-Offset:

Wird nicht der Kanten-Modus, sondern der Band-Modus für den CTB verwendet, dann hängen die Offsets direkt von den Signalwerten ab. Der Wertebereich der originalen Signalwerte wird in 32 Bänder (Bereiche) aufgeteilt. Bei 8-Bit-Daten sind in jedem Bereich also 8 verschiedene Signalwerte. Für jeden Bereich wird der mittlere Fehler (Differenz zwischen originalen und rekonstruierten Werten im CTB) berechnet. Für vier direkt benachbarte Bereiche werden die zur Korrektur des Fehlers erforderlichen Offsets übertragen. Zusätzlich benötigt der Decoder die Nummer des untersten der vier Bereiche.

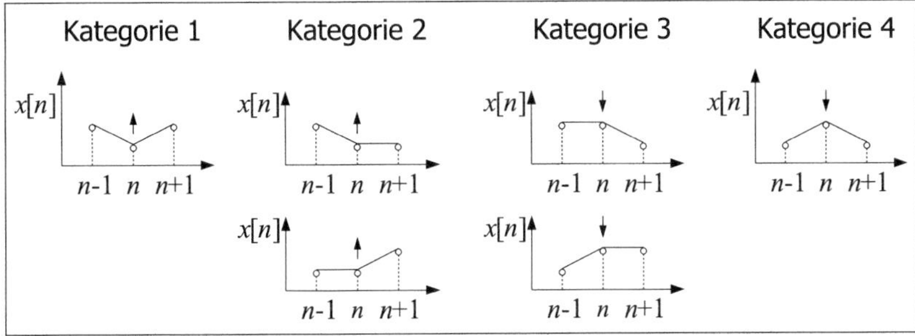

Abbildung 9.26: Sample-Adaptive-Offset: positive Offsets sind erforderlich für Kategorie 1 und 2, negative Offsets sind erforderlich für Kategorie 3 und 4

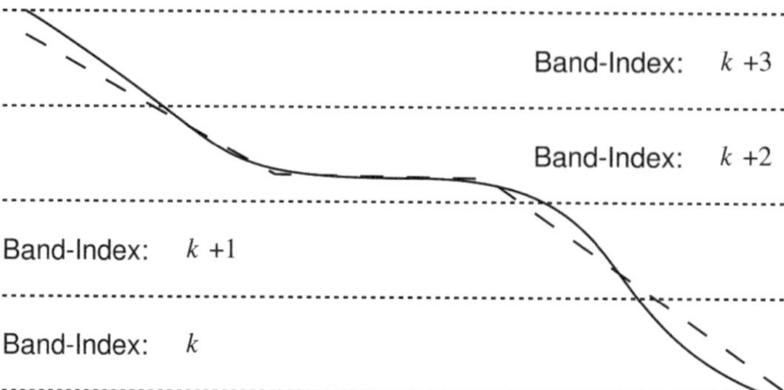

Abbildung 9.27: Beispiel für den Verlauf von originalem Signal (gestrichelt) und rekonstruiertem Signal (durchgezogen) in vier benachbarten Signalwert-Bereichen (Bändern)

Das Beschränken auf nur vier Bereiche ist gerechtfertigt, da in einer begrenzten Bildregion selten Signalwerte aus dem gesamten Wertebereich auftreten. In **Abbildung 9.27** ist ein Beispiel (nur eindimensional) für einen möglichen Signalverlauf skizziert. Der Index k wird übertragen und vermutlich negative Offsets für die Bänder $k + 1$ und $k + 3$. Das unterste Band benötigt einen positiven Offset.

Um den Übertragungsaufwand an Zusatzinformation zu begrenzen ist es möglich, die Parameter vom linken oder oberen benachbartem Coding-Tree-Block wieder zu verwenden. Das muss aber auch signalisiert werden und gilt dann auch für alle drei Bildkomponenten YCbCr.

9.6 Anwendungsszenarien

Bei der Entwicklung von Videokompressionsverfahren werden die Tests im Allgemeinen unter drei spezifischen Bedingungen durchgeführt, welche typische Anwendungsszenarien berücksichtigen. Für den Produktionsprozess von Filmen ist es erforderlich, auf jedes Bild separat zugreifen zu können. Eine zeitliche, prädiktive Abhängigkeit zwischen den Daten ist somit nicht gestattet. Dieser Modus nennt sich *All-Intra* (AI).

Für das Anschauen von Videos, zum Beispiel am Fernsehgerät, muss ein Vor- und Zurückspulen ermöglicht sein, mit anderen Worten: der Zugriff auf beliebige Abschnitte des Films ist erforderlich. Dieser *Random-Access*-Modus (RA) ist dadurch gekennzeichnet, dass periodisch (z. B. alle acht Bilder) ein I-Bild (intra-codiertes Bild) übertragen wird, d. h. die Größe der Group-of-Pictures (GOP) ist auf acht festgelegt. Innerhalb dieser Gruppe kann die Reihenfolge der Verarbeitung der Bilder unterschiedlich sein. Beim Empfänger müssen u. U. also erst alle acht Bilder decodiert werden, bevor sie dann in der richtigen chronologischen Reihenfolge angezeigt werden. Es kommt also zu einer gewissen Verzögerung. In echtzeitnahen Anwendungen wie zum Beispiel Videostreaming oder allgemein Live-Übertragungen sind diese Verzögerungen unerwünscht. Hier ist der *Low-Delay*-Modus (LD) erforderlich, welcher keine Rückwärtsprädiktion erlaubt, siehe **Abbildung 9.28**.

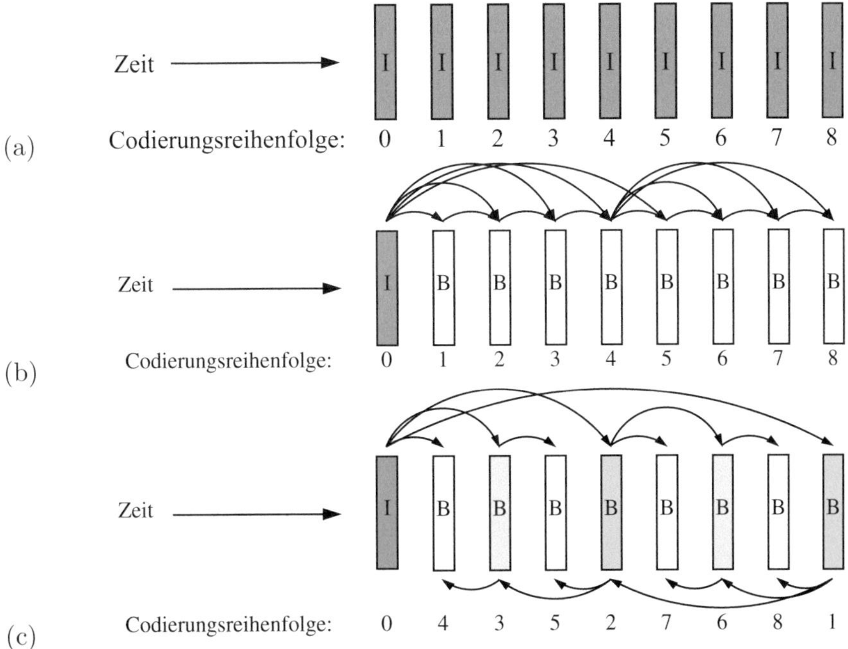

Abbildung 9.28: Testbedingungen für typische Anwendungen: (a) All-Intra, (b) Low-Delay, (c) Random-Access; I ... intra-codierte Bilder, B ... unidirektional oder bidirektional codierte Bilder, die Pfeile zeigen mögliche Prädiktionsrichtungen an;

9.7 Testfragen

9.1 Warum kann man bei der Kompression von Bildsequenzen im Allgemeinen deutlich höhere Kompressionsverhältnisse erzielen als bei der Kompression von einzelnen Bildern?

9.2 Durch welche Funktionsblöcke wird die Verarbeitung von Bildsequenzen im Vergleich zur Einzelbildkompression ergänzt, um die Kompressionsverhältnisse deutlich zu steigern?

9.3 Nennen Sie vier Gründe, warum sich aufeinanderfolgende Bilder einer Sequenz voneinander unterscheiden.

9.4 Erläutern Sie knapp das Prinzip des Block-Matchings anhand einer Skizze!

9.5 Was ist beim Block-Matching der Unterschied zwischen einer Vollsuche und einer schnellen Suche? Beschreiben Sie ein Verfahren zur schnellen Suche!

9.6 Warum wird für das Block-Matching in Videokompressionssystemen ein Referenzbild benötigt?

9.7 Was versteht man unter einer bidirektionalen Prädiktion?

9.8 Was ist der Unterschied zwischen Vorwärtsprädiktion und Rückwärtsprädiktion?

9.9 Welche Bilder einer Sequenz dürfen beim Encoder als Referenzbild für die zeitliche Prädiktion verwendet werden?

9.10 Mit einer fest installierten Kamera wird eine unbewegte Szene aufgenommen. Die Bildsequenz wird mit einer zeitlichen Prädiktion verarbeitet. Kann man davon ausgehen, dass der Prädiktionsfehler immer Null ist? Begründen Sie!

9.11 Wie viele Vektoren benötigt man für die zeitliche Prädiktion?

9.12 Was ist der Unterschied zwischen I-, P- und B-Bildern?

9.13 Aufgrund unterschiedlicher Bildinhalte und Verarbeitungsmodi schwankt das Datenaufkommen in der Bildsequenzkompression bei konstanter Quantisierung. Wie kann man den Bitstrom an Kanäle mit konstanter Bitrate anpassen?

9.14 Wie wurde im H.264-Standard das Prinzip der zeitlichen Prädiktion verallgemeinert?

9.15 Welche Dekorrelationstechniken werden in H.26x-Standards eingesetzt?

9.16 Wodurch unterscheiden sich die einzelnen Modi in der örtlichen Prädiktion des H.264- und HEVC-Standards?

9.17 Warum werden in Videokompressionsstandards unterschiedliche Profile definiert?

9.18 Erläutern Sie die Bildzerlegung im HEVC-Standard. Was ist der Unterschied zwischen einem Coding-Block und einer Coding-Unit?

9.19 Nebenstehende Abbildung zeigt die Zerlegung eines Coding-Tree-Blocks (aus einem P-Slice) in Prediction-Blocks. Wie viele Bewegungsvektoren müssen übertragen werden?

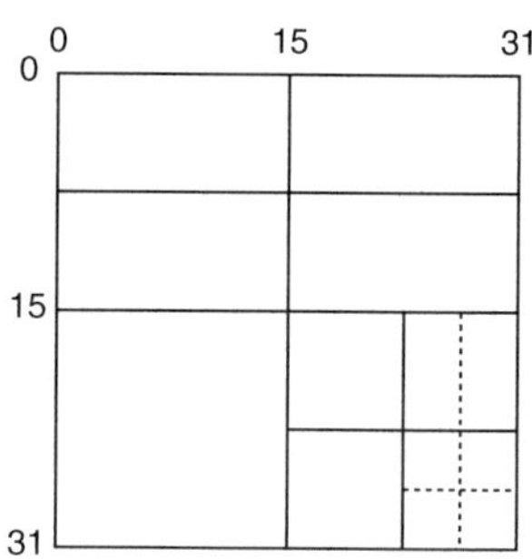

9.20 Erläutern Sie Zweck und Funktionsweise des Sample-Adaptive-Offset-Verfahrens für
  a) Kanten-offset und
  b) Band-Offset.

9.21 Erläutern Sie Vor- und Nachteile der drei typischen Anwendungsszenarien
  a) All-Intra,
  b) Random-Access und
  c) Low-Delay!

Anhang A

Testbilder

(a)

(b)

Abbildung A.1: Testbilder: (a) ‚Foreman #0‘, 176×144 Bildpunkte, $g_{min} = 1$, $g_{max} = 254$, $\sigma^2 = 3011.6$, $H = 7.32$ bpp (b) ‚Foreman #3‘, 176×144 Bildpunkte, $g_{min} = 1$, $g_{max} = 254$, $\sigma^2 = 2972.1$, $H = 7.35$ bpp

(a)

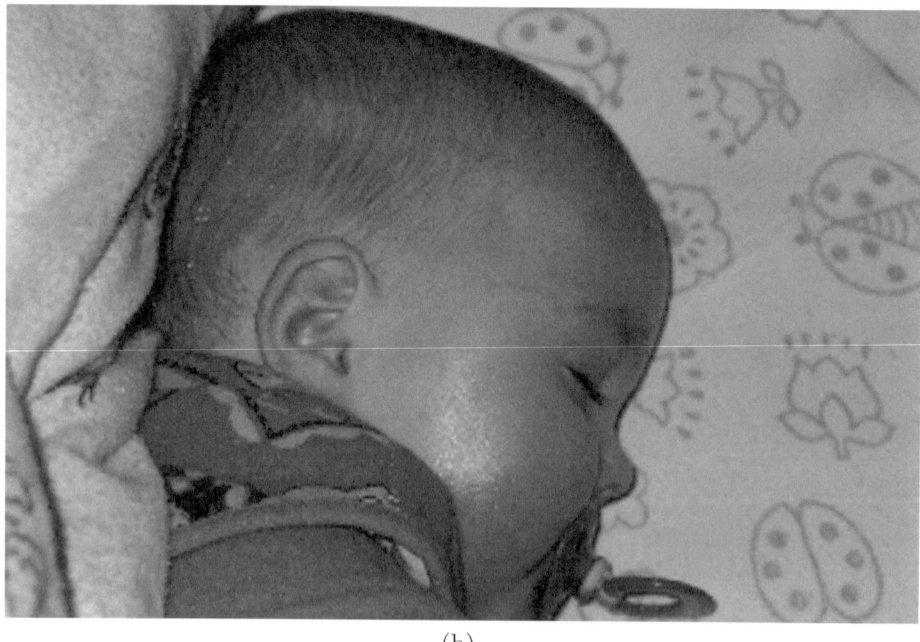

(b)

Abbildung A.2: Testbilder: (a) ‚Hannes1‘, 320×208 Bildpunkte, $g_{\min} = 9$, $g_{\max} = 231$, $\sigma^2 = 3182.4$, $H = 7.33$ bpp; (b) ‚Hannes2‘, 320×208 Bildpunkte, $g_{\min} = 14$, $g_{\max} = 200$, $\sigma^2 = 1455.8$, $H = 6.97$ bpp

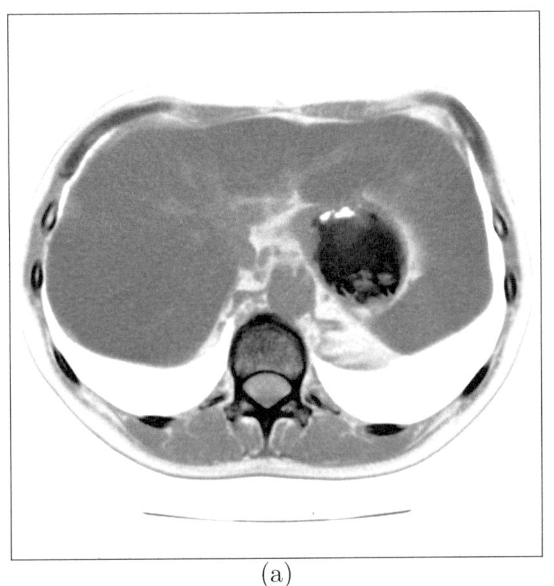

(a)

(b)

Abbildung A.3: Testbilder: (a) Computertomographie (invertiert) ‚CT-Bild', 512×512 Bildpunkte, $g_{\min} = 0$, $g_{\max} = 2025$, $\sigma^2 = 288373$, $H = 7.71$ bpp; (b) ‚kodim09_G', 512×768 Bildpunkte [Kodak]

(a)

(b)

Abbildung A.4: Testbilder; (a) ‚kodim07_G'; (b) ‚kodim08_G', 768×512 Bildpunkte [Kodak]

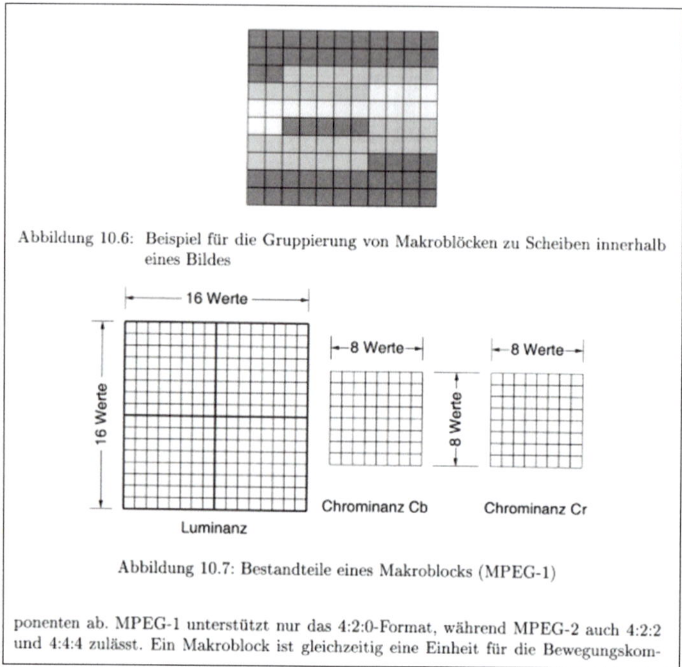

Abbildung A.5: Testbild ‚Dokument‘, 545×516 Bildpunkte, $g_\mathrm{min} = 0$, $g_\mathrm{max} = 255$, $\sigma^2 = 2296.4$, $H = 2.86$ bpp

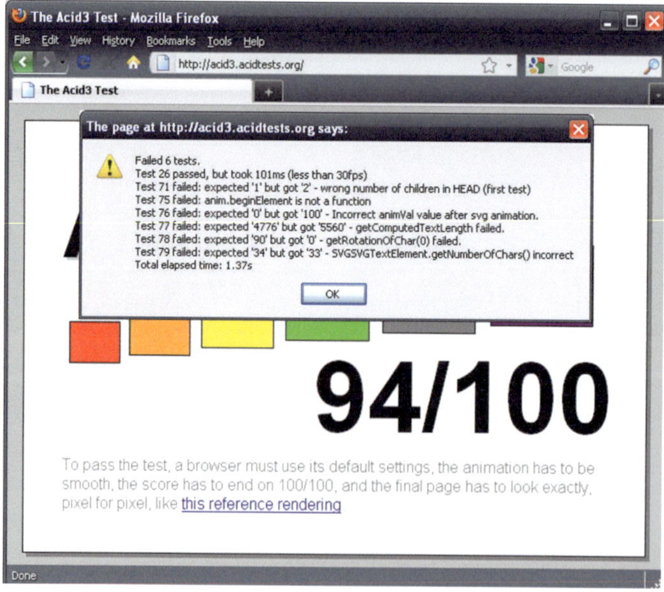

Abbildung A.6: Testbild ‚Acid3detail‘, 680×584 Bildpunkte; Quelle: [WC25]

Abbildung A.7: Testbild ‚bridge‘, 688 × 1008 Bildpunkte; Quelle: [ImCB]

Anhang B

Ableitung der DCT (Type II) aus der DFT

Jede Funktion $f(x)$ lässt sich in einen geraden Anteil

$$f_{\mathrm{g}}(x) = \frac{f(x) + f(-x)}{2}$$

und einen ungeraden Anteil

$$f_{\mathrm{u}}(x) = \frac{f(x) - f(-x)}{2}$$

zerlegen, sodass $f(x) = f_{\mathrm{g}}(x) + f_{\mathrm{u}}(x)$ gilt.

Bei einer Fouriertransformation wird der gerade Anteil eines Signals auf den Realteil der Fouriertransformierten abgebildet, während der ungerade Anteil des Signals zum Imaginär-Anteil führt. Sei

$$F(\omega) = \mathcal{F}\{f(x)\}$$

die Fouriertransformierte von $f(x)$, dann gelten

$$\Re\{F(\omega)\} = \mathcal{F}\{f_{\mathrm{g}}(x)\} \quad \text{und} \quad \Im\{F(\omega)\} = \mathcal{F}\{f_{\mathrm{u}}(x)\} \,.$$

Dasselbe gilt auch für die diskrete Fouriertransformation (DFT). Wenn das Ergebnis der Transformation reell (und nicht komplex) sein soll, dann muss ein gerades Signal transformiert werden.

Für ein gegebenes diskretes Signal $x[n]$ mit $n = 0, 1, \ldots, N-1$ wird ein neues Signal der Länge $2N$ konstruiert

$$x'[m] = \begin{cases} x[m] & \text{für} \quad 0 \le m < N \\ x[-m-1] & \text{für} \quad -N \le m < 0 \end{cases} \tag{B.1}$$

Damit $x'[m]$ eine gerade Funktion wird, muss das Koordinatensystem um 0.5 verschoben werden. Wir setzen deshalb $m' = m + 0.5$. **Abbildung B.1** zeigt ein Beispiel dazu. Mit der Definitionsgleichung für die DFT

$$X[k] = \frac{1}{\sqrt{N}} \sum_{n=0}^{N-1} x[n] \cdot \exp\left[-\jmath\, 2\pi \frac{n \cdot k}{N}\right] \tag{B.2}$$

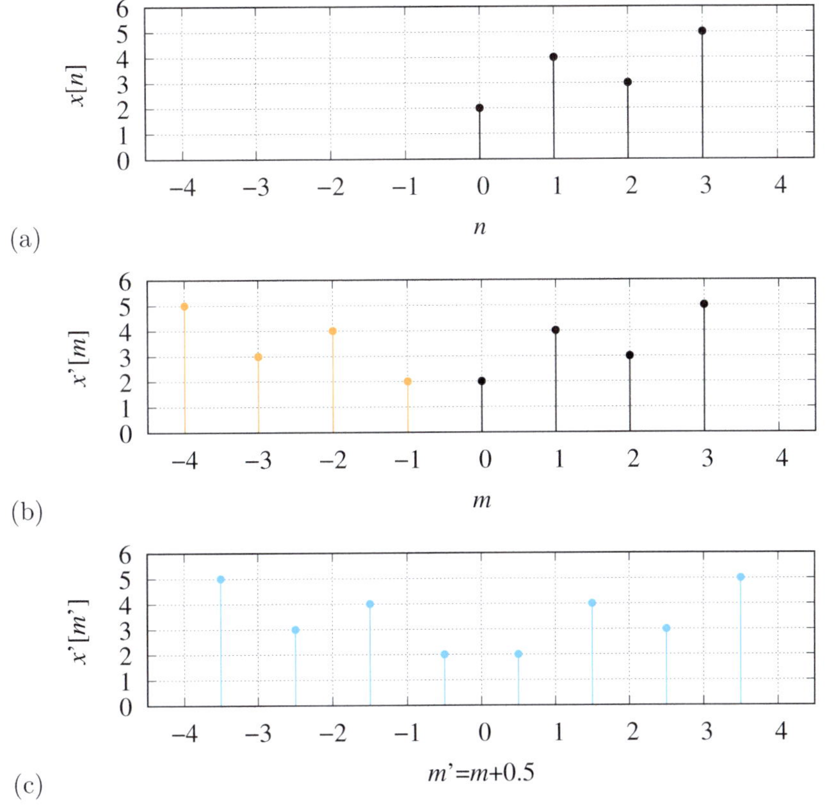

Abbildung B.1: Konstruktion eines geraden Signals: (a) originales Signal, (b) gespiegeltes Signal, (c) gerades Signal

transformieren wir das gerade Signal $x'[m']$

$$X'[k] = \frac{1}{\sqrt{2N}} \sum_{m'=-N+0.5}^{N-0.5} x'[m' - 0.5] \cdot \exp\left[-\jmath\, 2\pi \frac{m' \cdot k}{2N}\right]$$

und zerlegen die Exponentialfunktion in Kosinus- und Sinuskomponenten

$$
\begin{aligned}
X'[k] &= \frac{1}{\sqrt{2N}} \sum_{m'=-N+0.5}^{N-0.5} x'[m' - 0.5] \cdot \left[\cos\left(2\pi \frac{m' \cdot k}{2N}\right) - \jmath \cdot \sin\left(2\pi \frac{m' \cdot k}{2N}\right)\right] \\
&= \frac{1}{\sqrt{2N}} \cdot \sum_{m'=-N+0.5}^{N-0.5} x'[m' - 0.5] \cdot \cos\left(2\pi \frac{m' \cdot k}{2N}\right) \\
&\quad - \frac{\jmath}{\sqrt{2N}} \cdot \sum_{m'=-N+0.5}^{N-0.5} x'[m' - 0.5] \cdot \sin\left(2\pi \frac{m' \cdot k}{2N}\right)
\end{aligned}
$$

Da die Funktion $x'[m']$ und die Kosinusfunktion gerade sind, ist die erste Summation genauso groß wie das Doppelte einer Summation über den halben Bereich von $m' = 0.5, 1.5, \dots N - 0.5$. Die zweite Summation ergibt Null, weil die Sinusfunktion ungerade ist. Man erhält

$$X'[k] = \frac{2}{\sqrt{2N}} \cdot \sum_{m'=0.5}^{N-0.5} x'[m' - 0.5] \cdot \cos\left(2\pi \frac{m' \cdot k}{2N}\right)$$

$$= \sqrt{\frac{2}{N}} \cdot \sum_{m=0}^{N-1} x'[m] \cdot \cos\left(2\pi \frac{(m + 0.5) \cdot k}{2N}\right) \; .$$

Der Anteil von $x'[m]$ für $m < 0$ fließt nicht mehr in die Berechnung ein. Deshalb können x' wieder durch x und m wieder durch n ersetzt werden

$$X'[k] = \sqrt{\frac{2}{N}} \cdot \sum_{n=0}^{N-1} x[n] \cdot \cos\left((2n + 1) \cdot \frac{\pi \cdot k}{2N}\right) \; .$$

Die Elemente

$$a[k, n] = \sqrt{\frac{2}{N}} \cdot \cos\left((2n + 1) \cdot \frac{\pi \cdot k}{2N}\right)$$

bilden den Transformationskern. Die Norm der Zeilenvektoren beträgt

$$\sqrt{\sum_{n=0}^{N-1} (a[k, n])^2} = \sqrt{\sum_{n=0}^{N-1} \left[\sqrt{\frac{2}{N}} \cdot \cos\left((2n + 1) \cdot \frac{\pi \cdot k}{2N}\right)\right]^2}$$

$$= \begin{cases} \sqrt{2} & \text{für} \quad k = 0 \\ 1 & \text{sonst} \end{cases} \; .$$

Damit die Transformation orthonormal wird, muss der erste Vektor deshalb normiert werden und die diskrete Kosinustransformation berechnet sich mit

$$X[k] = C_0 \cdot \sqrt{\frac{2}{N}} \cdot \sum_{n=0}^{N-1} x[n] \cdot \cos\left[(2n + 1) \cdot \frac{\pi \cdot k}{2N}\right] \quad \text{mit} \quad C_0 = \begin{cases} \frac{1}{\sqrt{2}} & \text{für} \quad k = 0 \\ 1 & \text{sonst} \end{cases} \; .$$

Anhang C

Ableitung einer DST aus der DFT

In Analogie zur Ableitung der DCT in Abschnitt B ist das Ergebnis einer diskreten Fouriertransformation rein imaginär, wenn ein ungerades Signal transformiert wird.

Für ein gegebenes diskretes Signal $x[n]$ mit $n = 0, 1, \ldots, N-1$ wird ein neues, ungerades Signal der Länge $2N$ konstruiert

$$x'[m] = \begin{cases} -x[m-1] & \text{für} & 0 < m \le N \\ 0 & \text{für} & m = 0 \\ x[-m-1] & \text{für} & -N \le m < 0 \end{cases} \tag{C.1}$$

Abbildung C.1 zeigt ein Beispiel dazu. Mit der Definitionsgleichung für die DFT

$$X[k] = \frac{1}{\sqrt{N}} \sum_{n=0}^{N-1} x[n] \cdot \exp\left[-\jmath\, 2\pi \cdot \frac{n \cdot k}{N}\right] \tag{C.2}$$

transformieren wir das ungerade Signal $x'[m]$

$$X'[k] = \frac{1}{\sqrt{2N+1}} \sum_{m=-N}^{N} x'[m] \cdot \exp\left[-\jmath\, 2\pi \cdot \frac{m \cdot k}{2N+1}\right]$$

und zerlegen die Exponentialfunktion in Kosinus- und Sinuskomponenten

$$X'[k] = \frac{1}{\sqrt{2N+1}} \sum_{m=-N}^{N} x'[m] \cdot \left[\cos\left(2\pi \cdot \frac{m \cdot k}{2N+1}\right) - \jmath \cdot \sin\left(2\pi \cdot \frac{m \cdot k}{2N+1}\right)\right]$$

$$= \frac{1}{\sqrt{2N+1}} \cdot \sum_{m=-N}^{N} x'[m] \cdot \cos\left(2\pi \cdot \frac{m \cdot k}{2N+1}\right)$$

$$- \frac{\jmath}{\sqrt{2N+1}} \cdot \sum_{m=-N}^{N} x'[m] \cdot \sin\left(2\pi \cdot \frac{m \cdot k}{2N+1}\right)$$

Da die Funktion $x'[m]$ ungerade ist, verschwindet der Kosinus-Term und die zweite Summation ist genauso groß wie das Doppelte einer Summation über den halben Bereich von $m = 1, 2 \ldots N$. Für $m = 0$ ist der Summand ebenfalls Null und kann weg gelassen

© Der/die Herausgeber bzw. der/die Autor(en), exklusiv lizenziert an
Springer Fachmedien Wiesbaden GmbH, ein Teil von Springer Nature 2025
T. Strutz, *Bilddatenkompression*, https://doi.org/10.1007/978-3-658-49923-5

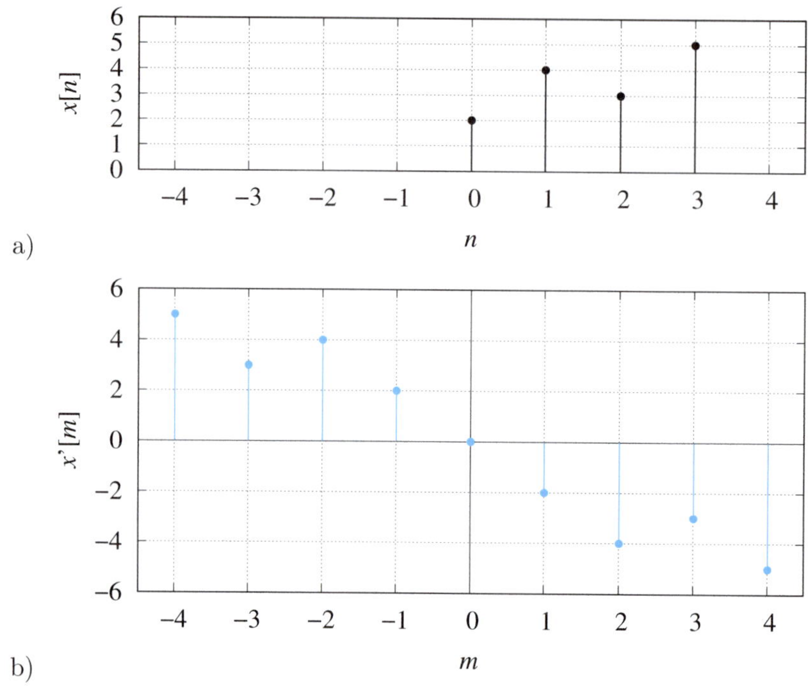

Abbildung C.1: Konstruktion eines ungeraden Signals: (a) originales Signal $x[n]$ mit $0 \leq n < N$, (b) ungerades Signal $x'[m]$ mit $-N \leq m \leq N$

werden. Man erhält

$$X'[k] = \frac{-\jmath \cdot 2}{\sqrt{2N+1}} \cdot \sum_{m=1}^{N} x'[m] \cdot \sin\left(2\pi \cdot \frac{m \cdot k}{2N+1}\right) .$$

Der Anteil von $x'[m]$ für $m < 1$ fließt nicht mehr in die Berechnung ein. Deshalb ist es möglich, $x'[m]$ durch $-x[n-1]$ zu ersetzen

$$X'[k] = \frac{\jmath \cdot 2}{\sqrt{2N+1}} \cdot \sum_{n=1}^{N} x[n-1] \cdot \sin\left(2\pi \cdot \frac{n \cdot k}{2N+1}\right)$$

$$= \frac{\jmath \cdot 2}{\sqrt{2N+1}} \cdot \sum_{n=0}^{N-1} x[n] \cdot \sin\left(2\pi \cdot \frac{(n+1) \cdot k}{2N+1}\right) .$$

Die Summation für $k = 0$ ergibt allerdings immer $X'[0] = 0$ und das Invertieren der korrespondierenden Transformationsmatrix wäre nicht möglich. Deshalb wird der Transformationsbereich um 0.5 verschoben[1]. Bei gleichzeitigem Vernachlässigen der imaginären

---

[1]Es wäre auch ein Verschieben um 1.0 möglich. Das würde dann zu anderen Basisfunktionen führen.

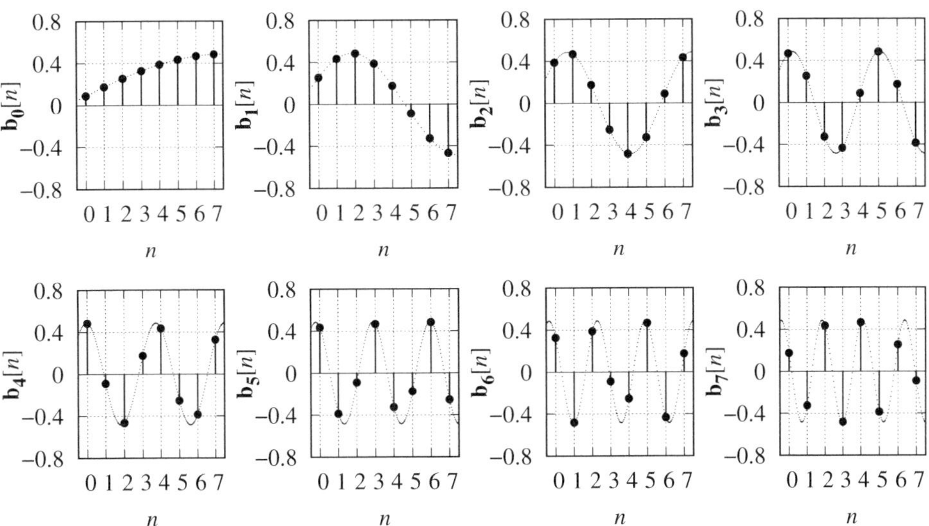

Abbildung C.2: Basisfunktionen der DST für $N = 8$

Einheit erhält man

$$X''[k] = \frac{2}{\sqrt{2N+1}} \cdot \sum_{n=0}^{N-1} x[n] \cdot \sin\left(2\pi \cdot \frac{(n+1)\cdot(k+0.5)}{2N+1} \right)$$

$$= \frac{2}{\sqrt{2N+1}} \cdot \sum_{n=0}^{N-1} x[n] \cdot \sin\left(\pi \cdot \frac{(n+1)\cdot(2k+1)}{2N+1} \right) \, .$$

Die Norm aller Zeilenvektoren beträgt Eins, sodass keine speziellen Faktoren erforderlich sind. Die diskrete Sinustransformation berechnet sich mit

$$X[k] = \frac{2}{\sqrt{2N+1}} \cdot \sum_{n=0}^{N-1} x[n] \cdot \sin\left(\pi \cdot \frac{(n+1)\cdot(2k+1)}{2N+1} \right) \, .$$

Die Basisfunktionen der DST sind in **Abbildung C.2** für eine Signallänge von $N = 8$ dargestellt.

Die Berechnungsvorschrift für die korrespondiere Rücktransformation lautet:

$$x[n] = \frac{2}{\sqrt{2N+1}} \cdot \sum_{k=0}^{N-1} X[k] \cdot \sin\left(\pi \cdot \frac{(n+1)\cdot(2k+1)}{2N+1} \right) \, .$$

Anhang D

JPEG-1 Decodier-Beispiel

Die nachfolgende Beschreibung einer JPEG-1-Decodierung bezieht sich auf einen JPEG-1-Bitstrom, welcher in Abbildung D.1 in hexadezimaler Form gezeigt ist. Die einzelnen Bytes werden in den Erläuterungen jeweils ganz links wieder in hexadezimaler Form angezeigt und durch Erläuterung ergänzt.

Die Datei beginnt vorschriftsmäßig mit einer SOI-Marke (FFD8). Im Anschluss folgt die Applikationsmarke FFE0 mit folgendem Inhalt

```
FFE0          APP0
0010          Länge = 16        # 16-2=14 Bytes folgen noch
4a46494600    'JFIF'            # Kennzeichnung des JFIF Segmentes
0101                            # Version 1.01
00                             # keine Einheit der Auflösung
0001          X-Dichte = 1
0001          Y-Dichte = 1      # Pixel sind quadratisch
0000          0 × 0            # kein Vorschaubild
```

Die nächste Marke FFDB definiert eine Quantisierungstabelle

```
FFDB          DQT
0043          Länge = 67        # 67-2=65 Bytes folgen noch
0             4 Bits            # Genauigkeit der Werte: 1 Byte
0             4 Bits            # Tabelle Nr. 0
14 1e 1f 2a 29 28 32 32 ...
              # 64 Bytes für die Quantisierungs-Intervallbreiten im Zick-Zack-Scan
```

Die Werte in der Tabelle lauten demnach dezimal

```
20 30 40 50 50 50 50 50
31 41 50 50 50 50 50 50
42 50 50 50 50 50 50 50
50 50 50 50 50 50 50 50
50 50 50 50 50 50 50 50
50 50 50 50 50 50 50 50
50 50 50 50 50 50 50 50
50 50 50 50 50 50 50 50
```

```
   0: FF D8 FF E0 00 10 4A 46 49 46 00 01 01 00 00 01   ÿØÿà..JFIF.....
  16: 00 01 00 00 FF DB 00 43 00 14 1E 1F 2A 29 28 32   ....ÿÛ.C....*)(2
  32: 32 32 32 32 32 32 32 32 32 32 32 32 32 32 32 32   2222222222222222
  48: 32 32 32 32 32 32 32 32 32 32 32 32 32 32 32 32   2222222222222222
  64: 32 32 32 32 32 32 32 32 32 32 32 32 32 32 32 32   2222222222222222
  80: 32 32 32 32 32 32 32 32 32 FF DB 00 43 01 14 1E   222222222ÿÛ.C...
  96: 1F 2A 29 28 5A 5A 5A 5A 5A 5A 5A 5A 5A 5A 5A 5A   .*)(ZZZZZZZZZZZZ
 112: 5A 5A 5A 5A 5A 5A 5A 5A 5A 5A 5A 5A 5A 5A 5A 5A   ZZZZZZZZZZZZZZZZ
 128: 5A 5A 5A 5A 5A 5A 5A 5A 5A 5A 5A 5A 5A 5A 5A 5A   ZZZZZZZZZZZZZZZZ
 144: 5A 5A 5A 5A 5A 5A 5A 5A 5A 5A 5A 5A 5A 5A FF C0   ZZZZZZZZZZZZZZÿÀ
 160: 00 11 08 00 20 00 20 03 01 22 00 02 11 01 03 11   .... . ..."....
 176: 01 FF C4 00 18 00 01 01 01 01 01 00 00 00 00 00   .ÿÄ............
 192: 00 00 00 00 00 00 04 06 05 01 07 FF C4 00 29 10   ...........ÿÄ.).
 208: 01 00 02 01 03 03 03 04 02 03 00 00 00 00 00 00   ................
 224: 01 02 11 03 04 12 21 00 31 41 13 22 32 05 51 52   ......!.1A.".2.QR
 240: 61 14 81 91 B1 F0 FF C4 00 18 01 00 02 03 00 00   a.l´±ðÿÄ........
 256: 00 00 00 00 00 00 00 00 00 00 01 03 02 04 06       ................
 272: FF C4 00 22 11 01 00 02 01 03 03 05 00 00 00 00   ÿÄ."............
 288: 00 00 00 00 00 01 03 11 00 02 21 31 04 61 71 41   ..........!1.aqA
 304: 51 C1 D1 E1 FF DA 00 0C 03 01 00 02 11 03 11 00   QÁÑáÿÚ..........
 320: 3F 00 C7 FA 76 8B D7 93 29 5F A7 04 BE FE E7 F1   ?.Çúvl×l)_§.¾þçñ
 336: 1F 01 DE 54 D8 20 55 D9 75 8F 14 31 C4 8C 22 44   ..ÞTØ UÙu.1ÄŒ"D
 352: 3C 1F E2 DF 2B C7 2B 6B E5 E8 DA 28 91 D3 E2 02   <.âß+Ç+kåèÚ('Óâ.
 368: 8D 91 7F B9 1B 97 9F BA AF FA E3 AE 38 B3 7F 24   l'l¹.l−úã®8³l§
 384: 9F A8 18 88 56 CE 79 79 EE 37 1B B6 F7 94 D0 42   l¨.lVÎyyî7.¶÷lÐB
 400: AA D7 35 3C AC 9A DD E8 38 3C 7C B8 E0 AC 72 08   ª×5<¬lÝè8<|¸à¬r.
 416: 88 22 52 3C 88 F7 13 C8 F5 1F F5 1F A7 90 1C 98   l"R<l÷.Èõ.õ.§l.l
 432: 8E 0E 67 13 C1 F9 1F AF B8 7C 4E 4A 88 D5 1E 6C   l.g.Áù.¯¸|NJlÕ.l
 448: 59 65 97 14 A1 3D B0 8A EF 8F 3E E1 AE 2B E2 F6   Yel.¡=°lïl>á®+âö
 464: A2 EB 6D EE 2D E0 77 4A 8E 46 24 47 C9 85 2F 31   ¢ëmî-àwJlF§GÉl/1
 480: F4 79 9C BA 58 B0 7D F0 23 14 5B B6 15 62 A7 1E   ôyl°X°}ð#.[¶.b§.
 496: A4 4F 95 3B 77 5F 29 D3 F0 66 32 C6 EB 6C 8F 9E   ¤Ol;w_)Óðf2Æël l
 512: 37 E5 07 9E E7 70 6A E2 A1 BA 34 D7 5E 7B A4 D5   7å.lçpjâ¡º4×^{ªÕ
 528: CF 4F 2B 8D 31 53 74 5A F7 05 D7 35 62 5B 49 E7   ÏO+l1StZ÷.×5b[Iç
 544: B8 9C 75 61 0D 4E 93 50 8D ED 99 C1 6B 8F 21 DC   ¸lua.NlPlílÁkl!U
 560: 02 71 45 1B 7D B1 92 73 C9 7D 5B 9F A7 74 AE CD   .qE.}±'sÉ}[l§t®Í
 576: 2D 89 BA 76 7B 64 47 35 F2 64 8E 38 B2 92 11 89   -lºv{dG5òdl8²'.l
 592: 6A FF 00 DC AF 60 39 5E 0E 7A 24 72 B1 C7 3C D9   jÿ.Ü¯`9^.z$r±Ç<Ù
 608: 37 46 35 B8 C7 22 23 08 9C 07 8B 9C FB D4 A5 C3   7F5¸Ç"#.l lûÔ¥Ã
 624: 22 05 22 A3 C9 93 49 8B 6C E5 2D ED 2C 2E 73 CC   "."£Élll å-í,.sÌ
 640: F7 EF 0D D2 91 15 63 44 BD BC 95 BB BF 53 5A FD   ÷ï.Ò'.cD½¼l»¿SZý
 656: 7B A8 A8 C4 AC 63 65 86 E6 55 56 D2 D5 5A 00 FE   {¨¨Ä¬celæUVÒÕZ.þ
 672: DF 00 B8 A0 75 BC 35 EA A5 6D EC 7D FE D9 5C FF   ß.¸ u¼5ê¥mì}þÙ\ÿ
 688: D9                                                Ù
```

Abbildung D.1: Hexadezimal-Darstellung eines JPEG-1-Bitstroms

Es folgt eine zweite Quantisierungstabelle mit

```
FFDB          DQT
0043          Länge = 67      # 67-2=65 Bytes folgen noch
0             4 Bits          # Genauigkeit der Werte:1 Byte
1             4 Bits          # Tabelle Nr. 1
14 1e 1f 2a 29 28 5a 5a ...
                              # 64 Bytes für die Quantisierungs-Intervallbreiten im Zick-Zack-Scan
```

Die Werte dieser Tabelle lauten demnach dezimal

```
20 30 40 90 90 90 90 90
31 41 90 90 90 90 90 90
42 90 90 90 90 90 90 90
90 90 90 90 90 90 90 90
90 90 90 90 90 90 90 90
90 90 90 90 90 90 90 90
90 90 90 90 90 90 90 90
90 90 90 90 90 90 90 90
```

Damit sind alle Vorbereitungen für den Daten-Rahmen getroffen und dieser wird mit einem Start-of-Frame-Header eingeleitet. Die SOF-Marke signalisiert gleichzeitig den Kompressionsmodus. In diesem Beispiel handelt es sich um ein Bild, dass im Baseline-Modus komprimiert wurde.

```
FFc0    SOF              Codierung im Baseline-Modus
0011    Länge = 17       # 17-2=15 Bytes folgen noch
08      8 Bits pro Abtastwert
0020    32 Zeilen
0020    32 Spalten       # die Bildgröße ist somit bekannt
03                       # Rahmen enthält 3 Komponenten
01      Komponente: 1    # es folgen Informationen zur ersten Komponente
2       4 Bits           # Abtastfaktor horizontal: 2
2       4 Bits           # Abtastfaktor vertikal: 2
00      Tabellen-Nr.     diese Komponente verwendet Quantisierungstabelle 0
02      Komponente: 2    # es folgen Informationen zur zweiten Komponente
1       4 Bits           # Abtastfaktor horizontal: 1
1       4 Bits           # Abtastfaktor vertikal: 1
01      Tabellen-Nr.     # diese Komponente verwendet Quantisierungstabelle 1
03      Komponente: 3    # es folgen Informationen zur dritten Komponente
1       4 Bits           # Abtastfaktor horizontal: 1
1       4 Bits           # Abtastfaktor vertikal: 1
01      Tabellen-Nr.     # diese Komponente verwendet Quantisierungstabelle 1
```

Entsprechend der JFIF-Spezifikation enthält Komponente 1 die Helligkeitskomponente (Y). Sie hat einen doppelt so hohen Abtastfaktor wie die anderen beiden Komponenten (Cb und Cr), sowohl in horizontaler als auch vertikaler Richtung. Das Abtastformat ist somit 4:2:0. Die Komponenten 2 und 3 verwenden eine gemeinsame Quantisierungstabelle.

Nun folgen die Codierungstabellen

```
FFC4    DHT
0018    Länge = 24
0       Tabellenklasse: 0   # Tabelle für DC-Information
```

```
0           Tabellennummer: 0
01 01 01 01 01 00 00 00 00 00 00 00 00 00 00 00
            # Anzahl von Codewörter der Längen 1 bis 16
            # der Code enthält 5 Symbole mit jeweils einem Codewort der Längen 1 bis 5
04          Symbol 4        # Kategorie 4 ⤳ '0' + 4 Bits
06          Symbol 6        # Kategorie 6 ⤳ '10' + 6 Bits
05          Symbol 5        # Kategorie 5 ⤳ '110' + 5 Bits
01          Symbol 1        # Kategorie 1 ⤳ '1110' + 1 Bits
07          Symbol 7        # Kategorie 7 ⤳ '11110' + 7 Bits
```

Wie in Abschnitt 3.6 beschrieben, werden die Codewörter aus den übertragenen Codewortlängen rekonstruiert. Die Codewörter teilen, wie oben beschrieben, nur die Kategorie
mit, aus welcher der Wert stammt. Eine durch die Kategorienummer festgelegte Anzahl
von Bits charakterisiert dann den eigentlichen Wert.

```
FFC4        DHT
0029        Länge = 41
1           Tabellenklasse: 1   # Tabelle für AC-Information
0           Tabellennummer: 0
01 00 02 01 03 03 03 04 02 03 00 00 00 00 00 00
            # Anzahl von Codewörter der Längen 1 bis 16
            # der Code enthält insgesamt 22 Symbole
01          Symbol 1        # Run 0, Kategorie 1 ⤳ '0' + 1 Bits
02          Symbol 2        # Run 0, Kategorie 2 ⤳ '100' + 2 Bits
11          Symbol 17       # Run 1, Kategorie 1 ⤳ '101' + 1 Bits
03          Symbol 3        # Run 0, Kategorie 3 ⤳ '1100' + 3 Bits
04          Symbol 4        # Run 0, Kategorie 4 ⤳ '11010' + 4 Bits
12          Symbol 18       # Run 1, Kategorie 2 ⤳ '11011' + 2 Bits
21          Symbol 33       # Run 2, Kategorie 1 ⤳ '11100' + 1 Bits
00          Symbol 0        # Run 0, Kategorie 0 ⤳ '111010' + 0 Bits (EOB)
31          Symbol 49       # Run 3, Kategorie 1 ⤳ '111011' + 1 Bits
41          Symbol 65       # Run 4, Kategorie 1 ⤳ '111100' + 1 Bits
13          Symbol 19       # Run 1, Kategorie 3 ⤳ '1111010' + 3 Bits
22          Symbol 34       # Run 2, Kategorie 2 ⤳ '1111011' + 2 Bits
32          Symbol 50       # Run 3, Kategorie 2 ⤳ '1111100' + 2 Bits
05          Symbol 5        # Run 0, Kategorie 5 ⤳ '11111010' + 5 Bits
51          Symbol 81       # Run 5, Kategorie 1 ⤳ '11111011' + 1 Bits
52          Symbol 82       # Run 5, Kategorie 2 ⤳ '11111100' + 2 Bits
61          Symbol 97       # Run 6, Kategorie 1 ⤳ '11111101' + 1 Bits
14          Symbol 20       # Run 1, Kategorie 4 ⤳ '111111100' + 4 Bits
81          Symbol 129      # Run 8, Kategorie 1 ⤳ '111111101' + 1 Bits
91          Symbol 145      # Run 9, Kategorie 1 ⤳ '1111111100' + 1 Bits
b1          Symbol 177      # Run 11, Kategorie 1 ⤳ '1111111101' + 1 Bits
f0          Symbol 240      # Run 15, Kategorie 0 ⤳ '1111111110' + 0 Bits (ZRL)
```

Zur Erinnerung: die Lauflänge ergibt sich aus Symbolnummer dividiert durch 16, die
Kategorie ist der Rest der Division.

Im Anschluss kommen weitere Codetabellen, je eine für DC- und AC-Informationen.

```
FFC4        DHT
0018        Länge = 24
0           Tabellenklasse: 0   # Tabelle für DC-Information
1           Tabellennummer: 1
00 02 03 00 00 00 00 00 00 00 00 00 00 00 00 00
                        # Anzahl von Codewörter der Längen 1 bis 16
                        # der Code enthält 5 Symbole
01          Symbol 1    Kategorie 1 ⤳ '00' + 1 bits
03          Symbol 3    Kategorie 3 ⤳ '01' + 3 bits
02          Symbol 2    Kategorie 2 ⤳ '100' + 2 bits
04          Symbol 4    Kategorie 4 ⤳ '101' + 4 bits
06          Symbol 6    Kategorie 6 ⤳ '110' + 6 bits


FFC4        DHT
0022        Länge = 34
1           Tabellenklasse: 1   # Tabelle für AC-Information
1           Tabellennummer: 1
01 00 02 01 03 03 05 00 00 00 00 00 00 00 00 00
                        # Anzahl von Codewörter der Längen 1 bis 16
                        # der Code enthält insgesamt 15 Symbole
01          Symbol 1     Run 0, Kategorie 1 ⤳ '0' + 1 bits
03          Symbol 3     Run 0, Kategorie 3 ⤳ '100' + 3 bits
11          Symbol 17    Run 1, Kategorie 1 ⤳ '101' + 1 bits
00          Symbol 0     Run 0, Kategorie 0 ⤳ '1100' + 0 bits (EOB)
02          Symbol 2     Run 0, Kategorie 2 ⤳ '11010' + 2 bits
21          Symbol 33    Run 2, Kategorie 1 ⤳ '11011' + 1 bits
31          Symbol 49    Run 3, Kategorie 1 ⤳ '11100' + 1 bits
04          Symbol 4     Run 0, Kategorie 4 ⤳ '111010' + 4 bits
61          Symbol 97    Run 6, Kategorie 1 ⤳ '111011' + 1 bits
71          Symbol 113   Run 7, Kategorie 1 ⤳ '111100' + 1 bits
41          Symbol 65    Run 4, Kategorie 1 ⤳ '1111010' + 1 bits
51          Symbol 81    Run 5, Kategorie 1 ⤳ '1111011' + 1 bits
c1          Symbol 193   Run 12, Kategorie 1 ⤳ '1111100' + 1 bits
d1          Symbol 209   Run 13, Kategorie 1 ⤳ '1111101' + 1 bits
e1          Symbol 225   Run 14, Kategorie 1 ⤳ '1111110' + 1 bits
```

Innerhalb dieses Rahmens folgt jetzt ein Durchlauf, der nach einem Start-of-Scan-Kopf die codierten Daten enthält

```
FFDA        SOS
000C        Länge = 12
03          3 Komponenten im Scan
01          Komponente: 1   # Informationen zur Komponente 1
```

```
0          DC-Selektor: 0        # Komponente verwendet DC-Codetabelle 0
0          AC-Selektor: 0        # Komponente verwendet AC-Codetabelle 0
02         Komponente: 2
1          DC-Selektor: 1        # Komponente verwendet DC-Codetabelle 1
1          AC-Selektor: 1        # Komponente verwendet AC-Codetabelle 1
03         Komponente: 3
1          DC-Selektor: 1        # Komponente verwendet DC-Codetabelle 1
1          AC-Selektor: 1        # Komponente verwendet AC-Codetabelle 1
00         spektrale Selektion Start: 0
3f         spektrale Selektion Ende: 63  # alle spektralen Anteile
0          Bitebene high: 0
0          Bitebene low: 0       # keine Progression
```

Die Chrominanzen Cb und Cr verwenden die gleichen Huffman-Codes, die Y-Komponente sowohl für AC- als auch DC-Information andere Codes. Diese Wahl wurde vom Encoder vorgenommen, weil die Verteilung der Symbole in den Chrominanzen ähnlich, in der Helligkeitskomponente jedoch anders ist.

Die nachfolgenden Listen enthalten jeweils in der ersten Spalte das Datenbyte. Dahinter folgen die entsprechenden binäre Darstellung mit ergänzenden Zeichen. Leerzeichen grenzen die Codewörter und Nachfolgebits voneinander ab. Kommas zeigen das Ende der Bitfolge für einen Wert.

Dieser Durchlauf (*Scan*) enthält drei Komponenten. Diese werden also verschachtelt übertragen. Da das Unterabtastformat 4:2:0 gewählt wurde, gehören zu einer minimalen Codiereinheit (MCU) vier Y-Blöcke und jeweils ein CB- und Cr-Block. Diese Blöcke wurden genau in dieser Reihenfolge codiert.

Die Daten für den ersten 8x8-Y-Block links oben lauten

```
c7    110 00111,        Symbol: 5, DIFF=DC=-24
fa    11111010
76    01110, 110        Symbol: 5, Run: 0, Kategorie: 5, AC1=-17
8b    10 0010, 11       Symbol: 4, Run: 0, Kategorie: 4, AC2=-13
d7    11010 111,        Symbol:19, Run: 1, Kategorie: 3, AC4=7
93    100 10, 0 1, 1    Symbol: 2, Run: 0, Kategorie: 2, AC5=2
                        Symbol: 1, Run: 0, Kategorie: 1, AC6=1
29    00 10, 100 1      Symbol: 2, Run: 0, Kategorie: 2, AC7=2
5f    0, 101 1, 111     Symbol: 2, Run: 0, Kategorie: 2, AC8=2;
                        Symbol:17, Run: 1, Kategorie: 1, AC10=1
a7    1010 011, 1       Symbol:19, Run: 1, Kategorie: 3, AC12=-4
04    00 00, 0 1, 0 0,  Symbol: 2, Run: 0, Kategorie: 2, AC13=-3
                        Symbol: 1, Run: 0, Kategorie: 1, AC14=1
                        Symbol: 1, Run: 0, Kategorie: 1, AC15=-1
be    101 1, 1110       Symbol:17, Run: 1, Kategorie: 1, AC17=1
fe    11 1, 11110       Symbol:49, Run: 3, Kategorie: 1, AC21=1
e7    11 10, 0 1, 11    Symbol:34, Run: 2, Kategorie: 2, AC24=2
```

		Symbol: 1, Run: 0, Kategorie: 1, AC25=1
f1	111100 01,	Symbol:82, Run: 5, Kategorie: 2, AC31=-2
1f	0 0, 0 1, 1111	Symbol: 1, Run: 0, Kategorie: 1, AC32=-1
		Symbol: 1, Run: 0, Kategorie: 1, AC33=1
01	00 0, 0 0, 0 0, 1	Symbol:65, Run: 4, Kategorie: 1, AC38=-1,
		Symbol: 1, Run: 0, Kategorie: 1, AC39=-1
		Symbol: 1, Run: 0, Kategorie: 1, AC40=-1
de	11011 1, 10	Symbol:49, Run: 3, Kategorie: 1, AC44=1
54	0 10, 101 0, 0	Symbol: 2, Run: 0, Kategorie: 2, AC45=2
		Symbol:17, Run: 1, Kategorie: 1, AC47=-1
d8	1, 101 1, 0 0, 0	Symbol: 1, Run: 0, Kategorie: 1, AC48=1
		Symbol:17, Run: 1, Kategorie: 1, AC50=1
		Symbol: 1, Run: 0, Kategorie: 1, AC51=-1
20	0, 0 1, 0 0, 0 0, 0	Symbol: 1, Run: 0, Kategorie: 1, AC52=-1
		Symbol: 1, Run: 0, Kategorie: 1, AC53=1
		Symbol: 1, Run: 0, Kategorie: 1, AC54=-1
		Symbol: 1, Run: 0, Kategorie: 1, AC55=-1
55	0, 101 0, 101	Symbol: 1, Run: 0, Kategorie: 1, AC56=-1
		Symbol:17, Run: 1, Kategorie: 1, AC58=-1
d9	1, 101 1, 0 0, 1	Symbol:17, Run: 1, Kategorie: 1, AC60=1
		Symbol:17, Run: 1, Kategorie: 1, AC62=1
		Symbol: 1, Run: 0, Kategorie: 1, AC63=-1

Da sogar der letzte AC-Wert (genauer: das entsprechende Quantisierungssymbol $q[k, l]$, vergleiche Gleichung 8.1) ungleich Null ist, wird für diesen Block kein EOB-Symbol übertragen. Das letzte Bit des Datenbytes 'd9' gehört schon zu der Information des nächsten Blocks.

75	0 111010, 1	Symbol: 6, DIFF=58, DC=DIFF+PRED=58-24=34
8f	100 011, 11	Symbol: 3, Run: 0, Kategorie: 3, AC1=-4
14	00 010, 100	Symbol: 3, Run: 0, Kategorie: 3, AC2=-5
31	00, 1100 01	Symbol: 2, Run: 0, Kategorie: 2, AC3=-3
c4	1, 100 01, 0 0,	Symbol: 3, Run: 0, Kategorie: 3, AC4=-4
		Symbol: 2, Run: 0, Kategorie: 2, AC5=-2
		Symbol: 1, Run: 0, Kategorie: 1, AC6=-1
8c	100 01, 100	Symbol: 2, Run: 0, Kategorie: 2, AC7=-2
22	00, 100 01, 0	Symbol: 2, Run: 0, Kategorie: 2, AC8=-3
		Symbol: 2, Run: 0, Kategorie: 2, AC9=-2
44	0, 100 01, 0 0,	Symbol: 1, Run: 0, Kategorie: 1, AC10=-1
		Symbol: 2, Run: 0, Kategorie: 2, AC11=-2
		Symbol: 1, Run: 0, Kategorie: 1, AC12=-1
3c	0 0, 111100	Symbol: 1, Run: 0, Kategorie: 1, AC13=-1,
1f	0, 0 0, 11111	Symbol:65, Run: 4, Kategorie: 1, AC18=-1
		Symbol: 1, Run: 0, Kategorie: 1, AC19=-1
e2	11100 0, 10	Symbol:145, Run: 9, Kategorie: 1, AC29=-1
df	1 1, 0 1, 1111	Symbol:17, Run: 1, Kategorie: 1, AC31=1

		Symbol: 1, Run: 0, Kategorie: 1, AC32=1
2b	00 1, 0 1, 0 1, 1	Symbol:65, Run: 4, Kategorie: 1, AC37=1
		Symbol: 1, Run: 0, Kategorie: 1, AC38=1
		Symbol: 1, Run: 0, Kategorie: 1, AC39=1
c7	1100 0, 111	Symbol:33, Run: 2, Kategorie: 1, AC42=-1
2b	00 1, 0 1, 0 1, 1	Symbol:33, Run: 2, Kategorie: 1, AC45=1,
		Symbol: 1, Run: 0, Kategorie: 1, AC46=1
		Symbol: 1, Run: 0, Kategorie: 1, AC47=1
6b	01 1, 0 1, 0 1, 1	Symbol:17, Run: 1, Kategorie: 1, AC49=1
		Symbol: 1, Run: 0, Kategorie: 1, AC50=1
		Symbol: 1, Run: 0, Kategorie: 1, AC51=1
e5	11100 1, 0 1,	Symbol:65, Run: 4, Kategorie: 1, AC56=1
		Symbol: 1, Run: 0, Kategorie: 1, AC57=1
e8	111010, 0 0	EOB

Mit dem End-Of-Block-Symbol wurde der zweite 8×8-Block der Y-Komponente abge-schlossen. Die letzten beiden Bits des Datenbytes 'e8' gehören schon zu der Information des nächsten Blocks.

da	110, 11010	Symbol: 4, DIFF=-9, DC=DIFF+PRED=-9+34=25
28	0010, 100 0	Symbol: 4, Run: 0, Kategorie: 4, AC1=-13
91	1, 0 0, 100 01,	Symbol: 2, Run: 0, Kategorie: 2, AC2=-2
		Symbol: 1, Run: 0, Kategorie: 1, AC3=-1
		Symbol: 2, Run: 0, Kategorie: 2, AC4=-2
d3	11010 011	
e2	1, 1100 010	Symbol: 4, Run: 0, Kategorie: 4, AC5=-8
		Symbol: 3, Run: 0, Kategorie: 3, AC6=-5
02	0 0, 0 0, 0 0, 10	Symbol: 1, Run: 0, Kategorie: 1, AC7=-1
		Symbol: 1, Run: 0, Kategorie: 1, AC8=-1
		Symbol: 1, Run: 0, Kategorie: 1, AC9=-1
8d	1 0, 0 0, 1101	Symbol:17, Run: 1, Kategorie: 1, AC11=-1
		Symbol: 1, Run: 0, Kategorie: 1, AC12=-1
91	1 00, 100 01,	Symbol:18, Run: 1, Kategorie: 2, AC14=-3
		Symbol: 2, Run: 0, Kategorie: 2, AC15=-2
7f	0 1, 111111	Symbol: 1, Run: 0, Kategorie: 1, AC16=1
b9	101 1, 100 1	Symbol:129, Run: 8, Kategorie: 1, AC25=1
1b	0, 0 0, 11011	Symbol: 2, Run: 0, Kategorie: 2, AC26=2
		Symbol: 1, Run: 0, Kategorie: 1, AC27=-1
97	10, 0 1, 0 1, 11	Symbol:18, Run: 1, Kategorie: 2, AC29=2,
		Symbol: 1, Run: 0, Kategorie: 1, AC30=1
		Symbol: 1, Run: 0, Kategorie: 1, AC31=1
9f	100 1, 1111	Symbol:33, Run: 2, Kategorie: 1, AC34=1
ba	1011 1, 0 1, 0	Symbol:81, Run: 5, Kategorie: 1, AC40=1
		Symbol: 1, Run: 0, Kategorie: 1, AC41=1
af	1, 0 1, 0 1, 111	Symbol: 1, Run: 0, Kategorie: 1, AC42=1
		Symbol: 1, Run: 0, Kategorie: 1, AC43=1

		Symbol: 1, Run: 0, Kategorie: 1, AC44=1
fa	1111101 0,	Symbol:177, Run:11, Kategorie: 1, AC56=-1
e3	11100 0, 11	Symbol:33, Run: 2, Kategorie: 1, AC59=-1
ae	1010, 1110	EOB

Mit dem End-Of-Block-Symbol wurde der dritte 8×8-Block der Y-Komponente abge-schlossen. Die letzten vier Bits des Datenbytes 'ae' gehören schon zu der Information des nächsten Blocks.

38	0, 0 1, 1100 0	Symbol: 1, 0 Bits, DIFF=-1, DC=DIFF+PRED=-1+25=24
		Symbol: 1, Run: 0, Kategorie: 1, AC1=1
b3	10, 1100 11	Symbol: 3, Run: 0, Kategorie: 3, AC2=-5
7f	0, 1111111	Symbol: 3, Run: 0, Kategorie: 3, AC3=6
24	00 1001, 0 0,	Symbol:20, Run: 1, Kategorie: 4, AC5=9
		Symbol: 1, Run: 0, Kategorie: 1, AC6=-1
9f	100 11, 111	Symbol: 2, Run: 0, Kategorie: 2, AC7=3
a8	1010 100, 0	Symbol:19, Run: 1, Kategorie: 3, AC9=4
18	0, 0 0, 1100 0	Symbol: 1, Run: 0, Kategorie: 1, AC10=-1
		Symbol: 1, Run: 0, Kategorie: 1, AC11=-1
88	10, 0 0, 100 0	Symbol: 3, Run: 0, Kategorie: 3, AC12=-5
		Symbol: 1, Run: 0, Kategorie: 1, AC13=-1
56	0, 101 0, 110	Symbol: 2, Run: 0, Kategorie: 2, AC14=-3
		Symbol:17, Run: 1, Kategorie: 1, AC16=-1
ce	11 00, 1110	Symbol:18, Run: 1, Kategorie: 2, AC18=-3
79	0 1, 11100 1,	Symbol:33, Run: 2, Kategorie: 1, AC21=1
		Symbol:33, Run: 2, Kategorie: 1, AC24=1
79	0 1, 11100 1,	Symbol: 1, Run: 0, Kategorie: 1, AC25=1
		Symbol:33, Run: 2, Kategorie: 1, AC28=1
ee	111011 1, 0	Symbol:49, Run: 3, Kategorie: 1, AC32=1
37	0, 0 1, 101 1, 1	Symbol: 1, Run: 0, Kategorie: 1, AC33=-1
		Symbol: 1, Run: 0, Kategorie: 1, AC34=1
		Symbol:17, Run: 1, Kategorie: 1, AC36=1
1b	00 01, 101 1,	Symbol: 2, Run: 0, Kategorie: 2, AC37=-2
		Symbol:17, Run: 1, Kategorie: 1, AC39=1
b6	101 1, 0 1, 10	Symbol:17, Run: 1, Kategorie: 1, AC41=1
		Symbol: 1, Run: 0, Kategorie: 1, AC42=1
f7	1 1, 11011 1	Symbol:17, Run: 1, Kategorie: 1, AC44=1
94	1, 0 0, 101 0, 0	Symbol:18, Run: 1, Kategorie: 2, AC46=3
		Symbol: 1, Run: 0, Kategorie: 1, AC47=-1
		Symbol:17, Run: 1, Kategorie: 1, AC49=-1
d0	1, 101 0, 0 0, 0	Symbol: 1, Run: 0, Kategorie: 1, AC50=1
		Symbol:17, Run: 1, Kategorie: 1, AC52=-1
		Symbol: 1, Run: 0, Kategorie: 1, AC53=-1
42	0, 100 00, 10	Symbol: 1, Run: 0, Kategorie: 1, AC54=-1
		Symbol: 2, Run: 0, Kategorie: 2, AC55=-3
aa	1 0, 101 0, 10	Symbol:17, Run: 1, Kategorie: 1, AC57=-1

Symbol:17, Run: 1, Kategorie: 1, AC59=-1

Symbol:17, Run: 1, Kategorie: 1, AC61=1

d7   1 1, 0 1, 0 1, 11 Symbol: 1, Run: 0, Kategorie: 1, AC62=1

Symbol: 1, Run: 0, Kategorie: 1, AC63=1

Mit dem 63. AC-Werte wurde der vierte und letzte 8×8-Block der Y-Komponente abgeschlossen. Die letzten zwei Bits des Datenbytes 'd7' gehören schon zu der Information des nächsten Blocks. Die Y-Blöcke wurden jetzt vollständig übertragen und es folgen die beiden Chrominanz-Blöcke. Zu beachten ist, dass nun die Codetabellen mit jeweils der Nummer 1 zum Einsatz kommen.

```
35   0 011010, 1       Symbol: 6, DIFF=-37, DC=DIFF+PRED = -37+0=-37
3c   00 111, 100       Symbol: 3, Run: 0, Kategorie: 3, AC1=7
ac   101, 0 1, 100     Symbol: 3, Run: 0, Kategorie: 3, AC2=5
                       Symbol: 1, Run: 0, Kategorie: 1, AC3=1
9a   100 11010         Symbol: 3, Run: 0, Kategorie: 3, AC4=4
dd   11, 0 1, 1101     Symbol: 2, Run: 0, Kategorie: 2, AC5=3
                       Symbol: 1, Run: 0, Kategorie: 1, AC6=1
e8   1 1, 101 0, 0 0,  Symbol:33, Run: 2, Kategorie: 1, AC9=1
                       Symbol:17, Run: 1, Kategorie: 1, AC11=-1
                       Symbol: 1, Run: 0, Kategorie: 1, AC12=-1
38   0 0, 11100 0,     Symbol: 1, Run: 0, Kategorie: 1, AC13=-1
                       Symbol:49, Run: 3, Kategorie: 1, AC17=-1
3c   0 0, 111100       Symbol: 1, Run: 0, Kategorie: 1, AC18=-1
7c   0, 1111100        Symbol:113, Run: 7, Kategorie: 1, AC26=-1
b8   1, 0 1, 1100, 0   Symbol:193, Run:12, Kategorie: 1, AC39=1
                       Symbol: 1, Run: 0, Kategorie: 1, AC40=1
                       EOB
```

Mit dem End-Of-Block-Symbol wurde der 8×8-Block der Cb-Komponente abgeschlossen. Das letzte Bit des Datenbytes 'b8' gehört schon zu der Information des nächsten Blocks.

```
e0   1 110, 0 0, 0 0,  Symbol: 3, DIFF=6, DC=6
                       Symbol: 1, Run: 0, Kategorie: 1, AC1=-1
                       Symbol: 1, Run: 0, Kategorie: 1, AC2=-1
ac   101 0, 1100       Symbol:17, Run: 1, Kategorie: 1, AC4=-1
                       EOB
```

Nun sind alle Informationen vorhanden, um die Bilddaten dieser MCU zu rekonstruieren.

Die Blöcke der Y-Komponente lauten mit Zwischenergebnissen:

Quantisierungssymbole

-24	-17	2	1	1	-1	0	0
-13	7	2	-3	0	0	0	0
0	2	-4	1	1	0	0	0
0	0	0	2	-2	-1	1	1
1	0	0	-1	-1	2	-1	-1
0	0	1	-1	0	-1	-1	1
1	0	0	-1	1	-1	0	0
0	0	1	0	0	-1	1	-1

rekonstruierte Y-Werte

0	32	27	0	13	0	0	23
0	0	0	0	9	15	0	15
1	18	0	1	15	0	11	243
0	18	0	25	0	6	219	214
18	7	0	0	13	218	211	231
9	0	10	0	213	228	205	232
7	0	0	15	227	245	202	220
6	0	12	240	241	253	240	209

Quantisierungssymbole

34	-4	-2	-1	0	0	0	0
-5	-4	-2	-1	0	0	-1	-1
-3	-3	-1	0	0	0	0	0
-2	-2	-1	0	1	0	0	0
-1	-1	0	1	1	1	0	0
0	0	0	1	1	1	0	0
0	0	1	1	1	1	0	0
0	0	0	1	1	0	0	0

rekonstruierte Y-Werte

0	0	53	228	221	209	229	225
0	215	242	216	206	219	209	237
235	236	218	246	222	223	232	225
233	233	251	255	213	219	238	212
219	212	220	232	247	219	204	229
225	218	247	221	221	211	221	242
224	219	251	221	255	235	211	223
250	208	240	194	217	236	244	232

Quantisierungssymbole

25	-13	-8	-5	-3	-2	-1	0
-2	-2	-1	0	1	2	2	1
-1	-1	-1	0	1	1	1	1
-1	-1	0	0	1	1	1	0
0	0	0	0	0	0	0	0
0	0	0	0	0	0	0	0
0	1	0	0	0	-1	-1	0
0	0	0	0	0	0	0	0

rekonstruierte Y-Werte

0	0	230	233	232	212	215	232
0	39	245	231	223	238	238	236
2	217	233	219	248	212	225	212
8	219	230	221	221	234	238	231
11	199	213	222	208	231	230	242
9	222	198	220	228	205	211	232
5	179	221	225	225	230	234	241
3	255	224	219	255	207	225	216

Quantisierungssymbole

24	1	9	-1	-3	0	0	1
-5	0	3	-1	-1	0	0	1
6	0	-5	0	1	0	1	0
4	-1	-3	1	0	0	1	-1
-1	0	0	1	1	0	-1	-1
0	0	-1	0	3	0	-3	0
1	1	-2	-1	1	0	-1	1
0	1	0	-1	-1	0	1	1

rekonstruierte Y-Werte

220	231	236	237	244	200	234	227
222	213	253	0	0	221	240	255
214	236	230	0	21	0	212	211
229	224	0	7	3	6	226	229
234	232	204	0	0	204	221	220
226	246	243	212	214	250	255	237
240	239	227	221	222	228	242	244
236	237	246	222	215	224	208	201

Cb-Komponente

Quantisierungssymbole

-37	7	3	1	0	0	0	0
5	4	0	-1	0	-1	0	0
1	0	-1	-1	0	0	0	0
1	-1	-1	0	0	1	0	0
0	0	0	0	1	0	0	0
0	0	0	0	0	0	0	0
0	0	0	0	0	0	0	0
0	0	0	0	0	0	0	0

rekonstruierte Cb-Werte

110	122	137	134	87	20	7	44
114	164	111	33	29	14	0	11
140	163	51	0	0	0	0	0
161	93	0	0	7	0	0	13
131	21	0	11	22	37	43	11
71	0	7	21	8	75	95	0
48	4	5	4	0	49	62	0
63	5	0	0	0	0	0	0

Cr-Komponente
Quantisierungssymbole

6	-1	0	0	0	0	0	0
-1	-1	0	0	0	0	0	0
0	0	0	0	0	0	0	0
0	0	0	0	0	0	0	0
0	0	0	0	0	0	0	0
0	0	0	0	0	0	0	0
0	0	0	0	0	0	0	0
0	0	0	0	0	0	0	0

rekonstruierte Cr-Werte

123	125	129	135	141	146	150	153
125	127	131	136	141	146	150	152
129	131	134	138	142	146	149	151
135	136	138	141	143	146	148	149
141	141	142	143	145	146	147	147
146	146	146	146	146	146	146	146
151	150	149	148	147	146	145	144
153	152	151	149	147	146	144	144

Es folgen die Daten der nächsten MCU, beginnend mit vier Y-Blöcken. Da das Prinzip der Decodierung nun klar sein sollte, werden nicht mehr alle Datenbits interpretiert.

72	0 1110, 0 1, 0	Symbol: 4, DIFF=14, DC=DIFF+PRED= 14+24 = 38
		Symbol: 1, Run: 0, Kategorie: 1, AC1=1
08	0, 0 0, 0 1, 0 0, 0	Symbol: 1, Run: 0, Kategorie: 1, AC2=-1
		Symbol: 1, Run: 0, Kategorie: 1, AC3=-1
		Symbol: 1, Run: 0, Kategorie: 1, AC4=1
		Symbol: 1, Run: 0, Kategorie: 1, AC5=-1
88	1, 0 0, 0 1, 0 0, 0	Symbol: 1, Run: 0, Kategorie: 1, AC6=1
		Symbol: 1, Run: 0, Kategorie: 1, AC7=-1
		Symbol: 1, Run: 0, Kategorie: 1, AC8=1
		Symbol: 1, Run: 0, Kategorie: 1, AC9=-1
22	0, 0 1, 0 0, 0 1, 0	Symbol: 1, Run: 0, Kategorie: 1, AC10=-1
		Symbol: 1, Run: 0, Kategorie: 1, AC11=1
		Symbol: 1, Run: 0, Kategorie: 1, AC12=-1
		Symbol: 1, Run: 0, Kategorie: 1, AC13=1
52	0, 1010010	Symbol: 1, Run: 0, Kategorie: 1, AC14=-1

$\vdots$

f5	1, 111010, 1	EOB

Mit dem End-Of-Block-Symbol wurde der erste 8×8-Block der aktuellen MCU abgeschlossen. Das letzte Bit des Datenbytes 'f5' gehört schon zu der Information des nächsten Blocks.

```
1f   0 001111, 1      Symbol: 6, DIFF=-48, DC=DIFF+PRED=-48+38=-10
f5   1111010 1
1f   0001, 1111       Symbol: 5, Run: 0, Kategorie: 5, AC1=17
a7   1010 0111
90   1, 0 0, 100 00,   Symbol: 5, Run: 0, Kategorie: 5, AC2=-16
                       Symbol: 1, Run: 0, Kategorie: 1, AC3=-1
                       Symbol: 2, Run: 0, Kategorie: 2, AC4=-3
 ⋮    ⋮                 ⋮


d5   1, 101 0, 10 1    Symbol:17, Run: 1, Kategorie: 1, AC63=-1
```

Mit dem 63. AC-Symbol wurde der zweite 8×8-Block de aktuellen MCU abgeschlossen.
Die letzten drei Bits des Datenbytes 'd5' gehören zu der Information des nächsten Blocks.

```
1e   00011, 110       Symbol: 6, DIFF=35, DC=DIFF+PRED=35-10=25
6c   0 110, 1100      Symbol: 3, Run: 0, Kategorie: 3, AC1=6
59   010, 1100 1      Symbol: 3, Run: 0, Kategorie: 3, AC2=-5
65   01, 100 10, 1    Symbol: 3, Run: 0, Kategorie: 3, AC3=5
                      Symbol: 2, Run: 0, Kategorie: 2, AC4=2
 ⋮    ⋮                ⋮


e0   11100 0, 0 0,    Symbol:33, Run: 2, Kategorie: 1, AC62=-1
                      Symbol: 1, Run: 0, Kategorie: 1, AC63=-1
```

Mit dem 63. AC-Symbol wurde der dritte 8×8-Block der aktuellen MCU abgeschlossen.
Der nächste Y-Block ist recht kurz. Es wird deshalb gleich mit dem Cb- und Cr-Block
fortgesetzt.

```
77   0 1110,111       Symbol: 4, DIFF=14, DC=DIFF+PRED=14+25=39
4a   010, 01 010,     EOB
                      Symbol: 3, DIFF=-5, DC=DIFF+PRED= -5-37= -42
8e   100 011, 10      Symbol: 3, Run: 0, Kategorie: 3, AC1=-4,
46   0 100, 0 1, 10   Symbol: 3, Run: 0, Kategorie: 3, AC2=4
                      Symbol: 1, Run: 0, Kategorie: 1, AC3=1
24   0 010, 0 1, 0 0, Symbol: 3, Run: 0, Kategorie: 3, AC4=-5
                      Symbol: 1, Run: 0, Kategorie: 1, AC5=1
                      Symbol: 1, Run: 0, Kategorie: 1, AC6=-1
47   0 1, 0 0, 0 1, 11 Symbol: 1, Run: 0, Kategorie: 1, AC7=1
                      Symbol: 1, Run: 0, Kategorie: 1, AC8=-1
                      Symbol: 1, Run: 0, Kategorie: 1, AC9=1
c9   1100 1, 0 0, 1   Symbol:113, Run: 7, Kategorie: 1, AC17=1
                      Symbol: 1, Run: 0, Kategorie: 1, AC18=-1
85   100, 00 1, 0 1,  EOB
                      Symbol: 1, DIFF=1, DC=DIFF+PRED= 1+6= 7
```

```
                         Symbol: 1, Run: 0, Kategorie: 1, AC1=1
2f   0 0, 101 1, 11      Symbol: 1, Run: 0, Kategorie: 1, AC2=-1,
                         Symbol:17, Run: 1, Kategorie: 1, AC4=1
31   00, 110001          EOB
```

Die zweite MCU bestehend aus sechs Blöcken wurde decodiert. Die letzten 6 Bits gehören schon zur nächsten MCU. Die Quantisierungssymbole und die durch IDCT und Addition von 128 rekonstruierten Werte sind nachfolgend aufgelistet.

Quantisierungssymbole

38	1	-1	1	-1	0	0	0
-1	1	-1	1	-1	1	0	0
-1	1	-1	1	-1	1	0	0
-1	1	-1	1	-1	1	0	0
-1	1	-1	1	-1	0	0	0
0	1	-1	1	0	0	0	0
0	0	0	0	0	0	0	0
0	0	0	0	0	0	0	0

rekonstruierte Y-Werte

0	32	27	0	13	0	0	23
0	0	0	0	9	15	0	15
1	18	0	1	15	0	11	243
0	18	0	25	0	6	219	214
18	7	0	0	13	218	211	231
9	0	10	0	213	228	205	232
7	0	0	15	227	245	202	220
6	0	12	240	241	253	240	209

Quantisierungssymbole

-10	17	-1	1	0	0	0	0
-16	-3	4	-1	1	0	0	0
-1	-5	-1	3	-1	0	0	0
-1	0	-2	-1	2	0	0	0
0	-1	0	-1	-1	1	-1	0
0	0	0	0	-1	-2	1	-1
0	0	0	-1	0	-1	-2	1
0	0	0	0	0	-1	0	-1

rekonstruierte Y-Werte

0	0	53	228	221	209	229	225
0	215	242	216	206	219	209	237
235	236	218	246	222	223	232	225
233	233	251	255	213	219	238	212
219	212	220	232	247	219	204	229
225	218	247	221	221	211	221	242
224	219	251	221	255	235	211	223
250	208	240	194	217	236	244	232

Quantisierungssymbole

25	6	5	-5	1	1	0	-1
-5	2	2	-2	0	1	0	-1
5	-3	-3	3	-1	0	0	0
3	-2	-2	2	-1	0	-1	1
0	0	0	0	0	-1	0	0
0	0	-1	1	0	-2	2	0
1	0	-2	1	0	-1	1	0
0	0	0	-1	0	1	-1	-1

rekonstruierte Y-Werte

0	0	230	233	232	212	215	232
0	39	245	231	223	238	238	236
2	217	233	219	248	212	225	212
8	219	230	221	221	234	238	231
11	199	213	222	208	231	230	242
9	222	198	220	228	205	211	232
5	179	221	225	225	230	234	241
3	255	224	219	255	207	225	216

Quantisierungssymbole   rekonstruierte Y-Werte

39	0	0	0	0	0	0	0		220	231	236	237	244	200	234	227
0	0	0	0	0	0	0	0		222	213	253	0	0	221	240	255
0	0	0	0	0	0	0	0		214	236	230	0	21	0	212	211
0	0	0	0	0	0	0	0		229	224	0	7	3	6	226	229
0	0	0	0	0	0	0	0		234	232	204	0	0	204	221	220
0	0	0	0	0	0	0	0		226	246	243	212	214	250	255	237
0	0	0	0	0	0	0	0		240	239	227	221	222	228	242	244
0	0	0	0	0	0	0	0		236	237	246	222	215	224	208	201

Cb-Komponente
Quantisierungssymbole   rekonstruierte Cb-Werte

-42	-4	1	-1	0	0	0	0		110	122	137	134	87	20	7	44
4	-5	1	0	0	0	0	0		114	164	111	33	29	14	0	11
1	-1	0	1	0	0	0	0		140	163	51	0	0	0	0	0
1	0	-1	0	0	0	0	0		161	93	0	0	7	0	0	13
0	0	0	0	0	0	0	0		131	21	0	11	22	37	43	11
0	0	0	0	0	0	0	0		71	0	7	21	8	75	95	0
0	0	0	0	0	0	0	0		48	4	5	4	0	49	62	0
0	0	0	0	0	0	0	0		63	5	0	0	0	0	0	0

Cr-Komponente
Quantisierungssymbole   rekonstruierte Cr-Werte

7	1	0	0	0	0	0	0		123	125	129	135	141	146	150	153
-1	1	0	0	0	0	0	0		125	127	131	136	141	146	150	152
0	0	0	0	0	0	0	0		129	131	134	138	142	146	149	151
0	0	0	0	0	0	0	0		135	136	138	141	143	146	148	149
0	0	0	0	0	0	0	0		141	141	142	143	145	146	147	147
0	0	0	0	0	0	0	0		146	146	146	146	146	146	146	146
0	0	0	0	0	0	0	0		151	150	149	148	147	146	145	144
0	0	0	0	0	0	0	0		153	152	151	149	147	146	144	144

Es folgen abschnittsweise die Daten der dritten MCU.

31	00, 110 001	letztes Byte mit noch zu interpretierenden Bits
f4	11, 11010 0	Symbol: 5, DIFF=-24, DC=DIFF+PRED=-24+39=15
79	011, 1100 1	Symbol: 4, Run: 0, Kategorie: 4, AC1=-12
⋮	⋮	⋮
29	001, 0 1, 0 0, 1	Symbol: 1, Run: 0, Kategorie: 1, AC59=1
		Symbol: 1, Run: 0, Kategorie: 1, AC60=-1
d3	11010, 0 11	EOB
f0	11, 1100 00	Symbol: 4, DIFF=15, DC=DIFF+PRED=15+15=30
66	0, 1100 110,	Symbol: 3, Run: 0, Kategorie: 3, AC1=-7
		Symbol: 3, Run: 0, Kategorie: 3, AC2=6

```
⋮   ⋮        ⋮

d7  11010, 111        Symbol:17, Run: 1, Kategorie: 1, AC57=-1
5e  010, 11110        EOB
7b  0111101, 1        Symbol: 7, DIFF=-66, DC=DIFF+PRED=-66+30=-36
a4  1010 0100,        Symbol: 4, Run: 0, Kategorie: 4, AC1=-11
d5  11010 101
cf  1, 100 11, 11     Symbol: 4, Run: 0, Kategorie: 4, AC2=11
                      Symbol: 2, Run: 0, Kategorie: 2, AC3=3

⋮   ⋮        ⋮


9c  1, 0 0, 11100     Symbol: 1, Run: 0, Kategorie: 1, AC59=-1
75  0, 111010, 1      Symbol:33, Run: 2, Kategorie: 1, AC62=-1,
                      EOB
61  0 110000, 1       Symbol: 6, DIFF=48, DC=DIFF+PRED=48-36=12
0d  00 00, 1101       Symbol: 2, Run: 0, Kategorie: 2, AC1=-3
4e  0 1001, 110       Symbol: 4, Run: 0, Kategorie: 4, AC2=9

⋮   ⋮        ⋮


5b  0, 101 1011,      EOB      Es folgt ein Cb-Block
                      Symbol: 4, DIFF=11, DC=DIFF+PRED=11-42=-31
9f  100 111, 11       Symbol: 3, Run: 0, Kategorie: 3, AC1=7
a7  1010 0111,        Symbol: 4, Run: 0, Kategorie: 4, AC2=-8

⋮   ⋮        ⋮


76  0, 111011 0,      Symbol:97, Run: 6, Kategorie: 1, AC31=-1
7b  0 1, 111011       Symbol: 1, Run: 0, Kategorie: 1, AC32=1
64  0, 1100, 100      Symbol:97, Run: 6, Kategorie: 1, AC39=-1
                      EOB
47  01, 0 0, 0 1, 11  Symbol: 2, DIFF=-2, DC=DIFF+PRED=-2+7=5
                      Symbol: 1, Run: 0, Kategorie: 1, AC1=-1
                      Symbol: 1, Run: 0, Kategorie: 1, AC2=1
35  00, 110101        EOB          Ende der MCU
f2  11110010
64  01100100
```

Die dritte MCU bestehend aus sechs Blöcken wurde decodiert. Die letzten 6 Bits gehören schon zur nächsten MCU. Die Quantisierungssymbole und die durch IDCT und Addition von 128 rekonstruierten Werte sind nachfolgend aufgelistet.

Quantisierungssymbole

```
 15 -12 -10  -2  -1  -2   0  -1
  6   5   1  -3  -2  -3   0  -1
  1  -3   3   1   1   1  -2   0
  1   0  -1   1  -1   4   0   2
  0   1   0   1   0   0   0   0
  1   1   1  -1   2  -2   1  -1
  0   1   0   0   0   0   1   0
 -1   0  -1   1   0   1   0   0
```

rekonstruierte Y-Werte

```
112 226 233 241 227 225 228 229
  0 231 206 211 219 217 240 230
  0 231 218 216 220 230  17 219
  8 242 234 220 250 224   0 234
  0  23 213 231 238 250 201   0
 12   0 217 227 230 233 235 118
  0   0  55 222 251 216 218 228
  0   1   0 160 231 226 239 210
```

Quantisierungssymbole

```
 30  -7  -2   0   0   0   0   1
  6   5   1  -1   0   0   0  -1
 -1   0   2   3   1   0   0   0
 -1  -2  -4  -3   0   1   1   0
  0   1   2   1  -1  -2  -2  -1
  0   0  -1  -1   1   2   1   0
  0   0   1   1   0   0   0   0
  0   0  -1  -1  -1   0   0   0
```

rekonstruierte Y-Werte

```
218 216 215 253 213 222 211 221
247 227 219 209 249 229 218 235
255 222 247 211 218 228 245 226
209 239 208 225 217 199 232 240
  0 223 248 218 239 214 231 218
 28   2 222 238 251 225 232 233
 49   0 217 243 236 214 233 209
228 198   0   4 233 243 255 215
```

Quantisierungssymbole

```
-36 -11   2   0   1  -1   0   1
 11  -8   1   1   0  -1   0   1
  3  -2  -2   2  -1  -1   0   1
  0   1  -2   2   0  -1   0   0
 -1   1   0   0   1  -1   1   0
  0   0   1  -1   1   0   0   0
 -1   0   1  -1   0   1  -1   0
 -1   0   0   0  -1   1  -1   0
```

rekonstruierte Y-Werte

```
  0   0   0   0 240 207 197 231
  0   0  27   9 209 240 225 234
  0   0   0  16   0   9 236 231
 44   0   8   5  10   0  12 228
  1   0   0   0   0   0   0   8
  7   4   0  17   9   0   1   9
  0   0   1  10  25  10  12   0
  0   0  10   0   0   0   0   3
```

Quantisierungssymbole

```
 12  -3   1  -1   0   0   0   1
  9   8   1  -1  -1   0  -1   1
-11   0   3  -1   0  -1   0   1
  1  -2   0  -1  -1   1   0   1
  0   1   4  -1  -1   0   0   0
  1  -4   3   1  -2   0   0   0
  1  -2   1  -2  -1   1   1   0
  1  -1   2   1  -1   0   0   0
```

rekonstruierte Y-Werte

```
199 232 227   0  11  38 245 239
218 222 212 237 251  24   0   0
226 230 238 216 206 236 233 218
243 255 218 223 215 238 245 230
231 214 231 243 224 222 240 210
 12  15 202 245 213 212 230 229
  7   0   0  10 145 204 209 201
 12   0   0   0   1  10  22 165
```

Cb-Komponente
Quantisierungssymbole

rekonstruierte Cb-Werte

-31	7	1	1	1	0	0	0
-8	-2	0	1	1	0	0	0
1	0	-1	-1	0	0	0	0
-1	0	1	-1	-1	0	0	0
1	-1	1	1	-1	0	0	0
0	1	0	0	0	0	0	0
0	0	0	0	0	0	0	0
0	0	0	0	0	0	0	0

59	27	0	0	1	9	9	9
53	0	0	62	73	0	0	2
135	2	0	80	110	6	0	0
189	72	0	7	70	79	39	3
131	86	14	0	9	76	90	59
101	110	98	49	0	0	0	26
134	147	157	129	58	0	0	5
142	143	142	139	136	125	98	73

Cr-Komponente
Quantisierungssymbole

rekonstruierte Cr-Werte

5	-1	0	0	0	0	0	0
1	0	0	0	0	0	0	0
0	0	0	0	0	0	0	0
0	0	0	0	0	0	0	0
0	0	0	0	0	0	0	0
0	0	0	0	0	0	0	0
0	0	0	0	0	0	0	0
0	0	0	0	0	0	0	0

141	141	143	145	147	149	150	151
140	141	142	144	146	148	149	150
138	139	141	142	145	146	148	149
136	137	139	141	143	145	146	147
134	135	136	138	140	142	144	145
132	133	135	136	139	140	142	143
131	132	133	135	137	139	140	141
130	131	132	134	136	138	140	140

Es folgen abschnittsweise die Daten der vierten und letzten MCU.

35	00, 110 101	letztes Byte mit noch zu interpretierenden Bits
f2	11, 1100 10	Symbol: 5, DIFF=23, DC=DIFF+PRED=23+12=35
64	0, 1100 100,	Symbol: 3, Run: 0, Kategorie: 3, AC1=4
		Symbol: 3, Run: 0, Kategorie: 3, AC2=4
8e	100 01, 110	Symbol: 2, Run: 0, Kategorie: 2, AC3=-2
38	0 011, 100 0	Symbol: 3, Run: 0, Kategorie: 3, AC4=-4
b2	1, 0 1, 100 10,	Symbol: 2, Run: 0, Kategorie: 2, AC5=-2
		Symbol: 1, Run: 0, Kategorie: 1, AC6=1
		Symbol: 2, Run: 0, Kategorie: 2, AC7=2
92	100 10, 0 1, 0	Symbol: 2, Run: 0, Kategorie: 2, AC8=2
		Symbol: 1, Run: 0, Kategorie: 1, AC9=1
11	0, 0 0, 100 01,	Symbol: 1, Run: 0, Kategorie: 1, AC10=-1
		Symbol: 1, Run: 0, Kategorie: 1, AC11=-1
		Symbol: 2, Run: 0, Kategorie: 2, AC12=-2
89	100 01, 0 0, 1	Symbol: 2, Run: 0, Kategorie: 2, AC13=-2
		Symbol: 1, Run: 0, Kategorie: 1, AC14=-1
6a	01 1, 0 1, 0 1, 0	Symbol:17, Run: 1, Kategorie: 1, AC16=1
		Symbol: 1, Run: 0, Kategorie: 1, AC17=1
		Symbol: 1, Run: 0, Kategorie: 1, AC18=1
ff	1, 1111111	Symbol: 1, Run: 0, Kategorie: 1, AC19=1
	'FF' in encodierten Daten!	
00	00000000	Dummy-Byte, enthält keine Datenbits

dc	110, 11100	ZRL
af	1, 0 1, 0 1, 111	Symbol:33, Run: 2, Kategorie: 1, AC38=1
		Symbol: 1, Run: 0, Kategorie: 1, AC39=1
		Symbol: 1, Run: 0, Kategorie: 1, AC40=1
⋮ ⋮		⋮
7a	01, 111010,	EOB
24	0 0100, 100	Symbol: 4, DIFF=-11, DC=DIFF+PRED=-11+35=24
72	01, 1100 10	Symbol: 2, Run: 0, Kategorie: 2, AC1=-2
b1	1, 0 1, 100 01,	Symbol: 3, Run: 0, Kategorie: 3, AC2=5
		Symbol: 1, Run: 0, Kategorie: 1, AC3=1
		Symbol: 2, Run: 0, Kategorie: 2, AC4=-2
⋮ ⋮		⋮
22	0, 0 1, 0 0, 0 1, 0	Symbol: 1, Run: 0, Kategorie: 1, AC59=1
		Symbol: 1, Run: 0, Kategorie: 1, AC60=-1
		Symbol: 1, Run: 0, Kategorie: 1, AC61=1
a3	1, 0 1, 0 0011,	Symbol: 1, Run: 0, Kategorie: 1, AC62=1
		Symbol: 1, Run: 0, Kategorie: 1, AC63=1
		Symbol: 4, DIFF=-12, DC=DIFF+PRED=-12+24=12
c9	1100 100, 1	Symbol: 3, Run: 0, Kategorie: 3, AC1=4
93	100 100, 11	Symbol: 3, Run: 0, Kategorie: 3, AC2=4
⋮ ⋮		⋮
bf	1011 1, 111	Symbol:49, Run: 3, Kategorie: 1, AC61=1
53	010, 10 011	EOB
5a	010, 11010	Symbol: 6, DIFF=-37, DC=DIFF+PRED=-37+12=-25
fd	1111, 1101	Symbol: 4, Run: 0, Kategorie: 4, AC1=15
7b	0 1111, 0 1, 1	Symbol: 4, Run: 0, Kategorie: 4, AC2=15
		Symbol: 1, Run: 0, Kategorie: 1, AC3=1
a8	1010 1000,	Symbol: 4, Run: 0, Kategorie: 4, AC4=8
⋮ ⋮		⋮
fe	1, 1111110	
df	1 1, 0 1, 1111	Symbol:97, Run: 6, Kategorie: 1, AC55=1
		Symbol: 1, Run: 0, Kategorie: 1, AC56=1
00	00 0, 0 0, 0 0, 0	Symbol:65, Run: 4, Kategorie: 1, AC61=-1
		Symbol: 1, Run: 0, Kategorie: 1, AC62=-1
		Symbol: 1, Run: 0, Kategorie: 1, AC63=-1
b8	1 011, 100 0	Symbol: 3, DIFF=-4, DC=DIFF+PRED=-4-31=-35
a0	10, 100 000,	Symbol: 3, Run: 0, Kategorie: 3, AC1=-5
		Symbol: 3, Run: 0, Kategorie: 3, AC2=-7
75	0 1, 11010 1	Symbol: 1, Run: 0, Kategorie: 1, AC3=1

```
bc  1, 0 1, 11100        Symbol: 2, Run: 0, Kategorie: 2, AC4=3
                         Symbol: 1, Run: 0, Kategorie: 1, AC5=1

 :  :                     :

d9  1, 101 1, 00 1,      Symbol:17, Run: 1, Kategorie: 1, AC63=1
                         Symbol: 1, DIFF=1, DC=6
5c  0 1, 0 1, 1100,      Symbol: 1, Run: 0, Kategorie: 1, AC1=1
                         Symbol: 1, Run: 0, Kategorie: 1, AC2=1
                         EOB


FFd9      EOI      mit dieser Marke wird der JPEG-Bitstrom abgeschlossen
```

Die letzte MCU bestehend aus sechs Blöcken wurde decodiert. Das letzte Codewort schließt zufällig genau mit der Bytegrenze ab. Die Quantisierungssymbole und die durch IDCT und Addition von 128 rekonstruierten Werten sind nachfolgend aufgelistet.

Quantisierungssymbole

35	4	-2	1	-1	0	0	0
4	-4	2	-2	1	0	0	0
-2	2	-2	1	0	0	0	0
1	-1	1	0	0	1	-1	0
-1	1	0	0	1	-1	1	0
0	0	0	1	-1	1	-1	0
0	0	0	-1	1	-1	1	0
0	0	0	0	0	0	0	0

rekonstruierte Y-Werte

112	226	233	241	227	225	228	229
0	231	206	211	219	217	240	230
0	231	218	216	220	230	17	219
8	242	234	220	250	224	0	234
0	23	213	231	238	250	201	0
12	0	217	227	230	233	235	118
0	0	55	222	251	216	218	228
0	1	0	160	231	226	239	210

Quantisierungssymbole

24	-2	-4	3	-1	0	0	0
5	-2	6	0	2	-1	-1	0
1	4	-2	-1	-2	-1	0	0
0	-2	-4	-3	-1	3	1	2
2	2	1	0	3	0	1	-1
-1	-1	0	1	-1	-1	-3	-1
-2	0	0	2	0	-1	1	1
0	-1	2	0	0	-1	1	1

rekonstruierte Y-Werte

218	216	215	253	213	222	211	221
247	227	219	209	249	229	218	235
255	222	247	211	218	228	245	226
209	239	208	225	217	199	232	240
0	223	248	218	239	214	231	218
28	2	222	238	251	225	232	233
49	0	217	243	236	214	233	209
228	198	0	4	233	243	255	215

Quantisierungssymbole

12	4	0	-2	-1	1	1	0
4	-5	3	0	1	0	0	-2
-11	2	1	-3	0	0	1	0
2	3	0	0	1	1	-1	-1
0	1	1	-3	1	-1	1	0
3	6	0	-2	2	0	-1	0
3	2	-1	0	0	0	0	1
2	2	0	-2	2	0	0	0

rekonstruierte Y-Werte

0	0	0	0	240	207	197	231
0	0	27	9	209	240	225	234
0	0	0	16	0	9	236	231
44	0	8	5	10	0	12	228
1	0	0	0	0	0	0	8
7	4	0	17	9	0	1	9
0	0	1	10	25	10	12	0
0	0	10	0	0	0	0	3

Quantisierungssymbole

```
-25   15    0   -1    1    0   -1    0
 15    8   -2   -1    1    0   -1    1
  1   -2   -4   -1    2    0    0    1
 -1   -1    0    1    1   -1   -1    0
  0    1    2    1    0   -1    0    0
 -1    0    0   -1   -1    0    1    0
 -1   -1    0   -1    0    1    0   -1
  1    1    1    0    0    0   -1   -1
```

rekonstruierte Y-Werte

```
199  232  227    0   11   38  245  239
218  222  212  237  251   24    0    0
226  230  238  216  206  236  233  218
243  255  218  223  215  238  245  230
231  214  231  243  224  222  240  210
 12   15  202  245  213  212  230  229
  7    0    0   10  145  204  209  201
 12    0    0    0    1   10   22  165
```

Cb-Komponente
Quantisierungssymbole

```
-35   -5    1    0    0    0    0    0
 -7    3    0    0    0    0    0    0
  1    0   -1    1   -1    0    0    0
 -1    0    1    0   -1    0    0    0
  1    1    0   -1    0    0    0    0
 -1   -1    0    0    1    0    0    0
  0    0    0    0    0    0    0    1
  0    0    0    0    0    0    0    1
```

rekonstruierte Cb-Werte

```
 59   27    0    0    1    9    9    9
 53    0    0   62   73    0    0    2
135    2    0   80  110    6    0    0
189   72    0    7   70   79   39    3
131   86   14    0    9   76   90   59
101  110   98   49    0    0    0   26
134  147  157  129   58    0    0    5
142  143  142  139  136  125   98   73
```

Cr-Komponente
Quantisierungssymbole

```
  6    1    0    0    0    0    0    0
  1    0    0    0    0    0    0    0
  0    0    0    0    0    0    0    0
  0    0    0    0    0    0    0    0
  0    0    0    0    0    0    0    0
  0    0    0    0    0    0    0    0
  0    0    0    0    0    0    0    0
  0    0    0    0    0    0    0    0
```

rekonstruierte Cr-Werte

```
141  141  143  145  147  149  150  151
140  141  142  144  146  148  149  150
138  139  141  142  145  146  148  149
136  137  139  141  143  145  146  147
134  135  136  138  140  142  144  145
132  133  135  136  139  140  142  143
131  132  133  135  137  139  140  141
130  131  132  134  136  138  140  140
```

Entsprechend den JFIF-Vorgaben müssen die Cb- und die Cr-Komponente überabgetastet und interpoliert werden. Die Transformation vom YCbCr- in den RGB-Farbraum
schließt die Verarbeitung ab. Das rekonstruierte Bild ist in **Abbildung D.2** zu sehen.

Abbildung D.2: Testbild für JPEG-Decodierbeispiel: (a) Originalbild 32×32 Bildpunkte, (b) Rekonstruktion aus Bitstrom

Anhang E

JPEG-2000 Codier-Beispiel

Die auf den Seiten 313ff. beschriebene 3-Phasen-Codierung wird am Beispiel eines 4×2-Codeblock-Ausschnitts erläutert (siehe **Abbildung E.1** ganz links). Die Entscheidungen und Operationen aus den Tabellen 8.28 und 8.29 (Seiten 318ff.) werden in Klammern angegeben. Es wird hierbei angenommen, dass alle Koeffizienten in der Nachbarschaft gleich Null sind. Insgesamt sind drei Bitebenen zu verarbeiten.

1. Bitebene

Der erste Durchlauf (**Abb. E.1**) ist immer die Cleanup-Phase (D0), weil alle Koeffizienten insignifikant sind und einen Kontext von Null aufweisen. Es wird geprüft, ob in der linken Spalte alle vier Koeffizienten insignifikant bleiben (D8, D11). Dies ist der Fall, weil alle vier Bits gleich Null sind. Deshalb wird eine 0 zur Symbolisierung einer Lauflänge von vier 0-Bits gesendet (C4).

In der rechten Spalte ist bei den Werten 4 und 5 das oberste Bit gesetzt, diese werden also in diesem Durchlauf signifikant (D8, D11). Es wird eine 1 ausgegeben (keine Lauflänge, C4-) gefolgt von zwei Bits zur Signalisierung der Position des neuen signifikanten Wertes (C5). '10' verweist auf die dritte Stelle und das entsprechende Vorzeichen (+) muss codiert werden (C2). Der entsprechende Kontext ist gleich 9 (XOR-Bit gleich 0). Nun fehlt noch der vierte Koeffizient dieser Spalte (D10, C0). Der Kontext für diesen Koeffizienten ist jetzt gleich 3, weil der obere Nachbar im letzten Schritt signifikant wurde. Das Bit (C1) wird gefolgt von dem Vorzeichen (Kontext 10) codiert (D3, C2). Diese Bitebene ist damit abgeschlossen (D12) und es wird mit der nächsten fortgesetzt.

2. Bitebene

Abbildung E.2 zeigt die Detailinformationen für die zweite Bitebene. Der erste Koeffizient (-1) ist insignifikant (D1) und hat auch keine signifikanten Nachbarn (D2, Kontext 0). Er wird deshalb für die Cleanup-Phase aufgehoben und es wird mit dem nächsten Koeffizienten fortgesetzt (D4, C0). Dieser hat einen Kontext von 1 (D2) ist aber noch

Koeff.		Signifikanz		Phase		Bits		Kontext	
-1	1	–	–	C	C	**0**	0	0	0
2	0	–	–	C	C	**0**	0	0	0
-2	4	–	–	C	C	**0**	1	0	0 (9)
3	5	–	–	C	C	**0**	1	0	0 ↦ 3 (10)

Abbildung E.1: Beispiel für die Codierung der obersten Bitebene der Koeffizienten (C ... Cleanup-Phase)

© Der/die Herausgeber bzw. der/die Autor(en), exklusiv lizenziert an
Springer Fachmedien Wiesbaden GmbH, ein Teil von Springer Nature 2025
T. Strutz, *Bilddatenkompression*, https://doi.org/10.1007/978-3-658-49923-5

Koeff.		Signifikanz		Phase		Bits		Kontext	
-1	1	–	–	C	S	0	0	$0 \mapsto 3$	1
2	0	–	–	S	S	1	0	1 (9)	7
-2	4	–	×	S	V	1	0	7 (13)	15
3	5	–	×	S	V	1	0	7 (11)	15

Abbildung E.2: Beispiel für die Codierung der zweiten Bitebene der Koeffizienten, Kontexte für Vorzeichen-Codierung in Klammern, (C ... Cleanup-Phase, S ... Signifikanz-Phase, V ... Verfeinerungs-Phase)

Koeff.		Signifikanz		Phase		Bits		Kontext	
-1	1	–	–	S	S	1	1	3 (10)	6 (12)
2	0	×	–	V	S	0	0	15	7
-2	4	×	×	V	V	0	0	15	16
3	5	×	×	V	V	1	1	15	16

Abbildung E.3: Beispiel für die Codierung der letzten Bitebene der Koeffizienten, Kontexte für Vorzeichen-Codierung in Klammern, (S ... Signifikanz-Phase, V ... Verfeinerungs-Phase)

insignifikant (D1), wird also gleich in der Signifikanz-Phase verarbeitet (C1). Er wird signifikant (Ausgabe von 1, D3) und das Vorzeichen muss folgen (C2, Kontext 9, XOR-Bit 0). Die nächsten beiden Koeffizienten werden genauso verarbeitet, nur dass die Kontexte jetzt 7 (Bit) und 13 (Vorzeichen) bzw. 7 und 11 lauten. Die XOR-Bits sind jeweils 0.

In der zweiten Spalte sind zwei insignifikante Koeffizienten (1 und 0). Der erste hat inzwischen einen signifikanten Nachbarn in diagonale Richtung. Der Kontext ist also gleich 1 (D2) und der Koeffizient wird in der Signifikanz-Phase verarbeitet (C1). Da das Bit gleich Null ist, bleibt er insignifikant (D3). Der nächste Koeffizient (D4, D1) hat einen horizontalen und einen vertikalen signifikanten Nachbarn. Der Kontext ist somit gleich 7 (D3) und sein Bit wird ebenfalls in der Signifikanz-Phase codiert (C1). Er bleibt ebenfalls insignifikant. Die beiden letzten Koeffizienten sind schon signifikant (D1) und es gibt keine weiteren in der Signifikanz-Phase (D4).

Es folgt nun die Verfeinerungs-Phase. Der aktuelle Koeffizient (4) ist nicht insignifikant (D5) und wurde nicht in der letzten Signifikanz-Phase codiert (D6), deshalb wird nun das Verfeinerungs-Bit mit Kontext 15 ausgegeben (C3). Da es noch einen weiteren Koeffizienten in der Verfeinerungs-Phase gibt (D7), wird die Prozedur noch einmal durchlaufen. In der anschließenden Cleanup-Phase wird der Koeffizient '-1' codiert (D12, C0, D8, C1). Sein Kontext hat sich inzwischen auf 3 verändert, da in der Signifikanz-Phase der untere Nachbar signifikant wurde. Er bleibt insignifikant (D3), es gibt keine weiteren Koeffizienten (D10, D12) und die Verarbeitung in dieser Bitebene ist abgeschlossen.

3. Bitebene

Abbildung E.3 veranschaulicht die Verarbeitung in der untersten Bitebene. Keiner der Koeffizienten muss für die Cleanup-Phase aufgehoben werden. Der erste Koeffizient der linken Spalte wird aufgrund seines Kontexts 3 in der Signifikanz-Phase verarbeitet. Da das zu betrachtende Bit gleich 1 ist, wird der Koeffizient nun auch signifikant und sein Vorzeichen wird mit Kontext 10 codiert. Die verbleibenden drei Koeffizienten werden für die Verfeinerungs-Phase aufgehoben. In der rechten Spalte war der erste Koeffizient auch noch insignifikant. Dies ändert sich nun. Das Bit wird mit dem Kontext 7 codiert, das Vorzeichen mit dem Kontext 12 und einem XOR-Bit gleich 1. Der zweite Koeffizient (0) bleibt insignifikant, das Bit wird mit dem Kontext 7 codiert. Die verbleibenden zwei Koeffizienten sind schon signifikant und werden für die Verfeinerungs-Phase zurückgestellt.

Die Verfeinerungs-Phase der untersten Biteben muss vier Koeffizienten verarbeiten. Die Bits der beiden aus der linken Spalte werden mit Kontext 15 verarbeitet (erstes Verfeinerungsbit) und die beiden aus der rechten Spalte mit Kontext 16 (zweites Verfeinerungsbit).

Anhang F

Lösungen zu ausgewählten Aufgaben

2.10 Irrelevanz bezieht sich immer auf den Empfänger einer Nachricht. Es sind nur zwei Aussagen richtig.

2.11 $H(X) \approx 1.37095$ bit/Symbol $< H(Y) \approx 1.985475$ bit/Symbol
Quelle Y hat den größeren Informationsgehalt pro Symbol.

2.12 a) $H(X) = 6.637$ bit/Zahl $\qquad\qquad$ b) $H_0 = 6.644$ bit/Zahl

2.15 a) $PSNR = 28.1$ dB

5.3 2 bit/Symbol

3.1

    a) $\Delta R_0 = 0.339$ bit/Symbol
    b) $\Delta R(X) = \bar{l}_i$ - Entropie $H(X) = 2.3 - 2.246 = 0.054$ bit/Symbol
    c) $C_R = \lceil \log_2(6) \rceil / \bar{l}_i = 3/2.3 = 1.304$

3.3

    a) Codewort: ‚0001 00001‘ $l = 9$
    b) nein, denn $65 = $ ‚1000001‘ benötigt n=7 Bits, also wäre $k = n - 1 = 6$ die beste
       Schätzung

3.9 a) Bitstrom ‚001101 1000‘

3.10

    a) ‚abcdb‘
    b) Bitstrom ‚000000101011101‘

3.4

    a) $\Delta R(X) = 1.125$ bit/Symbol
    b) $\bar{l}_i = 1.875$ Bits/Symbol
    c) $C_R = 1.6$

3.5 fünf mal $l = 3$, sechs mal $l = 4$; $R = (5 \cdot 3 + 6 \cdot 4)/11 = 3.\overline{54}$ Bits/Symbol

© Der/die Herausgeber bzw. der/die Autor(en), exklusiv lizenziert an
Springer Fachmedien Wiesbaden GmbH, ein Teil von Springer Nature 2025
T. Strutz, *Bilddatenkompression*, https://doi.org/10.1007/978-3-658-49923-5

3.6

  a) $K \leq 4$

  b) $t = 15\text{s}$

  c) $t = 9.921875\text{s}$

4.1 80 Bits

4.2 $p(a) = \frac{7}{40} \; p(b) = \frac{18}{40} \; p(c) = \frac{11}{40} \; p(d) = \frac{4}{40}$
$S = 73$ Bits + Aufwand, um Code zu übertragen
$\Delta R(X) = 0.0222$ bit/Symbol

4.3 $H(X|X) \approx 1.2155$ bit/Symbol, $H(XX) \approx 1.509$ bit/Symbol
59 Bits + Aufwand für Code

4.4 56 Bits + Aufwand für vier Codes

4.5 $(s_i, r-1) \rightsquigarrow$ „b1 d0 b3 c4 a1 b3 a1 c5 b1 d2 a0 b4 a1 b0", 2×14 Symbole

4.6 70 Bits

4.7 60 Bits + Aufwand für 2 Codes

4.8 88 Bits + Aufwand für Code

4.9 45 Bits + Aufwand für Code

4.10 82 Bits

4.11 78 Bits

4.12 „1031000300003020001020000020300320000101"
$H(X) = 1.486$ bit/Symbol
63 Bits + Aufwand für Code

4.13 68 Bits

4.14 b) $H(X) = 0.9852$ bit/Symbol
      c) $\overline{l_i} \geq H(X|X) = 0.8571$ bit/Symbol

4.15 a) $H(X) = 1.585$ bit/Symbol
      c) $H(X|X) = 1.0$ bit/Symbol
      d) $H(XX) = 1.2925$ bit/Symbol

4.16 $p(s_1) = 0.25$, $p(s_2) = 0.25$, $p(s_3) = 0.5$, $H(X|X) = 1.274$ bit/Symbol

4.17 $p(S) = \frac{2}{24}$, $p(W) = \frac{5}{24}$, $p(N) = \frac{17}{24}$
$H(X) = 1.122608$
$H(X|X) = 0.901875$ bit/Symbol
$H(XX) = 1.012241$ bit/Symbol

4.18

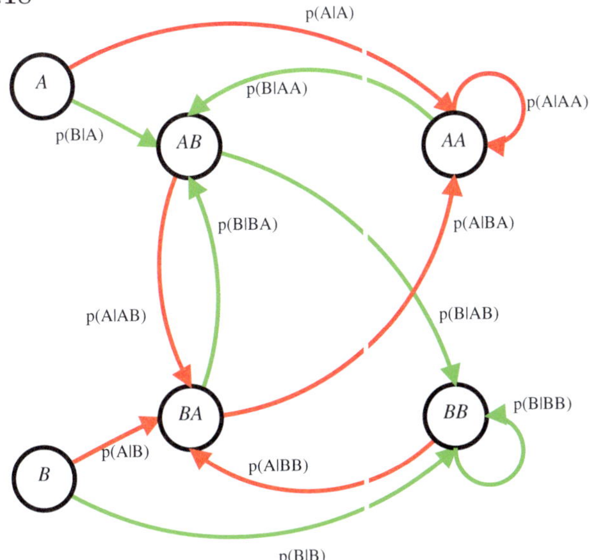

6.1

a) $\sigma_x^2 = 4.80$, $H(X) = 2.846$ bit/Symbol
b) $\sigma_e^2 = 1.69$, $H(E) = 2.264$ bit/Symbol
c) $G = 2.84$
d) Wertebereich $-7 \leq e[n] \leq +7$
e) $\Delta R(X) = 0.086$ bit/Symbol

6.4

a) $\underline{X} = \{9.0000\ \text{-}1.6892\ 0\ \text{-}1.4651\}$
b) $\underline{x}' = \{2.9228\ 4.6121\ 4.3879\ 6.0772\}$

6.5

$$\mathbf{C} = \frac{1}{4} \begin{pmatrix} 34 & 8 & 4 & 2 \\ 4 & 10 & -2 & 4 \\ 0 & -6 & -2 & 0 \\ 2 & 4 & 0 & 2 \end{pmatrix}$$

8.6 $C_R = 12.2$

Formelzeichen und Abkürzungen

$\in$	ist Element von
$\forall$	für alle
$\approx$	ungefähr gleich
$:=$ $\leftarrow$	Zuweisungsoperatoren
$<<$	Bitshift-Operation nach links (entspricht Multiplikation mit 2)
$>>$	Bitshift-Operation nach rechts (entspricht Division durch 2 mit Abrunden)
●——○	Korrespondenz zwischen einem Zeitsignal und seinem Spektrum
$\lfloor x.y \rfloor$	ganzzahliger Anteil von $x.y \mapsto x$
$\lceil x.y \rceil$	kleinster ganzzahliger Wert größer gleich $x.y \mapsto \begin{cases} x & , y = 0 \\ x+1 & , y \neq 0 \end{cases}$
$x \bmod y$	Rest der ganzzahligen Division x durch y (x modulo y oder in C: x % y), z. B.: 7 mod 3 = 1
$[x]_{\mathrm{Q}}$	quantisierter Wert von x
$\lVert \underline{a} - \underline{b} \rVert$	Norm der Vektordifferenz oder euklidischer Abstand zwischen den Vektoren $\underline{a}$ und $\underline{b}$
$\langle \underline{a}, \underline{b} \rangle$	Skalarprodukt der Vektoren $\underline{a}$ und $\underline{b}$
$[x_q, x_{q+1})$	Intervall in den Grenzen von einschließlich x_q bis ausschließlich x_{q+1}
$\mathbf{A} = (a[n,k])$	Matrix der Hintransformation mit den Elementen $a[n,k]$
$\mathbf{A}^{\mathrm{T}} = (a[k,n])$	transponierte Matrix von $\mathbf{A}$
$a[n]$	Approximations- oder Tiefpasssignal bei einer Zwei-Kanal-Filterbank
b	Basis eines Zahlensystems
B	Verarbeitungsbreite in Bits im arithmetischen Coder
$\mathbf{B} = (b[k,n])$	Matrix der Rücktransformation mit den Elementen $b[k,n]$
$\mathbf{C}$	Skalierungsmatrix
c_i	Codewort für Symbol s_i
cx	Kontext
$d[n]$	Detail- oder Hochpasssignal bei einer Zwei-Kanal-Filterbank
$d(\underline{a}, \underline{b})$	Abstand der Vektoren $\underline{a}$ und $\underline{b}$
D	Verzerrungsmaß (engl.: *distortion*)
Δ	Intervallbreite
$E[x]$	Erwartungswert von x, $E[x] = \frac{1}{N} \sum_{n=0}^{N-1} x_n$
$d_n, d[n]$	Wavelet- oder Detailkoeffizient an Position n
$e[n], e$	zeitdiskretes Prädiktionsfehlersignal, Prädiktionsfehlerwert
e_M	vorzeichenbereinigter Prädiktionsfehler

e_q	Quantisierungsfehler
f	Frequenz
f_s	Abtastfrequenz (engl.: *sampling frequency*)
$f(x)$	zeitkontinuierliche Funktion von x
$f[n]$	zeitdiskrete Funktion von n
$g_0[n]$	zeitdiskrete Impulsantwort eines Synthese-Tiefpassfilters
$g_1[n]$	zeitdiskrete Impulsantwort eines Synthese-Hochpassfilters
$G_0(z)$	zeitdiskrete Impulsantwort eines Synthese-Tiefpassfilters im z-Bereich
$G_1(z)$	zeitdiskrete Impulsantwort eines Synthese-Hochpassfilters im z-Bereich
$h_0[n]$	zeitdiskrete Impulsantwort eines Analyse-Tiefpassfilters
$h_1[n]$	zeitdiskrete Impulsantwort eines Analyse-Hochpassfilters
$H_0(z)$	zeitdiskrete Impulsantwort eines Analyse-Tiefpassfilters im z-Bereich
$H_1(z)$	zeitdiskrete Impulsantwort eines Analyse-Hochpassfilters im z-Bereich
$h_i, h(s_i)$	absolute Häufigkeit des Symbols s_i
$h_\mathrm{k}[i]$	Vektor-Array mit kumulativen Häufigkeiten
H	Entropie
$H(X)$	Entropie der Quelle X, Signalentropie
$H(X|X)$	bedingte Entropie
$H(XX)$	Verbundentropie
$I(s_i)$	Informationsgehalt des Symbols s_i
$\mathbf{I}$	Einheitsmatrix $\begin{pmatrix} 1 & 0 & \cdots & 0 \\ 0 & 1 & \cdots & 0 \\ \vdots & \vdots & \ddots & \vdots \\ 0 & 0 & \cdots & 1 \end{pmatrix}$
$\jmath$	ist gleich $\sqrt{-1}$
k	Codierungsparameter für Rice-Codes
K	Anzahl verschiedener Symbole in einem Alphabet
l_i	Codewortlänge für Symbol s_i
$\bar{l}$	mittlere Codewortlänge
m	Codierungsparameter für Golomb-Codes
$\mathbb{N}$	Menge der natürlichen Zahlen
$p_i, p(s_i)$	Wahrscheinlichkeit des Ereignisses s_i, Zustandswahrscheinlichkeit
$p(s_i|s_j)$	bedingte Wahrscheinlichkeit, Wahrscheinlichkeit des Ereignisses s_i unter der Bedingung s_j
$p(s_j s_i)$	Verbundwahrscheinlichkeit (Einzelquelle) Wahrscheinlichkeit, dass s_j und s_i in dieser Reihenfolge auftreten
$p[i]$	Vektor-Array mit Auftretenswahrscheinlichkeiten
$p_\mathrm{k}[i]$	Vektor-Array mit kumulativen Wahrscheinlichkeiten
P	Phrase
φ	Skalierungsfunktion
ψ	Waveletfunktion
q	Quantisierungssymbol = quantisierter Transformationskoeffizient; Intervallnummer
Q_s	Qualitätsparameter
$Q_{k,l}$	Quantisierungswert an der Position $[k, l]$

R	Bitrate [Bits/Symbol]
ΔR	Redundanz
ΔR_0	Redundanz einer Quelle
$\Delta R(X)$	Codierungsredundanz
$\Delta R(X\|X)$	Intersymbolredundanz
$R_{\mathrm{xx}}[m]$	Autokorrelationsfunktion von $x[n]$
$\rho_{\mathrm{xx}}[m]$	Korrelationskoeffizient an Verschiebungsstelle m
$\mathbb{R}$	Menge der reellen Zahlen
s_i	Symbol, Zeichen, Ereignis i
σ_{e}^2	Varianz des Fehlersignals $\{e[n]\}$
σ_{q}^2	Varianz des Quantisierungsfehlers e_q
σ_{x}^2	Varianz des Signals $\{x[n]\}$
$\mathrm{sgn}(x)$	Signum-Funktion: $\mathrm{sgn}(x) = \begin{cases} +1 & \text{für} \quad x > 0 \\ 0 & \text{für} \quad x = 0 \\ -1 & \text{für} \quad x < 0 \end{cases}$
T	Abtastperiode bei zeitdiskreten Signalen
$\mathcal{T}$	Abbildungsvorschrift, Transformation
$\underline{v}_n$	Vektor mit Index n
v_x	x-Komponente eines Verschiebungsvektors
v_y	y-Komponente eines Verschiebungsvektors
$\mathbf{W_A}^{(8)}$	Matrix der Wavelet-Transformation mit einer Signallänge von 8
$\mathbf{W_B}^{(8)}$	Matrix der inversen Wavelet-Transformation mit einer Signallänge von 8
$\{x[n]\}$	zeitdiskretes Signal, Folge von Symbolen
$x[n]$	n-tes Element eines zeitdiskretes Signals
$\hat{x}[n]$	geschätzter Wert von $x[n]$
$x'[n]$	modifizierter $x[n]$-Wert
$\overline{x}$	arithmetischer Mittelwert von x
$\underline{x}$	Signalvektor $(x_0\ x_1\ x_2\ \ldots\ x_n)$
x_q	untere Grenze des Intervalls q
$X_{k,l}$	Transformationskoeffizient an der Position $[k,l]$
$X(z)$	zeitdiskretes Signal im z-Bereich
y_q	Rekonstruktionswert des Intervalls q
$\mathbf{Z} = \{s_i\|1 \leq i \leq K\}$	Symbolalphabet, Menge von K verschiedenen Symbolen s_i
$\mathbb{Z}$	Menge der ganzen Zahlen
$\mathcal{Z}\{x[n]\}$	z-Transformierte von $x[n]$

AMVP	*Advanced Motion Vector Prediction*
ANS	*Asymmetric Numeral System*
ASCII	*American Standard Code of Information Interchange*
AKF	Autokorrelationsfolge
AOM	*Alliance for Open Media*
AV1	*AOM Video 1*
AVC	*Advanced Video Coding*, H.264
AVM	*AOM Video Model*
AVS	*Audio Video Coding Standard*

CABAC	*Context-Adaptive Binary Arithmetic Coding*
Cb	Farbdifferenzwert (Chrominanz *blue*) des YCbCr-Farbmodells
CCIR	*International Radio Consultative Committee*
CCITT	*International Telephone and Telegraph Consultative Committee*
CCP	*Cross-Component-Prediction*, HEVC RExt
CD-ROM	*Compact Disc Read-Only Memory*
Cg	Farbdifferenzwert (Chrominanz *green*) des YCoCg-Farbmodells
CGS	*Colour Gamut Scalability*, HEVC
CIF	Bildformat für die Videokompression bei mittleren Bitraten (engl.: *Common Intermediate Format*)
Co	Farbdifferenzwert (Chrominanz *orange*) des YCbCr-Farbmodells
CODEC	enCOder/DECoder
COC	JPEG-2000-Marke (engl.: *Coding Style Component*)
COD	JPEG-2000-Marke (engl.: *Coding Style Default*)
CQF	Konjugiert-Quadratur-Filterbank (engl.: *Conjugate Quadrature Filterbank*)
Cr	Farbdifferenzwert (Chrominanz *red*) des YCbCr-Farbmodells
CRC	*Cyclic Redundancy Check*
CTB	*Coding Tree Block* (HEVC, VVC)
CTU	*Coding Tree Unit* (HEVC, VVC)
CWT	kontinuierliche Wavelet-Transformation (engl.: *Continuous Wavelet Transform*)
DCT	diskrete Kosinus-Transformation (engl.: *Discrete Cosine Transform*)
DFT	diskrete Fourier-Transformation (engl.: *Discrete Fourier Transform*)
DHT	JPEG-Marke (engl.: *Define Huffman Table*)
DNL	JPEG-Marke (engl.: *Define Number of Lines*)
DPB	Speicher für rekonstruierte Bilder (engl.: *Decoded Picture Buffer*)
DPCM	*Differential Pulse Code Modulation*
DQT	JPEG-Marke (engl.: *Define Quantisation Table*)
DRI	JPEG-Marke (engl.: *Define Restart Intervall*)
DFT	diskrete Fourier-Transformation (engl.: *Discrete Fourier Transform*)
DSP	Digitaler Signalprozessor
DST	diskrete Sinus-Transformation (engl.: *Discrete Sine Transform*)
DWT	diskrete Wavelet-Transformation (engl.: *Discrete Wavelet Transform*)
ECM	*Enhanced Compression Model*, H.267
EOB	Ende des Blocks (engl.: *End Of Block*)
EOC	JPEG-2000-Marke (engl.: *End Of Codestream*)
EOF	Ende der Datei (engl.: *End Of File*)
EOI	JPEG-Marke: Ende des Bildes (engl.: *End Of Image*)
EVC	*Essential Video Coding*, MPEG-5-Standard für Videokompression, 2020
FCD	*Final Committee Draft*
FDIS	*Final Draft International Standard*
FIFO	*First In First Out*
FIR	Endliche Impulsantwort (engl.: *Finite Impulse Response*)
FLC	Code, dessen Codewörter die gleiche Codewortlänge haben (engl.: *Fixed Length Code*)
FRExt	*Fidelity Range Extension*, Erweiterung von H.264/AVC

GOP	Gruppe von Bildern (engl.: *Group Of Pictures*)
H.261	Standard für Bildtelefonie, 1993
H.263	Standard für Videokompression für Kommunikation bei niedrigen Bitraten, 1995
H.26L	Vorläufer vom H.264-Standard zur Videokompression mit *Long-Term*-Prädiktion von Bildinhalten
H.264	Standard für Videokompression, 2002, AVC
H.265	Standard für Videokompression, 2013, HEVC
H.266	Standard für Videokompression, 2020, VVC
HDR	*High Dynamic Range*
HEIC	*High Efficiency Image Coding*, Standard für Einzelbildkompression, 2015, Intra-Codierung von HEVC
HEIF	*High Efficiency Image File Format*, Container-Dateiformat für Bilder und Bildsequenzen,
HEVC	*High Efficiency Video Coding*, Standard für Videokompression, 2013, auch bekannt als ITU H.265
HT	Haar-Transformation
IDCT	inverse diskrete Kosinus-Transformation (engl.: *Inverse Discrete Cosine Transform*)
IFS	iteriertes Funktionensystem
IEC	*International Electrotechnical Commission*
IDWT	inverse diskrete Wavelet-Transformation
IJG	*Independent JPEG Group*
ISO	*International Organisation for Standardisation*
ITU	*International Telecommunications Union*
ITU-R	ITU Radiocommunication Sector
ITU-T	ITU Telecommunication Standardisation Sector
JBIG	*Joint Bi-level Image Experts Group*
JPEG	*Joint Photographic Experts Group*
JCT-VC	*Joint Collaborative Team on Video Coding*
JFIF	*JPEG File Interchange Formats*
JTC	*Joint ISO/IEC Technical Committee*
JVET	*Joint Video Exploration Team*
JVT	*Joint Video Team*
KLT	Karhunen-Loeve-Transformation
LDR	*Low Dynamic Range*
LPS	Symbol mit geringerer Wahrscheinlichkeit (engl.: *Less Probable Symbol*)
MAD	mittlerer absoluter Fehler (engl.: *Mean Absolute Difference*)
MCU	kleinste Codiereinheit (engl.: *Minimum Coded Unit*)
MED	*Median-Edge-Detector* (nichtlinearer Prädiktor)
MIDI	*Musical Instrument Digital Interface*
MOS	subjektives Qualitätsmaß (engl.: *Mean Opinion Score*)
MPEG	*Motion Picture Experts Group*
MPM	*most probable modes*, HEVC
MPS	Symbol mit höherer Wahrscheinlichkeit (engl.: *More Probable Symbol*)
MSE	mittlerer quadratischer Fehler (engl.: *Mean Square Error*)
MTF	*Move-to-Front Coding*

MUX	Multiplexer
PB	*Prediction Block*
PPM	*Prediction by Partial Matching*
PPS	*Picture-Parameter-Set*, HEVC
PSNR	Spitzen-Signal-Rausch-Verhältnis (engl.: *Peak-Signal-to-Noise-Ratio*)
PR	perfekte Rekonstruktion
PU	*Prediction Unit*
QCC	JPEG-2000-Marke (engl.: *Quantisation Component*)
QCD	JPEG-2000-Marke (engl.: *Quantisation Default*)
QCIF	Bildformat für die Videokompression bei sehr niedrigen Bitraten (engl.: *Quarter Common Intermediate Format*)
rANS	range Asymmetric Numeral System
RCT	*Reversible Colour Transformation*
RDO	*Rate-Distortion Optimization*
RExt	*Range Extension*, Erweiterung von H.265/HEVC
ROI	bevorzugte Bildregion (engl.: *Region Of Interest*)
RST	JPEG-Marke (engl.: *Restart Marker*)
SAD	Summe der absoluten Fehler (engl.: *Sum of Absolute Difference*)
SAO	*Sample-adaptive Offset*
SCC	*Screen-Content Coding*
SNR	Signal-Rausch-Verhältnis (engl.: *Signal-to-Noise-Ratio*)
SOC	JPEG-2000-Marke (engl.: *Start Of Codestream*)
SOD	JPEG-2000-Marke (engl.: *Start Of Data*)
SOF	JPEG-Marke: Start eines Rahmens (engl.: *Start Of Frame*)
SOI	JPEG-Marke: Start des Bildes (engl.: *Start Of Image*)
SOS	JPEG-Marke: Start eines Scans (engl.: *Start Of Scan*)
SOT	JPEG-2000-Marke (engl.: *Start Of Tile part*)
SSIM	*Structural SImilarity Measure*
STFT	gefensterte Fourier-Transformation (engl.: *Short-Time Fourier Transform*)
TU	*Transform Unit*
UHD	*Ultra High Definition*
VCEG	*Video Coding Experts Group*
VHS	*Video Home System*
VLC	Code, dessen Codewörter unterschiedliche Codewortlängen haben (engl.: *Variable Length Code*)
VQEG	*Video Quality Experts Group*
VVC	*Versatile Video Coding*, Standard für Videokompression, 2020, auch bekannt als ITU H.266
WCG	*Wide Colour Gamut*
WDV	Wahrscheinlichkeitsdichteverteilung
WHT	Walsh-Hadamard-Transformation
XOR	Exklusive-Oder, binärer Operator, $x \oplus y = \begin{cases} 1 & \text{für} & x+y=1 \\ 0 & \text{für} & x+y=0 \\ 0 & \text{für} & x+y=2 \end{cases}$
Y	Helligkeitskomponente (Luminanz) verschiedener Farbmodelle

Literaturverzeichnis

[EBU10] 3299, E.T.: *High Definition (HD) Image Formats for Television Production*. European Broadcasting Union, Technology & Innovation, Geneva, 2010

[Abe07] Abel, J.: Incremental frequency count - A post BWT-stage for the Burrows–Wheeler compression algorithm. *Journal Software - Practice & Experience*, March 2007. Vol. 37, No. 3, 247–265

[Agb92] Agbinya, J.I.: Interpolation using the discrete cosine transform. *Electronics Letters*, September 1992. Vol. 28, No. 20, 1927–1928

[Ahm74] Ahmed, N.; Natarajan, T.; Rao, K.: Discrete Cosine Transform. *IEEE Transactions on Computers*, January 1974. Vol. C-23, No. 1, 90–93

[Aho24] Ahonen, J.I.; Le, N.; Zhang, H.; Hallapuro, A.; Cricri, F.; Tavakoli, H.R.; Hannuksela, M.M.; Rahtu, E.: NN-VVC: Versatile Video Coding boosted by self-supervisedly learned image coding for machines, 2024

[Aiz95] Aizawa, K.; Huang, T.: Model-based image coding advanced video coding techniques for very low bit-rate applications. *Proceedings of the IEEE*, 1995. Vol. 83, No. 2, 259–271

[Ala19] Alakuijala, J.; van Asseldonk, R.; Boukortt, S.; Bruse, M.; Comşa, I.M.; Firsching, M.; Fischbacher, T.; Kliuchnikov, E.; Gomez, S.; Obryk, R.; Potempa, K.; Rhatushnyak, A.; Sneyers, J.; Szabadka, Z.; Vandevennee, L.; Versari, L.; Wassenberg, J.: JPEG XL next-generation image compression architecture and coding tools. In A.G. Tescher; T. Ebrahimi, editors, *Applications of Digital Image Processing XLII*, Vol. 11137. International Society for Optics and Photonics, SPIE, 2019, 111370K

[Als24a] Alshina, E.: JPEG-AI Overview Slides, 2024. `https://ds.jpeg.org/documents/jpegai/wg1n101029-105-COM-JPEG_AI_Overview_Slides.zip`, zuletzt besucht am 06.02.2025

[Als24b] Alshina, E.; Ascenso, J.; Ebrahimi, T.: JPEG AI: The First International Standard for Image Coding Based on an End-to-End Learning-Based Approach. *IEEE MultiMedia*, 2024. Vol. 31, No. 4, 60–69

[Ant92] Antonini, M.; Barlaud, M.; Mathieu, P.; Daubechies, I.: Image coding using wavelet transform. *IEEE Transactions on Image Processing*, April 1992. Vol. 1, No. 2, 205–220

[Art15] Artusi, A.; Mantiuk, R.K.; Richter, T.; Hanhart, P.; Korshunov, P.; Agostinelli, M.; Ten, A.; Ebrahimi, T.: Overview and evaluation of the JPEG XT HDR image compression standard. *Journal of Real-Time Image Processing*, December 2015. Vol. 16, No. 2, 413–428

[Art16] Artusi, A.; Mantiuk, R.K.; Richter, T.; Korshunov, P.; Hanhart, P.; Ebrahimi, T.; Agostinelli, M.: JPEG XT: A Compression Standard for HDR and WCG Images [Standards in a Nutshell]. *IEEE Signal Processing Magazine*, March 2016. Vol. 33, No. 2, 118–124

[Asc23] Ascenso, J.; Alshina, E.; Ebrahimi, T.: The JPEG AI Standard: Providing Efficient Human and Machine Visual Data Consumption. *IEEE MultiMedia*, 2023. Vol. 30, No. 1, 100–111

© Der/die Herausgeber bzw. der/die Autor(en), exklusiv lizenziert an
Springer Fachmedien Wiesbaden GmbH, ein Teil von Springer Nature 2025
T. Strutz, *Bilddatenkompression*, https://doi.org/10.1007/978-3-658-49923-5

[AVS21]   IEEE Approved Draft Standard for Third Generation Video Coding, 2021

[Bar88]   Barnsley, M.F.: *Fractals Everywhere*. Academic Press, San Diego, 1988

[Bar95]   Barnsley, M.F.; Hurd, L.P.: *Fraktale Bildkompression*. Verlag Vieweg, 1995

[Bar96]   Barnes, C.; Rizvi, S.; Nasrabadi, N.: Advances in residual vector quantization: a review. *IEEE Transactions on Image Processing*, February 1996. Vol. 5, No. 2, 226–262

[Bay76]   Bayer, B.E.: Color imaging array. *Patentschrift (Eastman Kodak Company)*, July 1976. Vol. US3971065A

[Ben85]   Bentley, J.L.; McGeoch, C.C.: Amortized analyses of self-organizing sequential search heuristics. *Communications of the ACM*, April 1985. Vol. 28, No. 4, 404–411

[Ben86]   Bentley, J.L.; Sleator, D.D.; Tarjan, R.E.; K., V.: A locally adaptive data compression scheme. *Communications of the ACM*, April 1986. Vol. 29, No. 4, 320–330

[Blo14]   Bloom, C.: Understanding ANS, 2014. Https://cbloomrants.blogspot.com/2014/01/1-30-14-understanding-ans-1.html. zuletzt besucht am 17.06.2022

[Bol00]   Bologna, G.; Calvagno, G.; Mian, G.; Rinaldo, R.: Wavelet packets and spatial adaptive intraband coding of images. *Signal Processing: Image Communication*, August 2000. Vol. 15, No. 10, 891–906

[Bra00]   Brandenburg, K.; Kunz, O.; Sugiyama, A.: MPEG-4 natural audio coding. *Signal Processing: Image Communication*, January 2000. Vol. 15, No. 4-5, 423–444

[Bro13]   Bross, B.; Schwarz, H.; Marpe, D.: High-Efficiency Video Coding (HEVC)-Standard. Vorstellung des neuen Kompressionsstandards. *FKT*, 2013. Vol. 67, No. 1/2, 56–63

[Bro21]   Bross, B.; Chen, J.; Ohm, J.R.; Sullivan, G.J.; Wang, Y.K.: Developments in International Video Coding Standardization After AVC, With an Overview of Versatile Video Coding (VVC). *Proceedings of the IEEE*, September 2021. Vol. 109, No. 9, 1463–1493

[Bud13]   Budagavi, M.; Fuldseth, A.; Bjontegaard, G.; Sze, V.; Sadafale, M.: Core Transform Design in the High Efficiency Video Coding (HEVC) Standard. *IEEE Journal of Selected Topics in Signal Processing*, December 2013. Vol. 7, No. 6, 1029–1041

[Buh98]   Buhmann, J.M.; Fellner, D.W.; Held, M.; Kettner, J.; Puzicha, J.: Dithered Color Quantization. *EUROGRAPHICS'98*, August 1998. Vol. 17, No. 3, 219–231

[Bur94]   Burrows, M.; Wheeler, D.J.: A Block-Sorting Lossless Data Compression Algorithm, 1994. Research Report 124, `https://www.hpl.hp.com/techreports/Compaq-DEC/SRC-RR-124.pdf`, zuletzt besucht am 15.03.2025

[BZIP2]   BZIP2: `http://www.bzip.org`, zuletzt besucht am 05.01.2024

[Cal98]   Calderbank, A.R.; Daubechies, I.; Sweldens, W.; Yeo, B.L.: Wavelet transform that maps integers to integers. *Applied Computational and Harmonic Analysis*, July 1998. Vol. 5, No. 3, 332–369

[Che20]   Chen, Y.; Mukherjee, D.; Han, J.; Grange, A.; Xu, Y.; Parker, S.; Chen, C.; Su, H.; Joshi, U.; Chiang, C.H.; Wang, Y.; Wilkins, P.; Bankoski, J.; Trudeau, L.; Egge, N.; Valin, J.M.; Davies, T.; Midtskogen, S.; Norkin, A.; de Rivaz, P.; Liu, Z.: An Overview of Coding Tools in AV1: the First Video Codec from the Alliance for Open Media. *APSIPA Transactions on Signal and Information Processing*, 2020. Vol. 9, No. 1

[Chi21]   Chien, W.J.; Zhang, L.; Winken, M.; Li, X.; Liao, R.L.; Gao, H.; Hsu, C.W.; Liu, H.; Chen, C.C.: Motion Vector Coding and Block Merging in the Versatile Video Coding Standard. *IEEE Transactions on Circuits and Systems for Video Technology*, October 2021. Vol. 31, No. 10, 3848–3861

[Cho20]   Choi, K.; Chen, J.; Rusanovskyy, D.; Choi, K.P.; Jang, E.S.: An Overview of the MPEG-5 Essential Video Coding Standard [Standards in a Nutshell]. *IEEE Signal Processing Magazine*, 2020. Vol. 37, No. 3, 160–167

[Cle84]   Cleary, J.G.; Witten, I.H.: Data Compression Using Adaptive Coding and Partial String Matching. *IEEE Transactions on Communications*, April 1984. Vol. COM-32, No. 4, 396–402

[Coh92]   Cohen, A.; Daubechies, I.; Feauveau, J.: Biorthogonal bases of compactly supported wavelets. *Communications on Pure and Applied Mathematics*, June 1992. Vol. 45, No. 5, 485–560

[Coi92]   Coifman, R.R.; Wickerhauser, M.V.: Entropy-based algorithms for best basis selection. *IEEE Transactions on Information Theory*, March 1992. Vol. 38, No. 2, 713–718

[Dal00]   Daly, S.J.; Zeng, W.; Li, J.; Lei, S.: Visual weighting in wavelet compression for JPEG2000. In *Image and Video Communications and Processing 2000*, Vol. 3974. SPIE, 2000, 66–80

[Dau88]   Daubechies, I.: Orthonormal bases of compactly supported wavelets. *Communications on Pure and Applied Mathematics*, October 1988. Vol. 41, No. 7, 909–996

[Dau98]   Daubechies, I.; Sweldens, W.: Factoring wavelet transforms into lifting steps. *The Journal of Fourier Analysis and Applications*, May 1998. Vol. 4, No. 3, 247–269

[Dav95]   Davis, G.M.: Adaptive self-quantization of wavelet subtrees: A wavelet-based theory of fractal image compression. In *Proc. of SPIE - The International Society for Optical Engineering*, Vol. 2569. San Diego, CA, USA, 1995, 294–306

[DCI12]   Digital Cinema System Specification, 2012. `www.dcimovies.com`, zuletzt besucht am 15.03.2025

[Des07]   Desrochers, P.; Thurgood, B.: JPEG2000 Implementation at Library and Archives Canada. In *Proc. of Museums and the Web 2007*. San Francisco, 2007

[DigPres] JPEG 2000 Summit Workshop, Library of Congress. `https://www.digitizationguidelines.gov/resources/jpeg2000.html`, zuletzt besucht am 15.03.2025

[Dud15]   Duda, J.; Tahboub, K.; Gadgil, N.J.; Delp, E.J.: The use of asymmetric numeral systems as an accurate replacement for Huffman coding. In *Proc. of Picture Coding Symposium*. IEEE, 2015, 65–69

[Duf96]   Dufaux, F.; Moscheni, F.: Background mosaicking for low bit rate video coding. In *Proceedings of 3rd IEEE International Conference on Image Processing*, Vol. 1. IEEE, 1996, 673–676

[Duf09]   Dufaux, F.; Sullivan, G.J.; Ebrahimi, T.: The JPEG XR image coding standard [Standards in a Nutshell]. *IEEE Signal Processing Magazine*, November 2009. Vol. 26, No. 6, 195–204

[Edl95]   Edler, B.: *Äquivalenz von Transformation und Teilbandzerlegung in der Quellencodierung*. Ph.D. thesis, Fakultät für Maschinenwesen der Universität Hannover, 1995

[Fan49]   Fano, R.M.: The transmission of information. Tech. Rep. 65, Research Laboratory for Electronics, Massachusetts Institute of Technology, 1949

[Fed21]   Fedorov, D.: Affine Motion Compensated Prediction in VVC, March 2021. `https://vicuesoft.com/blog/titles/Affine_Motion/`, zuletzt besucht am 27.02.2025

[Fen24]   Feng, Z.; Jung, C.; Zhang, H.; Liu, Y.; Li, M.: Low Complexity In-Loop Filter for VVC Based on Convolution and Transformer. *IEEE Access*, 2024. Vol. 12, 120316–120325

[Fis95]   Fisher, Y.: *Fractal Image Compression*. Springer-Verlag, 1995

[Fli91]   Fliege, N.: *Systemtheorie*. Verlag B. G. Teubner, Stuttgart, 1991

[Fli93]   Fliege, N.: *Multiraten-Signalverarbeitung*. Verlag B. G. Teubner, Stuttgart, 1993

[Fli03]   Flierl, M.; Girod, B.: Generalized B pictures and the draft H.264/AVC video-compression standard. *IEEE Transactions on Circuits and Systems for Video Technology*, July 2003. Vol. 13, No. 7, 587–597

[Fu12]   Fu, C.M.; Alshina, E.; Alshin, A.; Huang, Y.W.; Chen, C.Y.; Tsai, C.Y.; Hsu, C.W.; Lei, S.M.; Park, J.H.; Han, W.J.: Sample Adaptive Offset in the HEVC Standard. *IEEE Transactions on Circuits and Systems for Video Technology*, December 2012. Vol. 22, No. 12, 1755–1764

[Gao21]   Gao, H.; Esenlik, S.; Alshina, E.; Steinbach, E.: Geometric Partitioning Mode in Versatile Video Coding: Algorithm Review and Analysis. *IEEE Transactions on Circuits and Systems for Video Technology*, September 2021. Vol. 31, No. 9, 3603–3617

[Geg03]   Gegenfurtner, K.R.; Kiper, D.C.: Color Vision. *Annual Review of Neuroscience*, March 2003. Vol. 26, No. 1, 181–206

[Ger88]   Gervautz, M.; Purgathofer, W.: A Simple Method for Color Quantization: Octree Quantization. In N. Magnenat-Thalmann; D. Thalmann, editors, *New Trends in Computer Graphics*. Springer Berlin Heidelberg, 1988. ISBN 978-3-642-83492-9, 219–231

[Gie14]   Giesen, F.: rANS notes, 2014. `https://fgiesen.wordpress.com/2014/02/02/rans-notes/`, zuletzt besucht am 15.03.2025

[GIMP]   GNU IMAGE MANIPULATION PROGRAM, Version 2.10.38. `https://www.gimp.org/`, zuletzt besucht am 03.03.2025

[Gir92]   Girod, B.: Psychovisual aspects of image communication. *Signal Processing*, September 1992. Vol. 28, No. 3, 239–251

[Gir97]   Girod, B.; Rabenstein, R.; Stenger, A.: *Einführung in die Systemtheorie*. Verlag B. G. Teubner, Stuttgart, 1997

[Gir99]   Girod, B.: Efficiency analysis of multihypothesis motion-compensated prediction for video coding. *IEEE Transactions on Image Processing*, February 1999. Vol. 9, No. 2, 173–183

[Gol66]   Golomb, S.W.: Run-Length Encodings. *IEEE Transactions on Information Theory*, September 1966. Vol. 12, No. 3, 399–401

[Gra84]   Gray, R.M.: Vector quantization. *IEEE ASSP Magazine*, April 1984. Vol. 1, No. 2, 4–29

[Gra98]   Gray, R.M.; Neuhoff, D.L.: Quantization. *IEEE Transactions on Information Theory*, October 1998. Vol. 44, No. 6, 2325–2383

[Gro13]   Grois, D.; Marpe, D.; Mulayoff, A.; Itzhaky, B.; Hadar, O.: Performance comparison of H.265/MPEG-HEVC, VP9, and H.264/MPEG-AVC encoders. In *2013 Picture Coding Symposium (PCS)*. 2013, 394–397

[Guo97] Guo, H.; Burrus, C.: Waveform and image compression using the Burrows Wheeler transform and the wavelet transform. In *Proceedings of International Conference on Image Processing (ICIP '97)*. IEEE Comput. Society, Santa Barbara, CA, 1997, 26–29

[Haa10] Haar, A.: Zur Theorie der orthogonalen Funktionen-Systeme. *Mathematische Annalen*, September 1910. Vol. 69, No. 3, 331–371

[Ham92] Hamilton, E.: JPEG File Interchange Format, Version 1.02, September 1992. `http://www.w3.org/Graphics/JPEG/jfif3.pdf`, zuletzt besucht am 15.03.2025

[Han10] Han, J.; Saxena, A.; Rose, K.: Towards jointly optimal spatial prediction and adaptive transform in video/image coding. In *2010 IEEE International Conference on Acoustics, Speech and Signal Processing*. IEEE, 2010, 726–729

[Han15] Hannuksela, M.M.; Lainema, J.; Malamal Vadakital, V.K.: The High Efficiency Image File Format Standard [Standards in a Nutshell]. *IEEE Signal Processing Magazine*, July 2015. Vol. 32, No. 4, 150–156

[Han21] Han, J.; Li, B.; Mukherjee, D.; Chiang, C.H.; Grange, A.; Chen, C.; Su, H.; Parker, S.; Deng, S.; Joshi, U.; Chen, Y.; Wang, Y.; Wilkins, P.; Xu, Y.; Bankoski, J.: A Technical Overview of AV1. *Proceedings of the IEEE*, 2021. Vol. 109, No. 9, 1435–1462

[Hau94] Hauske, G.: *Systemtheorie der visuellen Wahrnehmung*. Verlag B. G. Teubner, Stuttgart, 1994

[Hec82] Heckbert, P.: Color image quantization for frame buffer display. *SIGGRAPH Comput. Graph.*, Jul. 1982. Vol. 16, No. 3, 297–307

[HEIF] libheif: an ISO/IEC 23008-12:2017 HEIF and AVIF (AV1 Image File Format) file format decoder and encoder. `https://github.com/strukturag/libheif/`, zuletzt besucht am 18.08.2025

[Hei96] Heising, G.: Bewegtbildcodierung unter Verwendung von Blockverzerrungsmodellen zur Bewegungskompensation. *FREQUENZ*, November 1996. Vol. 50, No. 11-12

[Hei98] Heising, G.; Marpe, D.; Cycon, H.: A wavelet-based video coding scheme using image warping prediction. In *Proceedings 1998 International Conference on Image Processing. ICIP98 (Cat. No.98CB36269)*, Vol. 1. 1998, 84–86 vol.1

[Hei01] Heising, G.; Marpe, D.; Cycon, H.; Petukhov, A.: Wavelet-based very low bit-rate video coding using image warping and overlapped block motion compensation. *IEE Proceedings - Vision, Image and Signal Processing*, April 2001. Vol. 148, No. 2, 93–101

[Hei02] Heising, G.: Improving coding efficiency in grid-based hybrid video coding schemes. In *2002 IEEE International Conference on Acoustics, Speech, and Signal Processing*, Vol. 4. 2002, IV–3269–IV–3272

[Hen20] Henkel, A.; Zupancic, I.; Bross, B.; Winken, M.; Schwarz, H.; Marpe, D.; Wiegand, T.: Alternative Half-Sample Interpolation Filters for Versatile Video Coding. In *ICASSP 2020 - 2020 IEEE International Conference on Acoustics, Speech and Signal Processing (ICASSP)*. 2020, 2053–2057

[Her97] Herley, C.; Xiong, Z.; Ramchandran, K.; Orchard, M.: Joint space-frequency segmentation using balanced wavelet packet trees for least-cost image representation. *IEEE Transactions on Image Processing*, September 1997. Vol. 6, No. 9, 1213–1230

[Her16] Herrou, G.; Hamidouche, W.; Ducloux, X.: HDR video quality evaluation of HEVC and VP9 codecs. In *2016 Picture Coding Symposium (PCS)*. 2016, 1–5

[HevcHM] HEVC Referenzsoftware Version 16.20_SCM8.8. `https://vcgit.hhi.fraunhofer.de/jvet/HM/`, zuletzt besucht am 18.08.2025

[How93] Howard, P.; Vitter, J.: Fast and efficient lossless image compression. In *Proc. of the Data Compression Conference (DCC'93)*. IEEE Comput. Soc. Press, Snowbird, UT, 1993, 351–360

[Hua94] Huang, C.L.; Hsu, C.Y.: A new motion compensation method for image sequence coding using hierarchical grid interpolation. *IEEE Transactions on Circuits and Systems for Video Technology*, 1994. Vol. 4, No. 1, 42–52

[Hua21] Huang, Y.W.; An, J.; Huang, H.; Li, X.; Hsiang, S.T.; Zhang, K.; Gao, H.; Ma, J.; Chubach, O.: Block Partitioning Structure in the VVC Standard. *IEEE Transactions on Circuits and Systems for Video Technology*, 2021. Vol. 31, No. 10, 3818–3833

[Huf52] Huffman, D.: A Method for the Construction of Minimum-Redundancy Codes. *Proceedings of the IRE*, September 1952. Vol. 40, No. 9, 1098–1101

[ImCB] Image Compression Benchmark. `http://www.imagecompression.info/test_images`, zuletzt besucht 03.01.2024

[IPE25] IPEurope.org: "Royalty-free" standards are not free of costs: AV1 as a case study. https://ipeurope.org/blog/royalty-free-standards-are-not-free-of-costs-av1-as-a-case-study/, zuletzt besucht 25.02.2025

[ISO92] ISO/IEC and 10918-1, CCITT Recommendation T.81: Information technology – Digital Compression and Coding of Continuous-Tone Still Images: Requirements and Guidelines, 1992

[ISO93a] ISO/IEC 11172: Information technology – Coding of moving pictures and associated audio for digital storage media at up to about 1.5 Mbits/s, 1993. International Standard, Part 1: Systems; Part 2: Video; Part 3: Audio; Part 4: Conformance Testing; Part 5: Software Reference Model

[ISO93b] ISO/IEC JTC1 11544, ITU-T Rec. T.82: Information technology – Progressive Lossy/Lossless Coding of Bi-Level Images, 1993

[ISO95] ISO/IEC JTC1 10918-2, ITU-T Rec. T.83: Information technology – Digital compression and coding of continous-tone still images: Compliance testing, 1995

[ISO96a] ISO/IEC 13818-1, ITU-T Rec. H.262: Information technology – Generic coding of moving pictures and associated audio – Part 1: Systems, 1996

[ISO96b] ISO/IEC 13818-2, ITU-T Rec. H.262: Information technology – Generic coding of moving pictures and associated audio – Part 2: Video, 1996

[ISO96c] ISO/IEC 13818-3: Information technology – Generic coding of moving pictures and associated audio – Part 3: Audio, 1996

[ISO96d] ISO/IEC JTC1 10918-3: Information technology – Digital compression and coding of continous-tone still images: Extensions, 1996

[ISO99] ISO/IEC 14492, ITU-T Rec. T.82: Information technology – Lossy/Lossless Coding of Bi-Level Images, July 1999. Final Committee Draft 14492

[ISO00a] ISO/IEC 14495-1: Information technology – Lossless and near-lossless compression of continuous-tone still images: Baseline (JPEG–LS), corrected and reprinted version, September 2000

[ISO00b] ISO/IEC FCD 15444-1: Information technology – JPEG 2000 Image Coding System, März 2000. JPEG 2000 Final Committee Draft Version 1.0

[ISO00c] ISO/IEC JTC1/SC29/WG11 N3536: Overview of the MPEG-4 Standard V.15, July 2000

[ISO01a] ISO/IEC 14496-2: Coding of Audio-Visual Objects – Part 2: Visual, 2001

[ISO01b] ISO/IEC JTC1/SC29/WG11 N3908: Coding of Moving Pictures and Audio, January 2001

[ISO02]   ISO/IEC 14496-10, JVT-E022d7: Joint Final Committee Draft (JFCD) of Joint Video Specification (MPEG-4 Part 10, gleichzeitig ITU-T Rec. H.264, Oktober 2002

[ISO03a] ISO/IEC 14495-2: Information technology – Lossless and near-lossless compression of continuous-tone still images: Extensions (JPEG–LS), April 2003

[ISO03b] ISO/IEC 15444-5: Information technology – JPEG 2000 image coding system: Reference software, 2003

[ISO03c] ISO/IEC 15444-6: Information technology – JPEG 2000 image coding system: Compound image file format, 2003

[ISO04a] ISO/IEC 15444-1: Information technology – JPEG 2000 image coding system: Core coding system, September 2004

[ISO04b] ISO/IEC 15444-2: Information technology – JPEG 2000 image coding system: Extensions, Mai 2004

[ISO04c] ISO/IEC 15444-4: Information technology – JPEG 2000 image coding system: Conformance testing, 2004

[ISO05a] ISO/IEC 15444-12: Information technology – JPEG 2000 image coding system: ISO base media file format, corrected version, October 2005

[ISO05b] ISO/IEC 15444-9: Information technology – JPEG 2000 image coding system: Interactivity tools, APIs and protocols, 2005

[ISO07a] ISO/IEC 15444-11: Information technology – JPEG 2000 image coding system: Wireless, 2007

[ISO07b] ISO/IEC 15444-3: Information technology – JPEG 2000 image coding system: Motion JPEG 2000, 2007

[ISO07c] ISO/IEC 15444-8: Information technology – JPEG 2000 image coding system: Secure JPEG 2000, 2007

[ISO08a] ISO/IEC 15444-10: Information technology – JPEG 2000 image coding system: Extensions for three-dimensional data, December 2008

[ISO08b] ISO/IEC 15444-13: Information technology – JPEG 2000 image coding system: An entry-level JPEG encoder, July 2008

[ISO15]   ISO/IEC 29170-2:2015: Information technology – Advanced image coding and evaluation — Part 2: Evaluation procedure for nearly lossless coding, 2015

[ISO19]   ISO/IEC JTC 1/SC29/WG1 N83058, REQ: Report on the State-of-the-art of Learning based Image Coding, March 2019. 83rd JPEG Meeting

[ISO20a] ISO/IEC 18477-1:2020: Information technology – Scalable compression and coding of continuous-tone still images – Part 1: Core coding system specification, 2020. Juli 2016 – Mai 2020

[ISO20b] ISO/IEC 23094-1:2020: Information technology - General video coding - Part 1: Essential video coding, 2020

[ISO20c] ISO/IEC 29199-2:2020: Information technology – JPEG XR image coding system – Part 2: Image coding specification, Mai 2020

[ISO21]   ISO/IEC JTC 1/SC 29/AG 03 : White paper on Essential Video Coding (EVC), November 2021. `https://www.mpeg.org/wp-content/uploads/mpeg_meetings/136_OnLine/w21036.zip`, zuletzt besucht am 18.02.2025

[ISO22a] ISO/IEC 14496-12:2022: (MPEG-4, Part 12) *Information technology – Coding of audio-visual objects – Part 12: ISO base media file format*, Januar 2022

[ISO22b] ISO/IEC 21122-1:2022: Information technology – JPEG XS low-latency lightweight image coding system – Part 1: Core coding system, März 2022

[ISO22c] ISO/IEC DIS 18181-1:2022: Information technology - JPEG XL image coding system - Part 1: Core coding system, März 2022

[ISO22d] ISO/IEC DIS 23090-3:2022: Information technology – Coded representation of immersive media – Part 3: Versatile video coding, 2022

[ISO23]   JPEG White Paper: JPEG XL Image Coding System, January 2023. ISO/IEC JTC 1/SC 29/WG1 N100400, Version 2.0

[ISO25]   ISO/IEC PRF 6048-1: Information technology – JPEG AI learning-based image coding system - Part 1: Core coding system, 2025

[ITU93]   ITU-T Recommendation, H.261: CODEC for audio-visual services at b x 64 Kbps, 1993

[ITU95]   ITU-T Recommendation H.263: Video coding for low bit rate communications, 1995. Version 1

[ITU98]   ITU-T Recommendation H.263: Video coding for low bit rate communications, 1998. Version 2

[ITU00]   ITU-T Recommendation H.263: Video coding for low bit rate communications, 2000. Version 3

[ITU01]   ITU-T H.26L: Test Model Long Term Number 7 (TML-7) draft0, April 2001

[ITU02]   ITU-R Recommendation BT.709-5: Parameter values for the HDTV standards for production and international programme exchange, 2002

[ITU03]   ITU-T H.264: Advanced video coding for generic audiovisual services, May 2003. Republished recommendation

[ITU05]   ITU-R Recommendation BT.470-7: Conventional Television Systems, 2005

[ITU15a] ITU-R Recommendation BT.2020: *Parameter values for ultra-high definition television systems for production and international programme exchange*. BT Series, Broadcasting service (television). International Telecommunication Union, 2015

[ITU15b] ITU-R Recommendation BT.709: *Parameter values for the HDTV standards for production and international programme exchange*. BT Series, Broadcasting service (television). International Telecommunication Union, 2015

[ITU15c] ITU-T H.265: *High efficiency video coding*. Serie H: AUDIOVISUAL AND MULTIMEDIA SYSTEMS Infrastructure of audiovisual services – Coding of moving video. International Telecommunication Union, 2015

[ITU20]   ITU-T H.266: *Versatile video coding*. Serie H: AUDIOVISUAL AND MULTIMEDIA SYSTEMS Infrastructure of audiovisual services – Coding of moving video. International Telecommunication Union, 2020

[Iwa95]   Iwakami, N.; Moriya, T.; Miki, S.: High-quality audio-coding at less than 64 kbit/s by using transform-domain weighted interleave vector quantization (TwinVQ). In *Proceedings of ICASSP'95*. 1995, 3095–3098

[Iwa96]   Iwakami, N.; Moriya, T.: Transform-Domain Weighted Interleave Vector Quantizati-on (TwinVQ). *101st AES Convention*, November 1996. Paper No. 4377

[J2KRS]   JPEG-2000 Referenzsoftware, Version 2.5.0. `https://github.com/uclouvain/openjpeg/`, zuletzt besucht am 15.01.2024

[Jac89]   Jacquin, A.: *A Fractal Theory of Iterated Markov operators with Applications to Digital Image Coding*. Ph.D. thesis, Georgia Institute of Technology, August 1989

[Jac92]   Jacquin, A.: Image Coding based on a Fractal Theory of Iterated Contractive Image Transformations. *IEEE Trans. on Image Processing*, January 1992. Vol. 1, No. 1, 18–30

[JAI25]   JPEG-AI Overview. `https://jpeg.org/jpegai/`, zuletzt besucht am 06.02.2025

[JAI25b] JPEG-AI Referenzsoftware. `https://gitlab.com/wg1/jpeg-ai`, zuletzt besucht am 06.02.2025

[Jai81]   Jain, J.R.; Jaun, A.K.: Displacement Measurement and Its Application in Interframe Image Coding. *IEEE Trans. on Communications*, December 1981. Vol. COM 29, No. 12, 1799–1808

[Jan14]   Jansen, K.: The Pointer's Gamut - The Coverage of Real Surface Colors by RGB Color Spaces and Wide Gamut Displays, February 2014. `https://tftcentral.co.uk/articles/pointers_gamut`, zuletzt besucht am 03.01.2024. TFT Central

[Jay84]   Jayant, N.S.; Noll, P.: *Digital Coding of Waveforms*. Prentice-Hall Inc., Englewood Cliffs, NJ, 1984

[Jon95]   Jones, P.W.; Daly, S.; Gaborski, R.S.; Rabbani, M.: Comparative study of wavelet and DCT decompositions with equivalent quantization and encoding strategies for medical images. In *Proc. of SPIE - The International Society for Optical Engineering*, Vol. 2431. 1995, 571–582

[JXL24]   JPEG-XL, FormatÃ¼bersicht. `https://github.com/ImageMagick/jpeg-xl/blob/main/doc/format_overview.md`, zuletzt besucht am 05.01.2024

[JXL25]   JPEG-XL Referenzsoftware, Versionen 0.3.7, 0.9.1, 0.11.1. `https://github.com/libjxl/libjxl`, zuletzt besucht am 16.02.2025

[JXL25b] JPEG-XL Referenzsoftware, Executables. `https://github.com/libjxl/libjxl/releases/`, zuletzt besucht am 16.02.2025

[JXR09]   JPEG-XR Referenzsoftware. `https://github.com/4creators/jxrlib`, zuletzt besucht am 03.01.2024

[JXS22]   JPEG-XS Referenzsoftware. `https://standards.iso.org/iso-iec/21122/-5/ed-2/en/ISO_IEC_21122-5_2_Ed-2.zip`, zuletzt besucht am 13.01.2024

[JXT18]   JPEG-XT Referenzsoftware. `https://github.com/thorfdbg/libjpeg`, zuletzt besucht am 13.01.2024

[Kam98]   Kammeyer, K.D.; Kroschel, K.: *Digitale Signalverarbeitung*. Teubner Taschenbücher Elektrotechnik. Verlag B.G. Teubner, Stuttgart, 1998

[Kau06]   Kau, L.J.; Lin, Y.P.; Lin, C.T.: Lossless image coding using adaptive, switching algorithm with automatic fuzzy context modelling. *IEE Proc. of Vision, Image and Signal Processing*, 2006. Vol. 153, No. 5, 684–694

[Kha14]   Khairat, A.; Nguyen, T.; Siekmann, M.; Marpe, D.; Wiegand, T.: Adaptive cross-component prediction for 4:4:4 high efficiency video coding. In *IEEE International Conference on Image Processing (ICIP'2014)*. 2014, 2014, 3734–3738

[Kla98]   Klappenecker, A.; May, F.U.; Beth, T.: Lossless Compression of 3D MRI and CT Data. In *Proc. SPIE, Vol. 3458, Wavelet Applications in Signal and Image Processing VI*. 1998, 140–149

[Klo97]   Klock, H.; Polzer, A.; Buhmann, J.: Region-based motion compensated 3D-wavelet transform coding of video. In *Proceedings of International Conference on Image Processing*, Vol. 2. IEEE, Santa Barbara, CA, 1997, 776–779

[Kodak]   Kodak: Lossless True Color Image Suite. https://r0k.us/graphics/kodak/, zuletzt besucht am 03.01.2024

[Kog81]   Koga, T.; Linuma, K.; Hirano, A.; Iijima, Y.; Ishiguro, T.: Motion-Compensated Interframe Coding for Video Conferencing. In *Proc. of NTC'81*, Vol. G5.3.1-5. New Orleans, LA, 1981, 1–5

[Koh89]   Kohonen, T.: *Self-Organization and Associative Memory*. 3rd ed. Springer-Verlag, Berlin, 1989

[Krü02]   Krüger, K.E.: *Transformationen*. VIEWEG-Verlag, Braunschweig/Wiesbaden, 2002

[Lai07]   Lai, J.Z.C.; Liaw, Y.C.: A Novel Approach of Reordering Color Palette for Indexed Image Compression. *IEEE Processing Letters*, 2007. Vol. 14, No. 2, 117–120

[Lai12]   Lainema, J.; Bossen, F.; Han, W.J.; Min, J.; Ugur, K.: Intra Coding of the HEVC Standard. *IEEE Trans. on Circuits and Systems for Video Technology*, December 2012. Vol. 22, No. 12, 1792–1801

[Lai16]   Lainema, J.; Hannuksela, M.M.; Vadakital, V.K.M.; Aksu, E.B.: HEVC still image coding and high efficiency image file format. In *2016 IEEE International Conference on Image Processing (ICIP)*. Phoenix, AZ, USA, 2016, 2016, 71–75

[Li95]   Li, J.; Cheng, P.Y.; Kuo, C.C.J.: Embedded wavelet packet transform technique for texture compression. In A.F. Laine; M.A. Unser, editors, *Wavelet Applications in Signal and Image Processing III*, Vol. 2569. International Society for Optics and Photonics, SPIE, San Diego, CA, USA, 1995, 602 – 613

[Lin80]   Linde, Y.; Buzo, A.; Gray, R.M.: An algorithm for vector quantizer design. *IEEE Trans. on Communications*, 1980. Vol. 28, No. 1, 84–95

[Lin99]   Lin, J.; Storer, J.; Cohn, M., editors: *Proceedings DCC'99 Data Compression Conference*. IEEE Computer Society, Los Alamitos, CA, USA, 1999. ISSN 1068-0314

[Lin00]   Lin, J.; Storer, J.; Cohn, M., editors: *Proceedings DCC 2000. Data Compression Conference*. IEEE Computer Society, Los Alamitos, CA, USA, 2000. ISSN 1068-0314

[Lin01]   Lin, J.; Storer, J.; Cohn, M., editors: *Proceedings DCC 2001. Data Compression Conference*. IEEE Computer Society, Los Alamitos, CA, USA, 2001. ISSN 1068-0314

[Lin13]   Lin, J.L.; Chen, Y.W.; Huang, Y.W.; Lei, S.M.: Motion Vector Coding in the HEVC Standard. *IEEE Journal of Selected Topics in Signal Processing*, 2013. Vol. 7, No. 6, 957–968

[Lis03]   List, P.; Joch, A.; Lainema, J.; Bjoentegard, G.; Karszewicz, M.: Adaptive Deblocking Filter. *IEEE Trans. on Circuits and Systems for Video Technology*, July 2003. Vol. 13, No. 7, 614–619

[Llo82]   Lloyd, S.P.: Least sqares quantization in PCM. (1957, Nachdruck). *IEEE Trans. on Information Theory*, 1982. Vol. 28, 129–137

[Loc97]   Lochmann, D.: *Digitale Nachrichtentechnik*. Verlag Technik GmbH, Berlin, 2. Auflage, 1997

[Luk82]   Lukas, F.J.; Budrikis, Z.L.: Picture quality prediction based on a visual model. *IEEE Trans. on Communications*, July 1982. Vol. COM-30, 1679–1692

[Ma22]   Ma, S.; Zhang, L.; Wang, S.; Jia, C.; Wang, S.; Huang, T.; Wu, F.; Gao, W.: Evolution of AVS video coding standards: twenty years of innovation and development. *Science China Information Sciences*, August 2022. Vol. 65, No. 9

[Mal89]   Mallat, S.G.: A Theory for Multiresolution Signal Decomposition: The Wavelet Representation. *IEEE Trans. on Pattern Analysis and Machine Intelligence*, 1989. Vol. 11, No. 7, 674–693

[Mal98]   Mallot, H.A.: *Sehen und die Verarbeitung visueller Informationen.* Vieweg, Braunschweig/Wiesbaden, 1998

[Mal03]   Malvar, H.S.; Sullivan, F.: YCoCg-R: A Color Space with RGB Reversibility and Low Dynamic Range. *Joint Video Team (JVT) of ISO/IEC MPEG ITU-T VCEG*, July 2003. Vol. JVT Ad Hoc Group Meeting, Document JVT-I014r3.doc

[Mar79]   Martin, G.N.N.: Range encoding: An algorithm for removing redundancy from a digitized message. In *Video & Data Recording Conference*. Southampton, UK, 1979

[Mar90a] Marcellin, M.W.; Fischer, T.R.: Trellis coded quantization of memoryless and Gauss-Markov source. *IEEE Trans. on Communications*, 1990. Vol. 38, No. 1, 82–93

[Mar90b] Martucci, S.A.: Reversible compression of HDTV images using median adaptive prediction and arithmetic coding. In *Proc. IEEE Symp. on Circuits and Systems*. 1990, 1310–1313

[Mar98]   Marpe, D.; Cycon, H.L.; Li, W.: A Complexity Constraint Best-Basis Wavelet Packet Algorithm for Image Compression. *Proc. of IEE – Vision, Image and Signal Processing*, 1998. Vol. 145, No. 6, 391–398

[Mar00]   Marpe, D.; Blättermann, G.; Ricke, J.; Maaß, P.: A Two-Layered Wavelet-Based Algorithm for Efficient Lossless and Lossy Image Compression. *IEEE Trans. on Circuits and Systems for Video Technology*, October 2000. Vol. 10, No. 7, 1094–1102

[Mar03]   Marpe, D.; Schwarz, H.; Wiegend, T.: Context-Based Adaptive Binary Arithmetic Coding in the H.264 / AVC Video Compression Standard. *IEEE Trans. on Circuits and Systems for Video Technology*, July 2003. Vol. 13, No. 7, 620–636

[Mat05]   Matsuda, I.; Ozaki, N.U.Y.; Itoh, S.: Lossless Coding using variable block-size adaptive prediction optimized for each image. In *Proc. of EUSIPCO 2005*, Vol. WedAmPO3. 2005

[Max60]   Max, J.: Quantization for minimum distortion. *IEEE Trans. on Information Theory*, 1960. Vol. 6, 7–12

[Mem97]   Memon, N.D.; Wu, X.: Recent Developments in Context-Based Precitive Techniques for Lossless Image Compression. *The Computer Journal*, 1997. Vol. 40, No. 2/3, 127–136

[Mey00]   Meyer, F.G.; Averbuch, A.Z.; Strömberg, J.O.: Fast Adaptive Wavelet Packet Image Compression. *IEEE Trans. on Image Processing*, May 2000. Vol. 9, No. 5, 792–800

[Mey01]   Meyer, B.; Tischer, P.: Glicbawls – Grey Level Image Compression By Adaptive Weighted Least Squares. In *Proc. of Data Compression Conference*. Snowbird, Utah, USA, 2001

[Mil95]   Mildenberger, O.: *System- und Signaltheorie.* Vieweg, Braunschweig/Wiesbaden, 1995

[Mof90]   Moffat, A.: Implementing the PPM Data Compression Scheme. *IEEE Trans. on Communications*, November 1990. Vol. 38, No. 11, 1917–1921

[Mof95]   Moffat, A.; Neal, R.; Witten, I.H.: Arithmetic Coding Revisited (Extended Abstract). In J.A. Storer; M. Cohn, editors, *Proceedings of the Data Compression Conference.* 28–30, Snowbird, Utah, 1995, 202–211

[Mog99]   Mogi, T.: A hybrid compression method based on region separation for synthetic and natural compound images. In *Proceedings of 1999 International Conference on Image Processing (Cat. 99CH36348)*. Kobe, Japan, 24-28 Oct, 1999

[Mus89]   Musmann, H.G.; Hötter, M.; Ostermann, J.: Object-Oriented Analysis-Sythesis Coding of Moving Images. *Signal Processing: Image Communication*, 1989. Vol. 1, 117–138

[Ngu13]   Nguyen, T.; Helle, P.; Winken, M.; Bross, B.; Marpe, D.; Schwarz, H.; Wiegand, T.: Transform Coding Techniques in HEVC. *IEEE Journal of Selected Topics in Signal Processing*, 2013. Vol. 7, No. 6, 978–989

[Ngu15]   Nguyen, T.; Marpe, D.: Objective Performance Evaluation of the HEVC Main Still Picture Profile. *IEEE Trans. on Circuits and Systems for Video Technology*, May 2015. Vol. 25, No. 5, 790–797

[NOAA]   National Centers for Environmental Information National Oceanic and Atmospheric Administration. `https://www.ncei.noaa.gov/`, zuletzt besucht am 03.01.2024

[Non11]   Nong, G.; Zhang, S.; Chan, W.H.: Computing the inverse sort transform in linear time. *ACM Transactions on Algorithms*, 2011. Vol. 7, No. 2, 27

[Nor12]   Norkin, A.; Bjontegaard, G.; Fuldseth, A.; Narroschke, M.; Ikeda, M.; Andersson, K.; Zhou, M.; Van der Auwera, G.: HEVC Deblocking Filter. *IEEE Trans. on Circuits and Systems for Video Technology*, December 2012. Vol. 22, No. 12, 1746–1754. und Vol. 23, 2013, 2141–2141 (errata)

[Och21]   Och, H.; Strutz, T.; Kaup, A.: Optimization of Probability Distributions for Residual Coding of Screen Content. In *2021 International Conference on Visual Communications and Image Processing (VCIP)*. Munich, Germany, 2021, 1–5

[Och24a] Och, H.; Uddehal, S.R.; Strutz, T.; Kaup, A.: Enhanced Color Palette Modeling For Lossless Screen Content Compression. In *ICASSP 2024 - 2024 IEEE International Conference on Acoustics, Speech and Signal Processing (ICASSP)*. Seoul, South Korea, 2024, 3670–3674

[Och24b] Och, H.; Uddehal, S.R.; Strutz, T.; Kaup, A.: Improved Screen Content Coding in VVC Using Soft Context Formation. In *ICASSP 2024 - 2024 IEEE International Conference on Acoustics, Speech and Signal Processing (ICASSP)*. Seoul, South Korea, 2024, 3685–3689

[OpenJpg] OPENJPEG Library JPEG-2000. `https://github.com/uclouvain/openjpeg`, zuletzt besucht am 03.01.2024

[Oso96]   Osorio, D.; Vorobeyev, M.: Colour vision as an adaptation to frugivory in primates. *Proceedings of the Royal Society (London) B*, 1996. Vol. 263, 593–599

[Pae91]   Paeth, A.W.: Image file compression made easy. In J. Arvo, editor, *Graphic Gems II*. Academic Press Inc., San Diego, 1991, 93–100

[Pan13]   Pan, Z.; Shen, H.; Lu, Y.; Li, S.; Yu, N.: A low-complexity screen compression scheme for interactive screen sharing. *IEEE Transactions on Circuits and Systems for Video Technology*, June 2013. Vol. 23, No. 6

[Pan15] Pang, C.; Sole, J.; Chen, Y.; Seregin, V.; Karczewicz, M.: Intra Block Copy for HEVC Screen Content Coding. In *Proc. of Data Compression Conference (DCC'15)*. Snowbird, Utah, USA, 2015, 465–465

[Par04] Park, S.G.; Delp, E.J.; Yu, H.: Adaptive lossless video compression using an integer wavelet transform. In *Proc. of Int. Conf. on Image Processing*, Vol. 4. 2004, 2251–2254

[Pei09] Pei, S.C.; Ding, J.J.: Improved reversible integer-to-integer color transforms. In *IEEE Int. Conf. on Image Proc. (ICIP'09)*. 2009, 473– 476

[Pen88] Pennebaker, W.B.; Mitchell, J. L. andLangdon Jr., G.G.; Arps, R.B.: An overview of the basic principles of the Q-Coder adaptiv binary arithmetic coder. *IBM Journal of Research and Development*, November 1988. Vol. 32, No. 6, 717–726

[Pen93] Pennebaker, W.B.; Mitchell, J.L.: *JPEG Still Image Data Compression Standard*. Published by Van Nostrand Reinhold, 1993

[Pfa21] Pfaff, J.; *et al.*: Intra Prediction and Mode Coding in VVC. *IEEE Trans. on Circuits and Systems for Video Technology*, October 2021. Vol. 31, No. 10, 3834–3847

[PNG] Portable Network Graphics. `http://www.libpng.org/`, zuletzt besucht am 06.02.2025

[Pu16] Pu, W.; *et al.*: Palette Mode Coding in HEVC Screen Content Coding Extension. *IEEE Journal on Emerging and Selected Topics in Circuits and Systems*, 2016. Vol. 6, No. 4, 420–432

[Rau00] Rauschenbach, U.: Compression of palettized images with progressive coding of the color information. In K.N. Ngan; T. Sikora; M.T. Sun, editors, *Proc. of SPIE, Symposium on Visual Communications and Image Processing*. SPIE, Australia, 2000, 586

[Rer15] Rerabek, M.; Hanhart, P.; Korshunov, P.; Ebrahimi, T.: Quality evaluation of HEVC and VP9 video compression in real-time applications. In *2015 Seventh International Workshop on Quality of Multimedia Experience (QoMEX)*. 2015, 1–6

[Ric79] Rice, R.F.: Some Practical Universal Noisless Coding Techniques. Tech. rep., Jet Propulsion Lab, Pasadena, CA, USA, Mar. 1979, Mar. 1983, Nov. 1991, March 1979. Part I–III *Technical reports JPL-79-22, JPL-83-17, JPL-91-3*

[Ric03] Richardson, I.: *H.264 and MPEG-4 Video Compression*. John Wiley & Sons Ltd., 2003

[Ric16] Richter, T.; Artusi, A.; Ebrahimi, T.: JPEG XT: A New Family of JPEG Backward-Compatible Standards. *IEEE MultiMedia*, July–September 2016. Vol. 23, No. 3, 80–88. T

[Ris79] Rissanen, J.; Langdon, G.G.: Arithmetic Coding. *IBM Journal of Research and Development*, March 1979. Vol. 23, No. 2, 149–162

[Roc72] Rocca, F.; Zanoletti, S.: Bandwidth Reduction Via Movement Compensation on a Model of the Random Video Process. *IEEE Transactions on Communications*, October 1972. Vol. COM-20, No. 5, 960–965

[Röh95] Röhler, R.: *Sehen und Erkennen, Psychophysik des Gesichtssinnes*. Springer-Verlag, Heidelberg, Berlin, New York, 1995

[Sal97a] Salembier, P.; Marques, F.; Pardas, M.; Morros, J.; Corset, I.; Jeannin, S.; Bouchard, L.; Meyer, F.; Marcotegui, B.: Segmentation-based video coding system allowing the manipulation of objects. *IEEE Transactions on Circuits and Systems for Video Technology*, February 1997. Vol. 7, No. 1, 60–74

[Sal97b]   Salomon, D.: *Data Compression – A complete reference.* Springer-Verlag, New York, 1997

[SchiRC]   Schindler, M.: Range encoder Homepage. `http://www.compressconsult.com/rangecoder/`, besucht am 17.04.2024

[Sch97]   Schindler, M.: A fast block-sorting algorithm for lossless data compression. In *Proceedings DCC'97. Data Compression Conference.* IEEE, 469, 1997

[Sch99]   Schwarz, H.; Müller, E.: Hypotheses-based Motion Segmentation for Object-based Video-Coding. In *Proc. on Picture Coding Symposium (PCS'99).* Portland, Oregon, USA, 1999

[Sch00]   Schwarz, H.: *Untersuchungen zur objektbasierten Videocodierung mit einer 3D-Wavelet-Transformation.* Mensch & Buch Verlag Berlin, Institut für Nachrichtentechnik und Informationselektronik, Universität Rostock, 2000. ISBN 3-89820-173-2

[Ser97]   Seroussi, G.; Weinberger, M.: On adaptive strategies for an extended family of Golomb-type codes. In *Proceedings DCC '97. Data Compression Conference.* IEEE Comput. Soc. Press, Snowbird, Utah, USA, 1997, 131–140

[Sha48]   Shannon, C.E.: A Mathematical Theory of Communication. *Bell System Technical Journal*, July 1948. Vol. 27, No. 3, 379–423

[Sha76]   Shannon, C.E.; Weaver, W.: *Mathematische Grundlagen der Informationstheorie.* R. Oldenbourg Verlag, München Wien, 1976. (Übersetzung der englischsprachigen Originalausgabe ‚The Mathematical Theory of Communicationg', University of Illinois Press, 1949)

[Sha93]   Shapiro, J.: Embedded image coding using zerotrees of wavelet coefficients. *IEEE Transactions on Signal Processing*, December 1993. Vol. 41, No. 12, 3445–3462

[Sha14]   Shahid, M.; Rossholm, A.; Lövström, B.; Zepernick, H.J.: No-reference image and video quality assessment: a classification and review of recent approaches. *EURASIP Journal on Image and Video Processing*, August 2014. Vol. 40 (open access), No. 1

[Shu73]   Shum, F.; Elliot, A.; Brown, W.: Speech processing with Walsh-Hadamard transforms. *IEEE Transactions on Audio and Electroacoustics*, June 1973. Vol. 21, No. 3, 174–179

[Sil94]   Silvestrini, N.: *Idee Farbe – Farbsysteme in Kunst und Wissenschaft.* Baumann & Stromer Verlag, Zürich, 1994

[Sil98]   Silvestrini, N.; Fischer, E.P.; Stromer, K.: *Farbsysteme in Kunst und Wissenschaft.* DuMont Buchverlag, Köln, 1998

[Sin87]   Singh, D.; Meher, S.: Adaptive Discrete Cosine Transform Coding Scheme for Still Image Communication on ISDN. *ISO/IEC*, June 1987. JTC1/SC2/WG8 N502 Rev.1

[Ski]   Skiljan, I.: IrfanView, Version 4.7. `https://www.irfanview.com/`, zuletzt besucht am 03.03.2025

[Smi84]   Smith, M.; Barnwell, T.: A procedure for designing exact reconstruction filter banks for tree-structured subband coders. In *ICASSP '84. IEEE International Conference on Acoustics, Speech, and Signal Processing*, Vol. 9. 1984, 421–424

[SMP93]   Society of Motion Picture and television Engineers RP177: Derivation of Basic Television Color Equations (R2002), 1993

[SMP99]   Society of Motion Picture and television Engineers: Television - 1125-Line High-Definition Production - Signal Parameters. *SMPTE*, 1999. Vol. 240M

[SMP04] Society of Motion Picture and television Engineers: Television - Composite Analog Video Signal - NTSC for Studio Applications. *SMPTE*, 1999. Vol. 170M

[Sto00] Stockman, A.; Sharpe, L.T.: Spectral sensitivities of the middle- and long-wavelength sensitive cones derived from measurements in observers of known genotype. *Vision Research*, June 2000. Vol. 40, No. 13, 1711–1737

[Str96a] Strang, G.; Nguyen, T.: *Wavelets and Filter Banks*. Wellesley-Cambridge Press, 1996. ISBN 0-9614088-7-1

[Str96b] Strutz, T.; Müller, E.: Dyadische Wavelet-Transformation mit orthogonalen Filtern - Implementationen in C. *FREQUENZ*, 1996. Vol. 50, No. 3-4, 51–59. Fachverlag Schiele & Schön GmbH Berlin-Kreuzberg

[Str97] Strutz, T.; Müller, E.: Adaptive Wavelet Transformation Using Forecast Decomposition Selection. In *Picture Coding Symposium (PCS'97)*. 1997, 67–72

[Str98] Strutz, T.: *Untersuchungen zur skalierbaren Kompression von Bildsequenzen bei niedrigen Bitraten unter Verwendung der Wavelet-Transformation*. Shaker Verlag GmbH Aachen, 1998. ISBN 3-8265-3600-2. Dissertation

[Str02] Strutz, T.: Context-Based Adaptive Linear Prediction for Lossless Image Coding. *4th Int. Conf. on Source and Channel Coding*, January 2002, 105–109

[Str04] Strutz, T.; Müller, E.: Construction of semi-recursive PR-filter banks via generalised lifting. *Signal Processing*, January 2004. Vol. 84, No. 1, 77–93

[Str09a] Strutz, T.: Lifting Parameterisation of the 9/7 Wavelet Filter Bank and its Application in Lossless Image Compression. *ISPRA'09*, February 2009, 161–166

[Str09b] Strutz, T.: Wavelet Filter Design based on the Lifting Scheme and its Application in Lossless Image Compression. *WSEAS Transactions on Signal Processing*, 2009. Vol. 5, No. 2, 53–62

[Str11] Strutz, T.; Schmiedel, T.; Schatton, T.: TSIP - Efficient lossless compression of colour image data with diverse characteristics. *ICUMT'2011*, October 2011, 5–7. Budapest, Hungary

[Str12] Strutz, T.; Rennert, I.: Two-dimensional integer wavelet transform with reduced influence of rounding operations. *EURASIP Journal on Advances in Signal Processing*, April 2012. Vol. 75, No. 1

[Str13] Strutz, T.: Multiplierless Reversible Color Transforms and Their Automatic Selection for Image Data Compression. *IEEE Transactions on Circuits and Systems for Video Technology*, July 2013. Vol. 23, No. 7, 1249–1259

[Str15] Strutz, T.; Leipnitz, A.: Reversible Colour Spaces without Increased Bit Depth and Their Adaptive Selection. *IEEE Signal Processing Letters*, 2015. Vol. 22, No. 9, 1269–1273

[Str16a] Strutz, T.: Context-Based Predictor Blending for Lossless Colour Image Compression. *IEEE Transactions on Circuits and Systems for Video Technology*, 2016. Vol. 26, No. 4, 687–695

[Str16b] Strutz, T.: *Data Fitting and Uncertainty - An introduction to weighted least squares and beyond*. 2nd ed. Vieweg-Springer, 2016

[Str16c] Strutz, T.: Lossless Intra Compression of Screen Content based on Soft Context Formation. *IEEE Journal on Emerging and Selected Topics in Circuits and Systems*, 2016. Vol. 6, No. 4, 508–516

[Str17] Strutz, T.: *Bilddatenkompression*. 5th ed. Springer Vieweg, Wiesbaden, 2017

[Str20a] Strutz, T.: Improved Probability Modelling for Exception Handling in lossless Screen Content Coding. In *Proc. IEEE International Conference on Acoustics, Speech and Signal Processing (ICASSP)*. 2020, 2173–2177

[Str20b] Strutz, T.; Möller, P.: Screen Content Compression based on Enhanced Soft Context Formation. *IEEE Transactions on Multimedia*, May 2020. Vol. 22, No. 5, 1126–1138

[Str23] Strutz, T.: Rescaling of Symbol Counts for Adaptive rANS Coding. In *Proc. of EUSIPCO'2023*. 2023

[Str25] Strutz, T.; Schreiber, N.: Investigations on Algorithm Selection for Interval-Based Coding Methods, July 2025. doi:10.1007/s11042-025-20971-3

[Sul91] Sullivan, G.; Baker, R.: Motion compensation for video compression using control grid interpolation. In *[Proceedings] ICASSP 91: 1991 International Conference on Acoustics, Speech, and Signal Processing*. 1991, 2713–2716 vol.4

[Sul98] Sullivan, G.J.; Wiegand, T.: Rate-Distortion Optimization for Video Compression. *IEEE Signal Processing Magazine*, November 1998. Vol. 15, No. 6, 74–90

[Sul12] Sullivan, G.J.; Ohm, J.R.; Han, W.J.; Wiegand, T.: Overview of the High Efficiency Video Coding (HEVC) Standard. *IEEE Trans. on Circuits and Systems for Video Technology*, December 2012. Vol. 22, No. 12, 1649–1668

[Swe95] Sweldens, W.: The Lifting Scheme: A New Philosophy in Biorthogonal Wavelet Construction. In *Proc. of SPIE - The International Society for Optical Engineering*, Vol. 2569. San Diego, CA, USA, 1995, 68–79

[Sze14] Sze, V.; Budagavi, M., editors: *High Efficiency Video Coding (HEVC). Algorithms and Architectures*. Springer, 2014. ISBN 978-3319068947

[Tam00] Tamm, M.: Packen wie noch nie, Datenkompression mit dem BWT-Algorithmus. *c't*, 2000. Vol. 16

[Tau02] Taubman, D.S.; Marcellin, M.W.: *JPEG2000 Image Compression Fundamentals, Standards and Practice*. Kluwer Academic Publishers, 2002. ISBN 0-7923-7519-X

[Teu78] Teuhola, J.: A compression method for clustered bit-vectors. *Inform. Processing Lett.*, October 1978. Vol. 7, 308–311

[Tho91] Thomas, S.W.; Bogart, R.G.: Color Dithering. In J. Arvo, editor, *Graphic Gems II*. Academic Press, Inc., San Diego, 1991, 72–77

[Udd23] Uddehal, S.R.; Strutz, T.; Och, H.; Kaup, A.: Image Segmentation for Improved Lossless Screen Content Compression. In *IEEE International Conference on Acoustics, Speech, and Signal Processing (ICASSP'23)*. 04-10 June 2023, Rhodes Island, Greece, 2023

[Ugu13] Ugur, K.; Alshin, A.; Alshina, E.; Bossen, F.; Han, W.J.; Park, J.H.; Lainema, J.: Motion Compensated Prediction and Interpolation Filter Design in H.265/HEVC. *IEEE Journal of Selected Topics in Signal Processing*, December 2013. Vol. 7, No. 6, 946–956

[Var98] Vary, P.; Heute, U.; Hess, W.: *Digitale Sprachsignalverarbeitung*. Verlag. B. G. Teubner, Stuttgart, 1998

[Vel93] Veldhuis, R.; Breeuwer, M.: *An Introduction to Source Coding*. Prentice Hall, Eindvoven, 1993. ISBN 0-13-489089-2

[Vet92] Vetterli, M.; Herley, C.: Wavelets and filter banks: Theory and Design. *IEEE Transactions on Signal Processing*, September 1992. Vol. 40, No. 9, 2207–2232

[Vet95]   Vetterli, M.; Kovačević, J.: *Wavelets and Subband Coding*. Prentice Hall PTR, Engle-
           wood Cliffs, New Jersey, 1995

[Vit87]   Vitter, J.S.: Design and Analysis of Dynamic Huffman Codes. *Journal of the ACM*,
           October 1987. Vol. 34, No. 4, 825–845

[Vit89]   Vitter, J.S.: Dynamic Huffman Coding. *ACM Transactions on Mathematical Softwa-
           re*, June 1989. Vol. 15, No. 2, 158–167

[VQE03]   VQEG: Final Report from the Video Quality Experts Group on the Validation of
           Objective Models of Video Quality Assessment, Phase II, August 2003. `https://`
           `vqeg.org/media/4150/vqegii_final_report.doc`, zuletzt besucht am 22.01.2025

[VVCvtm]   VVC Referenzsoftware, Version 9.3. `https://vcgit.hhi.fraunhofer.de/jvet/`
           `VVCSoftware_VTM`, zuletzt besucht am 15.01.2024

[Wah89]   Wahl, F.M.: *Digitale Bildverarbeitung*. Springer-Verlag, Berlin, 1989

[Wal14]   Walls, F.; MacInnis, A.S.: VESA display stream compression: An overview. *SID
           International Symposium, Digest of Technical Papers*, June 2014. Vol. 45, No. 1,
           360–363. San Diego, CA

[Wan03]   Wang, Z.; Simoncelli, E.; Bovik, A.: Multiscale structural similarity for image qua-
           lity assessment. In *The Thrity-Seventh Asilomar Conference on Signals, Systems &
           Computers, 2003*, Vol. 2. 2003, 1398–1402 Vol.2

[Wan04]   Wang, Z.; Bovik, A.; Sheikh, H.; Simoncelli, E.: Image quality assessment: from error
           visibility to structural similarity. *IEEE Transactions on Image Processing*, April
           2004. Vol. 13, No. 4, 600–612

[WC20]   Wikimedia-Commons: File:HDR image + 3 source pictures (Cerro Tronador, Argen-
           tina).jpg — Wikimedia Commons, the free media repository, 2020. [Online; accessed
           3-September-2025]

[WC25]   Wikimedia-Commons: Main Page — Wikimedia Commons, the free media repository,
           2025. [Online; accessed 22-August-2025]

[Wed99]   Wedi, T.: A Time-Recursive Interpolation Filter for Motion Compensated Predic-
           tion Considering Aliasing. In *Proceedings 1999 International Conference on Image
           Processing (Cat. 99CH36348)*. 1999, 672–675. Kobe, Japan

[Wed03]   Wedi, T.; Musmann, H.: Motion- and aliasing-compensated prediction for hybrid
           video coding. *IEEE Transactions on Circuits and Systems for Video Technology*,
           July 2003. Vol. 13, No. 7, 577–586

[Wei96]   Weinberger, M.J.; Seroussi, G.; Sapiro, G.: LOCO-I: A Low Complexity, Context
           Based, Lossless Image Compression Algorithm. In *Proc. of Data Compression Con-
           ference, DCC'96*. Snowbird, Utah, USA, 1996, 140–149

[Wei00]   Weinberger, M.J.; Seroussi, G.; Sapiro, G.: The LOCO-I lossless image compression
           algorithm: principles and standardization into JPEG-LS. *IEEE Transactions on
           Image Processing*, August 2000. Vol. 9, No. 8, 1309–1324

[Wel84]   Welch, T.: A technique for high-performance data compression. *Computer*, June
           1984. Vol. 17, No. 6, 8–19

[Wic96]   Wickerhauser, M.V.: Adaptive Wavelet-Analyse. *Vieweg*, 1996. Vol. 1993, Überset-
           zung aus dem Englischen (Adapted Wavelet Analysis from Theory to Software, AK
           Peters

[Wie97]   Wiegand, T.; Xiaozheng, Z.; Girod, B.: Block-Based Hybrid Video Coding Using
           Motion-Compensated Long-Term Memory Prediction. In *Picture Coding Symposium,
           PCS'97*. 1997, 153–158

[Wie01] Wiegand, T.; Girod, B.: Lagrange Multiplier Selection in Hybrid Video Coder Control. In *Proceedings 2001 International Conference on Image Processing (Cat. No.01CH37205)*. IEEE, Thessaloniki, Greece, 2001, 542–545

[Wie03] Wiegand, T.; Schwarz, H.; Joch, A.; Kossentini, F.; Sullivan, G.: Rate-constrained coder control and comparison of video coding standards. *IEEE Transactions on Circuits and Systems for Video Technology*, July 2003. Vol. 13, No. 7, 688–703

[Wie14] Wien, M.: *High Efficiency Video Coding: Coding Tools and Specification*. Springer, 2014. ISBN 978-3662442753

[Wik25] Wikipedia: Gibbssches Phänomen — Wikipedia, die freie Enzyklopädie, 2025. [Online; Stand 20. August 2025]

[Win99] Winkler, S.: Issues in vision modeling for perceptual video quality assessment. *Signal Processing*, October 1999. Vol. 78, No. 2, 231–252

[Wit87] Witten, I.H.; Neal, R.M.; Cleary, J.G.: Arithmetic coding for data compression. *Communications of the ACM*, June 1987. Vol. 30, No. 6, 520–540

[Wu91] Wu, X.: Efficient Statistical Computations for Optimal Color Quantization. In J. Arvo, editor, *Graphic Gems II*. Academic Press Inc., San Diego, 1991, 126–133

[Wu92] Wu, X.: Color Quantization by Dynamic Programming and Principal Analysis. *ACM Transactions on Graphics*, October 1992. Vol. 11, No. 4, 348–372

[Wu97a] Wu, X.: Lossless compression of continuous-tone images via context selection, quantization, and modeling. *IEEE Transactions on Image Processing*, May 1997. Vol. 6, No. 5, 656–664

[Wu97b] Wu, X.; Memon, N.: Context-based, adaptive, lossless image coding. *IEEE Transactions on Communications*, April 1997. Vol. 45, No. 4, 437–444

[Wu01] Wu, H.R.; Yu, Z.; Winkler, S.; Chen, T.: Impairment Metrics for MC/DPCM/DCT Encoded Digital Video. In *Proc. of 22th Picture Coding Symposium (PCS)*. Seoul, Korea, 2001, 29–32

[x265] libx265: x265 HEVC Encoder. `https://github.com/videolan/x265`, zuletzt besucht am 18.08.2025

[Xio95] Xiong, Z.; Herley, C.; Ramchandran, K.; Orchard, M.: Space-frequency quantization for a space-varying wavelet packet image coder. In *Proceedings., International Conference on Image Processing*, Vol. 1. IEEE Comput. Soc. Press, 1995, 614–617

[Xio97] Xiong, Z.; Herley, C.; Ramchandran, K.; Orchard, M.T.: Wavelet Packet Image Coding Using Space-Frequency Quantization. *IEEE Trans. on Image Processing*, 1997. Vol. 6, No. 5, 677–693

[Xu16] Xu, J.; Joshi, R.; Cohen, R.A.: Overview of the Emerging HEVC Screen Content Coding Extension. *IEEE Trans. on Circuits and Systems for Video Technology*, January 2016. Vol. 26, No. 1, 50–62

[Ye24] Ye, Y.; et al: Proposed timeline and requirements for the next generation video coding standard, July 2024. `https://jvet-experts.org/doc_end_user/documents/35_Sapporo/wg11/JVET-AI0247-v3.zip`, zuletzt besucht am 15.03.2025

[Zha19] Zhao, L.; Zhao, X.; Liu, S.; Li, X.; Lainema, J.; Rath, G.; Urban, F.; Racape, F.: Wide angular intra prediction for versatile video coding. In *Data Compression Conference (DCC)*. IEEE, 2019, 53–62

[Zha21] Zhao, X.; Kim, S.H.; Zhao, Y.; Egilmez, H.E.; Koo, M.; Liu, S.; Lainema, J.; Karczewicz, M.: Transform Coding in the VVC Standard. *IEEE Transactions on Circuits and Systems for Video Technology*, October 2021. Vol. 31, No. 10, 3878–3890

[Ziv77]   Ziv, J.; Lempel, A.: A universal algorithm for sequential data compression. *IEEE Transactions on Information Theory*, May 1977. Vol. 23, No. 3, 337–343

[Ziv78]   Ziv, J.; Lempel, A.: Compression of invidual sequences via variable-rate coding. *IEEE Transactions on Information Theory*, 1978. Vol. 24, No. 5, 530–536

Sachwortverzeichnis

© Der/die Herausgeber bzw. der/die Autor(en), exklusiv lizenziert an
Springer Fachmedien Wiesbaden GmbH, ein Teil von Springer Nature 2025
T. Strutz, *Bilddatenkompression*, https://doi.org/10.1007/978-3-658-49923-5